预拌混凝土生产工国家职业技能培训教材

预拌砂浆质检员

山东硅酸盐学会　编　著

中国建材工业出版社

图书在版编目(CIP)数据

预拌砂浆质检员/山东硅酸盐学会编著．--北京：
中国建材工业出版社,2023.8
预拌混凝土生产工国家职业技能培训教材
ISBN 978-7-5160-3734-8

Ⅰ.①预…Ⅱ.①山… Ⅲ.①水泥砂浆－质量检验－
职业培训－教材 Ⅳ.①TQ177.6

中国国家版本馆 CIP 数据核字(2023)第 053297 号

预拌砂浆质检员
YUBAN SHAJIANG ZHIJIANYUAN
山东硅酸盐学会 编 著

出版发行：中国建材工业出版社
地 址：北京市海淀区三里河路 11 号
邮 编：100831
经 销：全国各地新华书店
印 刷：北京印刷集团有限责任公司
开 本：787mm×1092mm 1/16
印 张：27.75
字 数：650 千字
版 次：2023 年 8 月第 1 版
印 次：2023 年 8 月第 1 次
定 价：168.00 元

本社网址：www. jccbs. com,微信公众号：zgjcgycbs
请选用正版图书,采购、销售盗版图书属违法行为
版权专有,盗版必究。本社法律顾问：北京天驰君泰律师事务所,张杰律师
举报信箱：zhangjie@tiantailaw.com 举报电话：(010)57811389
本书如有印装质量问题,由我社市场营销部负责调换,联系电话：(010)57811387

《预拌混凝土生产工国家职业技能培训教材》
编　委　会

主　　　任　辛生业

执行副主任　彭　建

副　主　任　刘光华　金祖权　宋　翊

编　　　委　（以姓氏笔画为序）

丁　宁	于光民	于　琦	丰茂军	王目镇
王会强	王安全	王　芳	王学军	王修常
王晓伟	王　谦	尹群豪	孔凡西	龙　宇
冯富宁	匡利君	巩运刚	庄广利	刘立才
刘庆安	刘汝海	刘红洋	刘秀杰	刘智青
齐继民	闫来因	许建华	孙述光	孙　倩
孙源兴	孙慧琴	李长江	李　冬	李　军
李昊源	李晓凤	李海波	李　莘	李辉永
李　强	李悦慧	肖维录	时中华	宋瑞旭
初军政	张广阔	张　伟	张　杰	张　峰
张海峰	张　磊	张　玲	陈仲圣	陈芳重
陈　辉	邵志刚	尚勇志	周宗辉	周建伟
官留玉	孟令军	孟　扬	赵玲卫	赵秋宁
胡　博	柯振强	钟安祥	祝尊峰	姚亚楠
袁　冬	贾学飞	徐元勋	徐　华	高贵军
高　鹏	郭良家	曹中立	曹现强	曹　剑
常胜亚	谢慧东	窦忠晓	褚　杰	蔡　亮
臧金源	赛同达			

策　　　划　彭　建

《预拌砂浆质检员》编委会

主　编　王安全
副主编　曹现强　孟令军　常胜亚　李　萃
主　审　张　磊

序

我国拥有全球最大的建筑市场，市场份额占全球的 30%，商品混凝土产量位居全球第一。

我国在预拌混凝土、预制混凝土各个产业领域规模以上企业的数量持续增长，骨干企业规模不断扩大。鉴于我国混凝土产业快速发展和产业结构优化升级局面的逐渐形成，以提升职业素养和职业技能为核心打造一支高技能人才队伍，成为一项亟待完成的任务。

职业培训是提高劳动者素质的重要途径，对提升企业的竞争力具有重要、深远的意义。鉴于目前我国预拌混凝土行业缺乏职业技能培训教材，编写教材成为当务之急。自 2021 年 12 月开始，山东硅酸盐学会联合中国硅酸盐学会混凝土与水泥制品分会、山东省混凝土与水泥制品协会、中国联合水泥集团有限公司、山东山水水泥集团有限公司、青岛理工大学、济南大学、山东建筑大学、临沂大学等 42 家组织、企业与高校，着手编写《预拌混凝土生产工国家职业技能培训教材》。

教材编写人员多为在山东预拌混凝土生产一线工作的优秀科技人员。教材采用问答方式，提出问题，给出答案；内容注重岗位要求的基本生产技术知识的传授，主要解决生产中的实际问题。历时一年多，编写团队数易其稿，于 2022 年年底完成了教材的编写工作。诚挚感谢大家的辛勤劳动。

山东硅酸盐学会常务副理事长

泰安中意粉体热工研究院院长

2023 年 3 月

前　　言

为了规范预拌混凝土行业职业技能培训工作,不断提高职工技术水平,应山东省广大混凝土企业的要求,山东硅酸盐学会根据人力资源和社会保障部 2019 年颁布的《水泥混凝土制品工》《混凝土工》国家职业技能标准,组织有关单位编写了《预拌混凝土生产工国家职业技能培训教材》。

按照预拌混凝土生产工工种不同,教材共分 5 册:《预拌混凝土质检员》《预拌混凝土试验员》《预拌混凝土操作员》《预拌砂浆质检员》《预拌砂浆操作员》。

教材采用问答方式,按照混凝土从业人员初级、中级、高级、技师、高级技师的不同技能要求,提出问题,给出答案。在内容上,注重岗位要求的基本生产技术知识,主要解决生产中的实际问题。教材主要适用于混凝土行业开展职业技能培训和鉴定工作,亦可供从事混凝土科研、生产、设计、教学、管理的相关人员阅读和参考。

中国硅酸盐学会混凝土与水泥制品分会对教材编写工作给予积极支持。

参加教材编写的有中国联合水泥集团有限公司、山东山水水泥集团有限公司、山东省混凝土与水泥制品协会、青岛理工大学、济南大学、山东建筑大学、临沂大学、泰安中意粉体热工研究院、日照市混凝土协会、青岛青建新型材料集团有限公司、山东鲁碧建材有限公司、山东重山集团有限公司、济南鲁冠混凝土有限责任公司、日照中联水泥混凝土分公司、润峰建设集团有限公司、日照市睿航光伏科技有限公司、山东恒业集团有限公司、日照山河超细材料科技有限公司、济南中联新材料有限公司、日照鲁碧新型建材有限公司、济宁中联混凝土有限公司、枣庄中联水泥混凝土分公司、日照汇川建材有限公司、日照市城镇化建设服务中心、山东龙润建材有限公司、山东华杰新型环保建材有限公司、青岛伟力工程有限公司、山东华森凤山建材有限公司、日照市东港区建设工程管理服务中心、日照新港市政工程有限公司、日照高新环保科技有限公司、日照腾达混凝土有限公司、山东港湾建设集团有限公司、日照市政工程有限公司、青岛青建蓝谷新型材料有限公司、日照弗尔曼新材料科技有限公司、日照经济技术开发区建设质量监督站、日照五色石新型建材有限公司、滕州市东郭水泥有限公司、东平中联水泥有限公司、鱼台汇金新型建材有限公司、济南长兴建设集团工业科技有限公司等 42 家单位。

各册主要编写人员如下:

《预拌混凝土质检员》:张磊、谢慧东、于光民、徐元勋、巩运钱、张秀叶、张鑫、徐敏、李冰、赵文静、赵秋宁、吴树民。

《预拌混凝土试验员》:于琦、李长江、王晓伟、窦忠晓、王修常、王腾、许冬、李浩然、刘宗祥、方增光、郑园园、陈衡、王玉璞。

《预拌混凝土操作员》:龙宇、时中华、高贵军、匡利君、徐华、尹群豪、华纯溢、宋瑞旭、张海峰、王志学。

《预拌砂浆质检员》：王安全、曹现强、孟令军、常胜亚、李萃、梁启峰、张鑫、张峰、李军、尚勇志、赵文静、高岳坤、王立平、袁冬、张秀叶、刘平兵、韩丽丽。

《预拌砂浆操作员》：贾学飞、丁宁、张伟、李辉永、赵玲卫、徐敏、王安全、张鑫、段良峰、袁冬、梁启峰、宋光礼、赵文静、钟安祥、常胜亚。

在此，对上述单位和同志的大力支持与辛勤工作一并表示感谢！

由于编者水平有限，教材难免有疏漏和错误之处，恳请广大读者提出批评和建议，使教材日臻完善。

编者

2023 年 1 月

目　　录

1 基础知识

1. 什么是建筑砂浆?

建筑砂浆是指由无机胶凝材料（主要指水泥、煅烧石膏粉等）、细集料、掺合料、水，以及根据性能确定的其他组分按适当比例配合、拌制并经硬化而成的建筑工程材料，在建筑工程中主要起粘结、衬垫及传递应力等作用。

2. 建筑砂浆有哪些分类?

根据砂浆的生产特点分为施工现场拌制的砂浆和由专业生产厂生产的预拌砂浆。

根据砂浆在建筑工程中的用途可分为砌筑类、抹灰类、地面类、粘结类、装饰类、保温类等砂浆。

3. 什么是预拌砂浆?

专业生产厂生产的湿拌砂浆或干混砂浆。

4. 什么是湿拌砂浆?

水泥、细集料、矿物掺合料、外加剂、添加剂和水，按一定比例，在专业生产厂经计量、搅拌后，运至使用地点，并在规定时间内使用的拌合物。

5. 什么是干混砂浆?

胶凝材料、干燥细集料、添加剂以及根据性能确定的其他组分，按一定比例，在专业生产厂经计量、混合而成的干态混合物，在使用地点按规定比例加水或配套组分拌和后使用。

6. 什么是特种砂浆?

具有抗渗、抗裂、防水、高粘结、装饰、保温隔声及自流平等特殊功能的预拌砂浆。绝大多数的特种砂浆按其生产方式分类，一般为干混砂浆。

7. 什么是界面砂浆?

用于改善基层或保温层表面粘结性能的聚合物水泥砂浆。界面砂浆具有较强的粘结力。

8. 什么是聚合物砂浆?

以聚合物或聚合物和无机胶凝材料、添加剂、矿物集料、填料组成的预拌砂浆，包括聚合物乳液砂浆、聚合物水泥砂浆、反应型树脂砂浆等。

9. 什么是新拌砂浆?

加水或配套组分充分混合后，在可操作时间范围内使用的砂浆。

10. 什么是砌筑砂浆?

将砖、石、砌块等块材砌筑成为砌体的预拌砂浆。

11. 什么是普通砌筑砂浆？

灰缝厚度大于 5mm 的砌筑砂浆。

12. 什么是薄层砌筑砂浆？

灰缝厚度不大于 5mm 的砌筑砂浆。

13. 什么是抹灰砂浆？

涂抹在建（构）筑物砖墙或混凝土墙表面的预拌砂浆。

14. 什么是普通抹灰砂浆？

砂浆层厚度大于 5mm 的抹灰砂浆。

15. 什么是薄层抹灰砂浆？

砂浆层厚度不大于 5mm 的抹灰砂浆。

16. 什么是保水性抹面砂浆？

具有保持水分不易析出性能的抹面砂浆。

17. 什么是机喷抹灰砂浆？

采用机械泵送喷涂工艺进行施工的抹灰砂浆。

18. 什么是地面砂浆？

用于建筑地面及屋面找平层的预拌砂浆。

19. 什么是防水砂浆？

用于有抗渗要求部位的预拌砂浆。

20. 什么是湿拌防水砂浆？

用于一般防水工程中抗渗防水部位的湿拌砂浆。

21. 什么是粉刷石膏？

二水硫酸钙经脱水或无水硫酸钙经煅烧和（或）激发，其生成物半水硫酸钙（$CaSO_4 \cdot 1/2H_2O$）和 II 型无水硫酸钙（II 型 $CaSO_4$）单独或两者混合后掺入外加剂，也可加入集料制成的抹面砂浆。

22. 什么是粘结砂浆？

用于粘结瓷砖、石材等材料的预拌砂浆。

23. 什么是保温用粘结砂浆？

把墙体保温系统中的保温材料粘结到基材上的粘结砂浆。

24. 什么是瓷砖用粘结砂浆？

用于陶瓷墙地砖粘贴的粘结砂浆，也称为瓷砖胶。

25. 什么是地面装饰砂浆？

具有特定装饰功能的地面砂浆。

26. 什么是垫层砂浆?

用于地面、设备底座等垫层处理的地面砂浆。

27. 什么是饰面砂浆?

以无机和(或)有机胶凝材料、填料、添加剂和(或)集料所组成的用于建(构)筑物表面装饰的材料。

28. 什么是勾缝砂浆?

用在砌体或瓷砖之间进行勾缝处理的抹面砂浆,分为水泥基或反应树脂基砂浆。美缝剂由新型聚合物材料(包括环氧树脂、天冬聚脲树脂等)、高档颜料及特种助剂精配而成,是一种半流状液体。

29. 什么是保温砂浆?

以胶凝材料和膨胀陶粒、膨胀珍珠岩、膨胀蛭石、膨胀玻化微珠等为主要组分,掺加其他组分制成的具有特定保温性能的预拌砂浆,用于建(构)筑物墙体、地面、屋面及其他部位保温隔热。

30. 什么是防护砂浆?

用于保护或修补建筑物,提高其性能或延长其使用寿命的砂浆。

31. 什么是锚固砂浆?

用于固定和锚固的水泥基或反应树脂基砂浆。

32. 什么是注浆砂浆?

在一定压力下通过采用注射方式填充裂缝或孔洞的水泥基或反应树脂基流动性和(或)触变性的砂浆。

33. 什么是灌浆砂浆?

用于孔洞或接缝灌浆的流动性砂浆。

34. 什么是喷射砂浆?

用于采用喷射法施工的砂浆。

35. 什么是防潮砂浆?

用于含有水溶性盐的潮湿墙面的预拌砂浆。

36. 什么是堵漏砂浆?

阻止水分渗漏的预拌砂浆,通常凝结速度较快,主要由硫铝酸盐水泥、集料和助剂按照一定比例混合、搅拌而成的特种干混砂浆。

37. 什么是水泥沥青砂浆?

由乳化沥青、水泥、细集料、水和外加剂经特定工艺搅拌制得的具有特定性能的砂浆。

38. 什么是一般抹灰工程用砂浆?

大面积涂抹于建筑物墙、顶棚、柱等表面的砂浆,包括水泥抹灰砂浆、水泥粉煤灰抹灰砂浆、水泥石灰抹灰砂浆、掺塑化剂水泥抹灰砂浆、聚合物水泥抹灰砂浆及石膏抹灰砂浆等，也称抹灰砂浆。

39. 什么是水泥混合砂浆？

以水泥、细集料和水为主要原材料，加入石灰膏、电石膏、黏土膏中的一种或多种（也可根据需要加入矿物掺合料）等配制而成的砂浆。

40. 什么是水泥抹灰砂浆？

以水泥为胶凝材料，加入细集料、外加剂或添加剂，按一定比例配制而成的抹灰砂浆，可以在施工现场加水搅拌，也可以在预拌、砂浆厂加水搅拌后施工。

41. 什么是水泥粉煤灰抹灰砂浆？

以水泥、粉煤灰为胶凝材料，加入细集料、外加剂或添加剂，按一定比例配制而成的抹灰砂浆，可以在施工现场加水搅拌，也可以在预拌砂浆厂加水搅拌后施工。

42. 什么是水泥石灰抹灰砂浆？

以水泥为胶凝材料，加入石灰膏、细集料和水，按一定比例在施工现场配制而成的抹灰砂浆，简称混合砂浆。

43. 什么是掺塑化剂水泥抹灰砂浆？

以水泥（或添加粉煤灰）为胶凝材料，加入细集料、添加剂和适量塑化剂，按一定比例配制混合搅拌而成的抹灰砂浆。可以在施工现场加水搅拌，也可以在预拌砂浆厂加水搅拌后施工。

44. 什么是添加剂？

除混凝土（砂浆）外加剂以外，改善砂浆性能的材料。

45. 什么是保水增稠材料？

改善砂浆可操作性及保水性能的添加剂。

46. 什么是填料？

起填充作用的矿物材料。

47. 什么是矿物掺合料？

为提高砂浆和易性及硬化后性能而加入的无机固态粉状材料。

48. 什么是搅拌？

采用人力或机械力，将若干种原材料混合均匀的过程，包括干拌和湿拌工艺。

49. 什么是混合料？

按配合比称量的各种原材料，经搅拌或轮碾制成的混合物。

50. 什么是保塑时间？

从湿拌砂浆自加水搅拌后在标准规定的存放条件下密闭储存开始，至工作性能仍能满足施工要求的时间。

51. 什么是可操作时间？

在特定条件下存放的新拌砂浆能够保持其预期工作性能的保存时间。

52. 什么是凝结时间？

水泥和石膏等从可塑状态到失去流动性形成致密的固体状态所需的时间，分为初凝时间和终凝时间。

53. 什么是砂浆凝结时间？

从加水搅拌开始计时，到贯入阻力值达到 0.5MPa 的所需时间（min）。

54. 什么是校正时间？

砌块或瓷砖等在用砂浆拌合物施工后，可以进行方向或位置调整而不引起最终粘结强度显著损失的最长间隔时间。

55. 什么是预养？

成型后的坯体或制品在养护前，在适当的温度和湿度环境中停放一段时间的工艺措施。

56. 什么是养护？

为成型后的坯体或制品创造适当的温度和湿度条件以利其水化硬化的工艺措施。

57. 什么是自然养护？

自然条件下在空气或水中对坯体或制品进行养护的方法，简称自养。

58. 什么是空气中养护？

将坯体或制品置于空气中，利用自然气温和湿度对其进行的养护方法。

59. 什么是水中养护？

将坯体或制品置于水中进行养护的方法。

60. 什么是压力泌水率？

砂浆拌合物在施加 3.2MPa 的恒定压力后 10s 内泌出的水与 140s 泌出水的质量的比值。

61. 什么是砂浆扩展度？

在规定的试验条件下，水泥砂浆在玻璃平面上自由流淌的直径，取互相垂直的两个方向直径的平均值。

62. 什么是水泥净浆流动度？

在规定的试验条件下，水泥浆体在玻璃平面上自由流淌的直径，取互相垂直的两个方向直径的平均值。

63. 什么是胶砂流动度？

在规定的试验条件下，水泥胶砂在跳桌台面上以每秒钟一次的频率连续跳动 25 次后，胶砂底部互相垂直的两个方向直径的平均值。

64. 什么是限制膨胀率？

掺有膨胀剂的试件在规定的纵向限制器具限制下的膨胀率。

65. 什么是需水量比？

受检砂浆的流动度达到基准砂浆相同的流动度时，两者用水量之比。

66. 什么是活性指数？

受检砂浆和基准砂浆试件标养至相同规定龄期的抗压强度之比。

67. 什么是基准砂浆？

符合相关标准试验条件规定的、未掺有外加剂的水泥砂浆。

68. 什么是受检砂浆？

符合相关标准试验条件规定的、掺有一定比例外加剂的水泥砂浆。

69. 什么是吸水量比？

受检砂浆的吸水量与基准砂浆的吸水量之比。

70. 什么是机械喷涂施工工艺？

采用机械化泵送方法将砂浆拌合物从管道输送至喷枪出口端，再利用压缩空气将砂浆喷涂至作业面上的抹灰工艺。

71. 什么是机械喷涂工艺周期？

从预拌砂浆投料完毕时起，直到砂浆从喷枪嘴喷射出来为止所需要的间隔时间。

72. 什么是管道组件？

由气管、输浆管及相应的管接头构成的组件。

73. 什么是湿拌砂浆拌合物？

湿拌砂浆各组成材料按一定比例配合，经加水搅拌均匀后、未凝结硬化前的混合料，称为湿拌砂浆拌合物，又称新拌湿拌砂浆。

74. 什么是砂浆稠度？

表征湿拌砂浆拌合物流动性的指标，指砂浆在自重或外力作用下是否易于流动的性能。其大小用沉入量（或稠度值）（mm）表示，即砂浆稠度测定仪的圆锥体沉入砂浆深度的毫米数。

75. 什么是触变性？

是指预拌砂浆在一定剪切速率作用下，其剪应力随时间延长而减小的特性。

76. 什么是标准扩展度用水量？

预拌砂浆达到规定扩展度时的加水量，用砂浆百分率表示。

77. 什么是扩展度？

预拌砂浆拌合物坍落后扩展的直径。

78. 什么是相容性？

原材料共同使用时相互匹配、协同发挥作用的能力。

79. 什么是保水性？

新拌砂浆保持水分不易从砂浆拌合物中析出的能力。

80. 什么是压力泌水？

预拌砂浆拌合物在压力作用下的泌水现象。

81. 什么是抗离析性？

预拌砂浆拌合物中各种组分保持均匀分散的性能。

82. 什么是吸水性？

材料或制品吸水的能力，以质量吸水率或体积吸水率表示。

83. 什么是抗渗性、不透水性？

砂浆抵抗水、油等液体压力作用下渗透的性能。

84. 什么是抗冻性？

砂浆抵抗冻融循环的能力。

85. 什么是收缩？

砂浆因物理和化学作用而产生的体积缩小现象。

86. 什么是湿拌砂浆表观密度？

硬化砂浆烘干试件的质量与表观体积之比，表观体积包括硬化砂浆固体体积与闭口孔隙体积。

87. 什么是分层度？

新拌砂浆静置离析或者振动离析前后的稠度差，用以确定砂浆拌合物在运输及停放时的稳定性。

88. 什么是初期干燥抗裂性？

在恒向恒速气流进行表面快速脱水情况下，砂浆表面抵抗裂纹出现的能力。

89. 什么是水蒸气渗透性？

恒温状态时，单位水蒸气压力差下单位面积砂浆的水蒸气通过量。

90. 什么是表面硬度？

表面抵抗其他物质刻划、磨蚀、切削或压入表面的能力。

91. 什么是剪切强度？

材料在断裂前承受的最大剪应力，是材料承受剪切载荷的极限强度。

92. 什么是耐玷污性？

用于建筑装饰表面的砂浆抵抗灰尘吸附、发霉、褪色等玷污作用，保持自身清洁的能力。

93. 什么是适用性？

砂浆在正常使用条件下保持良好使用性能的能力。

94. 什么是干燥收缩率?

砂浆成型后,试件经干燥养护后长度的缩小值与其原长度的百分比。

95. 什么是残留量?

卸料完毕,残存在车罐体内的湿拌砂浆的质量。

96. 什么是残留率?

湿拌砂浆残留量与装载质量的百分比。

97. 什么是平均卸料速度?

湿拌砂浆的卸出质量与卸料时间的比值。

98. 什么是粘结强度?

指在粘结部分施加载荷使之断裂时的强度,随载荷种类不同有抗拉强度、弯曲强度、剪切强度等。

99. 什么是拉伸粘结强度成型框?

由硅橡胶、硅酮密封材料或钢质材料制成的带有方孔的平板。

100. 什么是抗压强度?

立方体试件单位面积上所能承受的最大压力。

101. 什么是抗折强度?

砂浆试件小梁承受弯矩作用折断破坏时,砂浆试件表面所承受的极限拉应力。

102. 什么是折压比?

材料抗折强度与抗压强度等级之比。

103. 什么是胶凝材料?

预拌砂浆中水泥和矿物掺合料的总称。

104. 什么是胶凝材料用量?

每立方米湿拌砂浆或者每吨干混砂浆中水泥用量和活性矿物掺合料用量质量之和。

105. 什么是水胶比?

预拌砂浆中用水量与胶凝材料用量的质量比。

106. 什么是无碱速凝剂?

氧化钠当量含量不大于1%的速凝剂。

107. 什么是有碱速凝剂?

氧化钠当量含量大于1%的速凝剂。

108. 什么是缓凝剂?

能延长砂浆凝结时间的外加剂。

109. 什么是减缩剂?

能通过改变孔溶液离子特征及降低孔溶液表面张力等作用来减少砂浆或混凝土收缩

的外加剂。

110. 什么是早强剂？

能加速砂浆早期强度发展的外加剂。

111. 什么是引气剂？

能通过物理作用引入分布均匀、稳定而封闭的微小气泡，且能将气泡保留在硬化砂浆中的外加剂。

112. 什么是防水剂？

能降低砂浆、混凝土在静水压力下透水性的外加剂。

113. 什么是保塑剂？

在一定时间内，能保持新拌砂浆塑性状态的外加剂。

114. 什么是膨胀剂？

在砂浆硬化过程中因化学作用能使砂浆产生一定体积膨胀的外加剂。

115. 什么是标准型普通减水剂？

具有减水功能且对砂浆凝结时间没有显著影响的普通减水剂。

116. 什么是缓凝型普通减水剂？

具有缓凝功能的普通减水剂。

117. 什么是早强型普通减水剂？

具有早强功能的普通减水剂。

118. 什么是引气型普通减水剂？

具有引气功能的普通减水剂。

119. 什么是防冻剂？

能使砂浆或混凝土在 0℃ 以下硬化，并在规定养护条件下达到预期性能的外加剂。

120. 什么是复合型防冻剂？

兼有减水、早强、引气等功能，由多种组分复合而成的防冻剂。

121. 什么是泵送剂？

能改善混凝土、砂浆拌合物泵送性能的外加剂。

122. 什么是聚合物乳液？

由单体（同一种、两种或两种以上不同单体）经乳液聚合而成的聚合乳液（或共聚乳液），也可以由液态树脂经乳化作用形成。乳液体系中包括聚合物、乳化剂、稳定剂、分散剂、消泡剂等。

123. 什么是可再分散乳胶粉？

由高分子聚合物乳液加入保护胶体，经喷雾干燥制成的水溶性粉末。

124. 什么是膨胀珍珠岩？

天然火山岩在加热膨胀过程中形成的具有多孔结构且保温性能较好的轻质粒状材料。

125. 什么是膨胀蛭石？

天然云母矿物在加热过程中膨胀或剥落形成的轻质片状材料。

126. 什么是膨胀玻化微珠？

由玻璃质火山熔岩矿砂经膨胀、玻化等工艺制成，是一种表面玻化封闭、呈不规则球状，内部为多孔空腔结构的轻质粒状材料。

127. 什么是纤维素醚？

以天然纤维素为原料，在一定条件下经过碱化、醚化反应生成的一系列纤维素衍生物的总称，是纤维素分子链上的羟基被醚基团取代而成的产品。

128. 什么是淀粉醚？

从天然植物中提取的多糖化合物，与纤维素具有相同的化学结构及类似的性能。在抹灰材料中主要使用的是羟乙基淀粉，可以显著增加砂浆的稠度，同时需水量和屈服值也略有增加，但不能提高砂浆的保水能力。

129. 什么是稠化剂？

不含石灰和引气成分的一种砂浆增稠材料。

130. 什么是稠化？

在化学和吸附作用下，料浆极限切应力和塑性黏度逐渐增大的过程。

131. 什么是疏水剂？

使砂浆具备一定憎水功能的添加剂，有脂肪酸金属盐、有机硅类、憎水性可再分散聚合物粉末等三种类型。

132. 什么是耐碱玻璃纤维？

由熔融耐碱玻璃以连续拉丝的工艺制造的纤维，常用作增强材料、薄毡或织物。

133. 什么是合成纤维？

以合成高分子化合物为原料制成的化学纤维。

134. 什么是木纤维？

采用富含木质素的天然木材（松木、山毛榉）、食物纤维、蔬菜纤维等经化学处理、提取加工磨细而成的白色或灰白色粉末，呈多孔长纤维状，平均长度 $10\sim2000\mu m$，平均直径小于 $50\mu m$，具有保水、增稠、改善和易性及抗裂性、提高抗滑移能力、延长开放时间等效果。

135. 什么是砌筑砂浆增塑剂？

砌筑砂浆拌制过程中掺入的用以改善砂浆和易性的非石灰类外加剂。

136. 什么是抹灰砂浆增塑剂？

用于改善抹灰砂浆保水性、和易性及粘结性能的外加剂。

137. 什么是匀质性？

表征外加剂产品呈均匀、同一状态的性能指标。

138. 什么是相溶性?

复合外加剂各组分在正常使用条件下形成均匀相态的能力。

139. 什么是天然轻集料?

天然轻集料是火山岩在火山喷发过程中经过膨胀和急冷固化形成的具有多孔结构的岩石,如浮石、火山渣、泡沫熔岩和火山凝灰岩等。火山岩经过破碎和筛分可制成不同规格的轻集料。

140. 什么是人造轻集料?

人造轻集料是以地方材料为原料加工而成的轻集料。

生产人造轻集料的原料主要有三类:①天然原料,如黏土、页岩、板岩、珍珠岩、蛭石等;②工业副产品,如玻璃珠等;③工业废弃物,如粉煤灰、煤渣和膨胀矿渣珠。

141. 什么是活性矿物掺合料?

活性矿物掺合料即火山灰质掺合料,它以氧化硅、氧化铝为主要成分,本身不具有或只具有极低的胶凝特性,但在水存在的条件下能与氢氧化钙化合生成胶凝性的水化物,并在空气或水中硬化。活性矿物掺合料是以天然的矿物质材料或工业废渣为原材料,可直接使用或预先磨细后作为混凝土或砂浆的组分之一,可改善混凝土或砂浆的性能,并节省水泥用量。

142. 什么是天然石膏?

天然石膏是自然界中蕴藏的石膏矿石(包括天然二水石膏和天然硬石膏)。它是一种重要的非金属矿产资源,用途十分广泛。

143. 什么是砂浆、混凝土防水剂?

能降低砂浆、混凝土在静水压力下的透水性的外加剂。

144. 什么是磷石膏?

是湿法磷酸工艺中产生的固体废弃物,其组分主要是二水硫酸钙。

145. 什么是脱硫石膏?

又称烟气脱硫石膏、硫石膏或 FGD 石膏,是对含硫燃料(煤、油等)燃烧后产生的烟气进行脱硫净化处理而得到的工业副产石膏(湿态二水硫酸钙晶体)。

146. 什么是工业副产柠檬酸石膏?

是用钙盐沉淀法生产柠檬酸时产生的以二水硫酸钙为主的工业废渣。

147. 什么是工业副产氟石膏?

又称氟石,分子式为 CaF_2,是用硫酸酸解萤石制取氟化氢所得的以无水硫酸钙为主的副产品。

148. 什么是速凝剂?

能使砂浆迅速凝结硬化的外加剂。

149. 什么是膨润土?

又称蒙脱土,是以蒙脱石为主要成分的层状硅铝酸盐。

150. 什么是胶浆量?

湿拌砂浆中胶凝材料浆体量占砂浆总量之比。

2 职业技能相关专业知识

2.1 五级/初级工

2.1.1 原材料知识

151. 什么是通用硅酸盐水泥？

通用硅酸盐水泥是以硅酸盐水泥熟料和适量的石膏及国家标准规定的混合材料为原料，按照一定比例粉磨制成的水硬性胶凝材料。

通用硅酸盐水泥按照混合材料的品种和掺量分为硅酸盐水泥、普通硅酸盐水泥、矿渣硅酸盐水泥、火山灰质硅酸盐水泥、粉煤灰硅酸盐水泥和复合硅酸盐水泥。

152. 通用硅酸盐水泥有哪些强度等级？后缀的 R 是什么含义？

硅酸盐水泥的强度等级分为 42.5、42.5R、52.5、52.5R、62.5、62.5R 六个等级；普通硅酸盐水泥的强度等级分为 42.5、42.5R、52.5、52.5R 四个等级；矿渣硅酸盐水泥、火山灰质硅酸盐水泥、粉煤灰硅酸盐水泥的强度等级分为 32.5、32.5R、42.5、42.5R、52.5、52.5R 六个等级，复合硅酸盐水泥的强度等级分为 42.5、42.5R、52.5、52.5R 四个等级。代号后边数字表示该水泥产品的强度等级，R 表示该水泥是早强型水泥。如 P·O 42.5R 含义是 42.5 级早强型普通硅酸盐水泥。

153. 通用硅酸盐水泥的主要技术指标有哪些？

通用硅酸盐水泥的主要技术指标要求有化学指标要求、碱含量要求和物理指标要求。

154. 什么是水泥的体积安定性？

反映水泥硬化后体积变化均匀性的物理性质指标称为水泥的体积安定性，简称水泥安定性。它是水泥质量的重要指标之一。

155. 水泥的物理检验主要包括哪些内容？

主要包括水泥的细度、比表面积、安定性、密度、标准稠度用水量和凝结时间、不同龄期（3d、28d）的抗折强度和抗压强度检验等。

156. 什么是粉煤灰？

电厂煤粉炉烟道气体中收集的粉末，属于燃煤电厂的大宗工业废渣。它是目前使用最广泛的矿物掺合料之一。拌制砂浆和混凝土用粉煤灰分为三个等级：Ⅰ级、Ⅱ级、Ⅲ级。

157. 粉煤灰如何分类?

按照煤种和氧化钙含量分为 F 类和 C 类。F 类粉煤灰是无烟煤或烟煤煅烧收集的粉煤灰,游离氧化钙含量不大于 1%;C 类粉煤灰是褐煤或次烟煤煅烧收集的粉煤灰,氧化钙含量一般大于或等于 10%。粉煤灰按照用途分为拌制砂浆和混凝土用粉煤灰、水泥活性混合材料用粉煤灰。

158. 进场粉煤灰有哪些主要检验项目?

细度、需水量比、含水量、密度、强度活性指数、烧失量和安定性(C 类)。

159. 什么是粒化高炉矿渣粉?

以粒化高炉矿渣为主要原料,可掺加少量天然石膏,粉磨制成一定细度的粉体。矿渣粉的级别为 S75、S95、S105,主要以矿渣粉的活性指数区分。

160. 什么是玻纤网?

玻纤网(玻璃纤维耐碱网格布)是以中碱或无碱玻璃纤维机织物为基础,经耐碱涂层处理而成的材料,可应用于墙体增强、外墙保温、屋面防水等方面,是建筑行业理想的工程材料之一。

161. 什么是钢丝网?

用直径小于 2mm 的冷拔低碳钢丝编织或焊接而成的网,用于制作钢丝网水泥制品。

162. 什么是减水剂?

减水剂是一种在维持湿拌砂浆稠度基本不变的条件下能减少拌和用水量的外加剂。

减水剂大多属于阴离子表面活性剂,有木质素磺酸盐、萘磺酸盐甲醛聚合物等。

减水剂加入湿拌砂浆拌合物后对水泥颗粒有分散作用,能改善其工作性,减少单位用水量,改善湿拌砂浆拌合物的流动性,减少单位水泥用量。

163. 矿渣粉物理性能指标有哪些?

矿渣粉物理性能指标包括密度、比表面积、活性指数、流动度比、含水量、初凝时间比等。

164. 什么是天然砂?

在自然条件作用下岩石产生破碎、风化、风选、运移、堆(沉)积,形成的粒径小于 4.75mm 的岩石颗粒,包括河砂、山砂、湖砂、淡化海砂,但不包括软质、风化的岩石颗粒。

165. 什么是机制砂?

将岩石、卵石、矿山废石、尾矿等原料经除土处理、机械破碎、整形、筛分、粉控等工艺制成的粒径小于 4.75mm 的岩石颗粒,不包括软质、风化的岩石颗粒,俗称人工砂。

166. 什么是混合砂?

由机制砂和天然砂按照一定比例混合而成的砂。

167. 什么是砂含泥量和泥块含量？

砂含泥量指天然砂中粒径小于 $75\mu m$ 的颗粒含量；

砂中泥块含量指天然砂中原粒径大于 $1.18mm$，经水浸洗、手捏后小于 $600\mu m$ 的颗粒含量。

168. 什么是石粉含量的定义是什么？

机制砂中粒径小于 $75\mu m$ 的颗粒含量。

169. 什么是砂的细度模数？

衡量砂粗细的一个指标，可以通过筛分和公式计算得出。

170. 什么是砂的坚固性？

砂在自然风化和其他外界物理化学因素作用下抵抗破裂的能力。

171. 砂是怎么分类的？

按产源分为机制砂和天然砂。

按规格（细度模数）分为粗砂、中砂、细砂。

按技术要求分Ⅰ类、Ⅱ类、Ⅲ类。

172. 在我国，砂浆外加剂是如何定义的？

砂浆外加剂是在拌制砂浆过程中掺入，用以改善砂浆性能的材料，其掺量不大于水泥质量的 5%（特殊情况除外）。外加剂主要用来改善新拌砂浆性能和提高硬化砂浆性能，如调节保塑期、提高保水性、调节凝结时间和硬化时间、改善工作性和可抹性、防止分层沉淀、提高强度等。

173. 外加剂如何分类？

①改善湿拌砂浆拌合物流变性能的外加剂，如各种减水剂、保水剂等；②调节湿拌砂浆凝结时间、硬化过程的外加剂，如缓凝剂、早强剂、促凝剂和速凝剂等；③改善砂浆耐久性的外加剂，如引气剂、防水剂、阻锈剂和矿物外加剂等；④改善砂浆其他性能的外加剂，如膨胀剂、防冻剂和着色剂等。

174. 减水剂如何分类？

减水剂按其减水率的大小分为普通减水剂、高效减水剂及高性能减水剂。减水率 $8\%\sim14\%$ 的减水剂为普通减水剂，减水率 $14\%\sim25\%$ 的减水剂为高效减水剂，减水率大于 25% 的减水剂为高性能减水剂。

175. 什么是无氯盐防冻剂？

氯离子含量不大于 0.1% 的防冻剂。

176. 什么是砂浆用水？

砂浆用水是砂浆拌合用水和砂浆养护用水的总称。

177. 砂浆用水如何分类？

砂浆拌合用水按水源可分为饮用水、地表水、地下水、海水，以及经适当处理或处置后的工业废水。

178. 什么是饮用水？

是指符合现行《生活饮用水卫生标准》（GB 5749）的饮用水。

179. 什么是地表水？

存在于江、河、湖、塘、沼泽和冰川等中的水。

180. 什么是地下水？

存在于岩石缝隙或土壤孔隙中可以流动的水。

181. 什么是水中的不溶物？

在规定的条件下，水样过滤后，未通过滤膜部分干燥后留下的物质。

182. 什么是水中的可溶物？

在规定的条件下，水样过滤后，通过滤膜部分干燥蒸发后留下的物质。

183. 建设用砂如何分类？

按产源分为天然砂、机制砂和混合砂。

按细度模数分为粗砂、中砂、细砂和特细砂，其细度模数如下：粗砂为 3.7～3.1；中砂为 3.0～2.3；细砂为 2.2～1.6；特细砂为 1.5～0.7。

细度模数并不能反映砂的级配情况，细度模数相同的砂，其级配并不一定相同。

184. 为何应控制砂的级配？

良好的级配应当能使集料的空隙率和总表面积较小，不仅使所需水泥浆量较少，而且可以提高砂浆的密实度、强度及其他性能。若砂的颗粒级配不好，则会产生较大的空隙率。

185. 为什么应控制砂浆用砂的含泥量和泥块含量？

砂中的泥粒一般较细，泥粒增加了集料的比表面积，会加大用水量或水泥浆用量。黏土类矿物通常有较强的吸水性，吸水时膨胀，干燥时收缩，会对砂浆强度、干缩及其他耐久性能产生不利的影响。当泥粒包裹在砂的表面时，还会影响水泥浆与砂之间的粘结能力。当以泥块存在时，由于泥块本身强度较低，不仅起不到骨架作用，还会在砂浆中形成薄弱部分，降低砂浆的力学性能。因此，砂浆中砂的含泥量和泥块含量应加以限制，要求含泥量≤5.0%，泥块含量≤2.0%。

186. 什么是集料中的有害物质？

集料中存在的妨碍水泥水化、削弱集料与水泥石的粘结或能与水泥的水化产物进行化学反应并产生有害膨胀的物质。

187. 砂中有害物质含量有何要求？

砂中有害物质的含量应符合表 2-1-1 的规定。

表 2-1-1　砂中有害物质限量

类别	Ⅰ类	Ⅱ类	Ⅲ类
云母（质量分数）（%）	≤1.0	≤2.0	
轻物质（质量分数）（%）	≤1.0		
有机物	合格		
硫化物及硫酸盐（按 SO_3 质量计）[a]（%）	≤0.5		
氯化物（以氯离子质量计）（%）	≤0.01	≤0.02	≤0.06[a]
贝壳（质量分数）[b]（%）	≤3.0	≤5.0	≤8.0

注：a 对钢筋混凝土用净化处理的海砂，其氧化物含量应小于或等于0.02%。
　　b 该指标仅适用于海砂，其他砂种不做要求。

188. 集料中的有害物质有什么危害？

砂中的有害物质主要有云母、轻物质、有机物、硫化物及硫酸盐等。云母一般呈薄片状，表面光滑，强度较低，且易沿解理面错裂，因而与水泥石的粘结性能较差，当云母含量较多时，会明显降低混凝土及砂浆的强度以及抗冻、抗渗等性能。砂中的有机杂质通常是动植物的腐殖物，如腐殖土或有机壤土。它们会妨碍水泥的水化，降低强度。集料中有时含有硫铁矿或生石膏等硫化物或硫酸盐，有可能与水泥的水化产物反应生成硫铝酸钙，发生体积膨胀。

189. 常用的活性矿物掺合料有哪些？

常用的活性矿物掺合料有粉煤灰、粒化高炉矿渣粉、硅灰和沸石粉等。

190. 什么是检验？

对被检验项目的特征、性能进行量测、检查、试验等，并将结果与标准或设计规定的要求进行比较，以确定项目每项性能是否合格的活动。

191. 什么是复检？

建筑材料、设备等进入施工现场后，在外观质量检查和质量证明文件核查符合要求的基础上，按有关规定从施工现场抽取试样送至实验室进行检验的活动。

192. 什么是见证取样检验？

施工单位取样人员在监理工程师的见证下，按照有关规定从施工现场随机抽样，送至具备相应资质的检测机构进行检验的活动。

193. 什么是现场实体检验？

简称实体检验，指在监理工程师见证下，对已经完成施工作业的分项或子分部工程，按照有关规定在工程实体上抽取试样，在现场进行检验；当现场不具备检验条件时，送至具有相应资质的检测机构进行检验的活动。

194. 什么是质量证明文件？

随同进场材料、设备等一同提供的能够证明其质量状况的文件，通常包括出厂合格证、中文说明书、型式检验报告及相关性能检测报告等。进口产品应包括出入境商品检验合格证明；适用时，也可包括进场验收、进场复验、见证取样检验和现场实体检验等资料。

195. 什么是核查?

对技术资料的检查及资料与实物的核对。包括:对技术资料的完整性、内容的正确性、与其他相关资料的一致性及整理归档情况等的检查,以及将技术资料中的技术参数等与相应的材料、构件、设备或产品实物进行核对、确认。

196. 膨润土有哪些类型?

膨润土的层间阳离子种类决定膨润土的类型,层间阳离子为 Na^+ 时称钠基膨润土;层间阳离子为 Ca^{2+} 时称钙基膨润土;层间阳离子为 H^+ 时称氢基膨润土(活性白土);层间阳离子为有机阳离子时称有机膨润土。

2.1.2 预拌砂浆知识

197. 砌筑砂浆的基本技术要求是什么?

1)要求砌筑砂浆有良好的可操作性,包括流动性、黏聚性和触变性。可操作性良好的砂浆容易在粗糙的块材表面铺成均匀的薄层,且能和底面紧密粘结。使用可操作性良好的砂浆既便于施工操作,提高劳动生产率,又能保证工程质量。同时砌筑砂浆要有较好的保水性,避免砂浆中的水分过早、过多地被块材吸走,影响水泥进一步水化。

2)要求硬化后的砂浆具有一定的抗压强度、粘结强度等,以保证砌体的强度和整体性。

198. 普通干混砂浆如何分类?

干混砌筑砂浆、干混抹灰砂浆、干混地面砂浆和干混普通防水砂浆按强度等级、抗渗等级分类应符合表 2-1-2 的规定。

表 2-1-2 干混砂浆分类

项目	干混砌筑砂浆		干混抹灰砂浆			干混地面砂浆	干混普通防水砂浆
	普通砌筑砂浆(G)	薄层砌筑砂浆(T)	普通抹灰砂浆(G)	薄层抹灰砂浆(T)	机喷抹灰砂浆(S)		
强度等级	M5、M7.5、M10、M15、M20、M25、M30	M5、M10	M5、M7.5、M10、M15、M20	M5、M7.5、M10	M5、M7.5、M10、M15、M20	M15、M20、M25	M15、M20
抗渗等级	—	—	—	—	—	—	P6、P8、P10

199. 干混砂浆如何标记?

干混砂浆按下列顺序标记:干混砂浆代号、型号、主要性能、标准号。

示例 1:干混机喷抹灰砂浆的强度等级为 M10,其标记为 DP-S M10 GB/T 25181—2019。

示例 2:干混普通防水砂浆的强度等级为 M15,抗渗等级为 P8,其标记为 DW M15 P8 GB/T 25181—2019。

200. 什么是干混陶瓷砖粘结砂浆？

用于将陶瓷墙地砖、石材等粘贴到基层上的专用粘结砂浆。

201. 什么是干混界面砂浆？

用于改善砂浆层与基层粘结性能的材料，能够增强对基层的粘结力，也是具有双亲和性的聚合物改性砂浆，具有良好的耐水、耐湿热、抗冻融性能，避免抹灰层空鼓、起壳的现象，从而代替人工凿毛处理工序，省时省力。

202. 自流平地坪砂浆有哪些种类？

自流平地坪砂浆可分为水泥基和石膏基两类。

203. 什么是渗透性？

渗透性是表示外部物质（水、气及溶于气中的其他分子和离子等）入侵砂浆内部难易程度的砂浆性能。

204. 什么是抗渗性？

抗渗性是指其抵抗压力水渗透作用的能力。

205. 什么是抗渗等级？

抗渗性用抗渗等级（符号"P"）表示，抗渗等级是以 28d 龄期的抗渗标准试件，在标准试验方法下所能承受的最大的水压力来确定的。

206. 什么是干混耐磨地坪砂浆？

用于室内、外地面和楼面的砂浆，具有足够的抗压强度、耐腐蚀性能以及优异的耐磨性能。根据集料种类分为非金属氧化物集料耐磨材料（Ⅰ型）、金属氧化物集料或金属集料耐磨材料（Ⅱ型）两种。

207. 什么是实体检测？

由具备检测资质的检测单位采用标准的检验方法，在工程实体上进行原位检测或抽取试样在实验室进行检验的活动。

208. 什么是住宅工程质量通病？

住宅工程完工后易发生的、常见的、影响使用功能和外观质量的缺陷。

209. 什么是住宅工程质量通病控制？

对住宅工程质量通病从勘察设计、材料、施工、管理等方面进行的综合有效的防治方法、措施和要求。

210. 什么是划痕？

表面未破坏但目测观察有明显且无法清洁掉的痕迹。

211. 什么是住宅工程裂缝控制技术措施？

对住宅工程裂缝控制从设计、材料、施工等方面进行的综合有效的防治方法、措施。

212. 什么是点荷法？

在砂浆片大面上施加点载荷推定砌筑砂浆抗压强度的方法。

213. 什么是砂浆片局压法？

采用局压仪对砂浆片试件进行局部抗压测试，根据局部抗压载荷值推定砌筑砂浆抗压强度的方法，也可称为择压法。

214. 什么是筒压法？

将取样砂浆破碎、烘干并筛分成一定级配要求的颗粒，装入承压筒并施加筒压载荷后，测定其破碎程度，用筒压比来检测砌筑砂浆抗压强度的方法。

215. 什么是回弹法？

通过测定回弹值及有关参数检测材料抗压强度和强度均质性的方法。

216. 什么是贯入法？

通过测定钢钉贯入深度值检测构件材料强度的方法。

217. 什么是自收缩？

自收缩是指水泥基胶凝材料在水泥初凝之后恒温、恒重下产生的宏观体积降低。温度越高，水泥用量越大，水泥越细，砂越细，其自收缩越大。

218. 什么是砌体工程？

砌体工程是指在建筑工程中使用普通黏土砖、承重黏土空心砖、蒸压灰砂砖、粉煤灰砖、各种中小型砌块和石材等材料进行砌筑的工程，包括砌砖、石、砌块及轻质墙板等内容。

219. 什么是抹灰工程？

抹灰（亦称粉刷）工程是对建筑物的墙、柱、顶棚及地面表面的保护、美化或某些需要的一种传统做法的装饰工程。

1）按抹灰的部位分为外墙（柱）抹灰、内墙（柱）抹灰、顶棚抹灰和地面抹灰等；

2）按使用要求不同分为一般抹灰和装饰抹灰。一般抹灰指石灰砂浆、水泥砂浆、水泥混合砂浆、聚合物水泥砂浆、麻刀石灰、纸筋石灰、石膏灰等墙面、顶棚的抹灰；装饰抹灰指水刷石、斩假石、干粘石、假面砖等墙（柱、地）面、顶棚饰面的抹灰。

220. 人工砂的总压碎值控制指标是多少？

总压碎指标控制在30%以下。

221. 抹灰工程常用原材料有哪些？

抹灰工程常用原材料有胶凝材料、集料、外加剂、掺合料、纤维材料及颜料等。其中常用的胶凝材料有水泥、石灰及建筑石膏等。

222. 什么是干法施工？有何特点？

干法施工就是施工前不须预先对砖、砌块等块材以及基层等浇水湿润，直接采用高性能砂浆进行干砖砌筑、干墙抹灰，砂浆硬化后自然养护（不需要洒水养护）的一种施工方法。

223. 灌浆砂浆有什么特点？

灌浆砂浆是一种具有高流动性、早强、高强和微膨胀的特殊混凝土材料。它是由特殊胶凝材料、膨胀材料、外加剂和高强集料组成的，将其灌入设备地脚螺栓、后张法预应力混凝土结构孔道等结构孔中，浆体会自行流淌、密实填充结构孔洞，同时，硬化后浆体体积可微膨胀。

224. 灌浆砂浆的种类有哪些？

灌浆砂浆可分为水泥基灌浆材料、树脂基灌浆材料及复合灌浆材料等，属于预拌砂浆范畴的是水泥基灌浆材料。

225. 湿拌砂浆强度等级如何划分？

湿拌抹灰砂浆强度等级划分为 WMM5、WMM7.5、WMM10、WMM15、WMM20；

湿拌砌筑砂浆强度等级划分为 WPM5、WPM7.5、WPM10、WPM15、WPM20、WPM25、WPM30；

湿拌地面砂浆强度等级划分为 WSM15、WSM20、WSM25；

湿拌防水砂浆强度等级划分为 M15、M20。

226. 湿拌砂浆如何分类？

按生产的搅拌形式分为两种：干拌砂浆与湿拌砂浆。按使用功能分为两种：普通预拌砂浆和特种预拌砂浆。按用途分为预拌砌筑砂浆、预拌抹灰砂浆、预拌地面砂浆及其他具有特殊用途的预拌砂浆。按照胶凝材料的种类分为水泥砂浆和石膏砂浆。湿拌砂浆属于普通预拌砂浆，其代号见表 2-1-3。

表 2-1-3　湿拌砂浆代号

品种	湿拌砌筑砂浆	湿拌抹灰砂浆	湿拌地面砂浆	湿拌防水砂浆
代号	WM	WP	WS	WW

227. 湿拌砂浆按技术性能如何分类？

按强度等级、抗渗等级、稠度、保塑时间的分类应符合表 2-1-4 的规定。湿拌砂浆按施工方法分为普通抹灰砂浆和机喷抹灰砂浆，其型号见表 2-1-4。

表 2-1-4　湿拌砂浆分类

项目	WM 湿拌砌筑砂浆	WP 湿拌抹灰砂浆		WS 湿拌地面砂浆	WW 湿拌防水砂浆
		普通 (G)	机喷 (S)		
强度等级	M5、M7.5、M10、M15、M20、M25、M30	M5、M7.5、M10、M15、M20		M15、M20、M25	M15、M20
抗渗等级	—	—		—	P6、P8、P10
稠度（mm）	50、70、90	70、90、100	90、100	50	50、70、90
保塑时间（h）	≥6、≥8、≥12、≥24	≥6、≥8、≥12、≥24		≥4、≥6、≥8	≥6、≥8、≥12、≥24
可根据现场施工条件和施工要求确定					

228. 湿拌砂浆如何标记？

1) 用于预拌砂浆标记的符号，应根据其分类及使用材料的不同按下列规定使用：

(1) DM——干拌砂浆；

(2) DMM——干拌砌筑砂浆；

(3) DPM——干拌抹灰砂浆；

(4) DSM——干拌地面砂浆；

(5) WM——湿拌砌筑砂浆；

(6) WMM——湿拌砌筑砂浆；

(7) WPM——湿拌抹灰砂浆；

(8) WSM——湿拌地面砂浆；

(9) 水泥品种用其代号表示；

(10) 石膏用 G 表示；

(11) 稠度和强度等级用数字表示。

2) 湿拌砂浆标记应按下列顺序：

(1) 湿拌砂浆的代号；

(2) 湿拌砂浆型号，兼有多种类情况可同时标出；

(3) 强度等级；

(4) 稠度控制目标值；

(5) 抗渗等级（有要求时）；

(6) 保塑时间；

(7) 标准号。

229. 湿拌普通抹灰砂浆的强度等级为 M10，稠度为 90mm，保塑时间为 24h，湿拌砂浆如何标记？

湿拌砂浆标记为 WP-G M10-90-24 GB/T 25181—2019。

230. 湿拌砂浆力学性能试验包括哪些项目？

湿拌砂浆力学性能试验包括抗压强度试验、抗折强度试验、拉伸粘结强度试验、砌体抗剪强度、吸水率试验。

231. 湿拌砂浆长期性和耐久性试验包括哪些项目？

湿拌砂浆长期性和耐久性试验包括抗冻试验、抗氯离子渗透试验、抗渗性能试验、静力受压弹性模量试验、收缩试验。

232. 什么是砂浆泵？

把搅拌好的砂浆拌合物喷射到工作面上的装置，可以是与搅拌器配合工作的单机，也可以是与搅拌器合为一体的整体机。

233. 什么是基层？

面层下的构造层，包括填充层、隔离层、找平层等用于墙体饰面的材料层。

234. 什么是界面粗糙度？

界面砂浆在基层上施工后的粗糙程度。

235. 什么是砌体结构？

由块体和砂浆砌筑而成的墙、柱作为建筑物主要受力构件的结构，是砖砌体、砌块砌体和料石砌体结构的统称。

236. 什么是配筋砌体？

由配置钢筋的砌体作为建筑物主要受力构件的结构，是网状配筋砌体柱、水平配筋砌体墙、砖砌体和钢筋混凝土面层或钢筋砂浆面层组合砌体柱（墙）、砖砌体和钢筋混凝土构造柱组合墙和配筋小砌块砌体剪力墙结构的统称。

237. 什么是块体？

砌体所用各种砖、石、小砌块的总称。

238. 什么是小型砌块？

块体主规格的高度大于115mm而又小于380mm的砌块，包括普通混凝土小型空心砌块、轻集料混凝土小型空心砌块、蒸压加气混凝土砌块等，简称小砌块。

239. 什么是蒸压加气混凝土砌块专用砂浆？

与蒸压加气混凝土性能相匹配的，能满足蒸压加气混凝土砌块砌体施工要求和砌体性能的砂浆，分为适用于薄灰砌筑法的蒸压加气混凝土砌块粘结砂浆；适用于非薄灰砌筑法的蒸压加气混凝土砌块砌筑砂浆。

240. 什么是施工质量控制等级？

按质量控制和质量保证若干要素对施工技术水平所做的分级。

241. 什么是裂缝？

在开灯或自然光下，距检查面1m正视（天棚站立仰视）时明显可见的裂纹。

242. 什么是裂纹？

砂浆层表面浅层的细微缝隙。

243. 什么是龟裂？

砂浆层表面的网状缝隙。

244. 什么是瞎缝？

砌体中相邻块体间既无砌筑砂浆又彼此接触的水平缝或竖向缝。

245. 什么是假缝？

为掩盖砌体灰缝内在质量缺陷，砌筑砌体时仅在靠近砌体表面处抹有砂浆，而内部无砂浆的竖向灰缝。

246. 什么是通缝？

砌体中上下皮块体搭接长度小于规定数值的竖向灰缝。

247. 什么是有害裂缝？

影响结构安全或使用功能的裂缝。

248. 什么是起鼓？

砂浆与基层粘结处脱落、表面局部鼓出平面的现象。

249. 什么是脱皮、剥落？

砂浆表面片状脱落的现象。

250. 什么是薄层砌筑法？

采用蒸压加气混凝土砌块粘结砂浆砌筑蒸压加气混凝土砌块墙体的施工方法，水平灰缝厚度和竖向灰缝宽度为 2～4mm，又称薄灰砌筑法。

251. 什么是砂浆强度等级？

根据砌筑砂浆标准试件用标准试验方法测得的抗压强度平均值所划分的强度级别。

252. 什么是抹灰砂浆添加剂？

用于改善抹灰砂浆的工作性、保水性、粘结性、抗开裂性等性能的材料。

253. 什么是湿拌砂浆拌合物的稠度损失？

湿拌砂浆拌合物的稠度值随拌和后时间的延长而逐渐减少的性质称为稠度损失。

254. 什么是砂浆的干缩和湿胀？

砂浆在干燥的空气中因失水引起收缩的现象称为干缩；砂浆在潮湿的空气中因吸水引起体积增加的现象称为湿胀。

255. 什么是湿拌砂浆生产废料？

湿拌砂浆生产中产生的未硬化的砂浆经过分离机分离后的砂、浆水等可回收利用的砂浆材料。

256. 什么是湿拌砂浆生产废水？

清洗湿拌砂浆搅拌设备、运输设备和出料位置地面时所产生的含有水泥、粉煤灰、砂、外加剂等组分的悬浊液，经过分析、检测和试验，大部分废水可以回收利用。

257. 什么是湿拌砂浆生产废水处理系统？

对湿拌砂浆生产废料、废水进行回收和循环利用的设施设备的总称。

258. 什么是条形板？

用于建筑物的非承重隔墙长条形墙板，有空心条板及实心条板。

259. 什么是管理信息系统？

由信号采集设备、数据通信软件和数据库管理软件等计算机软、硬件组成的应用集成系统，能够完成实验室数据的收集、分析、报告和管理。

260. 什么是建筑装饰装修？

为保护建筑物的主体结构、完善建筑物的使用功能和美化建筑物，采用装饰装修材料或饰物对建筑物的内外表面及空间进行的各种处理过程。

261. 什么是基体?

建筑物的主体结构或围护结构。

262. 什么是建筑工程?

通过对各类房屋建筑物和附属构筑物设施的建造和与其配套线路、管道、设备等的安装所形成的工程实体。

263. 什么是返修?

对施工质量不符合标准规定的部位采取的整修等措施。

264. 什么是返工?

对施工质量不符合标准规定的部位采取的更换、重新制作、重新施工等措施。

265. 什么是垂直度?

在规定高度范围内构件表面偏离重力线的程度。

266. 什么是平整度?

结构构件表面凹凸的程度。

267. 什么是尺寸偏差?

实际几何尺寸与设计几何尺寸之间的差值。

268. 什么是变形?

作用引起的结构或构件中两点间的相对位移。

269. 什么是蜂窝?

构件的砂浆表面因缺浆而形成的集料外露、疏松等缺陷。

270. 什么是麻面?

砂浆表面因缺浆而呈现麻点、凹坑和气泡等缺陷。

271. 什么是疏松?

混凝土、砂浆中局部不密实的缺陷。

272. 什么是腐蚀?

建筑构件直接与环境介质接触而产生物理和化学的变化,导致材料的劣化。

273. 什么是锈蚀?

金属材料由于水分和氧气等电化学作用而产生的腐蚀现象。

274. 什么是损伤?

由于载荷、环境侵蚀、灾害和人为因素等造成的构件非正常的位移、变形、开裂以及材料的破损和劣化等。

275. 什么是均值?

随机变量取值的平均水平,《建筑结构检测技术标准》(GB/T 50344—2019)中也称为 0.5 分位值。

276. 什么是方差？

随机变量取值与其均值之差的二次方的平均值。

277. 什么是标准差？

随机变量方差的正平方根。

278. 什么是标准值？

随机变量具有 95％保证率的特征值，《建筑结构检测技术标准》（GB/T 50344—2019）也称为分布函数 0.05 分位值。

279. 什么是受力裂缝？

作用在建筑上的力或载荷在构件中产生内力或应力引起的裂缝，也可称为"载荷裂缝"或"直接裂缝"。

280. 什么是变形裂缝？

由于温度变化、体积胀缩、不均匀沉降等间接作用导致构件中产生强迫位移或约束变形而引起的裂缝，也可称"非受力裂缝"或"间接裂缝"。

281. 什么是结构缝？

为减小不利因素的影响，主动设置缝隙用以将建筑结构分割为若干独立单元的间隔。包括伸缩缝、沉降缝、体型缝和抗震缝等。

282. 什么是裂缝控制？

通过设计、材料使用、施工、维护、管理等措施，防止建筑工程中产生裂缝或将裂缝控制在一定限度内的技术活动。

283. 什么是裂缝处理？

对建筑中已产生的裂缝采取遮掩、修补、封闭、加固等措施，以消除其不利影响的技术活动。

284. 什么是喷浆？

采用专业设备将浆料直接喷射到作业面上的施工工艺。

285. 什么是胶料？

由有机材料和增稠类外加剂等，按一定的比例混合而成的材料。

286. 什么是喷浆浆料？

由混凝土界面砂浆和水配制而成，或由胶料、水泥、细集料和水配制而成，用于混凝土基层喷浆处理的材料。

287. 什么是混凝土界面处理剂？

用于改善混凝土、加气混凝土、粉煤灰砌块等表面粘结性能，增强界面附着能力的处理剂，分为树脂类界面处理剂和水泥基聚合物界面处理剂。

288. 什么是干粉类界面剂？

由水泥、聚合物胶粉、填料和相关的外加剂组成的干粉类产品，使用时需与水或其他液体混合物拌和后使用。

289. 什么是液体类界面剂？

含聚合物分散液的液状产品，有时需与水泥和水等按比例拌和后使用，有时单独使用。

290. 什么是滑移？

在垂直面上，用梳理后的胶粘剂涂层粘结后试验砖的向下位移量。

291. 什么是晾置时间？

涂胶后至叠合试件能满足规定的拉伸粘结强度指标时的最大时间间隔。

292. 什么是横向变形？

硬化的条状胶粘剂试件承受三点弯曲，试件中心出现裂纹时产生的最大位移。

293. 什么是熟化时间？

从加水拌和到可以使用的时间间隔。

294. 什么是水泥基胶粘剂？

由水硬性胶凝材料、矿物集料、有机外加剂组成的粉状混合物，使用时需与水或其他液体拌和。

295. 什么是膏状乳液胶粘剂？

由水性聚合物乳液、有机外加剂和矿物填料等组成的膏糊状混合物，可直接使用。

2.1.3　试验检验

296. 什么是负压筛析法？

用负压筛析仪，通过负压源产生的恒定气流，在规定的筛析时间内使试验筛内的水泥达到筛分。

297. 什么是水筛法？

将试验筛放在水筛座上，用规定压力的水流，在规定时间内使试验筛内的水泥达到筛分。

298. 什么是基准水泥？

专门用于检测混凝土、砂浆外加剂性能的 P·I 型硅酸盐水泥，水泥比表面积为 (350 ± 10) m²/kg，且碱含量不超过 1.0%。该水泥所用熟料的铝酸三钙含量为 6%～8%，硅酸三钙含量为 55%～60%，游离氧化钙含量不超过 1.2%。

299. 什么是手工筛析法？

将试验筛放在接料盘（底盘）上，用手工按照规定的拍打速度和转动角度，对水泥进行筛析试验。

300. 负压筛析法的注意事项有哪些？

1）筛析试验前，应把负压筛放在筛座上，盖上筛盖，接通电源、检查控制系统，调节负压至4000～6000Pa范围内。

2）试验前要检查被测样品，水泥样品应充分拌匀，通过0.9mm的方孔筛，记录筛余物情况，不得受潮、结块或混有其他杂质。

3）负压筛析仪工作时，应保持水平，避免外界振动和冲击。

4）取试样精确至0.01g，置于洁净的负压筛中，放在筛座上，盖上筛盖，接通电源，开动筛析仪连续筛析2min，在此期间如有试样附着在筛盖上，可轻轻地敲击筛盖使试样落下。筛毕，用天平称量全部筛余物。

5）每做完一次筛析试验，应用毛刷清理一次筛网，其方法是用毛刷在试验筛正、反两面刷几次，清理筛余物。每次试验后在试验筛正反面的清理次数应相同，否则会大大影响筛析结果。

6）使用时间过长时应检查负压值是否正常。如不正常，可将吸尘器卸下，打开吸尘器将筒内灰尘和过滤布袋上附着的灰尘等清理干净，使负压恢复正常。

301. 什么是重复性限？

一个数值，在重复性条件下，两个测试结果的绝对差小于或等于此数的概率为95%。

302. 手工筛析法检验细度应注意哪些事项？

1）水泥样品应充分拌匀，通过0.9mm的方孔筛，记录筛余物情况。

2）手工筛要保持清洁、干燥，筛孔畅通。

3）称取试样（精确至0.01g），倒入手工筛内。用一只手持筛往复摇动，另一只手轻轻拍打，往复摇动和轻轻拍打过程应保持近于水平。

4）拍打速度每分钟约120次，每40次向同一方向转动60°。

5）试样要均匀分布在筛网上，直至每分钟通过的试样量不超过0.03g为止。

303. 用筛析法检验细度时对称量质量的要求是什么？

现行《水泥细度检验方法 筛析法》（GB/T 1345）规定：试验时，$80\mu m$筛析试验称取试样25g，$45\mu m$筛析试验称取试样10g，精确到0.01g。

304. 什么是再现性条件？

在不同的实验室，由不同的操作员使用不同设备，按相同的测试方法，对同一被测对象相互独立进行的测试条件。

305. 什么是工程质量验收？

建筑工程质量在施工单位自行检查合格的基础上，由工程质量验收责任方组织，工程建设相关单位参加，对检验批、分项、分部、单位工程及其隐蔽工程的质量进行抽样检验，对技术文件进行审核，并据设计文件和相关标准以书面形式对工程质量是否达到合格作出确认。

306. 什么是防水透气性？

加强建筑的气密性、水密性，同时又可使围护结构及室内潮气得以排出的性能。

307. 什么是型式检验？

由生产厂家委托具有相应资质的检测机构，对定型产品或成套技术的全部性能指标进行的检验，其检验报告为型式检验报告。通常在产品定型鉴定、正常生产期间规定时间内、出厂检验结果与上次型式检验结果有较大差异、材料及工艺参数改变、停产后恢复生产或有型式检验要求时进行。

308. 温度应力的定义是什么？

湿拌砂浆温度变形受到约束时，在湿拌砂浆内部产生的应力。

309. 收缩应力的定义是什么？

湿拌砂浆收缩变形受到约束时，在砂浆内部产生的应力。

310. 内聚力的定义是什么？

法向应力为零时土粒间的抗剪强度，也称黏聚力。

311. 什么是企业实验室？

接受企业法定代表人授权，从事本企业的原材料、混凝土、预拌砂浆的质量检验及技术活动的企业内部管理部门。

312. 什么是试验方案？

针对新产品研发及新材料、新技术应用、特殊工程、生产或施工工艺变化等开展的试验设计、规划。

313. 什么是不合格品？

经检验判定，不符合接收准则的混凝土、砂浆及其原材料。

314. 什么是进场验收？

对进入施工现场的建筑材料、构配件、设备及器具，按相关标准的要求进行检验，并对其质量、规格及型号等是否符合要求做出确认的活动。

315. 什么是验收批？

由同种材料、相同施工工艺、同类基体或基层的若干个检验批构成，用于合格性判定的总体。

316. 什么是主控项目？

建筑工程中的对安全、节能、环境保护和主要使用功能起决定性作用的检验项目。

317. 什么是一般项目？

除主控项目以外的检验项目。

318. 什么是抽样方案？

根据检验项目的特性所确定的抽样数量和方法。

319. 什么是计数检验？

通过确定抽样样本中不合格的个体数量，对样本总体质量做出判定的检验方法。

320. 什么是计量检验？

以抽样样本的监测数据计算总体均值、特征值或推定值，并以此判断或评估总体质量的检验方法。

321. 什么是错判概率？

合格批被判为不合格批的概率，即合格批被拒收的概率，用 α 表示。

322. 什么是漏判概率？

不合格批被判为合格批的概率，即不合格批被误收的概率，用 β 表示。

323. 什么是观感质量？

通过观察和必要的测试所反映的工程外在质量和功能状态。

324. 怎样确定试验用筛修正系数？

试验用筛修正系数是用标准粉来测定的，测定时用试验筛筛析标准粉，测出标准粉在试验筛上的筛余。每个试验筛的标定应称取两个标准样品连续进行，中间不得插做其他样品试验。两个样品筛余结果的算术平均值为最终值，但当两个样品筛余结果相差大于 0.3% 时，应称取第三个样品进行试验，并将接近的两个结果进行平均作为最终结果。

修正系数按下式计算：

$$C=F_s/F_t$$

式中　C——试验筛修正系数；

　　F_s——标准样品的筛余标准值（%）；

　　F_t——标准样品在试验筛上的筛余值（%）。

修正系数计算精确至 0.01。

当 C 值在 0.80～1.20 范围内时，试验筛可以继续使用，C 可作为结果修正系数。

当 C 值超出 0.80～1.20 范围时，试验筛应予淘汰。

325. 什么是推荐掺量范围？

由外加剂生产企业根据试验结果确定的、推荐给使用方的外加剂掺量范围。

326. 什么是适宜掺量？

满足相应的外加剂标准要求时的外加剂掺量，由外加剂生产企业提供，适宜掺量应在推荐掺量的范围之内。

327. 什么是推荐最大掺量？

推荐掺量范围的上限。

328. 什么是推荐检验掺量？

外加剂生产企业提供给检验机构的、用于按照产品标准评定外加剂产品质量时的外加剂掺量，以占胶凝材料总量的质量百分数表示。

329. 什么是出厂检验？

在湿拌砂浆出厂前对其质量进行的检验。

330. 什么是交货检验？

在交货地点对湿拌砂浆质量进行的检验。

331. 什么是交货地点？

供需双方在合同中确定的交接湿拌砂浆的地点。

332. 什么是真空保水率测定仪？

用于测量砂浆试件吸水量大小的试管。

333. 什么是专用容器？

专用容器是指施工现场用于储存湿拌砂浆的容器，应具有保温、保湿、搅拌、使用方便等功能。

334. 什么是卡斯通管？

用于测定砂浆保水性的装置，反映新拌砂浆拌合物中的拌合水不易被附着基面吸取或向空气中蒸发的能力。

335.《水泥胶砂强度检验方法（ISO 法）》（GB/T 17671）对实验室设备及环境条件的基本要求是什么？

1）胶砂试体成型实验室的温度应保持在（20±2）℃，相对湿度应不低于 50%。

2）胶砂试体带模养护的养护箱或雾室温度保持在（20±1）℃，相对湿度应不低于 90%。

3）胶砂试体养护池水温应在（20±1）℃范围内。

4）实验室空气温度和相对湿度及养护池水温在工作期间每天至少记录一次。

养护箱或雾室的温度与相对湿度至少每 4h 记录一次，在自动控制的情况下记录次数可以酌减至 1d 记录两次。在温度给定范围内，控制所设定的温度应在此范围中。

为满足设备中规定的公差要求，试验时对设备的正确操作很重要。当定期控制检测发现公差不符时，该设备应替换，或及时进行调整和修理。控制检测记录应予保存。对新设备的接收检测应包括《水泥胶砂强度检验方法（ISO 法）》（GB/T 17671）规定的质量、体积和尺寸范围，对公差规定的临界尺寸要特别注意。

336. 在物理试验前，为何要将样品混合均匀？

在水泥制成过程中，由于各种物料（如熟料、石膏和混合材等）成分及在不同的时间间隔内不完全一样，相应地引起水泥成分有所波动。如果试验前不将样品混合均匀，必然使所做试验失去代表性，达不到样品检测的目的。因此，在物理试验前，必须将样品混合均匀。

337. 制备水泥胶砂试体有哪些注意事项？

1）胶砂的质量配合比应为一份水泥、三份标准砂和半份水（水灰比为 0.50）。一锅胶砂制成三条试体，每锅材料需要量为通用硅酸盐水泥（450±2）g、标准砂（1350±5）g、水（225±1）mL。

2）当试验水泥从取样至试验要保持24h以上时，应把它贮存在基本装满和气密的容器里，这个容器应不与水泥发生反应。

3）标准砂使用中国ISO标准砂。

4）验收试验或有争议时应使用符合《分析实验室用水规格和试验方法》（GB/T 6682—2008）规定的三级水，其他试验可用饮用水。

5）水泥、砂、水和试验用具的温度与实验室相同，称量用的天平精度为±1g。

6）当用自动滴管加225mL水时，滴管精度应达到±1mL。

7）每锅胶砂用搅拌机进行机械搅拌。先使搅拌机处于工作状态，然后按以下程序进行操作：

（1）把水加入锅里，再加入水泥，把锅放在固定架上，上升至固定位置。

（2）立即开动机器，先低速搅拌（30±1）s后，在第二个（30±1）s开始的同时均匀地将砂加入。把搅拌机调至高速再拌（30±1）s。

（3）停拌90s，在停拌开始的（15±1）s内，将搅拌锅放下，用刮刀将叶片、锅壁和锅底上的胶砂刮入锅中。

（4）在高速下继续搅拌（60±1）s。

338. 水泥标准稠度用水量如何测定？

1）准备工作和净浆制备步骤

维卡仪的滑动杆能自由滑动；试模和玻璃底板用湿布擦拭，将试模放在底板上；调整至试杆接触玻璃板时指针对准零点；搅拌机运行正常。

（1）称取500g水泥试样，并根据水泥的品种、混合材掺量、细度等，量取该试样达到标准稠度时大致所需的水量。

（2）搅拌锅和搅拌叶片先用湿布擦过，将拌合水倒入搅拌锅内，然后在5～10s内小心将称好的500g水泥加入水中，防止水和水泥溅出；拌和时，先将锅放在搅拌机的锅座上，升至搅拌位置，启动搅拌机，低速搅拌120s，停15s，同时将叶片和锅壁上的水泥刮入锅中间，接着高速搅拌120s停机。

2）标准稠度用水量（标准法）操作方法

（1）拌和结束后，立即取适量水泥净浆一次性将其装入已置于玻璃底板上的试模中，浆体超过试模上端，用宽约25mm的直边刀轻轻拍打超出试模部分的浆体5次，以排除浆体中的孔隙。

（2）在试模上表面约1/3处，略倾斜于试模，分别向外轻轻锯掉多余净浆，再从试模边沿轻抹顶部一次，使净浆表面光滑。在锯掉多余净浆和抹平的过程中，注意不要压实净浆。

（3）抹平后迅速将试模和底板移到维卡仪上，并将其中心定在试杆下，降试杆直至与水泥净浆表面接触，拧紧螺钉1～2s后，突然放松，使试杆垂直自由地沉入水泥净浆中。在试杆停止沉入或释放试杆30s时记录试杆距底板之间的距离。升起试杆后，立即擦净，整个操作应在搅拌后1.5min内完成。

（4）以试杆沉入净浆并距底板（6±1）mm的水泥净浆为标准稠度净浆。其拌和用水量为该水泥的标准稠度用水量（P），按水泥质量的百分比计。

3）标准稠度用水量（代用法）测定

可采用调整水量和不变水量两种方法中任一种测定，发生争议时以调整水量法为准，操作方法简述如下：

（1）拌和完毕，立即将净浆一次装入试模内，装入量比锥模容量稍多一点，但不要过多，然后用小刀插捣5次并轻振5次，排除净浆表面气泡并填满模内。

（2）用小刀从模中心线开始分两下刮去多余的净浆，然后一次抹平，迅速放到试锥下固定位置上。

（3）将试锥降至净浆表面，拧紧螺钉，然后突然放松，让试锥自由沉入净浆中，到试锥停止下沉或释放试针30s时记录试锥下沉深度。整个操作应在搅拌后1.5min内完成。

（4）用调整水量方法测定时，以试锥下沉深度（30±1）mm时的净浆拌和用水量为该水泥的标准稠度用水量（P），按水泥质量的百分比计。如下沉深度超出范围，需另称试样，调整水量，重新试验，直至达到（30±1）mm为止。

（5）采用不变水量法测定时，拌和用水量为142.5mL，水量准确至0.5mL。根据试锥下沉深度 S（mm），按公式 $P=33.4\sim0.185S$ 计算得到标准稠度用水量。当试锥下沉深度小于13mm时，应改用调整水量方法测定。

339. 水泥的凝结时间是如何定义的？如何测定水泥的凝结时间？

1）水泥的凝结时间分为初凝时间和终凝时间。初凝时间为水泥加水拌和起至水泥浆开始失去可塑性的时间；终凝时间为水泥加水拌和起到水泥浆完全失去可塑性并开始产生强度的时间。

2）测定凝结时间的操作步骤具体如下：

（1）将按标准稠度用水量检验方法拌制好的水泥净浆一次装入圆模，刮平，放入湿气养护箱。

（2）记录水泥全部加入水中的时间，并以此作为凝结时间的起始时间。加水后30min，从养护箱内取出试件进行第一次测定。测定时，试件放至试针下面，使试针与净浆表面接触，拧紧螺钉1～2s后突然放松，使试针自由沉入净浆，观察试针停止下沉或释放试针30s时指针读数。最初测定时，应轻扶测定仪的金属棒，使其徐徐下降，以防试针撞弯。最后仍以自由下落测得的结果为准。

（3）临近初凝时间时每隔5min（或更短时间）测定一次，当试针沉至距底板（4±1）mm时为水泥达到初凝状态，从水泥全部加入水中至初凝状态的时间为水泥的初凝时间，用"min"来表示。

（4）初凝后把试针换为终凝针，同时立即将圆模连同浆体以平移的方法从玻璃板取下，翻转180°，直径大端向上、小端向下放在玻璃板上，再放入湿气养护箱中继续养护，临近终凝时间时每隔15min（或更短时间）测定一次。当试针沉入试体0.5mm时，即环形附件开始不能在试体上留下痕迹时，为水泥达到终凝状态，由水泥全部加入水中至终凝状态的时间为水泥的终凝时间，用"min"来表示。

340. 测定凝结时间试验的操作步骤中应注意哪些事项?

1) 在最初测定的操作时,应轻轻扶持金属柱,使其徐徐下降,以防试针撞弯。结果以自由下落为准。

2) 在整个测试过程中试针沉入的位置至少距试模内壁 10mm。临近初凝时,每隔 5min(或更短时间)测定一次,临近终凝时每隔 15min(或更短时间)测定一次,到达初凝时立即重复测一次,当两次结论相同时才能确定到达初凝状态。到达终凝时,需要在试体另外两个不同点测试,确认结论相同才能确定到达终凝状态。每次测定不能让试针落入原针孔。

3) 每次测试完毕必须将试针擦净并将试模放回湿气养护箱内,整个测试过程要防止试模受振。

4) 可以使用能得出与标准中规定方法相同结果的凝结时间自动测定仪,有矛盾时以标准规定方法为准。

341. 什么是重复性条件?

在同一实验室,由同一操作员使用相同的设备,按相同的测试方法,在短时间内对同一被测对象相互独立进行的测试条件。

342. 水泥安定性试验操作方法(代用法)是什么?

1) 从按标准稠度用水量标准试验步骤制成的净浆中取出一部分,分成两等份,使之成球形,放在涂油的玻璃板上,轻轻振动玻璃板。

2) 用湿布擦过的小刀,由边缘向中央抹,做成直径 70~80mm,中心厚约 10mm,边缘渐薄,表面光滑的试饼。

3) 将试饼放入湿气养护箱内养护(24±2)h。

4) 脱去玻璃板取下试饼,在试饼无缺陷的情况下将试饼放在沸煮箱水中的箅板上,在(30±5)min 内加热至沸并恒沸(180±5)min,然后取出检验。

343. 如何正确使用雷氏夹?

雷氏夹结构单薄,受力不当容易产生变形,所以使用时应注意以下几点:

1) 脱模时用手给指针根部一个适当的力,可以使模型内的试块脱开而又不损害模型的弹性。

2) 脱模后应尽快用棉丝擦去雷氏夹试模黏附的水泥浆,顺着雷氏夹的圆环上下擦动,避免切口缝因受力不当而拉开。因故不能马上擦模时,可将雷氏夹在煤油中存放。

3) 在一般情况下,雷氏夹使用半年后进行弹性检验。如果试验中发现膨胀值大于 40mm 或有其他损害时,应立即进行弹性检验,符合要求方可继续使用。

344. 水泥试体成型及养护为何要严格控制温、湿度?

1) 水泥质量检验国家标准对实验室温、湿度,养护箱温、湿度,以及养护水的温度都有明确的规定。

2) 温湿度对水泥的水化、凝结、硬化影响很大,一般来说,温度越高,水泥水化、凝结、硬化就越快,而且在不同的温度下水化产物的形态和性质也是不同的。湿度若过小，水泥水化受影响，水泥试体会产生干缩裂纹，引起表面破坏。

3）为了使水泥检验结果具有可比性，就必须规定实验室的温湿度条件，并且要求严格执行。

345. 水泥胶砂试体强度试验的龄期如何规定？

1）试体龄期从水泥加水搅拌开始试验时算起。

2）不同龄期强度试验在下列时间里进行：24h±15min；48h±30min；72h±45min；7d±2h；28d±8h。

346. 砂的试验如何取样？

1）从料堆上取样时，取样部位应均匀分布。取样前将取样部位表层铲除，然后由各部位抽取大致相等的砂共8份组成一组样品。

2）从皮带运输机上取样时，应在皮带运输机机尾的出料处用接料器定时抽取砂4份组成各自一组样品。

3）从火车、汽车、货船上取样时，应从不同部位和深度抽取大致相等的砂8份组成各自一组样品。

4）每组样品应妥善包装，避免组料散失，防止污染，并附样品卡片，标明样品的编号、取样时间、代表数量、产地、样品量，要求检验项目及取样方式等。

347. 砂取样后，如何对试样进行缩分？

砂的样品缩分方法可选择下列两种方法之一：

1）用分料器缩分：将样品在潮湿状态下拌和均匀，然后将其通过分料器，留下两个接料斗中的一份，并将另一份再次通过分料器。重复上述过程，直至把样品缩分到试验所需量为止。

2）人工四分法缩分：将样品置于平板上，在潮湿状态下拌和均匀，并堆成厚度约为20mm的"圆饼"状，然后沿互相垂直的两条直径把"圆饼"分成大致相等的四份，取其对角的两份重新拌匀，再堆成"圆饼"状。重复上述过程，直至把样品缩分后的材料量略多于进行试验所需量为止。

注：堆积密度、机制砂坚固性试验所用试样可不经缩分，在拌匀后直接进行试验。

348. 如何检测砂中的含泥量？

1）将来样用四分法缩分至每份约1100g，置于温度为（105±5）℃的烘箱中烘干至恒重，冷却至室温后，称取约400g的试样两份备用。

2）取烘干的试样一份置于筒中，并注入洁净的水，使水面高出砂面约150mm，充分拌和均匀后，浸泡2h，然后用手在水中淘洗试样，使尘屑、淤泥和黏土与砂粒分离，并使之悬浮或溶于水中。缓缓地将浑浊液倒入公称粒径为1.25mm、80μm的方孔套筛上，滤去小于80μm的颗粒，试验前筛子的两面应先用水湿润，在整个试验过程中应注意避免砂粒丢失。

3）再次加水于容器中，重复上述过程，直至筒内砂样洗出的水清澈为止。

4）用水淋洗剩留在筛上的细粒，并将80μm筛放在水中（使水面略高出筛中砂粒的上表面）来回摇动，以充分洗除小于80μm的颗粒。然后将两只筛上剩余的颗粒和容器中已经洗净的试样一并装入浅盘，置于温度为（105±5）℃的烘箱中烘干至恒重，取出来冷却至室温后，称取试样的质量（m_1）。

5）砂中含泥量应按下式计算，精确至0.1%。

$$w_c = \frac{m_0 - m_1}{m_0} \times 100\%$$

式中　w_c——砂的含泥量（%）；

　　　m_0——试验前的烘干试样质量（g）；

　　　m_1——试验后的烘干试样质量（g）。

以两个试样试验结果的算术平均值作为测定值。两次结果之差大于0.5%时，应重新取样进行试验。

349. 如何检测砂的含水率？

1）由密封的样品中各取500g的试样两份，分别放入已知质量的干燥容器（m_1）中称量，记下每盘试样与容器的总量（m_2），将容器连同试样放入温度为（105±5）℃的烘箱中烘干至恒重，称量烘干后的试样与容器的总量（m_3）。

2）砂的含水率按下式计算，精确至0.1%。

$$\omega_{wc} = \frac{m_2 - m_3}{m_3 - m_1} \times 100\%$$

式中　ω——砂的含水率（%）；

　　　m_1——容器质量（g）；

　　　m_2——未烘干的试样与容器总质量（g）；

　　　m_3——烘干后的试样与容器总质量（g）。

以两次试验结果的算术平均值为测定值。

350. 砂的颗粒级配试验步骤是什么？

1）准确称取烘干试样500g（特细砂可称250g），置于按筛孔大小顺序排列（大孔在上、小孔在下）的套筛的最上一只筛（公称直径为5.00mm的方孔筛）上，将套筛装入摇筛机内固紧，筛分10min；然后取出套筛，再按筛孔从大到小的顺序，在清洁的浅盘上逐一进行手筛，直到每分钟的筛出量不超过试样总量的0.1%时为止；通过的颗粒并入下一只筛子，并和下一只筛子中的试样一起进行手筛。按这样的顺序依次进行，直至所有筛子全部晒完为止。

注：（1）当试样含泥量超过5%时，应先将试样水洗，然后烘干至恒重，再进行筛分；

（2）无摇筛机时，可改用手筛。

2）试样在各只筛子上的筛余量均不得超过按下式计算得出的剩留量，否则应将该筛的筛余试样分成两份或数份，再次进行筛分，并以其筛余量之和作为该筛的筛余量。

$$m_r = A\sqrt{\frac{d}{300}}$$

式中　m_r——某一筛上的剩留量（g）；

　　　d——筛孔边长（mm）；

　　　A——筛的面积（mm²）。

3）称取各筛筛余试样的质量（精确至1g），所有各筛的分计筛余量和底盘中的剩余量之和与筛分前的试样总量相比，相差不得超过1%。

4）筛分析试验结果应按下列步骤计算：

（1）计算分计筛余（各筛上的筛余量除以试样总量的百分率），精确至0.1%；

（2）计算累计筛余（该筛的分计筛余与筛孔大于该筛的各筛的分计筛余之和），精确至0.1%；

（3）根据各筛两次试验累计筛余的平均值，评定该试样的颗粒级配分布情况，精确至1%；

（4）砂的细度模数应按下式计算，精确至0.01。

$$\mu_f = \frac{\beta_2 + \beta_3 + \beta_4 + \beta_5 + \beta_6 - 5\beta_1}{100 - \beta_1}$$

式中　　　　　　　　μ_f——砂的细度模数；

β_1、β_2、β_3、β_4、β_5、β_6——公称直径 5.00μm、2.50μm、1.25μm、630μm、315μm、160μm 方孔筛上的累计筛余。

以两次试验结果的算术平均值作为测定值，精确至0.1。当两次试验所得的细度模数之差大于0.20时，应重新取试样进行试验。

351. 水泥强度检验的意义是什么？

水泥强度是水泥重要的物理力学性能之一，是硬化的水泥石能够承受外力破环的能力。根据受力形式的不同，水泥强度的表示方法通常有抗压、抗折两种，它们之间有内在的联系。由于在水泥混凝土中主要使用抗压强度，因此水泥强度一般由水泥的28d抗压强度来表示。

水泥强度等级一般由水泥3d、28d龄期的强度指标来划分，通过检验水泥强度，一方面可确定水泥强度等级，评价水泥质量的好坏；另一方面可为设计水泥混凝土（砂浆）强度等级提供依据。

352. 水泥细度的检验方法有哪几种？

现行《水泥细度检验方法 筛析法》（GB/T 1345）规定了筛析法的三种细度检验方法：负压筛析法、水筛法、手工筛析法。三者测定结果发生争议时，以负压筛析法为准。

三种检验方法采用45μm和80μm方孔筛对水泥试样进行筛析试验，用筛余物的质量百分数来表示水泥样品的细度。

1）负压筛析法用负压筛析仪，通过负压源产生的恒定气流，在规定的筛析时间内使试验筛内的水泥达到筛分。

2）水筛法将试验筛放在水筛座上，用规定压力的水流，在规定时间内使试验筛内的水泥达到筛分。

3）手工筛析法将试验筛放在接料盘（底盘）上，用手工按照规定的拍打速度和转动角度，对水泥进行筛析试验。

353. 怎样确定试验用筛修正系数？

试验用筛修正系数是用标准粉来测定的，测定时用试验筛筛析标准粉，测出标准粉在试验筛上的筛余。每个试验筛的标定应称取两个标准样品连续进行,中间不得插做其他样品试验。两个样品筛余结果的算术平均值为最终值,但当两个样品筛余结果相差大于 0.3% 时,应称取第三个样品进行试验,并取接近的两个结果进行平均作为最终结果。

修正系数按下式计算:

$$C = F_n / F_t$$

式中 C——试验筛修正系数;

F_n——标准样品的筛余标准值(%);

F_t——标准样品在试验筛上的筛余值(%)。

修正系数计算精确至 0.01。

当 C 值在 0.80~1.20 范围内时,试验筛可以继续使用,C 值可作为结果修正系数。

当 C 值超出 0.80~1.20 范围时,试验筛应予淘汰。

354. 外加剂试验用什么样的水?

所用的水为蒸馏水或同等纯度的水(水泥净浆流动度、水泥砂浆减水率除外)。

355. 什么是点样及混合样?

点样是在一次生产的产品所得试样,混合样是 3 个或更多的点样等量均匀混合而取得的试样。

356. 什么是空白试验?

使用相同量的相同原材料,不加入试样,按照相同的测定步骤进行试验,对得到的测定结果进行校正。

357. 外加剂匀质性的灼烧指什么?

将滤纸和沉淀放入预先已灼烧并恒量的坩埚中,为避免产生火焰,在氧化性气氛中缓慢干燥、灰化,灰化至无黑色炭颗粒后,放入高温炉中,在规定的温度下灼烧。在干燥器中冷却至室温,称量。

358. 什么是恒量?

经第一次灼烧、冷却、称量后,通过连续每次 15min 的灼烧,然后冷却,称量的方法来检查恒定质量。当连续两次称量之差小 0.0005g 时,即达到恒量。

359. 外加剂的 pH 如何检测?

根据能斯特(Nernst)方程 $E = E_0 + 0.05915 lg^{[H+]}$,$E = E_0 - 0.05915 pH$,利用一对电极在不同 pH 溶液中能产生不同电位差,这一对电极由测试电极(玻璃电极)和参比电极(饱和甘汞电极)组成,在 25℃ 时每相差一个单位 pH 时产生 59.15mV 的电位差,pH 可在仪器的刻度表上直接读出。

360. 检测 pH 的仪器和测试条件有什么要求?

仪器要求如下:酸度计;甘汞电极;玻璃电极;复合电极;天平:分度值 0.0001g。

测试条件如下:液体试样直接测试;粉体试样溶液的浓度为 10g/L;被测溶液的温度为(20±3)℃。

361. 检测 pH 的试验步骤有什么规定？

1) 按仪器的出厂说明书校正仪器。

2) 当仪器校正好后，先用水再用测试溶液冲洗电极，然后将电极浸入被测溶液中轻轻摇动试杯，使溶液均匀。待酸度计的读数稳定 1min，记录读数。测量结束后，用水冲洗电极，以待下次测量。

3) 酸度计测出的结果即为溶液的 pH。

4) 重复性限 0.2；再现性限 0.5。

362. 再生水、洗刷水作为湿拌砂浆用水取样有何要求？

再生水应在取水管道终端接取；湿拌砂浆企业设备洗刷水应沉淀后，在池中距水面 100mm 以下采集。

363. 进行湿拌砂浆拌合物性能试验时，试验环境有何要求？

试验环境相对湿度不宜小于 50%，温度应保持在（20±5）℃；所用材料、试验设备、容器及辅助设备的温度宜与实验室温度保持一致。

现场试验时，应避免湿拌砂浆拌合物试样受到风、雨雪及阳光直射的影响。

364. 湿拌砂浆性能试验时，拌合物的取样要求是什么？

同一组湿拌砂浆拌合物，应在同一盘湿拌砂浆或同一车湿拌砂浆中取样。取样量应多于试验所需量的 4 倍。

湿拌砂浆拌合物的取样应具有代表性，宜采用多次采样的方法。宜在同一盘湿拌砂浆或同一车湿拌砂浆中的 1/4 处、1/2 处和 3/4 处分别取样，并搅拌均匀；第一次取样和最后一次取样的时间间隔不宜超过 15min。

宜在取样后 5min 内开始各项性能试验。

施工中取样进行砂浆试验时，其取样方法和原则应按相应的施工验收规范执行。一般在使用地点的砂浆槽、砂浆运送车或搅拌机出料口，至少从三个不同部位取样。现场取来的试样，试验前人工应搅拌均匀。从取样完毕到开始进行各项性能试验不宜超过 15min。

365. 拌合物取样记录及试验报告包括哪些内容？

生产取样记录应包括取样日期、时间和取样人、工程名称、结构部位、湿拌砂浆搅拌时间、湿拌砂浆标记、取样方法、试样编号、试样数量、环境温度及取样的天气情况、取样湿拌砂浆的温度等。

试验制备湿拌砂浆拌合物时，还应记录：试验环境温度，试验环境湿度，各种原材料品种、规格、产地及性能指标，湿拌砂浆配合比和每盘湿拌砂浆的材料用量。

366. 湿拌砂浆稠度试验的试验设备有哪些具体要求？

砂浆稠度仪：如图 2-1-1 所示，由试锥、容器和支座三部分组成。试锥由钢材或铜材制成，试锥高度为 145mm，锥底直径为 75mm，试锥连同滑杆的质量应为（300±2）g；盛载砂浆容器由钢板制成，筒高为 180mm，锥底内径为 150mm；支座分底座、支架及刻度显示三个部分，由铸铁、钢及其他金属制成。

钢制捣棒：直径 10mm、长 350mm，端部磨圆。

秒表等。

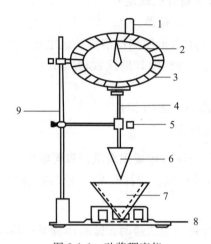

图 2-1-1　砂浆稠度仪

1—齿条测杆；2—摆针；3—刻度盘；4—滑杆；5—制动螺丝；

6—试锥；7—盛装容器；8—底座；9—支架

367. 如何测定湿拌砂浆稠度？

1）应先采用少量润滑油轻擦滑杆，再将滑杆上多余的油用吸油纸擦净，使滑杆能自由滑动。

2）应先采用湿布擦净盛浆容器和试锥表面，再将砂浆拌合物一次装入容器；砂浆表面宜低于容器口 10mm，用捣棒自容器中心向边缘均匀地插捣 25 次，然后轻轻地将容器摇动或敲击 5～6 下，使砂浆表面平整，然后将容器置于稠度测定仪的底座上。

3）拧开制动螺丝，向下移动滑杆，当试锥尖端与砂浆表面刚接触时，应拧紧制动螺丝，使齿条测杆下端刚接触滑杆上端，并将指针对准零点上。

4）拧开制动螺丝，同时计时间，10s 时立即拧紧螺丝，将齿条测杆下端接触滑杆上端，从刻度盘上读出下沉深度（精确至 1mm），即为砂浆的稠度值。

5）盛浆容器内的砂浆，只允许测定一次稠度，重复测定时，应重新取样测定。

6）数据处理：同盘砂浆应取两次试验结果的算术平均值作为测定值，并应精确至 1mm；当两次试验值之差大于 10mm 时，应重新取样测定。

368. 如何测定稠度损失率？

1）应测量出机时湿拌砂浆拌合物的初始坍落度值 H_0。

2）将全部湿拌砂浆拌合物试样装入塑料桶或不被水泥浆腐蚀的金属桶内，应用桶盖或塑料薄膜密封静置。

3）自搅拌加水开始计时，静置 60min 或 120min 后应将桶内湿拌砂浆拌合物试样全部倒入搅拌机内，搅拌 20s，进行湿拌砂浆试验，得出 60min 或 120min 后稠度值 H_{60} 或 H_{120}。

4）计算初始稠度值与 60min 或 120min 后稠度值的差值，可得到 60min 或 120min

后湿拌砂浆稠度经时损失试验结果。

5）当工程要求调整静置时间时，应按实际静置时间测定并计算湿拌砂浆稠度经时损失。

369. 测定稠度损失率试验条件有什么规定？

标准试验条件：环境温度（20±5）℃。

标准存放条件：环境温度（23±2）℃，相对湿度（55±5）%。

370. 湿拌砂浆试件成型前，试模选择应注意哪些问题？

1）应采用立方体试件，每组试件应为 3 个。试模应符合现行行业标准《混凝土试模》（JG/T 237）的有关规定。

2）应定期对试模进行核查，核查周期不宜超过 3 个月。

3）试件成型前，应检查试模的尺寸并应符合标准的有关规定；应将试模擦拭干净，在其内壁上均匀地涂刷一薄层矿物油或其他不与混凝土发生反应的隔离剂，试模内壁隔离剂应均匀分布，不应有明显沉积。应采用黄油等密封材料涂抹试模的外接缝，试模内应涂刷薄层机油或隔离剂。应将拌制好的砂浆一次性装满砂浆试模，成型方法应根据稠度而确定。当稠度大于 50mm 时，宜采用人工插捣成型；当稠度不大于 50mm 时，宜采用振动台振实成型。

371. 采用振动台振实制作试件有哪些具体要求？

1）将湿拌砂浆拌合物一次性装入试模，装料时应用抹刀沿试模内壁插捣，并使湿拌砂浆拌合物高出试模上口 6～8mm。

2）试模应附着或固定在振动台上，振动时应防止试模在振动台上自由跳动，振动 5～10s 或持续到表面出浆为止，不得过振。

3）试件成型后刮除试模上口多余的湿拌砂浆，待湿拌砂浆临近初凝时，用抹刀沿着试模口抹平。

4）制作的试件应有明显和持久的标记，且不破坏试件。

372. 采用人工插捣制作试件有哪些具体要求？

1）湿拌砂浆拌合物应分两层装入模内，每层的装料厚度应大致相等。

2）宜用直径 ϕ10mm 的插入式振捣棒，插捣应按螺旋方向从边缘向中心均匀进行。在插捣底层湿拌砂浆时，捣棒应贯穿整体达到试模底部；插捣时捣棒应保持垂直，不得倾斜，插捣后应用油灰刀沿试模内壁插拔数次。

3）插捣后用手将试模一边抬高 5～10mm 各振动 5 次，使砂浆高出试模顶面 6～8mm。

4）试件成型后刮除试模上口多余的湿拌砂浆，待湿拌砂浆临近初凝时，用抹刀沿着试模口抹平。

5）制作的试件应有明显和持久的标记，且不破坏试件。

373. 湿拌砂浆抗压强度试验设备有哪些要求？

1）试模：应为 70.7mm×70.7mm×70.7mm 的带底试模，应具有足够的刚度并拆装方便。试模的内表面不平度应为每 100mm 不超过 0.05mm，组装后各相邻面的不垂直度不应超过±0.5°。

2）钢制捣棒：直径为10mm，长度为350mm，端部磨圆。

3）压力试验机：精度应为1%，试件破坏荷载应不小于压力机量程的20%，且不应大于全量程的80%。

4）垫板：试验机上下压板及试件之间可垫以钢垫板，垫板的尺寸应大于试件的承压面，其不平度应为每100mm不超过0.02mm。

5）振动台：空载中台面的垂直振幅应为（0.5±0.05）mm，空载频率应为（50±3）Hz，空载台面振幅均匀度不应大于10%，一次试验应至少能固定3个试模。

374. 湿拌砂浆试件标准养护龄期有何要求？

湿拌砂浆试件制作后，应在温度为（20±5）℃的环境下静置（24±2）h，对试件进行编号、拆模。气温较低或者凝结时间大于24h的砂浆，可适当延长时间。试件拆模后应立即放入温度为（20±2）℃、相对湿度为90%以上的标准养护室中养护。养护期间，试件彼此间隔不得小于10mm，混合砂浆、湿拌砂浆试件上面应覆盖，防止有水滴在试件上；从搅拌加水开始计时，标准养护龄期应为28d，也可根据相关标准要求增加7d或14d。有特殊试验验证需求时，试件的养护龄期可根据设计龄期或需要进行确定，一般可选择龄期3d、7d、14d、28d、56d等。

375. 湿拌砂浆立方体抗压强度试压试验步骤如何操作？

湿拌砂浆立方体抗压强度试验应按下列步骤进行：

1）试件到达试验龄期时，提前从养护室取出，从养护地点取出后，应检查其尺寸及形状，检查其外观，并应计算试件的承压面积。当实测尺寸与公称尺寸之差不超过1mm时，可按照公称尺寸进行计算；试件取出后需晾干水分进行试验，因砂浆试块内部孔隙较多，当砂浆试块含水量高时，其强度偏低。

2）试件放置试验机前，应将试件表面与上下承压板面擦拭干净。

3）以试件成型时的侧面为承压面，应将试件安放在试验机的下压板或垫板上，试件的中心应与试验机下压板中心对准。

4）将试件安放在试验机的下压板或下垫板上，试件的承压面应与成型时的顶面垂直，试件中心应与试验机下压板或下垫板中心对准。开动试验机，当上压板与试件或上垫板接近时，调整球座，使接触面均衡受压。

5）承压试验应连续而均匀地加荷，加荷速度应为0.25~1.5kN/s；砂装强度不大于2.5MPa时，宜取下限。当试件接近破坏而开始迅速变形时，停止调整试验机油门，直至试件破坏，然后记录破坏载荷。

376. 湿拌砂浆立方体试件抗压强度试验结果计算及确定如何要求？

1）砂浆立方体抗压强度计算公式：

$$f_{m,cu} = K \frac{N_u}{A}$$

式中　$f_{m,cu}$——砂浆立方体试件抗压强度（MPa），应精确至0.1MPa；

　　　N_u——试件破坏荷载（N）；

A——试件承压面积（mm^2）；

K——换算系数，取 1.35（建议为了工程更安全，有关企业也可以选取 1.0～1.2）。

2）应以三个试件测值的算术平均值作为该组试件的砂架立方体抗压强度平均值（f_2），精确至 0.1MPa。

3）当三个测值的最大值或最小值中有一个与中间值的差值超过中间值的 15％时，应把最大值及最小值一并舍去，取中间值作为该组试件的抗压强度值。

4）当两个测值与中间值的差值均超过中间值的 15％时，该组试验结果应为无效。

2.1.4 预拌砂浆生产应用

377. 什么是出机温度？

湿拌砂浆拌合物生产拌和出料时的温度。

378. 什么是受冻临界强度？

冬期施工的湿拌砂浆在受冻以前必须达到的最低强度。

379. 什么是等效龄期？

湿拌砂浆在养护期间温度不断变化，在这段时间内，其养护效果等同于在标准条件下养护所达到的效果所需的时间。

380. 什么是成熟度？

湿拌砂浆在养护期间养护温度和养护时间的乘积。

381. 生产现场原材料应如何贮存？

1）各种原材料应分仓贮存，并应有明显的标识。

2）水泥应按生产厂家、水泥品种及强度等级分别标识和贮存，并应有防潮、防污染措施。不应采用结块的水泥。

3）细集料应按品种、规格分别贮存。必要时，宜进行分级处理。细集料贮存过程中应保证其均匀性，不应混入杂物。贮存地面应为能排水的硬质地面。

4）矿物掺合料应按生产厂家、品种、质量等级分别标识和贮存，不应与水泥等其他粉状材料混杂。

5）外加剂、添加剂等应按生产厂家、品种分类标识和贮存，并应具有防止质量发生变化的措施。

382. 砂浆、混凝土防水剂产品说明书、包装、出厂、运输和贮存有何规定？

1）产品出厂时应提供产品说明书，产品说明书应包括下列内容：

（1）生产厂名称；

（2）产品名称及等级；

（3）适用范围；

（4）推荐掺量；

（5）产品的匀质性指标；

（6）有无毒性；

（7）易燃状况、贮存条件及有效期；

（8）使用方法和注意事项等。

2）包装。粉状防水剂应采用有塑料袋衬里的编织袋包装，每袋净质量（25±0.5）kg或（50±1）kg。液体防水剂应采用塑料桶、金属桶包装或用槽车运输。产品也可根据用户要求进行包装。所有包装容器上均应在明显位置注明以下内容：产品名称和质量等级、型号、产品执行标准、商标、净质量或体积（包括含量或浓度）、生产厂家、有效期限。生产日期和出厂编号应在产品合格证中予以说明。

3）出厂。凡有下列情况之一者，不得出厂：技术资料（产品说明书、合格证、检验报告）不全、包装不符、质量不足、产品受潮变质，以及超过有效期限。

4）运输和贮存。防水剂应存放在专用仓库或固定的场所妥善保管，以易于识别和便于检查、提货为原则。搬运时应轻拿轻放，防止破损，运输时避免受潮。

383. 湿拌砂浆用水的标准要求是什么？

砂浆用水需符合现行《混凝土用水标准》（JGJ 63）要求，可拌制各种湿拌砂浆；满足湿拌砂浆拌合用水要求即可满足湿拌砂浆养护用水要求。

384. 地面工程施工质量验收依据哪个标准？

地面工程施工质量验收依据现行国家标准《建筑地面工程施工质量验收规范》（GB 50209），建筑地面是指建筑物底层地面（地面）和楼层地面（楼面）的总称。

385. 养护用水有哪些技术要求？

养护用水可不检验不溶物、可溶物、可不检验水泥凝结时间和水泥胶砂强度；其他检验项目应符合现行《混凝土用水标准》（JGJ 63）的规定。

386. 混凝土基层包括哪些方面？

混凝土基层包括现场浇筑混凝土墙面、混凝土砌块类墙面、混凝土构件面、混凝土预制构件面。

387. 什么是受力裂缝？

作用在建筑上的力或载荷在构件中产生内力或应力引起的裂缝，也可称为"荷载裂缝"或"直接裂缝"。

388. 什么是变形裂缝？

由于温度变化、体积胀缩、不均匀沉降等间接作用导致构件中产生强迫位移或约束变形而引起的裂缝，也可称"非受力裂缝"或"间接裂缝"。

389. 硬化湿拌砂浆物理性能包含哪些内容？

密实度、孔隙率、渗透性、吸水性和放热性能。

390. 硬化湿拌砂浆力学性能包含哪些内容？

抗压强度、粘结强度、抗折强度、砌体抗剪强度。

391. 抹灰施工前为什么要对基层表面洒水？

大气干燥炎热时，水分蒸发较快，砂浆会因失水而影响强度的发展，可根据现场条件采取相应的遮阳措施。施工前，对基层表面洒水湿润，可避免基层从砂浆中吸取较多的水分。

392. 为什么提倡采用机械喷涂抹灰？

机械喷涂抹灰可加快施工进度，减少人力，提高施工质量，是施工的趋势。

393. 砌体工程验收依据哪个标准？

砌体工程验收依据现行国家标准《砌体结构工程施工质量验收规范》（GB 50203）。

394. 外加剂使用时有哪些注意事项？

外加剂的使用效果受到多种因素的影响，因此，选用外加剂时应特别予以注意。

1）使用任何外加剂前都应进行相应的试验，确保能达到或满足预期的要求。

2）验证外加剂与水泥（包括掺合料）之间的适应性。

3）任何两种及以上的外加剂共同使用时，必须进行相容性试验。

4）理解各种外加剂的作用，根据湿拌砂浆性能要求正确使用外加剂。

5）每种外加剂都有其适用范围和合理掺量，使用范围不当、掺量过大或过小都有可能产生不利的结果。

395. 水泥的取样方法是什么？

1）出厂水泥和交货验收检验样品应严格按国家或行业标准所规定的编号、吨位数取样。水泥进场时按同品种、同强度等级编号和取样。袋装水泥和散装水泥分别进行编号和取样。每一编号为一取样单位。

2）取样应有代表性。可连续取，亦可从 20 个以上不同部位取等量样品，总量至少为 12kg。

3）交货验收中所取样品应与合同或协议中注明的编号、吨位相符。以抽取实物试样的检验结果为验收依据时，买卖双方应在发货前或交货地共同取样和签封，取样数量为 20kg；以生产者同编号水泥的检验报告为验收依据时，在发货前或交货时买方在同编号水泥中取样，双方共同签封后由卖方保存 90d。

396. 对水泥检验和交货验收样品的制样和留样有哪些要求？

1）水泥试样必须充分拌匀并通过 0.9mm 方孔筛，并注意记录筛余物。

2）抽取实物样交货验收的样品，经充分拌匀后缩分为二等份，一份由卖方保存 40d，另一份由买方按规定的项目和方法进行检验；以水泥厂同编号水泥的检验报告为验收依据时所取样品，双方共同签封后由卖方保存 90d，或认可卖方自行取样、签封并保存 90d 的同编号水泥的封存样。

3）生产厂家内部封存样和买卖双方签封的封存样应用食品塑料袋封装，并放入密封良好的留样桶内。所有封存样品应放入干燥的环境中。

4）留样及交货验收中的封存样都应有留样卡或封条，注明水泥品种、强度等级、编号、包装日期及留样人等；封条上应注明取样日期、封存期限、水泥品种、强度等级、出厂编号、混合材品种和掺量、出厂日期、签封人姓名等。

397. 封存水泥样品时使用食品塑料薄膜袋的原因是什么？

为了防止水泥吸潮、风化，水泥留样时要求用食品塑料薄膜袋装好，并扎紧袋口，放入留样桶中密封存放。食品塑料薄膜袋不同于非食品塑料薄膜袋。非食品塑料薄膜袋上有一层增塑剂，它们大多是挥发性很强的脂类化合物。如将它用于水泥留样包装，可挥发性的有机物就会吸附在水泥颗粒表面上，形成一层难透水的薄膜，阻隔水泥颗粒与水的接触，降低水泥的水化反应能力，使水泥强度下降。而食品塑料薄膜袋上则没有这种带挥发性的增塑剂。所以要求水泥留样应用食品塑料薄膜袋包装，而不能用非食品塑料薄膜袋。

398. 砂浆中掺入粉煤灰后对砂浆性能有哪些影响？

因粉煤灰的品质对砂浆的性能有较大的影响，因此需合理选用粉煤灰，并根据试验确定最合适的掺量。

1）砂浆拌合物性能

品质优良的粉煤灰具有减水作用，因此可减少砂浆需水量。粉煤灰的形态效应、微集料效应可提高砂浆的密实性、流动性和塑性，减少泌水和离析；另外可延长砂浆的凝结时间。掺入粉煤灰后砂浆变得黏稠柔软，不容易泌水，改善了砂浆的操作性能。

2）强度

通常情况，随粉煤灰掺量的增加，砂浆强度下降幅度增大，尤其是早期强度降低更为明显，但后期强度提高。粉煤灰取代水泥量与超量系数有关，通过调整粉煤灰超量系数可使砂浆强度等同于基准砂浆。

3）弹性模量

粉煤灰砂浆的弹性模量与抗压强度成正比关系，相比普通砂浆，粉煤灰砂浆的弹性模量 28d 后等于甚至高于相同抗压强度的普通砂浆。粉煤灰砂浆弹性模量与抗压强度一样，也随龄期的增长而增长；如果由于粉煤灰的减水作用而减少了新拌砂浆的用水量，则这种增长速度比较明显。

4）变形能力

粉煤灰砂浆的徐变特性与普通砂浆没有多大差异。粉煤灰砂浆由于有比较好的工作性，砂浆更为密实，某种程度上会有比较低的徐变。相对而言，由于粉煤灰砂浆早期强度比较低，在加荷初期各种因素影响徐变的程度可能高于普通砂浆。

由于粉煤灰改善了普通砂浆的工作性，因而其收缩会比普通砂浆低；由于粉煤灰的未燃碳会吸附水分，因此同样工作性的情况下，粉煤灰烧失量越高，粉煤灰砂浆的收缩也越大。

5）耐久性

一般认为，由于粉煤灰改善了砂浆的孔结构，故其抗渗性要好于普通砂浆。随粉煤灰掺量的增加，粉煤灰砂浆抗渗性将提高。研究结果表明，粉煤灰砂浆比普通砂浆有更好的抗硫酸盐侵蚀的能力。一般认为，粉煤灰砂浆优异的抗硫酸盐侵蚀的能力，既是其物理性能的表现，又是化学性质的表现：（1）由于粉煤灰的火山灰化学反应，减少了砂浆和混凝土中的 $Ca(OH)_2$ 以及游离氧化钙的量；（2）由于粉煤灰通常降低砂浆的需水量，改善砂浆的工作性，同时二次水化产物填充砂浆和混凝土中粗大毛细孔而提高其抗渗性。

399. 墙面装饰工程抹灰砂浆的抗裂性可按什么方法进行评估?

墙面装饰工程抹灰砂浆的抗裂性可按抹灰砂浆抗裂性能圆环试验进行评估。

400. 室内地面装修工程施工应符合什么规定?

1）地面装修工程应在变形稳定的土层或满足刚度要求的楼面结构上施工。

2）回填土应夯实,且应使地面沉降与管沟沉降相一致。

401. 墙面装修工程启动时应符合什么要求?

墙面装修工程启动时,承重墙体的搁置时间不宜少于 45d,内隔墙和框架填充墙的搁置时间不宜少于 30d;墙面装饰工程施工前,应对墙体存在的裂缝和缺陷进行处理。

402. 控制砌体裂缝混凝土空心砌块墙体芯柱施工有哪些规定?

混凝土空心砌块墙体芯柱施工应采用专用振捣机具,施工缝宜留在块材的半高处,施工缝的界面应在继续施工前进行清洁处理。

403. 为什么喷浆施工前应清理混凝土基层面?

因油污及隔离剂附着在混凝土基层会使喷浆层不能有效牢固附着于混凝土基层面。为保证水泥胶砂与混凝土基层面有效牢固附着,还应对基层面的小孔洞用与所喷浆料相同的配合比浆料修补,并将混凝土基层面喷水充分润湿。

404. 为什么正式喷浆前,应进行现场墙面试喷?

为保证混凝土基层喷浆的质量,并考虑到作业面施工完成后进行检测的难度及滞后性,在正式施工前必须进行试喷,且经监理验收合格后方可实施正式喷浆。

405. 混凝土基层喷浆施工养护符合什么规定?

喷浆完毕 12h 后应采用喷雾养护,喷雾程度应保持墙面完全湿润,每天 2~3 次,喷雾养护不应少于 3d。在干燥高温及风大季节,每天还应增加喷雾次数以保证喷浆面充分润湿,经养护达到要求强度。

406. 混凝土基层喷浆施工应按照哪些规定划分检验批?

1）室外喷浆施工每一栋楼每 3000~5000m² 应划分为一个检验批,不足 3000m² 也应划分为一个检验批。

2）室内喷浆施工每 50 个自然间（大面积房间、走廊按喷浆面积 30m² 为一间）应划分为一个检验批,且面积不应大于 1000m²,不足 50 间也应划分为一个检验批。

407. 混凝土基层抹灰喷涂施工检查数量应符合哪些规定?

1）室外喷浆施工每 100m² 应至少检查一处,每处不得小于 10m²。

2）室内喷浆施工每个检验批应至少抽查 10%,并不得少于 3 间,不足 3 间时应全数检查。

408. 如何留置砂浆试块?

检验水泥砂浆强度试件的组数,按每一层（或检验批）建筑地面工程不应少于 1 组。当每一层（或检验批）建筑地面工程面积大于 1000m² 时,每增加 1000m² 应增加 1

组试块，小于 1000m² 按 1000m² 计算。当改变配合比时，应相应地增加试块组数。

409. 如何选择干混砂浆用砂？

1）砂浆中的集料是不参与化学反应的惰性材料，在砂浆中起骨架或填料的作用。掺加集料可以调整砂浆的密度，控制材料的收缩性能等。砂浆中所用的细集料必须经过筛分，粒径不应大于 4.75mm。

2）由于砂越细，其总表面积越大，包裹在其表面的浆体就越多。当砂浆拌合物的稠度相同时，细砂配制的砂浆就要比中粗砂配制的砂浆需要更多的浆体，由于用水量多了，砂浆强度也会下降。因此，优先选用中粗砂配制砂浆，但还需根据砂浆的用途、使用部位、基体等进行选取。如砌筑砂浆，对于砖砌体，宜采用中砂；对于毛石砌体，由于毛石表面多棱角，粗糙不平，宜采用粗砂。对于抹灰砂浆，砂的细度模数不宜小于 2.4。

3）颗粒级配。集料的细度模数越小，砂浆的需水量也越大；空隙率越大，砂浆的需水量也越大。尤其是灰砂比较小时，这种影响更明显。因此，为了满足所需强度，所用集料的空隙率越小，细度模数越大，胶凝材料用量就越小。

级配合格的集料堆积起来空隙率低，在砂浆中可形成良好的骨架，既可节省水泥，又能得到和易性好、较密实的砂浆。对级配不合格的集料要进行适当的掺配、调整，使其合格。

4）颗粒形状及表面特征。山砂或机制砂的颗粒多具有棱角，表面粗糙，与水泥粘结较好，强度高，但砂浆流动性差；河砂的颗粒多呈圆形，表面光滑，与水泥粘结较差，强度较低，但砂浆和易性好，节省水泥。

5）集料吸水率。集料的吸水率越大，砂浆的需水量也越大，导致砂浆强度降低。

410. 干混砂浆包装有何要求？

1）干混砂浆可采用散装和袋装。

2）袋装干混砂浆每袋净含量不应少于其标志质量的 99％。随机抽取 20 袋，总质量不应少于标志质量的总和。包装袋应符合现行《干混砂浆包装袋》（BB/T 0065）的规定。

3）袋装干混砂浆包装袋上应有标志标明产品名称、标记、商标、加水量范围、净含量、使用说明、生产日期或批号、贮存条件及保质期、生产单位、地址和电话等。

411. 干混砂浆贮存有何要求？

1）干混砂浆在贮存过程中不应受潮和混入杂物。不同品种和规格型号的干混砂浆应分别贮存，不应混杂。

2）袋装干混砂浆应贮存在干燥环境中，应有防雨、防潮、防扬尘措施。贮存过程中，包装袋不应破损。

3）袋装干混砌筑砂浆、抹灰砂浆、地面砂浆、普通防水砂浆、自流平砂浆的保质期自生产日起为 3 个月，其他袋装干混砂浆的保质期自生产日起为 6 个月。散装干混砂浆的保质期自生产日起为 3 个月。

412. 干混砂浆运输有何要求？

1）干混砂浆运输时，应有防扬尘措施，不应污染环境。

2）散装干混砂浆宜采用散装干混砂浆运输车运送，并提交与袋装标志相同内容的卡片，并附有产品说明书。散装干混砂浆运输车应密封、防水、防潮，并宜有收尘装置。砂浆品种更换时，运输车应清空并清理干净。

3）袋装干混砂浆可采用交通工具运输。运输过程中不得混入杂物，并应有防雨、防潮和防扬尘措施。袋装砂浆搬运时，不应摔包、不应自行倾卸。

413. 湿拌砂浆生产及搅拌时间是如何规定的？

1）湿拌砂浆宜采用符合现行《建筑施工机械与设备 混凝土搅拌机》（GB/T 9142）要求的固定式搅拌机进行搅拌，搅拌机叶片和衬板间隙宜小于 5mm。宜采用独立的生产线。

2）湿拌砂浆的搅拌时间应参照搅拌机的技术参数、砂浆配合比、外加剂和添加剂的品种及掺量、投料量等通过试验确定，砂浆拌合物应搅拌均匀，且从全部材料投完算起搅拌时间不应少于 30s。

3）湿拌砂浆在生产过程中产生的废水、废料、粉尘和噪声等应符合环保要求，不得对周围环境造成污染，所有粉料的输送及计量工序均应在封闭状态下运行，并应有收尘装置。集料堆场应有防扬尘措施。

414. 湿拌砂浆生产工艺主要有哪些？

湿拌砂浆生产工序主要有原材进场、集料筛分和分级储存、配料计量（原材料计量根据生产材料进行配合比的调整检测确定）、混合搅拌、成品储罐运送。湿拌砂浆的典型生产操作工艺如下：

1）投料

（1）水泥砂浆投料顺序为砂→水泥→水和外加剂。先将砂与水泥干拌均匀，再加水和外加剂拌和。

（2）水泥混合砂浆投料顺序为砂→水泥→掺合料→水和外加剂。应先将砂与水泥干拌均匀，再加掺合料，最后加水和外加剂拌和。

（3）掺用外加剂时，应先将外加剂按规定浓度溶于水中，在拌合水投入时投入外加剂溶液，外加剂不得直接投入拌制的砂浆中。

2）砂浆搅拌

自投料完算起，搅拌时间应符合下列规定：

（1）水泥砂浆和水泥混合砂浆不得少于 2min。

（2）掺用粉煤灰和外加剂的砂浆不得少于 3min。

（3）湿拌砂浆因有新工艺外加剂的添加，其搅拌时间根据材料性能、生产设备情况等，特别是外加剂的分散速率等特性而定，因有的外加剂分散很快，60s 就搅拌开，有的外加剂需 120s，有的生产设备的搅拌速度快、有的搅拌速度慢等，外加剂品种不同，搅拌时间也不同，根据外加剂厂家技术要求和生产实际情况制定；达到满足实际施工需求的湿拌砂浆性能指标就可以。

3）砂浆检测：配比确定检测→生产检测→出厂检测→工地现场交货检测。

4）砂浆运输、储存：生产现场（专用砂浆搅拌罐车）→工地现场（专用砂浆储存池）→推砂浆专用车和砂浆施工存储箱到砂浆施工点。

5）工艺流程设计图

湿拌砂浆的典型生产工艺流程如图 2-1-2 所示。

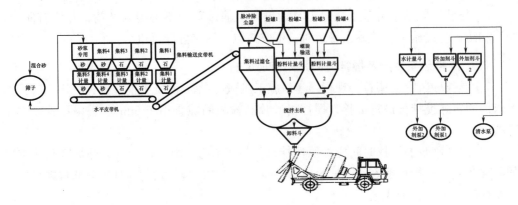

图 2-1-2　典型的湿拌砂浆和混凝土共用生产线示意图

湿拌砂浆生产的基本工艺流程如图 2-1-3 所示。

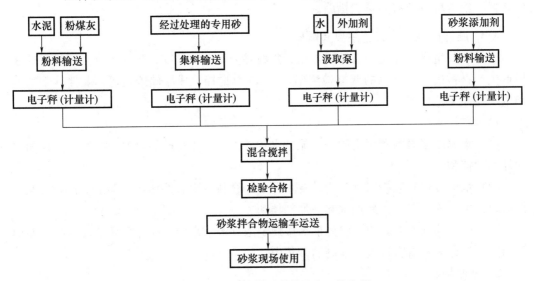

图 2-1-3　湿拌砂浆生产的基本工艺流程

415. 湿拌砂浆原材料储存仓及各个材料装置有什么特性？

1）集料堆场分原材砂（未筛）、成品砂仓，砂料堆场的地坪采用商品混凝土铺成，并有可靠的排水功能，雨天不积水。不同规格的集料应分别堆放，并有醒目的标志，标明品种、规格，防止混料和误用。

2）水泥、粉煤灰储存有筒仓

（1）一般水泥料仓设 2 个、掺合料料仓设 2 个，各 200t。

（2）每个筒仓有醒目的标志，标明其所存放的原材料的品种。在每个筒仓的进料口也应有与筒仓相一致的标志，在每仓进料口加锁，并有专人负责进料管理，进一步防止进料和用料发生错误，造成质量事故。

（3）筒仓密封性能良好，防止原材料受潮。为了防止筒仓因内部起拱造成出料不畅，在筒仓锥体部位设置高压空气进气口用于破拱。

（4）筒仓的出料采用螺旋输送机。在螺旋输送机和筒仓之间应设有闸门，这有利于螺旋输送机的维修和保养。筒仓为钢结构件，由支架、筒体、翻板门、仓顶收尘器、破拱装置、输料管组成。粉料靠压力空气通过输料管被送入筒仓，仓内产生的压力气体通过仓顶收尘器排放出去。各水泥仓中均设有上下料位指示器，可显示料仓空满状态。翻板门为常开状态，如螺旋机输送量较大，影响计量精度，可适当调整翻板门的位置。维修螺旋机时，可关闭翻板门。当粉料计量速度减慢时，可按下筒仓破拱按钮 3～5s，不要按时间过长，以免将水泥振实。仓顶收尘机安装于筒仓顶部，用于阻止水泥车向仓中注灰时，仓内气压增大，造成粉尘外溢。仓内混合气体中的悬游固体粒子通过收尘机与气体分离，排放出干净的气体。

3）供水、液态外加剂系统

供水系统由潜水泵、管路、阀等组成。水泵位于蓄水池内，工作时能确保水泵内部充满水，保证供水可靠。水泵的开关由储水箱内的液位计传输的空满信号来控制。其工作流程为蓄水池→潜水泵→截止阀→截止阀→储水箱→冲洗水枪。液态外加剂供给系统由耐腐泵、附加剂储罐、附加剂搅拌装置、管路等组成。其工作流程为储罐→截止阀→耐蚀泵→外加剂箱→气动蝶阀→外加剂秤。外加剂储罐安装机械搅拌装置，防止溶液在罐底结晶。

外加剂秤斗底部安装溢流装置，当外加剂计量超差时，打开超计量放料蝶阀，放到设定计量值时关闭，放出的溶液通过管路流回储箱。如果计量后的混合液体不允许与储箱内液体混合，可打开球阀（安装在储箱附近），人工放出。

416. 生产过程中，质检员如何做好质量检查工作?

1）生产前应检查湿拌砂浆所用原材料的品种、规格是否满足生产配合比要求。检查生产设备和控制系统是否正常、计量设备是否归零。

2）对进厂使用的砂原材料每班检查不少于 2 次，保证砂过筛量满足生产需求，上料正确，质量满足砂浆配合比质量要求。砂含水率的检验每工作班不应少于 1 次；当雨雪天气、筛网损坏等外界影响导致砂含水率、砂含石变化时，应及时检验。

3）检查粉料仓、外加剂仓的仓位是否正确，材料使用应与砂浆配合比通知单相一致。

4）加强对原材料计量设备的检查。

5）冬期施工，应按现行《建筑工程冬期施工规程》（JGJ/T 104）规定抽检砂、水、外加剂、环境、拌合物出机温度。砂浆出机温度不应低于 10℃，施工使用温度不应低于 5℃。

6）湿拌砂浆质量检验的取样、试件制作等应符合国家相应标准的要求。

7）湿拌砂浆生产过程中，还应对计量设备的运行情况进行巡回检查，如液体外加剂上料过程中，蝶阀开关是否关闭严密，是否有外加剂渗漏情况等。

8）湿拌砂浆原材料、计量、搅拌、稠度、密度、保水时间、保塑时间抽检等相关检查记录应齐全，包括日期、湿拌砂浆配合比通知单编号、原材料名称、品种、规格、每盘湿拌砂浆用原材料称量的标准值、实际值、计量偏差、搅拌时间、稠度、密度、保水时间等。

417. 生产原材料的计量是如何规定的？允许偏差是多少？

固体原材料的计量应按质量计，水和液体外加剂的计量可按体积计。

原材料的计量允许偏差应符合湿拌砂浆原材料计量允许偏差，见表 2-1-5 的规定。

表 2-1-5　湿拌砂浆原材料计量允许偏差

原材料品种	水泥	细集料	矿物掺合料	外加剂	添加剂	水
每盘计量允许偏差（%）	±2	±3	±2	±2	±2	±2
累计计量允许偏差（%）	±1	±2	±1	±1	±1	±1

注：累计计量允许偏差是指每一运输车中各盘砂浆的每种原材料计量和的偏差。

418. 湿拌砂浆冬期施工中，原材料加热有什么要求？

湿拌砂浆冬期施工时，温度低于 0℃时砂浆工程施工一般就停止了若工程赶工期有特殊需求，可依据现行《建筑工程冬期施工规程》（JGJ/T 104），对砂浆原材料加热、搅拌、运输。注意加热后的原材料对砂浆保塑时间及砂浆其他性能的影响，根据需求试验验证，以不影响砂浆保塑时间及砂浆其他性能为原则选用。

1）宜优先采用加热水的方法。当加热水仍不能满足要求时，可对砂进行加热。水和砂加热的最高温度应符合表 2-1-6 的规定。

表 2-1-6　水和集料加热的最高温度　　　　　　　　（℃）

水泥强度等级	拌合水	集料
小于 42.5	80	60
42.5、42.5R 及以上	60	40

2）当水和砂的温度仍不能满足热工计算要求时，可提高水温至 100℃，但水泥不得与 80℃以上的水直接接触。

3）水泥不得直接加热。

4）水加热可采用水箱内蒸汽加热、蒸汽（热水）排管循环加热等方式。加热使用的水箱应予保温，其容积能使水达到规定的使用要求。

5）对拌合水加热要求水温准确、供应及时，有足够的热水量，保证先后用水温度一致。

419. 冬期施工期规定时间有什么要求？

室外日平均气温连续 5d 稳定低于 5℃时，作为划定冬期施工的界限，其技术效果和经济效果均比较好。若冬期施工期规定得太短，或者应采取冬期施工措施却没有采取，都会导致技术上的失误，造成工程质量事故；若冬期施工期规定得太长，将增加冬期施工费用和工程造价，并给施工带来麻烦。

420. 冬期施工，生产过程中的测温有什么要求？

冬期施工，湿拌砂浆生产过程中的测温项目与频次标准中无具体要求，可根据生产施工的实际需求及参考混凝土测温施工规定进行；测温频次应符合表 2-1-7 的规定。

表 2-1-7　冬期施工生产过程中的测温项目与频次

测温项目	频次
环境温度	每昼夜不少于 4 次，并测量最高、最低温度
搅拌层温度	每一工作班不少于 4 次
水、水泥、矿物掺合料、砂、外加剂温度	每一工作班不少于 4 次
拌合物出机温度	每一工作班不少于 4 次

421. 冬期施工砌筑工程所用材料应符合哪些规定？

1）砖、砌块在砌筑前，应清除表面污物、冰雪等，不得使用遭水浸和受冻后表面结冰、污染的砖或砌块。

2）砌筑砂浆宜采用普通硅酸盐水泥配制，不得使用无水泥拌制的砂浆。

3）砂浆所用砂中不得含有直径大于 10mm 的冻结块或冰块。

4）石灰膏、电石渣膏等材料应有保温措施，遭冻结时应经融化后方可使用。

5）砂浆拌合水温不宜超过 80℃，砂加热温度不宜超过 40℃，且水泥不得与 80℃ 以上热水直接接触；砂浆稠度宜较常温适当增大，且不得二次加水调整砂浆和易性。

422. 什么砂中不能含有冰块和大于 10mm 的冻结块？

砂中含有冰块和大于 10mm 的冻结块，将影响砂浆的均匀性、强度增长和砌体灰缝厚度的控制。

423. 砌体工程冬期施工有何规定？

1）砌筑施工时，砂浆温度不应低于 5℃。

2）当设计无要求且最低气温等于或低于 -15℃ 时，砌体砂浆强度等级应较常温施工提高一级。

3）氯盐砂浆中复掺引气型外加剂时，应在氯盐砂浆搅拌的后期掺入。

4）采用氯盐砂浆时，应对砌体中配置的钢筋及钢预埋件进行防腐处理。

5）砌体采用氯盐砂浆施工，每日砌筑高度不宜超过 1.2m，墙体留置的洞口距交接墙处不应小于 500mm。

424. 什么情况不得采用掺氯盐的砂浆砌筑砌体？

1）对装饰工程有特殊要求的建筑物；

2）使用环境湿度大于 80% 的建筑物；

3）配筋、钢预埋件无可靠防腐处理措施的砌体；

4）接近高压电线的建筑物（如变电所、发电站等）；

5）经常处于地下水位变化范围内，以及在地下未设防水层的结构。

425. 冬期砂浆施工有什么规定？

1）室外工程施工不得在五级及以上大风或雨、雪天气下进行。施工前，应采取挡风措施。

2）外墙抹灰后需进行涂料施工时，抹灰砂浆内所掺的防冻剂品种应与所选用的涂料材质相匹配，具有良好的相溶性，防冻剂掺量和使用效果应通过试验确定。

3）砂浆施工前，应将墙体基层表面的冰、雪、霜等清理干净。

4）室内抹灰前，应做好屋面防水层、保温层及室内封闭保温层。

5）室内装饰施工可采用建筑物正式热源、临时性管道或火炉、电气取暖。若采用火炉取暖，应采取预防煤气中毒的措施。

6）室内抹灰、块料装饰工程施工与养护期间的温度不应低于5℃。

7）冬期抹灰及粘贴面砖所用砂浆应采取保温、防冻措施。室外用砂浆内可掺入防冻剂，其掺量应根据施工及养护期间环境温度经试验确定。

426. 冬期施工砂浆抹灰工程有何规定？

1）室内抹灰的环境温度不应低于5℃。抹灰前，应将门口和窗口、外墙脚手眼或孔洞等封堵好，施工洞口、运料口及楼梯间等处应封闭保温。

2）湿拌砂浆根据冬期生产要求规定搅拌，冬期湿拌砂浆需做好防冻措施，湿拌砂浆有长时间放置的特性，加防冻外加剂不能解决长时间负温状态保持不冻，湿拌砂浆加防冻外加剂只起到调整砂浆活性的作用，所以冬期砂浆施工保持施工现场施工时段至砂浆成型凝结此阶段的标准温度、湿度、风度等环境条件，可保证砂浆施工质量，砂浆运输过程中应进行保温。

3）室内抹灰工程结束后，在7d以内应保持室内温度不低于5℃。当采用热空气加温时，应注意通风，排除湿气。当抹灰砂浆中掺入防冻剂时，温度可相应降低。

4）室外抹灰采用冷作法施工时，可使用掺防冻剂水泥砂浆或水泥混合砂浆。

5）含氯盐的防冻剂不宜用于有高压电源部位和有油漆墙面的水泥砂浆基层内。

6）砂浆防冻剂的掺量应按使用温度与产品说明书的规定经试验确定。当采用氯化钠作为砂浆防冻剂时，其掺量可按表2-1-8选用。当采用亚硝酸钠作为砂浆防冻剂时，其掺量可按表2-1-9选用。掺氯盐的砂浆氯离子含量较大，为避免氯离子对钢筋的腐蚀，确保结构的耐久性，作此规定。

表 2-1-8 砂浆内氯化钠掺量

室外气温（℃）		−5～0	−10～−5
氯化钠掺量（占拌合水质量百分比，%）	挑檐、阳台、雨罩、墙面等抹水泥砂浆	4	4～8
	墙面为水刷石、干粘石水泥砂浆	5	5～10

表 2-1-9 砂浆内亚硝酸钠掺量

室外气温（℃）	−3～0	−9～−4	−15～−10	−20～−16
亚硝酸钠掺量（占水泥质量百分比，%）	1	3	5	8

7）当抹灰基层表面有冰、霜、雪时，可采用与抹灰砂浆同浓度的防冻剂溶液冲刷，并应清除表面的尘土。

8）当施工要求分层抹灰时，底层灰不得受冻。抹灰砂浆在硬化初期应采取防止受冻的保温措施。

9）有关研究表明，当气温等于或低于—15℃时，砂浆受冻后强度损失为10％～30％。

427. 湿拌砂浆出厂检验项目是如何规定的？

湿拌砂浆出厂检验项目应符合表2-1-10的规定。

表 2-1-10　湿拌砂浆出厂检验项目

品种		出厂检验项目
湿拌砌筑砂浆		稠度、保水率、保塑时间、抗压强度
湿拌抹灰砂浆	普通抹灰砂浆	稠度、保水率、保塑时间、抗压强度、拉伸粘结强度
	机喷抹灰砂浆	稠度、保水率、保塑时间、压力泌水率、抗压强度、拉伸粘结强度
湿拌地面砂浆		稠度、保水率、保塑时间、抗压强度
湿拌防水砂浆		稠度、保水率、保塑时间、抗压强度、拉伸粘结强度、抗渗压力

428. 湿拌砂浆出厂检验取样与检验频率有何规定？

出厂检验的湿拌砂浆试样应在搅拌地点随机取样，取样频率和组批应符合下列规定：

1）稠度、保水率、保塑时间、压力泌水率、湿拌砂浆密度、抗压强度和拉伸粘结强度检验的试样，每 $50m^3$ 相同配合比的湿拌砂浆取样不应少于 1 次；每一工作班相同配合比的湿拌砂浆不足 $50m^3$ 时，取样不应少于 1 次。

2）抗渗压力、抗冻性、收缩率检验的试样，每 $100m^3$ 相同配合比的湿拌砂浆取样不应少于 1 次；每一工作班相同配合比的湿拌砂浆不足 $100m^3$ 时，取样不应少于 1 次。

429. 湿拌砂浆交货检验取样与检验频率有何规定？

交货检验的湿拌砂浆试样应在交货地点随机取样。当从运输车中取样时，湿拌砂浆试样应在卸料过程中卸料量的 1/4～3/4 采取，且应从同一运输车中采取。

1）交货检验的湿拌砂浆试样应及时取样，稠度、保水率、湿拌砂浆密度、压力泌水率试验应在湿拌砂浆运到交货地点时开始算起 20min 内完成，其他性能检验用试件的制作应在 30min 内完成。

2）试验取样的总量不宜少于试验用量的 3 倍。

430. 湿拌砂浆发货、交货规定包括哪些内容？

1）供需双方应在合同规定的地点交货。

2）交货时，供方应随每一运输车向需方提供所运送预拌砂浆的发货单。预拌湿拌砂浆经出厂检验确认各项质量指标符合要求时，随车开具发货单。发货单应包括以下内容：合同编号；发货单编号；需方；供方；工程名称；砂浆标记；砂浆出厂性能指标；供货日期；供货量；供需双方确认手续；发车时间和到达时间、卸料时间等。

3）供方提供发货单时应附上产品质量证明文件。

4）需方应指定专人及时对所供预拌砂浆的质量、数量进行确认。

5）湿拌砂浆供货量以立方米（m^3）为计算单位。

431. 湿拌砂浆施工应用的基本规定有哪些?

1) 湿拌砂浆的品种选用应根据设计、施工等的要求确定。

2) 不同品种、规格的湿拌砂浆不应混合使用。

3) 湿拌砂浆施工前,施工单位应根据设计和工程要求及预拌砂浆产品说明书等编制施工方案,并应按施工方案进行施工。

4) 湿拌砂浆施工时,施工环境温度宜为5～35℃。当温度低于5℃或高于35℃施工时,应采取保证工程质量的措施。五级及以上风、雨天和雪天的露天环境条件下,不应进行湿拌砂浆施工。

5) 施工单位应建立各道工序的自检、互检和专职人员检验制度,并应有完整的施工检查记录。

6) 湿拌砂浆抗压强度、实体拉伸粘结强度应按验收批进行评定。

432. 湿拌砂浆进场检验应符合哪些要求?

1) 湿拌砂浆进场时,应按现行《预拌砂浆应用技术规程》(JGJ/T 223)的规定进行进场检验,见表2-1-11。

表 2-1-11　湿拌砂浆进场检验项目和检验批量

序号	品种	进场检验项目	检验批量
1	湿拌砌筑砂浆	保水率、抗压强度	同一生产厂家、同一品种、同一等级、同一批号且连续进场的湿拌砂浆,每250m³为一个检验批,不足250m³时,应按一个检验批计
2	湿拌抹灰砂浆	保水率、抗压强度、14d拉伸粘结强度	
3	湿拌地面砂浆	保水率、抗压强度	
4	湿拌防水砂浆	保水率、抗压强度、14d拉伸粘结强度、抗渗压力	

2) 当湿拌砂浆进场检验项目全部符合现行《预拌砂浆》(GB/T 25181)的规定时,该批产品可判定为合格;当有一项不符合要求时,该批产品应判定为不合格。

433. 施工现场对湿拌砂浆储存有什么规定?

1) 施工现场宜配备湿拌砂浆储存容器,并应符合下列规定:

(1) 储存容器应密闭、不吸水;

(2) 储存容器的数量、容量应满足砂浆品种、供货量的要求;

(3) 储存容器使用时,内部应无杂物、无明水;

(4) 储存容器应便于储运、清洗和砂浆存取;

(5) 砂浆存取时,应有防雨措施;

(6) 储存容器宜采取遮阳、保温等措施。

2) 不同品种、强度等级的湿拌砂浆应分别存放在不同的储存容器中,并应对储存容器进行标识。标识内容应包括砂浆的品种、强度等级和使用时限等。砂浆应先存先用。

3) 湿拌砂浆在储存及使用过程中不应加水。砂浆存放过程中,当出现少量泌水时,应拌和均匀后使用。砂浆用完后,应立即清理其储存容器。

4) 湿拌砂浆储存地点的环境温度宜为5～35℃。

434. 用于砖、石、砌块等块材砌筑所用湿拌砌筑砂浆有什么技术要求?

1) 砌筑砂浆的稠度可按现行《预拌砂浆应用技术规程》(JGJ/T 223)的规定,具体见表2-1-12。

表 2-1-12　砌筑砂浆的稠度　　　　　　　　　　　　(mm)

砌体种类	砂浆稠度
烧结普通砖砌体、粉煤灰砖砌体	70~90
混凝土多孔砖、实心砖砌体、普通混凝土小型空心砌块砌体、蒸压灰砂砖砌体、蒸压粉煤灰砖砌体	50~70
烧结多孔、空心砖砌体、轻集料混凝土小型空心砌块砌体、蒸压加气混凝土砌块砌体	60~80
石砌体	30~50

注: 1. 砌筑其他块材时,砌筑砂浆的稠度可根据块材吸水特性及气候条件确定。
　　2. 采用薄层砂浆施工法砌筑蒸压加气混凝土砌块等砌体时,砌筑砂浆稠度可根据产品说明书确定。

2) 砌筑砌体时,块材应表面清洁,外观质量合格,产品龄期应符合国家现行有关标准的规定。

435. 湿拌砌筑砂浆施工所用的块材如何事先处理?

1) 砌筑非烧结砖或砌块砌体时,块材的含水率应符合国家现行有关标准的规定。

2) 砌筑烧结普通砖、烧结多孔砖、蒸压灰砂砖、蒸压粉煤灰砖砌体时,砖应提前浇水湿润,并宜符合国家现行有关标准的规定。

3) 不应采用干砖或处于吸水饱和状态的砖。

4) 砌筑普通混凝土小型空心砌块、混凝土多孔砖及混凝土实心砖砌体时,不宜对其浇水湿润;当天气干燥炎热时,宜在砌筑前对其喷水湿润。

5) 砌筑轻集料混凝土小型空心砌块砌体时,应提前浇水湿润。砌筑时,砌块表面不应有明水。

6) 采用薄层砂浆施工法砌筑蒸压加气混凝土砌块砌体时,砌块不宜湿润。

436. 湿拌砂浆应用标准对砌筑砂浆施工有什么规定?

1) 砌筑砂浆的水平灰缝厚度宜为10mm,允许误差宜为±2mm。采用薄层砂浆施工法时,水平灰缝厚度不应大于5mm。

2) 采用铺浆法砌筑砖砌体时,一次铺浆长度不得超过750mm;当施工期间环境温度超过30℃时,一次铺浆长度不得超过500mm。

3) 对砖砌体、小砌块砌体,每日砌筑高度宜控制在1.5m以下或一步脚手架高度内;对石砌体,每日砌筑高度不应超过1.2m。

4) 砌体的灰缝应横平竖直、厚薄均匀、密实饱满。砖砌体的水平灰缝砂浆饱满度不得小于80%;砖柱水平灰缝和竖向灰缝的砂浆,饱满度不得小于90%;小砌块砌体灰缝的砂浆饱满度,按净面积计算不得低于90%,填充墙砌体灰缝的砂浆饱满度,按净面积计算不得低于80%。竖向灰缝不应出现瞎缝和假缝。

5) 竖向灰缝应采用加浆法或挤浆法使其饱满,不应先干砌后灌缝。

6) 当砌体上的砖或砌块被撞动或需移动时，应将原有砂浆清除再铺浆砌筑。

437. 湿拌砌筑砂浆施工质量验收应符合哪些规定?

对同品种、同强度等级的砌筑砂浆，湿拌砌筑砂浆应以 50m³ 为一个检验批，不足一个检验批的数量时，应按一个检验批计。

每检验批应至少留置 1 组抗压强度试块。

砌筑砂浆取样时，湿拌砌筑砂浆宜从运输车出料口或储存容器随机取样。砌筑砂浆抗压强度试块的制作、养护、试压等应符合现行行业标准《建筑砂浆基本性能试验方法标准》(JGJ/T 70) 的规定，龄期应为 28d。

砌筑砂浆抗压强度应按验收批进行评定，其合格条件应符合下列规定:

1) 同一验收批砌筑砂浆试块抗压强度平均值应大于或等于设计强度等级所对应的立方体抗压强度的 1.10 倍，且最小值应大于或等于设计强度等级所对应的立方体抗压强度乘以 0.85；

2) 当同一验收批砌筑砂浆抗压强度试块少于 3 组时，每组试块抗压强度值应大于或等于设计强度等级所对应的立方体抗压强度的 1.10 倍。

检验方法:检查砂浆试块抗压强度检验报告单。

438. 湿拌抹灰砂浆施工质量验收标准一般规定有哪些?

1) 适用于墙面、柱面和顶棚一般抹灰所用湿拌抹灰砂浆的施工与质量验收。

2) 抹灰砂浆的稠度应根据施工要求和产品说明书确定。

3) 砂浆抹灰层的总厚度应符合设计要求。

4) 外墙大面积抹灰时，应设置水平和垂直分格缝。水平分格缝的间距不宜大于 6m，垂直分格缝宜按墙面面积设置，且不宜大于 30m²。

5) 施工前，施工单位宜和砂浆生产企业、监理单位共同模拟现场条件制作样板，在规定龄期进行实体拉伸粘结强度检验，并应在检验合格后封存留样。

6) 天气炎热时，应避免基层受日光直接照射。施工前，基层表面宜洒水湿润。

7) 采用机械喷涂抹灰时，应符合现行行业标准《机械喷涂抹灰施工规程》(JGJ/T 105) 的规定。

439. 用于墙面、柱面和顶棚一般抹灰所用湿拌抹灰砂浆的施工与质量验收有什么规定?

1) 抹灰砂浆的稠度应根据施工要求和产品说明书确定。

2) 砂浆抹灰层的总厚度应符合设计要求。

3) 外墙大面积抹灰时，应设置水平和垂直分格缝。水平分格缝的间距不宜大于 6m，垂直分格缝宜按墙面面积设置，且不宜大于 30m²。

4) 施工前，施工单位宜和砂浆生产企业、监理单位共同模拟现场条件制作样板，在规定龄期进行实体拉伸粘结强度检验，并应在检验合格后封存留样。

5) 天气炎热时，应避免基层受日光直接照射。施工前，基层表面宜洒水湿润。

6) 采用机械喷涂抹灰时，应符合现行行业标准《机械喷涂抹灰施工规程》(JGJ/T 105) 的规定。

2.2 四级/中级工

2.2.1 原材料知识

440. 干混砂浆中水泥有何质量要求?

1) 作为干混砂浆最常用的胶凝材料,干混砂浆用水泥分为通用硅酸盐水泥、铝酸盐水泥、硫铝酸盐水泥、白水泥等。

2) 通用硅酸盐水泥应符合《通用硅酸盐水泥》(GB 175)标准的规定,铝酸盐水泥应符合《铝酸盐水泥》(GB/T 201)的要求,硫铝酸盐水泥应符合《硫铝酸盐水泥》(GB/T 20472)的要求,白水泥应符合《白色硅酸盐水泥》(GB/T 2015)的要求。

3) 干混砂浆中水泥宜采用散装水泥。

441. 建筑砂浆所用原材料都有哪些?

建筑砂浆是一种功能性材料,除了要求砂浆具有一定的强度外,还要求砂浆具有较好的保水性、粘结性等,有些砂浆还要满足抗裂、抗冻融、抗渗、抗冲击以及防水、耐高温、保温隔热等要求。为了满足这些性能要求,砂浆中除了含有普通原材料,如胶凝材料、细集料、矿物掺合料,通常还要掺入一些特殊材料,如保水增稠材料、增黏材料、外加剂、纤维、颜料等。砂浆组分少则四五种,多则十几种,这就使砂浆的组成更加复杂和多样化。

442. 什么是胶凝材料? 有哪些种类?

胶凝材料一般分为无机胶凝材料和有机胶凝材料两大类。通常建筑上所用的胶凝材料是指无机胶凝材料,它是指这样一类无机粉末材料,当其与水或水溶液拌和后所形成的浆体,经过一系列的物理、化学作用后,能逐渐硬化并形成具有强度的人造石。

无机胶凝材料一般分为气硬性胶凝材料和水硬性胶凝材料两大类。

气硬性胶凝材料只能在空气中硬化,而不能在水中硬化,如石灰、石膏、镁质胶凝材料等。这类材料一般只适用于地上或干燥环境,而不适宜潮湿环境,更不能用于水中。

水硬性胶凝材料既能在空气中硬化,又能在水中硬化,通常被称为水泥,如通用硅酸盐水泥、铝酸盐水泥、硫铝酸盐水泥等。用于混凝土中的水泥都可用于砂浆中。对某些干混砂浆,如自流平砂浆、灌浆砂浆、快速修补砂浆、堵漏剂等,因要求其具有早强快硬的特性,常常采用铝酸盐水泥、硫铝酸盐水泥、铁铝酸盐水泥等。

443. 水泥的基本物理力学性能有哪些?

水泥质量的好坏,可以从它的基本物理力学性能反映出来。根据对水泥的不同物理状态进行测试,其基本物理性能可分如下几类:

1) 水泥为粉末状态下测定的物理性能,如密度、细度等;

2) 水泥为浆体状态下测定的物理性能,如凝结时间(初凝、终凝)、需水性(标准稠度、流动性)、泌水性、保水性、和易性等;

3）水泥硬化后测定的物理力学性能有强度（抗折、抗拉、抗压）、抗冻性、抗渗性、抗大气稳定性、体积安定性、湿胀干缩体积变化、水化热、耐热性、耐腐蚀性（耐淡水腐蚀性、耐酸性水腐蚀性、耐碳酸盐腐蚀性、耐硫酸盐腐蚀性、耐碱腐蚀性等）。

水泥的物理力学性能直接影响水泥的使用质量。有些最基本的物理性能是在水泥出厂时必须测定的，如强度、细度、凝结时间、安定性等，其他物理性能则根据不同的品种和不同的需要而进行测定。

444. 水泥在进场使用前，为什么要做水泥安定性试验？

水泥安定性是检验水泥质量的重要品质指标之一。

在水泥凝结硬化过程中，或多或少会发生一些体积变化，如果这种变化发生在水泥硬化之前，或者即使发生在硬化以后但很不显著，则对建筑物不会有什么影响。如果在水泥硬化后产生剧烈而不均匀的体积变化，即发生安定性不良，会使建筑物质量降低，甚至发生崩溃。因此，在水泥使用前，必须做水泥安定性试验。

445. 用于试拌砂浆中的粉煤灰的理化性能指标是如何确定的？

拌制砂浆和混凝土用粉煤灰应符合表 2-2-1 的要求。

表 2-2-1　粉煤灰主要性能指标

项目		理化性能要求		
		Ⅰ级	Ⅱ级	Ⅲ级
细度（$45\mu m$ 方孔筛筛余）（%）	F 类粉煤灰	≤12.0	≤30.0	≤45.0
	C 类粉煤灰			
需水量比（%）	F 类粉煤灰	≤95	≤105	≤115
	C 类粉煤灰			
烧失量（Loss）（%）	F 类粉煤灰	≤5.0	≤8.0	≤10.0
	C 类粉煤灰			
含水量（%）	F 类粉煤灰	≤1.0		
	C 类粉煤灰			
三氧化硫（SO_3）（质量分数%）	F 类粉煤灰	≤3.0		
	C 类粉煤灰			
游离氧化钙（f-CaO）（质量分数,%）	F 类粉煤灰	≤1.0		
	C 类粉煤灰	≤4.0		
二氧化硅、三氧化二铝和三氧化二铁总质量分数（%）	F 类粉煤灰	≥70.0		
	C 类粉煤灰	≥50.0		
密度（g/cm^3）	F 类粉煤灰	≤2.6		
	C 类粉煤灰			
安定性（雷氏法）（mm）	C 类粉煤灰	≤5.0		
强度活性指数（%）	F 类粉煤灰	≥70.0		
	C 类粉煤灰			

446. 硅酸盐水泥熟料的定义是什么？

硅酸盐水泥熟料是一种含 CaO、SiO_2、Al_2O_3、Fe_2O_3 的原料按适当配比磨成细粉，烧制部分熔融，所得以硅酸钙为主要矿物成分的产物。

447. 什么是工业副产石膏？

工业副产石膏也称化学石膏，是指工业生产中由化学反应生成的以硫酸钙（含零至两个结晶水）为主要成分的副产品或废渣。

448. 矿渣粉的进场质量控制要点有哪些？

矿渣粉进厂应检查随车的质量证明文件即产品合格证、出厂检验报告以及出厂过磅单，检查其生产厂家、品种、等级、批号、出厂日期等是否相符，不相符者不得收货。证明文件合格者，由收料员安排过磅并指定料仓号。入仓时，避免打错料仓的现象，打料口应有控制措施，如上锁具。

449. 如何选用矿物掺合料？

1）由于矿物掺合料对砂浆的性能有一定的改善作用，且能充分利用这些工业废弃物，加大资源综合利用率，提高预拌砂浆绿色化水平，保护环境，并降低砂浆的生产成本，因此应适量掺用矿物掺合料。

2）选用矿物掺合料时，应根据砂浆的性能要求，以及其他原材料的情况，结合矿物掺合料的特性综合考虑。一般来说，对低强度等级的预拌砂浆应优先考虑选用粉煤灰，对高强度等级的预拌砂浆可考虑将矿渣粉与粉煤灰复合使用；当集料级配较差时应考虑掺入较大量的优质粉煤灰，以改善砂浆的可操作性；冬期施工时应考虑适当提高矿渣粉的掺量。采用机喷工艺时应适当增加粉煤灰掺量，以增加砂浆的黏稠性，减少落灰。矿物掺合料掺量应符合有关规定并通过试验确定。

450. 粉煤灰有何特点？

粉煤灰属于火山灰质活性混合材料，其主要成分是硅、铝和铁的氧化物，具有潜在的水化活性。粉煤灰呈灰褐色，通常为酸性，密度为 $1.77\sim2.43g/cm^3$，比表面积为 $250\sim700m^2/kg$，粉煤灰颗粒多数呈球形，表面光滑，粒径多在 $45\mu m$ 以下，可以不用粉磨直接用于预拌砂浆中。

451. 粉煤灰有哪些种类？

1）按粉煤灰收集方式的不同，分为干排灰和湿排灰两种。湿排灰内含水量大，活性降低较多，质量不如干排灰。

2）按收集方法的不同，分静电收尘灰和机械收尘灰两种。静电收尘灰颗粒细、质量好。机械收尘灰颗粒较粗、质量较差。经磨细处理的粉煤灰称为磨细灰，未经加工的粉煤灰称为原状灰。

3）根据粉煤灰中氧化钙含量的高低，分为高钙粉煤灰和低钙粉煤灰。由褐煤燃烧形成的粉煤灰，其氧化钙含量较高（一般 $CaO\geqslant10\%$），呈褐黄色，称为高钙粉煤灰，具有一定的水硬性。由烟煤和无烟煤燃烧形成的粉煤灰，其氧化钙含量较低（一般 $CaO<10\%$），呈灰色或深灰色，称为低钙粉煤灰，一般具有火山灰活性。

低钙粉煤灰来源比较广泛，是当前国内外用量最大、使用范围最广的掺合料。高钙粉煤灰由于氧化钙含量较高，如使用不当，易造成硬化水泥石膨胀开裂，使用前应检验其安全性。

由于粉煤灰的品质因煤的品种、燃烧条件不同而有很大差异，不同电厂、不同时间排出的粉煤灰的成分和性能会有较大差别，因而使用时要注意其品质波动情况。

452. 矿渣粉进场主控项目有哪些？活性指数检测时所用对比水泥有何要求？

粒化高炉矿渣粉的主控项目应包括比表面积、密度、活性指数、流动度比。其中检测活性指数时，采用的对比水泥为强度等级 42.5 的硅酸盐水泥或普通硅酸盐水泥，且 3d 抗压强度为 25～35MPa；7d 抗压强度为 35～45MPa；28d 抗压强度为 50～60MPa，比表面积为 350～400m²/kg，SO_3 含量（质量分数）为 2.3%～2.8%，碱含量（Na_2O＋$0.658K_2O$）（质量分数）为 0.5%～0.9%。

453. 外加剂取样及试样有何规定？

外加剂取样分为点样和混合样。点样是在一次生产产品时所取得的一个试样。混合样是三个或更多的点样等量均匀混合而取得的试样。

每一批号取样量不少于 0.2t 水泥所需用的外加剂量。每一批号取样应充分混匀，分为两等份，其中一份按相应标准规定的项目进行试验，另一份密封保存 6 个月，以备有疑问时，提交国家指定的检验机关进行复验或仲裁。

454. 外加剂批号如何确定？

生产厂应根据产量和生产设备条件，将产品分批编号。掺量大于 1%（含 1%）同品种的外加剂每一批号为 100t，掺量小于 1% 的外加剂每一批号为 50t。不足 100t 或 50t 的也应按一个批量计，同一批号的产品必须混合均匀。

455. 外加剂进场时，应由供货单位提供哪些质量证明文件？

1）产品说明书，并应标明产品主要成分；

2）出厂检验报告及合格证；

3）掺外加剂砂浆性能检验报告。

456. 砂浆增塑剂氯离子含量有什么要求？

增塑剂中氯离子含量不应超过 0.1%。无钢筋配置的砌体使用的增塑剂，不需检验氯离子含量。

457. 砌筑砂浆增塑剂受检砂浆性能指标应符合什么要求？

受检砌筑砂浆性能指标应符合《砌筑砂浆增塑剂》（JG/T 164）的要求，见表 2-2-2。

表 2-2-2　受检砌筑砂浆性能指标

序号	试验项目		单位	性能指标
1	分层度		mm	10～30
2	含气量	标准搅拌	%	≤20
		1h 静置		≥（标准搅拌时的含气量－4）

序号	试验项目		单位	性能指标
3	凝结时间差		min	−60~+60
4	抗压强度比	7d	%	≥75
		28d		
5	抗冻性 （25 次冻融循环）	抗压强度损失率	%	≤25
		质量损失率		≤5

注：有抗冻性要求的寒冷地区应进行抗冻性试验；无抗冻性要求的地区可不进行抗冻性试验。

458. 抹灰砂浆增塑剂受检砂浆性能指标应符合什么要求？

受检抹灰砂浆性能指标应符合《抹灰砂浆增塑剂》（JG/T 426）的要求，见表 2-2-3。

表 2-2-3　受检抹灰砂浆性能指标

序号	试验项目		性能指标	
			Ⅰ 型	Ⅱ 型
1	保水率比（%）		≥105	≥108
2	含气量（%）		≤18	
3	凝结时间差（min）		−60~+300	
4	14d 拉伸粘结强度比（%）		≥100	≥110
5	2h 稠度损失率（%）		≤25	≤20
6	抗压强度比（%）	7d	≥75	≥85
		28d	≥80	≥90
7	抗冻性 （25 次冻融循环）	抗压强度损失率（%）	≤25	
		质量损失率（%）	≤5	
8	28d 收缩率比（%）		≤110	≤100

注：有抗冻性要求的寒冷地区应进行抗冻性试验；无抗冻性要求的地区可不进行抗冻性试验。

459. 砌筑砂浆增塑剂受检砂浆砌体强度指标有什么要求？

受检砂浆砌体强度应符合《砌筑砂浆增塑剂》（JG/T 164）的要求，见表 2-2-4。

表 2-2-4　受检砂浆砌体强度指标

序号	试验项目	性能指标
1	砌体抗压强度比	≥95%
2	砌体抗剪强度比	≥95%

注：1. 试验报告中应说明试验结果仅适用于所试验的块体材料砌成的砌体。当增塑剂用于其他块体材料砌成的砌体时应另行检测，检测结果应满足 JG/T 164 的要求。块体材料分为四类：按烧结普通砖、烧结多孔砖；蒸压灰砂砖、蒸压粉煤灰砖；混凝土砌块；毛料石和毛石。
2. 用于砌筑非承重墙的增塑剂可不做砌体强度性能的要求。

460. 抹灰砂浆增塑剂试样及留样有什么要求？

抹灰砂浆增塑剂：每一批号取样应充分混匀，分为两等份，其中一份《抹灰砂浆增塑剂》按（JG/T 426）规定的项目进行试验，另一份密封保存 6 个月，以备有疑问时，提交国家指定的检验机关进行复验或仲裁。

砌筑砂浆增塑剂每一编号取得的试样应充分混匀，分为两等份，一份按《砌筑砂浆增塑剂》（JG/T 164）标准规定的匀质性试验项目、受检砂浆试验项目、受检砂浆砌体强度试验项目要求的指标进行试验。另一份应密封保存 6 个月，以备有疑问时提交国家指定的检验机关进行复验或仲裁。

461. 砂浆增塑剂出厂检验项目有什么？

抹灰砂浆增塑剂出厂检验项目应包括匀质性项目中的外观、密度、含固量、细度、含水率和保水率比、含气量、2h 稠度损失率。

砌筑砂浆增塑剂出厂检：每编号增塑剂应按《砌筑砂浆增塑剂》（JG/T 164）标准的密度、含固量、细度、含水率、分层度和含气量进行检验。

462. 砂浆增塑剂型式检验如何规定？什么情况下需进行型式检验？

1) 抹灰砂浆增塑剂型式检验项目为抹灰砂浆增塑剂的匀质性指标、氯离子、受检砂浆所有性能指标。

有下列情况之一者，应进行型式检验：

（1）新产品或老产品转厂生产的试制定型鉴定；

（2）正式生产后，如材料、工艺有较大改变，可能影响产品性能时；

（3）正常生产时，一年至少进行一次检验；

（4）产品长期停产后，恢复生产时。

出厂检验结果与上次型式检验有较大差异时。

2) 砌筑砂浆增塑剂型式检验：型式检验项目包括《砌筑砂浆增塑剂》（JG/T 164）标准中匀质性指标项目、氯离子、受检砂浆所有性能指标项目的全部性能指标。

有下列情况之一者，应进行型式检验：

（1）新产品或老产品转厂生产的试制定型鉴定；

（2）正式生产后，材料、工艺有较大改变，可能影响产品性能时；

（3）正常生产时，一年至少进行一次检验；

（4）产品长期停产后，恢复生产时；

（5）出厂检验结果与上次型式检验有较大差异时；

（6）国家质量监督机构提出进行型式试验要求时。

463. 砂浆增塑剂检验判定规则如何规定？

1) 抹灰砂浆增塑剂

出厂检验判定：型式检验合格报告在有效期内，且出厂检验结果符合标准《抹灰砂浆增塑剂》（JG/T 426）保水率比、含气量、稠度损失率的要求，则判定为该批产品检验合格。

型式检验判定：产品经检验，试验结果均符合《抹灰砂浆增塑剂》（JG/T 426）要求，则判定该批产品合格。若有不合格项，则判定该产品为不合格品。

2) 砌筑砂浆增塑剂试验判定

产品经检验，符合规定检验项目指标的，判定为合格品。若有不合格项，允许加倍重做一次。第二次复检合格的，则判定该产品为合格品；第二次复检仍不合格的，则判定该产品为不合格品。

464. 砂浆增塑剂型式检验复验如何规定？

复验以封存样进行。如使用单位要求现场取样，应事先在供货合同中规定，并在生产和使用单位人员在场的情况下于现场取混合样。复验按照型式检验项目检验判定规则。

465. 砂浆增塑剂产品说明书及合格证有何规定？

1) 产品出厂时应提供产品说明书，使用说明书是交付产品的组成部分。产品说明书至少应包括下列内容：

生产厂名称；产品名称；产品性状（必须包括匀质性指标）及使用范围；产品性能特点、主要成分及技术指标；适用范围；推荐掺量；执行标准；贮存条件及有效期，有效期从生产日期算起，企业根据产品性能自行规定；成品保护措施；验收标准；使用方法、注意事项、安全防护提示等。

2) 产品交付时要提供产品合格证，产品合格证至少应包括下列内容：

产品名称；生产日期、批号；生产企业名称、地址；出厂检验结论；企业质检印章、质检人员签字或代号。

466. 砂浆增塑剂包装有什么要求？

1) 抹灰砂浆增塑剂的包装要求

粉状产品可采用有塑料袋衬里的编织袋包装，也可采用供需双方协商的包装；液体产品可采用塑料桶、金属桶包装，也可采用罐车散装。

所有包装容器上均应在明显位置注明以下内容：产品名称及型号、执行标准、商标、净质量、生产企业名称及有效期限。

2) 砌筑砂浆增塑剂的包装要求

粉状增塑剂应采用有塑料袋衬里的包装袋，每袋净质量为 5～25kg，也可采用供需双方协商的包装。液体增塑剂采用塑料桶、金属桶包装或槽车运输。产品装卸时应避免散落或渗漏。

包装袋或容器上均应在明显位置注明以下内容：商标、净重或体积（包括含量或浓度）、生产厂名、生产日期及保质期。

467. 砂浆增塑剂的出厂有何规定？

1) 抹灰砂浆增塑剂的出厂要求

生产厂随货提供技术文件的内容包括产品说明书、产品合格证、出厂检验报告。

凡有下列情况之一者，不应出厂：技术文件（产品说明书、产品合格证、出厂检验报告）不全、包装不符、质量不足、产品受潮变质，以及超过有效期限。

2) 砌筑砂浆增塑剂的出厂要求

凡有下列情况之一者，不得出厂：不合格品、技术文件不全（产品说明书、合格证、检验报告）、包装不符、质量不足、产品变质，以及超过有效期限。

468. 砂浆增塑剂贮存和运输有何规定?

增塑剂应存放在专用仓库或固定的场所妥善保管,以易于识别、便于检查和提货为原则。增塑剂在贮存和运输过程中应防止包装破损、防潮、防火。

469. 砂浆、混凝土防水剂试验组批与抽样有何规定?

1) 试样分点样和混合样。点样是在一次生产的产品中所得的试样,混合样是三个或更多点样等量均匀混合而取得的试样。

2) 生产厂应根据产量和生产设备条件,将产品分批编号。年产不少于 500t 的每 50t 为一批;年产 500t 以下的每 30t 为一批;不足 50t 或者 30t 的,也按照一个批量计。同一批号的产品必须混合均匀。

3) 每一批取样量不少于 0.2t 水泥所需用的外加剂量。

4) 每一批取样应充分混合均匀,分为两等份,其中一份按照《砂浆、混凝土防水剂》(JC/T 474) 表 1 规定的方法与项目进行试验。另一份密封保存 6 个月,以备有疑问时,提交国家指定的检验机构进行复验或仲裁。

470. 砂浆、混凝土防水剂试验检验规则有何规定?

检验分为出厂检验和型式检验两种。出厂检验项目包括《砂浆、混凝土防水剂》(JC/T 474) 第 4.1 条规定的项目。型式检验项目包括《砂浆、混凝土防水剂》(JC/T 474) 第 4 章全部性能指标。有下列情况之一时,应进行型式检验:

1) 新产品或老产品转厂生产的试制定型鉴定;

2) 正式生产后,如材料、工艺有较大改变,可能影响产品性能时;

3) 正常生产时,一年至少进行一次检验;

4) 产品长期停产后,恢复生产时;

5) 出厂检验结果与上次型式检验有较大差异时;

6) 国家质量监督机构提出进行型式检验要求时。

471. 磷石膏有何特点?

磷石膏主要有灰黑色和灰白色两种,颗粒直径一般为 $5 \sim 50 \mu m$,结晶水含量为 $20\% \sim 25\%$。

磷石膏的组成比较复杂,除硫酸钙以外,还有未完全分解的磷矿、残余的磷酸、氟化物、酸不溶物、有机质等,其中氟和有机质的存在对磷石膏的资源化利用影响最大。

磷石膏的随意排放堆积严重破坏了生态环境,不仅污染地下水资源,还造成土地资源的浪费。

472. 磷石膏有何应用?

磷石膏制磷酸联产水泥,作为水泥缓凝剂替代天然石膏,生产建筑石膏粉,作为土壤改良剂用磷石膏生产硫酸铵、硫酸钾、做纸张填料等,填充矿坑、筑路等。

473. 脱硫石膏在建材行业中有何应用?

脱硫石膏广泛应用在生产熟石膏粉、α石膏粉、石膏制品、石膏砂浆、脱硫石膏水泥添加剂等各种建筑材料之中。脱硫石膏的应用技术非常成熟,因为已经较好地解决了脱硫石膏的运输、成块、干燥、煅烧技术，脱硫石膏利用的工艺设备已经专业化、系列化。

474. 柠檬酸石膏有何物理性能？

湿柠檬酸石膏的吸附水约为40％，呈灰白色膏状体，偏酸性。从偏光显微镜下可见到柠檬酸石膏的颗粒主要为长条形不规则片状。

475. 柠檬酸石膏有哪些应用？

1）用柠檬酸石膏做水泥缓凝剂；

2）用柠檬酸石膏炒制建筑石膏。

476. 砂浆、混凝土防水剂试验判定规则有何规定？

1）出厂检验判定：型式检验报告在有效期内，且出厂检验结果符合《砂浆、混凝土防水剂》（JC/T 474）的技术要求，可判定出厂检验合格。

2）型式检验判定：砂浆防水剂各项性能指标符合《砂浆、混凝土防水剂》（JC/T 474）所有规定的技术要求，可判定为相应等级的产品。如不符合上述要求，则判该批号防水剂不合格。

477. 湿拌砂浆组成材料是什么？各自作用分别是什么？

湿拌砂浆组成材料包括水泥、砂、水、矿物掺合料和外加剂。

水泥是湿拌砂浆材料中关键的组分，在湿拌砂浆中作为胶凝材料，通过与水反应，将集料胶结在一起，形成完整、坚硬、有韧性的凝结砂浆。

砂在砂浆中主要起骨架作用，还有经济作用、技术作用。

水保证水泥等胶凝材料的水化、保证湿拌砂浆具有一定的可抹性、流动性、保塑性。

外加剂改善湿拌砂浆的可抹性、保水性、保塑性、缓凝性、强度、耐久性等性能。

矿物掺合料可取代部分水泥，降低水泥用量，并可改善湿拌砂浆的和易性、可抹性，提高砂浆使用性能。

478. 湿拌砂浆中水泥浆的作用是什么？

水泥浆能充填砂的空隙，起润滑、流动作用，赋予湿拌砂浆拌合物一定的流动性。水泥浆在湿拌砂浆硬化后起胶结作用，将物料胶结成整体，产生强度，成为坚硬的水泥石。

479. 粉煤灰砂浆的品种及适用范围有哪些？

粉煤灰砂浆依其组成分为粉煤灰水泥砂浆、粉煤灰水泥石灰砂浆（简称粉煤灰混合砂浆）及粉煤灰石灰砂浆。湿拌砂浆的外加剂可取代石灰膏，湿拌粉煤灰砂浆可替代以上几种砂浆。

粉煤灰水泥砂浆主要用于内外墙面、墙裙、踢脚、窗口、沿口、勒脚、磨石地面底层及墙体勾缝等装修工程及各种墙体砌筑工程；粉煤灰混合砂浆主要用于地面上墙体的砌筑和抹灰工程；粉煤灰石灰砂浆主要用于地面以上内墙的抹灰工程。

480. 不同级别的矿渣粉有哪些具体技术指标？

矿渣粉的主要技术指标见表 2-2-5 所示。

表 2-2-5 矿渣粉主要性能指标

项目		级别		
		S105	S95	S75
密度（g/cm³）		$\geqslant 2.8$		
比表面积（m²/kg）		$\geqslant 500$	$\geqslant 400$	$\geqslant 300$
活性指数（%）	7d	$\geqslant 95$	$\geqslant 70$	$\geqslant 55$
	28d	$\geqslant 105$	$\geqslant 95$	$\geqslant 75$
流动度比（%）		$\geqslant 95$		
初凝时间比（%）		$\leqslant 200$		
含水量（质量分数,%）		$\leqslant 1.0$		
三氧化硫（质量分数,%）		$\leqslant 4.0$		
氯离子（质量分数,%）		$\leqslant 0.06$		
烧失量（质量分数,%）		$\leqslant 1.0$		
不溶物（质量分数,%）		$\leqslant 3.0$		
玻璃体含量（质量分数,%）		$\geqslant 85$		
放射性		$I_{Ra} \leqslant 1.0$ 且 $I_\gamma \leqslant 1.0$		

481. 干混砂浆原材料的安全性有何要求？

干混砂浆的原材料包括水泥、集料、矿物掺合料、外加剂和添加剂等。干混砂浆的原材料应具有使用安全性，不应对人体、生物、环境造成危害，其放射性指标应符合《建筑材料放射性核素限量》（GB 6566）的要求，氨释放限量应符合《混凝土外加剂中释放氨的限量》（GB 18588）的要求。

482. 矿渣粉进场取样有什么要求？

所取样品应具代表性，应从 20 个以上的不同部分取等量样品作为一组试样，样品总量至少 10kg。分为两份，一份待检，另一份封存留样。取样人员应对所取样品进行唯一性编号标识。

483. 配制湿拌砂浆的砂的颗粒级配有何要求？

湿拌砂浆用砂应采用连续粒级，单粒级宜用于组合成满足要求的连续粒级，也可与连续粒级混合使用，以改善其级配或配成满足需求的连续粒级。

当砂浆用砂颗粒级配不符合需求时，应采取措施并经试验验证能确保砂浆质量后，方允许使用。砂在砂浆中的施工使用需精细化操作，砂的粗细粒径引起的问题会显得格外突出，砂粒径的粗细需要精细控制，能满足砂浆所追求的孔隙率即可。砂粗大粒径过多会破坏砂浆表面的光洁度，使抹灰面形成大量划痕及跳砂，粗砂在基层被工人搓压循环滚动时易使抹面产生孔隙，使抹面层起泡鼓。粗颗粒粒径过少会降低砂浆强度，细颗粒过少会降低保塑时间。

484. 什么是浮石？

浮石是由火山爆发形成的一种具有发达气孔结构的多孔喷出岩，呈块状，由于其矿物和化学成分不同，多为铁黑色，也有的呈红褐色、灰白色、淡黄色等。其表面具有直径为 0.1～8.0mm 的海绵状或蜂窝状圆形到椭圆形的气孔，局部较均匀。质轻的浮石，颗粒密度小于 $1g/cm^3$，能浮于水，故称浮岩，俗称浮石。

485. 什么是β-半水石膏？

二水石膏在干燥空气中加热至 110～170℃，则脱水形成 β-半水石膏。β-半水石膏是普通建筑石膏的主要成分。

486. 什么是α-半水石膏？

二水石膏在温度 120～140℃、饱和蒸汽压力有液态水存在的条件下进行热处理，则脱水成 α-半水石膏。α-半水石膏是高强建筑石膏的主要成分。

487. 什么是反应型树脂？

混合到一起后通过化学反应，能够凝结硬化并保持和发展强度的合成树脂。

488. 保水增稠材料有什么作用？

1）改善砂浆保水性和可操作性。可操作性包括流动性、黏聚性和触变性，流动性不好，砂浆抹不开；黏聚性不好，砂浆抹开时较散，不成团，不能保持良好的连续性，触变性不好，砂浆不易铺展和找平。保水增稠材料有助于增加砂浆的黏聚性，使砂浆柔软而不散，易于操作。

2）增加黏附力。由于砂浆变软，可与基层较好接触，不易脱落。

3）防止砂浆泌水和离析。保水增稠材料可使拌合水均匀分布在砂浆中，且能够保持长期稳定，不泌水。同时，由于增加了浆体的黏度，使集料等颗粒不易运动，因而有效防止了离析，使砂浆始终保持较好的均匀性。

4）使砂浆能在较长时间内保持一定的水分。这些水分的作用：一是保证胶凝材料正常水化。没有水，水化反应就不能正常进行，而硬化砂浆的性能与水化反应有密切的关系；二是防止开裂。砂浆开裂的一个重要原因就是砂浆中的水分过早损失，引起较大的干缩变形。

5）提高砂浆抗渗性和抗冻性。使砂浆中的水分吸附在颗粒表面，减少了砂浆中的自由水量，因而也减少了因此而留下的孔隙，改善了硬化砂浆中的孔结构，从而提高了砂浆的抗渗性和抗冻性。

6）易于砂浆薄层施工。因保水增稠材料使砂浆变得柔软而黏稠，比较好抹；由于具有较好的保水作用，有效防止砂浆中的水分被基材吸走或蒸发。

489. 淀粉醚有何特性？

淀粉醚是从天然植物中提取的多糖化合物，与纤维素相比具有相同的化学结构及类似的性能，基本性质如下：

溶解性：冷水溶解颗粒度≥98％（80 目筛）；黏度为 300～800mPa·s；水分≤10％；颜色为白色或浅黄色。

490. 什么是硬石膏Ⅲ？

硬石膏Ⅲ也称可溶性硬石膏（soluble anhydrite）。一般也分为 α 型与 β 型两个变体，它们分别由 α 型与 β 型半水石膏脱水而成。

491. 什么是硬石膏Ⅱ？

硬石膏Ⅱ又称 β 型硬石膏或称不溶性硬石膏（insoluble anhydrite）。它是二水石膏、半水石膏和硬石膏Ⅱ经高温脱水后在常温下稳定的最终产物。在自然界中稳定存在的天然硬石膏也属此类。

492. 什么是硬石膏Ⅰ？

硬石膏Ⅰ也称 α 硬石膏，是一种在 1180℃以上的高温条件下才能存在的相，低于该温度时，硬石膏Ⅰ又转变为硬石膏，所以硬石膏Ⅰ在常温下是不存在的，也是没有什么实际意义的相。

493. 什么是砂浆外加剂减水率？

在砂浆稠度基本相同时，基准砂浆和掺外加剂的受检砂浆单位用水量之差与基准砂浆单位用水量之比，以百分数表示。

494. 通用硅酸盐水泥组分有何要求？

通用硅酸盐水泥的组分应符合表 2-2-6 的规定。

表 2-2-6　通用硅酸盐水泥的组分　　　　　　　　　　　　　　　％

品种	代号	组分（质量分数）				
		熟料＋石膏	粒化高炉矿渣粉	火山灰质混合材料	粉煤灰	石灰石
硅酸盐水泥	P·Ⅰ	100	—	—	—	—
	P·Ⅱ	≥95	≤5	—	—	—
		≥95	—	—	—	≤5
普通硅酸盐水泥	P·O	≥80 且≤95	＞5 且≤20[a]			—
矿渣硅酸盐水泥	P·S·A	≥50 且≤80	＞20 且≤50[b]	—	—	—
	P·S·B	≥30 且≤50	＞20 且≤50[b]	—	—	—
粉煤灰硅酸盐水泥	P·F	≥60 且≤80	—	—	＞20 且≤40[c]	—
火山灰质硅酸盐水泥	P·P	≥60 且≤80	—	＞20 且≤40[d]	—	—
复合硅酸盐水泥	P·C	≥50 且≤80	＞20 且≤50[e]			—

注：a 本组分材料为符合 GB 175—2007 标准第 5.2.3 条规定的活性混合材料，其中允许用不超过水泥质量的 8％且符合 GB 175—2007 标准中第 5.2.4 条的非活性混合材料或不超过水泥质量 5％且符合 GB 175—2007 标准中第 5.2.5 条的窑灰代替。

b 本组分材料为符合 GB/T 203 或 GB/T 18046 的活性混合材料，其中允许用不超过水泥质量 8％且符合 GB 175—2007 标准中第 5.2.3 条的活性混合材料或符合 GB 175—2007 标准中第 5.2.4 条的非活性混合材料或符合 GB 175—2007 标准中第 5.2.5 条的窑灰中的任一种材料代替。

c 本组分材料为符合 GB/T 2847 规定的活性混合材料。

d 本组分材料为符合 GB/T 1596 规定的活性混合材料。

e 本组分材料有两种（含）以上符合 GB 175—2007 标准中第 5.2.3 条的活性混合材料或（和）符合 GB 175—2007 标准中第 5.2.4 条的非活性混合材料组成，其中允许用不超过水泥质量 8％且符合 GB 175—2007 标准中第 5.2.5 条的窑灰代替。掺矿渣时混合材料掺量不得与矿渣硅酸盐水泥重复。

495. 什么是工业副产盐石膏?

在原盐加工过程中产生的以二水硫酸钙为主的废渣即为盐石膏,也称硝皮子。原盐是指未经加工精制的海盐、湖盐和井盐。

496. 什么是工业副产钛石膏?

钛石膏是采用硫酸酸解钛铁矿($FeTiO_3$)生产钛白粉时,加入石灰或电石渣中和大量的酸性废水所产生的以二水石膏为主要成分的废渣。

497. 通用硅酸盐水泥有何技术要求?

1) 化学指标

通用硅酸盐水泥的化学成分应符合 2-2-7 的规定。

表 2-2-7　通用硅酸盐水泥的化学成分　　　　　　　　　　　(%)

品种	代号	不溶物 (质量分数)	烧失量 (质量分数)	三氧化硫 (质量分数)	氧化镁 (质量分数)	氯离子 (质量分数)
硅酸盐水泥	P·Ⅰ	≤0.75	≤3.0	≤3.5	≤5.0ᵃ	≤0.06ᶜ
	P·Ⅱ	≤1.50	≤3.5			
普通硅酸盐水泥	P·O	—	≤5.0			
矿渣硅酸盐水泥	P·S·A	—	—	≤4.0	≤6.0ᵇ	
	P·S·B	—	—			
火山灰质硅酸盐水泥	P·P	—	—	≤3.5	≤6.0ᵇ	
粉煤灰硅酸盐水泥	P·F	—	—			
复合硅酸盐水泥	P·C	—	—			

注:a 如果水泥压蒸试验合格,则水泥中氧化镁的含量(质量分数)允许放宽至 6.0%。
　　b 如果水泥中氧化镁的含量(质量分数)大于 6.0%,需进行水泥压蒸安定性试验并合格。
　　c 当有更低要求时,该指标由买卖双方确定。

2) 碱含量

水泥中碱含量按 $Na_2O+0.658K_2O$ 计算值表示。若使用活性集料,用户要求提供低碱水泥时,水泥中的碱含量应不大于 0.60% 或由买卖双方协商确定。

3) 物理指标

(1) 凝结时间

硅酸盐水泥的初凝时间不短于 45min,终凝时间不长于 390min。

普通硅酸盐水泥、矿渣硅酸盐水泥、粉煤灰硅酸盐水泥、火山灰质硅酸盐水泥、复合硅酸盐水泥的初凝时间不短于 45min,终凝时间不长于 600min。

(2) 安定性

沸煮法检验合格。

(3) 强度

通用硅酸盐水泥不同龄期强度应符合表 2-2-8 的规定。

表 2-2-8　通用硅酸盐水泥不同龄期强度要求　　　　　　（MPa）

品种	强度等级	抗压强度		抗折强度	
		3d	28d	3d	28d
硅酸盐水泥	42.5	≥17.0	≥42.5	≥3.5	≥6.5
	42.5R	≥22.0		≥4.0	
	52.5	≥23.0	≥52.5	≥4.0	≥7.0
	52.5R	≥27.0		≥5.0	
	62.5	≥28.0	≥62.5	≥5.0	≥8.0
	62.5R	≥32.0		≥5.5	
普通硅酸盐水泥	42.5	≥17.0	≥42.5	≥3.5	≥6.5
	42.5R	≥22.0		≥4.0	
	52.5	≥23.0	≥52.5	≥4.0	≥7.0
	52.5R	≥27.0		≥5.0	
矿渣硅酸盐水泥、粉煤灰硅酸盐水泥、火山灰质硅酸盐水泥	32.5	≥10.0	≥32.5	≥2.5	≥5.5
	32.5R	≥15.0		≥3.5	
	42.5	≥15.0	≥42.5	≥3.5	≥6.5
	42.5R	≥19.0		≥4.0	
	52.5	≥21.0	≥52.5	≥4.0	≥7.0
	52.5R	≥23.0		≥4.5	
复合硅酸盐水泥	42.5	≥15.0	≥42.5	≥3.5	≥6.5
	42.5R	≥19.0		≥4.0	
	52.5	≥21.0	≥52.5	≥4.0	≥7.0
	52.5R	≥23.0		≥4.5	

4）细度（选择性指标）

硅酸盐水泥和普通硅酸盐细度以比表面积表示，不小于 $300m^2/kg$。矿渣硅酸盐水泥、粉煤灰硅酸盐水泥、火山灰质硅酸盐水泥和复合硅酸盐水泥的细度以筛余表示，其 $80\mu m$ 方孔筛不大于 10％或 $45\mu m$ 方孔筛筛余不大于 30％。

498. 什么是沸石粉？

沸石粉是将天然斜发沸石岩或丝光沸石岩磨细制成的粉体材料。它是一种天然的、多孔结构的微晶物质，具有很大的内表面积。

499. 什么腈纶纤维？有何特点？

腈纶纤维的化学名称为聚丙烯腈纤维或称为 PANF 纤维。腈纶纤维具有较好的耐碱性与耐酸性，有一定的亲水性，吸水率为 2％左右；受潮后强度下降较少，保留率为 80％～90％；对日光和大气作用的稳定性较好；热分解温度为 220～235℃，可短时间用于 200℃。

500. 膨润土有何特点？

一般把颗粒粒径在 1～100nm 的材料称为纳米材料。膨润土的颗粒粒径是纳米级的，是亿万年前天然形成的，因此，国外有把膨润土称为天然纳米材料的。

膨润土具有很强的吸湿性，能吸附相当于自身体积 8～20 倍的水而膨胀至 30 倍；在水介质中能分散成胶体悬浮液，并具有一定的黏滞性、触变性和润滑性。它和泥砂等的掺加物具有可塑性和粘结性，有较强的阳离子交换能力和吸附能力。膨润土素有"万能黏土"之称，广泛应用于冶金、石油、铸造、食品、化工、环保及其他工业部门。

501. 可再分散乳胶粉有哪些品种？

目前市场上常见的可再分散乳胶粉品种有醋酸乙烯酯与乙烯共聚乳胶粉（EVA）、乙烯与氯乙烯及月桂酸乙烯酯三元共聚乳胶粉（E/VC/VL）、醋酸乙烯酯与乙烯及高级脂肪酸乙烯酯三元共聚乳胶粉（VAC/E/VeoVa）、醋酸乙烯酯与高级脂肪酸乙烯酯共聚乳胶粉（VAc/VeoVa）、丙烯酸酯与苯乙烯共聚乳胶粉（A/S）、醋酸乙烯酯与丙烯酸酯及高级脂肪酸乙烯酯三元共聚乳胶粉（VAC/A/VeoVa）、醋酸乙烯酯均聚乳胶粉（PVAC）、苯乙烯与丁二烯共聚乳胶粉（SBR）等。

502. 什么是硅灰？

硅灰是从冶炼硅铁合金或工业硅时通过烟道排出的粉尘，经收集得到的以无定形二氧化硅为主要成分的粉体材料。

503. 什么是二水石膏？有何特点？

二水石膏（$CaSO_4 \cdot 2H_2O$）又称为生石膏，经过煅烧、磨细可得 β 型半水石膏（$CaSO_4 \cdot 1/2H_2O$），即建筑石膏，又称熟石膏、灰泥。

若煅烧温度为 190℃可得模型石膏，其细度和白度均比建筑石膏高。若将生石膏在 400～500℃或高于 800℃下煅烧，即得地板石膏，其凝结、硬化较慢，但硬化后强度、耐磨性和耐水性均较普通建筑石膏好。

固化后的二水石膏，通过长期放置后，在水中的溶解度不会降低，固化后的二水石膏通过长期放置后会脱水变成石膏，有资料显示：二水石膏为 2.08g/L，α-半水石膏为 6.20g/L，β-半水石膏为 8.15g/L，可溶性无水石膏为 6.30g/L，天然无水石膏为 2.70g/L。

纯净的二水石膏是透明的或无色的，有纤维状、针状、片状等晶体形态。天然二水石膏矿往往含有较多杂质，从产状看，有透明石膏、纤维石膏、雪花石膏、片状石膏、泥质石膏或土石膏。

石膏中二水石膏所占的含量，常称为品位，以此来对石膏分级。一级石膏含二水石膏 95％以上，二级含二水石膏 85％以上，三级含 75％以上。生产建筑石膏的板材大多要用三级以上的石膏。

504. 沸石粉有哪些特性？

沸石粉的主要化学成分是 SiO_2 和 Al_2O_3，其中可溶性硅和铝的含量不低于 10％和 8％。沸石粉的密度为 2.2～2.4g/cm³，堆积密度为 700～800kg/m³，颜色为白色。

505. 影响建筑石膏性能的因素有哪些？

1）原料的纯度与杂质

二水石膏原矿随着形成条件的不同，其晶体结构的缺陷和畸变，结晶的大小和形态，结晶水的数量与结合状态，杂质的种类和数量等均有差异，这不仅影响原矿的纯度和密实度，而且影响其脱水温度和脱水速度。一般用于建筑制品的建筑石膏对原矿纯度的要求不必太高，但要注意杂质的种类和相对含量，最好根据用途的要求合理使用石膏资源，以达到节约能源、降低原料成本之目的。

2) 粉磨与煅烧

煅烧的质量与原料的粉磨是密切相关的。通常来说，石膏粒级对燃烧过程和燃烧产物的相组成影响很大。用均一的粉末做原料，则容易形成单一的相。

为了提高产品质量，采用"二磨一烧"的工艺措施，能够改善熟石膏的性能。

建筑石膏的细度一般在 100～120 目即可。建筑石膏的性能不仅与细度有关，而且与粒级的组合有关，良好的颗粒级配可使建筑石膏的性能有较大的提升。

3) 陈化效应

陈化是指熟石膏的均化，也可以说是指能够改善熟石膏物理性能的储存过程。熟石膏刚炒制完后，由于含有一定量的可溶性无水石膏和少量性质不稳定的二水石膏，物相组成不稳，内含能量较高，分散度大，吸附活性高，从而出现熟石膏的标准稠度需水量大、强度低、凝结时间不稳定等现象，此时即需要经过陈化。陈化是将新炒制或煅烧的熟石膏进行一段时间的储存或湿热处理，使其物理性能得到不同程度的改善。陈化是提高熟石膏产品质量的工艺措施之一。

2.2.2 预拌砂浆知识

506. 再生水如何定义？

再生水也称作"中水"，指对污水处理厂出水、工业排水、生活污水等非传统水源进行回收，经适当处理后达到一定水质标准，并在一定范围内重复利用的水资源。

507. 再生水作为砂浆拌合用水有哪些规定？

再生水的放射性应符合现行国家标准《生活饮用水卫生标准》（GB 5749）的规定；放射性要求按饮用水标准从严控制，超标者不能使用。

508. 洗刷水作为湿拌砂浆拌合用水有哪些注意事项？

湿拌砂浆企业设备洗刷水用前需做拌合物试验，做湿拌砂浆保塑时间、砂浆密度、强度、砂浆可抹性等各指标性能试验，确保不影响砂浆各项指标性能的基础下合理使用。

509. 什么是砂浆化学收缩？

化学收缩是指水泥水化反应后，反应产物的体积与剩余自由水体积之和小于反应前水泥矿物体积与水体积之和。

水泥水化反应收缩量较大，砂浆初凝前，水化反应收缩的一部分反映在塑性收缩中；在砂浆初凝后的水泥化学反应收缩则主要形成砂浆内部的毛细孔，在养护不及时或养护时间过短时会产生收缩裂缝。

化学收缩是造成砂浆自收缩的原因之一，两者之间没有直接关系。自收缩远远小于化学收缩。

化学收缩被认为是反应物绝对体积的降低，而自收缩被认为是固相体积形成后外观体积的降低。

510. 砌筑砂浆增塑剂质量有何要求？

砌筑砂浆增塑剂可以是引气型，也可以是非引气型；其组成成分可以为有机、无机或有机无机复合型；其掺量不受应小于胶凝材料 5% 的规定的限制。其质量应符合《砌筑砂浆增塑剂》（JG/T 164）的规定。

511. 砌筑砂浆增塑剂检验有何要求？

砌筑砂浆增塑剂的检验分为两部分：一是掺增塑剂的砂浆性能检验；二是用掺增塑剂砂浆砌筑的砌体的强度检验。因砂浆中掺入引气型增塑剂后，往往会降低砌体的力学性能，尤其是抗剪和抗压强度，因此，《砌体结构工程施工质量验收规范》（GB 50203）中规定：有机塑化剂应有砌体强度的型式检验报告。

512. 砌筑砂浆用外加剂有何要求？

1）为了改善砂浆和易性，砌筑砂浆中往往掺入砂浆塑化剂等。但是，加入有机塑化剂的水泥砂浆，其砌体破坏荷载低于水泥混合砂浆。

2）《砌体结构工程施工质量验收规范》（GB 50203）中规定：在砂浆中掺入的砂浆塑化剂、早强剂、缓凝剂、防冻剂、防水剂等外加剂，其品种和用量应经有资质的检测单位检验和试配确定。所用外加剂的技术性能应符合国家现行有关标准《砌筑砂浆增塑剂》（JG/T 164）、《混凝土外加剂》（GB 8076）、《砂浆、混凝土防水剂》（JC/T 474）的质量要求。

513. 什么是自流平地坪砂浆？常见有哪些种类？

自流平地坪砂浆是指与水（或乳液）搅拌后，摊铺在地面，具有自行流平性或稍加辅助性摊铺能流动找平的地面用材料。它可以提供一个合适的、平整的、光滑和坚固的铺垫基底，可以架设各种地板材料，亦可以直接作为地坪。

514. 常见自流平地坪砂浆有哪些种类？

根据砂浆所用胶凝材料，分为水泥基自流平砂浆和石膏基自流平砂浆两大类。

水泥基自流平砂浆是一种具有很高流动性的薄层施工砂浆，加水搅拌后具有自动流动找平或稍加辅助性铺摊就能流动找平的特点。通常施工在找平砂浆、混凝土或其他类型不平整和粗糙的地面基层上，典型厚度为 3～5mm，其目的是获得一个光滑、均匀和平整的表面，以便能够在上面铺设最终地板面层（如地毯、聚烯烃、PVC 或木地板）或直接作为最终面层使用。

水泥基自流平砂浆因强度高、耐磨性好，可作为面层，也可作为垫层；石膏基自流平砂浆因耐水性、耐磨性差，一般只作为垫层。

515. 什么是砂浆干缩裂缝？

砂浆硬化后，内部的游离水会由表及里逐渐蒸发，导致砂浆由表及里逐渐产生干燥收缩。在约束条件下，收缩变形导致的收缩应力大于砂浆的抗拉强度时，砂浆就会出现由表及里的干燥收缩裂缝。

砂浆的干燥收缩是从施工阶段撤除养护时开始的，早期的收缩裂缝比较细微，往往不为人们所注意。随着时间的推移，砂浆中水分的蒸发量和干燥收缩量逐渐增大，裂缝也逐渐明显起来。

干缩裂缝一般发生在一个月以上，甚至几个月、一年，裂缝发生在表层很浅的位置，裂缝细微，呈平行线状或网状。

516. 什么是耐久性？

耐久性是指砂浆在实际使用条件下，抵抗各种破坏因素的作用，长期保持强度、抗变形和外观完整的能力。

砂浆长期处在某种环境中，往往会受到不同程度的伤害，环境条件恶劣时，甚至可以完全破坏。造成砂浆损害破坏的原因有外部环境条件引起的，也有砂浆内部的缺陷及组成材料的特性引起的。前者如气候条件的作用、磨蚀、天然或工业液体或气体的侵蚀等，后者如碱-集料反应、砂浆的渗透性等。在这些条件下，砂浆能否长期保持性能稳定，关系到砂浆构筑物能否长期安全运行。

517. 耐久性主要包括哪些方面？

渗透性、抗冻性、抗侵蚀性、抗裂、碳化、钢筋锈蚀、碱-集料反应。

518. 什么是石膏胶凝材料？

石膏胶凝材料是一种多功能气硬性材料，由二水石膏经过不同温度和压力脱水而制成。

519. 什么是石膏砂浆？

石膏砂浆主要由半水石膏加上相应的辅助材料及化学外加剂，经均匀混合而成。

按其使用性能来讲，一般又可分为用于墙体抹灰用的石膏抹灰砂浆，以及用于地面找平用的石膏基自流平砂浆。

520. 防水砂浆的主要种类有哪些？

主要有掺加引气剂防水砂浆、减水剂防水砂浆、三乙醇胺防水砂浆、三氯化铁防水砂浆、膨胀防水砂浆和有机聚合物防水砂浆。

521. 什么是减水剂防水砂浆？

各种掺入减水剂的防水砂浆，统称为减水剂防水砂浆。

522. 石膏自流平砂浆应满足哪些性能指标？

石膏自流平砂浆应满足《石膏基自流平砂浆》（JC/T 1023）规定的性能指标。

523. 什么是干混修补砂浆？

由水泥、筛选石料、优质填料及合成聚合物配制而成，能保证砂浆的早期强度及其他适用于修补因钢筋锈蚀等原因导致的混凝土剥落，并可用于修补结构性及一般混凝土构件的蜂窝及麻面。

524. 什么是干混填缝砂浆？

填缝剂也叫勾缝剂，是用于填满墙壁或地板上的瓷砖（或天然石料）之间缝隙的材料。与瓷砖、石材等装饰材料相配合，提供美观的表面和抵抗外界因素的侵蚀。它由水泥、集料及各种功能性添加剂在工厂配制生产而成。

525. 粉刷石膏的种类有哪些？

粉刷石膏按用途不同分为面层、底层和保温层粉刷石膏。

526. 什么是石膏腻子？

石膏腻子又称刮墙腻子，是以建筑石膏粉和滑石粉为主要原料，辅以少量石膏改性剂混合而成的粉状材料。

527. 什么是自流平石膏砂浆？

自流平石膏砂浆是一种在混凝土地面上能自流动摊平，即在自身重力作用下形成平滑表面，成为较为理想的建筑物地面找平层的平粉砂浆，是铺设地毯、木地板和各种地面装饰材料的基层石膏基材料。

528. 什么是膨胀防水砂浆？

膨胀防水砂浆是利用膨胀水泥或者掺加膨胀剂配制而成的，在砂浆凝结硬化过程中产生一定的体积膨胀，补偿由于干燥和化学反应所造成的收缩的砂浆。

529. 干混饰面砂浆的主要原材料组成有哪些？

水泥基干混饰面砂浆可分为室外用和室内用两种，在性能要求上有所区别。另外还可以根据其使用的基层分为普通墙面用和保温墙面用，保温墙面用的干混饰面砂浆应该具有更好的柔性和抗开裂性能。

水泥基干混饰面砂浆配方中的主要原材料有水泥、熟石灰、可再分散乳胶粉、颜料、填料、不同粒径的砂和其他功能添加剂。

530. 常用的修补砂浆的种类有哪些？

目前修补砂浆种类主要有：

1）无机修补砂浆：采用普通水泥或特种水泥与级配集料配制的水泥基砂浆。

2）有机高分子修补砂浆：如环氧树脂、聚酯树脂等各种树脂材料。

3）有机与无机材料复合的聚合物修补砂浆：主要是聚合物改性砂浆。

531. 湿拌砂浆性能应符合什么规定？

湿拌砂浆性能应符合表 2-2-9 规定。

表 2-2-9　湿拌砂浆性能指标项目

项目		湿拌砌筑砂浆	湿拌抹灰砂浆		湿拌地面砂浆	湿拌防水砂浆
			普通抹灰砂浆	机喷抹灰砂浆		
保水率（%）		>88.0	>88.0	>92.0	>88.0	>88.0
压力泌水率（%）		—	—	<40	—	—
14d 拉伸粘结强度（MPa）		—	M5：>0.15	M5：>0.20	—	>0.20
28d 收缩率（%）		<0.20				<0.15
抗冻性	强度损失率（%）	<25				
	质量损失率（%）	<5				

注：有抗冻性要求时，应进行抗冻性试验。

532. 湿拌砂浆抗压强度应符合什么规定？

湿拌砂浆抗压强度应符合表 2-2-10 的规定。

表 2-2-10　预拌砂浆抗压强度　　　　　　　（MPa）

强度等级	M5	M7.5	M10	M15	M20	M25	M30
28d 抗压强度	>5	>7.5	>10	>15	>20	>25	>30

533. 湿拌防水砂浆抗渗压力应符合什么规定？

湿拌防水砂浆抗渗压力应符合表 2-2-11 的规定。

表 2-2-11　湿拌防水砂浆抗渗压力　　　　　（MPa）

抗渗等级	P6	P8	P10
28d 抗渗压力	>0.6	>0.8	>1.0

534. 湿拌砂浆稠度实测值与控制目标值的允许偏差是多少？

湿拌砂浆稠度应满足相关标准规定和施工要求，稠度实测值与控制目标值的允许偏差应符合表 2-2-12 的规定。

表 2-2-12　湿拌砂浆稠度允许偏差　　　　　（mm）

项目		湿拌砌筑砂浆	湿拌抹灰砂浆	湿拌地面砂浆	湿拌防水砂浆
稠度		50、70、90	70、90、100	50	70、90、100
稠度允许偏差范围	50	±10	—	±10	—
	70	±10	±10	—	±10
	90	±10	±10	—	±10
	100	—	−10～+5	—	−10～+5

规定稠度	允许偏差
<100	±10
≥100	−10～+5

535. 湿拌砂浆保塑时间应符合什么？

湿拌砂浆保塑时间应符合表 2-2-13 的规定。

表 2-2-13　湿拌砂浆保塑时间　　　　　　　（h）

保塑时间	4	6	8	12	24
实测值	>4	>6	>8	>12	>24

536. 湿拌砂浆拌合物性能检测包括哪些项目？

《建筑砂浆基本性能试验方法标准》（JGJ/T 70—2009）对砂浆的取样、试配和各类试验进行了详细说明，试验项目包括：①稠度；②密度；③分层度（选择性）；④保水性；⑤凝结时间；⑥抗压强度；⑦拉伸粘结强度；⑧抗冻性能；⑨保塑时间；⑩含气量；⑪压力泌水率。

537. 干混填缝砂浆的主要特点有哪些？

干混填缝砂浆的主要特点有：

1) 与瓷砖边缘具有良好的黏合性，粘结强度高，抗拉伸性能强，可塑性大，不龟裂，不脱落；

2) 低收缩率，减少裂纹形成；

3) 优质的柔性配方，具有足够的抗变形能力；

4) 低吸水率，具有良好的防水抗渗性能，防止水分从砖缝隙渗入；

5) 美观，有多种颜色与瓷砖相配，经久不褪色；

6) 无毒无味，安全环保。

538. 水泥中掺加混合材料有哪些优缺点？

水泥中掺加混合材料有如下优点：

1) 改善水泥性能，生产不同品种水泥；

2) 调节水泥强度等级，合理使用水泥；

3) 节约熟料，降低能耗；

4) 综合利用工业废渣；

5) 增加水泥产量，降低生产成本。

水泥中掺加混合材料也有一些缺点，如使生产控制复杂化，早期强度有所降低，低温性能较差等。

539. 什么是水泥的保水性和泌水性？

进行水泥性能试验配制砂浆和混凝土时，常发现不同品种的水泥呈现不同的现象。有的水泥凝结时会将拌合水保留起来，水泥的这种保留水分的性能就称作保水性。有的水泥在凝结过程中会析出一部分拌合水，这种析出的水往往会覆盖在试体或构筑物的表面上或从模板底部溢出来，水泥析出水分的性能称为泌水性或析水性。保水性和泌水性实际上是指一件事的两个相反现象。有的矿渣水泥具有较明显的泌水性。

540. 水泥的泌水性对湿拌砂浆有什么危害？

泌水性对湿拌砂浆匀质性、包裹保水、保塑时间是有害的。因为湿拌砂浆泌水，使砂浆保水效果降低，从而影响砂浆的整体技术性能，保水、保塑、保塑时间等砂浆的可抹性降低，砂浆易分层，达不到施工需求，砂浆强度也会严重下降。

541. 水泥砂浆的体积变化共分哪几种？

水泥砂浆在水化硬化和使用过程中，其体积变化共有如下几种：

1) 自身收缩。水泥和水后，水泥与水的绝对体积由于水化原因而减小，这种因水泥水化时绝对体积减缩而引起的收缩称为自身收缩。

2）干燥收缩。因硬化水泥浆体中水分的蒸发而引起的收缩称为干燥收缩。这主要由较小的毛细管的凝胶水失去时而引起。

3）碳化收缩。在一定的相对湿度下，空气中的 CO_2 会使水泥硬化浆体的水化产物如 $Ca(OH)_2$、水化硅酸钙、水化铝酸钙和水化硫铝酸钙分解，并释放出水分而导致砂浆的收缩。因上述原因引起的收缩称为碳化收缩。

4）湿胀。当水泥砂浆保持在水中时，硬化水泥浆体中的凝胶粒子会因被水饱和而分开，从而使砂浆产生一定量的膨胀，这种膨胀称为湿胀。

5）因化学反应而引起的膨胀。这类膨胀可分为两大类，一类是水泥砂浆使用过程中因硫酸盐侵蚀或碱-集料反应等原因而产生膨胀；另一类是在配制混凝土时使用膨胀水泥、自应力水泥或膨胀剂而使水泥砂浆产生的膨胀。

542. 水泥凝结时间不正常的因素有哪些？

1）熟料中铝酸三钙和碱含量过高时，石膏的掺入量又未随之变化，可引起水泥的凝结时间不正常。水泥熟料中的硫碱比为 0.8～0.9 时合适。

2）石膏的掺入量不足或掺加不均匀，会导致水泥中的 SO_3 分布不均，使局部水泥凝结时间不正常。

3）水泥磨内温度波动较大。当磨内温度过高时，可引起二水石膏脱水，生成溶解度很低的半水石膏，导致水泥假凝。

4）熟料中生烧料较多。生烧料中含有较多的 f-CaO，这种料水化时速度较快，且放热量和吸水量较大，易引起水泥凝结时间不正常。

5）水泥粉磨细度过粗或过细时，对水泥凝结时间也有较大影响。

543. 作为砂浆掺合料，该如何选择各等级粉煤灰？

应选择Ⅰ级灰、Ⅱ级灰。当粉煤灰替代水泥时尽量不选择Ⅲ级灰，Ⅲ级灰细度粗，需水量大，烧失量高，吸附砂浆外加剂明显，严重影响湿拌砂浆的保塑性能和施工性能；粉煤灰替代砂，根据实际情况选择使用Ⅲ级灰，使用时多做拌合物试验找出最佳掺量使用。

544. 粉煤灰需水量如何影响砂浆强度？

需水量比越小，粉煤灰的强度贡献越大。粉煤灰细度与其强度贡献的相关性随养护龄期的延长而增强。相反，粉煤灰需水量比对强度贡献的影响在养护早期高于后期。正常凝结砂浆，当养护龄期为 7d 时，粉煤灰需水量比与强度贡献的相关系数为 -0.866，而 $45\mu m$ 筛余则为 -0.808。这说明作为粉煤灰的一个品质参数，需水量比在养护早期的作用大于细度，亦即粉煤灰对砂浆性能的影响，在早期表现为物理作用，后期为化学作用。需水量比较小的粉煤灰掺入砂浆后，有减水作用，不仅可增进砂浆的强度发展，同时可提高砂浆的保塑时间、抗渗性及耐久性。

545. 粉煤灰取代水泥率有什么要求？

1）砂浆中的粉煤灰取代水泥率可根据其设计强度等级及使用要求确定，推荐值见表 2-2-14。

表 2-2-14 砂浆中粉煤灰取代水泥率及超量系数

砂浆品种		砂浆强度等级				
		M1.0	M2.5	M5	M7.5	M10
水泥砂浆	β_m（%）	15～40			10～25	
	δ_m	1.2～1.7			1.1～1.5	
水泥石灰砂浆	β_m（%）	—	25～40	20～30	15～25	10～20
	δ_m	—	1.3～2.0		1.2～1.7	

注：表中 β_m 为粉煤灰取代水泥率，δ_m 为粉煤灰超量系数。

2）砂浆中，粉煤灰取代石灰膏率可通过试验确定，但最大不宜超过 50%。

546. 什么是砂的坚固性？砂的坚固性用什么方法进行试验？

砂的坚固性是指砂在气候环境变化和其他外界物理化学因素作用下抵抗破裂的能力。

通过测定硫酸钠饱和溶液渗入砂中形成结晶时胀裂力对砂的破坏程度来间接地判断其坚固性。

547. 什么是轻集料？轻集料是如何分类的？

堆积密度不大于 1200kg/m³ 的粗细集料的总称。轻集料的细度模数宜在 2.3～4.0 范围内。按形成方式分为：

1）人造轻集料：轻粗集料（陶粒等）和轻细集料（陶砂等）。
2）天然轻集料：浮石、火山渣等。
3）工业废渣轻集料：自燃煤研石、煤渣等。

548. 用于砂浆中的人工砂（机制砂、混合砂）石粉含量有什么技术要求？

机制砂的石粉含量、泥块含量及压碎指标应符合表 2-2-15 的规定。

表 2-2-15 机制砂的石粉含量、泥块含量及压碎指标

MB 值≤1.4 时或快速法试验合格			
类别	I	II	III
MB 值	≤0.5	≤1.0	≤1.4 或合格
石粉含量（以质量计,%）	≤15.0		
泥块含量（以质量计,%）	≤0	≤1.0	≤2.0
此指标根据使用地区和用途，经试验验定，可由供需双方协商确定			
MB 值＞1.4 时或快速法试验不合格			
类别	I	II	III
石粉含量（以质量计,%）	≤1.0	≤3.0	≤5.0
泥块含量（以质量计,%）	≤0	≤1.0	≤2.0
机制砂压碎指标			
类别	I	II	III
机制砂压碎指标（%）	≤20	≤25	≤30

549. 什么是砂的松散堆积密度、紧密密度和表观密度？

1）松散堆积密度

松散堆积密度包括颗粒内外孔及颗粒间隙的松散颗粒堆积体的平均密度，用处于自然堆积状态的未经振实的颗粒物料的总质量除以堆积物料（容量桶）的总体积求得。

2）紧密密度

即振实堆积密度，是经振实后的砂颗粒堆积体的平均密度。

3）表观密度

表观密度是指材料在自然状态下单位体积的质量，该体积包括材料内部封闭孔隙的体积。（饱和面干密度是指砂石表面干燥，而内部孔隙中含水达到饱和这个状态下单位体积的质量）

550. 优质的机制砂应具有哪些特点？

目前市场上的很多机制砂具有以下特点：级配不合理，细度模数偏高，粒型不好，针片状过多，石粉（或泥）含量高，需水量大；与天然砂相比，机制砂颗粒级配较差，且多棱角、粒型差，采用其配制的砂浆保水性较差，稠度损失大，新拌砂浆还易泌水。同时，机制砂中小于0.075mm的石粉（含泥）含量较多时，对砂浆外加剂的吸附量较大，再加上石粉（含泥）较多不利于砂浆工作性能和施工性能等综合性能的控制。优质机制砂具有以下特点：

1）颗粒形状圆润，可以与天然砂相媲美。

2）级配相对合理、稳定：每层颗粒含量的粒度得到有效控制，且级配完美地落在Ⅱ区。

3）细度模数稳定、颗粒连续性好、可调：根据细度模数与能耗的曲线关系，调整产品的粒度大小，从而改变产品的细度模数，稳定度非常好。

4）石粉含量可控：成品机制砂使用"干筛法"实现国家标准对不同类别机制砂石粉含量要求的灵活控制，机制砂中的石粉含量最好控制在10%～13%。

5）生产工艺对环境友好：无粉尘（全封闭式设计，负压状态），低噪声、轻振动。

6）生产工艺采用自动智能控制系统：我国大部分的机制砂生产线基本上还停留在粗放式的生产方式，没有系统、完整地对原生石材、固废垃圾的破碎机理进行研究，没有机制砂生产过程控制模型，对机制砂生产工艺参数的调整认识较少。先进的制砂成套技术装备正向绿色化、智能化、无人操作、服务化方向发展。

551. 防水剂的作用机理是什么？

砂浆吸水是因为水化水泥浆内毛细孔的表面张力，从而产生毛细吸力而"引入"水，而防水剂的作用是阻止水浸入。防水剂的性能很大程度上取决于下雨时（不是吹风）的水压是否较低，或者毛细管水上升高度，或挡水结构是否有静水压。防水剂有几种形式，但其主要作用是使砂浆疏水，这意味着水因毛细管壁和水之间的接触角增加而被排出。如硬脂酸和一些植物、动物脂肪。

防水剂与憎水剂不同，后者是有机硅类，主要应用于表面，防水膜是乳化沥青基涂料，产生有弹性的坚硬漆膜。

552. 外加剂型式检验如何控制？

外加剂型式检验项目包括《混凝土外加剂》（GB 8076—2008）全部性能指标。有下列情况之一者，应进行型式检验：

1）新产品或老产品转厂生产的试制定型鉴定；

2）正式生产后，材料、工艺有较大改变，可能影响产品性能时；

3）正常生产时，一年至少进行一次检验；

4）产品长期停产后，恢复生产时；

5）出厂检验结果与上次型式检验结果有较大差异时；

6）国家质量监督机构提出进行型式试验要求时。

553. 外加剂的主要功能有哪些？

1）改善砂浆拌合物施工时的和易性；

2）提高砂浆的强度及其他物理力学性能；

3）节约水泥或代替特种水泥、石膏；

4）加速砂浆的早期强度发展；

5）调节砂浆的凝结硬化速度；

6）调节砂浆的含气量；

7）降低水泥初期水化热或延缓水化放热；

8）改善拌合物的泌水性；

9）提高砂浆耐各种侵蚀性盐类的腐蚀性；

10）减弱碱-集料反应；

11）改善砂浆的毛细孔结构；

12）改善砂浆的可泵性；

13）提高钢筋的抗锈蚀能力；

14）提高集料与砂浆界面的粘结力，提高与基层的粘结内聚力；

15）延长砂浆的保塑期；

16）提高砂浆的柔韧性减少收缩。

554. 干混界面砂浆有何应用？

界面处理砂浆主要用于干混砂浆、加气干混砂浆、灰砂砖及粉煤灰砖等表面的处理，解决由于这些表面吸水特性或光滑引起界面不易粘结，抹灰层空鼓、开裂、剥落等问题，可大大提高新旧干混砂浆之间或干混砂浆与砂浆之间的粘结力，从而提高建筑工程质量，加快施工进度。在很多不易被砂浆粘结的致密材料上，界面处理剂作为必不可少的辅助材料，有广泛的市场。

主要用于混凝土基层抹灰的界面处理和大型砌块等表面处理，以及可用于混凝土结构的修补工程，还可用于膨胀聚苯板（EPS板）、挤塑聚苯板（XPS板）的表面处理。

555. 砂浆用速凝剂有哪些种类？

按产品形态：粉体（固体）速凝剂和液体速凝剂，掺量一般为胶材用量的4%～6%。

按碱含量：有碱速凝剂和无碱速凝剂（将 Na_2O 当量<1%的速凝剂称无碱速凝剂）。

按主要促凝成分：铝氧熟料（工业铝酸盐）型、碱金属碳酸盐型、水玻璃（硅酸盐）型、硫酸铝型和无硫无碱无氯型。

556. 拌合用水中有害物质对砂浆性能的影响？

1）影响砂浆的和易性、可抹性及凝结时间；

2）有损于砂浆强度发展；

3）降低砂浆的耐久性，加快钢筋腐蚀及导致预应力钢筋脆断；

4）污染砂浆表面，泛碱，起皮。

557. 地表水如何定义？

在我国，通常所说的地表水并不包括海洋水，属于狭义的地表水的概念。主要包括河流水、湖泊水、冰川水和沼泽水，并把大气降水视为地表水体的主要补给源。把分别存在于河流、湖库、沼泽、冰川和冰盖等水体中水分的总称定义为地表水。

558. 地表水如何分类？

依据地表水水域环境功能和保护目标，按功能高低依次划分为五类：

Ⅰ类：主要适用于源头水、国家自然保护区。

Ⅱ类：主要适用于集中式生活饮用水地表水源地一级保护区、珍稀水生生物栖息地、鱼虾类产卵场、仔稚幼鱼的索饵场等。

Ⅲ类：主要适用于集中式生活饮用水地表水源地二级保护区、鱼虾类越冬场、洄游通道、水产养殖区等渔业水域及游泳区。

Ⅳ类：主要适用于工业用水区及人体非直接接触的娱乐用水区。

Ⅴ类：主要适用于农业用水区及一般景观要求的水域。

559. 砌筑砂浆原材料有何要求？

砌筑砂浆的原材料主要有胶凝材料、集料、掺合料及外加剂等。

1）胶凝材料

水泥是砌筑砂浆的主要胶凝材料，目前使用较多的是普通硅酸盐水泥、矿渣硅酸盐水泥等，但矿渣硅酸盐水泥易泌水，使用时要加以注意。工厂化砂浆生产，建议采用42.5级水泥，再掺加粉煤灰、矿渣粉等掺合料，可配制各强度等级的砂浆。

2）细集料

砌筑砂浆用砂宜选用中砂。天然砂的含泥量对砂浆性能有一定的影响，若砂的含泥量过大，不但会增加水泥用量，而且会加大砂浆的收缩，降低粘结强度，影响砌筑质量。人工砂中的石粉含量较高，一定量的石粉含量可改善砂浆的和易性，人工砂的颗粒形状和表面状况对砂浆性能产生影响。

砌筑砂浆也可以采用轻质集料如膨胀珍珠岩、破碎聚苯颗粒等生产保温砌筑砂浆，减小灰缝的冷热桥影响。

3）掺合料

掺合料是为改善砂浆和易性而加入的无机材料，如磨细生石灰、粉煤灰、沸石粉、矿渣粉等。

4）外加剂

为了改善水泥砂浆的和易性，砌筑砂浆中常常掺入保水增稠材料、有机塑化剂等。由于有机塑化剂具有引气作用，对砌体的力学性能有一定影响。

560. 砂浆中常用的填充料有哪些？

特种干混砂浆中通常都掺加一些填料，如重质碳酸钙、轻质碳酸钙、石英粉、滑石粉等，这些惰性材料没有活性，不产生强度。其作用主要是减少胶凝材料用量，降低材料脆性。

561. 砂浆中常用的填充料有何特点？

1）重质碳酸钙简称重钙，是以方解石为主要成分的碳酸盐，采用机械方法直接粉碎天然的方解石、石灰石等制得的。其质地粗糙，密度较大，难溶于水。根据粒径的大小，可以将重质碳酸钙分为单飞粉（95％通过 0.074mm 筛）、双飞粉（99％通过 0.045mm 筛）、三飞粉（99.9％通过 0.045mm 筛）、四飞粉（99.95％通过 0.037mm 筛）和重质微细碳酸钙（过 0.018mm 筛）。

2）轻质碳酸钙简称轻钙，是由天然石灰石经过化学加工而成，颗粒细，不溶于水，有微碱性。

3）滑石粉是将天然滑石矿石经挑选后，剥去表面的氧化铁研磨而成，主要成分为硅酸镁。它具有滑腻感，主要用于腻子和涂料行业，可改善施工性和流动性。

562. 水泥基灌浆砂浆的主要原材料是什么？

1）胶凝材料：硅酸盐水泥。

2）矿物掺合料：粉煤灰、硅灰等。

3）集料：不同规格的天然砂、破碎砂、重钙等。

4）外加剂：为改善或提高砂浆的某些性能，如无收缩性、粘结性、早期强度等，满足施工条件及使用功能，可在砂浆中掺入一些外加剂，如膨胀剂、可再分散乳胶粉、减水剂、早强剂等。

563. 管道压浆剂有何特点？

1）流动性好，流动度能够满足 10～17.5s 等要求，满足不同管道管径预应力结构的压浆需求；

2）充盈度好，材料在配制中产生的气泡少，压浆工序之后保证浆体具有良好的充盈度，管道发生空鼓现象的次数减少；

3）微膨胀，在材料配制中使用了高品质膨胀剂（塑性膨胀剂），浆液膨胀率小，浆体体积在压浆之后能够保持不收缩的状态，预应力损失大为降低；

4）强度高，抗折强度与抗压能力符合相应的建筑工程施工要求标准，对施工中使用的其他设备、工具材料不会造成腐蚀；

5）与水泥相容性好，普通硅酸盐水泥与高品质压浆剂相比，高品质压浆剂具有良好的相容性，材料配制过程操作简单，能够降低更换水泥的概率，能够提高材料的使用率，节约工程造价；

6) 耐久性好，耐腐蚀、老化；环保性能好，无毒无害，不会对周围环境造成污染。

564. 什么是干混饰面砂浆？常见的种类有哪些？有何用途？

1) 干混饰面砂浆是以无机胶凝材料、填料、添加剂和（或）集料、颜料等所组成的用于建筑墙体表面及顶棚装饰性抹灰的材料。

2) 根据所使用的粘结材料不同可分为三大类：水泥基干混饰面砂浆、石膏基干混饰面砂浆和纯聚合物基干混饰面砂浆。其中石膏基干混饰面砂浆只能用于室内场合。

3) 可代替涂料而用作建筑外墙装饰。不需要光滑的基层，是建筑物立面涂层材料，可以作为最终装饰，使用厚度不大于 6mm。适用于各种墙面的装饰，如内外墙保温墙体装饰面、内外干混砂浆墙体装饰面、内外砂浆墙体装饰面，可以手工施工，也可以机械喷涂施工，并且基于施工方式的不同而得到不同的装饰效果。

565. 湿拌砂浆施工应用需符合哪些规定？

1) 湿拌砂浆的品种选用应根据设计、施工等的要求确定。

2) 不同品种、规格的湿拌砂浆不应混合使用。

3) 湿拌砂浆施工前，施工单位应根据设计和工程要求及湿拌砂浆产品说明书等编制施工方案，并应按施工方案进行施工。

4) 湿拌砂浆施工时，施工环境温度宜为 5～35℃。当温度低于 5℃或高于 35℃施工时，应采取保证工程质量的措施。五级风及以上、雨天和雪天的露天环境条件下，不应进行湿拌砂浆施工。

5) 施工单位应建立各道工序的自检、互检和专职人员检验制度，并应有完整的施工检查记录。

6) 湿拌砂浆抗压强度、实体拉伸粘结强度应按验收批进行评定。

566. 湿拌砂浆的搅拌对砂浆有什么重要性？

砂浆搅拌影响砂浆内部物料的扩散融合性，尤其是保塑剂的溶解性。砂浆保塑剂的溶解性是纯物理的扩散过程，受扩散动力学的控制。扩散的动力主要来自浓度梯度，保塑剂在水泥水化的碱性多相体系中具有足够的化学梯度，它的溶解及扩散受到多重因素的干扰。该反应体系在砂浆体系内随时间不断变化，大部分保塑剂溶解时间较长。湿拌砂浆经二次运输、二次储存等各个环节循环，保塑剂在湿拌砂浆中能有足够时间均匀分布溶解并有效发挥作用。它的物料状态对比干拌砂浆，较接近理想溶液。这是干混砂浆不具备的特点。干混砂浆从加水搅拌到砂浆使用完时间较短，可能没等保塑剂分散完全就使用完，优质的可抹性无法保证。

567. 湿拌砂浆要经过哪些搅拌？

砂浆搅拌的均匀性对湿拌砂浆的性能十分重要，搅拌的均匀性直接影响砂浆施工质量，砂浆从生产到施工要经过多重搅拌。

1) 生产搅拌设备

采用混凝土设备生产，改造后的搅拌臂和搅拌刀尺寸可加大对砂浆的搅拌效率。搅拌时间根据砂浆指标性能确定，从投料时间算起不得少于 180s。

2）专业运输罐车

混凝土或砂浆搅拌运输车运输，保持匀速转罐。避免运输途中的强转颠簸、振动，使砂浆中的物料分散过快，保塑时间缩短。终止转罐导致砂浆集料下沉，水分上浮，产生离析现象，到工地卸料前，快速转罐1~2min再卸料，以保证砂浆均匀性。

3）滞留罐内搅拌

湿拌砂浆运输到工地，一般卸料在储存滞留罐内或储料池内。搅拌功能多在取料时使用。成品砂浆切勿反复循环搅拌，影响保塑时间。

4）周转输送的翻拌

工人将湿拌砂浆输送到各施工点的来回循环周转装、卸料的过程是对砂浆的一个间接翻拌过程。此过程虽不是直接拌和，但会因操作环境、操作方法等原因加快物料分散、水分挥发而改变砂浆的性能，特别是砂浆的稠度变化，此过程需要工人严格规范施工操作。

5）施工搅拌

砂浆用前工人会进行简易拌和，人工的简易搅拌是工人对湿拌砂浆的初始感测，砂浆可抹性是否满足个人施工使用，此过程便可感知一二。湿拌砂浆用前拌和需注意不用不拌、现用现拌。人工拌和过的砂浆和工人使用过的砂浆必须一次性用完，防止砂浆保塑时间变短产生早凝。

568. 什么是湿拌砂浆的离析、泌水？

湿拌砂浆离析是指湿拌砂浆混合料各组分分离，造成不均匀和失去连续性的现象。

湿拌砂浆的离析通常有两种形式：一是粗集料从混合料中分离，因为它们比细集料更易于沿着斜面下滑或在模内下沉；二是稀水泥浆从混合料中淌出，这主要发生在流动性大的混合料中。

湿拌砂浆储存过程及施工时，固体颗粒下沉，水上升，并在湿拌砂浆表面析出水的现象称为泌水。

569. 什么是粘结石膏？

粘结石膏是用来作粘结的石膏，是一种快硬的粘结材料。它也是以建筑石膏为基料，加入适量缓凝剂、保水剂、增稠剂、粘结剂等外加剂，经混合均匀而成的粉状无机胶粘剂。

570. 什么是轻质抹灰石膏？

轻质抹灰石膏就是保温层抹灰石膏。轻质抹灰石膏砂浆是代替水泥砂浆的更新型、更环保、更经济的重点推广的产品，既有水泥的强度，又比水泥更健康环保、持久耐用，粘接力大、不易粉化、不开裂、不空鼓、不掉粉等，使用简便，节省成本。从单价来讲，抹灰石膏砂浆比水泥砂浆贵，但抹灰石膏砂浆有不少优点，综合下来，每平方米抹灰石膏砂浆抹灰造价反而低于水泥砂浆。

571. 什么是钢筋锈蚀？

水泥水化形成大量氢氧化钙，使混凝土、砂浆孔隙中充满饱和氢氧化钙溶液，pH为12~13，高碱性介质对钢筋有良好的保护作用，使钢筋表面生成难溶的水化产物

$Fe_2O_3 \cdot nH_2O$ 或 $Fe_3O_4 \cdot nH_2O$ 薄膜，称为钝化膜。该钝化膜能保护钢筋不受锈蚀。当钢筋表面的混凝土、砂浆孔溶液中存在游离 Cl^- 且游离 Cl^- 浓度超过一定值时，Cl^- 能破坏钝化膜，发生电化学反应，使钢筋发生锈蚀。砂浆虽然不与钢筋混凝土结构中的钢筋直接接触，但砂浆会接触钢丝挂网，会影响硬化砂浆的耐久性。

572. 什么是冬期施工？

当室外日平均气温连续 5d 稳定低于 5℃时，即进入冬期施工，砌体工程应采取相应的冬期施工措施，并按冬期施工有关规定进行，以防砌体受冻，降低强度。除冬期施工期限以外，当日最低气温低于 0℃时，也应采取冬期施工措施。冬期施工的砌体工程质量验收应符合《砌体结构工程施工质量验收规范》（GB 50203）及《建筑工程冬期施工规程》（JGJ/T 104）的有关规定。

573. 原材料使湿拌砂浆泌水、离析增加的原因是什么？

1）水泥

水泥使用时细度变化，如细度变粗，导致水泥需水量下降，湿拌砂浆离析。水泥中 C_3A 含量突然下降，减缓了水泥水化速率，需水量及外加剂用量也相应减少，搅拌用水如未及时减少，湿拌砂浆会泌水。水泥中碱含量降低，特别是可溶性碱如降得过低，如外加剂掺量过大，湿拌砂浆将严重泌水。矿渣颗粒和水泥熟料、脱硫石膏一起粉磨而成的矿渣水泥，由于矿渣颗粒难磨，细度偏粗，容易造成湿拌砂浆泌水，故一般不要用矿渣水泥来生产湿拌砂浆和干混砂浆。

2）矿物掺合料

粉煤灰对砂浆泌水和离析的影响具有两面性。品质好的粉煤灰可有效改善湿拌砂浆的泌水、离析。如果粉煤灰品质较差，需水量增大，会使湿拌砂浆中泌水量增大。

掺加粉煤灰使湿拌砂浆泌水增加的原因有：一是粉煤灰的反应活性远低于水泥，会使湿拌砂浆中的结合水量显著减少，导致可泌水分增加；二是粉煤灰颗粒的形貌一般是球形玻璃体，这种形貌不利于吸附湿拌砂浆的水分，也可能使湿拌砂浆中的可泌水分增加，当然这种形貌对改善湿拌砂浆和易性、可抹性非常有利。粉煤灰对新拌湿拌砂浆泌水的影响取决于具体的粉煤灰品质和湿拌砂浆用水量。

3）砂

砂级配不良，砂偏粗，粒径偏大、级配不连续，颗粒形状多为针片状，特别是颗粒粒型不好、0.315mm 以下的机制砂含量较少时，湿拌砂浆在运输、储存过程待施工时，就容易出现泌水、离析。

4）外加剂

砂浆外加剂使用范围窄、组成不合理或掺量不合理，掺量过大、保水不足、保塑性差，容易导致离析、泌水现象。外加剂中保水剂、引气剂过小、缓凝剂超量，造成湿拌砂浆拌合物缓凝，释放大量游离水，会造成泌水。

5）湿拌砂浆配合比

水胶比过大或外加剂掺加不合理，造成水泥浆流动度大，浆体稀薄，不足以维持与物料间的黏聚，引起离析。配合比用砂量不合理、配合比中没有掺加粉煤灰等矿物掺合料，掺加过量或过少。

574. 含气量对湿拌砂浆泌水率有影响的原因是什么？

含气量对新拌湿拌砂浆泌水率有显著影响。

1）新拌湿拌砂浆中的气泡由水分包裹形成，如果气泡能稳定存在，则包裹该气泡的水分被固定在气泡周围。如果气泡很细小、数量足够多，则有相当多量的水分被固定，可泌的水分大大减少，使泌水率显著降低。

2）如果泌水通道中有气泡存在，气泡可以阻断通道，使自由水分不能泌出，从而降低离析率，砂浆保塑稳定。即使不能完全阻断通道，也使通道有效面积显著降低，导致泌水量减少。

3）使用优质引气剂，湿拌砂浆中的气泡能稳定存在，而且气泡足够细小，由于气泡的润滑作用可以有效减小颗粒间的摩擦阻力，使砂浆施工时顺滑、改善湿拌砂浆的和易性，保证湿拌砂浆的保塑性。

575. 生产管理、现场施工使湿拌砂浆泌水、离析增加的原因是什么？

1）湿拌砂浆生产管理方面的原因，例如湿拌砂浆运输车交接班时，未检查车辆罐体冲洗水是否倒净就接料，罐体内存水，造成湿拌砂浆离析。

2）施工对湿拌砂浆泌水和离析的影响

施工中湿拌砂浆储存池被雨水浸泡，将砂浆直接倒入水（施工润墙积水）中。湿拌砂浆中的自由水在压力作用下，很容易在拌合物中形成通道泌出，特别是在抹灰施工时。泵送、机械喷涂湿拌砂浆在泵送、机喷过程中的压力作用会使湿拌砂浆中气泡受到破坏，导致泌水增大，湿拌砂浆难施工。

576. 湿拌砂浆泌水、离析有什么危害？

施工期间，为防止湿拌砂浆同混凝土墙基层施工表面起泡、便于表面涂抹作业，砂浆保塑时间正常，并阻止缓凝、塑性开裂的发生，适量且未受扰动的泌水现象是有益的。但泌水量过大，保水率过小将对湿拌砂浆质量产生影响，特别是可抹性及保塑性受到极大影响。

1）湿拌砂浆泌水，使湿拌砂浆保水性差，砂浆分层，导致砂浆施工时可抹性差，砂浆上墙后水分损失快，黏度低，导致砂浆搓压抹灰易涨裂，影响湿拌砂浆施工质量均匀性和使用效果。随泌水过程，砂浆水分流失，导致砂浆稠损快，砂浆保塑时间缩短，砂浆早凝，无法满足施工需求。泌水的砂浆部分水泥颗粒上升并堆积在湿拌砂浆表面，称为浮浆，最终形成疏松层，湿拌砂浆表面易形成"粉尘"，影响湿拌砂浆表面强度。

2）泌水停留在砂的下方可形成水囊，将严重削弱砂浆和基层之间的粘结强度，导致砂浆基层粘结力不足，致使砂浆空鼓等质量问题产生。

3）泌水上升所形成的连通孔道，导致水分蒸发快，使湿拌砂浆保塑时间缩短。水分蒸发后变为湿拌砂浆结构内部的连通孔隙，致抹灰面层观感差。

4）离析导致湿拌砂浆不均匀，影响湿拌砂浆的密实度，造成湿拌砂浆局部强度降低。

5）离析可导致湿拌砂浆砂外露或湿拌砂浆表面浮浆、粉化等现象，不仅影响湿拌砂浆抹面的外观，而且所产生的微裂缝等结构缺陷也将影响湿拌砂浆的物理力学性能。

6）湿拌砂浆离析，机喷施工或泵送过程中，在压力作用下浆体与砂易分离，容易造成堵管现象。

7）湿拌砂浆离析，导致施工困难，工人停工。

577. 如何预防湿拌砂浆的离析、泌水？

1）原材料方面，使用级配良好的砂，控制砂的最大粒径，保证细砂中微粒成分的适当含量，控制机制砂、天然砂的掺加比例。掺加优质粉煤灰、石灰石粉等掺合料。

2）外加剂方面，掺加高品质的外加剂，选用保水好、保塑强的外加剂，在满足标准和使用要求的情况下，选用合适的外加剂掺量，避免外加剂掺量过低或过高不适应造成泌水和离析。

3）湿拌砂浆配合比方面，水胶比不宜过大，适当增加胶凝材料用量，合理使用用砂量，适当提高湿拌砂浆外加剂掺量，在不影响其他性能的前提下，使湿拌砂浆适量引气、保水。在保证施工性能的前提下尽量减少湿拌砂浆单位用水量。

4）施工方面，严格控制湿拌砂浆的稠度、密度，湿拌砂浆不得随意加水；储存过程中应避免砂浆水分损失；严格控制砂浆储存管控。

578. 不同湿拌砂浆抹灰施工基层处理有哪些具体要求？

1）内墙抹灰前须对基层进行处理。基层使用的材料不同，抹灰施工前要求的基层处理方法不同，正确的基层处理对提高抹灰质量至关重要。

2）洁净、潮湿而无明水的基层有利于增加基层与抹灰层的粘结，保证抹灰质量。由于烧结砖吸水率较大，每天宜浇两次水。

3）蒸压灰砂砖、蒸压粉煤灰砖、轻集料混凝土（含轻集料混凝土空心砌块）基层的处理方法，因这几种块体材料的吸水率较小，为避免抹灰时墙面过湿或有明水，抹灰前浇水即可。

4）对混凝土基层，首先应将其基层表面上的尘土、污垢、油渍等清除干净，再按下面给出的两种方法之一对基层进行处理：

（1）可采用先将混凝土基层凿成麻面，然后浇水润湿的方法。基层凿成麻面能增加粘结面积，提高抹灰层与基层的粘结强度，但此方法工作量大，费工费时，现已不常使用。

（2）可采用在混凝土基层表面涂抹界面砂浆的方法。界面砂浆中含有高分子物质，涂抹后能起到增加基层与抹灰砂浆之间粘结力的作用，但需注意加水搅拌均匀，不能有生粉团，并应满批刮，以全部覆盖基层墙体为准，不宜超过 2mm。同时应注意进行第一遍抹灰的时间，界面砂浆太干，抹灰层涂抹后失水快，影响强度增长，易收缩而产生裂缝；界面砂浆太湿，抹灰层涂抹后水分难挥发，不但影响下一工序的施工，还可能在砂浆层中留下空隙，影响抹灰层质量。

5）对加气混凝土砌块基层，首先应将其基层表面清扫干净，再按下面给出的两种方法之一对基层进行处理：

（1）可采用浇水润湿的方法，但要注意润湿的程度，太湿或润湿不够都会影响抹灰层与基层的粘结。

（2）可采用在加气混凝土砌块的基层表面涂抹界面砂浆的方法。

6）对混凝土小型空心砌块砌体和混凝土多孔砖砌体的基层，将基层表面的尘土、污垢、油渍等清扫干净即可，不需要浇水润湿。

7）对采用聚合物水泥抹灰砂浆抹灰的基层，由于聚合物抹灰砂浆保水性好，粘结强度高，将基层清理干净即可，不需要浇水润湿。

8）对采用石膏抹灰砂浆抹灰的基层，由于抹灰层厚度薄，与基层粘结牢固，不需要采用涂抹界面砂浆等特殊处理方法，只需对基层表面清理干净，浇水润湿即可。

579. 吊垂直、套方、找规矩、做灰饼是大面积抹灰前的基本步骤，应按哪些要求进行？

1）先确定基准墙面，并据此进行吊垂直、套方、找规矩，根据墙面的平整度确定抹灰厚度。为保证墙面能被抹灰层完全覆盖，提出抹灰厚度不宜小于 5mm 的要求。

2）对凹度较大、平整度较差的墙面，一遍抹平会造成局部抹灰厚度太厚，易引起空鼓、裂缝等质量问题，需要分层抹平，且每层厚度宜为 7~9mm。

3）为保证抹灰后墙面的垂直与平整度，抹灰前应抹灰饼。抹灰饼时需根据室内抹灰要求，确定灰饼的正确位置，再用靠尺板找好垂直与平整。

580. 墙面冲筋（标筋）应按哪些要求进行？

1）根据墙面尺寸进行冲筋，将墙面划分成较小的抹灰区域，既能减少由于抹灰面积过大易产生收缩裂缝的缺陷，抹灰厚度也宜控制，表面平整度也宜保证。

2）冲筋应在灰饼砂浆硬化后进行，冲筋用砂浆可与抹灰用砂浆相同。

3）冲筋的方式及两筋之间的距离应满足相关规定。

581. 内墙抹灰有哪些具体要求？

抹底层砂浆应在冲筋 2h 后进行。抹第一层（底层）砂浆时，抹灰层不宜太厚，但需覆盖整个基层并要压实，保证砂浆与基层粘结牢固。两层抹灰砂浆之间的时间间隔是保证抹灰层粘结牢固的关键因素：时间间隔太长，前一层砂浆已硬化，后一层抹灰层涂抹后失水快，不但影响砂浆强度增长，抹灰层易收缩产生裂缝，而且前后两层砂浆易分层；时间间隔太短，前层砂浆还在塑性阶段，涂抹后一层砂浆时会扰动前一层砂浆，影响其与基层材料的粘结强度，而且前层砂浆的水分难挥发，不但影响下一工序的施工，还可能在砂浆层中留下空隙，影响抹灰层质量，因此规定应待前一层六七成干时最佳。根据施工经验，六七成干时，即用手指按压砂浆层，有轻微压痕但不粘手。

582. 为什么砂浆抹灰层应设网格布进行加强？

不同材料基体交接处由于吸水和收缩性不一致，接缝处表面的抹灰层容易开裂，因此应铺设网格布等进行加强，每侧宽度不应小于 100mm，加强网应铺设在靠近基层的抹灰层中下部。

583. 为什么水泥基抹灰砂浆要保湿养护？

加强对水泥基抹灰砂浆的保湿养护，是保证抹灰层质量的关键步骤，经大量试验验证，经养护后的水泥基抹灰层粘结强度是未经养护的抹灰层强度的 2 倍以上，因此规定水泥基抹灰砂浆应保湿养护，养护时间不应少于 7d。

2.2.3 试验检验

584. 如何进行砂浆的含气量试验？

砂浆含气量的测定可采用仪器法和密度法。当发生争议时，应以仪器法的测定结果为准。

1）仪器法

（1）本方法可用于采用砂浆含气量测定仪测定砂浆含气量。

（2）含气量试验应按下列步骤进行：

① 量钵应水平放置，并将搅拌好的砂浆分三次均匀地装入量钵内。每层应由内向外插捣 25 次，并应用木槌在周围敲数下。插捣上层时，捣棒应插入下层 10～20mm。

② 捣实后，应刮去多余砂浆，并用抹刀抹平表面，表面应平整、无气泡。

③ 盖上测定仪钵盖部分，卡扣应卡紧，不得漏气。

④ 打开两侧阀门，并松开上部微调阀，再用注水器通过注水阀门注水，直至水从排水阀流出。水从排水阀流出时，应立即关紧两侧阀门。

⑤ 应关紧所有阀门，并用气筒打气加压，再用微调阀调整指针为零。

⑥ 按下按钮，刻度盘读数稳定后读数。

⑦ 开启通气阀，压力仪示值回零。

⑧ 应重复本条的⑤～⑦的步骤，对容器内试样再测一次压力值。

（3）试验结果应按下列要求确定：

① 当两次测值的绝对误差不大于 0.2％时，应取两次试验结果的算术平均值作为砂浆的含气量；当两次测值的绝对误差大于 0.2％时，试验结果应为无效。

② 当所测含气量数值小于 5％时，测试结果应精确到 0.1％；当所测含气量数值大于或等于 5％时，测试结果应精确到 0.5％。

2）密度法

（1）本方法可用于根据一定组成的砂浆的理论表观密度与实际表观密度的差值确定砂浆中的含气量。

（2）砂浆理论表观密度应通过砂浆中各组成材料的表观密度与配比计算得到。

（3）砂浆实际表观密度应按《建筑砂浆基本性能试验方法标准》（JGJ/T 70）第 5 章的规定进行测定。

（4）砂浆含气量应按下列公式计算：

$$A_c = \left(1 - \frac{\rho}{\rho_t}\right) \times 100\%$$

$$\rho_t = \frac{1 + x + y + W_c}{\frac{1}{\rho_c} + \frac{x}{\rho_s} + \frac{y}{\rho_p} + W_c}$$

式中　A_c——砂浆含气量的体积百分数（％），应精确至 0.1％；

ρ——砂浆拌合物的实测表观密度（kg/m^3）；

ρ_t——砂浆理论表观密度（kg/m^3），应精确至 $10kg/m^3$；

ρ_c——水泥实测表观密度（g/cm^3）；

ρ_s——砂的实测表观密度（g/cm^3）；

W_c——砂浆达到指定稠度时的水灰比；

ρ_p——外加剂的实测表观密度（g/cm^3）；

x——砂与水泥的质量比；

y——外加剂与水泥用量之比，当 y 小于 1% 时，可忽略不计。

585. 抹灰砂浆增塑剂抗压强度比试验如何进行?

抗压强度比为受检砂浆与基准砂浆同龄期抗压强度之比。各龄期抗压强度比按下式计算，精确到 1%。

$$R_f = \frac{f_{t,cu}}{f_{c,cu}} \times 100\%$$

式中　R_f——抗压强度比（%）；

$f_{t,cu}$——受检砂浆的抗压强度（MPa）；

$f_{c,cu}$——基准砂浆的抗压强度（MPa）。

试件制作后在温度为（20 ± 5）℃的环境下静置（48 ± 2）h，对试件进行编号和拆模，试件拆模后应立即放入标养室养护。各龄期抗压强度以三批试验的算术平均值计。若三批试验的最大值或最小值中有一个与中间值的差值超过中间值的 15%，则把最大值与最小值一并舍去，取中间值作为该龄期试件试验的抗压强度。若最大值和最小值与中间值的差值均超过中间值的 15%，则该龄期试验结果无效，重新试验。

586. 如何进行砂浆的吸水率试验?

1）吸水率试验应使用下列仪器：

（1）天平：称量应为 1000g，感量应为 1g。

（2）烘箱：$0\sim150$℃，精度 ±2℃。

（3）水槽：装入试件后，水温应能保持在（20 ± 2）℃的范围内。

2）吸水率试验应按下列步骤进行：

（1）应按《建筑砂浆基本性能试验方法标准》（JGJ/T 70）标准的规定成型及养护试件，并应在第 28d 取出试件，然后在（105 ± 5）℃温度下烘干（48 ± 0.5）h，称其质量（m_0）。

（2）应将试件成型面朝下放入水槽，用两根 $\phi10$ 的钢筋垫起。试件应完全浸入水中，且上表面距离水面的高度应不小于 20mm。浸水（48 ± 0.5）h 取出，用拧干的湿布擦去表面水，称其质量（m_1）。

3）砂浆吸水率应按下式计算：

$$W_x = \frac{m_1 - m_0}{m_0} \times 100\%$$

式中　W_x——砂浆吸水率（%）；

m_1——吸水后试件质量（g）；

m_0——干燥试件的质量（g）。

应取 3 块试件测值的算术平均值作为砂浆的吸水率，并应精确至 1%。

587. 水泥胶砂实验室设备及环境条件的基本要求是什么？

1）胶砂试体成型实验室的温度应保持在（20±2）℃，相对湿度应不低于 50%。

2）胶砂试体带模养护的养护箱或雾室温度保持在（20±1）℃，相对湿度应不低于 90%。

3）胶砂试体养护池水温应在（20±1）℃范围内。

4）实验室空气温度和相对湿度及养护池水温在工作期间每天至少记录一次。

养护箱或雾室的温度与相对湿度至少每 4h 记录一次，在自动控制的情况下记录次数可以酌减至一天记录两次。控制所设定的温度在给定温度范围内。

588. 水泥安性有哪几种检测方法？如何判定水泥安定性是否合格？

造成水泥安定性不良的原因，一般是熟料中所含的游离氧化钙过多，也可能是由于水泥中所含的游离氧化镁或生产水泥时掺入石膏过多所造成的。水泥安定性可采用雷氏法和试饼法测定。有争议时以雷氏夹法为准。

1）试饼法：水泥试饼经沸煮后，取出。目测试饼未发现裂缝，用钢直尺检查试饼也没有弯曲（使钢直尺和试饼底部紧靠，以两者间不透光为不弯曲）的试饼为安定性合格；反之为不合格。当两个试饼判别结果有矛盾时，该水泥的安定性为不合格。

2）雷氏夹法：脱去玻璃板取下试件，先测量雷氏夹指针尖端间的距离（A），精确至 0.5mm，接着将试件放入沸煮箱水中的试件架上，指针朝上，然后在（30±5）min 内加热至沸并恒沸（180±5）min。

测量沸煮后的雷氏夹指针尖端的距离（C），精确至 0.5mm。当两个试件煮后增加距离（$C-A$）的平均值不大于 5.0mm 时，即认为该水泥安定性合格；当两个试件煮后增加距离（$C-A$）的平均值大于 5.0mm 时，应用同一样品立即重做一次试验，以复检结果为准。如果平均值超过 5.0mm，则判定水泥安定性不合格。

589. 简述水泥与减水剂相容性试验方法（代用法）净浆流动度法操作步骤。

水泥浆体配合比：水泥 300g、水 87g 或 105g，以及相应掺量的减水剂。使用液态减水剂时要在加水量中减去液态减水剂的含水量。

每锅浆体用搅拌机进行机械搅拌。试验前使搅拌机处于工作状态。

将玻璃板置于工作台上，并保持其表面水平。

用湿布把玻璃板、圆模内壁、搅拌锅、搅拌叶片全部润湿。将圆模置于玻璃板的中心位置，并用湿布覆盖。

将减水剂和约 1/2 的水同时加入锅中，然后用剩余的水反复冲洗盛装减水剂的容器，直至干净并全部加入锅中，加入水泥，把锅固定在搅拌机上，按《水泥净浆搅拌机》（JC/T 729）的搅拌程序搅拌。

将锅取下，用搅拌勺边搅拌边将浆体立即倒入置于玻璃板中间位置的圆模内。对流动性差的浆体要用刮刀进行插捣，以使浆体充满圆模。用刮刀将高出圆模的浆体刮除并抹平，立即稳定提起圆模。圆模提起后，应用刮刀将黏附于圆模内壁的浆体尽量刮下，以保证每次试验的浆体量基本相同。提取圆模 30s 后，用卡尺测量最长径及其垂直方向的直径，两者的平均值即为初始流动度值。

快速将玻璃板上的浆体用刮刀无遗留地回收到搅拌锅内，并采取适当的方法密封静置以防水分蒸发。

清洁玻璃板、圆模。

若减水剂在此掺量下净浆流动度不够，重复上述步骤，测定调整掺量后的初始流动度值。

自加水起到 60min 时，将静置的水泥浆体按《水泥净浆搅拌机》（JC/T 729）的搅拌程序重新搅拌，测得的流动度值即为 60min 流动度值。

590. 如何检测砂的含水率？

将自然潮湿状态下的试样用四分法缩分至约 1100g，均匀后分为大致相等的两份备用。由密封的样品中取各 500g 的试样两份，分别放入已知质量的干燥容器（m_1）中称量，记下每盘试样与容器的总量（m_2），将容器连同试样放入温度为（105±5）℃的烘箱中烘干至恒重，称量烘干后的试样与容器的总量（m_3）。

砂的含水率按下式计算，精确至 0.1%。

$$\omega_{\mathrm{w}} = \frac{m_3 - m_2}{m_3 - m_1} \times 100\%$$

式中 ω_{w}——细集料的含水率（%）；

m_1——容器质量（g）；

m_2——未烘干的试样与容器总质量（g）；

m_3——烘干后的试样与容器总质量（g）。

以两次试验结果的算术平均值为测定值，两次试验结果之差大于 0.2% 时，应重新试验。

591. 抹灰砂浆增塑剂 2h 稠度损失率试验如何进行？

1) 2h 稠度损失率参照《预拌砂浆》（GB/T 25181—2019）附录 A 规定的方法执行。

2) 受检砂浆和基准砂浆的初始稠度应为 80~90mm。试验环境温度为（20±5）℃。盛放砂浆拌合物的容量筒容积不应小于 5L，装入砂浆拌合物后容积筒表面应覆盖。

592. 简述水泥胶砂试体的抗折强度试验方法。

1) 试验前的准备工作

（1）除 24h 龄期或延迟至 48h 脱模的试体外，任何到龄期的试体应在试验（破型）前提前从水中取出。擦去试体表面的沉积物，并用湿布覆盖至试验为止。

（2）试验前检查抗折机是否处于正常状态。试体放入前应擦拭夹具，清除附着物。

2) 抗折强度试验

（1）将试体一个侧面放在试验机支撑圆柱上，试体长轴垂直于支撑圆柱，通过加荷圆柱以使其以（50±10）N/s 的速率均匀地将荷载垂直加在棱柱体相对侧面上，直至折断。

（2）保持两个半截棱柱体处于潮湿状态直至抗压试验。

3）抗折强度按下式计算：

$$R_f = 1.5 \times \frac{F_f L}{b^3}$$

式中　R_f——抗折强度（MPa）；

　　　L——支撑圆柱之间的距离（mm）；

　　　F_f——折断时施加于棱柱中部的荷载（N）；

　　　b——棱柱体正方形截面的边长（mm）。

4）以一组三个棱柱体抗折结果的平均值作为试验结果。当三个强度值中有一个超出平均值的±10%时，应剔除后取平均值作为抗折强度试验结果；当三个强度值中有两个超出平均值±10%时，则以剩余一个作为抗折强度结果。

单个抗折强度结果精确至0.1MPa，算术平均值精确至0.1MPa。

593. 水泥胶砂试体抗折强度试验应注意哪些事项？

1）试验前擦去试体表面的沉积物，检查试体两侧面气孔情况，试体放入夹具时，将气孔多的一面向上作为加荷面，尽量避免大气孔在加荷圆柱下，气孔少的一面向下作为受拉面。

2）试体放入前，应使杠杆在不受荷的情况下呈平衡状态，然后将试体放在夹具中间，两端与定位板对齐，并根据试体龄期和水泥强度等级，将杠杆调整到一定角度，使其在试体折断时杠杆尽可能接近平衡位置。如果第一块试体折断，杠杆的位置高于或低于平衡位置，那么第二、三块试验时，可适当调节杠杆角度。

3）加荷速度严格按照标准规定进行。

4）试体折断后，取出两断块，按照整条试体形状放置，清除夹具表面附着的杂物。

594. 如何进行水泥胶砂试体的抗压强度试验？

1）试验前的准备工作

（1）试验前检查压力机是否处于正常状态，以及压力机球座的润滑情况、压力机的升压情况。

（2）试体经抗折破型后，擦去试体表面的沉积物，按编号顺序排列整齐，并用湿毛巾覆盖。

2）抗压强度试验

（1）抗折强度试验完成后，取出两个半截试体，进行抗压强度试验。抗压强度通过标准规定的仪器，在半截棱柱体的侧面上进行。半截棱柱体中心与压力机压板受压中心差应在±0.5mm内，棱柱体露在压板外的部分约有10mm。

（2）整个加荷过程中以（2400±200）N/s的速率均匀地加荷直至破坏。

3）计算公式

$$R_C = F_C / A$$

式中　R_C——抗压强度（MPa）；

　　　F_C——破坏时的最大荷载（N）；

　　　A——受压面积（1600mm²）。

抗压强度计算精确至0.1MPa。

4）以一组三个棱柱体上得到的六个抗压强度测定值的平均值为试验结果。当六个测定值中有一个超出六个平均值的±10％时，剔除这个结果，再以剩下五个的平均值为结果。当五个测定值中再有超过它们平均值的±10％时，则此组结果作废。当六个测定值中同时有两个或两个以上超出平均值的±10％时，则此组结果作废。

单个抗压强度结果精确至 0.1MPa，算术平均值精确至 0.1MPa。

595. 胶砂试体抗压强度试验应注意哪些事项？

1）检查三条试体抗折试验后六个断块的尺寸，受压面长度方向小于 40.0mm 的断块不能做抗压试验，应剔除。

2）试验时将抗压夹具置于试验机压板中心，清除试体受压面与上下压板附着的杂物，以试体侧面为受压面。试体放入夹具时，长度两端超出加压板的距离大致相等，成型时的底面靠紧下压板的两定位销钉，以保证受压面的宽为 40mm。

3）整个加荷过程中以（2400±200）N/s 的速率均匀地加荷直至破坏。。

4）试体受压破坏后取出，清除压板上附着的杂物。

596. 提高凝结时间检验准确性的措施有哪些？

1）严格按国家标准和操作规程进行操作。加水量应按标准稠度需水量定，稠度仪试锥下沉深度接近 30mm 最佳，加水量过高可导致凝结时间偏长，测点以接近 1/2 半径圆内较好；试锥或试针应自由下落，避免外力作用。

2）严格控制养护室、养护柜温度、湿度，控制样品和试验用水温度，冬、春季应注意保温，低温环境下对水泥终凝时间影响较大。应防止流动空气吹过被测圆模。

3）定期对检验设备进行检查、校正，维卡仪的标尺应平正、垂直。试针在多次测试后，会出现一定的弯曲。因此，在测试前，可将一张规格为 75g 的复印白纸画一条直线，放在试针背面、转换角度，观察试针与直线是否重叠。

597. 简述水泥胶砂流动度的测定方法。

1）跳桌检查。跳桌如在 24h 内未被使用，先空跳一个周期（25 次）。

2）试样称量。胶砂材料用量按相应标准要求或试验设计确定，准确称量水泥及标准砂。水量按预定的水灰比进行计算。

3）胶砂制备。将称好的水与水泥倒入搅拌锅内，开动搅拌机，低速 30s，再低速 30s，同时自动开始加砂并在 20～30s 内全部加完，高速 30s，停 90s，高速 60s，自开动机器起拌和 240s 后停车。将粘在叶片上的胶砂刮下，取下搅拌锅。

4）装模。装模前用潮湿棉布擦拭跳桌台面、试模内壁、捣棒以及与胶砂接触的用具，将试模放在跳桌台面中央并用潮湿棉布覆盖。将搅拌好的水泥砂浆迅速分两层装入模内，第一层装至截锥圆模高度约三分之二处，用小刀在相互垂直的两个方向各划 5 次，用捣棒由边缘至中心、均匀捣压 15 次。随后，将第二层胶砂装至高出截锥圆模约 20mm，用小刀在相互垂直两个方向各划 5 次，再用捣棒由边缘至中心均匀捣压 10 次。捣压后，胶砂应略高于试模。捣压深度：第一层捣至胶砂高度的二分之一；第二层捣实不超过已捣实底层表面。

装胶砂或捣压时，用手扶稳试模，不要使其移动。

5）测试。捣压完毕，取下模套，用小刀倾斜从中间向边缘分两次以近水平的角度抹去高出截锥圆模的胶砂，并擦去落在桌上面的胶砂。将截锥圆模垂直向上轻轻提起。立即开动跳桌，以每秒一次的频率，在（25±1）s 内完成 25 次跳动。跳动完毕，用卡尺测量胶砂底面互相垂直的两个方向直径，计算平均值，取整数，单位为 mm。该平均值即为该水量的水泥胶砂流动度。

6）记录所测试结果。从胶砂加水开始到测量扩散直径结束，应在 6min 内完成。

598. 水泥胶砂流动度试验，使用胶砂流动度跳桌时应注意哪些事项？

1）使用前要检查推杆与支承孔之间能否自由滑动，推杆在上下滑动时应处于垂直部分的落距为（10±0.2）mm，质量（4.35±0.15）kg，否则应调整推杆上端螺纹与圆盘底部连接处的螺纹距离。

2）跳桌应固定在坚固的基础上，台面保持水平，台内实心，外表抹上水泥砂浆。

3）跳桌在 24h 内未被使用，先空跳一个周期 25 次。

检验周期 12 个月，安装好的跳桌用水泥胶砂流动度标准样品进行检定。

599. 如何检测粉煤灰含水量？

1）方法原理：将粉煤灰放入规定温度的烘干箱内烘至恒重，以烘干前后的质量差与烘干前的质量比确定粉煤灰的含水量。

2）仪器设备：烘干箱，可控温度 105～110℃，最小分度值不大于 2℃；天平，量程不小于 50g，最小分度值不大于 0.01g。

3）试验步骤：

（1）称取粉煤灰试样约 50g，精确至 0.01g，倒入已烘干至恒重的蒸发皿中称量（m_1），精确至 0.01g。

（2）将粉煤灰试样放入 105～110℃烘干箱内烘至恒重，取出放在干燥器中冷却至室温后称量（m_0），精确至 0.01g。

4）结果计算：

含水量按下式计算，结果保留至 0.1%。

$$W = \frac{m_1 - m_0}{m_1} \times 100\%$$

式中　W——含水量（%）；

　　m_1——烘干前试样质量（g）；

　　m_0——烘干后试样质量（g）。

600. 如何进行粉煤灰细度试验检测？

1）方法原理：采用 45μm 方孔筛对样品进行筛析试验，用筛上的筛余物的质量百分数来表示样品的细度。

2）仪器设备：试验筛（45μm）、负压筛析仪（4000～6000Pa）、天平（最小分度值不大于 0.01g）设备均应符合相关标准要求。

3）试验步骤：

（1）试验前所用试验筛应保持清洁，负压筛和手工筛应保持干燥。试验时 45μm 筛析试验称取试样 10g。

（2）筛析试验前应把负压筛放在筛座上，盖上筛盖，接通电源检查控制系统，调节负压至 4000～6000Pa 范围内。

（3）称取试样精确至 0.01g，置于洁净的负压筛中，放在筛座上，盖上筛盖，接通电源，开动筛析仪连续筛析 3min。在此期间如有试样附着在筛盖上可轻轻地敲击筛盖使试样落下。筛毕，用天平称量全部筛余物。

4）结果计算及处理：

$$F = \frac{R_t}{W} \times 100$$

式中　F——粉煤灰试样的筛余质量分数（%）；

R_t——粉煤灰筛余物的质量（g）；

W——粉煤灰试样的质量（g）。

结果计算至 0.1%。

5）筛余结果的修正：将试验结果乘以有效修正系数 C。

修正系数 C 按下式计算：

$$C = \frac{F_s}{F_t}$$

式中　C——试验筛修正系数；

F_s——标准样品的筛余标准值（质量分数，%）；

F_t——标准样品在试验筛上的筛余值（质量分数，%）。

结果计算至 0.01。

601. 矿渣粉含水率如何检测？

1）方法原理：将矿粉放入规定温度的烘干箱内烘至恒重，以烘干前后的质量之差与烘干前的质量比确定矿粉的含水率。

2）仪器设备：烘干箱（可控温度不低于 110℃，最小分度值不大于 2℃），天平（量程不小于 50g，最小分度值不大于 0.01g）。

3）试验步骤：

（1）将蒸发皿在烘干箱中烘干至恒重，放入干燥器中冷却至室温后称重（m_0）。

（2）称取矿粉试样约 50g，精确至 0.01g，倒入已烘干至恒重的蒸发皿中称量（m_1），精确至 0.01g。

（3）将矿粉试样与蒸发皿放入 105～110℃烘干箱内烘至恒重，取出放在干燥器中冷却至室温后称量（m_2），精确至 0.01g。

4）结果计算：

$$W = \frac{m_1 - m_2}{m_1 - m_0} \times 100\%$$

式中　W——含水率（%）；

m_0——蒸发皿的质量（g）；

m_1——烘干前样品与蒸发皿的质量（g）；

m_2——烘干后样品与蒸发皿的质量（g）。

602. 如何检测矿粉活性指数？

1）方法原理：按照《水泥胶砂强度检验方法（ISO）》（GB/T 17671）测定试验胶砂和对比胶砂的 7d、28d 抗压强度，以两者之比确定矿粉的强度活性指数。

2）仪器设备：天平、搅拌机、振实台、抗压强度试验机。

3）试验步骤：

（1）胶砂配比见表 2-2-16。

表 2-2-16　胶砂配比

胶砂种类	对比水泥（g）	试验样品		标准砂（g）	水（mL）
		对比水泥（g）	矿粉（g）		
对比胶砂	450	—	—	1350	225
试验胶砂	—	225	225	1350	225

（2）将对比胶砂和试验胶砂分别按照《水泥胶砂强度检验方法（ISO）》（GB/T 17671）规定进行搅拌、试体成型和养护。

（3）试体养护至 7d、28d，按照《水泥胶砂强度检验方法（ISO）》（GB/T 17671）规定，分别测定对比胶砂和试验胶砂的抗压强度。

4）结果计算：

矿渣粉 7d 活性指数计算：

$$A_7=\frac{R_{07}}{R_{28}}\times100\%$$

式中　A_7——矿粉 7d 强度活性指数（%），精确至 1%；

　　　R_{07}——对比胶砂 7d 抗压强度（MPa）；

　　　R_{28}——试验胶砂 28d 抗压强度（MPa）。

矿渣粉 28d 活性指数计算：

$$A_{28}=\frac{R_{28}}{R_{028}}\times100\%$$

式中　A_{28}——矿粉 28d 强度活性指数（%），精确至 1%；

　　　R_{028}——对比胶砂 28d 抗压强度（MPa）；

　　　R_{28}——试验胶砂 28d 抗压强度（MPa）。

603. 砂浆增塑剂受检砂浆性能试验对砂浆搅拌有什么规定要求？

1）应采用符合《试验用砂浆搅拌机》（JG/T 3033）规定的试验用水泥砂浆搅拌机。

2）基准砂浆的制备：水泥、砂干拌 30s 混合均匀后加水，自加水时计时，搅拌 120s。

3）受检砂浆的制备：掺液体增塑剂的受检砂浆，应先将水泥、砂干拌 30s 混合均匀后，将混有增塑剂的水倒入干混料中继续搅拌；掺固体增塑剂的受检砂浆，应将水泥、砂和增塑剂干拌 30s，待干粉料混合均匀后，将水倒入其中继续搅拌。从开始加水起计时，砌筑砂浆增塑剂试验搅拌时间为 210s，抹灰砂浆增塑剂砂浆搅拌时间为 120s。有特殊要求时，搅拌时间或搅拌方式也可按产品说明书的技术要求确定。

604. 砌筑砂浆增塑剂砂浆含气量的测定方法如何操作?

1) 方法原理:本方法是根据一定组成的砂浆理论密度与实际密度的差值确定砂浆中的含气量。理论密度通过砂浆中各组成材料的密度与配比计算得到,实际密度按本方法测定。

2) 仪器设备:砂浆搅拌机应符合《试验用砂浆搅拌机》(JG/T 3033)的规定。其余的设备应符合《建筑砂浆基本性能试验方法标准》(JGJ/T 70)的规定。

3) 材料:应采用标准《砌筑砂浆增塑剂》(JG/T 164)第5.2.1条规定的试验材料。

4) 实验室环境:实验室环境应符合标准《砌筑砂浆增塑剂》(JG/T 164)第5.2.2条的要求。

5) 受检砂浆配合比:受检砂浆配合比应符合标准《砌筑砂浆增塑剂》(JG/T 164)第5.2.3.2条的要求。

6) 砂浆实际密度的测定:砂浆实际密度的测定应按《建筑砂浆基本性能试验方法标准》(JGJ/T 70)的规定进行。

7) 结果计算:

砂浆含气量应按下式算,计算精确至1%。

$$A_c = \frac{\rho}{\rho_t} \times 100\%$$

$$\rho_t = \frac{1+x+y+W_c}{\frac{1}{\rho_c} + \frac{1}{\rho_s} + \frac{1}{\rho_p} + W_c}$$

式中 A_c——砂浆含气量的体积分数(%);

ρ——砂浆实际密度(kg/m³);

ρ_t——砂浆理论密度(kg/m³),计算精确至10kg/m³;

ρ_c——水泥密度(g/cm³),无实测时,取3.15g/cm³;

ρ_s——砂的密度(g/cm³),无实测时,取2.65g/cm³;

W_c——砂浆达到指定稠度时的水灰比;

x——砂与水泥的质量比;

y——增塑剂与水泥的用量之比,当 y 小于1%时,可忽略不计;

ρ_p——增塑剂的密度(g/cm³)。

605. 标准中对砌筑砂浆增塑剂砂浆性能试验有哪些规定?

1) 砂浆的稠度、分层度、密度、凝结时间试验应按《建筑砂浆基本性能试验方法标准》(JGJ/T 70)规定的方法进行。

2) 砂浆抗压强度试验应按《建筑砂浆基本性能试验方法标准》(JGJ/T 70)的规定进行,但试模改用带底钢模。

3) 含气量的测定应按《砌筑砂浆增塑剂》(JG/T 164—2004)附录A的规定进行。其中,标准搅拌为《砌筑砂浆增塑剂》(JG/T 164—2004)中5.2.4对砂浆搅拌规定的搅拌方式;1h静置系指砂浆在标准搅拌后,将砂浆置于钢制容器中,用湿布盖住容器,让砂浆静置 1h，然后用刮刀搅拌 10s。

4）砂浆养护条件应符合《建筑砂浆基本性能试验方法标准》（JGJ/T 70）的要求。

606. 抹灰砂浆增塑剂试验受检砂浆保水率比试验方法如何进行？

保水率比为受检砂浆与基准砂浆保水率的比值。保水率比按下式计算，应精确到至％。

$$W_r=\frac{W_t}{W_c}$$

式中　W_r——受检砂浆的保水率与基准砂浆的保水率之比（％）；

W_t——受检砂浆的保水率（％）；

W_c——基准砂浆的保水率（％）。

保水率的测定和计算方法按照《建筑砂浆基本性能试验方法标准》（JGJ/T 70）规定的方法，测定并计算出基准砂浆和受检砂浆的保水率。保水率试验以三批试验的算术平均值计，精确至 0.1％。若三批试验的最大值或最小值中有一个与中间值之差超过 15％，则把最大值与最小值一并舍去，取中间值作为该组试验的保水率。若最大值和最小值与中间值之差均超过 15％，则试验结果无效，重新试验。

607. 抹灰砂浆增塑剂 14d 拉伸粘结强度比试验如何进行？

拉伸粘结强度比为受检砂浆与基准砂浆拉伸粘结强度之比。拉伸粘结强度比按下式计算，精确至 1％。

$$R_a=\frac{f_{at,t}}{f_{at,c}}\times100\%$$

式中　R_a——拉伸粘结强度比（％）；

$f_{at,t}$——受检砂浆的拉伸粘结强度（MPa）；

$f_{at,c}$——基准砂浆的拉伸粘结强度（MPa）。

拉伸粘结强度试验应按《建筑砂浆基本性能试验方法标准》（JGJ/T 70）第 10 章规定的方法进行。

608. 砂浆防水剂抗压强度比如何试验？

1）试验步骤按照《水泥胶砂流动度测定方法》（GB/T 2419）确定基准砂浆和受检砂浆的用水量，水泥与砂的比例为 1:3，将两者流动度均控制在（140±5）mm。试验共进行 3 次，每次用有底试模成型 70.7mm×70.7mm×70.7mm 的基准和受检试件各两组，每组 6 块，两组试件分别养护至 7d、28d，测定抗压强度。

2）砂浆试件的抗压强度按下式计算：

$$f_m=\frac{P_m}{A_m}$$

式中　f_m——受检砂浆或基准砂浆 7d 或 28d 的抗压强度（MPa）；

P_m——破坏荷载（N）；

A_m——试件的受压面积（mm²）。

3）抗压强度比按下式计算：

$$R_{fm} = \frac{f_{tm}}{f_{rm}} \times 100\%$$

式中　R_{fm}——砂浆的 7d 或 28d 抗压强度比（%）；

　　　f_{tm}——不同龄期（7d 或 28d）的受检砂浆的抗压强度（MPa）；

　　　f_{rm}——不同龄期（7d 或 28d）的基准砂浆的抗压强度（MPa）。

609. 砂浆防水剂透水压力比如何试验?

试验步骤按《水泥胶砂流动度测定方法》（GB/T 2419）确定基准砂浆和受检砂浆的用水量，两者保持相同的流动度，并以基准砂浆在 0.3~0.4MPa 压力下透水为准，确定水灰比。用上口直径 70mm、下口直径 80mm、高 30mm 的截头圆锥带底金属试模成型基准和受检试样，成型后用塑料布将试件盖好静停。脱模后放入（20±2）℃的水中养护至 7d，取出待表面干燥后，用密封材料密封装入渗透仪中进行透水试验。水压从 0.2MPa 开始，恒压 2h，增至 0.3MPa，以后每隔 1h 增加水压 0.1MPa。当 6 个试件中有 3 个试件端面呈现渗水现象时，即可停止试验，记下当时的水压值。若加压至 1.5MPa，恒压 1h 还未透水，应停止升压。砂浆透水压力为每组 6 个试件中 4 个未出现渗水时的最大水压力。

结果计算：

透水压力比按照下式计算，精确至 1%。

$$R_{pm} = \frac{P_{tm}}{P_{rm}} \times 100\%$$

式中　R_{pm}——受检砂浆与基准砂浆透水压力比（%）；

　　　P_{tm}——受检砂浆的透水压力（MPa）；

　　　P_{rm}——基准砂浆的透水压力（MPa）。

610. 砂浆防水剂吸水量比（48h）如何试验?

1）试验步骤按照抗压强度试件的成型和养护方法成型基准和受检试件。养护 28d 后，取出试件，在 75~80℃温度下烘干（48±0.5）h 后称量，然后将试件放入水槽。试件的成型面朝下放置，下部用两根 ϕ10mm 的钢筋垫起，试件浸入水中的高度为 35mm。要经常加水，并在水槽上要求的水面高度处开溢水孔，以保持水面恒定。水槽应加盖，放在温度为（20±3）℃、相对湿度 80% 以上的恒温室中，试件表面不得有结露或水滴。然后在（48±0.5）h 时取出，用挤干的湿布擦去表面的水，称量并记录。称量采用感量 1g、最大称量范围为 1000g 的天平。

2）结果计算：

吸水量按照下式计算：

$$W_m = M_{m_1} - M_{m_0}$$

式中　W_m——砂浆试件的吸水量（g）；

　　　M_{m_1}——砂浆试件吸水后的质量（g）；

　　　M_{m_0}——砂浆试件干燥后的质量（g）。

结果以 6 块试件的平均值表示，精确至 1g。

吸水量比按照下式计算，精确至 1%。

$$R_{mw} = \frac{W_{mt}}{W_{mr}} \times 100\%$$

式中 R_{mw}——受检砂浆与基准砂浆吸水量比（%）；

　　　W_{mt}——受检砂浆的吸水量（g）；

　　　W_{mr}——基准砂浆的吸水量（g）。

611. 如何进行砂浆的抗渗性能试验？

1）抗渗性能试验应使用下列仪器：

（1）金属试模：应采用截头圆锥形带底金属试模，上口直径应为 70mm，下口直径应为 80mm，高度应为 30mm。

（2）砂浆渗透仪。

2）抗渗试验应按下列步骤进行：

（1）应将拌和好的砂浆一次装入试模中，并用抹灰刀均匀插捣 15 次，再颠实 5 次，当填充砂浆略高于试模边缘时，应用抹刀以 45°角一次性将试模表面多余的砂浆刮去，然后用抹刀以较平的角度在试模表面反方向将砂浆刮平。应成型 6 个试件。

（2）试件成型后，应在室温（20±5）℃的环境下，静置（24±2）h 再脱模。试件脱模后，应放入温度（20±2）℃、湿度 90% 以上的养护室养护至规定龄期。试件取出待表面干燥后，应采用密封材料密封装入砂浆渗透仪中进行抗渗试验。

（3）抗渗试验时，应从 0.2MPa 开始加压，恒压 2h 后增至 0.3MPa，以后每隔 1h 增加 0.1MPa。当 6 个试件中有 3 个试件表面出现渗水现象时，应停止试验，记下当时水压。在试验过程中，当发现水从试件周边渗出时，应停止试验，重新密封后继续试验。

3）砂浆抗渗压力值应以每组 6 个试件中 4 个试件未出现渗水时的最大压力计，并应按下式计算。

$$P = H - 0.1$$

式中 P——砂浆抗渗压力值（MPa），精确至 0.1MPa；

　　　H——6 个试件中 3 个试件出现渗水时的水压力（MPa）。

612. 如何检测干混耐磨地坪砂浆的抗压和抗折强度？

耐磨地坪砂浆采用 40mm×40mm×160mm 棱柱体试件，试件的成型、养护和强度检测按《水泥胶砂强度检验方法（ISO 法）》（GB/T 17671）的规定进行。

613. 如何测定水泥基灌浆砂浆的抗压强度？

水泥基灌浆砂浆的抗压强度采用 40mm×40mmm×160mm 棱柱体试件，将拌和好的砂浆倒入试模，不振动，试件的养护和强度检测按《水泥胶砂强度检验方法（ISO法）》GB/T 17671 的规定进行。

614. 什么是再现性限？

一个数值，在再现性条件下，两个测试结果的绝对差小于或等于此数的概率为 95%。

615. 如何检测砂浆的压力泌水率?

1）试验条件：标准试验条件为环境温度（20±5）℃。

2）仪器：

① 压力泌水仪：缸体内径为（125±0.02）mm，内高为（200±0.2）mm，工作活塞公称直径为125mm，筛网孔径为0.315mm。压力泌水仪示意图见图2-2-1。

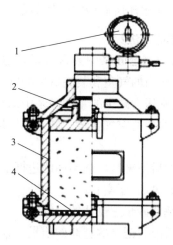

图 2-2-1　压力泌水仪

1—压力表；2—工作活塞；3—缸体；4—筛网

② 秤：称量20kg，感量20g；称量1000g，感量1g。

③ 钢制捣棒：直径为10mm，长为350mm，端部磨圆。

④ 烧杯：容量宜为200mL，2个。

3）试验步骤：

① 称取10kg新拌砂浆试样，稠度控制为（95±5）mm。

② 将砂浆试样一次性装入压力泌水仪缸体，用捣棒由边缘向中心顺时针均匀地插捣25次，捣实后的试样表面应低于缸体筒口（30±2）mm。安装好仪器，并将缸体外表面擦干净。

③ 应在15s内给试样加压至3.2MPa，并应在2s内打开泌水阀门，同时开始计时，并保持恒压。泌出的水接入烧杯中，10s时迅速更换另一只烧杯；持续到140s时关闭泌水阀门，结束试验。

④ 分别称量10s、140s时的泌水质量，精确至0.1g。

4）试验结果：

压力泌水率应按下式计算：

$$B_w = \frac{m_{10}}{m_{10} + m_{140}} \times 100\%$$

式中　B_w——压力泌水率（%），精确至0.1%；

　　　m_{10}——加压至10s时的泌水质量（g）；

　　　m_{140}——加压至140s时的泌水质量（g）。

压力泌水率取二次试验结果的算术平均值，精确至1%。

616. 外加剂检验批次如何控制？

生产厂应根据产量和生产设备条件，将产品分批编号。掺量大于1%（含1%）同品种的外加剂每一批号为100t，掺量小于1%的外加剂每一批号为50t。不足100t或50t的也应按一个批量计，同一批号的产品必须混合均匀。

每一批号取样量不少于0.2t水泥所需用的外加剂量。

617. 新拌砂浆含气量的测定方法？

砂浆含气量测定仪主要用于测定砂浆中的含气量，适用于含气量不大于10%的砂浆。根据气态方程，保持一定压力的气室和装满试料的容器之间，开闭压力平衡时，两个容器的压力达到平衡时，气室压力减少的量即砂浆中的空气含量所占的百分比，在压力表上表示出的即是砂浆拌合物中的空气含量。砂浆含气量测定仪操作过程：

1）称空钵的质量，并记录。

2）把密封环放到钵上，然后把夹紧环挂到钵的边框上。

3）往钵内填满砂浆，然后晃动/压实它。

4）揭开密封环，用大铁锤使砂浆超过钵的边缘。

5）称满钵时的质量，然后减去记录的空钵的质量，计算出散货的密度。

6）用一块干净的布清理钵的边缘。

7）把上部分放到擦干净的钵上，然后扣紧四周的夹紧器。

8）打开停止阀，控制杆向上，然后用洗瓶往停止阀里注入水，直到水从停止阀中溢出来，没有气泡。

9）拧动砂浆含气量测定仪左边半圆形的手柄打开气泵，直到压力计的指针指向距离"%AIR下方3的位置"。现在慢慢向左拧排气阀的螺丝，直到压力计的指针准确地指到"%AIR下方3的位置"。如果指到这个位置的话，顺时针方向拧动螺丝关闭排气阀。"%AIR下方3的位置"，也就是初压点，和混凝土含气量作用相同。

10）关闭停止阀。

11）当指针归零后开始检测。按摇杆大约20s，直到压力计的指针不再动。

12）在压力计上直接读出含气量百分比。

13）慢慢打开停止阀。然后向左转螺丝，把多余的压力放掉。

14）打开上部分，把钵体腾空，然后清理干净，把所有的零部件擦干。

618. 砂浆外加剂密度是如何测定的？

1）依据标准：《混凝土外加剂匀质性试验方法》（GB/T 8077—2012）。

2）仪器设备：波美比重计、精密密度计、超级恒温设备。

3）试验步骤：

（1）将已恒温的外加剂倒入500mL玻璃量筒内，以波美比重计插入溶液中测出该溶液的密度。

（2）参考波美比重计所测溶液的数据，选择这一刻度范围的精密密度计插入溶液中，精确读出溶液凹液面与精密密度计相齐的刻度即为该溶液的密度ρ。

3）结果表示：测得的数据即 20℃时外加剂溶液的密度。

4）重复性限和再现性限：

重复性限为 0.001g/mL；再现性限为 0.002g/mL。

619. 粉体外加剂细度是如何测定的？

1）依据标准：《混凝土外加剂匀质性试验方法》（GB/T 8077）。

2）仪器设备：

天平：分度值 0.001g。

试验筛：采用孔径为 0.315mm 的铜丝筛布。筛框有效直径 150mm、高 50mm。筛布应紧绷在筛框上，接缝应严密，并附有筛盖。

3）试验步骤：

外加剂试样应充分拌匀并经 100～105℃（特殊品种除外）烘干，称取烘干试样 10g，称准至 0.001g 倒入筛内，用人工筛样，将近筛完时，必须一手执筛往复摇动，一手拍打，摇动速度约 120 次/min。其间，筛子应向一定方向旋转数次，使试样分散在筛布上，直至每 min 通过质量不超过 0.005g 时为止。称量筛余物，准确至 0.001g。

4）结果表示：

细度用筛余（%）表示，按下式计算：

$$筛余 = \frac{m_0}{m_1} \times 100\%$$

式中　m_1——筛余物质量（g）；

　　　　m_0——试样质量（g）。

5）允许差：

室内允许差为 0.40%；室间允许差为 0.60%。

620. 外加剂对水泥的适应性检测方法？

1）本检测方法适用于检测各类混凝土、砂浆减水剂及与减水剂复合的各种外加剂对水泥的适应性，也可用于检测其对矿物掺合料的适应性。

2）检测所用仪器设备应符合下列规定：

（1）水泥净浆搅拌机。

（2）截锥形圆模：上口内径 36mm，下口内径 60mm，高度 60mm，内壁光滑无接缝的金属制品。

（3）玻璃板：400mm×400mm×5mm。

（4）钢直尺：300mm。

（5）刮刀。

（6）秒表，时钟。

（7）药物天平：称量 100g；感量 1g。

（8）电子大平：称量 50g；感量 0.05g。

3）水泥适应性检测方法按下列步骤进行：

（1）将玻璃板放置在水平位置，用湿布将玻璃板、截锥圆模、搅拌器及搅拌锅均匀擦过，使其表面湿而不带水滴。

（2）将截锥圆模放在玻璃板中央，并用湿布覆盖待用。

（3）称取水泥 600g，倒入搅拌锅内。

（4）对某种水泥需选择外加剂时，每种外加剂应分别加入不同掺量；对某种外加剂选择水泥时，每种水泥应分别加入不同掺量的外加剂。对不同品种外加剂，不同掺量应分别进行试验。

（5）加入 174g 或 210g 水（外加剂为水剂时，应扣除其含水量），搅拌 4min。

（6）将拌好的净浆迅速注入截锥圆模内，用刮刀刮平，将截锥圆模按垂直方向提起，同时开启秒表计时，至 30s 用直尺量取流淌水泥净浆互相垂直的两个方向的最大直径，取平均值作为水泥净浆初始流动度。此水泥净浆不再倒入搅拌锅内。

（7）已测定过流动度的水泥浆应弃去，不再装入搅拌锅中。水泥净浆停放时，应用湿布覆盖搅拌锅。

（8）剩留在搅拌锅内的水泥净浆，至加水后 30min、60min，开启搅拌机，搅拌 4min，分别测定相应时间的水泥净浆流动度。

4）测试结果应按下列方法分析：

（1）绘制以掺量为横坐标，流动度为纵坐标的曲线。其中饱和点（外加剂掺量与水泥净浆流动度变化曲线的拐点）外加剂掺量低、流动度大，流动度损失小的外加剂对水泥的适应性好。

（2）需注明所用外加剂和水泥的品种、等级、生产厂，试验室温度、相对湿度等。

621. 地表水、地下水检验取样有何要求？

1）水质检验水样不应少于 5L。

2）采集水样的容器应无污染；容器应用待采集水样冲洗三次再罐装，并应密封待用。

3）地表水宜在水域中心部位、距水面 100mm 以下采集；取样应有代表性，并注意环境等影响因素。

4）地下水应在放水冲洗管道后接取或直接用容器采集；取样应避免管道中或地表附近物质的影响。

622. 地表水、地下水的检验期限和频次有哪些要求？

地表水每 6 个月检验一次；

地下水每年检验一次；

当发现水受到污染和对混凝土性能有影响时，应立即检验。

623. 不溶物及可溶物的检验依据标准是什么？

不溶物的检验应符合《水质 悬浮物的测定 重量法》（GB/T 11901）的要求。

可溶物的检验应符合现行国家标准《生活饮用水标准检验方法》（GB 5750）中溶解性总固体检验法的要求。

624. 检测新拌砂浆密度试验的仪器有什么？

1）容量筒：应由金属制成，内径应为 108mm，净高应为 109mm，筒壁厚应为 2～5mm，容积应为 1L，如图 2-2-2 所示。

2）天平：称量应为 5kg，感量应为 5g。

3）钢制捣棒：直径为 10mm，长度为 350mm，端部磨圆。

4）砂浆密度测定仪（图 2-2-2）。

5）振动台：振幅应为（0.5±0.05）mm，频率应为（50±3）Hz。

6）秒表。

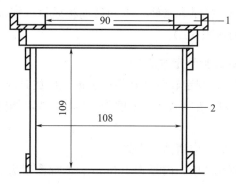

图 2-2-2　砂浆密度测定仪

1—漏斗；2—容量筒

625. 如何检测新拌砂浆密度？

本方法适用于测定砂浆拌合物捣实后的单位体积质量，以确定每立方米砂浆拌合物中各组成材料的实际用量。

1）试验步骤

（1）应按照标准的规定测定砂浆拌合物的稠度。

（2）应先采用湿布擦净容量筒的内表面，再称量容量筒质量 m_1，精确至 5g。

（3）捣实可采用手工或机械方法。当砂浆稠度大于 50mm 时，宜采用人工插捣法；当砂浆稠度不大于 50mm 时，宜采用机械振动法。

采用人工插捣时，将砂浆拌合物一次装满容量筒，使稍有富余，用捣棒由边缘向中心均匀地插捣 25 次。当插捣过程中砂浆沉落到低于筒口时，应随时添加砂浆，再用木槌沿容器外壁敲击 5~6 下。

采用振动法时，将砂浆拌合物一次装满容量筒连同漏斗在振动台上振 10s，当振动过程中砂低于筒口时，应随时添加砂浆。

（4）捣实或振动后，应将筒口多余的砂浆拌合物刮去，使砂浆表面平整，然后将容量筒外壁擦净，称出砂浆与容量筒总质量 m_2，精确至 5g。

2）试验数据处理

（1）砂浆的表观密度 ρ（以 kg/m³ 计）按下式计算：

$$\rho = \frac{m_2 - m_1}{V} \times 1000$$

式中　ρ——砂浆拌合物的表观密度（kg/m³）；

m_1——容量筒质量（kg）；

m_2——容量筒及试样质量（kg）；

V——容量筒容积（L）。

（2）表观密度取两次试验结果的算术平均值作为测定值，精确至 $10kg/m^3$。

容量筒的容积可按下列步骤进行校正：选择一块能覆盖住容量筒顶面的玻璃板，称出玻璃板和容量筒质量；向容量筒中灌入温度为（20±5）℃的饮用水，灌到接近上口时，一边不断加水，一边把玻璃板沿筒口徐徐推入盖严。玻璃板下不得存在气泡；擦净玻璃板面及筒壁外的水分，称量容量筒、水和玻璃板质量（精确至5g）。两次质量之差（以 kg 计）即为容量筒的容积（L）。

626. 湿拌砂浆保水率试验测定方法？

1）砂浆保水性测定，以判定砂浆拌合物在运输及停放时内部组分的稳定性。

2）试验条件：标准试验条件为空气温度为（23±2）℃，相对湿度为45%～70%。

3）试验仪器：

（1）可密封的取样容器，应清洁、干燥。

（2）金属或硬塑料圆环试模，内径为 100mm、内部深度为 25mm；

（3）2kg 的重物。

（4）医用棉纱，尺寸为 110mm×110mm，宜选用纱线稀疏、厚度较薄的棉纱；

（5）超白滤纸，符合《化学分析滤纸》（GB/T 1914）中速定性滤纸。直径为 110mm，单位质量为 $200g/m^2$。

（6）两片金属或玻璃的方形或圆形不透水片，边长或直径大于 110mm。

（7）天平：量程为 200g，感量应为 0.1g；量程为 2000g，感量应为 1g。

（8）烘箱。

4）试验步骤：

（1）称量底部不透水片与干燥试模质量 m_1 和 15 片中速定性滤纸质量 m_2。

（2）将砂浆拌合物一次性装入试模，并用抹刀插捣数次，当装入的砂浆略高于试模边缘时，用抹刀以45°角一次性将试模表面多余的砂浆刮去，然后用抹刀以较平的角度在试模表面反方向将砂浆刮平。

（3）抹掉试模边的砂浆，称量试模、底部不透水片与砂浆总质量 m_3。

（4）用金属滤网覆盖在砂浆表面，再在滤网表面放上 15 片滤纸，用上部不透水片盖在滤纸表面，以 2kg 的重物把上部不透水片压住。

（5）静置 2min 后移走重物及上部不透水片，取出滤纸（不包括滤网），迅速称量滤纸质量 m_4。

（6）按照砂浆的配比及加水量计算砂浆的含水率；当无法计算时，可按砂浆含水率测试方法测定砂浆含水率。

5）试验结果计算：

（1）砂浆保水率应按下式计算：

$$W = \left[1 - \frac{m_4 - m_2}{\alpha \times (m_3 - m_1)}\right] \times 100\%$$

式中　W——砂浆保水率（%）；

m_1——底部不透水片与干燥试模质量（g），精确至1g；

m_2——15 片滤纸吸水前的质量（g），精确至 0.1g；

m_3——试模、底部不透水片与砂浆总质量（g），精确至 1g；

m_4——15 片滤纸吸水后的质量（g），精确至 0.1g；

α——砂浆含水率（%）。

（2）取两次试验结果的算术平均值作为砂浆的保水率，精确至 0.1%，且第二次试验应重新取样测定。当两个测定值之差超过 2% 时，此组试验结果应为无效。

6）砂浆含水率测试方法：

（1）测定砂浆含水率时，应称取（100±10）g 砂浆拌合物试样，置于一干燥并已称重的盘中，在（105±5）℃的烘箱中烘干至恒重。砂浆的含水率应按下式计算：

$$\alpha = \frac{m_6 - m_5}{m_6} \times 100\%$$

式中 α——砂浆含水率（%）；

m_5——烘干后砂浆样本的质量（g），精确至 1g；

m_6——砂浆样本的总质量（g），精确至 1g。

（2）取两次试验结果的算术平均值作为砂浆的含水率，精确至 0.1%。当两个测定值之差超过 2% 时，此组试验结果应为无效。

627. 砂浆试件抗压强度检测结果数据离散的原因有哪些？

1）砂浆试件制作过程不符合规范要求。

2）砂浆强度试模尺寸不符合要求，存在试模尺寸误差偏大、未及时对试模进行自检自校的情况。

3）砂浆试件养护不及时或养护不当，养护条件达不到要求。

4）试件轴心抗压时，试件未放置在承板中心位置，加荷速率不符合要求。

629. 测定立方体试件抗压强度的压力试验机有何规定？

1）试件破坏载荷宜大于压力机全量程的 20% 且宜小于压力机全量程的 80%。

2）示值相对误差应为 ±1%。

3）应具有加荷速度指示装置或加荷速度控制装置，并应能均匀、连续地加荷。

4）试验机上、下承压板的平面度公差不应大于 0.04mm；平行度公差不应大于 0.05mm；表面硬度不应小于 55HRC；板面应光滑、平整，表面粗糙度 Ra 不应大于 0.80μm。

5）球座应转动灵活；球座宜置于试件顶面，并凸面朝上。

6）其他要求应符合现行国家标准《液压式万能试验机》（GB/T 3159）和《试验机 通用技术要求》（GB/T 2611）的有关规定。

630. 抗水渗透试验方法有哪两种试验方法？

抗水渗透试验方法有渗水高度法和逐级加压法两种试验方法。

631. 什么是渗水高度法？

借助测定硬化砂浆在恒定水压力下的平均渗水高度来表示的砂浆抗水渗透性能的试验。

632. 抗渗试模应采用什么样的圆台体?

金属试模应采用截头圆锥形带底金属试模,应采用上口内部直径为 70mm、下口内部直径为 80mm、高度为 30mm 的圆台体。

633. 抗渗试验宜采用什么样的密封材料?

抗渗试验密封材料宜用石蜡加松香或水泥加黄油等材料,也可采用橡胶套等其他有效密封材料。

634. 抗渗试验使用的钢尺及钟表的分度值分别是什么?

抗渗试验使用的钢尺的分度值应为 1mm,钟表的分度值应为 1min。

635. 砂浆抗水渗透试验步骤及数据处理是怎样的?

1)应将拌和好的砂浆一次装入试模中,并用抹灰刀均匀插捣 15 次,再颠实 5 次,当填充砂浆略高于试模边缘时,应用抹刀以 45°角一次性将试模表面多余的砂浆刮去,然后用抹刀以较平的角度在试模表面反方向将砂浆刮平,应成型 6 个试件。

2)抗水渗透试验应以 6 个试件为一组,应先按现行标准检验方法进行试件的制作和养护。试件成型后,应在室温(20±5)℃的环境下,静置(24±2)h 再脱模。

3)试件拆模后,应用钢丝刷刷去两端面的水泥浆膜,并应立即将试件放入温度(20±2)℃、湿度 90% 以上的养护室养护至规定龄期。

4)抗水渗透试验的龄期宜为 28d。应在到达试验龄期的前 1d,从养护室取出试件,并擦拭干净。试件取出待表面干燥后,应采用密封材料密封装入砂浆渗透仪中进行抗渗试验。应按下列方法进行试件密封:

(1)当用石蜡密封时,应在试件侧面裹涂一层熔化的内加少量松香的石蜡。然后应用螺旋加压器将试件压入经过烘箱或电炉预热过的试模中,使试件与试模底平齐,并应在试模变冷后解除压力。试模的预热温度应以石蜡接触试模即缓慢熔化,但不流淌为准。

(2)用水泥加黄油密封时,其质量比应为(2.5~3):1。应用三角刀将密封材料均匀地刮涂在试件侧面上,厚度应为 1~2mm。应套上试模并将试件压入,应使试件与试模底齐平。

(3)试件密封也可以采用其他更可靠的密封方式。

5)试件准备好之后,启动抗渗仪,并开通 6 个试位下的阀门,使水从 6 个孔中渗出,水应充满试位坑。在关闭 6 个试位下的阀门后应将密封好的试件安装在抗渗仪上。

6)试件安装好以后,开通 6 个试位下的阀门抗渗试验时,应从 0.2MPa 开始加压,恒压 2h 后增至 0.3MPa,以后每隔 1h 增加 0.1MPa。当 6 个试件中有 3 个试件表面出现渗水现象时,应停止试验,记下当时水压。在试验过程中,当发现水从试件周边渗出时,应停止试验,重新密封后继续试验。

7)数据处理:

砂浆抗渗压力值应以每组 6 个试件中 4 个试件未出现渗水时的最大压力计,并应按下式计算:

$$P = 10H - 1$$

式中　P——砂浆抗渗压力值（MPa），精确至 0.1MPa；

　　　H——6 个试件中 3 个试件出现渗水时的水压力（MPa），精确至 0.1MPa。

2.2.4 砂浆生产应用部分

635. 砌筑砂浆分为哪些?

砌筑砂浆一般分为现场配制砂浆和预拌砌筑砂浆，现场配制砂浆又分为水泥砂浆和水泥混合砂浆。预拌砌筑砂浆（商品砂浆）是由专业生产厂生产的湿拌砌筑砂浆和干混砌筑砂浆，其工作性、耐久性优良，生产时不分水泥砂浆和水泥混合砂浆。

目前现场配制水泥砂浆时，有单纯用水泥作为胶凝材料进行拌制的，也有掺入粉煤灰等活性掺合料与水泥一起作为胶凝材料拌制的，因此，水泥砂浆包括单纯用水泥为胶凝材料拌制的砂浆，也包括掺入活性掺合料与水泥共同拌制的砂浆。

636. 砌筑砂浆密度应符合什么要求?

调查及试验结果表明，水泥混合砂浆拌合物的表观密度大于 1800kg/m³ 的占 90% 以上，水泥砂浆拌合物的表观密度大于 1900kg/m³ 的占 93% 以上，且考虑到过分降低砂浆密度，会对砌体力学性能产生不利影响。因此规定，水泥砂浆拌合物的表观密度不应小于 1900kg/m³，水泥混合砂浆及预拌砌筑砂浆拌合物表观密度不应小于 1800kg/m³。该表观密度值是对以砂为细集料拌制的砂浆密度值的规定，不包含轻集料砂浆。

637. 目前常用砌块种类分为几种?

目前常用砌块种类分为四类十种：烧结普通砖、粉煤灰砖、混凝土砖、普通混凝土小型空心砌块、灰砂砖、烧结多孔砖、烧结空心砖、轻集料混凝土小型空心砌块、蒸压加气混凝土砌块及石砌体。石砌体主要是指由毛石等几乎不吸水的块体砌筑的砌体。

638. 水泥的储存及使用方式有什么要求?

水泥应按品种、强度等级和生产厂家分别标识和贮存；应防止水泥受潮及污染，不应采用结块的水泥；水泥用于生产时的温度不宜高于 60℃；水泥出厂超过 3 个月应进行复检，合格者方可使用。

639. 湿拌砂浆为什么不能随意加水?

随意加水会改变砂浆的性能，降低砂浆的强度，因此规定砂浆储存时不应加水。由于普通砂浆的保水率不是很高，湿拌砂浆在存放期间往往会出现少量泌水现象，使用前可再次拌和。储存容器中的砂浆用完后，如不立即清理，砂浆硬化后会黏附在底板和容器壁上，造成清理的难度。

640. 砌筑砂浆施工与质量验收有哪些一般规定?

混凝土多孔砖、混凝土普通砖、灰砂砖、粉煤灰砖等块材早期收缩较大，如果过早用于墙体上，会容易出现明显的收缩裂缝，因而要求砌筑时块材的生产龄期应符合相关标准的要求，这样使其早期收缩值在此期间内完成大部分，这是预防墙体早期开裂的一个重要技术措施。大多数块材的生产龄期为 28d，如混凝土多孔砖、混凝土实心砖、蒸压灰砂砖、蒸压粉煤灰砖、普通混凝土小型空心砌块等。

641. 为什么聚合物水泥防水砂浆厚度可薄些？

由于聚合物水泥防水砂浆中的聚合物为合成高分子材料，具有堵塞毛细孔的作用，可以提高防水的效能，同时又具有一定的柔性，因此，砂浆厚度可薄些。

642. 湿拌砂浆生产企业备案对产品质量控制指标有什么要求？

1) 企业所生产的每一类、每个等级产品的质量控制偏差 σ 应满足国家砂浆设计规程之规定，同时其强度应满足《预拌砂浆》（GB/T 25181）等标准要求。

2) 产品质量必须满足《预拌砂浆》（GB/T 25181）等标准要求。全年产品出厂合格率必须达到 100%。

643. 防水砂浆施工缝、屋面分格缝符合什么要求？

施工缝是砂浆防水层的薄弱部位，由于施工缝接槎不严密及位置留设不当等原因，导致防水层渗漏。因此，各层应紧密结合，每层宜连续施工，如必须留槎，应采用阶梯坡形槎，并符合以上要求。接槎要依层次顺序操作，层层搭接紧密。

屋面分格缝的设置是防止砂浆防水层变形产生的裂缝，具体做法、间隔距离、处理方法等应符合现行国家标准《屋面工程技术规范》（GB 50345）的规定。

644. 雨天、露天、大风环境下，砂浆施工有什么要求？

雨天露天施工时，雨水会混进砂浆中，使砂浆水灰比发生变化，从而改变砂浆性能，难以保证砂浆质量及工程质量，故应避免雨天露天施工。大风天气施工，砂浆会因失水太快，容易引起干燥收缩，导致砂浆开裂，尤其对抹灰层质量影响极大，而且对施工人员也不安全，故应避免大风天气室外施工。施工质量对保证砂浆的最终质量起着很关键的作用，因此要加强施工现场的质量管理水平。

645. 砂浆抗压、拉伸粘结强度检验评定有什么要求？

抗压强度试块、实体拉伸粘结强度检验是按照检验批进行留置或检测的，在评定其质量是否合格时，按由同种材料、相同施工工艺、同类基体或基层的若干个检验批构成的验收批进行评定。

646. 水泥抹灰砂浆适用于哪些部位？有什么要求？

水泥抹灰砂浆强度高，耐水性好，适用于墙面、墙裙、防潮要求的房间、屋檐、压檐墙、门窗洞口等部位。

为保证水泥抹灰砂浆的和易性及施工性的要求，需加入较多的水泥，因此，规定其最低强度等级为 M15。

有些工地为方便施工，会在水泥抹灰砂浆中掺入塑化剂或微沫剂，虽改善了和易性，满足了施工要求，但有些塑化剂或微末剂的掺入会大幅度降低砂浆密度，从而影响砂浆质量，特别是耐久性，另经统计水泥抹灰砂浆的表观密度大于 1900kg/m^3 的占 90% 以上。

647. 水泥进场需提供哪些质量证明文件？

水泥进场验收应提供出厂合格证，并提供出厂检验报告，含 3d 及 28d 强度报告，且产品包装完好。

648. 水泥检验和组批原则是什么？

按同一厂家、同一品种、同强度等级、同一出厂编号的水泥，袋装水泥不超过 200t、散装水泥不超过 500t 为一检验批。

649. 控制砌体裂缝块材应符合哪些规定？

1）块材在储藏、运输及施工过程中，不应遭水浸冻。

2）混凝土空心砌块、轻集料混凝土空心砌块，砌筑时产品龄期不应少于 28d；蒸压加气混凝土砌块、蒸压粉煤灰砖、蒸压灰砂砖等砌筑时，自出釜之日起的龄期不应少于 28d。

3）对体积稳定性存在疑问的块材，应实测其体积变化的情况。

650. 控制砌块砌筑前应按设计及施工要求进行试排块，排块应符合哪些规定？

1）窗洞口的下边角处不得有竖向灰缝；

2）承重单排孔混凝土空心砌块的块型应满足其砌筑时上下皮砌块的孔与孔相对；

3）自承重空心砌块宜采用半盲孔块型，并应将半盲孔面作为铺浆面。

651. 控制砌体裂缝砂浆的使用应符合哪些规定？

1）各种砂浆应通过试配确定配合比；当组成材料有变更时，其配合比应重新确定。

2）冬期施工所用的原材料，含冻结块时，应融化后使用。

3）砂浆中掺有外加剂时，其外加剂及掺量应符合相关标准的规定。

4）砂浆中掺用的粉煤灰等级及其掺量应符合现行行业标准《粉煤灰在混凝土和砂浆中应用技术规程》（JGJ 28）的规定。

5）预拌专用砂浆应按相应产品说明书的要求搅拌。

652. 控制砌体裂缝砌块砌体结构不宜设置脚手眼，其他砌体结构不应在什么部位设置脚手眼？

1）过梁上与过梁成 60°的三角形范围及过梁净跨 1/2 的高度范围内。

2）宽度小于 1m 的窗间墙。

3）砖砌体门窗洞口两侧 200mm 和转角处 450mm 范围内。

4）梁或梁垫下及其左右 500mm 范围内。

5）其他不允许设置脚手眼的部位。

653. 控制砌体裂缝砌体结构的施工应符合什么规定？

1）砌体每日砌筑高度不应超过一步脚手架的高度，且不应超过 1.5m。

2）相邻工作段的砌筑高差不得超过一层楼的高度，且不应大于 4m。

3）砌体临时间断处的高差，不得超过一步脚手架的高度。

4）构造柱或芯柱之间的墙体，当墙长小于 1.2m、墙高大于 3m 时，在未浇混凝土之前，宜进行临时支撑。

5）楼面和屋面堆载不得超过楼、屋面的载荷标准值；施工层进料口楼板下，应采取临时加撑措施。

654. 控制砌体裂缝砌体结构的施工操作应符合哪些规定？

1) 各类块材砌筑前应按相应标准的规定清理块材表面的油污、残留渣屑及预湿水处理；非烧结块材砌筑时不宜浇水，当天气特别燥热时可少量喷水。

2) 不同品种材料及不同强度等级的块材不得混砌。

3) 用于固定门、窗的块材不得现场凿砍制取，应采用预先加工成孔的块材；墙体孔洞不得用异物填塞。

4) 砌体结构的转角处和交接处应同时砌筑，内外墙不应分砌施工。

5) 蒸压加气混凝土砌块、蒸压粉煤灰砖、灰砂砖，当采用普通砂浆砌筑时，应随砌随勾缝，灰缝宜内凹 2～3mm。

6) 应按所用块材及砂浆的性能要求对砌筑面采取相应的养护措施。

655. 控制砌体裂缝砌体结构的施工应采取哪些减小基础不均匀沉降及其影响的措施？

1) 砌体结构的基础砌筑后，宜双侧回填；单侧回填土应在砌体达到侧向承载力后进行。

2) 应根据地基变形监测情况调整施工进度。

3) 对首层较长的墙体，可在基础不均匀沉降影响明显的区域留斜槎，待结构封顶后补砌。

656. 粉煤灰砂浆的施工有哪些注意事项？

粉煤灰砂浆的施工操作技术基本上与普通砂浆相同，施工操作时，应遵守有关规范的要求。用粉煤灰砂浆砌筑或粉刷时，应将砌筑工程用的砖、块、构件或粉刷工程的基层面，预先浇水预湿，施工后，还应加强养护。

657. 外加剂型式检验周期如何规定的？

有下列情况之一者，应进行型式检验：

1) 新产品或老产品转厂生产的试制定型鉴定。

2) 正式生产后，材料、工艺有较大改变，可能影响产品性能时。

3) 正常生产时，一年至少进行一次检验。

4) 产品长期停产后，恢复生产时。

5) 出厂检验结果与上次型式检验结果有较大差异时。

6) 国家质量监督机构提出进行型式试验要求时。

658. 砂浆需要进行冻融试验吗？如何衡量砂浆抗冻性？

受冻融影响较多的建筑部位，当设计中有冻融循环要求时，必须进行冻融试验，根据不同的气候区规定冻融次数，测定其质量损失率和强度损失率两项指标，参照相关标准，确定以砂浆试件质量损失率不大于 5%、抗压强度损失率不大于 25% 的两项指标同时满足与否，来衡量该组砂浆试件抗冻性能是否合格，具体方法按现行行业标准《建筑砂浆基本性能试验方法标准》（JGJ/T 70）的规定进行。当设计中对循环次数有明确的规定时，按设计要求进行。

659. 抹灰砂浆施工为什么要在主体验收后进行？

主体结构一般在 28d 后进行验收，这时砌体上的砌筑砂浆或混凝土结构达到一定的强度且趋于稳定，而且墙体收缩变形也减小，此时抹灰可减少对抹灰砂浆体积变形的影响。

660. 砌筑砂浆水泥用量符合什么要求?

考虑到砌筑砂浆的耐久性及砌体强度的要求，为保证水泥砂浆的保水性能，满足保水率要求，《砌筑砂浆配合比设计规程》（JGJ/T 98）标准中经试验和验证，提出水泥砂浆最小水泥用量不宜小于 200kg/m³ 的要求。如果水泥用量太少，不能填充砂孔隙，稠度、保水率将无法保证。《砌筑砂浆配合比设计规程》（JGJ/T 98）从调研的 400 多组数据看，水泥混合砂浆中胶结料和掺合料（石灰膏、黏土膏等）总量在 350kg/m³，既满足和易性又满足试配强度的占 98% 以上。

661. 砌筑砂浆中加入外加剂符合什么要求?

为改善砌筑砂浆的工作性能，可在拌制砂浆中加入保水增稠材料、外加剂等，但考虑到这类材料品种多，性能、掺量相差较大，因此掺量应根据不同厂家的说明书确定，性能必须符合规范要求。

662. 砂浆搅拌方式有什么要求? 搅拌时间从什么时候算起?

为了减小试配工作的劳动强度，克服人工拌合砂浆不易搅拌均匀的缺点，提高试验的精确性，减小误差，规定砂浆应采用机械搅拌。同时为指导合理使用设备以及使物料充分拌和，保证砂浆拌和质量，对不同砂浆品种分别规定了最少拌和时间。搅拌时间从加水算起。

663. 为什么砂浆配合比设计中砂的质量必须以干燥状态为基准计算?

砂浆中的水、胶结料和掺合料用来填充砂的空隙，因此，1m³ 的砂就构成 1m³ 的砂浆。1m³ 干燥状态的砂的堆积密度值，也就是 1m³ 砂浆所用的干砂用量。砂干燥状态体积恒定，当砂含水 5%~7% 时，体积可膨胀 30% 左右，当砂含水处于饱和状态，体积比干燥状态要减小 10% 左右。故必须以干燥状态为基准计算。

664. 计算砂浆试配强度时所需的标准差 σ 是什么?

计算试配强度时，所需的强度标准差 σ 是根据现场多年来的统计资料，汇总分析而得的。凡施工水平优良的取 C_v 值为 0.20；施工水平一般的 C_v 值为 0.25；施工水平较差的取 C_v 值为 0.30。离散系数 $C_v = \sigma/\mu_f$。

665. 湿拌砂浆抹灰配合比采用质量计量的益处是什么?

由于各种材料在不同状态时密度不同，使用传统的体积配合比会造成抹灰工程使用的抹灰砂浆材料计量不准确，为克服抹灰砂浆使用体积比的缺点，抹灰砂浆配合比设计应采用质量计量。

666. 为何湿拌砂浆抹灰可抹性、和易性要优于砌筑砂浆?

为了提高抹灰砂浆的粘结力，且易于操作，其和易性要优于砌筑砂浆，因此要求分层度小于 20mm，但也不能过小，分层度太小，砂浆涂抹后易于开裂，因此要求大于 10mm。对预拌抹灰砂浆，可以按其行业标准要求控制保水率。

667. 砂浆中加入纤维有什么作用？用于砂浆的纤维主要有哪些？

抹灰砂浆中加入纤维是改善砂浆抗裂性能的有效措施。纤维的加入能改善砂浆的密实度，从而使其具有防水性能和优异的抗冲击、抗开裂性能，长度为 3～19mm 的纤维材料最佳。用于砂浆的纤维主要有抗碱玻璃纤维、聚丙烯纤维（丙纶纤维）、高强高模聚乙烯醇纤维（维纶纤维）、木质纤维等。应用较多的为高强高模聚乙烯醇纤维、聚丙烯纤维。纤维在水泥基体中无规则均匀分布，并与水泥紧密结合，从而阻止微裂缝的形成和发展。纤维的掺入会增加抹灰砂浆的成本，掺量过大还会降低抹灰砂浆的抗压强度，因此为保证经济合理，规定掺量应经试验确定。

668. 外墙抹灰砂浆为什么要满足抗冻性的要求？

外墙抹灰砂浆会经受严寒气候的考验，为保证耐久性要求，抹灰砂浆需要满足设计对抗冻性的要求。

669. 对干混砌筑砂浆用砂有何要求？

1）砂含泥量

若砂中含泥量过大，就会增加砂浆的水泥用量，还可能使砂浆的收缩增大，耐水性降低，同时降低砂浆的粘结强度和抗拉强度，严重时还会影响砌体的强度和耐久性，因此对砂的含泥量做出如下规定：

对水泥砂浆和强度等级不小于 M5 的水泥混合砂浆，含泥量不应超过 5％。

对人工砂、山砂及特细砂，如经试配在能满足砌筑砂浆技术条件的情况下，含泥量可适当放宽。

对 M5 及以上的水泥混合砂浆，砂含泥量过大，会对强度有较明显的影响。所以，对人工砂、山砂及特细砂，由于其所含有的泥量较多，如规定较严格，则一些地区施工用砂要从外地调运，不仅影响施工，还会增加工程成本，故对其含泥量予以放宽，以合理利用这些地方资源。

2）干混砌筑砂浆用砂宜选用中砂，并过筛，且不得含有草根等杂物。因用中砂拌制的砂浆，既能满足和易性的要求，又节约水泥，宜优先采用。毛石砌体因表面粗糙不平，宜选用粗砂。另外，砂中不得含有有害物质。

670. 砂浆为什么抹面后粘不住、易掉落？

砂浆和易性太差，粘结力太低；砂浆一次抹灰太厚，抹灰时间间隔太短；基材界面处理不当。应根据不同原材料、不同基材调整配方，增加粘结力；建议施工时分层抹灰，总厚度不能超过 20mm，并注意控制好各个工序时间；做好界面处理，特别是一些新型墙体材料，要使用专用配套砂浆。

671. 砂浆抹面后为什么出现掉皮、起粉、掉砂现象？

砂浆所用原材料砂细度模数太小，掺合料用量过多，施工时过度压光导致部分粉料上浮，聚集表面，以致于表面强度太低而掉粉起皮；

掉砂的原因除了砂细度模数太小外，还有砂含泥量超标、胶凝材料比例偏小，从而导致部分砂浮出表面，起砂。

应严格控制砂细度模数、颗粒级配、含泥量等指标，增加胶凝材料，及时调整配方，调整材料及添加比例，注意施工工艺和养护措施。

672. 砂浆抹面后为什么表面粗糙、无浆或抹面后收光不平？

预拌砂浆原材料中砂中的大颗粒太多，砂细度模数太高，从而导致浆体变少，无法收光。应调整砂浆中砂的颗粒级配，适当增加粉料的用量。

673. 砂浆硬化后为什么出现空鼓、脱落、渗透等问题？

1) 生产企业质量管理不严，生产控制不到位导致砂浆产品质量出现问题。

2) 施工企业施工质量差、没有严格按照施工规范要求进行施工，导致的使用问题。

3) 墙体界面处理使用的界面剂、粘结剂与干粉砂浆不匹配所引起。

4) 温度变化导致建筑材料膨胀或收缩。

5) 本身墙体开裂。

6) 砂浆生产单位应提高砂浆质量管理的措施及责任，同时施工企业应提高砂浆工程质量的施工措施及责任，双方共同对关键作业点的生产技术施工人员进行相关的业务技能知识培训。

674. 什么是砂浆塑性开裂？

塑性开裂是指砂浆在硬化前或硬化过程中产生的开裂，一般发生在砂浆硬化初期，塑性开裂裂纹一般都比较粗，裂缝长度短。

主要由于砂浆本身的材料性质和所处的环境温度、湿度以及风速等有关系：水泥用量越大，砂细度模数越小，含泥量越高，用水量越大，砂浆就越容易发生塑性开裂；所处的环境温度越高、湿度越小、风速越高，砂浆也就越容易发生塑性开裂。

应在砂浆中通过加入保水增稠剂和外加剂，减少水泥用量，控制砂细度模数及其泥含量、减少用水量，控制好施工时的环境，尽量避开高温干燥及风大的气候条件，从而降低塑性开裂的风险。

675. 什么是砂浆干缩开裂？

干缩开裂是指砂浆在硬化后产生开裂，一般发生在砂浆硬化后期。干缩开裂裂纹的特点是细而长。

产生干缩开裂的主要原因有砂浆中水泥用量大，强度太高导致体积收缩；砂浆施工后期养护不到位；砂浆中掺入的掺合料或外加剂材料本身的干燥收缩值大；墙体本身开裂，界面处理不当；砂浆等级乱用或用错，基材与砂浆弹性模量相差太大；应减少水泥用量，掺加合适的掺合料，降低收缩。施工企业加强对相关人员业务知识的宣传指导，加强管理，从各方面严格要求，并按照预拌砂浆施工方法进行施工。

676. 普通干混砂浆用水泥有何要求？

1) 进场水泥应有质量证明文件，使用前应分批对其强度、安定性进行复验。检验批应以同一生产厂家、同品种、同等级、同一编号为一批。经复试水泥各项技术指标合格，方可使用。

2) 水泥受潮结块、出厂期超过 3 个月（快硬硅酸盐水泥超过 1 个月）或对水泥质量有怀疑时，应经试验鉴定，按实际强度等级使用。

3）不同品种、等级的水泥不得混合使用。因不同品种的水泥其成分、特性及用途不同，若混用，将改变砂浆配合比和砂浆性能，导致砂浆强度等级和使用功能达不到设计要求，严重时还会发生质量事故。

4）应加强现场水泥质量管理，按水泥的不同品种、强度等级、出厂日期、批号等分别储存，并设置明显标记。

677. 原材料贮存有何要求？

1）各种原材料应分仓贮存，并应有明显标识。

2）水泥应按生产厂家、水泥品种及强度等级，分别标识和贮存，并应有防潮、防污染措施。不应采用结块的水泥。

3）细集料应按品种、规格分别贮存。必要时，宜进行分级处理。细集料贮存过程中应保证其均匀性，不应混入杂物，贮存地面应为能排水的硬质地面。

4）矿物掺合料应按厂家、品种、质量等级分别标识和贮存，不应与水泥等其他粉状材料混杂。

5）外加剂、添加剂等应按生产厂家、品种分别标识和贮存，并应具有防止质量发生变化的措施。

678. 干混砂浆生产计量设备有何要求？

1）计量设备应定期进行校验。

2）计量设备应满足计量精度要求。计量设备应能连续计量不同配合比砂浆的各种原材料，并应具有实际计量结果逐盘记录和存储功能。

3）各种原材料的计量均应按质量计。

679. 干混砂浆原材料的计量允许偏差有何要求？

干混砂浆原材料的计量允许偏差应符合表 2-2-17、表 2-2-18 规定。

表 2-2-11　干混砂浆主要原材料计量允许偏差　　　　　　　　（kg）

单次计量值 W		普通砂浆生产线		特种砂浆生产线		
		$W \leqslant 500$	$W > 500$	$W < 100$	$100 \leqslant W \leqslant 1000$	$W > 1000$
允许偏差	单一胶凝材料、填料	±5	±1	±2	±3	±4
	单级集料	±10	±2	±3	±4	±5

注：普通砂浆是指砌筑砂浆、抹灰砂浆、地面砂浆和普通防水砂浆；特种砂浆是指普通砂浆之外的预拌砂浆。

表 2-2-18　干混砂浆外加剂和添加剂计量允许偏差

单次计量值 W（kg）	$W < 1$	$1 \leqslant W \leqslant 10$	$W > 10$
允许偏差（g）	±30	±50	±200

680. 干混砂浆生产有哪些基本要求和注意事项？

1）干混砂浆应采用计算机控制的干混砂浆混合机混合，混合机应符合《建材工业用干混砂浆混合机》（JC/T 2182）的规定。

2）混合时间应根据干混砂浆品种及混合机型号等通过试验确定，并应保证干混砂浆混合均匀。

3）生产中应测定干燥集料的含水率，每一工作班不应少于1次。

4）应定期检查混合机的混合效果以及进料口、出料口的封闭情况。

5）干混砂浆品种更换时，混合及输送设备等应清理干净。

6）干混砂浆生产过程中的粉尘排放和噪声等应符合环保要求，不得对周围环境造成污染，所有原材料的输送及计量工序均应在封闭状态下进行，并应有收尘装置。集料料场应有防扬尘措施。

681. 干混砂浆的检验规则如何要求？

1）干混砂浆产品检验分为出厂检验、交货检验和型式检验。

2）干混砂浆出厂前应进行出厂检验。

3）干混砂浆交货时的质量验收可抽取实物试样，以其检验结果为依据，亦可以同批号干混砂浆的型式检验报告为依据。采取的验收方法由供需双方商定并在合同中注明。

4）交货检验的结果应在试验结束后7d内通知供方。

682. 干混砂浆什么情况下应进行型式检验？

1）新产品投产或产品定型鉴定时。

2）正常生产时，每一年至少进行一次。

3）主要原材料、配合比或生产工艺有较大改变时。

4）出厂检验结果与上次型式检验结果有较大差异时。

5）停产6个月以上恢复生产时。

6）国家质量监督检验机构提出型式检验要求时。

683. 干混砂浆取样品频率与组批如何让要求？

根据生产厂产量和生产设备条件，干混砂浆按同品种、同规格型号的分批应符合下列要求：

年产量 10×10^4 t 以上，不超过800t或1d产量为一批；

年产量 $4 \times 10^4 \sim 10 \times 10^4$ t，不超过600t或1d产量为一批；

年产量 $1 \times 10^4 \sim 4 \times 10^4$ t，不超过400t或1d产量为一批；

年产量 1×10^4 以下，不超过200t或1d产量为一批；

每批为一取样单位，取样应随机进行。

出厂检验试样应在出料口随机取样，试样应混合均匀。试样总量不宜少于试样用量的3倍。

684. 如何判定进场水泥是否合格？

1）当化学指标、物理指标中的安定性、凝结时间和强度指标均符合标准要求时为合格品。

2）当化学指标、物理指标中的安定性、凝结时间和强度中的任何一项技术要求不符合标准要求时为不合格品。

685. 机制砂对砂浆性能有哪些影响？

1）机制砂是由机械破碎、筛分而成的，颗粒形状粗糙尖锐、多棱角。同时机制砂颗粒内部微裂纹多、空隙率大、开口相互贯通的空隙多、比表面积大，加上石粉含量高等特点，用机制砂配制的砂浆与河砂砂浆有较大的差异。

2）机制砂与河砂相比，由于有一定数量的石粉，机制砂砂浆的和易性得到改善，在一定程度上可改善砂浆的保水性、泌水性、黏聚性，还可以提高砂浆强度。机制砂表面粗糙、棱角多，有助于提高界面的粘结。

3）机制砂用于砂浆中石粉含量控制应经试验确定。

686. 混凝土小砌块砌体所用砂浆为何宜使用专用砌筑砂浆？

专用砌筑砂浆是指符合行业标准《混凝土小型空心砌块和混凝土砖砌筑砂浆》（JC 860）要求的砂浆。专用砌筑砂浆的和易性、保水性及施工操作性较好，可提高小砌块与砂浆的粘结力，使砌体灰缝饱满，减少墙体的开裂和渗漏，提高砌体建筑质量。

687. 现场检验砌筑砂浆抗压强度的方法有哪些？

目前，国内外有关砌体中砌筑砂浆抗压强度的现场检测技术主要有以下几种：1）贯入法评定砌筑砂浆抗压强度；2）冲击法检测硬化砂浆抗压强度；3）回弹法评定砌筑砂浆抗压强度；4）筒压法评定砌筑砂浆抗压强度；5）推出法评定砌筑砂浆抗压强度；6）拉拔法评定砌筑砂浆抗压强度；7）砂浆片剪切法评定砌筑砂浆抗压强度；8）点荷法评定砌筑砂浆抗压强度；9）弯曲抗拉法评定砌筑砂浆抗压强度；10）射钉法评定砌筑砂浆抗压强度。

688. 干混砌筑砂浆有什么技术要求？

1）可操作性

（1）干混砌筑砂浆的操作性能对砌体的质量影响较大，它不仅影响砌体的抗压强度，而且对砌体抗剪和抗拉强度影响显著。

（2）砂浆硬化前应具有良好的可操作性，分层度不宜大于 25mm。砂浆保水性、黏聚性和触变性良好。砂浆硬化后具有良好的粘结力。

2）强度

干混砌筑砂浆强度等级分为 M5.0、M7.5、M10、M15、M20、M25、M30 八个等级。

689. 干混砌筑砂浆用外加剂有何要求？

1）干混砌筑砂浆中可掺入有机塑化剂、早强剂、缓凝剂、防冻剂、减水剂等外加剂，用以改善砂浆的一些性能。

2）外加剂在使用前应经检验和试配符合要求后，方可使用。

3）砌筑砂浆中掺入有机塑化剂，会对砌体的性能产生一定的影响。使用有机塑化剂时应具有法定检测机构出具的该产品砌体强度型式检验报告，根据其结果确定砌体强度，并经砂浆性能检验合格后，才能使用。

690. 砌筑砂浆施工有何要求？

1）砌筑砂浆的水平灰缝厚度宜为 10mm，允许误差宜为 ±2mm，采用薄层砂浆施工法时，水平灰缝厚度不应大于 5mm。

2）采用铺浆法砌筑砌体时，一次铺浆长度不得超过 750mm；当施工期间环境温度超过 30℃时，一次铺浆长度不得超过 500mm。

3）对砖砌体、小块砌体，每日砌筑高度宜控制在 1.5m 以下或一步脚手架高度内；对石砌体，每日砌筑高度不应超过 1.2m。

4）砌体的灰缝应横平竖直、厚薄均匀、密实饱满。砖砌体的水平灰缝砂浆饱满度不得小于 80%；砖柱水平灰缝和竖向灰缝的砂浆饱满度不得小于 90%，填充墙砌体灰缝的砂浆饱满度，按净面积计算不得低于 80%。竖向灰缝不应出现瞎缝和假缝。

5）竖向灰缝应采用加浆法或挤浆法使其饱满，不应先干砌后灌缝。

6）当砌体上的砖或砌块被撞动或移动时，应将原有砂浆清除再铺浆砌筑。

691. 抹灰工程质量验收依据哪些标准？

抹灰工程质量验收依据标准为《建筑装饰装修工程质量验收标准》（GB 50210）和《建筑工程施工质量验收统一标准》（GB 50300）。

692. 水泥砂浆面层对原材料及配合比有何要求？

1）水泥采用硅酸盐水泥、普通硅酸盐水泥。因矿渣水泥需水量较大，容易引起泌水，不宜使用，且不同品种、不同强度等级的水泥禁止混用。

2）砂应选用中粗砂，因用中粗砂配制的砂浆强度较高，且和易性能满足要求。应控制天然砂的含泥量、泥块含量等，控制机制砂的石粉含量、亚甲蓝值等。

3）面层水泥砂浆的强度等级应符合设计要求，现场拌制水泥砂浆面层的体积比为 1:2，强度等级不低于 M15。

693. 水泥砂浆面层有何质量要求？

1）水泥砂浆面层表面应洁净，无裂纹、脱皮、麻面、起砂等缺陷，表面的坡度符合设计要求，并不得有倒泛水和积水现象。

2）水泥砂浆面层的厚度应符合设计要求，且不小于 20mm；面层与下一层应结合牢固，无空鼓、裂纹。

3）水泥砂浆面层的允许偏差应符合下列要求：

（1）表面平整度的允许偏差为 4mm，采用 2m 靠尺和楔形塞尺检查；

（2）踢脚线上口平直的允许偏差为 4mm，采用拉 5m 线和用钢尺检查；

（3）缝格平直的允许偏差为 3mm，采用拉 5m 线和用钢尺检查。

694. 抹灰工程常用的纤维材料有哪些？

常用的纤维材料有纸筋、麻刀、草秸、玻璃丝、合成纤维等，掺入抹灰砂浆中起拉结和骨架作用，可提高抹灰层的抗裂和抗拉强度，增强抹灰层的弹性和耐久性，使抹灰层收缩减少，不易裂缝脱落。

695. 地面铺设砂浆时应提前做好哪些工作？

1）铺设整体面层时，当基层为水泥类材料时，其抗压强度不得小于 1.2MPa，且表面应粗糙、洁净、湿润，并不得有积水，以保证上下层粘结牢固。

2）为了提高水泥砂浆与基层的粘结性能，可先在基层上涂刷一层界面处理剂，然后铺设水泥砂浆。

3）也可在基层上涂刷一层水泥浆，但不能涂刷过早，以免因水泥浆风干硬化形成一道隔离层，反而影响砂浆与基层的粘结。应随涂刷随施工，且涂刷均匀，不漏涂。若涂刷的水泥浆已风干硬化，应先铲除，再重新刷一遍。

4）铺设砂浆面层前，应将基层处理干净，以免影响面层与基层的粘结。对基层表面过于光滑的部位应进行凿毛处理，对高出基层的部位应凿掉，使基层表面平整，这样才能保证所铺设的砂浆层厚薄均匀。

5）施工前应对基层进行洒水湿润。

696. 某些干混砂浆中为何要使用消泡剂？

由于干混砂浆中掺有纤维素醚、可再分散乳胶粉以及引气剂等，在砂浆中引入了一定的气泡；另外，干粉料与水搅拌时也会产生气泡。这就影响砂浆的抗压、抗折及粘结强度，降低了弹性模量，并对砂浆表面产生一定影响。

有些干混砂浆产品，对其外观有较高的要求，如自流平砂浆，通常要求其表面光滑、平整，而自流平砂浆施工时，表面形成的气孔会影响最终产品的表面质量和美观性，这时需使用消泡剂消除表面的气孔；又如防水砂浆，产生的气泡会影响砂浆的抗渗性能等。

因此，在某些干混砂浆中，可使用消泡剂来消除砂浆中引入的气泡，使砂浆表面光滑、平整，并提高砂浆的抗渗性能和增加强度。

干混砂浆是一种强碱性环境，应选用粉状、适合碱性介质的消泡剂。

697. 纤维在砂浆中有什么作用？

纤维在砂浆中的主要作用是阻裂、防渗、耐久、抗冲击等。

1）阻裂：阻止砂浆基体原有缺陷裂缝的扩展，并有效阻止和延缓新裂缝的出现。

2）防渗：提高砂浆基体的密实性，阻止外界水分侵入，提高砂浆的耐水性和抗渗性。

3）耐久：改善砂浆基体的抗冻、抗疲劳性能，提高耐久性。

4）抗冲击：改善砂浆基体的刚性，增加韧性，减少脆性，提高变形能力和抗冲击性。

698. 膨润土在砂浆中的作用机理是什么？

膨润土为类似蒙脱石的硅酸盐，主要具有柱状结构，因而其水解以后，在砂浆中增大砂浆的稳定性，同时其特有的滑动效应，在一定程度上提高砂浆的滑动性能和施工性能，增大可泵性。膨润土为溶胀材料，其溶胀过程将吸收大量的水，掺量高时使砂浆中的自由水减少，导致砂浆流动性降低，流动性损失加快。

699. 干混抹灰砂浆与传统抹灰砂浆的强度等级是如何划分的？

1）传统抹灰砂浆是按照材料的比例进行设计的，传统抹灰砂浆包括1:1:6混合砂浆、1:1:4混合砂浆、1:3水泥砂浆、1:2水泥砂浆、1:2.5水泥砂浆、1:1:2混合砂浆。

2）预拌干混抹灰砂浆是按照抗压强度等级划分，包括 DP M5、DP M7.5、DP M10、DP M15、DP M20。

3）预拌干混抹灰砂浆与传统抹灰砂浆的强度对应关系参照《预拌砂浆应用技术规程》（JGJ/T 223）执行。

700. 为什么规定干混抹灰砂浆的粘结强度指标？

1）抹灰砂浆涂抹在建筑物的表面，除了可获得平整的表面外，还起到保护墙体的作用。抹灰砂浆容易出现的质量问题是开裂、空鼓、脱落，其原因除了与砂浆的保水性低有关外，主要还与砂浆的粘结强度低有很大关系。

粘结强度是抹灰砂浆的一个重要性能。只要砂浆具有一定的粘结力，砂浆层才能与基底粘结牢固，长期使用不致开裂或脱落。

2）对预拌普通干混砂浆，M5 砂浆 14d 拉伸粘结强度标准要求不小于 0.15MPa，大于 M5 砂浆 14d 拉伸粘结强度标准要求不小于 0.20MPa。

701. 水泥基自流平地坪砂浆的主要原材料有哪些？

水泥基自流平砂浆是最复杂的砂浆配方，通常由 10 种以上的组分构成。

胶凝材料系统一般由普通硅酸盐水泥、高铝水泥和石膏混合而成，以提供足够的钙、铝和硫来形成钙矾石。石膏使用 α 型半水石膏或硬石膏 $CaSO_4$，它们能以足够快的速度释放硫酸根而无须增加用水量。添加缓凝剂防止凝结太快。添加促凝剂来获得早期强度。理想的颗粒级配需要将较粗的填料（如石英砂）和磨得更细的填料（如磨细石灰石粉）配合使用。超塑化剂（干酪素或合成超塑化剂）起到减水作用，因而提供流动和找平性能。消泡剂可以减少含气量，最终提高抗压强度。少量的稳定剂（如纤维素醚）可以防止砂浆的离析和表皮的形成，从而防止对最终表面性能产生负面影响。聚合物一般采用丙烯酸分散体、乙烯-乙酸乙烯酯共聚物等，由于价格的因素，一般仅在面层结构中使用高含量的聚合物，垫层则使用较低含量的聚合物材料。可再分散乳胶粉是自流平砂浆的关键成分，可以提高流动性、表面耐磨性、拉拔强度和抗折强度；此外，它还可以降低弹性模量，从而减小系统的内部应力。可再分散乳胶粉必须能够形成坚固的聚合物膜，不能太软，否则可能使抗压强度下降。

702. 砌筑砂浆用砂质量验收时应符合什么要求？

砂中草根等杂物，含泥量、泥块含量、石粉含量过大，不但会降低砌筑砂浆的强度和均匀性，还导致砂浆的收缩值增大，耐久性降低，影响砌体质量。砂中氯离子超标，配制的砌筑砂浆、混凝土会对其中钢筋的耐久性产生不良影响。砂含泥量、泥块含量、石粉含量及云母、轻物质、有机物、硫化物、硫酸盐、氯盐含量应符合表 2-2-19 的规定。

表 2-2-19　砂杂质含量　（%）

项目	指标	项目	指标
泥	＜5.0	有机物（用比色法试验）	合格
泥块	≤2.0	硫化物及硫酸盐（折算成 SO_3）	≤1.0
云母	≤2.0	氯化物（以氯离子计）	≤0.06
轻物质	≤1.0		

注：含量按质量计。

703. 如何加强砂浆生产任务单管理？

1）混凝土生产任务单是预拌混凝土生产的主要依据，预拌混凝土生产前的组织准备工作和预拌混凝土的生产是依据生产任务单而进行的。

2）生产任务单由经营部门依据预拌混凝土供销合同等向生产、试验、材料等部门发放。

3）签发生产任务单时应填写正确、清楚，项目齐全。生产任务单内容应包括需方单位、工程名称、工程部位、混凝土品种、交货地点、供应日期和时间、供应数量和供应速度以及其他特殊要求。

4）生产任务单的各项内容已被生产、试验等部门正确理解，并做好签收记录。

704. 生产过程中配合比调整应注意哪些事项？

1）用水量调整，根据砂含水量及时调整生产用水量，控制在一定范围之内。

2）砂率调整，根据砂中的颗粒粗细含量变化、砂含粉量变化、砂浆可抹性及时调整。

3）外加剂掺量调整，根据砂质量、胶凝材料需水量、水泥温度、环境气温、运输时间、施工部位等，做出合理调整。

705. 如何评价砂浆的匀质性？

同一盘砂浆搅拌匀质性可采用保塑时间法、保水性对湿拌砂浆和易性、黏聚性、可抹性评价：

1）符合从生产到施工完成，砂浆规定的保塑时间内，砂浆密度、稠度变化测值，保水率持续稳定>88%，符合施工需求和标准要求；

2）当湿拌砂浆在相对应等级的保塑时间时的稠度变化率≤30%、表观密度变化率≤5%、相对泌水率≤3%，相应等级的力学性能（14d拉伸粘结强度、28d抗压强度）不低于对应强度等级的标准要求，判定为保塑时间合格，有任一条件不符合则判定为不合格。

706. 交货检验的取样和试验工作有何规定？

交货检验的取样和试验工作应由需方承担，当需方不具备试验和人员的技术资质时，供需双方可协商确定并委托具有相应资质的检测机构承担，并应在合同中予以明确。

707. 如何加强预拌砂浆交货检验？

1）预拌湿拌砂浆到达交货地点，需方应及时组织工程监理或建设相关单位、供方等相关人员按国家相关标准、合同约定的要求取样，检测湿拌砂浆稠度、密度、保水率等拌合物性能，制作、养护砂浆试件，完成预拌湿拌砂浆交货检验，并填写预拌湿拌砂浆交货检验记录表。

2）交货检验需方现场试验人员应具备相应资格。

3）交货检验应在工程监理或建设单位见证下，交货检验的湿拌砂浆试样应在交货地点随机取样。当从运输车中取样时，湿拌砂浆试样应在卸料过程中卸料量的1/4～3/4采取，且应从同一运输车中采取。

4）交货检验的湿拌砂浆试样应及时取样，稠度、保水率、压力泌水率试验应在湿拌砂浆运到交货地点时开始算起 20min 内完成，其他性能检验用试件的制作应在 30min 内完成。

5）试验取样的总量不宜少于试验用量的 3 倍。

6）施工现场应具备湿拌砂浆标准试件制作条件，并应设置标准养护室或养护箱。

7）标准试件带模及脱模后的养护应符合国家现行标准的规定。

8）交货检验记录表由需方、供方、监理（建设）单位、第三方检测机构负责人在预拌混凝土交货检验记录表上签字确认。

708. 供需双方判断砂浆质量是否符合要求的依据是什么？

1）强度、稠度、保水率及含气量应以交货检验结果为依据；氯离子总含量以供方提供的资料为依据。

2）其他检验项目应按合同规定执行。

3）交货检验的试验结果应在试验结束后 10d 内通知供方，抗压强度和拉伸强度值可以后补。

709. 预拌砂浆供货量如何确定？

1）湿拌砂浆供货量应以体积计，计量单位为 m^3。

2）湿拌砂浆体积应由运输车实际装载的湿拌砂浆拌合物质量除以湿拌砂浆拌合物的表观密度求得（一辆运输车实际装载量可由用于该车砂浆全部原材料的质量之和求得，或可由运输车卸料前后的质量差求得）。

3）预拌湿拌砂浆供货量应以运输车的发货总量计算。供货量以体积计算。

710. 砂浆合格证应包括哪些内容？

1）供方应按分部工程向需方提供同一配合比湿拌砂浆的出厂合格证。

2）出厂合格证应至少包括以下内容：出厂合格证编号、合同编号、工程名称、需方、供方、供货日期、施工部位、湿拌砂浆标记、标记内容以外的技术要求、供货量、原材料品种、规格、级别及检验报告编号、湿拌砂浆配合比编号、湿拌砂浆质量评定等。

711. 湿拌砂浆现场二次掺加外加剂有何要求？

1）如砂浆可抹性差，需要现场二次掺加外加剂调整砂浆的可抹性，掺加的外加剂应只掺加与原湿拌砂浆配合比相同组分的外加剂，需要由专业技术人员指导，在保证砂浆质量的基础上，根据实际情况添加，添加后需搅拌均匀再使用，调整后的湿拌砂浆需一次性用完，不得长时间放置再使用，保证无异常问题发生。

2）外加剂二次掺加应有技术依据，不能随意掺加。

712. 冬期砂浆施工如何选择使用防冻剂？

1）在日最低气温为 0～－5℃、混凝土采用塑料薄膜和保温材料覆盖养护时，可采用早强剂（含早强组分的外加剂或含早强减水组分的外加剂）。

2）防冻剂的品种、掺量应以砂浆施工后 5d 内的预计日最低气温选用。

3）在日最低气温为－5～－10℃、－10～－15℃、－15～－20℃，采用 1）条保温

措施时，宜分别采用规定温度为－5℃、－10℃、－15℃的防冻剂。

4）防冻剂的规定温度为按《混凝土防冻剂》（JC/T 475）规定的试验条件成型的试件，在恒负温条件下养护的温度。施工使用的最低气温可比规定温度低5℃。

5）防冻剂应由减水组分、早强组分、引气组分和防冻组分复合而成，以发挥更好的效果，单一组分防冻剂效果并不好。

6）注意使用的防冻剂不得对钢筋产生锈蚀作用，不得对使用环境产生破坏。如氨释放量，不得对砂浆后期强度产生明显影响，尽量不要使用无机盐类防冻剂，以免墙体泛碱。

713. 湿拌砂浆储存放置稠度损失大的原因是什么？

1）砂吸水率高、含泥高、砂颗粒不均匀、不保水，运至工地储存放置待施工阶段，吸附大量游离水和外加剂。

2）掺合料质量差，需水量高，尤其是粉煤灰烧失量高，含大量未完全燃烧的炭，或存在有使用劣质粉煤灰的情况。

3）砂浆内含有大量不稳定气泡，经储置后破裂。

4）砂浆配比不合理，密度、保水时间、保塑时间不适应施工需求。

5）砂浆储存、使用不合理，砂浆池、砂浆施工点无防护，砂浆池不规范，不保水吸水大、砂浆施工时直接将砂浆放置在易吸水的干燥地面、在通风口施工导致稠度损失大。

714. 施工现场砂浆拌合物的取样原则、检验砂浆强度的试件的留置原则如何规定？

砂浆拌合物抽样检测时，对同一配合比的砂浆，取样应符合下述规定：

1）对同品种、同强度等级的砌筑砂浆，湿拌砌筑砂浆应以50m³为一个检验批；

2）每检验批应至少留置1组抗压强度试块；

3）湿拌砌筑砂浆宜从运输车出料口或储存容器随机取样。砌筑砂浆抗压强度试块的制作、养护、试压等应符合现行行业标准《建筑砂浆基本性能试验方法标准》（JGJ/T 70）的规定，龄期应为28d。

715. 砌筑砂浆抗压强度应按验收批进行评定，其合格条件应符合哪些规定？

1）同一验收批砌筑砂浆试块抗压强度平均值应大于或等于设计强度等级所对应的立方体抗压强度的1.10倍，且最小值应大于或等于设计强度等级所对应的立方体抗压强度乘以0.85；

2）当同一验收批砌筑砂浆抗压强度试块少于3组时，每组试块抗压强度值应大于或等于设计强度等级所对应的立方体抗压强度的1.10倍。

检验方法：检查砂浆试块抗压强度检验报告单。

716. 控制好湿拌砂浆质量，需注意砂浆中的哪些水？

1）生产用水：生产用水不得过少或过多，过少则稠度不足、物料分散慢、搅拌混合均匀度差，过多则无法保证砂浆质量，导致砂浆易离析、工人无法正常施工等。

2）运输罐车中的洗车水：罐车装料前提前清理干净罐钵体，灌钵内部应湿润无积水，保证不影响砂浆稠度性能变化。

3）砂浆润墙水：基体部位保持润湿，抹灰甩浆时保证表面无明水。

4）砂浆池中的水：砂浆储存池保持湿润，保证不影响砂浆综合指标和施工性能的湿润度。

5）施工楼层储存点的水：施工楼层点的积水及时清理，保证不影响砂浆综合指标和施工性能的湿润度。

6）施工过程稠度损失后加入的水：在保塑期和有塑性状态的时间内砂浆稠度无法满足正常施工时加入的水，规范施工下在砂浆处在保塑期和有塑性状态时间内加入适量水分达到标准稠度范围。

7）提浆压光用水：提浆不得过晚，防止表面干，洒水过多致使表面起酥，掉砂。提浆压光用水不得过多，否则易引起表面硬度不足、脱粉、泛白。

8）养护用水：湿拌砂浆终凝可进行养护，未凝结不得洒水养护。养护用水需干净充足。

2.3 三级/高级工

2.3.1 原材料知识

717. 为何硅酸盐水泥不适用于配制普通砂浆？

硅酸盐水泥不掺混合材或混合材掺量很少（≤5%），水泥强度等级较高，因此硅酸盐水泥适用于配制高强混凝土和预应力混凝土等，而不适用于配制普通砂浆。因为，配制普通砂浆时，为了满足砂浆工作性能要求，通常对水泥用量有最小值的限制，因而砂浆强度等级相对较低；如用硅酸盐水泥配制砂浆，这样所配制出的砂浆强度相对较高，势必造成水泥的浪费，而且砂浆的工作性能也不好。

718. 使用普通硅酸盐水泥配制砂浆应注意哪些问题？

普通硅酸盐水泥只掺用少量的混合材，水泥强度等级适中，是目前建筑工程中用量最大的一种水泥。当用普通硅酸盐水泥配制砂浆时，由于水泥强度较高，配制出的砂浆强度较高，造成水泥浪费，而当水泥用量少时，砂浆保水性较差，容易泌水。为了解决这一问题，通常在砂浆中掺入活性矿物掺合料，如粉煤灰等，这样既可以降低水泥的用量，又可以改善砂浆的和易性。

719. 砂的表观密度是如何定义的？

砂的表观密度是指材料在自然状态下单位体积的质量；该体积包括材料内部封闭孔隙的体积。普通砂的表观密度一般不小于 $2500kg/m^3$。

720. 石膏（预）均化的目的是什么？

在建材行业中，原料在粉磨前的储存过程中，预先将原料成分进行均化的作业，称为预均化。使粉料达到均一成分的过程称为均化。在石膏行业中，预均化是将破碎后不同品位的石膏石，经过特定的堆料和取料方法，使其品位达到预期的均一指标的过程。这对连续化大规模生产过程的控制和产品质量稳定起着极其重要的作用。

721. 石膏煅烧的目的是什么？

石膏的燃烧是将二水石膏加热脱水形成熟石膏粉的过程。石膏的煅烧主要有干法和湿法两大类，前者是燃烧成以半水石膏为主的建筑石膏，后者是在饱和水蒸气的压力下蒸煮成 α 半水石膏，两种石膏各有不同用途。

722. 粉煤灰硅酸盐水泥有何特性？

1）粉煤灰球形玻璃体颗粒表面比较致密且活性较低，不易水化，故粉煤灰水泥水化硬化较慢，早期强度较低，但后期强度可以增长。

由于粉煤灰颗粒的结构比较致密，内比表面积小，而且含有球状玻璃体颗粒，其需水量小，配制成的砂浆和易性好，因此该水泥的干缩性小、抗裂性较好。

2）粉煤灰水泥水化热低，抗硫酸盐侵蚀能力较强，但次于矿渣水泥，适用于水工和海港工程。粉煤灰水泥抗碳化能力差，抗冻性较差。

3）粉煤灰水泥泌水较快，易引起失水裂缝，因此在砂浆凝结期间宜适当增加抹面次数。在硬化早期还宜加强养护，以保证混凝土和砂浆强度的正常发展。

723. 复合硅酸盐水泥有何特性？

复合水泥的特性取决于其所掺混合材料的种类、掺量及相对比例，其特性与矿渣水泥、火山灰水泥、粉煤灰水泥有不同程度的相似之处，其适用范围可根据其掺入的混合材种类，参照其他混合材水泥适用范围选用。

724. 轻集料是如何分类的？

轻集料按形成方式分为：

1）人造轻集料：轻粗集料（陶粒等）和轻细集料（陶砂等）。
2）天然轻集料：浮石、火山渣等。
3）工业废渣轻集料：自燃煤矸石、煤渣等。

725. 保水增稠材料有哪些品种？

保水增稠材料一般分为有机和无机两大类，主要起保水、增稠作用。它能调整砂浆的稠度、保水性、黏聚性和触变性。常用的有机保水增稠材料有甲基纤维素、羟丙基甲基纤维素、羟乙基甲基纤维素等，以无机材料为主的保水增稠材料有砂浆稠化粉等。预拌普通干混砂浆主要采用的保水增稠材料为砂浆稠化粉等，而特种干混砂浆主要采用纤维素醚等作为保水增稠材料。

726. 砂浆塑化剂有何特点？

砂浆塑化剂的主要成分是松香类或长碳链磺酸盐，其原理为通过在水泥砂浆中引入微小空气气泡使砂浆蓬松、柔软。但掺加引气剂后，砂浆砌体强度会降低 10% 以上，并且引气剂掺加量极少，一旦计量不准确将大幅度降低砂浆强度或者和易性。同时引气剂类产品还存在气泡稳定性问题。砂浆的含气量还与搅拌时间、方法、水泥品种和用水量等因素密切相关。

727. 纤维素有哪些常见品种？

纤维素醚、纤维素衍生物是一大类添加剂，通常为粉状或片状，少数为浆状（纤维素酯不溶解时形成的悬浮液）。尽管受到合成流变改性剂的竞争，纤维素衍生物仍然是增稠剂的主力，主要用于各类水性涂料的生产。可以大致分类如下：

羧甲基纤维素，CMC；羟乙基纤维素，HEC；疏水改性 HEC，HMHEC；甲基纤维素，MC；甲基羟乙基纤维素，MHEC；甲基羟丙基纤维素，MHPC；乙基羟乙基纤维素，EHEC；疏水改性的纤维素醚类 EHEC，HM-EHEC。

728. 缓凝剂有哪些品种?

缓凝剂按其化学成分可分为有机物类缓凝剂和无机盐类缓凝剂两大类。

有机物类缓凝剂是广泛使用的一大类缓凝剂，常用品种有木质素磺酸盐及其衍生物、羟基羧酸及其盐（如酒石酸、酒石酸钠、酒石酸钾、柠檬酸等，其中以天然的酒石酸缓凝效果最好）、多元醇及其衍生物和糖类（糖钙、葡萄糖酸盐等）等碳水化合物。其中多数有机缓凝剂通常具有亲水性活性基团，因此其兼具减水作用，故又称其为缓凝减水剂。

无机盐类缓凝剂包括硼砂、氯化锌、碳酸锌以及铁、铜、锌的硫酸盐、磷酸盐和偏磷酸盐等。

729. 石膏在建材行业有哪些用途?

石膏在建筑材料工业中的应用十分广泛：

1）用石膏做胶凝材料配制石膏基砂浆，如粉刷石膏、粘结石膏、石膏基自流平砂浆等。

2）用石膏加工制作石膏制品，主要有纸面石膏板、纤维石膏板及装饰石膏板等。石膏板具有轻质、保温绝热、吸声、不燃和可锯可钉等性能，还可调节室内温湿度，而且原料来源广泛、工艺简单、成本低。

3）生产水泥时用石膏作为调凝剂等。

730. 外加剂使用及存放有哪些注意事项?

1）外加剂应按不同供货单位、不同品种、不同牌号分别存放，标识应清楚。

2）粉状外加剂应防止受潮结块。如有结块，经性能检验合格后应粉碎至全部通过0.63mm 筛后方可使用。液体外加剂应放置在阴凉干燥处，防止日晒、受冻、污染、进水或蒸发。如有沉淀等现象，经性能检验合格后方可使用。

3）外加剂配料控制系统标识应清楚、计量应准确，计量误差不应大于外加剂用量的 2%。

731. 砌筑砂浆增塑剂匀质性指标有哪些要求?

砌筑砂浆增塑剂的匀质性指标应符合《砌筑砂浆增塑剂》（JG/T 164）的规定，见表 2-3-1。

表 2-3-1 砌筑砂浆增塑剂的匀质性指标

序号	试验项目	性能指标
1	固体含量	对液体增塑剂，不应小于生产厂最低控制值
2	含水量	对固体增塑剂，不应大于生产厂最大控制值
3	密度	对液体增塑剂，应在生产厂所控制值的 $\pm0.02\text{g/cm}^3$ 以内
4	细度	0.315mm 筛的筛余量应不大于 15%
5	外观	干粉状产品应均匀一致，不应有结块；液状产品应呈均匀状态，不应有沉淀

732. 抹灰砂浆增塑剂的匀质性指标有哪些要求？

抹灰砂浆增塑剂的匀质性指标应符合《抹灰砂浆增塑剂》（JG/T 426），见表 2-3-2。

表 2-3-2　抹灰砂浆增塑剂的匀质性指标

序号	试验项目	性能指标
1	含固量（%）	$S>25\%$时，应控制在 $0.95S\sim1.05S$； $S\leq25\%$时，应控制在 $0.90S\sim1.10S$
2	含水率（%）	$W>5\%$时，应控制在 $0.90W\sim1.10W$； $W\leq5\%$时，应控制在 $0.80W\sim1.20W$
3	密度（g/cm³）	$D>1.1$时，应控制在 $D\pm0.03$； $D\leq1.1$时，应控制在 $D\pm0.02$
4	细度	应在生产厂控制范围内
5	外观	干粉状产品应均匀一致，不应有结块； 液状产品应呈均匀状态，不应有沉淀

注：1. 生产厂应在相关的技术资料中明示产品匀质性指标的控制值。
　　2. 对相同和不同批次之间的匀质性和等效性的其他要求可由买卖双方商定。
　　3. 表中的 S、W 和 D 分别为含固量、含水率和密度的生产厂控制值。

733. 半水石膏有何特点？

半水石膏胶凝材料应用比较广泛，有许多独特的优点，如生产能耗低、质量轻、防火性能好、凝结硬化快、装饰性能好、再加工再制作性能好、隔声保温性能好、可调节空气中的湿度、石膏资源丰富可就地取材等。

734. 工业副产石膏来源有哪些？

磷素化学肥料和复合肥料生产是产生工业副产石膏的一个大行业；燃煤锅炉烟道气石灰石法/石灰湿法脱硫、萤石用硫酸分解制氟化氢、发酵法制柠檬酸都会产生工业副产石膏。

工业副产石膏是一种非常好的再生资源，综合利用工业副产石膏，既有利于保护环境，又能节约能源和资源，符合我国可持续发展战略。

735. 脱硫石膏与天然石膏有何异同？

脱硫石膏和天然石膏经过煅烧后得到的熟石膏粉和石膏制品在水化动力学、凝结特性、物理性能上也无显著的差别。但作为一种工业副产石膏，它具有再生石膏的一些特性，和天然石膏有一定的差异，主要表现在原始状态、机械性能、化学成分、杂质成分上的差异，导致其脱水特征、易磨性及煅烧后的熟石膏粉在力学性能、流变性能等宏观特征上与天然石膏有所不同。

736. 杂质会对脱硫石膏有何影响？

1）可燃有机物主要是没有完全燃烧的煤粉，影响石膏产品的性能和美观。

2）氧化铝和氧化硅是影响脱硫石膏工艺性能的第二重要因素。因为它们在脱硫石膏中一般都是比较粗的颗粒，对脱硫石膏最大的影响是易磨性。

3）不同粒径的氧化铁影响脱硫石膏的易磨性、颜色。

4）用脱硫石膏生产石膏板时，$CaCO_3$、$MgCO_3$ 在脱硫石膏由二水石膏煅烧成半水石膏时，会有一部分的 $CaCO_3$ 和 $MgCO_3$ 转化成 CaO 和 MgO，这些碱性氧化物会使脱硫石膏的碱度超过 8.5，这样纸面石膏板中纸和板芯的粘结力就不能得到保证。

737. 脱硫石膏的放射性应满足什么要求？

脱硫石膏的放射性指标应满足国家标准《建筑材料放射性核素限量》（GB 6566）要求。脱硫石膏中放射性元素的含量远低于公认的极限值。

738. 氟石膏有何物理性能？

在氟化氢生产中排出的无水硫酸钙温度为 $180 \sim 230℃$。新排出的氟石膏是一种微晶，一般为几微米至几十微米，部分呈块状，疏松、易于用手捏碎。

刚排出的氟石膏常伴有未反应的 CaF_2 和 H_2SO_4，有时 H_2SO_4 的含量较高，使排出的石膏呈强酸性，不能直接弃置。

739. 我国氟石膏有哪些应用？

1）制作石膏胶凝材料；2）制作复合石膏胶凝材料；3）制作石膏建筑制品；4）制作水泥和干混砂浆的外加剂。

740. 芒硝石膏有何物理性能？

芒硝石膏呈黄褐色或淡棕色，细度约为 200 目方孔筛筛余 20％，呈膏糊状，含水量随过滤机不同而异，一般在 18％～28％之间。

741. 芒硝石膏有何应用？

芒硝石膏因品位不高及杂质的影响，用其炒制的半水石膏达不到建筑石膏标准的要求，因此，其主要用途是做水泥缓凝剂。

742. 钛石膏有何物理性能？

钛石膏的主要成分是二水硫酸钙，含有一定的废酸和硫酸亚铁，含水量为 30％～50％，黏度大，呈弱酸性。从废渣处理车间出来时，先是灰褐色，暴露于空气中，二价铁离子逐渐被氧化成三价铁离子而变成红色偏黄，所以钛石膏又被称为红泥、红石膏或黄石膏。

743. 钛石膏有何应用？

经过处理后的钛石膏可代替天然石膏做水泥缓凝剂；可与粉煤灰和相应的外加剂混合生产不同的复合胶凝材料；也可用于筑路用三渣混合料的改性等。

744. 盐石膏有何物理性能？

海盐石膏主要成分是 $CaSO_2 \cdot 2H_2O$，多为柱状晶体，并含有 Mg^{2+}、Al^{3+}、Fe^{3+} 等无机盐和大量泥砂。

井盐排出的盐石膏颗粒细小，大部分呈白色或灰白色大小不等的粒状棱形晶体，有少量矩形及粒状不太均匀的混在其中，含水量大，呈泥浆状，所含水中存在大量的盐分。

745. 盐石膏在我国有何应用？

1）用作水泥缓凝剂；2）生产建筑石膏和陶瓷模具石膏；3）烧制阿利特-硫铝酸钙

水泥；4）制作石膏制品。

746. 陶瓷废模石膏有何物理性能？

陶瓷废模石膏的主要成分为二水石膏，一般纯度较高，自由水含量 5％左右，含有一定量的硫酸钠杂质和无水石膏。

747. 陶瓷废模石膏有何应用？

1）用作水泥缓凝剂；2）制作陶瓷模用注浆石膏粉。

748. 水泥的碱含量指标要求是什么？

水泥中碱含量属于选择性指标，按照 $Na_2O+0.658K_2O$ 计算值表示。若使用活性集料，用户要求提供低碱水泥时，水泥中的碱含量应不大于 0.60％或由买卖双方协商确定。

749. 水泥细度指标要求是什么？

水泥细度属于选择性指标，硅酸盐水泥和普通硅酸盐水泥的细度以比表面积表示，其比表面积不小于 $300m^2/kg$；矿渣硅酸盐水泥、火山灰质硅酸盐水泥、粉煤灰硅酸盐水泥和复合硅酸盐水泥的细度以筛余表示，其 $80\mu m$ 方孔筛筛余不大于 10％或 $45\mu m$ 方孔筛筛余不大于 30％。

750. 水泥出厂检验报告应包含哪些内容？

检验报告内容应包括出厂检验项目、细度、混合材料品种和掺加量、石膏和助磨剂的品种及掺加量及合同约定的其他技术要求。当用户需要时，生产者应在水泥发出之日起 7d 内寄发除 28d 强度以外的各项检验结果，32d 内补报 28d 强度的检验结果。

751. 通用硅酸盐水泥包装有何要求？

水泥可以散装或袋装，袋装水泥每袋净含量为 50kg，且应不少于标志质量的 99％；随机抽取 20 袋总质量（含包装袋）应不少于 1000kg。其他包装形式由买卖双方协商确定，但有关袋装质量要求，应符合上述规定。水泥包装袋应符合《水泥包装袋》（GB/T 9774）的规定。

752. 通用硅酸盐水泥的出厂水泥标志有何规定？

水泥包装袋上应清楚标明执行标准、水泥品种、代号、强度等级、生产者名称、生产许可证标志（QS）及编号、出厂编号、包装日期、净含量。硅酸盐水泥和普通硅酸盐水泥包装袋两侧应采用红色印刷或喷涂水泥名称和强度等级。矿渣硅酸盐水泥、火山灰质硅酸盐水泥、粉煤灰硅酸盐水泥和复合硅酸盐水泥包装两侧应采用黑色或蓝色印刷或喷涂水泥名称和强度等级。

散装发运水泥时应提交与袋装标志相同内容的卡片。

753. 粉煤灰的运输与贮存有哪些要求？

不同灰源、等级的粉煤灰不得混杂运输和存储，不得将粉煤灰与其他材料混杂，粉煤灰在运输与贮存时不得受潮和混入杂物，同时应防止污染环境。

754. 粉煤灰砂浆配合比设计原则？

1）按砂浆设计强度等级及水泥强度等级计算每立方米砂浆的水泥用量。

2）按求出的水泥用量计算每立方米砂浆的灰膏量。

3）选择取代水泥（或石灰膏）率和超量系数，计算粉煤灰掺量。

4）确定每立方米砂浆中砂的用量，求出粉煤灰超出水泥（或石灰膏）体积，并扣除同体积的用砂量。

5）通过试拌，按稠度要求确定用水量。

6）通过试验调整配合比。

7）粉煤灰砂浆宜采用机械搅拌，以保证拌合物均匀。砂浆各组分的计量（按质量计）允许误差如下：水泥±2%，粉煤灰、石灰膏和细集料±5%。

8）搅拌粉煤灰砂浆时，宜先将粉煤灰、砂与水泥及部分拌合水投入搅拌机，待基本拌匀再加水搅拌至所需稠度。总搅拌时间不得少于120s。

755. 矿渣粉有哪些物理性能？

矿渣粉具有潜在的化学活性，其产生强度的机理和在砂浆中的作用与粉煤灰相似，不过它的活性比粉煤灰更大，其细度可达 $400\sim450m^2/kg$。但由于它多数是靠立磨磨成的，其颗粒片状较多，保水性较差，易产生泌水。在预拌各种砂浆中，尽量少用或不用矿粉为好。

矿渣粉的抗硫酸盐侵蚀能力较好，可用于受海水侵蚀的工程，其活性高，干缩较大，易泌水，掺量不宜过大，注意早期的湿养护。

756. 砂中云母、轻物质、有机物、硫化物及硫酸盐等有害物质的含量有什么要求？

云母的含量（按质量计），应不大于 2.0%；

轻物质的含量（按质量计），应不大于 1.0%；

硫化物及硫酸盐的含量（折算成 SO_3 按质量计），应不大于 1.0%；

有机物的含量（用比色法试验），颜色应不深于标准色。当颜色深于标准颜色时，应按水泥胶砂强度试验方法进行强度对比试验，抗压强度比不应低于95%。

757. 应对长期在潮湿环境的结构用砂的碱活性有何要求？

对长期在潮湿环境的重要结构用砂，应采用砂浆棒（快速法）或砂浆长度法进行集料的碱活性检验，经上述检验判定为潜在危害时，应控制砂浆中的碱含量不超过 $3kg/m^3$，或采用能抑制碱-集料反应的有效措施。

758. 不同的砂浆对砂中的氯离子含量是如何规定的？

砂浆用砂氯离子含量可参照混凝土对砂中的氯离子含量的规定：

1）对钢筋混凝土用砂，其氯离子的含量不得大于 0.06%（以干砂的质量百分率计）；

2）对预应力混凝土用砂，其氯离子的含量不得大于 0.02%（以干砂的质量百分率计）。

759. 湿拌砂浆可以使用海砂吗？海砂的淡化技术有哪些？

《海砂混凝土应用技术规范》（JGJ 206），将"海砂"定义为：出产于海洋和入海口附近的砂，包括滩砂、海底砂和入海口附近的砂，海砂中氯离子含量可以达到

0.123%。编者抽取山东日照地区的近海海砂，测试海砂中氯离子含量可以达到0.08%。考虑到海砂中含有的盐分，不应直接使用天然海砂来拌制湿拌砂浆，以防止出现泛碱现象。天然海砂，应用专门的处理设备进行淡化淘洗并符合《海砂混凝土应用技术规范》（JGJ 206）规定的氯离子含量才可以用于砂浆的生产。淡化海砂的重要质量技术指标见表2-3-3。

表 2-3-3　淡化海砂的重要质量指标　　　　　　　　　　（%）

项目	指标	
水溶性氯离子含量（以干砂质量计）	≤0.03	≤0.02（预应力钢筋混凝土用砂）
含泥量（以干砂质量计）	≤1.0	
泥块含量（以干砂质量计）	≤0.5	
坚固性指标	≤8	

据了解，广东珠江口地区，水洗海砂中游离氯离子含量一般控制在干砂质量的0.02%以内，满足《海砂混凝土应用技术规范》（JGJ 206）之规定。虽然湿拌砂浆里没有常规型号的钢筋，但是抹面砂浆一般会接触到钢丝挂网，而且没有水洗的海砂里面含有盐分，使面层砂浆容易吸水返潮，砂浆面层的腻子容易脱落，故湿拌砂浆所用的细集料不能直接使用海砂，海砂必须经过淡化处理，质量合格后才能生产湿拌砂浆。

760. 淡化海砂中贝壳含量是如何规定的？

砂浆用砂贝壳含量可参照混凝土用淡化海砂中贝壳含量的规定：

1）大于等于C40的混凝土用砂贝壳的含量，应不大于3%（按质量计）；

2）C35～C30的混凝土用砂贝壳的含量，应不大于5%（按质量计）；

3）C25及以下的混凝土用砂贝壳的含量，应不大于8%（按质量计）；

4）对有抗冻、抗渗或其他特殊要求的小于或等于C25混凝土用砂，贝壳的含量不应大于5%（按质量计）。

761. 目前较普遍使用的减水剂品种主要有哪些，掺量和减水率为多少？

1）木质素磺酸盐系减水剂减水率6%～8%，一般掺量0.15%；

2）腐殖酸减水剂减水率6%～8%，一般掺量0.2%～0.35%；

3）萘系减水剂，掺量0.5%～2.0%，减水率10%～20%；

4）氨基磺酸盐系减水剂，减水率为15%～30%，掺量0.5%～2.0%；

5）脂肪族系高效减水剂，减水率为10%～20%，掺量1.0%～3.0%；

6）聚羧酸高性能减水剂，减水率为≥25%，掺量0.2%～2.0%。

762. 基准水泥有哪些要求？

1）熟料中铝酸三钙（C_3A）含量6%～8%；

2）熟料中硅酸三钙（C_3S）含量55%～60%；

3）熟料中游离氧化钙（f-CaO）含量不得超过1.2%；

4）水泥中碱（$Na_2O+0.658K_2O$）含量不得超过1.0%；

5）水泥比表面积（350±10）m^2/kg。

763. 缓凝剂的作用机理是什么？

1）吸附理论

缓凝剂在未水化水泥颗粒吸附或在已水化相上吸附形成缓凝剂膜层，阻止水的浸入，从而延缓了 C_3S 和 C_3A 的水化。

2）络盐理论

与液相中 Ca^{2+} 形成络合物膜层，延缓水泥水化。随液相中碱度提高，络合物膜层破坏，水化继续。

3）沉淀理论

无机缓凝剂在水泥颗粒表面与水泥中组分生成不溶性缓凝剂盐层，阻碍水化反应进行。

4）成核生成抑制理论

缓凝剂吸附在 $Ca(OH)_2$ 晶核上，抑制它继续生长，达到缓凝效果。

764. 糖类缓凝剂有哪些产品特性？

1）低掺量即具有强烈的缓凝效果。

2）与减水剂复合使用，具有增加流动度、降低黏度的作用，但在高强度等级中使用可能增加黏度。

3）显著降低水泥水化发热速率，延迟放热峰的出现。

4）降低混凝土坍落度损失。

5）早期强度有下降，后期强度有提高。

6）在低温时缓凝明显，需要根据气温及时调整掺量。

7）高掺量蔗糖可引起促凝，这是因为糖加速了水泥中铝酸盐的水化，并抑制石膏的作用。

8）还原糖和多元醇会大大降低硬石膏、氟石膏、半水石膏在水中的溶解度导致水泥假凝，要注意不同水泥的适应性。

765. 氯盐早强剂的作用机理是什么？

$CaCl_2$ 与水泥中的 C_3A 作用，生成不溶性水化氯铝酸钙，并与 C_3S 水化析出的氢氧化钙作用，生成氧氯化钙，有利于水泥石结构形成，同时降低液相中的碱度，加速 C_3S 水化反应，提高早期强度。

$$CaCl_2+C_3A+10H_2O \longrightarrow C_3A \cdot CaCl_2 \cdot 10H_2O$$
$$CaCl_2+3Ca(OH)_2+12H_2O \longrightarrow C_3A \cdot 3Ca(OH)_2 \cdot 12H_2O$$

766. 硫酸盐早强剂的作用机理是什么？

能与 C_3A 迅速反应生成水化硫铝酸钙，形成早期骨架，由于上述反应，溶液中氢氧化钙浓度降低，加速 C_3S 水化反应，提高早期强度。

$$Na_2SO_4+Ca(OH)_2+2H_2O \longrightarrow CaSO_4 \cdot 2H_2O+2NaOH$$

767. 硫酸盐早强剂使用的注意事项有哪些？

1）硫酸钠随温度降低，溶解度下降，容易结晶沉淀。

2）硫酸钙与水泥矿物反应膨胀，容易导致混凝土、砂浆开裂，强度下降。

3）用于蒸养混凝土掺量一般不超过 1%，否则生成大量钙矾石导致膨胀破坏。

768. 引气剂作用机理是什么？

1）界面活性作用

吸附在颗粒表面，降低界面能。

2）起泡作用

在砂浆中引入大量微小、封闭的气孔。

3）气泡的稳定性

引入砂浆中的气泡能保持形态，含气量相对稳定。

769. 引气剂主要有哪些种类？

1）松香类引气剂：松香酸钠。

2）烷基苯磺酸盐类引气剂：K12。

3）脂肪醇磺酸盐类：脂肪醇聚乙烯醚。

4）皂角苷类引气剂：三萜皂甙。

5）烯基磺酸盐：AOS（α-烯基磺酸钠）。

770. 引气剂对砂浆的影响有哪些？

1）改善砂浆的和易性。

2）降低砂浆的泌水和沉降。

3）提高砂浆的抗渗性。

4）提高砂浆的抗化学物质侵蚀性。

5）显著提高砂浆的抗冻融性能。

6）大大延长砂浆的使用寿命。

7）砂浆强度略有降低，但因其有一定的减水作用，基本可弥补强度降低产生的影响。

771. 缓凝剂有哪些特点？

1）掺量合适，24h 后的强度不会受影响。

2）掺量过多，砂浆的正常水化速度和强度受影响。

3）超掺，会使水泥水化完全停止。

4）使用不同的缓凝剂，砂浆泌水、离析情况不同。

772. 缓凝剂主要有哪些种类？

缓凝剂主要有以下几类：

1）糖类及其碳水化合物，如糖蜜、白糖、糊精。

2）木质素磺酸盐类，如木钙、木钠。

3）羟基羧酸及其盐类，如柠檬酸、酒石酸、葡萄糖酸钠。

4）无机盐类，如锌盐、磷酸盐、硼酸盐等。

5）多元醇及醚类物质：丙三醇、聚乙烯醇。

773. 高效减水剂在我国有哪些种类?

高效减水剂不同于普通减水剂,具有较高的减水率、较低引气量,是我国使用量大、面广的外加剂品种。目前,我国使用的高效减水剂品种较多,主要有下列几种:

1)萘系减水剂。

2)氨基磺酸盐系减水剂。

3)脂肪族(醛酮缩合物)减水剂。

4)密胺系及改性密胺系减水剂。

5)蒽系减水剂。

缓凝型高效减水剂是以上述各种高效减水剂为主要组分,再复合各种适量的缓凝组分或其他功能性组分而成的外加剂。

774. 普通减水剂有哪几种?

普通减水剂的主要成分为木质素磺酸盐,通常由亚硫酸盐法生产纸浆的副产品制得。常用的有木钙、木钠和木镁。其具有一定的缓凝、减水和引气作用。以其为原料,加入不同类型的调凝剂,可制得不同类型的减水剂,如早强型、标准型和缓凝型的减水剂。

775. 影响水泥和外加剂适应性的主要因素有哪些?

水泥和外加剂的适应性是一个十分复杂的问题。遇到水泥和外加剂不适应的问题,必须通过试验,对不适应因素逐个排除,找出其原因。水泥和外加剂适应性至少受到下列因素的影响:

1)水泥矿物组成、细度、游离氧化钙含量、石膏加入量及形态、水泥熟料碱含量、碱的硫酸饱和度、混合材种类及掺量、水泥助磨剂等。

2)外加剂的种类和掺量。如萘系减水剂的分子结构,包括磺化度、平均分子量、分子量分布、聚合性能、平衡离子的种类等。

3)砂浆配合比,尤其是水胶比、矿物外加剂的品种和掺量。

4)砂浆搅拌时的加料程序、搅拌时的温度、搅拌机的类型等。

776. 普通减水剂有哪些种类?

普通减水剂的主要成分为木质素磺酸盐,通常由亚硫酸盐法生产纸浆的副产品制得。常用的有木钙、木钠和木镁。其具有一定的缓凝、减水和引气作用。以其为原料,加入不同类型的调凝剂,可制得不同类型的减水剂,如早强型、标准型和缓凝型的减水剂。

777. 砂浆外加剂为什么会发臭?如何解决?

砂浆外加剂本身的保质期为6~12个月,砂浆外加剂是通过复配后的添加剂,由于添加了一些辅助材料(葡萄糖酸钠等糖类或醇类),保质期会变短,在夏季高温条件下,一般两个星期左右就会出现发臭现象。

在复配时加入少许防腐剂(如甲醛、丙酮、苯甲酸钠)可以延长保质期,对已发臭的砂浆外加剂,加入亚硝酸钠可以使变黑的聚羧酸减水剂颜色变浅。加入亚硝酸钠的外加剂,使用效果、掺加量需经试验验证再使用。

778. 建筑石膏有哪些特征？

1）建筑石膏凝结硬化快。初凝时间不少于 6min，终凝时间不多于 30min，一星期左右完全硬化。

2）建筑石膏水化硬化体孔隙率大、强度较低。其硬化后的抗压强度仅为 3～6MPa，但不同品种的石膏胶凝材料硬化后的强度差别较大，如 α 半水石膏硬化后的强度通常比 β 半水石膏高 2～7 倍。

3）建筑石膏制品的隔热保温和隔声吸声性能良好，但耐水性较差。其导热系数一般为 0.121～0.205W/（m·K），软化系数仅为 0.3～0.45。

4）建筑石膏制品具有良好的防火性能。

5）建筑石膏制品具有特殊的"呼吸"功能。建筑石膏制品本身存在大量微孔结构，在自然环境中能够不断吸湿与解潮，其质量随环境温湿度的变化而变化，维持着动态平衡。这种"呼吸"功能的最大特点，是能够自动调节居住或工作环境的湿度，创造一个舒适的局部小气候。

6）建筑石膏制品装饰性好，硬化时体积略有膨胀。一般膨胀值为 0.05％～0.15％。这种微膨胀性使制品表面光滑饱满、不干裂、细腻平整、洁白美观，装饰和雕塑效果佳。

7）建筑石膏制品可施工性很好，可锯、可刨、可钻、可贴、可钉，施工与安装灵活方便。

2.3.2 预拌砂浆知识

779. 水泥石结构是什么？

水泥与水反应形成的水泥石是一个极其复杂的非均质多相体，是一种多孔的固、液、气三相共存体。水泥石固相包括水化硅酸钙（C-S-H 凝胶）、氢氧化钙（CH）、水化硫铝酸钙、水化铝酸钙和未水化熟料颗粒。水泥石孔（气相）分为凝胶孔、毛细孔、气孔三类。水泥石水（液相）分为毛细管水、吸附水、层间水和化学结合水。

780. 什么是水泥石与集料的过渡区？过渡区有什么特点？

从微观细度上看，水泥石与集料的界面并不是一个"面"，而是一个有不定厚度的"区"（或者"层""带"）。这个特殊的区的结构与性质与水泥石本体有较大的区别，在厚度方向从集料表面向水泥石逐渐过渡，因此被称为"过渡区"。

781. 水泥石与集料的过渡区有什么特点？

过渡区有以下特点：水灰比高、孔隙率大、$Ca(OH)_2$ 和钙矾石含量多，水化硅酸钙的钙/硅比大，$Ca(OH)_2$ 和钙矾石结晶颗粒大，$Ca(OH)_2$ 取向生长。

过渡区是混凝土、砂浆结构疏松和最薄弱环节，是混凝土、砂浆中固有原始缺陷，也是混凝土、砂浆破坏的开始点。

782. 水泥石-集料界面过渡区是怎样形成的？

水泥石-集料界面过渡区是由颗粒不均匀沉降引起的。当混凝土、砂浆搅拌均匀成型后，由于重力作用，水泥颗粒向下运动，水向上运动。当水遇到集料时，它的运动将受到阻碍，并在集料下面富集下来，形成水囊，水泥熟料水化时产生的 Ca^{2+} 等一些离子，也将随着水的运动而带到集料下面，由于较多的水在集料下富集并形成水囊，导致水泥浆与集料的黏结较弱，使这一区域水泥浆的实际水灰比大于本体中的水灰比，造成这一区域水泥石的结构比较疏松。随着水化的不断进行以及干燥作用，大量的 $Ca(OH)_2$ 晶体在这一区域结晶出来，由于 $Ca(OH)_2$ 晶体与硅质集料表面的亲合性，这种晶体 z 轴垂直集料的表面而取向外生。经过这些过程，在水泥石与集料之间形成了一个 $Ca(OH)_2$ 晶体定向排列的结构疏松的界面过渡区。

783. 砂浆中的孔是怎样形成的？

在湿拌砂浆中有两种形式的孔存在，一种是连通孔，另一种是封闭孔。

连通孔是拌合水留下的空间。在湿拌砂浆拌和时，为了保证砂浆具有一定的工作性，需要加入一定数量的水，砂浆凝结而形成初始结构时，这些水仍留在砂浆中，并占据一定的空间。随着水化的进行及以后的干燥过程，这些水分失去，原来被水占据的空间则成为孔隙。

封闭孔通常是气泡占据的空间。这些气泡或者由于在搅拌过程中混入空气而形成，或者由一些外加剂产生。这些在搅拌、成型过程中没有排出的气泡，当砂浆硬化后便形成了封闭孔。

784. 哪些因素影响水泥石的孔结构？

影响水泥石孔结构的因素很多，归纳一下主要有以下几个方面：

1）水胶比

连通孔主要是由拌合水的消耗而留下的空间，水胶比高表明拌合水的相对数量较多，这些水失去后也将留下较多的孔隙。因此，水胶比越高，水泥石孔隙率也将越高。

2）水化程度

在水泥的水化过程中，固相体积将增加 1.13 倍，当水泥初始结构形成后，这些增加的反应产物将填充在孔隙中，使水泥的孔隙减少。水化程度越高，水泥石的孔隙率越低。

3）水泥的保水性能

在砂浆生产搅拌过程中，拌合水均匀地分布在浆体中，如果水泥有较好的保水性能，不使这些水聚集的话，将在水泥石中留下较均匀分布的孔隙。若水泥的保水性能较差的话，这些水将可能聚集成较大的水珠，在水泥石中形成较多的大孔。

4）成型条件

在砂浆搅拌过程中将混入一些空气，搅拌时间越长，形成的空气泡越多，成型时如不能将这些气泡赶出，将在水泥石中形成孔隙。这种孔一般较大，对砂浆的性能有较大的影响。

5）养护制度

在不同的养护制度下，所形成的水化产物的形态是不一样的。采用高温养护，所形成的水化产物一般结晶良好，颗粒较粗大。在相同水化程度下，尽管孔隙率没有明显变化，但大孔相对增多。这一作用主要影响凝胶粒子间孔即 $3.2 \sim 200nm$ 范围内的孔。

6）掺入砂浆外加剂

湿拌砂浆中掺入外加剂引气剂使砂浆孔隙增多，减少砂浆用水量，降低水灰比，并均匀分布水泥石的孔隙率，使水泥石的孔分布得到改善，湿拌砂浆凝结体呈海绵体结构形态。

7）掺入掺合料

在砂浆中掺入掺合料对水泥石的孔结构有较大的影响，这种影响取决于掺合料的品种、品质、掺量、掺入方式、养护制度等多种因素。

785. 什么是保温系统用配套砂浆？

保温系统用配套砂浆可分为内保温用配套砂浆和外保温用配套砂浆两大类。内保温用的以石膏基砂浆为代表（含粘结石膏和粉刷石膏），外保温用的以膨胀聚苯板薄抹灰系统用水泥基粘结砂浆与抹面砂浆的使用范围最广。

胶黏剂是用于将保温板粘结到基层墙体上；抹面砂浆是薄抹在粘贴好的聚苯板外表面，或薄抹在胶粉聚苯颗粒外表面，用以保证薄抹灰外保温系统的机械强度和耐久性。由于其处于外层，其性能除了要求有足够的粘结强度外，还需要有较强的抗冲击性、抗热应力、耐水性及抗冻性等。一般聚合物掺量较多，并且通常要掺加一定的聚丙烯纤维或其他纤维，以提高抗裂性能。

786. 什么是管道压浆剂？有何性能特点？

不含氧化物、氯化物、亚硫酸盐和亚硝酸盐等对钢筋有害的组分，由高性能塑化剂、表面活性剂、硅钙微膨胀剂、水化热抑制剂、迁移型阻锈剂、纳米级矿物硅铝钙铁粉、稳定剂精制而成的压浆剂或与低碱低热硅酸盐水泥等精制复合而成的压浆料。

管道压浆剂（料）具有微膨胀、无收缩、大流动、自密实、极低泌水率、充盈度高、强度高、防锈阻锈、低碱无氯、粘结度高、绿色环保的优良性能。

预应力管道压浆是把压浆材料加到存有混凝土的管道之中，使用压浆材料将预应力筋充分包裹，从而保证钢筋与混凝土充分结合，保证建筑工程结构的质量、使用寿命。

787. 管道压浆剂的用途有哪些？

用于后张梁预应力管道充填的压浆材料、防止预应力钢材的防腐、保证预应力束与混凝土结构之间有效的应力传递，使孔道内浆体饱满密实，浆体保持一定的 pH 范围，完全包裹预应力钢材，浆体硬化后有较高的强度和弹性模量及膨胀无收缩性和粘接力。

适用于后张梁预应力管道充填压浆、地锚系统的锚固灌浆、连续壁头止漏灌浆、围幕灌浆；设备基础灌浆、垫板坐浆及梁柱接头、工程抢修和螺栓锚固、无须振捣自密实、微膨胀、抗油渗、抗蚀防腐、抗冻抗渗。用于高强度钢预应力混凝土构件孔隙灌浆、道路桥梁加固，24h 后即可运行，并与硬化混凝土粘结牢固，修补无明显痕迹，浆体凝结时间可控即适中。

788. 原材料对砂浆抗冻性的影响因素有哪些？

1）水泥品种

砂浆的抗冻性随水泥活性增高而提高，普通硅酸盐水泥砂浆的抗冻性优于混合水泥砂浆的抗冻性，这是混合水泥需水量大所致。

2）砂的质量

砂对其抗冻性影响主要体现在砂吸水量的影响及砂本身抗冻性的影响，应注意选用优质砂。

3）外加剂

砂浆外加剂能提高砂浆的抗冻性，湿拌砂浆外加剂含有大量引气成分，使砂浆含气量较大，含气的存在使砂浆具有一定的抗冻性。砂浆外加剂直接影响砂浆的含水保水率，随着外加剂、保水剂的掺加，饱和水越多、保水率过高，极容易受冻，砂浆的抗冻性必然降低。

4）掺合料的影响

粉煤灰对砂浆抗冻性的影响，则主要取决于粉煤灰本身的质量。优质掺合料，可以改善孔结构，使孔细化，导致冰点降低，可冻孔数量减少。

5）水灰比

水灰比直接影响砂浆的孔隙率及孔结构，随着水灰比的增大，不仅饱和水的开孔总体积增加，而且平均孔径也增大，水灰比越大，砂浆的孔隙率越高，较大孔数量也越多，可冻孔较多，砂浆抗冻性较差。因而砂浆的抗冻性必然降低。

789. 提高砂浆抗冻性的主要措施有哪些？

1）严格控制水灰比。

2）掺入优质外加剂。

优质外加剂在湿拌砂浆中可引入均匀分布的气泡，能更好地长时间稳定气泡，调整好外加剂掺量，保证有合适含气量和气泡的尺寸，对改善其抗冻性能有显著的作用。

3）掺入适量的优质掺合料。

掺入适量的优质掺合料，有利于气泡分散，使其更均匀地分布在砂浆中，因而有利于提高砂浆的抗冻性。

4）水泥应采用普通硅酸盐水泥。

5）砂的选用应符合现行国家标准《建设用砂》（GB/T 14684）或《普通混凝土用砂、石质量及检验方法标准》（JGJ 52）的规定。

6）采用外加剂法配制砌筑砂浆时，可采用氯盐或亚硝酸盐等外加剂。氯盐应以氯化钠为主，当气温低于−15℃时，可与氯化钙复合使用。外加剂使用不当会产生盐析现象，影响装饰效果，对钢筋及预埋件有锈蚀作用。

7）当设计无要求且最低气温等于或低于−15℃时，砌体砂浆强度等级应较常温施工高一级。

8）用于钢筋配置部位的水泥砂浆防冻剂的氯离子含量不应大于0.1%。

9）水泥最小用量、掺合料最大掺加量应满足标准规定。

10）砂浆保塑时间设计不宜过长，根据施工需求合理设计配制砂浆保塑时间。

790. 含气量对砂浆抗冻性的影响因素是什么？

含气量是影响抗冻性的主要因素，特别是加入引气剂形成的微细气孔对提高抗冻性尤为重要。湿拌砂浆含气量较大，气孔在砂浆中分布均匀，气泡平均间距越小，它离结冰区的平均距离将越短。短距离渗透所需的渗透压较小，可以使结冰区对砂浆的破坏作用较小，有抗冻优势。湿拌砂浆的保水率大于88%，饱和水较多，较容易受冻。

砂浆抗冻性与砂浆的气泡结构有密切的关系，在砂浆中，气泡是一种封闭的孔，这种孔中一般不含有水，因此不会结冰。但是，水结冰时所产生的压力可能使未冻结水向气泡中迁移，以减小结冰区的压力，因此，气泡可以缓解结冰区的压力，提高砂浆的抗冻性。

791. 为什么引气剂所产生的孔对抗冻性有利？

1）引气剂在砂浆中所产生的孔与其他的孔本质区别在于引气剂所产生的孔是封闭孔、孔内不含水，通常称之为气泡。而其他孔是连通孔，允许水自由进入，在潮湿环境下，含有较多的水。引气剂所形成的孔不是可冻孔，因而在冻融环境下，不会造成砂浆的破坏。

2）引气剂所产生的孔还可能释放冰冻作用所产生的压力。由于水转变成冰体积膨胀9%，因而将产生一个内压力。如果在冰冻区周围存在引气剂所产生的孔，则可以减小这种内压力、减轻它对砂浆的破坏。

因此，引气剂所产生的孔对砂浆的抗冻性的影响与其他孔不同，它不仅没有有害的作用，而且利于砂浆的抗冻性。

792. 砂浆饱水状态、受冻龄期对砂浆抗冻性影响因素是什么？

1）砂浆饱水状态

砂浆的冻害与其孔隙的饱水程度紧密相关，毛细孔的自由水是导致砂浆遭受冻害的主要内在因素。一般认为含水量小于孔隙总体积的91.7%就不会产生冻结膨胀压力，该数值被称为极限饱水度。

2）受冻龄期

砂浆的抗冻性随其龄期的增长而提高。因为龄期越长水泥水化越充分、砂浆强度越高，抵抗膨胀的能力越大，这一点对早期冻害的砂浆更为重要。

793. 如何提高砂浆抗渗性？

砂浆渗水的原因是砂浆内部存在渗水通道，这些通道除产生于施工抹压不密实及裂缝外，主要来源于水泥浆中多余水分蒸发而留下的毛细孔、水泥浆泌水所形成的孔道及集料下部界面聚集的水隙。

1）水泥品种一定时，水胶比是影响抗渗性的主要因素，降低水胶比可以提高砂浆抗渗性。

2）掺加引气剂等外加剂时，由于改变了砂浆中的孔隙构造，截断了渗水通道，可显著提高砂浆的抗渗性。

3）掺入粉煤灰等掺合料时，砂浆抗渗性较好。当采用矿渣硅酸盐水泥时，抗渗性较差。

4）此外砂级配、砂浆密度、保塑时间、保水率、施工质量及养护条件、养护龄期等，也对砂浆抗渗性有一定影响。

794. 抗碳化性能的等级如何划分？

砂浆抗碳化性能的划分可参照混凝土抗碳化性能的等级划分，应符合表 2-3-3 规定。

表 2-3-4 抗碳化性能的等级划分

等级	T-Ⅰ	T-Ⅱ	T-Ⅲ	T-Ⅳ	T-Ⅴ
碳化深度（d/mm）	≥30	≥20，<30	≥10，<20	≥0.1，<10	<0.1

795. 砂浆碳化有什么危害？

碳化会引起砂浆收缩，使砂浆表面产生微细裂缝。

碳化是使砂浆中 $Ca(OH)_2$ 浓度下降，砂浆碱度降低，当碳化深度超过砂浆粘结层时，砂浆层强度破坏，发酥、起粉掉砂、空鼓无强度；砂浆碳化易引起砂浆层空鼓，砂浆层与基层粘结耐久性差。

796. 如何提高砂浆抗碳化能力？

1）使用硅酸盐水泥或普通水泥。

2）合理掺加粉煤灰等矿物掺合料：矿物掺合料的引入会减小水泥砂浆内部碱性物质含量，同时其中的活性成分与氢氧化钙发生二次水化反应，进一步减小了砂浆的碱性，从而降低砂浆的抗碳化能力。

3）掺用减水剂及引气剂、优质外加剂。

4）使用级配良好、质量优的砂石集料。

5）采用较小的水灰比及较多的水泥用量。

6）砂浆保塑时间不宜过长，禁用过期砂浆。

7）严格控制砂浆施工质量，使砂浆均匀密实，加强砂浆的早期养护均可提高砂浆抗碳化能力。

8）砂浆的碳化试验按照《普通混凝土长期性能和耐久性能试验方法标准》（GB/T 50082）执行。

797. 湿拌砂浆配合比设计对材料有什么要求？

1）湿拌砂浆所用原材料不应对人体、生物与环境造成有害的影响，并应符合现行国家标准《建筑材料放射性核素限量》（GB 6566）的规定。

2）水泥宜采用通用硅酸盐水泥或砌筑水泥，且应符合现行国家标准《通用硅酸盐水泥》（GB 175）和《砌筑水泥》（GB/T 3183）的规定。还应符合下列规定：

（1）应分批复验水泥的强度和安定性，并应以同一生产厂家、同一编号的水泥为一批。

（2）当对水泥质量有怀疑或水泥出厂超过三个月时，应重新复验。复验合格的，可继续使用。

（3）不同品种、不同等级、不同厂家的水泥，不得混合使用。

3）水泥强度等级应根据砂浆品种及强度等级的要求进行选择。M15 及以下强度等级的砌筑砂浆宜选用 32.5 级的通用硅酸盐水泥或砌筑水泥；M15 以上强度等级的砌筑砂浆宜选用 42.5 级通用硅酸盐水泥。

4）砂宜选用中砂，不得含有有害杂质，砂的含泥量不应超过 5%，并应符合现行行业标准《普通混凝土用砂、石质量及检验方法标准》（JGJ 52）的规定，且不应含有 4.75mm 以上粒径的颗粒，全部通过 4.75mm 的筛孔。人工砂、山砂及细砂应经试配试验证明能满足抹灰砂浆要求再使用。

5）砌筑砂浆用石灰膏、电石膏应符合下列规定：

（1）生石灰熟化成石灰膏时，应用孔径不大于 3mm×3mm 的网过滤，熟化时间不得少于 7d；磨细生石灰粉的熟化时间不得少于 2d。沉淀池中储存的石灰膏，应采取防止干燥、冻结和污染的措施。严禁使用脱水硬化的石灰膏。

（2）制作电石膏的电石渣，应用孔径不大于 3mm×3mm 的网过滤，检验时应加热至 70℃后至少保持 20min，并应待乙炔挥发完再使用。

（3）消石灰粉不得直接用于砌筑砂浆中。

6）抹灰砂浆用石灰膏应符合下列规定：

（1）石灰膏应在储灰池中熟化，熟化时间不应少于 15d 且用于罩面抹灰砂浆时不应少于 30d，应用孔径不大于 3mm×3mm 的网过滤。

（2）磨细生石灰粉熟化时间不应少于 3d，并应用孔径不大于 3mm×3mm 的网过滤。

（3）沉淀池中储存的石灰膏，应采取防止干燥、冻结和污染的措施。

（4）脱水硬化的石灰膏不得使用；未熟化的生石灰粉及消石灰粉不得直接使用。

7）砌筑砂浆石灰膏、电石膏试配时的稠度，应为（120±5）mm。

8）粉煤灰、粒化高炉矿渣粉、硅灰、天然沸石粉应分别符合现行国家标准《用于水泥和混凝土中的粉煤灰》（GB/T 1596）、《用于水泥、砂浆和混凝土中的粒化高炉矿渣粉》（GB/T 18046）、《高强高性能混凝土用矿物外加剂》（GB/T 18736）和《混凝土和砂浆用天然沸石粉》（JG/T 566）的规定。抹灰砂浆用磨细生石灰粉应符合现行行业标准《建筑生石灰》（JC/T 479）的规定。建筑石膏宜采用半水石膏，并应符合现行国家标准《建筑石膏》（GB/T 9776）的规定。

9）界面砂浆应符合现行行业标准《混凝土界面处理剂》（JC/T 907）的规定。

10）纤维、聚合物、缓凝剂等应具有产品合格证书、产品性能检测报告。

11）当采用其他品种矿物掺合料时，应有可靠的技术依据，并应在使用前进行试验验证。

12）采用保水增稠材料时，应在使用前进行试验验证，并应有完整的型式检验报告。

13）外加剂应符合国家现行有关标准的规定，引气型外加剂还应有完整的型式检验报告。

14）拌制砂浆用水应符合现行行业标准《混凝土用水标准》（JGJ 63）的规定。

798. 砌筑砂浆配合比设计技术条件如何规定的？

1）水泥砂浆及湿拌砂浆的强度等级可分为 M5、M7.5、M10、M15、M20、M25、M30；水泥混合砂浆的强度等级可分为 M5、M7.5、M10、M15。

2）砌筑砂浆拌合物的表观密度宜符合《砌筑砂浆配合比设计规程》（JGJ/T 98）的

规定，见表 2-3-5。

表 2-3-5　砌筑砂浆拌合物的表观密度　　　　　　　　　　　　　（kg/m³）

砂浆种类	表观密度
水泥砂浆	≥1900
水泥混合砂浆	≥1800
预拌砂浆	≥1800

3）砌筑砂浆的稠度、保水率、试配抗压强度应同时满足要求。

4）砌筑砂浆施工时的稠度宜按《砌筑砂浆配合比设计规程》（JGJ/T 98）规定的选用，见表 2-3-6。

表 2-3-6　砌筑砂浆的施工稠度　　　　　　　　　　　　　　　　（mm）

砌体种类	施工稠度
烧结普通砖砌体、粉煤灰砖砌体	70～90
混凝土砖砌体、普通混凝土小型空心砌块砌体、灰砂砖砌体	50～70
烧结多孔砖砌体、烧结空心砖砌体、轻集料混凝土小型空心砌块砌体、蒸压加气混凝土砌块砌体	60～80
石砌体	30～50

5）砌筑砂浆保水率应符合《砌筑砂浆配合比设计规程》（JGJ/T 98）的规定，见表 2-3-7。

表 2-3-7　砌筑砂浆的保水率　　　　　　　　　　　　　　　　　（%）

砂浆种类	保水率
水泥砂浆	≥80
水泥混合砂浆	≥84
预拌砌筑砂浆	≥88

6）有抗冻性要求的砌体工程，砌筑砂浆应进行冻融试验。砌筑砂浆的抗冻性应符合《砌筑砂浆配合比设计规程》（JGJ/T 98）的规定，见表 2-3-8，且当设计对抗冻性有明确要求时，尚应符合设计规定。

表 2-3-8　砌筑砂浆的抗冻性

使用条件	抗冻指标	质量损失率（%）	强度损失率（%）
夏热冬暖地区	F15		
夏热冬冷地区	F25	≤5	≤25
寒冷地区	F35		
严寒地区	F50		

7）砌筑砂浆中的水泥和石灰膏、电石膏等材料的用量可按《砌筑砂浆配合比设计规程》（JGJ/T 98）规定的选用，见表 2-3-9。

表 2-3-9　砌筑砂浆的材料用量　　　　　　　　　　　　（kg/m³）

砂浆种类	材料用量
水泥砂浆	≥200
水泥混合砂浆	≥350
预拌砂浆	≥200

注：1. 水泥砂浆中的材料用量是指水泥用量。
　　2. 水泥混合砂浆中的材料用量是指水泥和石灰膏、电石膏的材料总量。
　　3. 湿拌砂浆中的材料用量是指胶凝材料用量，包括水泥和替代水泥的粉煤灰等活性矿物掺合料。

8）砂浆中可掺入保水增稠材料、外加剂等，掺量应经试配后确定。

9）砂浆试配时应采用机械搅拌。搅拌时间应自开始加水算起，并应符合下列规定：

（1）对水泥砂浆和水泥混合砂浆，搅拌时间不得少于 120s。

（2）对预拌砂浆和掺有粉煤灰、外加剂、保水增稠材料等的砂浆，搅拌时间不得少于 180s。

799. 湿拌砌筑砂浆试配应满足哪些要求？

1）湿拌砌筑砂浆应满足下列规定：

（1）在确定湿拌砂浆稠度时应考虑砂浆在运输和储存过程中的稠度损失。

（2）湿拌砂浆应根据凝结时间要求确定外加剂掺量。

（3）湿拌砂浆的搅拌、运输、储存等应符合现行国家标准《预拌砂浆》（GB/T 25181）的规定。

（4）湿拌砂浆性能应符合现行国家标准《预拌砂浆》（GB/T 25181）的规定。

2）预拌砂浆的试配应满足下列规定：

（1）湿拌砂浆生产前应进行试配，试配强度应按《砌筑砂浆配合比设计规程》（JGJ/T 98）计算确定，试配时稠度取 70～80mm。

（2）湿拌砂浆中可掺入保水增稠材料、外加剂等，掺量应经试配后确定。

800. 砌筑砂浆配合比试配、调整与确定有何规定？

1）砌筑砂浆试配时应考虑工程实际要求，搅拌应采用机械搅拌。搅拌时间应自开始加水算起，并应符合下列规定：对水泥砂浆和水泥混合砂浆，搅拌时间不得少于 120s；对预拌砂浆和掺有粉煤灰、外加剂、保水增稠材料等的砂浆，搅拌时间不得少于 180s。

2）按计算或查表所得配合比进行试拌时，应按现行行业标准《建筑砂浆基本性能试验方法标准》（JGJ/T 70）测定砌筑砂浆拌合物的稠度和保水率。当稠度和保水率不能满足要求时，应调整材料用量，直到符合要求为止，然后确定为试配时的砂浆基准配合比。

3）试配时至少应采用三个不同的配合比，其中一个配合比应为按《砌筑砂浆配合比设计规程》（JGJ/T 98）得出的基准配合比，其余两个配合比的水泥用量应按基准配合比分别增加及减少 10%。在保证稠度、保水率合格的条件下，可将用水量、石灰膏、保水增稠材料或粉煤灰等活性掺合料用量作相应调整。

4）砂浆试配时稠度应满足施工要求，并应按现行行业标准《建筑砂浆基本性能试验方法标准》（JGJ/T 70）分别测定不同配合比砂浆的表观密度及强度；并应选定符合试配强度及和易性要求、水泥用量最低的配合比作为砂浆的试配配合比。

801. 砂浆试配配合比尚应按哪些步骤进行校正？

1）应根据《砌筑砂浆配合比设计规程》（JGJ/T 98）确定的砂浆配合比材料用量，按下式计算砂浆的理论表观密度值：

$$\rho_t = Q_c + Q_D + Q_s + Q_w$$

式中 ρ_t——砂浆的理论表观密度值（kg/m³），应精确至10kg/m³。

2）应按下式计算砂浆配合比校正系数 δ：

$$\delta = \rho_c / \rho_t$$

式中 ρ_c——砂浆的实测表观密度值（kg/m³），应精确至10kg/m³。

3）当砂浆的实测表观密度值与理论表观密度值之差的绝对值不超过理论值的2%时，可将得出的试配配合比确定为砂浆设计配合比；当超过2%时，应将试配配合比中每项材料用量均乘以校正系数（δ）后，确定为砂浆设计配合比。

4）湿拌砂浆生产前应进行试配、调整与确定，并应符合现行国家标准《预拌砂浆》（GB/T 25181）的规定。

说明：

计算得出一个理论配合比，用于试配试验为基准配合比；试配得出一个试配配合比，经试配试验得出的为试配配合比；校正可能又得出一个配合比为施工配合比，用于施工为设计配合比。

802. 砂浆配合比设计的基本原则是什么？

1）满足工程施工对湿拌砂浆可抹性、和易性的要求，满足施工工艺、施工季节及施工环境等的要求。

2）配合比设计应满足设计要求。即满足湿拌砂浆工程设计图纸要求的力学性能（设计湿拌砂浆强度等级）、耐久性能以及环境作用等级要求。

3）满足相关现行国家标准规范的要求。

4）配合比设计应尽可能降低湿拌砂浆的成本，实现经济合理。

5）配合比应尽量与当前湿拌砂浆生产工艺和控制手段相适应，易于生产控制。

803. 砂浆配合比设计前应明确哪些资料和信息？

1）明确工程湿拌砂浆结构的图纸设计要求，包括：工程类别、各个施工部位的设计强度等级、耐久性能要求、设计使用年限、环境作用等级要求（包括相对应的砂浆比例、含气量和抗冻融性能要求等）以及其他特殊要求（包括是否需要掺加特定的材料，例如抗裂纤维、膨胀剂等）。

2）明确砂浆基层施工结构形式和体量（是否属于大体积、混凝土结构、砖混结构等）、界面处理和工人施工特点（以此确定砂浆需要的保塑时间、可抹性等）、建筑高度（需泵送时，确定泵送高度及相应的湿拌砂浆拌合物性能，特别是针对超高程泵送的技术要求，应重点加以了解）等。

3）明确不同部位湿拌砂浆施工工艺方法、施工所使用机械化施工的程度，湿拌砂浆运送至工地的大概时间以及砂浆储存方式、砂浆转运方式，砂浆管理及砂浆施工速度。

例如是否采用标准规范施工、一次性抹灰还是分层抹灰，抹灰施工稠度需求、基层界面是机喷喷浆还是人工甩浆，工人施工时是否是经常剩料，工地储存是否进行砂浆防护等，从而确定与之相应的湿拌砂浆拌合物性能要求，包括交货时的湿拌砂浆稠度及密度要求、湿拌砂浆稠度及密度的经时变化要求、湿拌砂浆保塑时间要求，以此选用与之相适应的外加剂、掺合料等材料。

4）明确原材料资源情况，以及原材料的性能等，原材料的性能是决定湿拌砂浆配合比参数的重要因素。

5）明确工程位置、了解交通状况、砂浆储存、施工时的温度、湿度状况等，这些情况可以帮助分析在湿拌砂浆配合比设计中遇到的各种矛盾。

6）考虑本企业的生产工艺条件、设备类型、人员素质、现场管理水平和质量控制水平。

7）了解施工队伍的技术、管理和操作水平等情况。必要时了解施工单位湿拌砂浆的养护方法。

8）了解施工单位在湿拌砂浆质量验收评定中采用的方法，以便合理的确定所设计的湿拌砂浆标准差和试配强度。

804. 如何确保湿拌砂浆配合比设计采用的技术参数符合标准、技术要求？

1）湿拌砂浆企业技术部门应与施工单位进行充分沟通，了解该工程湿拌砂浆结构的图纸设计要求，特别是要明确各个技术指标和参数的限值要求。

2）熟悉和了解涉及湿拌砂浆配合比设计的相关现行国家标准技术内容，水泥用量、最大水胶比、最大或最小胶材用量、用水量、最大氯离子含量、最大碱含量、矿物掺合料最大掺量、湿拌砂浆最小含气量、设计强度龄期等配合比设计技术指标和参数应符合相关标准要求。

805. 湿拌砂浆设计的关键参数指标是什么？

1）水胶比、砂率、单位用水量、外加剂用量、保塑时间、砂浆密度等参数与湿拌砂浆的各项性能密切相关。

2）水胶比、外加剂用量对湿拌砂浆强度和耐久性起决定性作用；砂率对新拌湿拌砂浆的黏聚性和保水性有很大影响；用水量是影响新拌湿拌砂浆流动性和保塑性的最主要因素，外加剂用量是影响湿拌砂浆密度变化和保塑时间长短的主要因素。

806. 砌筑砂浆配合比如何设计？

1）砌筑砂浆配合比设计是根据使用原材料的性能、砂浆技术要求、施工条件、砌体结构等进行计算或者查表选择，确定砌筑砂浆中水泥、砂、水及其他掺料的相互比例及用量。水泥用量的确定是根据水泥本身强度及砂浆强度的回归公式通过设计要求的砂浆强度来计算，砂的用量是根据砂在砂浆中起骨架作用的理论根据干砂的堆积密度选择砂用量，水的用量是根据砂浆施工稠度的要求在一定合理范围内选定，水泥混合砂浆中石灰膏用量的确定是依据胶凝材料和石灰膏总量为 350kg/m³ 的经验值而确定。工厂湿拌砌筑砂浆的原材料一般为水泥、粉煤灰或石灰石粉、砂、水以及必要的砂浆外加剂等，石灰膏已被粉煤灰外加剂替代。

2）参照《砌筑砂浆配合比设计规程》（JGJ/T 98），新拌砌筑砂浆拌和物的表观密度宜符合表 2-3-10。

表 2-3-10　砌筑砂浆拌合物的表观密度表　　　　（kg/m³）

砌筑砂浆种类	表观密度
水泥砂浆	≥1900
水泥混合砂浆	≥1800
预拌砂浆	≥1800

3）水泥砂浆的材料用量可按照表 2-3-11 的规定。

表 2-3-11　每立方米水泥砂浆材料用量　　　　（kg/m³）

强度等级	水泥	砂	用水量
M5	32.5级水泥 200～230		
M7.5	32.5级水泥 230～260		
M10	32.5级水泥 260～290	砂的堆积密度值	(270～330)×
M15	32.5级水泥 290～330	（1350～1550）	(1-外加剂减水率%)
M20	42.5级水泥 340～400		
M25	42.5级水泥 360～410		
M30	42.5级水泥 430～480		

注：砂浆稠度为 70mm 时，用水量可以取下限；施工现场气候炎热或干燥时，用水量可以取上限；当用粗砂时，用水量取下限，当用细砂时用水量取上限。

4）常用的水泥砂浆和混合砂浆配合比可按照见表 2-3-12 的规定。

表 2-3-12　常用的水泥砂浆和混合砂浆配合比　　　　（kg/m³）

技术要求	水泥砂浆 稠度/mm：60～90			混合砂浆 稠度/mm：60～90			
原材料	水泥：32.5 级			河砂：中砂			石灰膏
组分	水泥	河砂	水	水泥	河砂	石灰膏	水
M5.0	210	1450	300～330	190	1450	160	270～290
M7.5	230	1450	300～330	250	1450	100	270～290
M10	275	1450	300～330	290	1450	60	270～290
M15	320	1450	300～330	—			
M20	360	1450	300～330				

注：实际河砂用量为干燥状态下的堆积密度值（kg/m³）。石灰膏稠度 120mm。如果使用 42.5 级水泥，水泥用量可减少 20～40kg/m³ 同时河砂或石灰膏增加 20～40kg/m³，满足水泥湿拌砂浆表观密度 ≥1900kg/m³；混合湿拌砂浆表观密度 ≥1800kg/m³。

5）工程上，目前很多湿拌砂浆工厂采用的是 42.5 级水泥，配制粉煤灰砂浆，配比设计时可取表中"水泥和粉煤灰总量"的下限值。砌筑砂浆增塑剂——粉体砂浆外加剂掺量 $1.3\sim1.5\mathrm{kg/m^3}$ 或液体砂浆增塑外加剂 $10\sim14\mathrm{kg/m^3}$。每立方米水泥粉煤灰砌筑砂浆材料用量,见表 2-3-13 的规定。

表 2-3-13   每立方米水泥粉煤灰砂浆材料用量表   (kg/m³)

强度等级	水泥和粉煤灰总量	粉煤灰	砂	用水量
M5	32.5 级水泥 210～240	粉煤灰掺量可占胶凝材料总量的 15%～25%	砂的堆积密度值(1350～1550)	(270～330) ×(1—外加剂减水率%)
M7.5	32.5 级水泥 240～270			
M10	32.5 级水泥 270～300			
M15	32.5 级水泥 300～330			

注:砂浆稠度为 70mm 时,用水量可以取下限;施工现场气候炎热或干燥时,用水量可以取上限;当用粗砂时,用水量取下限,当用细砂时,用水量取上限。

6) 采用水泥粉煤灰砂浆的试配法设计砂浆配合比的要点是:以粉煤灰取代掺合料石灰膏,并添加适量的保水增稠剂,保持砂浆具有良好的和易性。粉煤灰在水泥中的水化速度较慢,一般在 28d 龄期以内几乎还没有反应,只能当改善和易性的掺合料使用。在水分充足的条件下,在 28d 龄期以后,粉煤灰会逐渐地水化,并使砂浆后期强度进一步提高。但砂浆抗压强度以 28d 龄期为准,缓凝性砂浆可根据缓凝时间适当调整龄期。

7) 以配制 M7.5 砌筑水泥粉煤灰砂浆为例,砂浆稠度 90～110mm,采用 42.5 级水泥,粉煤灰二级,中砂;施工水平一般。设计步骤如下:

(1) 砌筑砂浆的试配强度 $f_{m,0}$:

$f_{m,0}=k\times f_2=1.2\times7.5=9.0\mathrm{MPa}$,其中系数 $k=1.15\sim1.25$,取 1.2;f_2 为砂浆强度等级值(MPa)。

(2) 每立方米砌筑砂浆中的水泥用量 Q_C:

$Q_C=1000\,(f_{m,0}-\beta)\,/\,(\alpha f_{ce})=1000\times(9.0+15.09)\,/\,(3.03\times42.5\times1.08)=173\mathrm{kg/m^3}$

其中,α、β——砂浆的特征系数,其中 α 取 3.03,β 取 -15.09。

(3) 每立方米砌筑砂浆中水泥 C 加粉煤灰 F_A 总胶材 Q_A 总量在 300～350kg 时,基本上可满足砂浆的和易性要求:

$$Q_A=C+F_A=(300\sim350)\ \mathrm{kg/m^3}$$

(4) 每立方米砂浆中的掺合料粉煤灰用量 F_A:

$F_A=Q_A-Q_C=320-173=147\ (\mathrm{kg/m^3})$,这里 Q_A 取 320kg/m³。因湿拌砂浆 M7.5 水泥用量 173 (kg/m³) 可能不能满足实际需求,这里 Q_C 取 200kg/m³,$F_A=Q_A-Q_C=320-200=120\ (\mathrm{kg/m^3})$。

(5) 每立方米砂浆中的细集料砂用量 S(细集料砂的空隙率一般为 45% 左右,砂浆中的水、水泥和掺合料等是用来填充细集料空隙的。每立方米砂浆中的细集料砂用量,以干燥状态含水率小于 0.5% 砂的堆积密度值作为计算值。)

$S=\rho'_0=1350\sim1650\mathrm{kg/m^3}$,这里取值 1350kg/m³。

(6) 每立方米砂浆中的用水量 W(对于砌筑吸水底面的砂浆,砂浆中用水量多少,对其强度影响不大,只要满足施工所需稠度即可。每立方米砂浆中的用水量,根据砂浆稠度 80～100mm 等要求可选用 250～330kg/m³。W 可以根据施工稠度选择，因砂浆外加剂有减水作用，砂浆用水这里选取 240kg/m³，出厂砂浆稠度为 80mm。

工程实践中，湿拌混合砂浆的表观密度一般为 1800～2100kg/m³，新标准《预拌砂浆》（GB/T 25181—2019）对于砂浆表观密度没做要求，这里取 1900kg/m³。最后得出 M7.5 砌筑湿拌砂浆的配合比，见表 2-3-14。

表 2-3-14　砌筑水泥粉煤灰砂浆配合比砂浆中的原材料用量表

强度等级	配制强度（MPa）	每立方米砂浆中的原材料用量（kg/m³）					湿拌砂浆总量（kg/m³）
		水泥	粉煤灰	细集料	用水量	外加剂	
M7.5	10	200	120	1350	240	10	1920

807. 湿拌抹灰砂浆的配合比设计有何规定？

1）湿拌抹灰砂浆的配合比设计同理于砌筑砂浆，参照依据《预拌砂浆》（GB/T 25181—2019）、《抹灰砂浆技术规程》（JGJ/T 220—2010）的规定执行。

2）抹灰砂浆强度不宜比基体材料强度高出两个及以上强度等级，并应符合下列规定：

（1）对于无粘贴饰面砖的外墙，底层抹灰砂浆宜比基体材料高一个强度等级或等于基体材料强度。

（2）对于无粘贴饰面砖的内墙，底层抹灰砂浆宜比基体材料低一个强度等级。

（3）对于有粘贴饰面砖的内墙和外墙，中层抹灰砂浆宜比基体材料高一个强度等级且不宜低于 M15，并宜选用水泥抹灰砂浆。

（4）孔洞填补和窗台、阳台抹面等宜采用 M15 或 M20 水泥抹灰砂浆。

3）配制强度等级不大于 M20 的抹灰砂浆，宜用 32.5 级通用硅酸盐水泥或砌筑水泥；配制强度等级大于 M20 的抹灰砂浆，宜用强度等级不低于 42.5 级的通用硅酸盐水泥。通用硅酸盐水泥宜采用散装的。

4）用通用硅酸盐水泥拌制抹灰砂浆时，可掺入适量的石灰膏、粉煤灰、粒化高炉矿渣粉、沸石粉等，不应掺入消石灰粉。用砌筑水泥拌制抹灰砂浆时，不得再掺加粉煤灰等矿物掺合料。

5）拌制抹灰砂浆，可根据需要掺入改善砂浆性能的添加剂。

6）抹灰砂浆的品种宜根据使用部位或基体种类按《抹灰砂浆技术规程》（JGJ/T 220）规定的选用，见表 2-3-15。

表 2-3-15　抹灰砂浆的品种选用

使用部位或基体种类	抹灰砂浆品种
内墙	水泥抹灰砂浆、水泥石灰抹灰砂浆、水泥粉煤灰抹灰砂浆、掺塑化剂水泥抹灰砂浆、聚合物水泥抹灰砂浆、石膏抹灰砂浆
外墙、门窗洞口外侧壁	水泥抹灰砂浆、水泥粉煤灰抹灰砂浆
温（湿）度较高的车间和房屋、地下室、屋檐、勒脚等	水泥抹灰砂浆、水泥粉煤灰抹灰砂浆

续表

使用部位或基体种类	抹灰砂浆品种
混凝土板和墙	水泥抹灰砂浆、水泥石灰抹灰砂浆、聚合物水泥抹灰砂浆、石膏抹灰砂浆
混凝土顶棚、条板	聚合物水泥抹灰砂浆、石膏抹灰砂浆
加气混凝土砌块（板）	水泥石灰抹灰砂浆、水泥粉煤灰抹灰砂浆、掺塑化剂水泥抹灰砂浆、聚合物水泥抹灰砂浆、石膏抹灰砂浆

7）抹灰砂浆的施工稠度宜按《抹灰砂浆技术规程》（JGJ/T 220）规定的选取，见表 2-3-16。聚合物水泥抹灰砂浆的施工稠度宜为 50～60mm，石膏抹灰砂浆的施工稠度宜为 50～70mm。

表 2-3-16　抹灰砂浆的施工稠度　　　　　　　（mm）

抹灰层	施工稠度
底层	90～110
中层	70～90
面层	70～80

8）抹灰砂浆的搅拌时间应自加水开始计算，并应符合下列规定：

（1）水泥抹灰砂浆和混合砂浆，搅拌时间不得小于 120s。

（2）预拌砂浆和掺有粉煤灰、添加剂等的抹灰砂浆，搅拌时间不得小于 180s。

9）抹灰砂浆施工配合比确定后，在进行外墙及顶棚抹灰施工前，宜在实地制作样板，并应在规定龄期进行拉伸粘结强度试验。检验外墙及顶棚抹灰工程质量的砂浆拉伸粘结强度，应在工程实体上取样检测。

10）一般规定：

（1）抹灰砂浆配合比应采取质量计量。

（2）抹灰砂浆的分层度宜为 10～20mm。

（3）抹灰砂浆中可加入纤维，掺量应经试验确定。

（4）用于外墙的抹灰砂浆的抗冻性应满足设计要求。

808. 用机制砂配制湿拌砂浆需要注意哪些？

由于机制砂级配不好，容易出现 2.36mm 以上粗颗粒以及 0.15mm 以下细颗粒相对偏多，而中间的颗粒偏少甚至一些级配出现断档现象，从而导致砂浆的和易性降低，各方面性能都会受到影响。机制砂所搅拌的砂浆，不仅和易性差，显得粗糙同时砂浆泌水比较严重，掺入部分细砂的砂浆整体和易性相对提高，泌水情况也没有那么严重，由此可知细砂对机制砂的级配一定程度上进行了调整完善，故使得砂浆的整体状态也得到了提升，所以机制砂级配的均匀完善对砂浆的性能提高有很大作用。机制砂表面粗糙有棱角对于浆体附着粘结有一些优势，硬化之后强度性能有所提高，但是砂浆和易性以及保水性很差，同时机制砂不像天然砂表面圆润光滑，当墙面砂浆进行收面时，机制砂砂浆收面相对粗糙费力，给工人施工带来了一定的困难。故湿拌砂浆用砂，最好还是通过机制砂和天然河砂混掺,这样可以明显改善砂颗粒级配,改善机制砂的粒型问题,相对调节或减少了石粉(泥)含量,这样配合砂浆外加剂更有利于湿拌砂浆的配制、生产和泵送、机喷施工、顺利抹面等后续工序。

单独使用机制砂时,机制砂级配和细度模数对湿拌砂浆工作性能影响较大,应严格控制机制砂级配和细度模数,建议机制砂指标控制:细度模数 $M_X = 2.0 - 2.7$,4.75mm 以上颗粒不大于 5%,2.36mm 以上颗粒不大于 12%,0.075mm 以下石粉含量宜控制在 5%~15%。机制砂 2.36mm 以上颗粒如果偏多,湿拌砂浆易出现泌水现象,保水性差,可操用时间短,强度低,收缩大,砂浆表面易有砂眼;机制砂 0.075mm 以下石粉(含泥)如果偏多,需水量大,流动性和保水性差,湿拌砂浆黏度增大,影响施工性,可操用时间短,强度低,收缩大,基层粘结差。只有合理的颗粒级配和一定量的石粉含量,湿拌砂浆保水性好,可操用时间长,易施工,同时能保证砂浆优质的使用性。

在今后的砂浆生产中,机制砂将在湿拌砂浆中的应用将会越来越多,提高机制砂的颗粒球形度是湿拌砂浆用细集料高品质化的关键。采用改装的水泥球磨机,可以有效地为机制砂整形,提高机制砂的颗粒球形度。机制砂采用机械破碎岩石生产,既可以节约自然资源,又完全符合当前可持续发展的战略要求,已经成为大势所趋,机制砂为资源综合利用开创了全新的空间,具有深远的意义。

809. 湿拌砂浆掺加防冻剂有效果吗?

水泥砂浆防冻剂结合冬施气温条件,可以加速砂浆负温条件下的凝结和硬化,强度增长明显并且不影响后期强度的发展。对于北方冬季气温地区的湿拌砂浆,防冻剂在砂浆中应用效果不明显。掺量过少起不到想要的效果,掺量过多会产生盐析泛白现象影响外观效果,对钢筋及预埋件有锈蚀等多种负面作用。防冻剂在湿拌砂浆中是在负温情况下提高砂浆活性,使砂浆达到砂浆受冻临界强度前不受冻,需结合标准施工条件能实现。即掺加砂浆防冻剂后的砂浆不是说掺入就可以使砂浆不上冻,是需要结合规范标准的施工措施才能实现其效果。湿拌砂浆是运输至工地储存一段时间后再施工,如施工没有冬季防护条件,砂浆长时间处于冰冷环境,达到既不能凝结又不能冻结的特点,需大量防冻剂的掺加维持,最终会产生盐析泛白现象而影响外观效果。

对于北方地区冬期湿拌砂浆的施工,气温要在≥5℃条件下进行。防冻剂的掺加并不能完全解决湿拌砂浆的受冻,仅能在初期调整砂浆活性方便低温下的使用性,不能解决砂浆受冻的根本问题,需结合冬施条件和预养时间满足规范进行标准施工。

810. 如何合理调整湿拌砂浆外加剂掺加量?

湿拌砂浆的保塑时间是一项重要指标。调整好湿拌砂浆保塑时间,才能保证湿拌砂浆的使用寿命。外加剂是调整砂浆保塑时间的主要材料。通常,外加剂掺量越多,砂浆的保塑时间越长。一般情况下多数工地在 18 时收工,砂浆保塑时间的调整控制就要长于施工完成时间(工地的保塑时间长短同工地储存、施工环境有关),才能满足砂浆标准施工的要求。工地有特殊要求时,应相应调整外加剂掺量。外加剂的掺量需要根据施工环境条件进行调整。气温高时,外加剂的掺量要比常温掺量多些,气温低时,外加剂掺量相应减少一些。

811. 湿拌砂浆配合比设计主要依据哪些标准要求？

湿拌砂浆的配合比配制，是关乎质量的大问题，面对如今多变的材料，如何试配到刚刚好并不简单。湿拌砌筑砂浆和湿拌抹灰砂浆配合比设计应分别按《砌筑砂浆配合比设计规程》（JGJ/T 98—2010）和《抹灰砂浆技术规程》（JGJ/T 220—2010）的规定执行，湿拌地面砂浆配合比设计宜按照《砌筑砂浆配合比设计规程》（JGJ/T 98—2010）的规定执行，还要综合依据《预拌砂浆》（GB/T 25181—2019）等相关的其他砂浆标准。湿拌砂浆产业主要依据的标准和规范有：《预拌砂浆》（GB/T 25181—2019）、《砌筑砂浆配合比设计规程》（JGJ/T 98—2010）、《预拌砂浆应用技术规程》（JGJ/T 223—2010）、《抹灰砂浆技术规程》（JGJ/T 220—2010）、《建筑砂浆基本性能试验方法标准》（JGJ/T 70—2009）、《砌筑砂浆增塑剂》（JG/T 164—2004）、《抹灰砂浆增塑剂》（JG/T 426—2013）、《砌体结构工程施工质量验收规范》（GB 50203—2011）、《砌体结构工程施工规范》（GB 50924—2014）、《建筑地面工程施工质量验收规范》（GB 50209—2010）等。

812. 湿拌防水砂浆的配合比设计同其他砂浆有何不同？

湿拌防水砂浆通常情况下就是普通的湿拌抹灰砂浆（M15～M30）或湿拌地面砂浆（M20～M30）外加防水剂或者聚合物憎水剂，搅拌均匀后使用的砂浆。防水砂浆的配合比一般采用水泥：砂＝1：（2.5～3），水灰比在 0.5～0.55 之间，水泥应采用 42.5 级的普通硅酸盐水泥，砂应采用级配良好的中砂，外掺液体无机铝盐防水剂，掺量一般为水泥用量的 5%～9%；外掺聚合物防水剂或者憎水剂，掺量为砂浆质量的 0.2%～1.0%。防水砂浆对施工操作技术要求很高，制备砂浆应先将砂浆水泥和砂干拌均匀，再加入防水剂溶液和水搅拌均匀。粉刷前，先在润湿清洁的地面上抹一层低水灰比的纯水砂浆（有时也用聚合物水泥砂浆），然后涂一层防水砂浆，在初凝前，用木抹子压实一遍，第二、三、四层都是以同样的方法进行操作。最后一层要压光。粉刷时，每层厚度约为 5mm，共粉刷 4～5 层，共约 20～30mm 厚。粉刷完后，必须加强养护防止开裂。

813. 湿拌砂浆配合比的调整注意哪些实际问题？

湿拌砂浆配合比调整主要依据以下几点进行：

1）天气温湿度等周围环境变化：温湿度不同砂浆性能变化不同，特别是保塑时间的稳定性等多种因素造成影响。

2）原材料性能特点

（1）调整砂浆粉含量：保证胶材的掺量足够，使施工时浆体有足够的浆料悬浮支托；湿拌砂浆的粉含量包括水泥和矿物掺合料的细粉以及砂中的石粉、含泥含量。过高的粉含量造成砂浆用水量增多、塑性收缩加大，易使砂浆形成水平裂缝。过低的粉含量造成砂浆可抹性差、降低湿砂浆的保塑时间，导致浆体密实度差，压、粘强度低。

（2）调整砂浆的透气性，保水率不宜过大，选择小的胶砂比；机制砂和天然砂的比例，机制砂的颗粒形状的选配，禁用劣质粉煤灰，黑灰或氨味较重、发黏的灰；选用品质优良的外加剂，外加剂的适应性调整等。

3）不同墙体：不同基层墙体的性能不同、黏结附着力不同，如混凝土结构同红砖结构。

4）不同施工方法：施工手法影响着砂浆质量，有抹浆、甩浆、人工、机械施工等多种原因。

5）不同施工部位：施工部位不同砂浆使用需求不同；如三小间抹灰、门窗框抹灰、室内大墙抹灰、梁抹灰；不同基层交界处抹灰、阴阳角部位等。

6）不同生产技术要求：合理控制砂浆密度、稠度、强度、生产、检测、运输储存控制等。

7）不同技术工人施工：抹灰工人施工手法、技术能力、施工经验、工作态度等。

814. 湿拌砂浆的配合比管理应符合哪些规定？

1）制定配合比的设计、审核、下达、记录、存档规定，并严格执行。

2）生产配合比应经过实验室试配、中试后确定，并建立不同品种、等级的配合比汇总表，汇总表应明确每个配合比的配比、原材料品种等级与来源、试配结果，需经试验员、技术负责人签名确认。

3）主要原材料和生产工艺发生变化时应重新进行配合比的设计和试配。配合比在使用过程中应根据反馈的产品质量信息，经技术负责人批准及时对配合比进行调整。

4）生产实际使用的配合比不得超越汇总表范围。

5）配合比应编号管理并考核执行效果。同一编号的配合比，应对比出厂检验和砂浆进场检验的各项性能指标，每季度进行统计分析。

815. 如何加强实验室储备配合比管理？

1）实验室应根据生产实际情况，储备一定数量的湿拌砂浆配合比及相关资料。

2）储备配合比可包括以下内容：①不同湿拌砂浆强度等级；②不同稠度、密度、保水、保塑时间要求；③不同水泥品种和强度等级；④不同砂品种、不同砂粒径；⑤不同掺合料品种，如粉煤灰、矿渣粉；⑥不同外加剂品种等。

3）实验室应将设计完成的湿拌砂浆配合比统一编号，建立台账并汇编成册，经技术负责人或其授权人审核批准后备用。每年应根据上一年度的实际生产情况和统计资料结果，对各种湿拌砂浆配合比设计进行确认、验算或设计，并重新汇编成册。

4）实验室应定期统计实测湿拌砂浆强度值，不断完善湿拌砂浆配合比。

816. 生产中如何加强原材料的组织供应？

1）生产过程中应对公司的原材料储存、供应、生产能力、供货量进行合理安排与准备，保证湿拌砂浆各种原材料的供应满足湿拌砂浆连续生产的要求。

2）材料部门依据生产任务单、湿拌砂浆配合比通知单要求，组织原材料的供应，保证原材料的品种、规格、数量和质量符合生产要求。在原材料组织供应中应注意，生产预拌湿拌砂浆用的各种原材料不仅要符合标准的要求，还要符合湿拌砂浆配合比通知单的要求。

3）各种原材料存放的位置应符合生产要求，各种原材料应有醒目标志，标明原材料的品种和规格。特别是对筒仓内粉状原材料更要标志清楚。

4）质检人员应明确各种原材料的存放地点。

817. 生产过程中湿拌砂浆稠度变化原因及处理措施有哪些？

1）稠度不稳定

（1）砂含水率不稳定，检测砂含水率时，取样应有代表性，每工作班抽测不应少于一次。当含水率有显著变化时，应增加测定次数，及时调整生产配合比。

（2）使用废水，湿拌砂浆拌合水掺加废水、废浆时，每班检测废水中固体颗粒含量、引气、缓凝保塑效果不应少于 1 次，根据试验结果，及时调整配合比。

（3）原材料质量波动，外加剂与原材料的相容性发生变化。

2）湿拌砂浆稠损较大

（1）砂质量波动，如砂含泥量高、颗粒级配断层等。水泥、掺合料质量波动，水泥、掺合料温度高、需水量大等，造成外加剂与原材料的相容性发生变化。

（2）外加剂质量波动，如保水差，保塑时间短，效果不好等。

（3）运输、储存时间长、气温升高等。

3）应根据稠度变化，适时调整用水量、砂级配、砂胶比、外加剂掺量。外加剂与其他原材料的相容性差时，可适当提高外加剂掺加量，或考虑更换外加剂品种，以及采取其他技术处理措施。更换外加剂品种时，应有配合比试配试验基础。

4）质检员值班过程中对湿拌砂浆配合比的调整，应有试验或质检负责人的授权。

5）配合比调整依据应充分，并有相应的试验资料或技术要求。

818. 硅灰在砂浆中可发挥哪些作用？

1）提高砂浆强度，可配制高强砂浆。

普通硅酸盐水泥水化后生成的氢氧化钙约占体积的 20%，硅灰能与该部分氢氧化钙反应生成水化硅酸钙，均匀分布于水泥颗粒之间，形成密实的结构。由于硅灰细度大、活性高，掺加硅灰对砂浆早期强度没有不良影响。

2）改善砂浆孔结构，提高抗渗、抗冻及抗腐蚀性。

掺入硅灰的砂浆，其总孔隙率虽变化不大，但其毛细孔会相应变小，大于 $0.1\mu m$ 的大孔几乎不存在。因而掺入硅灰的砂浆抗渗性明显提高，抗冻性及抗腐蚀性也相应提高。

819. 硅灰在砂浆中应用有哪些注意事项？

由于硅灰价格较高，需水量较大，其掺量不宜过大，一般不宜超过 10%，可用于配制高强高性能砂浆。另外，硅灰细度大、活性高，所拌制砂浆的收缩值较大，因此使用时要注意加强养护，避免出现开裂。

820. 加气混凝土砌块为什么要配用专用砂浆？

加气砌块是一种利用工业废料生产的新型墙体材料，具有轻质、绝热、吸声隔声、抗震防火、可锯可刨可钉、施工简便等优点。但与传统墙材相比，也存在一些不足，如干燥收缩值偏大、弹性模量低、抗变形能力差、孔隙率高、吸水率大（一般大于10%）。传统的砌筑砂浆与加气砌块的性能不配套，易使墙体出现开裂和渗漏，严重地影响建筑工程质量。因此，有必要针对加气砌块，配制专用砂浆。

821. 加气混凝土砌块施工有何特点？

加气混凝土具有封闭的微孔结构，吸水速度先快后慢。由于其持续吸水时间较长，因而吸水率较大，致使砌筑和抹灰施工难度大，易出现开裂、空鼓甚至脱落等现象。如果施工前不对基层表面进行处理或处理不当，砂浆的水分会过早被加气混凝土砌块吸收，使水泥失去凝结、水化硬化的条件，造成砂浆粘结强度和抗压强度低，砌体粘结不牢，易开裂。

822. 加气混凝土砌块施工对砂浆的要求有哪些？

1）较好的流动性（稠度 90～110mm），以满足砌筑的要求。

2）良好的保水性，能够有效地阻止砂浆水分被加气混凝土砌块吸走，不仅能保障施工操作，还有利于砂浆强度的充分发挥。

3）较好的黏附性，砂浆在砌筑后不易自动流淌，保持灰缝（特别是竖向灰缝）的饱满；还可减少施工中落地灰，减少材料浪费。

4）较好的粘结强度，为使砌块整体牢固，防止砌缝开裂，砂浆应有较好的粘结强度。

5）适宜的抗压强度，加气混凝土砌块的抗压强度较低，主要用作非承重的填充墙，因此，不需要较高的砂浆强度，但应有一定的砂浆抗压强度以保证砌体抗剪强度。

6）较小的收缩性，普通砂浆的收缩性较大，应减小砂浆的收缩性，使之与加气混凝土砌块的收缩性接近，从而有效地防止砌体的开裂和渗漏。

823. 加气混凝土专用砂浆的主要原材料有哪些？

1）水泥，强度等级为 42.5 的普通硅酸盐水泥或矿渣硅酸盐水泥。

2）砂，应符合《建设用砂》（GB/T 14684）的规定要求。

3）专用外加剂，适合用于加气混凝土砌块的砌筑砂浆外加剂。通常是一些复合外加剂，主要由具有保水、增稠、增黏等作用的各种成分所组成。它能够显著改善砂浆保水性和黏附性，增加稠度，提高粘结强度。

4）矿物掺合料，由于对流动性和保水性的要求都很高，必须掺入矿物掺合料才能满足要求。通常可掺入Ⅲ级以上粉煤灰。为保证砂浆的粘结强度和胶凝材料总量，可采用外掺粉煤灰的方法，即以水泥用量计，掺入一定量的粉煤灰替代部分砂，而不是替代部分水泥。根据砂浆的强度，粉煤灰的外掺量宜为 40%～70%。

824. 引气剂防水砂浆能够改善砂浆抗渗能力的机理是什么？

引气剂是一种憎水作用的表面活性剂，它可以降低砂浆拌合水的表面张力，搅拌时会在砂浆拌合物中产生大量微小、均匀的气泡，使砂浆的和易性得到显著改善。由于气泡的阻隔，砂浆拌合物中自由水的蒸发路线变得曲折、分散和细小，因而改变了毛细管的数量和特征，减少了砂浆的渗水通道；由于水泥砂浆的保水能力的增强，泌水大为减少，砂浆内部的渗水通道进一步减少；另外，由于气泡的阻隔作用，减少了由于沉降作用所引起的砂浆内部的不均匀缺陷，也减少了集料周围粘结不良的现象和沉降孔隙。气泡的上述作用，都有利于提高砂浆的抗渗性。此外，引气剂还使水泥颗粒憎水化，从而使砂浆中的毛细管壁憎水，阻碍了砂浆的吸水作用和渗水作用，这也有利于砂浆防水。

825. 影响引气剂防水砂浆性能的因素有哪些？

1) 引气剂掺量

砂浆的含气量是影响引气剂防水砂浆质量的决定性因素，而含气量的多少，在其他条件都一定的时候，首先取决于引气剂的掺量。一般松香酸钠的掺量为水泥质量的 0.01%～0.03%，蛋白质类引气剂的掺量为水泥质量的 0.02%～0.05%。

2) 水灰比

水灰比低时，砂浆的稠度小，不利于气泡形成，含气量下降；水灰比高时，砂浆的稠度大，虽然引气剂的掺量相同，但砂浆的含气量会增加，气体也容易逸出。

3) 水泥用量

砂浆中水泥用量越大，砂浆的黏滞性越大，含气量越小，为了获得一定的含气量，应适当增加引气剂的掺量。反之，如果水泥用量减少，砂的质量增加，相同的引气剂掺量时，会使引气量增加，因此，此时可以适当减少引气剂的掺量。同时，砂的细度也会影响气泡的大小，砂越细，气泡尺寸越小；砂越粗，气泡尺寸越大。考虑到工程中的实际应用情况，应采用中砂。

4) 搅拌时间

搅拌时间对砂浆的含气量有明显的影响。一般来讲，含气量先随着搅拌时间的增加而增加，搅拌时间一般为 2～3min 时含气量达到最大值。如继续搅拌，则含气量开始下降，其原因是随着搅拌的进行，拌合物中的氢氧化钙不断与引气剂钠皂反应生成难溶的钙皂，使得继续生成气泡变得困难。另外，随着含气量的增加，砂浆的稠度增加，生成气泡变得越来越困难，最初形成的气泡却在继续搅拌时被不断破坏，消失的气泡量多于增加的气泡量。因而适宜的搅拌时间很重要，一般控制在 2～3min 之间。

5) 养护

引气型防水砂浆要求在一定的温度和湿度下养护，低温养护对引气型防水砂浆不利。一般在 20～30℃ 之间的常温养护，相对湿度一般要大于 90%。

826. 减水剂能够提高砂浆抗渗性的机理是什么？

由于减水剂分子对水泥颗粒的吸附、分散和润滑作用，减少拌合用水量，提高新拌砂浆的保水性和抗离析性，尤其是当掺入引气型减水剂后，犹如掺入引气剂，在砂浆中产生封闭、均匀分散的小气泡的作用，增加砂浆的和易性，防止了内分层现象的发生。

827. 三乙醇胺防水砂浆有何性能？

1) 三乙醇胺防水砂浆不仅具有良好的抗渗性，而且具有早强和增强作用。

2) 三乙醇胺能加速水泥的水化作用，促进水泥的早期水化，相应的增加了水泥早期的水化产物，砂浆的早期强度增加，从而提高了砂浆的抗渗性。

3) 在配制三乙醇胺防水砂浆时，还常常复合掺加氯化钠和亚硝酸钠，这时三者的掺量按砂浆中胶凝材料的质量计，三乙醇胺 0.05%，氯化钠 0.5%，亚硝酸钠 1%。三乙醇胺不仅能够促进水泥的水化，而且能够促进无机盐与水泥矿物的反应，促进低硫型硫铝酸钙和六方板状的固溶体提前生成，并能够增加生成量。氯化钠与亚硝酸钠在水泥水化过程中能够生成氯铝酸盐和亚硝酸铝酸盐等络合物，生成过程中有一定的体积膨胀，填充了砂浆内部孔隙和毛细孔，增强了砂浆的密实性。

828. 聚合物改性修补砂浆的特点有哪些？

1）采用普通水泥砂浆中混合掺加塑化树脂粉末与水溶性聚合物所配制的修补砂浆，可用于修补严重磨耗的砂浆路面。

2）水溶性聚合物、塑化树脂粉末的掺入均能提高修补砂浆的抗拉强度，水溶性聚合物对提高抗拉强度的作用更为显著。水溶性聚合物可显著改善修补砂浆的韧性，且掺量越大，增韧作用越明显；塑化树脂粉末的掺入，对修补砂浆韧性的影响很小。

3）高掺量水溶性聚合物的修补砂浆粘结强度虽高，但增大干缩。

829. 矿渣粉对砂浆有哪些影响？

1）需水量。矿渣粉对需水量影响不大。

2）保水性。矿渣粉的保水性能远不及一些优质的粉煤灰和硅灰，掺入一些级配不好的矿渣粉会出现泌水现象。因此，使用矿渣粉时，要选择保水性能较好的水泥，并适当掺入一些具有保水功能的材料。

3）流动性。在掺用同一种减水剂和砂浆配合比相同的情况下，矿渣粉砂浆的流动度得到明显的提高，且流动度经时损失也得到明显缓解。

4）凝结时间。矿渣粉砂浆的初凝、终凝时间比普通砂浆有所延缓，但幅度不大。

5）强度。在相同配合比、强度等级与自然养护的条件下，矿渣粉砂浆的早期强度比普通砂浆略低，但28d及以后的强度增长显著高于普通砂浆。

6）耐久性。由于矿渣粉砂浆的浆体结构比较致密，且矿渣粉能吸收水泥水化生成的氢氧化钙晶体而改善了砂浆的界面结构。因此，矿渣粉砂浆的抗渗性、抗冻性明显优于普通砂浆。由于矿渣粉具有较强的吸附氯离子的作用，因此能有效阻止氯离子扩散进入，提高了砂浆的抗氯离子能力。砂浆的耐硫酸盐侵蚀性主要取决于砂浆的抗渗性和水泥中铝酸盐含量和碱度，矿渣粉砂浆中铝酸盐和碱度均较低，且又具有高抗渗性，因此，矿渣粉砂浆抗硫酸盐侵蚀性得到很大改善。矿渣粉砂浆的碱度降低，对预防和抑制碱-集料反应也是十分有利的。

830. 干混砂浆中常用哪些纤维？

干混砂浆中普遍采用化学合成纤维和木纤维。

抹面砂浆、内外墙腻子粉、保温材料薄罩面砂浆、灌浆砂浆、自流平地坪砂浆等的生产中，添加合成纤维或木纤维，而有些抗静电地面材料中则以金属纤维和碳纤维为主。

831. 选用纤维时应考虑哪些问题？

1）纤维不能太长，因砂浆层厚度通常是较薄的，太长的纤维不利于施工，而且砂浆中的颗粒较小，没必要使用长纤维。

2）纤维不能太硬，太硬的纤维在抹面时难以压服，常常支出表面，既影响了美观，又影响了纤维作用的发挥。

3）纤维的可分散性要好，既能在固-液相分散均匀，又能在固-固相分散均匀。铜维要耐碱，在碱性环境中能长久保持纤维不受碱性腐蚀。

832. 石膏产品中掺入可再分散乳胶粉的意义是什么？

可再分散乳胶粉是经过喷雾干燥的乳液，经加水后的水乳液为双向体系，它由分散在水中的微小聚合物颗粒组成。将这种乳状液体加到石膏建筑材料产品中，可改善石膏多种性能。

1）可再分散乳胶粉是一类玻璃化温度低于30℃的热塑性树脂，它并不能直接提高石膏的抗压强度，但它可降低水膏比，从而提高了石膏硬化体的抗压强度。

2）由于可再分散乳胶粉的可塑性提高了石膏硬化体的可塑性能，同时提高了抗折强度，特别是当制成石膏薄板时其断裂时的弯曲度明显增大。

3）可再分散乳胶粉形成的聚合物膜本身的拉伸强度超过 5MPa，高于石膏的拉伸强度，故在石膏基体中加入聚合物后，拉伸强度得到很大改善。

石膏基体中加入了聚合物后，石膏硬化体内因失水而存在的空腔由聚合物膜所包围，从而加强了石膏硬化体的这个薄弱部位。这也是加入少量的可再分散乳胶粉就显著地提高了粘结强度的原因。

833. 在石膏粉体材料中使用可再分散乳胶粉有何优点？

1）新拌阶段：降低水膏比，提高强度；改善流动性与流平性；提高保水性；容易拌和并改善工作性；减小垂流。

2）硬化阶段：与各种基材（如干混砂浆、砂浆、胶合板和聚苯材料）有很高的粘结强度；提高内聚力，改善耐久性与耐磨性；提高抗折强度和抗冲击形变能力；提高耐水性，降低吸水率。

834. 石膏基砂浆中掺入纤维材料有何意义？

在石膏建材中掺入纤维材料，不仅可提高石膏建材的抗拉、韧性、抗裂、抗疲劳等性能，而且还能赋予其特殊功能，如防辐射、导电、补偿收缩、耐水、抗裂、耐磨，保温隔热，防止高温爆裂等功能。

目前用于石膏的纤维有聚丙烯纤维、玻璃纤维、纸纤维、木质纤维等。其在石膏建筑材料中主要有下列几种作用：

1）拌合物阶段

（1）强烈的增稠增强效果。木质纤维具有强劲的交联织补功能，与其他材料混合后纤维之间搭接成三维立体结构，可将水分锁在其间以保水缓凝，使其有效地减小龟裂。

（2）改善操作性能。当剪力作用于其上时（如搅拌、泵送），部分液体会从纤维结构中甩到基体里，导致黏度降低，和易性提高，当流动停止时，纤维结构又非常迅速地恢复并将水分吸收回来，并恢复原有黏度。

（3）抗裂性。在凝固或干燥过程中产生的机械能因纤维的加筋而减弱，防止龟裂。

（4）低收缩。木质纤维的生物尺寸稳定性好，混合料不会发生收缩沉降，并提高其抗裂性。

（5）良好的液体强制吸附力。木质纤维自身可吸收自重的 1～2 倍的液体，并利用其结构吸附 2～6 倍的液体。

（6）抗垂挂。施工操作以及干燥过程中不会出现下坠现象，这使得较厚的抹灰可一次完成,即使在高温条件下,木质纤维也具有很好的热稳定性。

(7)易分散。与其他材料拌和很容易,分散均匀,流平性好,不流挂,抗飞溅。

2)硬化阶段

(1)能有效减少裂隙,增加材料介质连续性,减小了冲击波被阻断引起的局部应力集中现象。

(2)能吸收冲击能量,特别在初裂后有继续吸收冲击能的能力,同时能够使裂缝宽度扩展缓慢。

(3)能够延长石膏建材的疲劳寿命,提高石膏建材在疲劳过程中刚度的保持能力。

(4)提高石膏建材轴向抗拉强度和脆性,石膏是一种脆性材料,掺入木质纤维后,在不降低其抗压强度的前提下,能有效地降低石膏的脆性,提高抗折强度从而提高了石膏耐久性,为有效解决石膏墙体材料因温度变化引起的质量通病开辟了良好前景。

(5)提高保温材料的综合性能,木质纤维易分散在保温材料中形成三维空间效果,并能吸附自重 2~6 倍的水分。这种结构和特点提高了材料的和易性能、操作性能、抗滑坠性能,加快了施工速度;木质纤维的尺寸稳定性和热稳定性在保温材料中起到了很好的保温抗裂作用;木质纤维的传输水分功能,使得浆料表面与基层界面水化反应充足,从而提高了保温材料的表面强度、与基层的粘结强度和材料强度的均匀性。以上这些性能使得木质纤维在保温材料中成为不可缺少的添加剂。

3)粉刷石膏等薄层抹灰材料

(1)改善均一性,使得抹灰浆更容易涂布,同时提高抗垂流能力。增强流动性和可泵性,从而提高工作效率。

(2)高保水性,延长灰浆的可操作时间,并在凝固期间形成高机械强度。

(3)通过控制灰浆的稠度均一,形成优质的表面涂层。

4)粘结石膏

使用干混料易于混合,不会产生团块,从而节约了工作时间。可改善施工性,并降低成本。通过延长可使用时间,提供极佳的粘结效果。

5)自流平地坪材料

(1)提高黏度,可作为抗沉淀助剂。

(2)增强流动性和可泵性,从而提高铺地面的效率。

(3)控制保水性,从而大大减少龟裂和收缩。

6)石膏嵌缝材料

优良的保水性,可延长可使用时间,并提高工作效率;高润滑性,使施用更容易、平顺。

835. 可再分散乳胶粉在石膏基砂浆中的应用有哪些?

1)粘结石膏

在粘结石膏的配制中,可再分散乳胶粉的加入主要是增加石膏的粘结性和柔韧性。使粘结石膏具有以下优点:施工性能好,对各种基材的粘结性好,抗垂性好,保水性好,足够的柔韧性,使改性后的粘结石膏不仅对石膏建材有良好的粘结性,甚至与混凝土、砖石、木材、聚氯乙烯等基材都有良好的粘结性。

2）自流平地面找平层

在铺地砖、地毯或木地板以前为了校正不规则的楼面，使用自流平地坪找平，这类的流平材料是在工厂预先混合好的，在现场只需加水就可以了，自流平可被配制成具有不同的凝结时间和可踩踏时间，从而制作从快速凝固到正常时间的不同产品。

为了提高粘结性，特别是对于薄涂层，应选择相应的可再分散乳胶粉，不仅与传统的流平剂（减水剂）相容，还提高粘结性以及其他如更好的硬度、韧性，更高的抗挠强度及耐磨性。

3）墙面饰面系统及抹灰材料

要消除墙面的凹凸不平、裂缝或坑孔，需使用墙面抹灰石膏或石膏腻子材料，同样包括做内保温的聚乙烯板表面抹灰保护饰面层和保温砂浆抹灰层。通常要保证材料在任何厚度下都具有良好的粘结性、抗流挂性、施工性和耐久性。

836. 自流平石膏砂浆有何优点？

采用自流平石膏砂浆，可直接在混凝土垫层上浇灌出找平层，待其硬化后，用户就可根据自己意愿在石膏找平层上做饰面层。采用自流平石膏施工的地面，尺寸准确，平整度极为突出，不空鼓、不开裂。石膏浇筑 24h 后，即可在上面游走；48h 后可以在上面进行作业。干燥后，一般不需进行修整，其平整度就能达到高水平，可直接在地面上铺贴 PVC 板或地毯等。若做实木地板或粘贴地面砖，用粘结剂量极少，既减少了楼地面重量，又节省了大量粘结剂。由于自流平石膏地面导热系数大大低于水泥砂浆地面，因此脚踩在其上面没有冰冷感觉。采用自流平地面找平材料做高标准室内地面省时、省工，可以不用高级抹灰工即可完成，作业时轻松方便，效率高，还可以做出无缝隙大面积地面。

837. 自流平石膏砂浆的原材料有哪些？

1）建筑石膏

用于自流平石膏的Ⅱ型硬石膏，应选用质地松软的透明石膏或高品位质地松软的雪花石膏；纯度达 90% 以上一级品位二水石膏煅烧制得的 β 型半水石膏或用蒸压法或水热合成法制得的 α 型半水石膏。

2）水泥

在配制自流平石膏时，可掺加少量水泥，其主要作用是：

①为某些外加剂提供碱性环境；②提高石膏硬化体软化系数；③提高料浆流动度；④调节Ⅱ型硬石膏型自流平石膏的凝结时间。

所用水泥为普通硅酸盐水泥，若制备彩色自流平石膏时，可选用白色硅酸盐水泥。水泥掺入不允许超过 20%。

3）凝结时间调节剂

石膏的凝结时间调节剂分为缓凝剂和促凝剂。以Ⅱ型硬石膏配制的自流平石膏应采用促凝剂（实为激发剂）；以 α 型半水石膏配制的自流平石膏一般采用缓凝剂。

4）减水剂

自流平石膏是能够自动流平的石膏，因此流动度是一个关键问题。欲获得流动度很好的石膏浆体，若单靠加大用水量必然引起石膏硬化体强度降低，甚至出现泌水现象，使表层松软、掉粉、无法使用。因此，必须引入石膏减水剂，以加大石膏浆体流动性。目前减水剂种类很多，但真正专用的石膏减水剂较少。

5）保水剂

自流平石膏料浆自行流平时，由于基底吸水，导致料浆流动度降低。欲获得理想的自流平石膏料浆，除本身的流动性要满足要求外，料浆还必须具有较好的保水性。又由于基料中的石膏、水泥的细度及比重差距较大，料浆在流动过程中和静止硬化过程中，易出现分层现象。为避免上述现象的出现，掺加少量保水剂是必要的。保水剂一般采用纤维素类物质，如甲基纤维素、羟乙基纤维素和羟丙基甲基纤维素等。

6）细集料

掺入细集料的目的是减少自流平石膏硬化体的干燥收缩，增加硬化体表面强度和耐磨性能。一般采用细河砂或石英砂。所选用细河砂或石英砂的粒径为0.15mm左右。

7）消泡剂

自流平石膏料浆在高速搅拌下，极易出现气泡，从而造成硬化体内部结构的缺陷，导致强度降低，表面出现凹坑。因此，加入适量的消泡剂是必不可少的。

838. 建筑石膏腻子有何优点？

在混凝土墙及顶板表面装修，要经过去油污、凿毛、抹底层砂浆后做面层抹灰，再刮腻子等工序，既费时又费工，落地灰多，亦难以保证不出现空鼓、开裂现象。石膏腻子充分利用建筑石膏的速凝、粘结强度高、洁白细腻的特点，并加入改善石膏性能的多种外加剂配制而成，广义上讲是一种薄层抹面材料。这种石膏腻子的抗压强度大于4.0MPa，抗折强度大于2.0MPa，粘结强度大于0.3MPa，软化系数0.3～0.4，因此这种硬化体吸水后不会出现坍塌现象。

使用时加水搅拌均匀，采用刮涂方式，将墙面找平，是喷刷涂料和粘贴壁纸的理想基材。若选用细度高的石膏粉或掺入无机颜料，则可以直接做内墙装饰面层。

839. 建筑石膏腻子的主要原材料有哪些？

1）建筑石膏粉

建筑石膏粉是石膏腻子的主要原料，是保证粘结强度和抗冲击强度的基础原料，故对其质量要求较严格。

2）滑石粉

滑石粉在石膏腻子中主要是提高料浆的施工性，易于刮涂，增加表面光滑度。细度应全部通过325目筛，Na_2O含量$<0.10\%$，K_2O含量$<0.30\%$。

3）保水剂

石膏腻子料浆的刮涂性能主要由保水剂做保证，保证石膏腻子料浆的和易性，并使石膏腻子层中的水分不会被墙面过快的吸收，避免石膏水化所需水量不足而出现掉粉、脱落现象。

4）粘结剂

在石膏腻子配料中，羧甲基纤维素（CMC）虽然有一定黏度，但会对石膏的强度有不同程度的破坏作用，尤其是表面强度，因此需掺加少量粘结剂，使其在石膏腻子干燥过程中迁移至表面，增加石膏刮墙腻子表面强度，否则刮到墙上的石膏腻子，因长时间不喷刷涂料而出现表面掉粉现象。但采用甲基纤维素（MC）、羟丙基甲基纤维素（HPMC）或羟乙基纤维素（HEC）则可不掺粘结剂，它们与羧甲基纤维素（CMC）不同，其可以作粉状粘结剂用，对石膏强度不会降低或降低甚少。

石膏腻子常用的粘结剂有：糊化淀粉、淀粉、氧化淀粉、常温水溶性聚乙烯醇、可再分散聚合物粉末等。

5）缓凝剂

尽管某些纤维素醚和粘结剂对石膏有缓凝作用，但缓凝效果达不到石膏腻子的使用时间要求，因此还要加入一定量缓凝剂。

6）渗透剂

为了使石膏腻子能与基底结合得更好，在石膏腻子中掺入极少量渗透剂。常用的渗透剂有阴离子型和非离子型。

7）柔韧剂

石膏硬化体本身软脆，一旦石膏腻子层过厚，极易从界面层之间剥离，因此加入一定量柔韧剂和渗透剂，则可以提高石膏腻子的柔韧程度，可进一步提高石膏腻子料浆的操作性能。常用的柔韧剂有各种磺酸盐、木质素纤维等。

840. 用于建筑石膏腻子的建筑石膏粉有何要求？

建筑石膏粉是石膏腻子的主要原料，是保证粘结强度和抗冲击强度的基础原料，故对其质量要求较严格。

1）物理性能

细度应全部通过 120 目筛，初凝时间$>6\text{min}$，终凝时间$<30\text{min}$，2h 抗折强度$>2.1\text{MPa}$，2h 抗压强度$>4.9\text{MPa}$，白度：直接做装饰层石膏腻子时要求>85；做涂料或粘贴壁纸基层石膏腻子，要求>75。

2）化学成分

（1）生产建筑石膏粉的石膏石，其 $CaSO_4 \cdot 2H_2O$ 含量$>75\%$。

（2）有害杂质：$Na_2O<0.03\%$，$K_2O \leqslant 0.03\%$，$Cl^- \leqslant 10\text{ppm}$（$10^{-5}$）。

（3）建筑石膏粉中，$CaSO_4 \cdot 2H_2O \leqslant 1\%$。

841. 粉刷石膏用到哪些原材料？

尽管所用石膏材料的相组成不同，使粉刷石膏分成四大类十个品种。但它们所用的外掺料和外加剂基本上大同小异。

1）建筑石膏

用建筑石膏可以直接配制出半水相型粉刷石膏，也可与硬石膏配制出混合相型粉刷石膏。建筑石膏性能应符合《建筑石膏》（GB/T 9776）标准。

2）掺合料

作为建筑物内墙抹面砂浆，除要求有适中的力学性能外，更重要的是操作性能和成本。较好的操作性可以由掺合料和合理的粒度组成达到。

粉刷石膏用掺合料分为活性和非活性两类。活性掺合料多为各种工业废渣如矿渣、粉煤灰等，以及天然活性掺合料如沸石粉等。掺入这种活性掺合料的同时，还应当加入适量的碱性掺合料如消石灰、水泥等作激发剂。这种复合掺合料在有水条件下，可以水化生成水化硅酸盐或水化铝酸盐产物，既可提高粉刷石膏后期强度，也适当提高粉刷石膏硬化体的软化系数。这里特别指出，活性掺合料加入量一定要以不会由于生成钙矾石引起体积膨胀为准。

非活性掺合料如不同细度的石灰石粉、精品机制砂等，主要为调整粉刷石膏颗粒级配以改善和易性之用。还有一种类似白垩土的极畑粉末，商品名称为"白土"，是一种天然矿物，在粉刷石膏中掺入一定比例后，可以显著提高其和易性。

为保证粉刷石膏具有较好的操作性能，避免开裂、掉粉、脱落等现象，除石膏胶凝材料和外掺料满足技术要求外，外加剂是一个重要影响因素。外加剂种类主要有保水剂、凝结时间调节剂、胶粘剂、引气剂、渗透剂、活性激发剂等。

3）保水剂

众所周知，不同材质的墙体表面，其吸水速度和吸水率极不相同。混凝土墙面或顶板用的轻质混凝土和重质混凝土、黏土砖与非黏土砖、加气混凝土及各种材质的轻板等都有各自的吸水速度和吸水率。为了确保粉刷石膏抹到基墙上能有足够的水化时间和防止因失水过快而开裂或粉化，就必须加入保水剂。

保水剂还具有以下功能，提高粉刷石膏硬化体韧性和砂浆的稳定性，对于机械抹灰则可以改善可泵送性能和提高抗下垂性。

试验结果表明，无论何种保水剂均能不同程度地延缓石膏的水化速度。因此，在配制粉刷石膏时应根据要求适当将缓凝剂掺入量降低。保水剂加入量根据其性能和质量一般控制在 0.1%～2.0%范围内。

保水剂种类很多，如各种纤维素醚类、海藻酸钠、各种改性淀粉和某些矿物细粉料等。不同品种粉刷石膏所选用的保水剂均不相同，只有通过试验方可确定。不论选用哪种类型保水剂，均要求其全部通过 0.25mm 筛，并能很快完全溶解。

4）凝结时间调节剂

作为粉刷石膏可操作性的一个重要指标是要有足够的操作时间，可用缓凝剂调节。如碱性磷酸盐、磷酸钙、有机酸及其可溶盐、柠檬酸及柠檬酸钠、酒石酸等。以上这些缓凝剂均不同程度地降低石膏硬化体强度。国内已研制出的几种缓凝剂，如林科院研制出的 HG 型缓凝剂和上海市建筑科学研究院研制的 S 型缓凝剂，掺量少，缓凝效果好，对石膏硬化体强度影响较小。

试验结果表明，在半水石膏中掺入 0.2%的柠檬酸即可达到有效的缓凝效果，但石膏硬化体强度降低，而掺入 0.01%～0.05%的 HG 型缓凝剂，能达到与柠檬酸相同的缓凝效果，且硬化体强度基本不降低。

5）可再分散乳胶粉

为保证粉刷石膏表面层强度适中并与基底粘结牢固，在某些类型的粉刷石膏中掺入一定量的粉状可分散五角分是必要的，它既可提高石膏粒子之间的粘结强度，也可在粉刷石膏抹面层的干燥过程，随水分排出而迁移至表面，从而增强了抹面层表面硬度。胶粘剂还同时起到一定的保水作用和增加粉刷石膏料浆的流变性。

6）引气剂

在粉刷石膏中掺入保水剂和胶粘剂都增加了粉刷石膏料浆的黏度，不易抹平，尤其对于不掺集料的面层粉刷石膏其料浆更粘，不易操作。而加入一定量引气剂后，可以起到滚珠作用，减少阻力，使抹灰变得轻松。引气剂另一作用是增加了粉刷石膏产浆量，减少单位面积使用量，从而降低成本。

引气剂的发泡效果与掺入量和搅拌方式及搅拌时间有很大关系。

7）表面活性剂

为使粉刷石膏各组分之间均匀混合，同时也提高粉刷石膏料浆与墙面的粘结效果。表面活性剂的另一作用还可降低粉刷石膏用水量，从而提高粉刷石膏强度和与基墙的粘结效果。

8）纤维

在粉刷石膏中掺入一定量纤维，可以显著提高其韧性，某些纤维还可以显著改善粉刷石膏的施工性能并延长可使用时间。

（1）中碱玻璃纤维长度 8～12mm，使用前应除蜡。

（2）纸纤维任何废纸都可经过特殊处理而成絮状纤维，堆积密度 $100～120kg/m^3$。

（3）植物纤维利用农作物秸秆，经特殊处理后即可得到长 8～10mm、宽 0.1～0.5mm 的粗植物纤维，堆积密度 $200～300kg/m^3$。

842. 水泥基干混饰面砂浆的特点有哪些？

1）水泥基干混饰面砂浆具有比涂料（包含粘结剂层）或瓷砖更低的成本，色彩丰富，可制造多种纹理的饰面效果，装饰效果多样化，质感自然。近年来还发展了仿瓷砖的装饰效果。这主要是由于国内外保温系统的大量应用。使本来设计贴瓷砖的建筑陷入了尴尬的境地，怕贴瓷砖不安全，不贴又不能获得设计效果。仿瓷砖的干混饰面砂浆施工方法的出现解决了这一问题。

2）干混饰面砂浆具有良好的透气性，墙面干爽。通过选择合适的添加剂，还可以获得良好的防水效果。

3）保水性能好，施工时可不润湿或适当润湿墙面。粘结强度高，收缩小，耐久性能好。

4）表面颜色的一致性和抗泛碱性较难控制。水泥基干混饰面砂浆最大的缺点就是表面容易有色差和泛碱问题。部分商业产品配套有罩面清漆以减轻泛碱。另外也有专业的抑制泛碱添加剂可以增加干混饰面砂浆自身的抗泛碱能力。

843. 干混砌筑砂浆有哪些种类？

干混砌筑砂浆由于采用工厂化配料生产，产品种类多，选择方便，可生产不同品种的砌筑砂浆，如混凝土小型空心砌块砌筑专用砂浆、混凝土多孔砖砌筑砂浆、蒸压灰砂砖专用砂浆、蒸压粉煤灰砖专用砂浆、蒸压加气混凝土砌块薄层专用砂浆等，以满足新型墙体材料的砌筑要求。

844. 抹灰砂浆的技术要求有哪些？

抹灰砂浆是一种功能材料而不是结构材料，其作用除找平墙面外，主要起保护墙体的作用。抹灰砂浆的质量最终反映在其工程质量上，目前石灰砂浆存在的主要问题是开裂、空鼓、脱落，其中的一个主要原因是砂浆的粘结强度低。所以对于抹灰砂浆来说粘结强度是一个重要的指标。抹灰砂浆除要求具有良好的和易性，容易抹成均匀平整的薄层，便于施工，还要求具有较高的粘结力，砂浆层要能与基底粘结牢固，长期使用不致开裂或脱落。

抹灰砂浆的组成材料与砌筑砂浆基本是相同的。但为了防止砂浆层开裂，有时需加入一些纤维材料；有时为了使其具有某些功能，例如防水或保温等功能，需要选用特殊集料或掺合料。

845. 干混地面砂浆有哪些品种？

干混地面砂浆按产品形式可分为普通干混地面砂浆、自流平地面砂浆和耐磨地面砂浆。

（1）普通干混地面砂浆主要用于找平层和普通地面面层施工，施工工艺与传统砂浆相类似，验收标准是不起壳，表面应密实，不得有起砂、蜂窝和裂缝等缺陷。

（2）自流平地面砂浆主要用于室内的工厂、停车场和仓库等地面的找平，也可用于室内地面的找平。它既可直接使用，也可在上面铺设，如地毯、地板等装饰层。自流平砂浆具有以下特点：可泵送、施工效率高，可节约人工和时间，能自行流平，可节约抹平人工操作，减少人工操作的误差，硬化速度快，施工后 8h 可上人，7d 后可使用，硬化后地面平整度好、颜色均匀一致、无色差。

（3）如果工厂地面耐磨要求高，就应选用硬质耐磨地面砂浆，它主要含有硬质耐磨集料，赋予砂浆面层有良好的耐磨损性。

846. 常见的水泥基干混瓷砖粘结砂浆分为哪些种类？

水泥基干混瓷砖粘结砂浆是由水泥、集料、聚合物、添加剂、填料等组成的粉状混合物，使用时需与水或其他液体拌和。

若使用时只需加水拌和，则称为单组分干混水泥基瓷砖粘结砂浆；若使用时需加入配套的液体组分拌和，则称为双组分水泥基干混瓷砖粘结砂浆。

单组分干混水泥基瓷砖粘结砂浆，价格低、质量稍差一些，特别是没有加聚合物的砂浆，粘结力低，收缩大，主要用于内外墙瓷砖的粘结。双组分水泥基干混瓷砖粘结砂浆，弹性好，粘结力强，用于保温系统等很适合，其柔性和粘结力是单组分所不能比的，可用于内外墙瓷砖的粘结、石材粘结，以及一些特殊基面、弹性基面的粘结。单组分膏状干混陶瓷砖粘结砂浆的成本高，粘结力好，弹性好，可以适应木板、塑料板的变形，但不耐水，用于特种基材粘结饰材，如木板、铁板、塑料板上粘贴饰材。

847. 水泥基干混瓷砖粘结砂浆的材料组成是什么？

水泥基干混瓷砖粘结砂浆的材料组成一般包括：（1）水泥：无机胶凝材料；（2）可再分散乳胶粉：增强对所有基材的粘结强度（尤其是无孔基材，大尺寸瓷砖，或在光滑表面、不稳定的基材上粘贴）、增加拉伸强度、降低弹性模量、增加保水性、改善工作性、减少水的渗透性等；（3）砂：作为集料并调节粘结砂浆的稠度，所以其粒径尺寸非常重要；（4）甲基纤维素醚：作为增稠剂并保持粘结砂浆中的水分，赋予粘结砂浆良好的工作性（薄层施工工艺中砂浆较薄，在水泥与水反应前极易失去水分，如蒸发、被基材和瓷砖吸收）；（5）其他功能助剂。

848. 干混界面砂浆有哪些特点？

1）能封闭基材的孔隙，减少墙体的吸收性，达到阻缓、降低轻质砌体抽吸抹面砂浆内水分，保证抹面砂浆材料在更佳条件下胶凝硬化。

2）提高基材表面强度，保证砂浆的粘结力。

3）在砌体与抹面砂浆间起粘结搭桥作用，保证使上墙砂浆与砌体表面更易结合成一个牢固的整体。

4）免除抹灰前的二次浇水工序，避免墙体干燥收缩，尤其适用于干法抹灰施工前的界面处理。

849. 什么是石膏罩面腻子？

石膏罩面腻子是一种墙体或顶棚表面找平的罩面材料，用于墙体表面的找平，也称为石膏刮墙腻子。

石膏刮墙腻子是以建筑石膏粉和滑石粉为主要原料，辅以少量石膏改性剂混合而成的袋装粉料。使用时加水搅拌均匀，采用刮涂方式，将墙面找平，是喷刷涂料和粘贴壁纸的理想基材。若选用细度高的石膏粉或掺入无机颜料，则可以直接做内墙装饰面层。

850. 石膏罩面腻子有何优点？

在混凝土墙及顶板表面装修要经过去油污、凿毛、抹底层砂灰后表面层抹灰，再刮腻子等工序，既费时又费工，落地灰多，亦难以保证不出现空鼓开裂现象。

石膏刮墙腻子充分利用建筑石膏的速凝，粘结强度高，洁白细腻的特点，并加入改善石膏性能的多种外加剂配制而成，广义上讲是一种薄层抹面材料。这种刮墙腻子其抗压强度大于 4.0MPa，抗折强度大于 2.0MPa，粘结强度大于 0.3MPa，软化系数 0.3~0.4，因此这种硬化体吸水后不会出现坍塌现象。而大白滑石粉传统腻子的硬化体完全靠干燥强度，浸水后立即会坍塌。

传统刮墙腻子，大都是在施工现场将滑石粉与大白粉、海藻酸钠或纤维素及白乳胶调制成稠粥状使用。采用这种做法找平的墙面质量不能保证，起皮、脱落、掉粉现象无法避免，更不能在其上面粘贴壁纸。

2.3.3 试验检验

851. 实验室进行砂浆试样制备应注意哪些问题？

1）在实验室制备砂浆试样时，所用材料应提前 24h 运入室内。拌和时，实验室的温度应保持在（20±5）℃。当需要模拟施工条件下所用的砂浆时，所用原材料的温度宜与施工现场保持一致。试验所用原材料应与现场使用材料一致。砂应通过 4.75mm 筛。

2）实验室拌制砂浆时，材料用量应以质量计。水泥、外加剂、掺合料等的称量精度应为±0.5%，细集料的称量精度应为±1%。

3）在实验室搅拌砂浆时应采用机械搅拌，搅拌机应符合现行行业标准《试验用砂浆搅拌机》（JG/T 3033）的规定，搅拌的用量宜为搅拌机容量的 30%～70%，搅拌时间不应少于 120s。掺有掺合料和外加剂的砂浆，其搅拌时间不应少于 180s。

852. 实验室进行砂浆试验时，应当记录哪些内容？

试验记录应包括下列内容：

1）取样日期和时间。

2）工程名称、部位。

3）砂浆品种、砂浆技术要求。

4）试验依据。

5）取样方法。

6）试样编号。

7）试样数量。

8）环境温度。

9）实验室温度、湿度。

10）原材料品种、规格、产地及性能指标。

11）砂浆配合比和每盘砂浆的材料用量。

12）仪器设备名称、编号及有效期。

13）试验单位、地点。

14）取样人员、试验人员、复核人员。

853. 抹灰砂浆增塑剂含气量试验如何进行？

按照《建筑砂浆基本性能试验方法标准》（JGJ/T 70—2009）规定的方法执行。测定可采用仪器法和密度法。当发生争议时，应以仪器法的测定结果为准。采用仪器法时，砂浆含气量测定仪的量钵容积为 1L，含气量测量最大量程不应小于 30%。

854. 如何进行干混陶瓷砖粘结砂浆（胶粘剂）试验？

1）试验依据

《陶瓷砖胶粘剂》（JC/T 547—2017）。

2）试验条件

（1）标准试验条件：环境温度（23±2）℃、相对湿度（50±5）%，且试验区的循环风速应小于 0.2m/s。

（2）其他的试验条件在现行行标《陶瓷砖胶粘剂》（JC/T 547—2017）第 7.10～7.13 条中作了规定。

3）试验时间和试件试验时间允许偏差

（1）试验时间：是胶粘剂和水或液体混合时开始计算至进行拉伸粘结强度测定时的时间间隔。

（2）试件试验时间允许偏差：所有试验用试件的养护时间偏差应符合现行行标《陶瓷砖胶粘剂》（JC/T 547—2017）中表 8 的规定。

4）试验材料

应符合现行行标《陶瓷砖胶粘剂》（JC/T 547—2017）第7.3条的规定。

5）搅拌步骤

（1）水泥基胶粘剂（C）

制备胶粘剂的水和液体混合物用量，根据生产商推荐，按质量比给出，例如液体与干粉料之比，如给出的是一个数值范围，则应取其中间值。

将胶粘剂和所需的水或液体混合物，加入到符合《行星式水泥胶砂搅拌机》（JC/T 681）要求的搅拌机中，在低速下进行搅拌来制备胶粘剂。

按下列步骤进行：

① 将按质量比称量好的水或液体混合物倒入搅拌锅中；

② 将干粉撒入液体中；

③ 搅拌30s；

④ 抬起搅拌叶，1min内刮下搅拌叶和锅壁上的胶粘剂；

⑤ 重新放下搅拌叶后再搅拌1min。

如胶粘剂生产商使用说明书有要求，则按规定让胶粘剂熟化，如没有要求则熟化15min，然后在继续搅拌15s。

（2）膏状乳液基胶粘剂（D）和反应型树脂胶粘剂（R）

使用膏状乳液基胶粘剂和反应型树脂胶粘剂应按生产商的要求进行。

6）试验基材

（1）试验用混凝土板：采用400mm×400mm×40mm 和 400mm×200mm×40mm两种规格尺寸，若试验结果有争议时，采用400mm×400mm×40mm的混凝土板。混凝土板含水率应小于3%（质量百分比），4h表面吸水量控制在0.5～1.5cm³之间。

（2）混凝土板的制作与要求：应符合现行行标《陶瓷砖胶粘剂》（JC/T 547—2017）附录A的规定。

（3）试验用混凝土板宜在标准试验条件下放置3个月后进行试验，也可将板在105℃下放置5h，然后在标准试验条件下放置24h后使用。当两者的试验结果出现争议时，以放置3个月以上时间的混凝土板基材的结果为准。

（4）其他基材：应符合现行行标《陶瓷砖胶粘剂》（JC/T 547—2017）第7.5.2条的规定。

7）破坏模式

见现行行标《陶瓷砖胶粘剂》（JC/T 547—2017）第7.6条的规定。

8）晾置时间

（1）晾置时间的定义：在基面涂胶后至粘贴的陶瓷砖达到规定的拉伸粘结强度的最大时间间隔。

（2）晾置时间的测定：应根据现行行标《陶瓷砖胶粘剂》（JC/T 547—2017）第7.8条的规定进行测定。

9）滑移

（1）滑移的定义：陶瓷砖在梳理好的胶粘层垂直面上的向下滑动。

（2）滑移的测定：应根据现行行标《陶瓷砖胶粘剂》（JC/T 547—2017）第7.9条

的规定进行测定。

10）粘结强度

（1）粘结强度的定义：由剪切或拉伸试验测定的单位面积上的最大作用力。

（2）试验材料和试验仪器：应符合现行行标《陶瓷砖胶粘剂》（JC/T 547—2017）第 7.11.2 条和 7.11.3 条的规定。

（3）试验步骤

① 试件制备：应按现行行标《陶瓷砖胶粘剂》（JC/T 547—2017）第 7.8.4 条的规定进行试件的制备。

② 拉伸粘结强度：在现行行标《陶瓷砖胶粘剂》（JC/T 547—2017）第 7.2 条规定的标准试验条件下养护 27d 后，用适宜的高强粘合剂（例如环氧粘合剂）将拉拔头粘在瓷砖上。在《陶瓷砖胶粘剂》（JC/T 547—2017）第 7.2 条件下继续放置 24h，以（250±5）N/S 的加荷速率测定胶粘剂的拉伸粘结强度。如果要试验快凝型胶粘剂，至少在试验前 2h 将拉拔头粘在瓷砖上。

③ 浸水后拉伸粘结强度：在《陶瓷砖胶粘剂》（JC/T 547—2017）第 7.2 条条件下养护 7d 后将试件浸入标准温度下（23±2）℃的水中。浸水 20d 后，从水中取出试件，用布擦掉表面水分后将拉拔头粘在瓷砖上，在《陶瓷砖胶粘剂》（JC/T 547—2017）第 7.2 条条件下继续放置 7h，将试件浸入标准温度下的水中。17h 后，从水中取出试件后，以（250±5）N/S 的加荷速率测定胶粘剂的拉伸粘结强度。

④ 热老化后拉伸粘结强度：在《陶瓷砖胶粘剂》（JC/T 547—2017）第 7.2 条条件下养护 14d，然后将试件于（70±3）℃的烤箱中放置 14d。从供箱中取出试件后，将拉拔头粘在瓷砖上。在《陶瓷砖胶粘剂》（JC/T 547—2017）第 7.2 条条件下继续养护 24h，以（250±5）N/S 的加荷速率测定胶粘剂的拉伸粘结强度。

⑤ 冻融循环后拉伸粘结强度：按《陶瓷砖胶粘剂》（JC/T 547—2017）第 7.8.4 条条件下制备试件。在放置瓷砖前，在瓷砖背面用直边抹刀涂抹约 1mm 厚的胶粘剂。在进行 25 次冻融循环试验前，试件在《陶瓷砖胶粘剂》（JC/T 547—2017）第 7.2 条条件下养护 7d，然后将试件浸入水中养护 21d。

每次冻融循环为：

从水中取出试件，在 2h±20min 内降温至（15±3）℃。

试件保持在（15±3）℃，时间为 2h±20min。

将试件浸入（20±3）℃水中，升温至（15±3）℃，在进行下一次冻融循环前，在该温度下至少养护 2h。

重复进行 25 次循环。

完成 25 次循环后，试件置于标准试验条件下，将拉拔头粘在瓷砖上，在 24h 以内以（250±5）N/S 的加荷速率测定胶粘剂的拉伸粘结强度。

855. 制备水泥胶砂强度试验试体需有哪些设备？

1）搅拌机

搅拌机属于行星式，应符合《行星式水泥胶砂搅拌机》（JC/T 681）的规定。

我国推荐使用的 ISO 胶砂搅拌机在控制系统上分自动和手动两种功能，按《水泥胶砂强度检验方法（ISO 法）》（GB/T 17671）搅拌时应把所有的开关调向自动的位置。若不准备按《水泥胶砂强度检验方法（ISO）法》（GB/T 17671）规定程序搅拌时，应将开关（自动、手动）拨向手动，其他开关先拨在停位，搅拌时根据需要先后拨动各功能开关。

胶砂搅拌机的锅与叶片应配对使用，一只锅不能放在两台搅拌机上交替使用。叶片与锅的间隙（叶片与锅壁最近的距离）每个月应检查一次。

加砂斗是半透明的，可以看清内部附存情况。若有残存物应予清除并消除原因。加砂斗的开关是由电磁铁来实现的，在其打开时若有电噪声，是电磁铁的问题，一般用直流电时（进入端是交流，而使用部分是直流）就不会有这种噪声。把砂倒入时应保证不外撒。

胶砂搅拌的整个过程中除静停时间外，一律不得用小刀放入锅内刮锅。静停的前 15s 应将叶片和锅壁上的胶砂刮入锅内，然后静停至 90s，刮锅时搅拌锅可以取下刮，也可不取下刮，但刮完后锅必须放在搅拌机的搅拌位置上。

搅拌同品种水泥样品时可以不擦洗锅，搅拌不同品种水泥时则应用湿布擦干净，但如为重要试验，每个样品试验前都应将锅洗净并用湿布擦干净。

2）试模

试模由三个水平的模槽组成，可同时成型三条截面为 40mm×40mm、长 160mm 的棱形试体，其材质和制造尺寸应符合《水泥胶砂试模》（JC/T 726）要求。

当试模的任何一个公差超过规定的要求时，就应更换。在组装备用的干净模型时，应用黄油等密封材料涂覆模型的外接缝。试模的内表面应涂上一薄层模型油或机油。

成型操作时，应在试模上面加有一个壁高 20mm 的金属模套，当从上往下看时，模套壁与模型内壁应该重叠，超出内壁不应大于 1mm。

为了控制料层厚度和刮平胶砂，应备有两个播料器和金属刮平直尺。

3）振实台

振实台应符合《水泥胶砂试体成型振实台》（JC/T 682）要求。振实台应安装在高度约 400mm 的混凝土基座上。混凝土体积应大于 0.25m³，质量应大于 600kg。将仪器用地脚螺钉固定在基座上，安装后台盘成水平状态，仪器底座与基座之间要铺一层砂浆以保证它们的完全接触。

856. 使用振实台成型制备水泥胶砂试件的操作步骤有哪些？

1）试模组装

试模擦洗干净进行组装时，边缘两块隔板和端板与底座的接触面应均匀地涂上一薄层黄油，并按编号组装，当组装好用固紧螺钉固紧时，一边固紧，一边用木槌锤击端板和隔板结合处，不仅使内壁各接触面互相垂直，而且要顶部平齐，然后用小平铲刀刮去三个格内被挤出来的黄油，以免成型试体的底侧面上留下孔洞，最后均匀地刷上一薄层机油。

2）试模定位

试模在振实台上的定位，实际上是由模套来完成的，当试模放在台盘上时将模套放下，使模套上的压把入位，模子与模套对齐，卡紧后模子就在台盘中心，即振实台的振击点在模子的中心。

3）胶砂入模

用料勺直接从搅拌锅里将胶砂分两层装入试模，装第一层时，每个槽里约放 300g 胶砂，先用料勺沿试模长度方向划动胶砂以布满模槽，再用大布料器垂直架在模套顶部沿每个模槽来回一次将料层布平，接着振实 60 次。再装入第二层胶砂，用料勺沿试模长度方向划动胶砂以布满模槽，但不能接触已振实胶砂，再用小布料器布平，振实 60 次。每次振实时可将一块用水湿过拧干、比模套尺寸稍大的棉纱布盖在模套上以防止振实时胶砂飞溅。

4）移走模套

从振实台上取下试模，用一金属直边尺以近似 90°的角度（但向刮平方向稍斜）架在试模模顶的一端，然后沿试模长度方向以横向锯割动作慢慢向另一端移动，将超过试模部分的胶砂刮去。锯割动作的多少和直尺角度的大小取决于胶砂的稀稠程度，较稠的胶砂需要多次锯割、锯割动作要慢以防止拉动已振实的胶砂。用拧干的湿毛巾将试模端板顶部的胶砂擦拭干净，再用同一直边尺以近乎水平的角度将试体表面抹平。抹平的次数要尽量少，总次数不应超过 3 次。最后将试模周边的胶砂擦除干净。

5）编号

用毛笔或其他方法对试模进行编号。两个龄期以上的试模，在编号时应将同一试模中的 3 条试体分在两个以上龄期内。

857. 水泥胶砂试体成型后应如何进行湿气养护？

1）脱模前先将试体做好标记，两个龄期以上的试体，在编号时应将同一试模中的 3 条试体分在两个以上龄期内。

2）在试模上盖一块玻璃板，也可用相似尺寸的钢板或不渗水的，和水泥没有反应的材料制成的板。盖板不应与水泥胶砂接触，盖板与试模之间的距离应控制在 2～3mm 之间。为了安全，玻璃板应有磨边。

3）立即将做好标记的试模放入养护室或湿箱的水平架子上养护，湿空气应能与试模各边接触。温度控制在（20±1）℃，湿度不低于 90%。湿空气应能与试模各边接触。养护时不应将试模放在其他试模上。一直养护到规定的脱模时间时取出脱模。

858. 水泥胶砂试体如何养护？

1）将做好标记的试体立即水平或竖直放在（20±1）℃水中养护，水平放置时刮平面应朝上。

2）试体放在不易腐烂的箅子上，并彼此间保持一定间距，以让水与试体的六个面接触。养护期间试体之间间隔或试体上表面的水深不得小于 5mm。

3）不宜用未经防腐处理的木箅子。

4）每个养护池只养护同类型的水泥试体。

5）最初用自来水装满养护池（或容器），随后随时加水保持适当的水位。在养护期间，可以更换不超过 50%的水。

6）除 24h 龄期或延迟至 48h 脱模的试体外，任何到龄期的试体应在试验（破型）前提前从水中取出。擦去试体表面的沉积物，并用湿布覆盖至试验为止。

859. 抹灰砂浆抗裂性能的圆环试验宜配有哪些仪器设备？

1) 符合行业标准《建筑砂浆基本性能试验方法标准》（JGJ/T 70）的砂浆搅拌机。

2) 分度值为 0.01mm 的读数显微镜。

860. 如何进行干混界面砂浆（界面剂）的拉伸粘结强度试验？

1) 试验依据

《混凝土界面处理剂》（JC/T 907—2018）。

2) 混凝土界面处理剂的定义

用于改善混凝土、加气混凝土、粉煤灰砌块等表面粘结性能，增强界面附着能力的处理剂。

3) 标准试验条件

温度（23±2）℃，相对湿度（50±5）%。所有试件的养护周期的时间偏差应满足《混凝土界面处理剂》（JC/T 907—2018）表 2 的规定。

4) 试验材料

所有试验材料（包括拌和用水）试验前应在标准试验条件下放置至少 24h，进行试验的界面剂应在贮存期限内。

5) 试验设备

应符合《混凝土界面处理剂》（JC/T 907—2018）第 7.3 条的规定。

6) 试样拌和

取 2kg 界面剂主要成分，根据生产商提供的配比量取其余各组分，如果给定范围则取中间值。采用符合《行星式水泥胶砂搅拌机》（JC/T 681）规定的行星搅拌机，在自转（140±5）r/min 及公转（62±5）r/min 的低速情况下搅拌。

按下列步骤进行操作：

（1）将水或液体混合物倒入搅拌机锅中。

（2）将干粉撒入液体中。

（3）搅拌 30s。

（4）抬起搅拌叶。

（5）1min 内刮下搅拌叶和锅壁上的界面剂。

（6）重新放下搅拌叶后再搅拌 1min。

如果生产商对产品的拌和和熟化时间有要求，按其提供的操作方法进行。

7) 外观质量

用目测方法检查干粉状产品应均匀一致，不应有结块。液体状产品经搅拌后应呈均匀状态，不应有块状沉淀。

（8）拉伸粘结强度

（1）试件用砂浆试件

应采用符合《通用硅酸盐水泥》（GB 175—2017）要求的强度等级不低于 42.5 级的普通硅酸盐水泥和符合《建设用砂》（GB/T 14684—2022）要求的中砂。水泥、砂和水按 1：2.5：0.45 的质量比配制并搅拌均匀后用便于拆卸的模具浇筑成 40mm×40mm×

10mm 和 70mm×70mm×20mm 两种尺寸的水泥砂浆试件各若干块。之后在标准试验条件下放置 24h 后拆模，浸入（23±2）℃的水中 6d，然后取出在标准试验条件下放置 21d 以上。

（2）试件的制备

在 70mm×70mm×20mm 和 40mm×40mm×10mm 的砂浆试件上各均匀的涂一层拌合好的界面剂，然后两者对放，轻轻按压，将粘合好的试件水平放置，在 40mm×40mm×10mm 的砂浆试件上加《混凝土界面处理剂》（JC/T 907—2018）第 7.3.3 条规定的压块并保持 30s，取下压块，刮去边上多余的界面剂。

每种条件的拉伸粘结强度各准备 10 个按上述方法制备试件。

（3）未处理的拉伸粘结强度

① 养护条件

将按《混凝土界面处理剂》（JC/T 907—2018）第 7.6.2 条制成的试件在标准试验条件下养护 14d，到达规定的养护龄期 24h 前，用适宜的高强度粘结剂（如环氧类粘结剂）将拉拔接头粘结在 40mm×40mm×10mm 的砂浆试件上。24h 后按《混凝土界面处理剂》（JC/T 907—2018）第 7.6.3.2 条测定拉伸粘结强度。拉拔接头与拉伸试验夹具示意图见《混凝土界面处理剂》（JC/T 907—2018）图 1。

② 试验步骤

将试件放入《混凝土界面处理剂》（JC/T 907—2018）第 7.3.1 条规定的试验机的夹具中，夹具与试验机的连接宜采用球铰活动连接，以（5±1）mm/min 的速度进行拉伸直至试件破坏，记录破坏荷载值。试验时如砂浆试件发生破坏，且数据在该组试件平均值的±20% 以内，则认为该数据有效。

（4）浸水处理后的拉伸粘结强度

将按《混凝土界面处理剂》（JC/T 907—2018）第 7.6.2 条制成的试件在标准试验条件下养护 7d，然后完全浸于（23±2）℃的水中，6d 后将试件从水中取出并用布擦干表面水渍，用适宜的高强度粘结剂将拉拔接头粘结在 40mm×40mm×10mm 的砂浆试件上，24h 后按《混凝土界面处理剂》（JC/T 907—2018）第 7.6.3.2 条测定拉伸粘结强度。

（5）耐热处理后的拉伸粘结强度

将《混凝土界面处理剂》（JC/T 907—2018）第 7.6.2 条制成的试件在标准试验条件下养护 7d，然后在（70±2）℃的烘箱中放置 7d，到规定的时间后将试件从烘箱中取出并在标准试验条件下冷却 4h，用适宜的高强度粘结剂将拉拔接头粘结在 40mm×40mm×10mm 的砂浆试件上，24h 后按《混凝土界面处理剂》（JC/T 907—2018）第 7.6.3.2 条测定拉伸粘结强度。

（6）冻融循环处理后的拉伸粘结强度

将按《混凝土界面处理剂》（JC/T 907—2018）第 7.6.2 条制成的试件在标准试验条件下养护 7d，然后将试件浸入（23±2）℃的水中 7d，将试件取出，用布擦干表面水渍，进行 25 次冻融循环。每次循环步骤如下：

① 将从水中取出的试件，在（−15±3）℃保持 2h±20min。

② 将试件浸入（23±2）℃的水中 2h±20min。

最后一次循环后将试件放置在标准试验条件下 4h，用适宜的高强度粘结剂将拉拔接头粘结在 40mm×40mm×10mm 的砂浆试件上，24h 后按《混凝土界面处理剂》(JC/T 907—2018) 第 7.6.3.2 条测定拉伸粘结强度。

(7) 耐碱处理后的拉伸粘结强度

将按《混凝土界面处理剂》(JC/T 907—2018) 第 7.6.2 条制成的试件在标准试验条件下养护 7d，然后将试件完全浸没在饱和 $Ca(OH)_2$ 溶液中 6d，取出并用布擦干表面水渍，用适宜的高强度粘结剂将拉拔接头粘结在 40mm×40mm×10mm 的砂浆试件上，7d 后将试件再浸没于碱溶液中，24h 后将试件取出，擦干表面水渍，按《混凝土界面处理剂》(JC/T 907—2018) 第 7.6.3.2 条测定拉伸粘结强度。

(8) 晾置时间

在 70mm×70mm×20mm 和 40mm×40mm×10mm 的砂浆试件 [《混凝土界面处理剂》(JC/T 907—2018) 第 7.6.1 条] 上各均匀的涂一层拌和好的界面剂，在标准试验条件下放置 20min，然后两者对放，轻轻按压，将粘合好的试件水平放置，在 40mm×40mm×10mm 的砂浆试件上加《混凝土界面处理剂》(JC/T 907—2018) 第 7.3.3 条规定的压块并保持 30s，取下压块，刮去边上多余的界面剂，试件在标准试验条件下养护 14d。在到规定的养护龄期前 24h，用适宜的高强度粘结剂将拉拔接头粘结在 40mm×40mm×10mm 的砂浆试件上。24h 后按《混凝土界面处理剂》(JC/T 907—2018) 第 7.6.3.2 条测定拉伸粘结强度。

(9) 结果计算

拉伸粘结强度按下列公式计算：

$$\sigma = \frac{F_t}{A_t}$$

式中　σ——拉伸粘结强度 (MPa)；

　　　F_t——最大载荷 (N)；

　　　A_t——粘结面积 (mm^2)。

单个试件的拉伸粘结强度精确至 0.01MPa。如单个试件的强度值与平均值之差大于 20%，则逐次剔除偏差最大的试验值，直至各试验值与平均值之差不超过 20%，如剩余数据不少于 5 个，则计算剩余数据的平均值，精确至 0.1MPa，如剩余数据少于 5 个，则本次试验结果无效，应重新制备试件进行试验。

861. 如何进行粉煤灰的需水量比试验检测？

1) 方法原理

按照《水泥胶砂流动度测定方法》(GB/T 2419) 测定试验胶砂和对比胶砂流动度，两者达到规定流动度范围时的加水量之比为粉煤灰的需水量比。

2) 仪器设备

天平 (量程不小于 1000g，最小分度值不大于 1g)、搅拌机、流动度跳桌。仪器设备均应符合《水泥胶砂流动度测定方法》(GB/T 2419) 的规定。

3) 试验步骤

(1) 粉煤灰需水量比试验胶砂配比，见表 2-3-17。

表 2-3-17　粉煤灰需水量比试验胶砂配比　　　　　　　　　　（g）

胶砂种类	对比水泥	试验样品		标准砂 （0.5～1.0mm 中级砂）
		对比水泥	粉煤灰	
对比胶砂	250	—		750
试验胶砂	—	175	75	750

（2）对比胶砂和试验胶砂分别按照《水泥胶砂强度检验方法（ISO）法》（GB/T 17671）规定进行搅拌。搅拌后的对比胶砂和试验胶砂分别按《水泥胶砂流动度测定方法》（GB/T 2419）测定流动度。当试验胶砂流动度达到对比胶砂流动度（L_0）的 $\pm$ 2mm 时，记录此时的加水量（m）。当试验胶砂流动度超过对比胶砂流动度（L_0）的 $\pm$ 2mm 时，重新调整加水量，直至试验胶砂流动度达到对比胶砂流动度（L_0）的 $\pm$ 2mm 为止。

4）结果计算

需水量比按下列公式计算：

$$X = \frac{m}{125} \times 100$$

式中　X——需水量比（％）；

　　　m——当试验胶砂流动度达到对比胶砂流动度（L_0）的 $\pm$ 2mm 时的加水量，单位为（g）；

　　125——对比胶砂的加水量，单位为（g）。

862. 如何检测粉煤灰强度活性指数？

1）方法原理

按照《水泥胶砂强度检验方法（ISO）法》（GB/T 17671）测定试验胶砂和对比胶砂的 28d 抗压强度，以两者之比确定粉煤灰的强度活性指数。

2）仪器设备

天平、搅拌机、振实台、抗压强度试验机均应符合《水泥胶砂强度检验方法（ISO 法）》（GB/T 17671）规定。

3）试验步骤

（1）粉煤灰活性检测胶砂配比，见表 2-3-18。

表 2-3-18　粉煤灰活性水泥胶砂配比　　　　　　　　　　（g）

胶砂种类	对比水泥	试验样品		标准砂	水
		对比水泥	粉煤灰		
对比胶砂	450	—	—	1350	225
试验胶砂	—	315	135	1350	225

（2）将对比胶砂和试验胶砂分别按照《水泥胶砂强度检验方法（ISO 法）》（GB/T 17671）规定进行搅拌、试体成型和养护。

（3）试体养护至 28d，按照《水泥胶砂强度检验方法（ISO）法》（GB/T 17671）规定分别测定对比胶砂和试验胶砂的抗压强度。

4）结果计算

强度活性指数按下列公式计算：

$$H_{28}=\frac{R}{R_0}\times100$$

式中　H_{28}——强度活性指数（%），精确至1%；

　　　　R——试验胶砂28d抗压强度（MPa）；

　　　　R_0——对比胶砂28d抗压强度（MPa）。

863. 如何检测粉煤灰烧失量？

1）方法原理

试样在（950±25）℃的高温炉中灼烧，灼烧所失去的质量即为烧失量。

2）仪器设备

高温炉（950±25）℃、干燥器（内装变色硅胶）、电子分析天平（精确至0.0001g）。

3）试验步骤

（1）称取约1g试样（m_1），精确至0.0001g，放入已灼烧至恒重的瓷坩埚中，盖上坩埚盖，并留有缝隙。

（2）放在高温炉内，从低温开始逐渐升高温度，在（950±25）℃下灼烧15～20min，取出坩埚。

（3）将坩埚置于干燥器中冷却至室温，称量，反复灼烧直至恒重或者在（950±25）℃下灼烧1h（有争议时，以反复灼烧直至恒重的结果为准），置于干燥器中冷却至室温后称量（m_2）。

4）结果计算

烧失量的质量分数按下列公式计算：

$$W_{LOI}=\frac{m_1-m_2}{m_1}\times100$$

式中　W_{LOI}——烧失量质量分数（%）；

　　　　m_1——试料质量（g）；

　　　　m_2——灼烧后试料质量（g）。

864. 如何检测矿粉比表面积？

1）方法原理

本方法主要是根据一定量的空气通过具有一定空隙率和固定厚度的矿粉层时，所受阻力不同而引起流速的变化来测定矿粉的比表面积。在一定空隙率的矿粉层中，空隙的大小和数量是颗粒尺寸的函数，同时也决定了通过料层的气流速度。

2）仪器设备

分析天平（分度值为0.001g）、透气仪、烘干箱。秒表、压力计液体、滤纸、汞。

3）试验步骤

（1）按《水泥密度测定方法》（GB/T 208）测定矿粉密度。

（2）漏气检查：将透气圆筒上口用橡皮塞塞紧，接到压力计上。用抽气装置从压力计的一臂中抽出部分气体，然后关闭阀门，观察是否漏气。如果发现漏气，可用活塞油脂加以密封。

（3）空隙率的确定：矿粉一般采用 0.530±0.005。当不能满足标准规定时，允许改变空隙率。空隙率的调整以 2000g 砝码（5 等砝码）将试样压实至规定的位置为准。

（4）确定试样质量。

校正试验用的标准试样量和测定矿粉的质量，应达到在制备的试料层中空隙率为 0.500±0.005，计算公式：

$$m=\rho V\ (1-\varepsilon)$$

式中　m——试样质量（g）；

　　　ρ——试样密度（g/cm^3）；

　　　V——试料层体积；按《勃氏透气仪》（JC/T 956）测定（cm^3）；

　　　ε——试料层空隙率。

（5）试料层制备：将穿孔板放入透气圆筒的突缘上，用捣棒把一片滤纸放到穿孔板上，边缘放平并压紧。称取以上计算的试样量，精确到 0.001g，倒入圆筒。轻敲圆筒的边，使矿粉层表面平坦。再放入一片滤纸，用捣器均匀捣实试料直至捣器的支持环与圆筒顶边接触，并旋转 1~2 圈，慢慢取出捣器。（穿孔板上的滤纸为 ϕ12.7mm 边缘光滑的圆形滤纸片。每次测定需用新的滤纸片。）

（6）透气试验：a. 把装有试料层的透气圆筒从锥面涂一薄层活塞油脂，然后把它插入压力计顶端锥型磨口处，旋转 1~2 圈。要保证紧密连接不致漏气，并不振动所制备的试料层。b. 打来微型电磁泵慢慢从压力计一臂中抽出空气，直到压力计内液面上升到扩大部下端时关闭阀门。当压力计内液体的凹月面下降到第一条刻线时，开始计时，当液体的凹月面下降到第二条刻度线时停止计时，记录液面从第一条刻度线到第二条刻度线所需要的时间。以秒记录，并记录下试验时的温度。每次透气试验，应重新制备试料层。

4）结果计算

矿粉的比表面积应由两次透气试验结果的平均值确定。如两次试验结果相差 2% 以上时，应重新试验。计算应精确至 10cm^2/g。

注：当同一矿粉用手动勃氏透气仪测定的结果与自动勃氏透气仪测定的结果有争议时，以手动勃氏透气仪测定结果为准。

865. 如何检测人工砂及混合砂中的石粉含量？

1）烘干后的人工砂及混合砂，先用 2.36mm 方孔筛过筛，称取试样砂 200g，精确至 1g，将试样倒入盛有（500±5）mL 蒸馏水的烧杯中，用叶轮搅拌机以（600±60）r/min 转速搅拌 5min，形成悬浮液，然后以（400±40）r/min 转速持续搅拌，直至试验结束。

2）悬浮液中加入 5mL 亚甲蓝溶液，用玻璃棒蘸取一滴悬浮液（所取悬浮液滴应使沉淀物直径在 8~12mm 内），滴于滤纸（置于空烧杯或其他合适的支撑物上，以使滤纸表面不与任何固体和液体接触）上，若沉淀物周围未出现色晕，再加入 5mL 亚甲蓝溶液，继续搅拌 1min，再用玻璃棒蘸取一滴悬浮液，滴于滤纸上，若沉淀物周围仍未出现色晕，重复上述步骤，直至沉淀物周围出现约 1mm 宽的稳定浅蓝色色晕，此时，应继续搅拌，不加亚甲蓝溶液，每 1min 进行一次蘸染试验。若色晕在 4min 后消失，再加入 5mL 亚甲蓝溶液；若色晕在第 5min 后消失，再加入 2mL 亚甲蓝溶液。两种情况下，均应继续进行搅拌和蘸染试验，直至色晕可持续 5min。

3）记录色晕持续 5min 时所加入的亚甲蓝溶液总体积，精确至 1mL。

4）亚甲蓝 MB 值按下式计算：

$$MB = V/G \times 10$$

式中　MB——亚甲蓝值（g/kg），表示每千克 0～2.36mm 颗粒试样所消耗的亚甲蓝克数，精确至 0.01；

　　　　G——试样质量（g），200g；

　　　　V——所加入的亚甲蓝溶液的总量（mL）。

5）亚甲蓝试验结果评定应符合下列规定：当 MB 值<1.4 时，则判定为以石粉为主；当 MB 值≥1.4 时，则判定为以泥粉为主的石粉。

866. 亚甲蓝溶液如何配置？

亚甲蓝溶液的配制按下列方法：

1）将亚甲蓝粉末在（105±5）℃下烘干至恒重，称取烘干亚甲蓝粉末 10g，精确至 0.01g，倒入盛有约 600mL 蒸馏水（水温加热至 35～40℃）的烧杯中，用玻璃棒搅拌 40min，直至亚甲蓝粉末完全溶解，冷却至 20℃。将溶液倒入 1L 容量瓶中，用蒸馏水淋洗烧杯等，使所有亚甲蓝溶液全部移入容量瓶中，容量瓶和溶液的温度应保持在（20±1）℃，加蒸馏水至容量瓶 1L 刻度。震荡容量瓶以保证亚甲蓝粉末完全溶解。将容量瓶中的溶液移入深色储藏瓶中，标明制备日期、失效日期（亚甲蓝溶液保质期应不超过 28d），并置于阴暗处保存。

2）将样品缩分至 400g，放在烘箱中于（105±5）℃下烘干至恒重，待冷却至室温后，筛除大于公称直径 5.0mm 的颗粒备用。

867. 试验养护时间的允许偏差应符合什么规定？

试件养护时间允许的偏差应符合表 2-3-19 规定。

表 2-3-19　试件养护时间允许的偏差

养护时间	允许偏差
24h	±0.5h
7d	+3h
14d	±6h
28d	±12h

868. 湿拌砂浆采用贯入阻力法确定砂浆拌合物的凝结时间使用什么仪器？

1）砂浆凝结时间测定仪：应由试针、容器、压力表和支座四部分组成，见图 2-3-1，并应符合下列规定：

（1）试针：应由不锈钢制成，截面积应为 30mm²。

（2）盛浆容器：应由钢制成，内径应为 140mm，高度应为 75mm。

（3）压力表：测量精度应为 0.5N。

（4）支座：应分底座、支架及操作杆三部分，应由铸铁或钢制成。

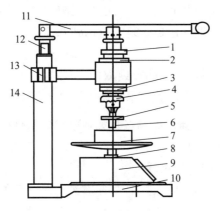

图 2-3-1　砂浆凝结时间测定仪

1—调节螺母；2—调节螺母；3—调节螺母；4—夹头；5—垫片；6—试针；7—盛浆容器；
8—调节螺母；9—压力表座；10—底座；11—操作杆；12—调节杆；13—立架；14—立柱

2）定时钟。

869. 采用贯入阻力法确定砂浆拌合物的凝结时间测定试验步骤有哪些？

1）将制备好的砂浆拌合物装入盛浆容器内，砂浆应低于容器上口 10mm，轻轻敲击容器，并予以抹平，盖上盖子，放在（20±2）℃的试验条件下保存。

2）砂浆表面的泌水不得清除，将容器放到压力表座上，然后通过下列步骤来调节测定仪：调节螺母 3，使贯入试针与砂浆表面接触；拧开调节螺母 2，再调节螺母 1，以确定压入砂浆内部的深度为 25mm 后再拧紧螺母 2；旋动调节螺母 8，使压力表指针调到零位。

3）测定贯入阻力值，用截面为 30mm² 的贯入试针与砂浆表面接触，在 10s 内缓慢而均匀地垂直压入砂浆内部 25mm 深，每次贯入时记录仪表读数 N_p，贯入杆离开容器边缘或已贯入部位应至少 12mm。

4）在（20±2）℃的试验条件下，实际贯入阻力值应在成型后 2h 开始测定，并应每隔 30min 测定一次，当贯入阻力值达到 0.3MPa 时，应改为每 15min 测定一次，直至贯入阻力值达到 0.7MPa 为止。

注：在施工现场测定凝结时间时，砂浆的稠度、养护和测定的温度应与现场相同；在测定湿拌砂浆的凝结时间时，时间间隔可根据实际情况定为受检砂浆预测凝结时间的 1/4、1/2、3/4 等来测定，当接近凝结时间时可每 15min 测定一次。

870. 湿拌砂浆凝结时间的试验结果如何确定？

1）砂浆贯入阻力值按下式计算：

$$f_p = \frac{N_p}{A_P}$$

式中　f_p——贯入阻力值（MPa），精确至 0.01MPa；

　　　N_p——贯入深度至 25mm 时的静压力（N）；

　　　A_p——贯入试针的截面积，即 30mm²。

2）凝结时间的确定可采用图示法或内插法，有争议时应以图示法为准。图示法为从加水搅拌开始计时，分别记录时间和相应的贯入阻力值，根据试验所得各阶段的贯入阻力与时间的关系绘图，由图求出贯入阻力值达到 0.5MPa 的所需时间 t_s（min），此时的 t_s 值即为砂浆的凝结时间测定值。

3）测定砂浆凝结时间时，应在同盘内取两个试样，以两个试验结果的算术平均值作为该砂浆的凝结时间值，两次试验结果的误差不应大于 30min，否则应重新测定。

871. 测定砂浆拉伸粘结强度的试验条件如何规定？需什么仪器测定？

1）试验条件应符合温度应为（20±5）℃；相对湿度应为 45％～75％。

2）测定砂浆拉伸粘结强度的仪器设备：

（1）拉力试验机：破坏载荷应在其量程的 20％～80％范围内，精度应为 1％，最小示值应为 1N。

（2）拉伸专用夹具（图 2-3-2）：应符合现行行业标准《建筑室内用腻子》（JG/T 298）的规定。

（3）成型框：外框尺寸应为 70mm×70mm，内框尺寸应为 40mm×40mm，厚度应为 6mm，材料应为硬聚氯乙烯或金属。

（4）钢制垫板：外框尺寸应为 70mm×70mm，内框尺寸应为 43mm×43mm，厚度应为 3mm。

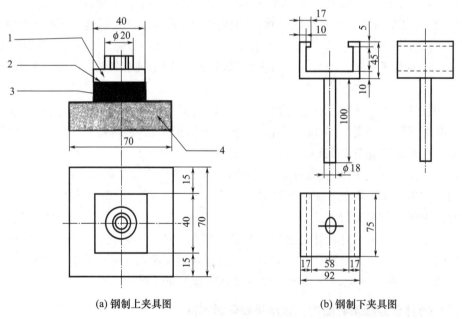

(a) 钢制上夹具图　　　　　　　(b) 钢制下夹具图

图 2-3-2　拉伸粘结强度用钢制上、下夹具图

1—拉伸用钢制上夹具；2—胶粘剂；3—检验砂浆；4—水泥砂浆块

872. 测定砂浆拉伸粘结强度的试验步骤符合什么规定?

1) 基底水泥砂浆块的制备应符合下列规定:

(1) 原材料:水泥应采用符合现行国家标准《通用硅酸盐水泥》(GB 175) 规定的 42.5 级水泥;砂应采用符合现行行业标准《普通混凝土用砂、石质量及检验方法标准》(JGJ 52) 规定的中砂;水应采用符合现行行业标准《混凝土用水标准》(JGJ 63) 规定的用水。

(2) 配合比:水泥:砂:水=1:3:0.5(质量比)。

(3) 成型:将制成的水泥砂浆倒入 70mm×70mm×20mm 的硬聚氯乙烯或金属模具中,振动成型或用抹灰刀均匀插捣 15 次,人工颠实 5 次,转 90°,再颠实 5 次,然后用刮刀以 45°方向抹平砂浆表面;试模内壁事先宜涂刷水性隔离剂,待干、备用。

(4) 应在成型 24h 后脱模,并放入 (20±2)℃水中养护 6d,并在试验条件下放置 21d 以上。试验前,应用 200 号砂纸或磨石将水泥砂浆试件的成型面磨平,备用。

2) 砂浆料浆的制备应符合下列规定:

(1) 干混砂浆料浆的制备

① 待检样品应在试验条件下放置 24h 以上。

② 应称取不少于 10kg 的待检样品,并按产品制造商提供比例进行水的称量;当产品制造商提供比例是一个值域范围时,应采用平均值。

③ 应先将待检样品放入砂浆搅拌机中,再启动机器,然后徐徐加入规定量的水,搅拌 3~5min。搅拌好的料应在 2h 内用完。

(2) 现拌砂浆料浆的制备

① 待检样品应在试验条件下放置 24h 以上。

② 应按设计要求的配合比进行物料的称量,且干物料总量不得少于 10kg。

③ 应先将称好的物料放入砂浆搅拌机中,再启动机器,然后徐徐加入规定量的水,搅拌 3~5min。搅拌好的料应在 2h 内用完。

3) 拉伸粘结强度试件的制备应符合下列规定:

(1) 将制备好的基底水泥砂浆块在水中浸泡 24h,并提前 5~10min 取出,用湿布擦拭其表面。

(2) 将成型框放在基底水泥砂浆块的成型面上,再将按照《预拌砂浆》(GB/T 25181) 规定制备好的砂浆料浆或直接从现场取来的砂浆试样倒入成型框中,用抹灰刀均匀插捣 15 次,人工颠实 5 次,转 90°,再颠实 5 次,然后用刮刀以 45°方向抹平砂浆表面,24h 内脱模,在温度 (20±2)℃、相对湿度 60%~80% 的环境中养护至规定龄期。

(3) 每组砂浆试样应制备 10 个试件。

4) 拉伸粘结强度试验应符合下列规定:

(1) 应先将试件在标准试验条件下养护 13d,再在试件表面以及上夹具表面涂上环氧树脂等高强度胶粘剂,然后将上夹具对正位置放在胶粘剂上,并确保上夹具不歪斜,除去周围溢出的胶粘剂,继续养护 24h。

(2) 测定拉伸粘结强度时,应先将钢制垫板套入基底砂浆块上,再将拉伸粘结强度夹具安装到试验机上，然后将试件置于拉伸夹具中，夹具与试验机的连接宜采用球铰活动连接，以（5±1）mm/min 速度加荷至试件破坏。

（3）当破坏形式为拉伸夹具与胶粘剂破坏时，试验结果应无效。

注：对于有特殊条件要求的拉伸粘结强度，应先按照特殊要求条件处理后，再进行试验。

873. 测定砂浆拉伸粘结强度的试验步数据处理如何确定？

1）拉伸粘结强度应按下式计算：

$$f_{at}=\frac{F}{A_z}$$

式中　f_{at}——砂浆拉伸粘结强度（MPa）；

　　F——试件破坏时的荷载（N）；

　　A_z——粘结面积（mm²）。

2）应以 10 个试件测值的算术平均值作为拉伸粘结强度的试验结果。

3）当单个试件的强度值与平均值之差大于 20%时，应逐次舍弃偏差最大的试验值，直至各试验值与平均值之差不超过 20%，当 10 个试件中有效数据不少于 6 个时，取有效数据的平均值为试验结果，结果精确至 0.01MPa。

4）当 10 个试件中有效数据不足 6 个时，此组试验结果应为无效，并应重新制备试件进行试验。

874. 砂浆抗冻性能试验所用设备应怎样规定？

1）冷冻箱（室）：装入试件后，箱（室）内的温度应能保持在−15～−20℃。

2）篮框：应采用钢筋焊成，其尺寸应与所装试件的尺寸相适应。

3）天平或案秤：称量应为 2kg，感量应为 1g。

4）融解水槽：装入试件后，水温应能保持在 15～20℃。

5）压力试验机：精度应为 1%，量程应不小于压力机量程的 20%，且不应大于全量程的 80%。

875. 砂浆抗冻性能试验步骤有哪些？

用于检验强度等级不小于 M5 的砂浆的抗冻性能。在负温环境下冻结在正温水中溶解的方法进行抗冻性能检验。砂浆抗冻性能试验应按下列规定进行。

1）砂浆抗冻试件的制作及养护应按下列要求进行：

（1）砂浆抗冻试件应采用 70.7mm×70.7mm×70.7mm 的立方体试件，并应制备两组、每组 3 块，分别作为抗冻和与抗冻试件同龄期的对比抗压强度检验试件。

（2）砂浆试件的制作与养护方法应符合本标准立方体抗压强度试验的规定。

2）砂浆抗冻性能试验应符合下列规定：

（1）当无特殊要求时，试件应在 28d 龄期进行冻融试验。试验前两天，应把冻融试件和对比试件从养护室取出，进行外观检查并记录其原始状况，随后放入 15～20℃的水中浸泡，浸泡的水应至少高出试件顶面 20mm。冻融试件应在浸泡两天后取出，并用湿毛巾轻轻擦去表面水分，然后对冻融试件进行编号，称其质量，然后置入篮框进行冻融试验。对比试件则放回标准养护室中继续养护，直到完成冻融循环后，与冻融试件同时试压。

（2）冻或融时，篮框与容器底面或地面应架高 20mm，篮框内各试件之间应至少保持 50mm 的间隙。

（3）冷冻箱（室）内的温度均应以其中心温度为准。试件冻结温度应控制在 −15～−20℃。当冷冻箱（室）内温度低于 −15℃时，试件方可放入。当试件放入之后，温度高于 −15℃时，应以温度重新降至 −15℃时计算试件的冻结时间。从装完试件至温度重新降至 −15℃的时间不应超过 2h。

（4）每次冻结时间应为 4h，冻结完成后应立即取出试件，并应立即放入能使水温保持在 15～20℃的水槽中进行融化。槽中水面应至少高出试件表面 20mm，试件在水中融化的时间不应小于 4h。融化完毕即为一次冻融循环。取出试件，并用湿毛巾轻轻擦去表面水分，送入冷冻箱（室）进行下一次循环试验，依此连续进行直至设计规定次数或试件破坏为止。

（5）每五次循环，应进行一次外观检查，并记录试件的破坏情况；当该组试件中有 2 块出现明显分层、裂开、贯通缝等破坏时，该组试件的抗冻性能试验应终止。

（6）冻融试验结束后，将冻融试件从水槽取出，用湿毛布轻轻擦去试件表面水分，然后称其质量。对比试件应提前两天浸水。

（7）将冻融试件与对比试件同时进行抗压强度试验。

876. 砂浆抗冻性能试验的数据如何处理？

1）砂浆试件冻融后的强度损失率应按下式计算：

$$\Delta f_{\mathrm{m}} = \frac{f_{\mathrm{m1}} - f_{\mathrm{m2}}}{f_{\mathrm{m1}}}$$

式中　Δf_{m}——n 次冻融循环后砂浆试件的砂浆强度损失率（×100%），精确至 1%；

　　　f_{m1}——对比试件的抗压强度平均值（MPa）；

　　　f_{m2}——经 n 次冻融循环后的 3 块试件抗压强度的算术平均值（MPa）。

2）砂浆试件冻融后的质量损失率应按下式计算：

$$\Delta m_{\mathrm{m}} = \frac{m_0 - m_{\mathrm{n}}}{m_0}$$

式中　Δm_{m}——n 次冻融循环后砂浆试件的质量损失率，以 3 块试件的算术平均值计算（×100%），精确至 1%；

　　　m_0——冻融循环试验前的试件质量（g）；

　　　m_n——n 次冻融循环后的试件质量（g）。

3）抗冻性能结果的判定：当冻融试件的抗压强度损失率不大于 25%，且质量损失率不大于 5%时，则该组砂浆试块在相应标准要求的冻融循环次数下，抗冻性能可判为合格，否则应判为不合格。

877. 砂浆收缩试验需要什么样仪器？

1）立式砂浆收缩仪：标准杆长度应为（176±1）mm，测量精确度应为 0.01mm（图 2-3-3）。

2）收缩头：应由黄铜或不锈钢加工而成（图 2-3-4）。

3) 试模：应采用 40mm×40mm×160mm 棱柱体，且在试模的两个端面中心，应各开一个 6.5mm 的孔洞。

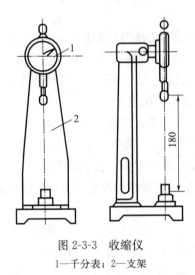

图 2-3-3　收缩仪
1—千分表；2—支架

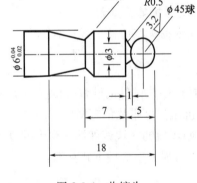

图 2-3-4　收缩头

878. 简述砂浆收缩试验操作步骤。

本方法适应于测定砂浆的自然干燥收缩值。

1) 应将收缩头固定在试模两端面的孔洞中，收缩头应露出试件端面（8±1）mm。

2) 应将拌和好的砂浆装入试模中，再用水泥胶砂振动台振动密实，然后置于（20±5）℃的室内，4h 后将砂浆表面抹平。砂浆应带模在标准养护条件［温度为（20±2）℃，相对湿度为 90% 以上］下养护 7d 后，方可拆模，并编号、标明测试方向。

3) 应将试件移入温度（20±2）℃、相对湿度（60±5）% 的实验室中预置 4h，方可按标明的测试方向测定试件的初始长度，测定前，应先采用标准杆调整收缩仪的百分表的原点。

4) 测定初始长度后，应将砂浆试件置于温度（20±2）℃、相对湿度为（60±5）% 的室内，然后第 7d、14d、21d、28d、56d、90d 分别测定试件的长度，即为自然干燥后长度。

879. 砂浆收缩试验收缩值如何计算？

1) 砂浆自然干燥收缩值应按下式计算：

$$\varepsilon_{at} = \frac{L_0 - L_t}{L - L_d}$$

式中　ε_{at}——相应为 t 天（7d、14d、21d、28d、56d、90d）时的砂浆试件自然干燥收缩值；

L_0——试件成型后 7d 的长度即初始长度（mm）；

L——试件的长度 160mm；

L_d——两个收缩头埋入砂浆中长度之和，即（20±2）mm；

L_t——相应为 t 天（7d、14d、21d、28d、56d、90d）时试件的实测长度（mm）。

2) 应取三个试件测值的算术平均值作为干燥收缩值。当一个值与平均值偏差大于 20% 时，应剔除；当有两个值超过 20% 时，该组试件结果应无效。

（3）每块试件的干燥收缩值应取两位有效数字，并精确至 10×10^{-6}。

880. 湿拌砂浆保塑时间检测方法（国标法）试验步骤有哪些规定？

1) 称取不少于 10kg 的湿拌砂浆试样，立即按《建筑砂浆基本性能试验方法标准》（JGJ/T 70）规定的方法测定砂浆的初始稠度。

2) 将剩余砂浆拌合物装入用湿布擦过的容量筒内，盖上盖，置于标准存放条件下。

3) 到保塑时间时，将全部试样倒入砂浆搅拌机中，搅拌 60s，然后按《建筑砂浆基本性能试验方法标准》（JGJ/T 70）规定的方法测定砂浆的稠度，同时成型一组抗压强度试件，抹灰砂浆还要成型一组拉伸粘结强度试件。

4) 抗压强度和拉伸粘结强度试件的成型、养护和测试应符合《建筑砂浆基本性能试验方法标准》（JGJ/T 70）的规定。

881. 湿拌砂浆保塑时间检测方法（国标法）结果计算与判定有哪些规定？

1) 稠度损失率应按下式计算：

$$\Delta S_t = \frac{S_0 - S_t}{S_0}$$

式中　ΔS_t——湿拌砂浆在保塑时间 t 时的稠度损失率（%），精确至 1%；

S_0——湿拌砂浆初始稠度（mm）；

S_t——湿拌砂浆在保塑时间 t 时的稠度，单位为毫米（mm）。

2) 结果判定当稠度损失率不大于 30%（湿拌机喷抹灰砂浆不大于 20%）、抗压强度和拉伸粘结强度符合《预拌砂浆》（GB/T 25181）相应要求时，判为合格。

882. 湿拌砂浆保塑时间检测方法（团标法）试验条件和使用仪器有哪些规定？

1) 在标准试验条件环境下，通过测试湿拌砂浆相关性能指标的变化来确定湿拌砂浆的保塑时间［《湿拌砂浆应用技术规程》（T/CBCA 007—2021）］。

2) 标准试验条件：实验室室内温度为 20～25℃，相对湿度为 50%～70%。

3) 试验仪器。

（1）带盖塑料桶，容积≥12L。

（2）台秤：量程不小于20kg，分度值不大于5g。

（3）砂浆稠度测定仪、密度测定仪、抗压强度试模、压力试验机、振动台、拉力试验机应符合《建筑砂浆基本性能试验方法标准》（JGJ/T 70）规定。

883. 湿拌砂浆保塑时间检测方法（团标法）试验步骤有哪些？

1）按照确定的湿拌砂浆配合比进行凝结时间试验，测定出凝结时间 N。

2）湿拌砂浆的设计保塑时间为 B 小时，计算保塑时间的试验样品组数为 M：$M=N-B+2$，M 取整数。每组样品砂浆用量为10kg。

3）试验前24h，应将准备好的原材料放在实验室内。

4）所有的原材料一次性加水搅拌，粉体材料预搅拌1min，加入液体材料后搅拌3min，并记录加水时间。

5）将搅拌好的砂浆按照（4）进行各项试验作为湿拌砂浆的初始性能指标，样品标识为 M_0。

6）将其余的砂浆用带盖塑料桶分成若干份，每桶质量应为10kg，放置在标准试验条件中。盖好盖子，样品随机标识为 M_1，M_2，M_3，M_4……M_h。

7）从第 B 个小时开始，按标准要求进行各项试验，以后每1h进行一次，试验样品分别为 M_1，M_2，M_3，M_4……M_h。

8）每次试验前先拌和砂浆使之均匀，拌和好的砂浆应在10min内完成各项试验。

9）稠度变化率的计算：

$$\Delta S_h = |S_0 - S_h| / S_0$$

式中 ΔS_h——湿拌砂浆在第 h 小时的稠度变化率（%），精确至0.1%；

S_0——湿拌砂浆初始稠度，即样品 M_0 的稠度（mm）；

S_h——湿拌砂浆第 h 小时的稠度，即样品 M_1，M_2，M_3，M_4……M_h 的稠度（mm）。

10）表观密度变化率的计算：

$$\Delta \rho_h = |\rho_0 - \rho_h| / \rho_0$$

式中 $\Delta \rho_h$——湿拌砂浆表观密度变化率（%），精确至0.1%；

ρ_0——湿拌砂浆初始表观密度，即样品 M_0 的表观密度（kg/m³）；

ρ_h——湿拌砂浆第 h 小时的表观密度，即样品 M_h 的表观密度（kg/m³）。

11）当稠度变化率 $S_h > 30.0\%$ 或者表观密度变化率 $h > 5.0\%$ 时，停止试验。

12）当试验目的为判定湿拌砂浆是否合格时，只需检测砂浆在保塑时间的稠度变化率，表观密度变化率、28d抗压强度、14d拉伸粘结强度。

884. 湿拌砂浆相对泌水率（团标法）如何测定？

1）相对泌水率试验所用的仪器设备应符合下列规定：

容量为1L的玻璃量筒、密封盖。

2）试验步骤如下：

向1L的玻璃量筒中填灌砂浆至1000mL的刻度值 V，用海绵将1000mL的刻度线以上量筒壁擦拭干净，然后用密封盖盖严，静置。在到达设计保塑时间时，用合适的量筒测量量筒内离析水的总体积 V_k，精确至 1mL。相对泌水率按下列公式计算：

$$B=V_k/V\times100\%$$

式中　B——砂浆相对泌水率（%）；

　　V_k——砂浆在设计保塑时间时的泌水总量（mL）；

　　V——在量筒内灌入的砂浆总量（mL）。

3）相对泌水率的试验结果应按照下列要求确定：

相对泌水率取三个试样测值的平均值。三个测值中的最大值或最小值，如果有一个与中间值之差超过中间值的 15%，则以中间值为试验结果；如果最大值和最小值与中间值之差均超过中间值的 15% 时，则此次试验无效。

885. 砂浆试块拆模时沾模、缺棱掉角、放养护室碎掉是什么原因？

1）湿拌砂浆多为缓凝砂浆，其凝结时间长，砂浆试块脱模过早。

2）湿拌砂浆试块没全凝结，表面凝结内里酥软，导致砂浆拆模、砂浆掺加的外加剂表面活性大遇水反应，砂浆没终凝入养护室后遇水泡裂。

3）局部水化不好，强度降低，拆模时掉角。

4）拆模时受外力作用或重物敲击，或保护不好，棱角被碰掉，造成缺棱掉角。

2.3.4　预拌砂浆生产应用

886. 如何加强湿拌砂浆技术服务？

1）砂浆技术交底服务

湿拌砂浆与以往现场搅拌砂浆和干拌砂浆比较是新型建材产品，具有保塑时间长、凝结时间长、保水率高、含气量大、胶结料用量大、掺加化学外加剂、储置时间长等特点，相应带来的工地防护要求严格、收水时间长、凝结时间长、上强度慢等先天性不足。为了保证湿拌砂浆使用质量，应根据企业的实际情况，编制"湿拌砂浆使用说明书"，在合同签订后送达施工现场，进行认真全面的技术交底，使合格的湿拌砂浆能通过完善的施工管理得到可靠的保证。

2）加强湿拌砂浆供应组织

（1）施工现场的信息反馈

湿拌砂浆公司应建立质量和供应信息反馈制度，保持施工现场情况的沟通和反馈。

（2）供应速度和供应量的调整

施工现场实际砂浆施工时经常会遇到许多不可预见的情况，从而影响湿拌砂浆的施工速度，供应量因此需要及时将这些情况通知湿拌砂浆的生产部门，以期达到供求的基本平衡。

（3）湿拌砂浆报计划前要对湿拌砂浆的需要量有一个正确的估计，防止湿拌砂浆过期，造成浪费及使用过期料引起质量隐患。

3）加强质量情况的信息反馈

及时了解掌握湿拌砂浆在供应过程中质量可能会发生变化，如湿拌砂浆稠度变化影响施工、不同施工部位对湿拌砂浆稠度不同技术要求等，及时通知质量部门予以调整。

4）加强现场配合和督促

（1）督促施工单位做好湿拌砂浆的接收工作，保证合理的湿拌砂浆接收，防止湿拌砂浆等候时间过长或卸错储存点。

（2）督促施工单位不得在湿拌砂浆中加水。

（3）督促施工单位做好交货检验工作。湿拌砂浆取样应随机进行，并在一车湿拌砂浆卸料过程的 1/4~3/4 之间取样，施工单位应按规范制作、养护试件。

（4）督促施工单位做好湿拌砂浆的防护工作，保证砂浆储存使用过程的质量稳定。

（5）督促施工单位做好砂浆标准施工，对于施工过程出现的不规范现象，提出合理的建议意见。

887. 控制砌体裂缝砌体结构的施工在特定部位的处理应符合什么规定？

1）对不能同时砌筑但又需留置临时断面处，应砌成斜槎，斜槎水平投影长度不应小于高度的 2/3。

2）除转角处外，施工中不能留斜槎时，可留直槎，但直槎应砌成凸槎，并应加设拉结钢筋；抗震设防地区砌筑工程不得留直槎。

3）砌体施工临时间断处补砌时，应将接槎处表面清理干净、浇水湿润，并应填实砂浆，灰缝应平直。

4）填充墙封顶的块材应在墙体砌筑完成 15d 后斜砌。

5）当填充墙砌至接近梁、板底时，应留不大于 30mm 的空隙，墙体应卡入设在梁、板底的卡口铁件内，待填充墙砌筑完并至少间隔 7d 后，对混凝土砌块和加气混凝土砌块应间隔 14d，再采用弹性材料嵌塞；

6）内墙施工洞口顶部应设置混凝土过梁，侧边应砌成凸槎并留有拉结钢筋；施工洞孔口应尽快封堵，在进行墙面抹灰前应对过梁下存在的空隙进行检查，填实后用钢丝网水泥砂浆抹灰等防裂措施。

888. 砂浆防水层保湿养护有什么要求？

保湿养护是保证砂浆防水层质量的关键。砂浆中的水泥有充足的水才能正常水化硬化，如砂浆失水过多，砂浆的抗压强度和粘结强度都无法达到设计要求，砂浆的防水性能更得不到保证。因此需从砂浆凝结后立即开始保湿养护，以防止砂浆层早期脱水而产生裂缝，导致渗水。保湿养护可采用浇水、喷雾、覆盖浇水、喷养护剂、涂刷冷底子油等方式。采用淋水方式时，每天不宜少于两次。

当砂浆基底吸水性强或天气干燥、蒸发量大时，应增加淋水次数。墙面防水层可采用喷雾器洒水养护，地面防水层可采用湿草袋覆盖养护。

聚合物水泥砂浆防水层可采用干湿交替的养护方法，早期（硬化后 7d 内）采用潮湿养护，后期采用自然养护。在潮湿环境中，可在自然条件下养护。

889. 为什么要等防水砂浆强度达到设计要求后方可使用？

砂浆未凝结硬化前受到水的冲刷，会使砂浆表层受到损害。储水结构如过早使用，面层砂浆宜遭受损伤，不能起到防水的作用，因此，应等防水砂浆强度达到设计要求后方可使用。

890. 防水砂浆施工质量验收应符合什么要求？

1）根据不同的砂浆防水层工程做法确定的检验批。

2）符合现行国家标准《地下防水工程质量验收规范》（GB 50208）的规定。

3）砂浆防水层须达到必要的厚度，以保证砂浆防水层的防水效果。

891. 界面处理砂浆施工质量验收应符合什么要求？

1）涂刷不均匀会影响下道工序的施工质量。

2）界面砂浆施工完成后，即被下道施工工序所覆盖，可通过对涂抹在界面砂浆外表面的抹灰砂浆实体拉伸粘结强度的检验结果判定界面砂浆的材料及施工质量。

892. 对于裂缝防治，墙面抹灰层的施工应符合哪些规定？

1）墙面表面杂物和尘土应清除，抹灰前应湿润；混凝土和加气混凝土基层应凿毛或甩毛。

2）底层粉刷石膏应分层刮压，每层厚度应为 5～7mm；面层粉刷石膏的厚度应为 1～2mm，压光应在终凝前完成。

3）砂浆抹灰层应按三遍抹至设计厚度。

4）抹灰完成后应喷水或涂刷防裂剂进行养护，养护不应少于 7d。

5）湿拌砂浆的抹灰应按砂浆说明书及国家现行相关标准执行。

6）外墙面抹灰宜加适量聚丙烯短纤维，并应根据建筑物立面形式按下列规定适当留置分格缝：

（1）水平分格缝宜设在门窗洞口处。

（2）垂直分格缝宜设在门窗洞口中部。

（3）山墙水平和垂直分格缝间距不宜大于 2m。

（4）女儿墙的分格缝间距不宜大于 1.5m。

893. 抹灰砂浆抗裂性能圆环试验用试模应符合哪些规定？

1）圆环抗裂试模可由底座、侧模和芯模构成。

2）芯模应为钢制，顶面可设凹槽。

3）侧模可为有机玻璃或钢制，安装后高度应与芯模高度相同。

4）底座宜为钢制。

5）试模制成试件外径宜为（200±1）mm；内径宜为（150±1）mm；高宜为（25±1）mm。

894. 抹灰砂浆抗裂性能圆环试验试件的成型应符合哪些规定？

1）砂浆拌合物可按现行行业标准《建筑砂浆基本性能试验方法标准》（JGJ/T 70）的规定或工程实际情况进行拌制。

2）拌合物的拌制数量应能成型 3 个试件。

3）将拌和好的砂浆放入试模中，并应按与抹灰砂浆相似的方法使其密实，并将砂浆表面抹平。

4）当采用与抹灰基层相近的材料做底模时，底模的含水情况应与基层实际情况相近。

5）成型的抗裂试模应放入温度为（20±2)℃、相对湿度大于95%或与施工现场同条件的环境中，养护24h后脱模。

6）脱模后的抗裂试件应立即放入温度为（30±2)℃、相对湿度（50±5)%或与施工现场同条件的环境中进行检验。

895. 抹灰层砂浆抗裂性能可按哪些步骤进行试验？

1）用读数显微镜观察试件环立面上裂缝产生情况。

2）用读数显微镜观察时，应按固定时间间隔进行观察。

3）记录裂缝产生的部位、长度与宽度以及第一条裂缝产生的时间。

4）观察应持续7d。

896. 裂缝的判断与处理有什么规定？

1）判定建筑开裂的原因可采取由表及里、由装修到结构的判断方式。

2）当装修面层出现裂缝、空鼓或损伤时，可按下列方式进行判断：

（1）应检查支承装修面层的找平层、垫层、保温层等的开裂、缺陷、空鼓、松动、受潮、受冻等异常情况。

（2）当找平层、垫层、保温层等无异常情况时，应从装修面层本身查找开裂、空鼓等的原因并确定处理措施。

3）当找平层、垫层或保温层等存在开裂、空鼓、脱落等问题时，可按下列方式进行判断：

（1）应检查主体结构、围护结构或土层等的开裂、缺陷或明显变形等异常情况。

（2）当主体结构、围护结构或土层等无异常情况时，应从找平层、垫层或保温层本身查找开裂、空鼓等的原因并确定处理措施。

4）结构存在裂缝时可按下列规则进行判定：

（1）对存在受力裂缝的结构应进行承载能力和正常使用极限状态计算分析；并应根据分析情况采取相应的处理措施。

（2）对变形裂缝，可根据裂缝的形态、位置和出现的时间等因素分析裂缝的原因和发展情况，并应采取相应的治理措施和裂缝处理措施。

5）当墙面、地面或吊顶面板等装修面层开裂时，可采取局部或全部更换的处理措施。

897. 砂浆起粉如何处理？

1）产生原因生产因素：配合比不合理，胶凝材料少，强度富余过低；细砂掺入过多，劣质砂强度低；外加剂用量超标，保塑时间过长，矿物掺合料掺加量太大，压光导致部分粉料上浮，聚集表面，以至于表面强度低而起粉掉皮。

2）施工因素：使用尾浆、隔夜灰，掺水过多，墙面干燥，砂浆失水收面滚水搓压严重，养护不到位等不规范施工。

3）处理方法：起粉严重需切掉重抹，轻微起粉进行局部修补。加中砂减细砂，减少或不加矿物掺合料，砂浆强度根据实际情况保守设计。合理调整砂浆密度、保塑时间；墙面基层淋水湿润，砂浆及时养护。

898. 墙面抹灰层局部起翘、空鼓和开裂可按哪些步骤进行处理？

1）将起翘、空鼓和开裂部位每边加宽 50mm 部位划出范围，用切割锯按线切割。

2）将切割范围内的面层或基层全部剔除。

3）用提高一个强度等级且加膨胀剂的同品种砂浆抹压密实，并及时进行养护。

899. 地面装修空鼓裂缝如何处理？

1）地面装修的空鼓，应将空鼓部位加宽 50mm 范围处用切割锯切割，将该范围的面层和基层空鼓全部剔凿后，宜采用提高一级强度等级材料进行浇筑、抹压密实处理。

2）建筑地面装修的表面裂缝可采取水泥基胶浆进行面层修补补强。

3）对于基层或结构裂缝，可采用灌压环氧浆液的处理措施，环氧浆液配比应经过验证，并应按下列步骤进行：

（1）对原有裂缝采用环氧胶泥封缝，并留出灌浆孔和出浆孔。

（2）将配制好的环氧浆液放入注胶罐中，注胶时压力宜为 0.2～0.3MPa。

（3）浆液刚从出浆孔流出时，不应马上停止注胶，应维持压力 5～10min。

900. 湿拌砂浆出现问题的症结有哪些？

1）专业知识不了解：生产员工、施工人员对砂浆知识了解甚少，亟须科普。

2）湿拌砂浆生产：砂源急缺造成用砂混乱，叫砂就用，是砂就掺；湿拌砂浆生产检测不检或漏检、随意检；质控不到位，管理不严格。

3）湿拌砂浆储存不规范：砂浆储存随意，储存方式、地点、时间等管理松懈。

4）施工不规范：施工方法不规范，湿拌砂浆要满足所有施工方式。不规范现象造成的质量问题，湿拌砂浆"背锅"。

5）砂浆服务管理：砂浆在施工现场的使用情况。不规范发现与杜绝，成型后的砂浆养护不到位、检查度不足等。

6）施工人员：大部分砂浆施工人员趋向老龄化，对于施工全凭个人意愿和经验，湿拌砂浆是新生事物，施工特点同普通砂浆有区分，需要专业的培训学习。对于年龄大的工人学习能力及精力有限，不能真正熟悉并掌握其中要领，多数处于边用边摸索状态。

901. 为什么要分层抹灰？

实践证明，一遍抹灰过厚是导致抹灰层空鼓、脱落的主要原因之一，因此规定抹灰要分层进行，并规定了不同品种抹灰砂浆每层适宜的抹灰厚度。两层抹灰砂浆之间的时间间隔，也对抹灰层质量有很大的影响，间隔时间过短，涂抹后一层砂浆时会扰动前一层砂浆，影响其与基层材料的粘结强度；间隔时间过长，前一层砂浆已硬化，两层砂浆之间宜产生分层现象，因此，宜在前一层砂浆达到六七成干时，即用手指按压砂浆层有轻微印痕但不沾手，再涂抹后一层砂浆。

902. 影响湿拌砂浆强度的施工因素有哪些？

1）搅拌、涂抹

湿拌砂浆搅拌是否均匀、涂抹是否密实，直接影响湿拌砂浆强度。

2）养护条件与龄期

湿拌砂浆早期必须加强养护，保持适当的温度和湿度，保证水泥水化不断进行，强度不断增长。正常养护条件下，湿拌砂浆龄期越长，强度越高。

3）工人施工

砂浆施工方法直接影响湿拌砂浆强度，抹灰过程的加水、过度搓压、规范使用。

903. 砂浆有哪几种养护方法？

1）在温度为（20±2）℃，相对湿度为90％以上的条件下进行养护，称为标准养护。

2）在自然气候条件下采取覆盖保湿、浇水润湿、防风防干、保温防冻等措施进行的养护，称为自然养护。

3）凡能加速砂浆强度发展过程的养护工艺措施，称为快速养护。快速养护包括热养护法、化学促硬法、机械作用法及复合法。

904. 冬期施工期限划分的原则是什么？

根据当地多年气象资料统计，当室外日平均气温连续5d稳定低于5℃即进入冬期施工，当室外日平均气温连续5d高于5℃即解除冬期施工。当砂浆未达到受冻临界强度而气温骤降至0℃以下时，应按冬期施工的要求采取应急防护措施。

905. 什么是湿拌砂浆的早期受冻（早期冻害）？

湿拌砂浆的早期受冻是指湿拌砂浆施工后，在养护硬化期间受冻，它能损害砂浆的一系列性能，造成砂浆强度、砂浆与基层的粘结强度降低。

906. 为什么强度高的砂浆不能抹在强度低的砂浆上？

实践证明，抹灰砂浆底层强度低面层强度高是产生裂缝的又一主要原因，特别是对于水泥抹灰砂浆，这种情况更为严重，因此规定强度高的水泥基砂浆不能涂抹在强度低的水泥基砂浆上。

907. 抹灰厚度过大有什么影响？需采取什么措施防治？

抹灰厚度过大时容易产生起鼓、脱落等质量问题，不同材料基体交接处由于吸水和收缩性不一致，接缝处表面的抹灰层容易开裂，上述情况需要采取涂抹界面砂浆、铺设网格布等加强措施以切实保证抹灰工程的质量。铺设加强网时，需要铺设在底层砂浆与面层砂浆之间，钢网要用锚钉锚固。加强网铺设后要检查合格方可抹灰。

908. 为什么砂浆凝结前要做好防护？在什么条件下进行养护最佳？

抹灰砂浆凝结前受到暴晒、淋雨、水冲、撞击、振动，会影响砂浆正常凝结，降低砂浆质量。大量试验证明以水泥为主要胶凝材料的砂浆在润湿条件下养护性能最佳。因此规定，水泥抹灰砂浆、水泥粉煤灰抹灰砂浆和掺塑化剂水泥抹灰砂浆宜在润湿的条件下养护。

909. 什么是湿拌砂浆的可抹性？

可抹性是指湿拌砂浆拌合物在一定的施工条件下，易于施工操作（拌和、运输、涂抹、砌筑、喷涂），不发生分层、离析、泌水、流挂、空鼓、开裂等现象，以获得质量均匀、易于施工的砂浆性能，并能保证质量的综合性质。可抹性良好的砂浆易在粗糙的砖、混凝土基面上延展涂抹均匀的薄层，且能与基层紧密地粘结，包含砂浆的多项性能流动、保水、延展、耐涂性、和易性等。

910. 如何加强湿拌砂浆开盘鉴定工作？

1）对首次使用、使用间隔时间超过三个月的配合比应进行开盘鉴定，开盘鉴定应符合下列规定：

（1）生产使用的原材料应与配合比设计一致。

（2）湿拌砂浆拌合物性能应满足施工要求。

（3）湿拌砂浆强度评定应符合设计要求。

（4）湿拌砂浆耐久性能应符合设计要求。

2）开盘鉴定应由技术负责人或实验室负责人、质检负责人组织有关试验、质检、生产操作人员参加。开始生产时应至少留置一组标准养护试件，作为验证配合比的依据。

3）经开盘鉴定或生产使用，发现湿拌砂浆配合比不符合施工技术要求后，应进行技术分析，确认是湿拌砂浆配合比问题导致不符合时，应立即通知实验室进行调整。

911. 抹灰砂浆失水过快有什么影响？

砂浆失水过快，会引起砂浆开裂，影响砂浆力学性能的发展，从而影响砂浆抹灰层的质量；由于抹灰层很薄，极易受冻害，故应避免早期受冻。目前高层建筑窗墙比大，靠近高层窗洞口墙体往往受穿堂风影响很大，应采取挡风措施，不然，抹灰层失水较快，造成空鼓、起壳和开裂。对完工后的抹灰砂浆层进行塑料布保温保湿保护，以保证砂浆的外观质量。

912. 为什么抹灰砂浆要进行养护？

养护是保证抹灰工程质量的关键。砂浆中的水泥有了充足的水，才能正常水化、凝结硬化。由于抹灰层厚度较薄，基底层的吸水和砂浆表层水分的蒸发，都会使抹灰砂浆中的水分散失。如砂浆失水过多，将不能保证水泥的正常水化硬化，砂浆的抗压强度和粘结强度将不能满足设计要求。因此，抹灰砂浆凝结后应及时保湿养护，使抹灰层在养护期内经常保持湿润。

913. 抹灰砂浆的养护方式有哪些，应如何养护？

保湿养护的方式有：喷水、洒水、涂养护剂或养护膜、覆盖湿草帘等。

采用洒水养护时，当气温在15℃以上时，每天宜洒2次以上养护水。当砂浆保水性较差、基底吸水性强或天气干燥、蒸发量大时，应增加洒水次数。洒水次数以抹灰层在养护期内经常保持湿润、不影响砂浆正常硬化为原则。目前国内许多抹灰工程没有进行养护，这样既浪费了材料，又不能保证工程质量，有的还发生抹灰层起鼓、脱落等质量事故，应引起足够的重视。为了节约用水，避免多洒的水流淌，可改用喷嘴雾化水养护。

因薄层抹灰砂浆中掺有少量的保水增稠材料、砂浆的保水性和粘结强度较高，砂浆中的水分不易蒸发，可采用自然养护。

914. 地面砂浆施工与质量验收一般规定有什么要求？

1）建筑地面工程是指无特殊要求的地面，包括屋面、楼（地）面。

2）地面砂浆层需承受一定的载荷，且要求具有一定的耐磨性，因而要求地面砂浆应具有较高的抗压强度。砂浆稠度过大，容易造成砂浆失水收缩而引起的开裂，因此，控制砂浆良好的和易性、控制用水量、控制砂浆中的粉煤灰掺量，是保证地面面层砂浆不起砂、不起灰的有效措施。

3）地面砂浆层需承受一定的载荷，厚度要符合规定。

915. 地面砂浆施工基层处理有什么要求？

1）基层表面的处理效果直接影响到地面砂浆的施工质量，因而要对基层进行认真处理，使基层表面达到平整、坚固、清洁。

2）地面比较容易洒水，对粗糙地面可以采取提前洒水湿润的处理方法。

3）对光滑基层，如混凝土地面，可采取涂抹界面砂浆等措施，以提高砂浆与基层的粘结强度。

916. 湿拌砂浆为什么要采用抗压强度进行标识？

目前，湿拌砂浆的品种主要有四种：砌筑砂浆、抹灰砂浆、地面砂浆和防水砂浆，其基本性能为抗压强度，因此采用抗压强度对普通预拌砂浆进行标识。由于湿拌砂浆已加水搅拌好，其使用时间受到一定的限制，当超过其凝结时间后，砂浆会逐渐硬化，失去可操作性，因此，要在其规定的时间内使用。

917. 地面砂浆施工质量验收有什么要求？

1）检验批的划分和检查数量是参考国家标准《建筑地面工程施工质量验收规范》（GB 50209）的相关规定确定的。

2）预拌砂浆是专业工厂生产的，质量比较稳定，每检验批可留取一组抗压强度试块。砂浆抗压强度按验收批进行评定，给出了砂浆试块抗压强度合格的判别标准。

918. 防水砂浆包括哪些适用于什么工程？

防水砂浆包括预拌普通防水砂浆和聚合物水泥防水砂浆。普通防水砂浆主要指掺外加剂的防水砂浆，为刚性防水材料，适应变形能力较差，需与基层粘结牢固并连成一体，共同承受外力及压力水的作用，适用于防水要求较低的工程。聚合物水泥防水砂浆具有一定的柔性，可适应较小的变形要求。

刚性防水砂浆主要用于混凝土浇筑体（包括现浇混凝土和预制混凝土构件）、砌体结构（包括框架混凝土结构的填充砌块和独立的砌块砌体）。根据工程类型、防水要求，可以做成独立防水层，可以与结构自防水进行复合，也可以与其他类型的防水材料构成复合防水材料。

919. 什么是一般抹灰？

在建筑物的墙、顶、地、柱等表面上，直接抹灰做成饰面层的装饰工程，称为一般抹灰工程。根据建筑工程对装饰工程质量的不同要求，按照《建筑装饰装修工程质量验收标准》（GB 50210）的规定，一般抹灰分为高级抹灰和普通抹灰。高级抹灰：要求一层底层、数层中层和一层面层，多遍成活。普通抹灰：要求一层底层、一层中层和一层面层，三遍成活。

920. 对砌筑砂浆有什么技术要求？

砌筑砂浆的强度是保证砌体强度的最基本因素之一，砌筑砂浆强度等级分为 M5.0、M7.5、M10、M15、M20、M25、M30 八个等级。

砌筑砂浆的操作性能对砌体的质量影响较大，它不仅影响砌体的抗压强度，而且对砌体抗剪和抗拉强度影响显著。砂浆硬化前具有良好的保水性、黏聚性和触变性，硬化后具有良好的粘结力，有利于防止墙体渗漏、开裂等，因此砌筑砂浆应具有良好的可操作性，分层度不宜大于 25mm。因砂浆本身不能单独作为结构材料，判断砌筑砂浆性能好坏，最终评价指标是砌体的抗压、抗剪（拉）强度和弹性模量，所以，砌筑砂浆除了评判砂浆本身性能指标外，砌体力学性能指标也是不可缺少的。

921. 墙面冲筋（标筋）应按哪些要求进行？

根据墙面尺寸进行冲筋，将墙面划分成较小的抹灰区域，既能减少由于抹灰面积过大易产生收缩裂缝的缺陷，抹灰厚度也宜控制，表面平整度也宜保证。

1) 冲筋应在灰饼砂浆硬化后进行，冲筋用砂浆可与抹灰用砂浆相同。

2) 规定冲筋的方式及两筋之间的距离。

922. 内墙抹灰有哪些要求？

1) 抹底层砂浆应在冲筋 2h 后进行。

2) 抹第一层（底层）砂浆时，抹灰层不宜太厚，但需覆盖整个基层并要压实，保证砂浆与基层粘结牢固。两层抹灰砂浆之间的时间间隔是保证抹灰层粘结牢固的关键因素：时间间隔太长，前一层砂浆已硬化，后层抹灰层涂抹后失水快，不但影响砂浆强度增长，抹灰层易收缩产生裂缝，而且前后两层砂浆易分层；时间间隔太短，前层砂浆还在塑性阶段，涂抹后一层砂浆时会扰动前一层砂浆，影响其与基层材料的粘结强度，而且前层砂浆的水分难挥发，不但影响下一工序的施工，还可能在砂浆层中留下空隙，影响抹灰层质量，因此规定应待前一层六七成干时最佳。根据施工经验，六七成干时，即用手指按压砂浆层，有轻微压痕但不粘手。

923. 细部抹灰有哪些要求？

1) 墙、柱的阳角是容易被碰撞、破坏的部位，在大面积抹灰前应用 M20 以上强度等级的水泥砂浆进行抹灰，护角高度离地面需 1.8m 以上，每侧宽度宜为 50mm。

2) 规定窗台细部抹灰的要点，清理基层、浇水润湿，是抹灰前需做的基本工作。窗台抹灰层需要有足够的强度，要求进行界面处理并用 M20 水泥砂浆抹面。

3) 规定对预留孔洞和配电箱、槽、盒等周边进行细部抹灰的步骤。

4) 规定了水泥踢脚（墙裙）、梁、柱、楼梯等小面积细部抹灰的步骤，这些部位容易被碰撞、破坏，应用 M20 以上强度等级的水泥砂浆进行抹灰。

924. 为什么要铺设加强网格布？

不同材料基体交接处，由于吸水和收缩性不一致，接缝处表面的抹灰层容易开裂，因此应铺设网格布等进行加强，每侧宽度不应小于100mm，加强网应铺设在靠近基层的抹灰层中下部。

925. 为什么要对水泥基砂浆保湿养护？

加强对水泥基抹灰砂浆的保湿养护，是保证抹灰层质量的关键步骤，经大量试验验证，经养护后的水泥基抹灰层粘结强度是未经养护的抹灰层强度的2倍以上，因此规定水泥基抹灰砂浆应保湿养护，养护时间不应少于7d。

926. 砌筑砂浆施工质量验收符合什么规定？

1) 砌筑砂浆的使用量较大，且预拌砌筑砂浆的质量比较稳定，验收批量比现场拌制砂浆可适当放宽。根据现场实际使用情况及施工进度，分别规定了湿拌砌筑砂浆和干混砌筑砂浆的验收批量。

2) 预拌砂浆是在专业生产厂生产的，材料稳定，计量准确，砂浆质量较好，强度值离散性较小，可适当减少现场砂浆抗压强度试块的制作量，但每验收批各类型、各强度等级的预拌砌筑砂浆留置的试块组数不宜少于3组。

3) 明确抗压强度是按验收批进行评定，其合格标准参考了相关的标准规范。当同一验收批砂浆试块抗压强度平均值和最小值或单组值均满足规定要求时，判该验收批砂浆试块抗压强度合格。

927. 抹灰砂浆施工稠度应满足哪些要求？

抹灰砂浆稠度应满足施工的要求，施工单位可根据抹灰部位、基层情况、气候条件以及产品说明书等确定抹灰砂浆的稠度。表2-3-20是不同抹灰部位砂浆稠度的参考。

表 2-3-20　抹灰砂浆稠度参考表　　　　　　　　　　　　（mm）

抹灰层部位	稠度
底层	100～110
中层	70～90
面层	70～80

928. 抹灰砂浆施工为什么要设置分格缝、制作样板和留样？

设置分格缝的目的是释放收缩应力，避免外墙大面积抹灰时引起的砂浆开裂。

抹灰层空鼓、起壳和开裂既有材料因素，也有施工操作因素，制作样板和留样是为了明确界面，分清职责，方便日后出现问题时查找原因和划分责任。

929. 抹灰砂浆施工基层为什么要进行处理？

抹灰前对基层进行认真处理，是保证抹灰质量，防止抹灰层裂缝、起鼓、脱落极为关键的工序，抹灰工程应对此给予高度重视。孔洞、缝隙等处的堵塞、填平，若与抹灰同时进行，这些部位的抹灰厚度会过厚，导致与其他部位的抹灰层有不同收缩，易产生裂缝。明显凸凹处如不处理，会使抹灰层过薄或过厚，影响抹灰层的质量。

930. 不同材质基体相接处为什么要采取加强措施？

不同材质基体相接处，由于材质的吸水和收缩不一致，容易导致交接处表面的抹灰层开裂，故应采取加强措施。可采取在不同材质基体相接处同一表面钉钢丝网等措施，可避免因基体收缩、变形不同引起的砂浆裂缝。

931. 外墙抹灰有什么要求？

1) 外墙抹灰的基层处理方法与内墙抹灰基层处理方法一致，按《抹灰砂浆技术规程》（JGJ/T 220）执行即可。

2) 外墙抹灰的步骤与《抹灰砂浆技术规程》（JGJ/T 220）内墙抹灰基本相同。

3) 应加强对水泥基抹灰砂浆的保湿养护。

4) 外墙抹灰面积大，易开裂，纤维的掺入能提高抹灰砂浆抗裂性。

5) 外墙抹灰层有时会要求具有防水、防潮功能，应加入防水剂等添加剂配制砂浆，满足抹灰层防水性能的要求。

932. 外墙抹灰门窗框周边缝隙和墙面其他孔洞的封堵符合什么要求？

1) 在进行外墙大面积抹灰前需对门窗框周边缝隙和墙面其他孔洞进行封堵。

2) 封堵门窗框周边缝隙时有设计要求的应按设计执行，无设计要求时，需采用M20 以上砂浆封堵严实。

3) 为保证将缝隙和孔洞堵严，应先将缝隙和孔洞内的杂物、灰尘等清理干净，再浇水湿润，然后用 C20 以上混凝土堵严。

933. 外墙抹灰吊垂直、套方、找规矩、做灰饼是大面积抹灰前的基本步骤，应按哪些要求进行？

1) 外墙找规矩时，应先根据建筑物高度确定放线方法，然后按抹灰操作层抹灰饼。

2) 每层抹灰前为保证抹灰层厚度及平整度需以灰饼为基准进行冲筋。

934. 外墙抹灰弹线分格、粘分格条的做法有哪些要求？

涂抹面层砂浆前应先弹线分格、粘分格条，待底层砂浆七八成干即接近完全硬化后，再抹面层灰。分格条宜采用红松制作，粘前应用水充分浸透，充分浸透可防止使用时吸水变形，并便于粘贴，起出时因水分蒸发分格条收缩也容易起出，且起出后分格条两侧的灰口整齐。现在工地现场多使用塑料条嵌入不再起出。粘分格条时应在条两侧用素水泥浆抹成八字形斜角，如当天抹面的分格条两侧八字形斜角宜抹成 45°，如当天不抹面的"隔夜条"两侧八字形斜角宜抹成 60°。水平分格条宜粘在水平线的下口，垂直分格条宜粘在垂线的左侧，这样易于观察，操作比较方便。

935. 外墙细部抹灰有哪些要求？

1) 排水畅通是防止外墙渗漏的有效措施，对滴水线的涂抹方法提出了要求。

2) 阳台、窗台、压顶等部位容易受损破坏，应用 M20 以上水泥砂浆分层抹灰。

936. 什么砂浆适用于混凝土顶棚抹灰？

经调研发现，在混凝土（包括预制混凝土）顶棚板基层上抹灰，由于各种因素的影响抹灰层脱落的质量事故时有发生，严重时会危及人身安全。为解决混凝土顶棚板基层表面上抹灰层易脱落的质量问题，抹灰层可采用胶粉聚合物抹灰砂浆或石膏抹灰砂浆，实践证明这种方法效果良好。由于胶粉聚合物抹灰砂浆、石膏抹灰砂浆具有良好的粘结性能，也适用于混凝土板和墙及加气混凝土砌块和板表面的抹灰。

937. 水泥石灰抹灰砂浆有哪些要求？

石灰膏的掺入会提高砂浆和易性，但会较大幅度地降低砂浆强度，因此规定其最低强度等级为 M2.5。水泥石灰抹灰砂浆强度等级一般为 M2.5、M5、M7.5、M10。经统计水泥石灰抹灰砂浆的表观密度大于 $1800kg/m^3$ 占到 90% 以上。

938. 为什么掺塑化剂水泥抹灰砂浆等级只分为 M5、M10、M15？

塑化剂的掺入一般会引起预拌砂浆含气量的上升，从而会降低水泥抹灰砂浆的强度，因此规定其强度等级分为 M5、M10、M15。

939. 掺塑化剂水泥抹灰砂浆拌合物的指标有什么要求？

塑化剂的掺入一般会引起预拌砂浆含气量的上升，降低水泥抹灰砂浆的密度，密度降低太多会影响抹灰砂浆质量，特别是耐久性，因此，要求其拌合物的表观密度不宜小于 $1800kg/m^3$。

塑化剂的掺入会提高水泥抹灰砂浆的保水性，但会降低水泥抹灰砂浆的强度，因此，规定其保水性不宜小于 88%，拉伸粘结强度不应小于 0.15MPa。

940. 掺塑化剂水泥抹灰砂浆对使用时间有什么要求？

塑化剂的掺入会将气泡引入抹灰砂浆中，使用时间过长，抹灰砂浆中气泡消完后，和易性变差，难以施工，影响抹灰质量，因此，要求掺塑化剂水泥抹灰砂浆使用时间不应超过 2h。

941. 为什么说湿拌砂浆类同聚合物水泥抹灰砂浆？

湿拌砂浆可以说是参照聚合物水泥砂浆、普通水泥砂浆研制成的普通砂浆，湿拌砂浆除用砂粒径粗以外其他拌合物性能特点类似于聚合物水泥砂浆。

942. 聚合物水泥抹灰砂浆有什么要求？

聚合物水泥抹灰砂浆所用的聚合物掺量少、品种多，计量精度要求高，现场配制难度大，计量精度也不易满足使用要求。而工厂化生产的聚合物抹灰砂浆性能稳定，质量有保证。聚合物水泥抹灰砂浆的抗压强度不小于 5.0MPa。面层砂浆对表层质感和光洁度要求高，要求采用不含砂的腻子。

943. 如何选用聚合物水泥抹灰砂浆？

应根据不同基体材料及使用条件选择不同的聚合物水泥抹灰砂浆：普通聚合物水泥砂浆（压折比无要求）、柔性聚合物水泥砂浆（压折比≤3），有防水要求时应选择具有防水性能的聚合物水泥砂浆。

944. 聚合物水泥抹灰砂浆的柔性有什么要求？

聚合物水泥抹灰砂浆的柔性要求与基体的变形大小有关：基体变形大，砂浆本身刚性就不能太高，应有一定的柔性；基体变形小，砂浆抗压强度要求高，柔性要求低。而压折比最能反映水泥基材料柔性指标，故用压折比来衡量。

945. 聚合物水泥抹灰砂浆水泥强度有什么要求？

有些聚合物的加入，不但会降低水泥砂浆的强度，而且砂浆凝结时间也会延长，故水泥强度等级不宜小于 42.5 级。同时由于聚合物水泥抹灰砂浆抗压强度要求不高，因此宜采用 42.5 级通用硅酸盐水泥。有些生产厂家也采用具有早强的硫铝酸盐水泥等特种水泥。

946. 聚合物水泥抹灰砂浆用砂有什么要求？

聚合物水泥抹灰砂浆一般厚度在 3~5mm，有的中间还有一道网格布，砂粒径太粗，将影响砂浆的粘结和表面平整度，因此，规定砂的粒径不宜大于 1.18mm。

947. 聚合物水泥抹灰砂浆搅拌生产为什么要求静停？

规范对聚合物水泥抹灰砂浆的搅拌提出要求，静停是为了熟化。聚合物水泥抹灰砂浆应根据产品说明书加水，机械搅拌至合适的稠度，不得有生粉团，并经 6min 以上静置，再次拌和后，方可使用。

948. 为什么要规定聚合物水泥抹灰砂浆的可操作时间？

抹灰砂浆的涂抹、大面找平都需要时间，抹灰砂浆凝结时间过短，来不及找平；砂浆凝结时间太长，可能导致当班操作人员到了下班时间还不能找平。因此规定了聚合物水泥抹灰砂浆的可操作时间。

949. 为什么聚合物水泥抹灰砂浆要比其他水泥基抹灰砂浆要求高？

聚合物水泥抹灰砂浆的使用厚度为 3~5mm，若保水性不好，砂浆快速失水会变成干粉，失去强度。故对保水性提出了较高的要求。聚合物水泥抹灰砂浆主要用于与混凝土、加气混凝土砌块、EPS 板等基体粘结，粘结牢固难度大，故对拉伸粘结强度提出了比其他水泥基抹灰砂浆高的要求。

950. 聚合物水泥抹灰砂浆的抗渗压力值有什么要求？

P6 是混凝土的最低防水要求，抹灰砂浆作为混凝土表面的覆盖材料，如果对其防水性有要求，其抗渗等级应满足 P6，即要求聚合物水泥抹灰砂浆的抗渗压力值不应小于 0.6MPa。

951. 砂浆配合比设计中水的用量应如何选取？

210~310kg 用水量是砂浆稠度为 70~90mm 中砂时的用水量参考范围。该用水量不包括石灰膏（电石膏）中的水；当采用细砂或粗砂时，用水量分别取上限或下限；稠度小于 70mm 时，用水量可小于下限；施工现场气候炎热或干燥季节，可酌情增加用水量。配合比设计材料用量表中每立方米砂浆用水量范围，仅供参考。

952. 砂浆配合比设计中水泥与粉煤灰胶凝材料总量比标准要求的用量略高吗？

砂浆中掺入粉煤灰后，其早期强度会有所降低，因此水泥与粉煤灰胶凝材料总量比《砌筑砂浆配合比设计规程》（JGJ/T 98）水泥用量略高。考虑到水泥中特别是 32.5 级水泥中会掺入较大量的混合材，为保证砂浆耐久性，规定粉煤灰掺量不宜超过胶凝材料总量的 25%。

953. 不同机制砂生产工艺对质量有何影响？

1）机制砂的质量在很大程度上取决于加工机制砂的机械设备，此外还与原材料和制造工艺等密不可分。

2）制砂机按照破碎原理分为颚式、圆锥式、旋回式、锤式、旋盘式、反击式、对辊式和冲击式等，导致最终产品颗粒形状的优劣排序为：棒磨式、锤式和冲击式等优于反击式、圆锥式和旋盘式，颚式、对辊式和旋回式最差，但前者制造成本较高。

954. 抹灰工程对原材料有哪些要求？

1）抹灰工程常用的原材料有：胶凝材料、集料、外加剂、掺合料、纤维材料及颜料等。其中常用的胶凝材料有水泥、石灰及建筑石膏等。

2）抹灰工程应对水泥的凝结时间和安定性进行复验。

3）抹灰用石灰，必须经过淋制熟化成石灰膏后才能使用，在常温下熟化时间不应少于15d；如果用于罩面灰时，磨细石灰粉的熟化时间应不少于3d，且不得含有未熟化颗粒，已冻结的石灰膏亦不得使用抹灰工程中，一般多采用河砂，并以中砂最好，也可将粗砂与中砂混合掺用。使用前，还应对砂的坚固性、含泥量及有害物质进行检验，不得使用超过有关标准规定的砂。

955. 季节性施工抹灰应符合哪些规定要求？

1）冬期抹灰施工应符合现行行业标准《建筑工程冬期施工规程》（JGJ/T 104）的有关规定，并应采取保温措施。抹灰时环境温度不宜低于5℃。

2）冬期室内抹灰施工时，室内应通风换气，并应监测室内温度。冬期施工时，不宜浇水养护。

3）冬期施工，抹灰层可采用热空气或带烟囱的火炉加速干燥。当采用热空气时，应设通风排湿。

4）湿拌抹灰砂浆冬期施工时，应适当缩短砂浆凝结时间，但应经试配确定。湿拌砂浆的储存容器应采取保温措施。

5）寒冷地区不宜进行冬期施工。

6）雨天不宜进行外墙抹灰，施工时，应采取防雨措施，且抹灰砂浆凝结前不应受雨淋。

7）在高温、多风、空气干燥的季节进行室内抹灰时，宜对门窗进行封闭。

8）夏季施工时，抹灰砂浆应随伴随用，抹灰时应控制好各层抹灰的间隔时间。当前一层过于干燥时，应先洒水润湿，再抹第二层灰。

9）夏季气温高于30℃时，外墙抹灰应采取遮阳措施，并应加强养护。

956. 地面砂浆施工有哪些注意事项？

1）地面面层砂浆施工时应刮抹平整；表面需要压光时，应做到收水压光均匀，不得泛砂。压光时间过早，表面容易出现泌水，影响表层砂浆强度；压光时间过迟，易损伤水泥基胶凝体的结构，影响砂浆强度的增长，容易导致面层砂浆起砂。

2）保证踢脚线与墙面紧密结合，高度一致，厚度均匀。

3）踏步面层施工时，可根据平台和楼面的建筑标高，先在侧面墙上弹一道踏级标准斜线，然后根据踏级步数将斜线等分，等分各点即为踏级的阳角位置。每级踏步的高（宽）度误差不应大于10mm。楼梯踏步齿角要整齐，防滑条顺直。

4）设置变形缝以避免地面砂浆因收缩变形导致的裂缝。

5）养护工作的好坏对地面砂浆质量影响极大，潮湿环境有利于砂浆强度的增长；养护不够，且水分蒸发过快，水泥水化减缓甚至停止水化，从而影响砂浆的后期强度。另外，地面砂浆一般面积大，面层厚度薄，又是湿作业，故应特别防止早期受冻，为此要确保施工环境温度在5℃以上。

6）地面砂浆受到污染或损坏，会影响到其美观及使用。当面层砂浆强度较低时过早使用，面层易遭受损伤。

957. 湿拌砂浆拌合物泵损失有哪些原因？

1）砂吸水率高、含泥高，经泵压后，吸附大量游离水和外加剂。

2）掺合料质量差，需水量高，尤其是粉煤灰烧失量高，含大量未完全燃烧的碳，也可能存在劣质粉煤灰。

3）湿拌砂浆含气量大，且含有大量不稳定气泡，经泵压后破裂。

4）泵管布置不合理、泵管长、弯头多、接口不严漏浆，导致出泵流动稠度小。

958. 施工现场二次加水的危害是什么？

1）造成湿拌砂浆水胶比过大，砂浆强度下降。

2）易造成湿拌砂浆拌合物离析、泌水、抹灰施工难。

3）导致湿拌砂浆凝结时间延长。

4）易造成表层湿拌砂浆强度过低，泛白、起灰、起砂。

5）导致湿拌砂浆匀质性差，使用后的结构粘结性能差、易空鼓、裂缝。

959. 抗冻与防冻的区别是什么？

抗冻与防冻是两个不同的概念。抗冻是指在使用中能承受反复冻融循环而不被破坏的性能；防冻是指在冬期施工过程中，环境温度为负温条件下，在达到防冻剂规定温度前达到受冻临界强度，环境温度升至正温时强度基本不受损失的性能。

960. 湿拌砂浆过度缓凝产生的原因有哪些？

1）湿拌砂浆外加剂里面缓凝剂组分超量，特别是采用蔗糖类缓凝剂含量较多时。

2）人为或者是机械故障造成的湿拌砂浆外加剂超掺。

3）湿拌砂浆配合比设计不当，掺合料过多，特别是湿拌砂浆环境气温较低时。

4）粉煤灰或矿粉误当成水泥使用。

5）气温影响，温度过低。

6）养护不到位，尤其气温过低时。

7）湿拌砂浆含气量过大。

8）湿拌砂浆稠度过大、保水率过高，含气量大造成湿拌砂浆表层粉煤灰含量高，水灰比大。

9）湿拌砂浆施工时，施工现场二次掺加外加剂，搅拌不均匀，造成湿拌砂浆局部的外加剂掺量过多，导致局部缓凝。

10）湿拌砂浆施工面长期处于湿冷、潮湿环境，水分不流失，导致含保塑期长的砂浆水泥水化慢，砂浆保水高缓凝。

961. 湿拌砂浆的生产工艺是怎样的?

目前,湿拌砂浆主要由商品混凝土搅拌站生产、供应。由于砂浆供应量与混凝土相比要少得多,如果单独设计一条砂浆生产线,既造成浪费,使用率又不高。因此,目前砂浆与混凝土共用一条生产线,均采用混凝土搅拌机进行搅拌,但需要安排好生产任务。

湿拌砂浆的典型生产工艺如下:砂的筛选、原材料计算、砂浆搅拌、砂浆运输。

962. 砂的筛选是怎样的?

砂浆用砂的最大粒径应不大于 5mm,因此湿拌砂浆的生产应增加一道筛分工序,以保证砂全部通过 5mm 筛网。过筛砂应堆放在专用堆场,我们称之为专用砂。筛分机一般选用滚筒筛,其长度和直径可根据产量决定。砂浆生产时应注意控制砂的含水率,若砂的含水率过高,砂容易粘结成团,砂粒易堵塞筛网,导致筛分效率降低。筛网应有排堵装置,及时除去堵塞筛网的砂粒和泥团。

963. 原材料计算是怎样的?

固体原材料的计算应按质量计,水和液态外加剂的计算可按体积计。由于固体组成材料因操作方法或含水状态不同而密度变化较大,如按体积计量,易造成计量不准,从而难以保证砂浆性能和均匀性,因此各种固体原材料的计量均应按质量计。

计算设备应能连续计量不同配合比砂浆的各种材料,并应具有实际计算结果逐盘记录和储存功能。计算设备应按有关规定由法定计量部门进行检定,使用期间应定期进行校准。

水泥、粉煤灰和砂浆稠化粉均为粉状材料,可采用螺旋输送,电子秤称质量计算。水泥、粉煤灰可采取叠加计算,砂浆稠化粉采取单独计算。砂采用皮带输送机输送,电子秤称质量计算。

在用电子秤计算时,不能仅根据电子秤的精度来确定材料的计量误差,还应考虑螺旋的计量误差。在保证称料精度的前提下,应兼顾称料速度。每盘料称量大的组分,螺旋输送速度可快些。根据砂浆配合比各组分不同和对砂浆性能影响的大小,确定合理的称料螺旋。一般来讲,水泥的螺旋输送速度最快,粉煤灰其次,砂浆稠化粉最慢。砂的计量应考虑其含水率波动对计量精度和加水量的影响,砂的含水率测定每班不宜少于 1次,如果气候和原材料发生变化,应加倍测试频率。对液态外加剂应经常核实固含量,以确保计量准确。

2.4 二级/技师

2.4.1 原材料知识

964. 石膏的脱水相有几种表现形式?

石膏脱水产物或称脱水相虽然都是由单纯的硫酸钙组成的化合物,但其晶体结构及其反应性能则是多种多样的,这些脱水产物做成制品时要经过水化与硬化过程。

从热力学角度来说,石膏及其脱水产物均是 $CaSO_4\text{-}H_2O$ 系统中的一个相,它们在

特定条件下同处于 $CaSO_4-H_2O$ 的平衡系统中。目前比较公认的有五个相，七个变体。它们是：二水石膏；α型与β型半水石膏；α型与β型硬石膏Ⅱ；硬石膏Ⅱ；硬石膏Ⅰ。其中硬石膏也称无水石膏，型号Ⅲ、Ⅱ、Ⅰ也有的书写在前面，如 $ⅢCaSO_4$ 等。

965. 硅灰有哪些特性？

（1）硅灰的主要成分是二氧化硅，一般占 90% 左右，且绝大部分是无定形的氧化硅。此外，还有少量的氧化铁、氧化钙、氧化硫等，其含量随矿石的成分不同而稍有变化，一般不超过 1%。硅灰的烧失量约为 1.5%～3%。

（2）硅灰一般为青灰色或银白色，在电子显微镜下观察，硅灰的形状为非结晶的球形颗粒，表面光滑。硅灰的颗粒很小，其粒径为 $0.1～1.0\mu m$，是水泥颗粒粒径的 1/50～1/100，用透气法测定的比表面积为 $3.4～4.7m^2/g$，用氮吸附法测定的比表面积为 $18～22m^2/g$，堆积密度约为 $200～300kg/m^3$，密度为 $2.1～2.3g/cm^3$。

（3）由于硅灰具有很大的比表面积，是水泥的 10～20 倍，因而其需水量增加。但硅灰与超塑化剂复合掺用时，它可以不增加砂浆用水量，甚至表现出减水作用。因此，当用硅灰作活性掺合料配制砂浆时，需掺加减水剂，以充分发挥硅灰的作用。

966. 淀粉醚用于建筑砂浆有何作用？

淀粉醚应用于建筑砂浆中，可显著增加砂浆的稠度，改善砂浆的施工性和抗流挂性。淀粉醚通常与非改性及改性纤维素配合使用，它对中性和碱性体系都适合，并能与石膏和水泥制品中的大多数添加剂相容，如表面活性剂、MC、淀粉及聚乙酸乙烯等水溶性聚合物等。

淀粉醚主要用于以水泥和石膏为胶凝材料的手工或机喷砂浆、干混陶瓷砖粘结砂浆、嵌缝料和粘结剂、砌筑砂浆等。

淀粉醚在干混砂浆中的典型掺量为 0.01%～0.1%。

967. 沸石粉有哪些技术要求？

《混凝土和砂浆用天然沸石粉》（JG/T 566）将沸石粉分为Ⅰ级、Ⅱ级和Ⅲ级三个等级，每一等级的技术要求见表 2-4-1。其中，Ⅲ级沸石粉宜用于砌筑砂浆和抹灰砂浆。

表 2-4-1　沸石粉的技术要求

项目		Ⅰ	Ⅱ	Ⅲ
吸铵值/（mmol/100g）		≥130	≥100	≥90
细度（45μm 筛余）（质量分数，%）		≤12	≤30	≤45
活性指数/%	7d	≥90	≥85	≥80
	28d	≥90	≥85	≥80
需水量比/%		≤115		
含水量（质量分数）/%		≤5.0		
氯离子含量/%		≤0.06		
硫化物及硫酸盐含量（按 SO_3 质量计）（质量分数，%）		≤1.0		
放射性		应符合 GB 6566 的规定		

968. 铝酸盐水泥有何特性？

铝酸盐水泥是以矾土和石灰石作为主要原料，按适当比例配合后进行烧结或熔融，再经粉磨而成，也称为高铝水泥或矾土水泥。

铝酸盐水泥具有硬化迅速、水泥石结构比较致密、强度发展很快、晶型转化会引起后期强度下降等特点。铝酸盐水泥的最大特点是早期强度增长速度极快，24h 即可达到其极限强度的 80%左右，Al_2O_3 含量越高，凝固速度越快，早期强度越高。但铝酸盐水泥硬化时放热量大、放热速度极快，1d 放热量即可达到总量的 70%～80%，而硅酸盐水泥要放出同样的热量则需 7d。因此，铝酸盐水泥不适于大体积工程，但比较适合于低温环境和冬期施工。另外，铝酸盐水泥还具有较好的抗硫酸盐性能、耐高温的特性。

由于铝酸盐水泥具有的这些特点，常被用来配制要求具有早强快硬的材料，如自流平砂浆、灌浆砂浆、快速修补砂浆、堵漏剂等。

969. 使用矿渣硅酸盐水泥应注意哪些问题？

1) 矿渣硅酸盐水泥中水泥熟料矿物的含量比硅酸盐水泥少得多，而且混合材在常温下水化反应比较缓慢，因此凝结硬化较慢。早期强度较低，但在硬化后期（28d 以后），由于水化产物增多，使水泥石强度不断增长。一般来说，矿渣掺入量越多，早期强度越低，但后期强度增长率越大。

2) 矿渣水泥需要较长时间的潮湿养护，外界温度对硬化速度的影响比硅酸盐水泥敏感。低温时，硬化速度较慢，早期强度显著降低；而采用蒸汽养护等湿热处理，可有效加快其硬化速度，且后期强度仍在增长。

3) 矿渣水泥中混合材掺量较多，需水量较大，保水性较差，泌水性较大，拌制砂浆时容易析出多余水分，在水泥石内部形成毛细管通道或粗大孔隙，降低均匀性。另外，矿渣水泥的干缩性较大，如养护不当，在未充分水化之前干燥，则易产生裂纹。因此矿渣水泥的抗冻性、抗渗性和抵抗干湿交替循环性能均不及普通水泥。

4) 矿渣水泥具有较好的化学稳定性，抗淡水、海水和硫酸盐侵蚀能力较强，这是因为矿渣水泥石中的游离氢氧化钙以及铝酸盐含量较少，宜用于水工和海港工程。另外，矿渣水泥的水化热较低，具有较好的耐热性，可用于大体积混凝土工程或耐热混凝土工程。

970. 硫铝酸盐水泥有何特性？

硫铝酸盐水泥是以铝质原料（如矾土）、石灰质原料（如石灰石）和石膏，按适当比例配合后，煅烧成含有适量无水硫铝酸钙的熟料，再掺适量石膏，共同磨细而成。

硫铝酸盐水泥凝结时间很快，水泥硬化也快，早期强度高，其抗硫酸盐侵蚀能力强，抗渗性好。但硫铝酸盐水泥水化放热量大，适宜于冬期施工。

971. 人工砂有哪些特性？

1) 人工砂颗粒表面较粗糙，且具有棱角，用其拌制的混凝土或砂浆和易性较差、泌水量较大，但人工砂中含有的石粉可以部分改善砂浆的工作性能。

2) 人工砂是一种粒度、级配良好的砂，一个细度模数只对应一个级配，同时它的细度模数和单筛的筛余量呈线性关系。对于一种砂，先通过试验建立关系式后，只要测定一个单筛的筛余量即可快速求出细度模数。

3）人工砂中石粉含量的变化是随细度模数变化而发生变化的，细度模数越小，石粉含量就越高；反之，细度模数越大，石粉含量越低。

4）从砂颗粒组成统计结果分析，当人工砂石粉含量在20％左右时，砂各粒径的含量基本在中砂区，而300μm以下的颗粒在细砂区，这表明人工砂粗颗粒偏多，细颗粒偏少，特别是600～300μm一级的颗粒。

972. 纤维素醚有何特点？

纤维素醚是碱纤维素与醚化剂在一定条件下反应生成一系列产物的总称，是具有水溶性和胶质结构的化学改性多糖。纤维素醚主要有以下三个功能：

1）可以使新拌砂浆增稠从而防止离析并获得均匀一致的可塑体。

2）本身具有引气作用，还可以稳定砂浆中引入的均匀细小气泡。

3）作为保水剂，有助于保持薄层砂浆中的水分（自由水），从而在砂浆施工后水泥可以有更多的时间水化。

纤维素醚是一种水溶性聚合物，它在新拌砂浆中会随着水分的蒸发而迁移到砂浆接触空气的表面而形成富集，从而造成纤维素醚在新砂浆表面的结皮。结皮的结果使砂浆表面形成一层较为致密的膜，它会缩短砂浆的开放时间，从而使后期粘结强度下降。通过调节配方、选择适宜的纤维素醚和添加其他的添加剂等方法可以改善纤维素醚的结皮现象。

在使用纤维素醚时应该注意的是，当纤维素醚掺量过高或黏度过大时，会增加砂浆的需水量，工作性降低，不易施工（粘抹子）；纤维素醚会延缓水泥的凝结时间，特别是在掺量较高时缓凝作用更为显著；此外，纤维素醚也会影响砂浆的开放时间、抗垂流性能和粘结强度。

973. 砂浆稠化粉有何特点？

砂浆稠化粉是一种非石灰、非引气型粉状材料，主要成分是蒙脱石和有机聚合物改性剂以及其他矿物助剂，通过对水的物理吸附作用，使砂浆达到保水增稠之目的。

由于其保水增稠作用是以无机材料为主，有机材料为辅，它使水泥砂浆既具有一定的保水增稠作用，又避免了纤维素醚的结皮现象。它与各种水泥的相容性好。

掺稠化粉的建筑砂浆耐水，长期浸水强度稳定发展，在大气中强度也稳定发展。冻融循环后，强度损失和质量损失少。在等水泥用量条件下，掺稠化粉砂浆较水泥石灰混合砂浆粘结强度提高25％，收缩降35％，抗渗性提高25％。

974. 纤维素醚有哪些功能？

纤维素醚是干混砂浆的一种主要添加剂，虽然添加量很低，但却能显著改善砂浆性能，它可改善砂浆的稠度、工作性能、粘结性能以及保水性能等，在干混砂浆领域有着非常重要的作用。其主要特性如下：

1）优良的保水性

保水性是衡量纤维素醚质量的重要指标之一，特别是薄层施工中显得更为重要。提高砂浆保水性可有效地防止砂浆因失水过快而引起的干燥，以及水泥水化不足而导致的强度下降和开裂现象。影响砂浆保水性的因素有纤维素醚的掺量、黏度、细度以及使用环境等。一般黏度越高，细度越细，掺量越大，则保水性越好。纤维素醚保水性与纤维素醚化程度相关，甲氧基含量高，保水性好。

2）粘结力强、抗垂性好

纤维素醚具有非常好的增稠效应，在干混砂浆中掺入纤维素醚，可使黏度增大数千倍，使砂浆具有更好的粘结性，可使粘贴的瓷砖具有较好的抗下垂性。

3）溶解性好

因纤维素醚表面颗粒经特殊处理，无论在水泥砂浆、石膏中，还是涂料体系中，溶解性都非常好，不易结团，溶解速度快。

975. 影响纤维素醚保水性的因素有哪些？

保水性是纤维素醚的一个重要性能，影响干混砂浆保水效果的因素有纤维素醚的添加量、黏度、细度以及使用温度等诸多方面。

1）纤维素醚添加量对保水性的影响

当纤维素醚的添加量在 $0.05\%\sim0.4\%$ 的范围内，保水性随着添加量的增加而增加，当添加量再进一步增加时，则保水性增加的趋势开始变缓。

不同品种的砂浆，其纤维素醚的添加量也不同。实际应用中应根据砂浆的用途确定纤维素醚的添加量，并经试验验证，符合相应砂浆的技术指标。

2）纤维素醚的黏度对保水性的影响

纤维素醚的黏度与保水性也有类似的关系，当纤维素醚的黏度增加时，保水性也提高；当黏度达到一定的水平时，保水性的增加幅度亦趋于平缓。一般来说，黏度越高，保水效果越好，但黏度越高，纤维素醚的分子量也越高，其溶解性能也就会相应降低，这对砂浆的强度和施工性能有负面的影响。黏度越高，对砂浆的增稠效果越明显，但也并不是成正比的关系；黏度越高，湿砂浆黏稠度越大，在施工时，表现为粘刮刀和对基材的黏着性高，但对湿砂浆本身的结构强度的增加帮助不大，改善抗下垂效果不明显；相反，一些中低黏度但经过改性的甲基纤维素醚则在改善湿砂浆的结构强度方面有优异的表现。

3）纤维素醚的细度对保水性的影响

细度对纤维素醚的溶解性有一定的影响，较粗的纤维素醚通常为颗粒状，在水中很容易分散溶解而不结块，但溶解速度很慢，不宜用于干混砂浆中。在干混砂浆中，纤维素醚分散于集料、细填料以及水泥等胶凝材料之间，只有足够细的粉末才能避免在加水搅拌时出现纤维素醚结块，当纤维素醚在加水溶解时出现结块，那么再分散溶解就很困难了。细度较粗的纤维素醚会降低砂浆的局部强度，这样的砂浆在大面积施工时，就会表现为局部砂浆的固化速度明显地降低，会出现因固化时间不同而导致的开裂。对于喷射砂浆来说，因搅拌时间较短，对细度的要求则更高。因此，应用于干混砂浆中的纤维素醚应为粉末状，含水量低，细度要求为 $20\%\sim60\%$ 的颗粒粒径小于 $63\mu m$。

纤维素醚的细度对保水性的影响，一般而言，对于黏度相同而细度不同的纤维素醚，在相同的添加量情况下，细度越细，保水效果越好。

4）使用温度对保水性的影响

纤维素醚的保水性与使用温度也有关系，纤维素醚的保水性随使用温度的提高而降低。在实际工程中，经常会在高温环境中进行砂浆的施工，如夏季在日晒环境下进行外墙的涂抹，这势必会加速水泥砂浆的凝结硬化。保水性的下降则会导致施工性和抗裂性下降，在这种状况下减小温度因素的影响就变得尤为关键。试验表明，提高纤维素醚的醚化度，可以使其保水效果在使用温度较高的情况下仍能保持较佳的效果。

976. 可再分散乳胶粉的作用机理是什么？

掺入可再分散乳胶粉的干混砂浆加水搅拌后，可再分散乳胶粉对水泥砂浆的改性是通过胶粉的再分散、水泥的水化和乳胶的成膜来完成的。可再分散乳胶粉在砂浆中的成膜过程大致分为三个阶段。

第一阶段，砂浆加水搅拌后，聚合物粉末重新均匀地分散到新拌水泥砂浆内而再次乳化。在搅拌过程中，粉末颗粒会自行再分散到整个新拌砂浆中，而不会与水泥颗粒聚结在一起。可再分散乳胶粉颗粒的"润滑作用"使砂浆拌合物具有良好的施工性能；它的引气效果使砂浆变得可压缩，因而更容易进行镘抹作业。在胶粉分散到新拌水泥砂浆的过程中，保护胶体具有重要的作用。保护胶体本身较强的亲水性使可再分散乳胶粉在较低的剪切作用力下也会完全溶解，从而释放出本质未发生改变的初始分散颗粒，聚合物粉末由此得以再分散。在水中快速再分散是使聚合物的作用得以最大程度发挥的一个关键性能。

第二阶段，由于水泥的水化、表面蒸发和基层的吸收造成砂浆内部的孔隙自由水分不断消耗，乳胶颗粒的移动自然受到了越来越多的限制，水与空气的界面张力促使它们逐渐排列在水泥砂浆的毛细孔内或砂浆-基层界面区。随着乳胶颗粒的相互接触，颗粒之间网络状的水分通过毛细管蒸发，施加于乳胶颗粒表面的高毛细张力引起乳胶球体的变形使它们融合在一起，此时乳胶膜大致形成。

第三阶段，通过聚合物分子的扩散（有时称为自黏性），乳胶颗粒在砂浆中形成不溶于水的连续膜，从而提高了对界面的粘结性和对砂浆本身的改性。

977. 什么是可再分散乳胶粉的最低成膜温度？

最低成膜温度是指聚合物形成连续膜的最低温度，以 MFT 表示。如果水泥水化温度低于该值，所供给的能量不足以开始成膜，这时聚合物将以间断的颗粒形式存在于水泥砂浆中。只有当水泥水化温度高于聚合物最低成膜温度时，聚合物才能形成均匀的膜结构，并分布于水泥水化产物之间，在有应力时起到架桥作用，有效吸收和传递能量，从而抑制裂纹的形成和发展。因此，为了使可再分散乳胶粉能在硬化砂浆内成膜，应保证最低成膜温度低于砂浆的养护温度。

978. 什么是可再分散乳胶粉的玻璃化温度？

玻璃化温度是指聚合物由弹性状态转变为玻璃态的温度，以 T_g 表示。当温度高于 T_g 时，材料行为类似橡胶，受载时产生弹性变形；当温度低于 T_g 时，材料行为类似玻璃，易于产生脆性破坏。通常 T_g 高，成膜后的硬度也高，刚性好，耐热性好；反之，T_g 低，成膜后的硬度降低，但弹性和柔韧性好。

配制干混砂浆时，应根据砂浆的用途、使用环境和基材，选择不同 T_g 值的可再分散乳胶粉。例如，在配制瓷砖胶粘剂和抗裂抹面砂浆时，通常要考虑两个主要因素：一是较高的粘结性；二是有足够的柔韧性及抗变形能力。因此选用玻璃化温度较低、低温柔性好的乳胶粉。

979. 纤维的阻裂机理是什么？

当纤维均匀无序地分散于水泥砂浆基体中，水泥砂浆基体在受到外力或内应力变化时，纤维对微裂缝的扩展起到了一定的限制和阻碍作用。数以亿计的纤维纵横交错，各向同性，均匀分布在水泥砂浆基体之中，使得微裂缝的扩展受到这些纤维的重重阻挠，无法越过这些纤维而继续发展，只能沿着纤维与水泥基体之间的界面绕道而行。而开裂是需要能量的，要裂就必须打破纤维的层层包围，而仅靠应力所产生的能量是微不足道的，只能被这些纤维消耗殆尽。因此，由于数目巨大的纤维的存在，既消耗能量又缓解了应力，阻止了裂缝的进一步发展，从而起到了阻断裂缝的作用。

980. 什么是维纶纤维？有何特点？

维纶纤维即维尼纶纤维，化学名称为聚乙烯醇纤维或 PVA 纤维。这种纤维抗碱性强、亲水性好、可耐日光老化。产品有低弹性模量的普通维纶纤维、中强中模维纶纤维和高强高模维纶纤维。

一般维纶纤维的性能如下：

（1）具有一定的亲水性，吸水率在 5% 左右。

（2）在 50～120℃ 范围内，纤维的力学性能变化不大，热稳定温度为 150℃，热分解温度为 220℃。

（3）在潮湿环境中，当温度超过 130℃ 后，纤维则会发生较大的收缩，其力学性能会显著降低。

（4）维纶的横截面呈异形状，非常有利于与水泥基材的粘结。

981. 什么是丙纶纤维？有何特点？

丙纶纤维的化学名称为聚丙烯纤维或 PP 纤维。丙纶纤维是合成纤维中强度最小的一种，耐碱性与耐酸性能好，具有较好的使用温度，在混凝土和路面混凝土中已大量使用。

聚丙烯（PP）纤维具有良好的力学性能和化学稳定性及适宜的产品价格，应用最为广泛。常选用较细的纤维，单丝直径只有 12～18μm，能很好地分散在砂浆中，不需特殊工艺，就能将纤维很均匀地分散开，使用起来很方便，对防止砂浆的泌水和离析有一定的作用。因这种纤维很细，但在砂浆中的根数很多，非常多的乱排纤维在砂浆中构成一个较密的纤维网，阻止砂浆中各种颗粒的运动，因而有效地防止了砂浆的泌水和离析。

杜拉纤维是美国希尔兄弟化工公司的产品。它是一种加有抗老化剂的等规聚丙烯树脂经热熔、拉丝、表面涂覆、短切等特殊生产工艺制成的聚丙烯单丝短纤。杜拉纤维的外观为切成一定长度的白色纤维束，每一束中有几百根单丝纤维，每一根单丝纤维为圆形截面，其产品规格有多种长度，长度为 5mm 和 10mm 的纤维主要应用于净浆或砂浆中，长度为 19mm 的纤维则主要应用于混凝土中。杜拉纤维的主要特点是：相对密度小，为 0.91，抗拉强度高，大于或等于 270MPa，弹性模量低，为 3.8GPa；抗老化性能好，耐化学侵蚀，抗酸碱性好；在水中可立即分散成为单丝，不结团；与水泥浆粘结性好，保水率低（<0.1%）。

混凝土中掺入杜拉纤维可减少混凝土的收缩裂缝，降低混凝土的脆性，提高混凝土的耐久性。它之所以能够在混凝土中发挥作用，很大程度上取决于纤维单丝在混凝土（砂浆）中的数量及其均匀分布。由于杜拉纤维的表面覆有专门的膜层，可以使数以千万计的单丝纤维在混凝土（砂浆）中非常均匀地分布。

982. 什么是木质纤维？

木质纤维是采用富含木质素的高等级天然木材（如冷杉、山毛榉等）以及食物纤维、蔬菜纤维等，经过酸洗中和，然后粉碎、漂白、碾压、分筛而成的一类白色或灰白色粉末状纤维。木质纤维是一种吸水而不溶于水的天然纤维，具有优异的柔韧性、分散性。在水泥砂浆产品中添加适量不同长度的木质纤维，可以增强抗收缩性和抗裂性，提高产品的触变性和抗流挂性，延长开放时间和起到一定的增稠作用。

木质纤维产品有着不同的种类、不同的长度和细度，中短木质纤维的长度一般为 $40\sim1000\mu m$，可应用于干混砂浆产品中，而长度为 $1100\sim2000\mu m$ 的长木质纤维通常只用于乳液型的胶粘剂和膏状腻子中，这是由于长纤维在干混砂浆的搅拌中受到限制，不易分散并易结团的原因。

983. 什么是复合纤维？有何特点？

复合纤维是以聚丙烯、聚酯为主要原料复合而成的一类新型的混凝土和砂浆的抗裂纤维，被称为混凝土的"次要增强筋"。随着复合材料的发展，抗裂纤维已开始大量应用于土木工程中。

在水泥砂浆和混凝土中掺入体积率为 0.05%～0.2% 的复合抗裂纤维时，能产生明显的抗裂、增韧、抗冲击、抗渗、抗冻融及抗疲劳等效果。这些优良的性能在抹灰砂浆、内外墙腻子和嵌缝剂的抗裂、增韧、抗渗方面起着非常重要的作用。

复合纤维的特性是抗拉强度高；抗老化、抗渗、抗裂、增韧、抗冲击、抗冻融性能好；密度小、用量少、分散性好、成本低。

复合抗裂纤维适用于水泥基以及石膏基的抹灰砂浆、抗裂抹面砂浆、内外墙腻子、防水砂浆、石膏板及轻质混凝土板的嵌缝腻子、保温砂浆等品种，还适用于水泥砂浆或混凝土，其应用领域包括路桥、大坝、高速公路、涵洞、地铁工程等。

984. 建筑石膏的生产工艺是怎样的？

生产建筑石膏的原料是天然二水石膏（$CaSO_4 \cdot 2H_2O$）和工业副产石膏。天然二水石膏以块状存在，要制成建筑石膏必须经过破碎、（预）均化、粉磨和燃烧（加热脱水）等工序。在工业生产中，由于选用燃烧工艺的不同，其工序的顺序有所不同。如采用直火顺流式回转窑煅烧石膏时，其工艺的顺序是：（预）均化→破碎→燃烧→粉磨，而采用炒锅燃烧时，其工艺顺序是：破碎→（预）均化→粉磨→煅烧。

985. 石膏加工中破碎的目的是什么？

在石膏加工中，通过破碎为以后的其他工序提供一定产量和细度的合格原料。

破碎级（段）数是指破碎作业中，物料破碎的次数。分一级、二级、三级（或一段、二段、三段）破碎。破碎级数取决于物料的原始粒度、最终粒度、物料的物理性能，以及所选用的破碎设备性能等。如三级破碎，一般称为粗、中、细。但是有的破碎机可兼有粗、中碎或中、细碎的功能。因此在石膏石破碎系统中不一定必须采用三级破碎格式。

986. 常用的石膏缓凝剂有哪些？

柠檬酸或柠檬酸三钠是通常用的石膏缓凝剂，其特点是易溶于水，缓凝效果明显，价格低，但也会造成降低石膏硬化体强度。其他可以使用的石膏缓凝剂有：胶水、革胶、蛋白胶、淀粉渣、糖蜜渣、畜产品水解物、氨基酸甲醛、单宁酸、酒石酸等。

987. 常用的石膏促凝剂有哪些？

石膏促凝剂由各种硫酸盐及其复盐构成，如硫酸钙、硫酸铵、硫酸钾、硫酸钠及各种矾类，如白矾（硫酸铝钾）、红矾（重铬酸钾）、胆矾（硫酸铜）等。

988. 石膏保水剂有何作用？

建筑墙体大都采用无机多孔材料，它们都具有强烈的吸水性。因此无论是作抹灰砂浆用的粉刷石膏，还是作粘结用的粘结石膏，或是作腻子用的石膏嵌缝腻子、石膏刮墙腻子，经加水调制后上墙，水分容易被墙体吸走，致使石膏缺少水化所必需的水分，造成抹灰施工困难和降低粘结强度，从而出现裂缝、空鼓、剥落等质量问题。

提高这些石膏建材的保水性，可避免浆体的水分迅速被墙体所吸收，使施工性能得到改善，与墙体的粘结力也得以提高。为此，随着石膏建筑材料的发展，保水剂已成为石膏建材的重要外加剂之一。

989. 石膏产品中掺入减水剂的意义是什么？

随着建筑节能和保护环境、发展循环经济的实施，为具有节能型绿色建材特性的石膏建材带来了发展机遇。但是一些工业副产石膏如磷石膏、脱硫石膏等，其颗粒级配、粒径及结晶体的形状与天然石膏均有不同，使它的胶凝材料流动性很差，在不调整其颗粒级配的情况下，如果不使用减水剂必加大用水量，从而导致石膏硬化体的孔隙率提高，强度大幅度下降。制品（如生产石膏砌块）中用水量的加大还增加干燥时的能量和时间，而因大水量引起孔隙率的提高还使其大量吸收湿气，进而影响制品的物理力学性能。磷石膏、脱硫石膏等自流平地坪材料更需要高效减水剂，不仅要满足高流动性和低泌水量，还不能降低强度。石膏产品中掺入减水剂，可以明显提高石膏产品的性能。

990. 集料的有哪四种含水状态？

集料的含水状态可分为全干状态、气干状态、饱和面干状态和湿润状态四种：

1）全干状态：集料内外不含任何水，通常在（105±5）℃条件下烘干而得。

2）气干状态：集料表面干燥，内部孔隙中部分含水。指室内或室外（天晴）空气平衡的含水状态，其含水量的大小与空气相对湿度和温度密切相关。

3）饱和面干状态：集料表面干燥，内部孔隙全部吸水饱和。水利工程常采用饱和面干状态计量集料用量。

4）湿润状态：集料内部吸水饱和，表面还含有部分表面水。

一般情况下，在晴天天然砂处于湿润状态；碎石处于气干状态，在雨季或湿润空气中砂石都处于湿润状态。

991. 什么是集料的含水率与吸水率？

在建筑工程中搅拌湿拌砂浆计量集料用量时，如果处于集料湿润状态，要测定集料含水率，扣除集料中的含水量；同样，计量水用量时，要扣除集料中带入的水量。

所谓含水率是指集料在自然堆积中，从大气中吸附的水量（包括吸水量和表面含水量）与其全干质量比值。

而吸水率则是指按规定方法测得的集料饱和面干状态下的含水量（也称吸水量）与其全干质量比值。

集料的吸水率是集料的固有特性，不随环境的变化而变化，它取决于集料的孔隙结构、大小和数量，并影响到湿拌砂浆的耐久性。

集料的含水率不是集料的固有特性，它随环境的变化而变化，因此在实际应用时需要经常测定，以便调整湿拌砂浆中的水和集料用量。

992. 砂浆拌合用水中有害物质对砂浆性能的影响？

1）影响砂浆的可抹性、保塑时间及凝结时间。

2）有损于砂浆强度发展。

3）降低砂浆的耐久性，加快钢筋腐蚀。

4）污染砂浆表面。

993. 石膏耐水性差原因有哪些？

1）石膏有很大的溶解度（20℃时，每1L水溶解2.05gCaSO₄），当受潮时，由于石膏的溶解，其晶体之间的结合力减弱，从而使强度降低。特别在流动水作用下，当水通过或沿着石膏制品表面流动时使石膏溶解并分离，此时的强度降低是不可能恢复的。

2）由于石膏体的微裂缝内表面吸湿，水膜产生楔入作用，因此各个结晶体结构的微单元被分开。

3）石膏材料的高孔隙也会加重吸湿效果，因为硬化后的石膏体不仅在纯水中，而且在饱和及过饱和石膏溶液中加荷时也会失去强度。

994. 石膏复合胶凝材料主要改善了石膏的什么性质？

石膏的耐水性差，提高石膏的耐水性可采取如下方法：降低硫酸钙在水中的溶解度；提高石膏制品的密实度；制品外表面涂刷保护层和浸渍能防止水分渗透到石膏制品内部的物质。

石膏复合胶凝材料主要是在石膏材料内加入某些掺合料，以改善石膏的部分耐水性能，使之更好地发挥作用，适应不同条件、不同环境、不同用途的需要。

石膏复合胶凝材料主要改善了石膏的部分耐水性能。

995. 建筑石膏粉物理性能有何要求？

建筑石膏粉是石膏刮墙腻子的主要原料，是保证粘结强度和抗冲击强度的基础原料，故对其质量要求较严格。物理性能应满足表 2-4-2 的要求：

表 2-4-2　建筑石膏粉的物理性能

细度	应全部通过	120 目筛
初凝时间	大于	6min
终凝时间	小于	30min
抗折强度 2h	大于	2.1MPa
抗压强度 2h	大于	4.9MPa
白度　直接做装饰层腻子要求	大于	85
白度　做涂料或粘贴壁纸基层腻子	大于	75
生产建筑石膏粉的石膏石中 $CaSO_4 \cdot 2H_2O$	大于	75%
Na_2O	小于等于	0.03%
K_2O	小于等于	0.03%
Cl^-	小于等于	10ppm
建筑石膏粉中 $CaSO_4O\text{-}2H_2O$	小于等于	1%
细度	应全部通过 325 筛	
Na_2O 含量	≤1.0%	
K_2O 含量	≤3.0%	

996. 沸石粉在砂浆中有哪些作用？

1）减少砂浆的泌水性，改善可泵性

由于沸石粉具有特殊的格架状结构，内部充满孔径大小不一的空腔和孔道，有较大的开放性和亲水性，故能减少砂浆、混凝土的泌水性。

2）提高砂浆强度

沸石粉中含有一定数量的活性硅及活性铝，能参与胶凝材料的水化及凝结硬化过程，且能与水泥水化生成的氢氧化钙反应生成水化硅酸钙及水化铝酸钙，进一步促进水泥的水化，增加水化产物，改善集料与胶凝材料的胶结，因而提高砂浆的强度。

3）提高砂浆的密实性与抗渗性、抗冻性

由于沸石粉与氢氧化钙反应，砂浆中水化产物增加，砂浆的内部结构致密，故砂浆的抗渗性与抗冻性也明显改善。

4）抑制碱-集料反应

天然沸石粉可通过离子交换及吸收，将 K^+、Na^+，吸收进入沸石的空腔及孔道，因而能减少砂浆中的碱含量，从而抑制碱-集料反应。

997. 为什么保水增稠材料应是非石灰类产品？

传统的保水增稠材料为石灰膏，它通过平面多层矿物结构的物理吸附水原理，在凝结硬化前使砂浆水分不易从浆体析出，并且使砂浆拌合物形成膏状物，砂浆既可在外力作用下变形，又可在外力消失后本身能承受一定的载荷，硬化后石灰膏所保持的水分能使砂浆中水泥获得充足的水分进行水化。但是，石灰是一种气硬性胶凝材料，而水泥是一种水硬性胶凝材料，石灰在水泥石灰混合砂浆体系中所起的作用也仅局限于保水增稠作用，而砂浆硬化后，石灰产物将形成水泥石灰砂浆中的薄弱环节，它是水泥石灰混合砂浆易渗水和收缩大的主要因素。所以，预拌砂浆所用的保水增稠材料应当是非石灰类的。这样，才能保证预拌砂浆既能获得混合砂浆良好的可操作性及粘结性能，又能具有水泥砂浆优良的耐久性。

998. 水泥快凝、水泥闪凝、水泥假凝的定义是什么？

当水泥中活性 C_3A 含量高，而溶解进入水泥液相中的硫酸盐不能满足正常凝结的需要时，会很快形成单硫型水化硫铝酸钙和水化铝酸钙，使水泥浆体在 45min 内凝结，这种现象称为快凝。

当磨细的水泥熟料中石膏掺量很少或未掺时，C_3A 加水后很快水化，水泥瞬间凝结，同时产生大量的热，这种现象称为闪凝。这种情况下不加水，浆体不会恢复流动性，因此浆体强度很低。

当水泥中的 C_3A 因某种原因活性降低了，而水泥中半水石膏又较多，浆体中液相所含铝酸盐浓度很低，钙离子和硫酸根离子浓度很快达到饱和，形成大量的二水石膏晶体，浆体失去流动性，这种现象称为假凝。假凝后的浆体，经过搅拌，又会恢复流动性，并正常凝结硬化。

999. 为什么要做水泥比对试验？

水泥胶砂强度检验受诸多因素的影响：操作人员、操作方法、试验环境温度、试验仪器设备精度、胶砂试模精度、预养温湿度、养护水温度等。水泥胶砂强度将决定砂浆配合比设计及调整。为此有必要进行水泥比对试验。

1000. 什么是脱硫灰？脱硫灰用于砂浆中会有什么样的后果？

电厂采用石灰水或石灰粉，通过高雾化喷头喷入除硫塔，与进入密封塔内的 150℃高温烟气接触，中和废气中的二氧化硫，生成脱硫灰，脱硫灰是以亚硫酸钙、硫酸钙为主，含有少量粉煤灰飞灰和氢氧化钙、碳酸钙的混合物。

由于电厂的脱硫工艺和煤质不同，脱硫灰成分不固定，当脱硫灰中亚硫酸钙含量高时，会造成外加剂相容性变差，砂浆安定性下降，干缩增大，砂浆保塑时间缩短，影响砂浆可抹性等质量问题。

1001. 什么是脱硝灰？脱硝灰用于砂浆中会有什么样的后果？

粉煤灰在脱硫的同时，还需脱硝。粉煤灰采用液体氨或尿素脱硝，由于脱硝剂过量而产生碳酸氢铵，在 36℃ 以上会分解出氨气，氨气被粉煤灰颗粒吸附在空腔内，水泥砂浆搅拌时铵盐和氢氧化钙反应会产生刺激性氨味。

脱硝灰用于砂浆中，易导致砂浆凝结时间延长，导致砂浆密度不稳定，保塑时间不稳定，导致砂浆质量不稳定。

1002. 砂的吸水率对砂浆拌合物的影响？

砂的吸水率试验用于测定砂的吸水率，指的是烘干质量为基准的饱和面干吸水率。

砂吸水率较大会提高砂浆的用水量，增加水泥、外加剂的用量，增加砂浆生产成本，也不利于预拌湿砂浆的延时保塑性。

1003. 什么是砂饱和面干状态？其对湿拌砂浆的性能和状态有哪些影响？

吸水率指的是测定以烘干质量为基准的饱和面干的吸水率。

砂在内部孔隙含水达到饱和，而表面干燥的状态即砂的饱和面干状态。通俗地讲：砂长时间浸泡在水里，砂再也吸不进水了，然后从水里取出后用干布将表面的水分彻底擦干净，此时的状态就是砂的饱和面干状态。

在砂浆的生产过程中，若只考虑含水率来调整生产用水，忽略吸水率对拌合物用水量的影响，会造成湿拌砂浆的工作状态达不到预期，或者稠损严重；不同砂的吸水率对砂浆的强度、抗冻性和抗渗性等耐久性指标影响很大，试验结果表明，随着砂吸水率的减小，砂浆的抗压强度逐渐增大，抗氯离子渗透性、抗渗性和抗冻融性增强。

1004. 砂的筛分析试验检测砂的哪些指标？对砂浆的配制提供哪些参考？

通过砂的筛分析，可以测定砂浆用砂的颗粒级配和细度模数。

砂的颗粒级配是指不同粒径集料之间的组成状况；一般用砂在各个筛孔上的通过率表示。良好的级配应当具有较小的孔隙率和较稳定的堆聚结构。砂的颗粒级配可以分为两种：连续级配与间断级配（俗称断级配），一般配制砂浆宜采用连续级配，间断级配容易导致砂浆离析，保塑时间降低，保水率减小。

砂的细度模数是衡量砂的粗细程度的一个指标。在砂浆生产过程中，特别注意以下几点：

1）不同细度模数情况下砂浆的可抹性及强度的变化。

2）细度模数小，砂的表观密度大，与水接触面多，在用水量一定时，导致砂浆的稠度、扩展度减小，同时胶凝材料与水反应不充分，影响砂浆强度。

3）细度模数偏大时，砂的表观密度小，与水接触面少，水过剩，砂浆中自由水数量增加，导致砂浆离析、泌水、保水降低，保塑时间缩短。同时游离水会以蒸发的形式排出，使砂浆中留下微细孔，导致砂浆保水不足，降低砂浆保塑时间，降低砂浆强度。

1005. 砂浆中存在哪些细菌及抗菌外加剂？

一些如细菌、真菌和昆虫等生物也会对混凝土、砂浆的性能产生显著影响，其机理可能是这些生物通过新陈代谢分泌一些腐蚀性物质，主要包括一些有机酸和无机酸，这些腐蚀性物质会与水化水泥浆体发生反应，在腐蚀初期水化水泥浆的碱性孔隙液会中和一部分酸性物质，随着腐蚀深度的增加，进而加速钢筋的腐蚀。

目前已证实通过掺入硫酸铜和五氯酚可以抑制硬化混凝土上藻类和苔藓的生长，但随着时间的延续，这种抑制作用会减弱。需要注意的是，不应使用有毒物质作为添加剂。

值得一提的是，科学家研究发现一些细菌可以通过沉积方解石的形式来修复裂缝，这些细菌是产芽孢厌氧菌，且是耐碱的。

1006. 聚羧酸减水剂母液的合成反应机理是什么？

聚羧酸减水剂主链带有电荷，侧链接枝在主链上，是一种梳型高分子聚合物。主链通常由不饱和小单体丙烯酸聚合而成，侧链则由不饱和键的烯丙基醚等构成。

聚合反应大多是游离基型亲电加成反应，只有形成游离基，反应才能继续进行。过氧化物不稳定，很容易释放出带一个电子的氧游离基，诱导链式反应进行，并在这一过程中产生更多游离基，使聚合反应快速进行。

引发剂是能够引发单体进行聚合反应的物质，它的作用是提供最初的游离基。

链转移剂用于调节聚合物的相对分子质量，链转移剂的加入对反应速度无大的影响，只是缩短链的长度。链转移剂可以用于控制聚合物的链长度，亦即控制聚合物的聚合度，或聚合物的黏度。通常链转移剂添加量越多，聚合物的链越短，黏度也越小。

1007. 泥土对聚羧酸减水剂的影响作用机理是什么？

1）泥土对聚羧酸减水剂的表层吸附

表层吸附的根本原因在于泥土颗粒相对于水泥颗粒具有更大的比表面积，会与水泥颗粒竞争吸附大量的聚羧酸减水剂分子，使吸附在水泥颗粒表面的减水剂分子数量减少，减水剂分散性能显著降低，增大了水泥浆体的流动性损失。

2）泥土对聚羧酸减水剂的插层吸附

插层吸附的根本原因在于聚羧酸减水剂的聚乙二醇长侧链，极易伸展并插入蒙脱土的硅氧片层并在层间水分子作用下与其片层形成氢键，降低了聚羧酸减水剂的分散性。

1008. 石膏对减水剂的使用效果有何影响？

1）使用无水石膏或工业氟石膏作为"调凝剂"，会与木质素磺酸钙或糖蜜减水剂作用，产生异常凝结现象，这是因为在上述减水剂中，硫酸钙的溶解量下降，铝酸三钙很快水化，使水泥发生速凝。

2）石膏与过热熟料共同粉磨时可能脱水形成半水石膏和无水石膏，当这种水泥与水混合时会生成针状石膏晶体，引起水泥假凝。

3）水泥水化所需的石膏量随着水泥中铝酸三钙和碱含量的增加而增加，当水泥细度过细时，早期参与水化的铝酸三钙活性高，水泥水化所需的石膏量相应增加，此时应注意补充水泥水化所需的硫酸根离子。

4）磷石膏与聚羧酸、萘系、糖钙类减水剂相容性较好，但与氨基磺酸盐和木钙减水剂的相容性很差。

5）羟基羧酸盐、醚类和二甘醇等缓凝剂可以提高硬石膏的溶解度，适用于掺加硬石膏出现急凝的水泥。

1009. 砂浆拌和用水中氯离子、碱含量、硫酸盐的试验依据是什么？

氯化物的检验应符合现行国家标准《水质 氯化物的测定 硝酸银滴定法》（GB 11896）的要求。

碱含量的检验应符合现行国家标准《水泥化学分析方法》（GB/T 176）中关于氧化钾、氧化钠测定的火焰光度计法的要求。

硫酸盐的检验应符合现行国家标准《水质 硫酸盐的测定 重量法》（GB 11899）的要求。

1010. 再生水、洗刷水作为砂浆用水的检验频次有哪些要求？

1）再生水每 3 个月检验一次；在质量稳定 1 年后，可每 6 个月检验一次。

2）设备洗刷水每 3 个月检验一次；在质量稳定 1 年后，可 1 年检验一次。

3）当发现水受到污染和对砂浆性能有影响时，应立即检验。

1011. 外加剂掺加方法分为哪几种？

1）外掺法：以外加剂质量占外加剂与胶凝材料总质量的百分比。

2）内掺法：以外加剂质量占胶凝材料质量的百分比。

3）先掺法：砂浆拌和时，外加剂先于拌合水加入的掺加方法。

4）同掺法：砂浆拌和时，外加剂与水一起加入的掺加方法。

5）后掺法：砂浆拌和时，外加剂滞后于水再加入的掺加方法。

6）二次掺加法：根据砂浆拌合物性能需要或其不能满足施工要求时，现场再次添加外加剂的方法。

2.4.2　预拌砂浆知识

1012. 如何设计砌筑砂浆的配合比？

砌筑砂浆配合比的设计分为两部分：水泥混合砂浆的配合比按统计公式进行计算，而水泥砂浆的配合比采用查表法进行选定。

1）配合比设计步骤

（1）计算砂浆试配强度（$f_{m,0}$）；

（2）计算每立方米砂浆中的水泥用量（Q_C）；

（3）计算每立方米砂浆中石灰膏用量（Q_D）；

（4）确定每立方米砂浆中的砂用量（Q_S）；

（5）按砂浆稠度选每立方米砂浆用水量（Q_W）

2）水泥混合砂浆配合比的设计

计算砂浆试配强度 $f_{m,0}$：

$$f_{m,0} = k \cdot f_2$$

式中　$f_{m,0}$——砂浆的试配强度（MPa），应精确至 0.1MPa；

　　　f_2——砂浆强度等级值（MPa），应精确至 0.1MPa；

　　　k——系数，按照表 2-4-3 取值。

表 2-4-3　砂浆强度标准差 σ 及 k 值

施工水平 强度等级	强度标准差 σ （MPa）							k
	M5	M7.5	M10	M15	M20	M25	M30	
优良	1.00	1.50	2.00	3.00	4.00	5.00	6.00	1.15
一般	1.25	1.88	2.50	3.75	5.00	6.25	7.50	1.20
较差	1.50	2.25	3.00	4.50	6.00	7.50	9.00	1.25

3）砂浆强度标准差的确定应符合下列规定：

（1）当有统计资料时，砂浆强度标准差应按下式计算：

$$\sigma = \sqrt{\frac{\sum\limits_{i=1}^{n} f_{m,i}^2 - n\mu_{fm}^2}{n-1}}$$

式中　$f_{m,i}$——统计周期内同一品种砂浆第 i 组试件的强度（MPa）；

　　　μ_{fm}——统计周期内同一品种砂浆 n 组试件强度的平均值（MPa）；

　　　n——统计周期内同一品种砂浆试件的总组数，$n \geqslant 25$。

（2）当无统计资料时，砂浆强度标准差可按表2-4-3取值：

4）水泥用量的计算应符合下列规定：

（1）每立方米砂浆中的水泥用量，应按下式计算：

$$Q_C = \frac{F_{m,0} - \beta}{\alpha \cdot f_{ce}} \times 1000$$

式中　Q_C——每立方米砂浆的水泥用量（kg），应精确至1kg；

　　　f_{ce}——水泥的实测强度（MPa），应精确至0.1MPa；

　　　α、β——砂浆的特征系数，其中 α 取3.03，β 取—15.09。

注：各地区也可用本地区试验资料确定 α、β 值，统计用的试验组数不得少于30组。

（2）在无法取得水泥的实测强度值时，可按下式计算：

$$f_{ce} = \gamma_c \cdot f_{ce,k}$$

式中　$f_{ce,k}$——水泥强度等级值（MPa）；

　　　γ_c——水泥强度等级值的富余系数，宜按实际统计资料确定；无统计资料时可取1.0。

5）石灰膏用量应按下式计算：

$$Q_D = Q_A - Q_C$$

式中　Q_D——每立方米砂浆的石灰膏用量（kg），应精确至1kg；石灰膏使用时的稠度宜为（120±5）mm；

　　　Q_C——每立方米砂浆的水泥用量（kg），应精确至1kg；

　　　Q_A——每立方米砂浆中水泥和石灰膏总量，应精确至1kg，可为350kg。

6）每立方米砂浆中的砂用量，应按干燥状态（含水率小于0.5%）的堆积密度值作为计算值（kg）。

7）每立方米砂浆中的用水量，可根据砂浆稠度等要求选用210～310kg。

注：1. 混合砂浆中的用水量，不包括石灰膏中的水；

　　2. 当采用细砂或粗砂时，用水量分别取上限或下限；

　　3. 稠度小于70mm时，用水量可小于下限；

　　4. 施工现场气候炎热或干燥季节，可酌量增加用水量。

8）现场配制水泥砂浆的试配应符合下列规定：

（1）水泥砂浆的材料用量可按表2-4-4选用。

表 2-4-4　每立方米水泥砂浆材料用量　　　　　　　（kg/m³）

强度等级	水泥	砂	用水量
M5	200～230		
M7.5	230～260		
M10	260～290		
M15	290～330	砂的堆积密度值	270～330
M20	340～400		
M25	360～410		
M30	430～480		

注：1. M15 及 M15 以下强度等级水泥砂浆，水泥强度等级为 32.5 级；M15 以上强度等级水泥砂浆，水泥强度等级为 42.5 级；
2. 当采用细砂或粗砂时，用水量分别取上限或下限；
3. 稠度小于 70mm 时，用水量可小于下限；
4. 施工现场气候炎热或干燥季节，可酌量增加用水量；
5. 试配强度应按上述计算。

（2）水泥粉煤灰砂浆材料用量可按表 2-4-5 选用。

表 2-4-5　每立方米水泥粉煤灰砂浆材料用量　　　　　（kg/m³）

强度等级	水泥和粉煤灰总量	粉煤灰	砂	用水量
M5	210～240			
M7.5	240～270	粉煤灰掺量可占胶凝材料总量的 15%～25%	砂的堆积密度值	270～330
M10	270～300			
M15	300～330			

注：1. 表中水泥强度等级为 32.5 级；
2. 当采用细砂或粗砂时，用水量分别取上限或下限；
3. 稠度小于 70mm 时，用水量可小于下限；
4. 施工现场气候炎热或干燥季节，可酌量增加用水量；
5. 试配强度应按上述计算。

9）配合比的试配、调整与确定

（1）采用工程中实际使用的材料进行试配。按计算或选用的配合比进行试拌，测定砂浆拌合物的稠度和分层度，当不能满足要求时，应调整材料用量，直到符合要求为止。此时得到的配合比为基准配合比。

（2）试配时至少应采用三个不同的配合比，其中一个为基准配合比，其他配合比的水泥用量应按基准配合比分别增加及减少 10%。在保证稠度、分层度合格的条件下，可将用水量或掺加料用量作相应调整。

（3）对三个不同的配合比进行调整后，按标准方法成型和养护 70.7mm×70.7mm×70.7mm 立方体试件，并测定砂浆抗压强度；选定符合试配强度要求且水泥用量最低的配合比作为砂浆配合比。

1013. 石膏罩面腻子应符合哪些性能要求？

石膏刮墙腻子的优良性能已成为建筑物室内装修不可缺少的材料之一，其市场越来越大，致使不少生产厂家由于利益驱动，掺杂使假，有些甚至将大白粉、滑石粉加入劣质纤维素出售，使建筑市场处于混乱无序状态。石膏罩面腻子应符合《建筑室内用腻子》（JG/T 298）中的标准要求。

1014. 什么是嵌缝石膏？

缝石膏粉是多种材料预混合的粉状材料，需加水搅拌成可操作的膏状体嵌缝腻子。进行嵌填、找平等接缝处理，硬化后使石膏板板面成为一体。具有和易性好、黏稠合适、易涂刮、有足够的可使用时间、干硬快、不收缩，属于凝固型腻子，能充分嵌填饱满不同厚度的板间缝隙，不裂纹。由于嵌填饱满有利于提高隔声指数和耐火性能，具有合适粘结性能，使嵌缝腻子与石膏板的纸面、石膏芯材以及接缝带等均能粘结牢固，耐火性能及强度均优于纸面石膏板，是一种适合各种类型石膏板板间接缝用的通用型接缝腻子。

1015. 嵌缝石膏应满足哪些应用性能？

1）嵌缝石膏粉的细度，直接影响腻子层表面光滑程度。特别是最后一道腻子层，如果通过 0.2mm 筛余物里有不溶于水的大颗粒，表面就可能刮出道痕而影响表面平整。WKF 粉中有少量筛余，但主要是溶于水的物质，在使用时，必须将嵌缝腻子搅拌均匀后方可使用。

2）嵌缝腻子的凝结时间，初凝不能太快，在 30min 以上为宜，便于操作；终凝也不宜太长，一般在 90min 左右。太长会延长接缝处理完成的周期。

3）当嵌缝腻子嵌填在石膏板板间接缝处，板间的腻子厚度（与板的厚度一致）会厚一些，在楔形倒角内的腻子就薄一些，因此，嵌缝腻子层无论是厚处还是薄处均不应有裂缝产生。这就要求嵌缝腻子的裂缝试验合格。同时嵌缝腻子与石膏板的面纸、接缝带粘接也要良好，在凝固后，有足够的抵御外界负荷影响的能力。

4）嵌缝腻子不能发霉，在使用过程中发霉，会使终饰面上出现霉点，影响使用，造成返工；如在储存过程中发霉，则影响产品质量，不能继续使用而报废。

1016. 石膏罩面腻子的原材料有哪些？

1）建筑石膏粉。

2）滑石粉。在石膏腻子中主要是提高料浆的施工性，易于刮涂，增加表面光滑度。

3）保水剂。腻子料浆的刮涂性能主要由保水剂做保证。保证腻子料浆的和易性，并使腻子层中的水分不会被墙面过快地吸收，致使石膏水化所需水量不足，而出现掉粉脱落现象。保水剂以纤维素的衍生物为主，如：甲基纤维素（MC）、羟乙基纤维素（HEC）、羟丙基甲基纤维素（HPMC）和羧甲基纤维素（CMC）等。

4）粘结剂。在石膏刮墙腻子配料中 CMC 虽然有一定黏度，但会对石膏的强度有不同程度的破坏作用，尤其是表面强度，因此需掺加少量粘结剂，使其在石膏刮墙腻子干燥过程中迁移至表面，增加石膏刮墙腻子表面强度，否则刮到墙上的石膏刮墙腻子因长时间不喷刷涂料而出现表面掉粉现象。但采用 MC、HPMC 或 HEC 则可不掺粘结剂，它们与 CMC 不同，其可以作粉状粘结剂用，对石膏强度不会降低或降低甚少。

石膏腻子常用的粘结剂有：糊化淀粉、淀粉、氧化淀粉、常温水溶性聚乙烯醇、再分散聚合物粉末。

5）缓凝剂。尽管某些纤维素醚和粘结剂对石膏有缓凝作用，但缓凝效果达不到石膏刮墙腻子的使用时间要求，因此还要加入一定量缓凝剂。

6）渗透剂。为了使石膏刮墙腻子能与基底结合得更好，应在石膏刮墙腻子中掺入极少量渗透剂。常用的渗透剂有阴离子型和非离子型。

7）柔韧剂。石膏硬化体本身软脆，一旦刮墙腻子层过厚，极易从两腻子层之间剥离，因此加入一定量柔韧剂和渗透剂则可以提高腻子柔韧程度，并可进一步提高腻子料浆的操作性能。常用的柔韧剂有各种磺酸盐、木素纤维等。

1017. 干混界面砂浆的原材料有哪些技术要求？

干混界面砂浆一般是水泥基的聚合物改性砂浆，原材料中的水泥属于无机胶凝材料，聚合物属于有机胶凝材料，一般选用能适用于碱性环境的可再分散乳胶粉，两者相互协调发挥功能。砂应采用细砂，最大粒径一般不应超过 0.5mm，主要起增加粘结强度和增加砂浆体积稳定性的作用。保水剂等其他外加剂可改善砂浆的均匀性和工作性。干混界面砂浆可以根据工程要求进行原材料的调整。

1018. 水泥基自流平砂浆有哪些用途？

水泥基自流平砂浆主要用于干燥的、室内准备铺设地毯、PVC、聚乙烯地板、天然石材等区域的地面找平，也可用于干混砂浆表面施工树脂涂层材料的找平层，还可以在仓库、地下停车场、工业厂房、学校、医院和展览厅等需要高耐久性及平滑性的地方，直接作为地面的最终饰面材料。自流平砂浆可以泵送，施工时自动找平，施工效率高，质量稳定。

1019. 水泥基自流平砂浆有哪些种类？

水泥基自流平砂浆可分为：

1）高强型，表面硬度高，耐磨损，用于高耐磨地坪，重负荷交通地面，也可作为干混砂浆表面拟施工树脂涂层材料前的找平层；还可以在工厂、地下停车场、仓库等需要高耐久性及平整性的地方，直接作地面的最终饰面材料，还用于大面积起砂地坪的修复，如码头起砂或磨损后的蜂窝麻面修补，铺设其他材料的基底找平。

2）防水型，用于建筑防水地面。

3）彩色型，可做成多种颜色，增加装饰效果，用于有装饰要求的自流平地面。

1020. 自流平砂浆的主要优点有哪些？

1）可泵送，因而施工效率高，可节省时间及人工。

2）自动流平，可避免昂贵的找平及抹光工作。

3）快硬，施工 3～4h 后即可上人。

4）表面美观，固化后的地面光洁、平整，是地面装饰材料的理想基层，不需要再抹光。自流平砂浆是在水泥基砂浆中加入聚合物及各种外加剂，完工后表面光滑平整，且具有较高的抗压强度。

5）绿色环保，无任何辐射及气体污染。

1021. 水泥基自流平地坪砂浆的特点有哪些？

1) 自流动性能，以获得光滑的表面，从而使终饰地板面层可直接铺设于其上。

2) 快速硬化，以尽快达到上人行走施工的目的，典型的高质量产品 2h 后即可上人，过夜干燥后即可铺设终饰地板面层。

3) 具有较高的抗压和抗折强度，以及与基层良好的粘结性和耐磨性。

1022. 无机修补砂浆的特点有哪些？

采用普通水泥或特种水泥与级配集料配制的水泥基砂浆是最常用的修补材料，具有耐久性好、耐水性好、价廉、环保等优点，但对于细小裂纹，因水泥基材料与集料颗粒尺寸较大难以进入裂缝而无法实施对裂缝的修复与修补，同时，砂浆与基底旧砂浆的粘结性能较差。

例如在混凝土路面维修中，若采用水泥基砂浆作为修补材料，应先进行基层的缺陷修补，然后再进行面层板块的修补。采用高强水泥砂浆压力灌浆对基层的缺陷进行修补，以加固路面板块基础。面层板块则采用早强、高强、微膨胀、粘结性良好的砂浆进行修补。为此，在配合比中采用"早强剂＋高效减水剂＋膨胀剂"。试验表明：水泥砂浆的 2d 抗压强度在 27.8～41.3MPa，抗折强度在 5.05～8.0MPa；28d 抗压强度在 42.0～71.5MPa，抗折强度在 7.47～11.43MPa，早期强度与 28d 强度均较高，对路面混凝土基础，压力灌浆水泥砂浆足够满足强度要求。掺加粉煤灰的砂浆早期强度略低，2d 抗压强度在 15.2～26.3MPa，抗折强度在 3.10～5.47MPa；28d 抗压强度在 45.2～54.1MPa，抗折强度在 7.57～8.80MPa。对压力灌浆加固的路面混凝土基础，在经过 2d 的养护后，亦可满足支撑面层混凝土的强度要求。

1023. 干混填缝砂浆的主要原材料是什么？

1) 水泥：无机胶凝材料。

2) 石英砂：作为填料并调节其稠度。

3) 重钙：细填料。

4) 纤维素醚：作为增稠剂并保持填缝剂中的水分稳定，确保薄层施工工艺中砂浆的水分不会很快蒸发或被基材和瓷砖吸收，从而能在最佳状态下凝结硬化。

5) 可再分散乳胶粉：增强对所有基材的粘结强度，增加拉伸强度，降低弹性模量，改善工作性，减少碳化，减少水的渗透性。

6) 其他功能性外加剂等。

1024. 水泥基灌浆砂浆的特点是什么？

水泥基灌浆砂浆也称为无收缩灌浆料，是由优质水泥、各种级配的集料，辅以高流态、防离析、微膨胀等物质，经工厂化配制生产而成的预混料，加水拌和均匀即成流动性很好的灰浆。常用于干缩补偿、早强、高强灌浆、修补等。其特点如下：

1) 使用方便。加水搅拌后即可使用，无离析，质量稳定。

2) 具有膨胀特性。在塑性阶段和硬化期均产生微膨胀以补偿收缩，体积稳定，防水、防裂、抗渗、抗冻融。

3) 高流动性。一般在低水灰比下即具有良好的流动性，便于施工浇筑，保证工程质量。

4）快硬高强。可用于紧急抢修，节省工期。

5）适用面广，耐久性好。可用于地脚螺栓锚固、设备基础的二次灌浆、混凝土结构改造和加固、后张预应力混凝土结构预留孔道的灌浆及封锚。

6）安全环保。无毒无味，使用安全。

1025. 嵌缝石膏的原材料有哪些？

嵌缝石膏粉是一种由建筑石膏、缓凝剂、胶粘剂、保水剂、增稠剂、表面活性剂等多种材料组成，经一定的生产工艺加工而成的预混合粉状材料。其主要组成材料是以具有遇水能迅速发挥其应有作用的粉状材料。

1）建筑石膏

建筑石膏是以β半水石膏（$\beta CaSO_4 \cdot 1/2H_2O$）为主要成分，含有少量Ⅲ型无水石膏和二水石膏，具有凝结快、可塑性好、硬化体不收缩，有良好的粘结性和强度，是一种合适石膏板板间嵌缝的理想胶凝材料。

其主要技术性能满足下列要求：细度为120目，全部通过0.2mm标准筛，其他性能符合《建筑石膏》（GB/T 9776）标准中的规定，强度达到合格品即可。

2）缓凝剂

缓凝剂的作用是延长石膏的凝结时间，使嵌缝石膏有足够的可使用时间。通常单独采用一种缓凝剂，为了达到足够的凝结时间，就需加大掺量。某些无机盐类在加大掺量时，产生泌水，石膏强度明显下降，以至于发生粉化、表面涂层脱离、空鼓、脱皮、剥落等弊病。因此，需选用适当的缓凝剂复合使用。

其主要技术性能满足下列要求：易溶于水，掺少量能使石膏腻子初凝时间延长至30min以上，并使石膏腻子的强度试验和腐败试验结果符合标准要求。

3）胶粘剂（可再分散乳胶粉）

胶粘剂的作用是改善石膏的粘结性能，提高嵌缝腻子对纸面石膏板的面纸及接缝带等被粘物的粘结性。

嵌缝石膏粉用的胶粘剂应该是水溶性或水溶胀型的粉状胶粘剂，其种类有动植物胶（可溶性淀粉、骨胶等）、有机高分子化合物（聚醋酸乙烯类、可再分散胶粉料）和两者共混或改性的产品。一般动植物类胶粘剂容易霉变，影响腻子性能，而有机高分子类胶粘剂一般价格昂贵，单独使用成本高。根据聚合物共混原理，将两种以上的胶粘剂共混，增大水溶性和粘结性，遇水溶解快，搅拌不易结团，提高石膏的塑性，改善脆性和抗裂性，使嵌缝腻子有足够的粘结强度。

其主要技术性能满足下列要求：在水中能分散、不结团的粘结材料，使石膏腻子与接缝带的粘结试验结果符合标准要求。

4）保水剂（增稠剂）

保水剂（增稠剂）与水形成胶体溶液，使水不易挥发或被基层吸收，保证了石膏水化所需的水分，起到保水的作用。同时调整石膏腻子的黏稠度，使腻子在嵌填板间缝隙时不会因下垂而嵌填不饱满，不易产生裂缝。但这类产品的掺入有可能会降低石膏的强度和延缓石膏的水化过程，为了保持腻子综合性能良好，保水剂（增稠剂）的选择及掺量必须合适。常用的有水溶性纤维素衍生物、改性淀粉等（详细介绍见第一章）。

其主要技术性能满足下列要求：适量掺加使石膏腻子不下垂，保水率（滤纸法测定）达 95% 以上，并使石膏腻子的强度试验和腐败试验结果符合标准要求。

5）表面活性剂

表面活性剂是能降低水的表面张力，对嵌缝腻子的各组分之间起到浸润、分散作用。

1026. 粘结石膏有何特点？

它具有无毒无味、安全性好、使用方便（只要加入一定量的水，搅拌均匀达到施工用稠度即可使用）、操作简单、瞬间粘结力强、能厚层粘结、不收缩、凝结速度快、节省工时等优点。适用于各类石膏板（如纸面石膏板、石膏砌块、石膏条板、石膏保温板、装饰石膏板）、石膏角线等装饰艺术制品的粘结以及加气混凝土、玻璃纤维增强混凝土（GRC）等墙体板材的粘结，也可与其他无机建筑墙体材料（如砖、水泥混凝土）之间的粘结。

胶粘剂有液状、乳膏状和固态状之分。液状又有溶剂型和水剂型，而固态状则有粉状、颗粒状、薄膜状等种类繁多。作为建筑胶粘剂这三种状态都可用于不同的场合和部位，重要的是技术性能和经济核算是否符合实际和发展需要。

1027. 粘结石膏有哪些原材料？

1）建筑石膏

建筑石膏是粘结石膏保证粘结强度的主要原料，应符合国家标准《建筑石膏》（GB/T 9776）的要求。

2）缓凝剂

建筑石膏的凝结时间，标准要求初凝大于 6min，终凝小于 30min，单靠这个凝结时间是无法进行施工操作的。而粘结石膏按被粘结的材料和部位的不同，分快凝型和慢凝型，因此在配制时就需要加入适当的缓凝剂。与粉刷石膏和石膏腻子不同，粘结石膏所要求的凝结时间无需很长，一般快凝型的要求初凝时间不小于 5min，终凝时间不大于 20min；慢凝型的要求初凝时间不小于 25min，终凝时间不大于 120min。

3）保水剂、增稠剂

与前述的其他石膏建筑材料相同，粘结石膏如保水性差，料浆中的水分很快被基底材料吸走，不仅增加施工操作的难度，同时因失去了水化所需的水分而降低粘结力，严重时会丧失全部的粘结强度，因此保水剂是配制粘结石膏的重要外加剂。

4）粘结剂

粘结剂是作为增强粘结石膏粘结力的原材料，一般用于特殊粘结（例如在砖墙或混凝土墙上粘结聚苯保温板）的粘结石膏内。常用的有聚乙烯醇和乙烯醋酸-乙烯二元共聚、氯乙烯-乙烯-月桂酸乙烯酯三元共聚等可再分散聚合物粉末。虽然聚乙烯醇的粘结强度会随时间的增长而衰减，但作为室内应用的粘结石膏，它的大部分粘结强度来自石膏胶凝材料，因此作为粘结补强，聚乙烯醇仍是目前首选的粘结剂。从长远和特殊应用的效果看，仍以使用可再分散乳胶粉最为理想，

1028. 轻质抹灰石膏有何发展前景?

我国新建建筑墙体抹灰层空鼓、开裂的现象非常普遍,是建筑行业质量的第一顽疾,随着精装修房的增多及客户对产品质量的要求,急需能够解决空鼓、开裂的有效方案。

轻质抹灰石膏是一类以工业副产石膏为胶凝材料,以玻化微珠或膨胀珍珠岩为轻质集料,添加多种外加剂配制而成的单组分抹灰找平材料,具有早强快硬、粘结力好、质轻、微膨胀等特点,可用于替代传统水泥砂浆,解决墙面空鼓、开裂难题,提高建筑施工效率,同时大量消纳工业副产石膏废渣。

1) 轻质抹灰石膏的技术优势

(1) 粘结强度是传统水泥砂浆的 6 倍,线性收缩率是其 1/10,用其作为墙体找平材料,墙面不会产生空鼓、开裂现象,一定程度上解决了建筑质量的普遍问题。

(2) 导热系数是水泥砂浆的 1/6,两侧各 15mm 的抹灰厚度,即可满足夏热冬冷地区节能设计规范要求,提高居住建筑节能效率 3%～5%。

(3) 密度是传统水泥砂浆的 50%,不仅可以减少汽车运输量,还可以减轻建筑物质量。

(4) 可采用机器喷涂施工,效率是手工抹灰三倍,可大幅减少对熟练抹灰工的依赖,缓解用工难问题。

(5) A 级防火,是钢结构的优良防火材料。

(6) 具有调湿、吸音、阻热等功能,可提高居住舒适性,是"会呼吸的墙、知冷暖的家。"

(7) 采用工业废渣为原料,可大量消纳副产石膏 7000 万吨,提高副产石膏利用率 38%。

(8) 材料成本相当,经济上可行。

2) 轻质抹灰石膏的市场前景

(1) 作为一种新型抹灰材料,轻质抹灰石膏将有可能最终代替传统水泥砂浆,这从发达国家轻质抹灰石膏在室内墙面找平中占主导地位可窥见一斑。在法国、西班牙、土耳其,轻质抹灰石膏占 90% 份额,水泥砂浆不到 10%;在英国,轻质抹灰石膏占 96% 份额,石膏板和水泥砂浆分别占 3% 和 1%。

(2) 在我国,墙面找平材料还是传统水泥砂浆,包括工业化生产的商品砂浆。根据国家统计局数据,2015 年全国新建房屋面积 20 亿平方米,如采用轻质抹灰石膏作为室内抹灰材料,需求量约为 8000 万吨,市场前景广阔。

3) 轻质抹灰石膏的经济和社会效益

利用轻质抹灰石膏,不仅克服了采用传统抹灰方法易出现的加气混凝土墙体空鼓和开裂的问题,而且具有显著的经济和社会效益。

(1) 轻质抹灰石膏施工和易性好,粘结力强,并有微膨胀,故抹灰层厚度可以更薄且落地灰少,节约了成本,做到了现场文明施工。

(2) 浆料密度小,可减轻建筑物的自重。

(3) 早强快硬,缩短了工期,可以在环境温度 -5℃ 以上施工,节省了大量的冬期施工费用。

（4）属 A 级防火材料，且具有良好的隔声、保温性能，是安全、节能居住环境的优选材料。

（5）抹灰层致密光洁，碱度低，为表面装修提供了优良的基层，可减少表面装饰、装修材料的用量，涂料用量减少 30%。

（6）轻质抹灰石膏完全硬化后，内部形成网络结构，多孔结构具有良好的保温隔热的效果。

1029. 冬期施工如何加强砂浆养护？

1）新施工的砂浆表面应保湿，保证水泥的水化水足够。

2）保持施工面保温防止受冻，易受冻的部位，应加强保温措施。

3）施工点温度高失水快的部位及时进行保温、保湿养护。

4）砂浆在养护期间应防风、防失水、防破坏。

1030. 影响湿拌砂浆含气量的因素有哪些？

1）水泥

水泥品种，硅酸盐水泥的引气量依次大于普通水泥、矿渣水泥、火山灰水泥。对于同品种水泥，提高水泥的细度或碱含量，增大水泥用量，都可导致引气量的减少。

2）砂

含气量一般随粒径、砂率的减少而降低。此外，砂的颗粒形状、级配、细颗粒含量、炭质含量等对湿拌砂浆拌合物含气量也有影响。天然砂的引气量大于机制砂，且粒径为 0.15~0.6mm 的细颗粒越多，引气量越大。

3）矿物掺合料

掺加矿物掺合料，一般降低含气量，原因是矿物掺合料中含有的多孔炭质颗粒或沸石结构对气体有显著的吸附作用。

4）外加剂

引气剂的使用是增加湿拌砂浆拌合物含气量的最有效手段，掺量越高，含气量越大。某些减水剂与引气剂复合使用，会降低湿拌砂浆的含气量，因此外加剂复配应经过试验确定。

5）水胶比

水胶比太小，则拌合物过于黏稠，不利于气泡的产生；水胶比过大，则气泡易于合并长大，并上浮逸出。

6）搅拌和密实工艺

机械搅拌比人工搅拌引气量大，适当的搅拌速度和适当的搅拌时间，可提高含气量。机械振捣以及振捣时间会引起气泡的逸出，降低含气量。

7）环境温度

温度越高，含气量越小。

1031. 钢筋锈蚀电化学反应的机理是什么？

1）钢筋锈蚀属于电化学过程，可表示为：

阳极反应 $Fe \longrightarrow Fe^{2+} + 2e$

阳极区释放的电子通过钢筋向阴极区传送：

阴极反应 $O_2 + 2H_2O + 4e \longrightarrow 4OH^-$

将上述两个反应综合起来，则得：

$$2Fe + O_2 + 2H_2O \longrightarrow 2Fe(OH)_2$$

（2）$Fe(OH)_2$ 被进一步氧化成 $Fe(OH)_3$：$4Fe(OH)_2 + O_2 + 2H_2O \longrightarrow Fe(OH)_3$

（3）$Fe(OH)_3$ 脱水后变成疏松、多孔、非共格的红锈 Fe_2O_3；在少氧条件下，$Fe(OH)_2$ 氧化不很完全，部分形成黑锈 Fe_3O_4。生成的 Fe_2O_3、Fe_3O_4 体积膨胀数倍，使混凝土、砂浆保护层开裂与脱落。

1032. 影响钢筋锈蚀的因素有哪些？

（1）水灰比，水灰比越大，砂浆、混凝土的孔隙率越大，密实度降低，增大 O_2 和 Cl^- 扩散系数，最终是锈蚀速度加快。

（2）水泥成分，各水泥成分中以 C_3A 对 Cl^- 的吸附作用最大，故当 C_3A 含量高时，被吸附的 Cl^- 多，游离 Cl^- 的浓度小，对防护钢筋锈蚀有利。目前水泥里面普遍添加水泥助磨剂也存在 $0.02\% \sim 0.03\%$ 的氯离子。

（3）在水泥中掺入各种矿物掺合料对抗 Cl^- 引起的钢筋锈蚀有利。掺合料的作用主要体现在延缓钢筋锈蚀的开始时间和降低锈蚀速度。矿渣和粉煤灰均对 Cl^- 有较大的吸附作用，均使 Cl^- 的有效扩散系数降低，从而延缓钢筋锈蚀的开始时间。

（4）砂浆里面掺加氯盐早强防冻剂，有使钢丝挂网产生锈蚀的风险。

（5）钢筋保护层，保护层厚度越大，O_2 的浓度梯度越小，锈蚀速度越慢。

1033. 提高工程砂浆耐久性的措施是什么？

（1）砂浆配合比方面

① 掺加优质砂浆外加剂，降低砂浆的水胶比。

② 合理掺加矿物掺合料。

③ 稳定砂浆的保塑时间，控制砂浆密度。

④ 控制砂浆中氯离子含量、碱含量等有害物质。

⑤ 选用优质砂源

（2）工程施工方面

① 加强砂浆施工质量控制，保证砂浆施工层厚度，减少砂浆开裂、空鼓。

② 加强砂浆的现场养护，养护要规范，不提高砂浆的密实性、抗渗性、粘结性。

③ 严格砂浆控制砂浆保塑时间，应根据不同环境要求、采取防护措施，禁用剩料，规范施工使用。

④ 加强裂缝控制，抹灰墙体垂直平整度差的部位，必须提前找平后再进行抹灰，控制好施工厚度，基层处理要规范，不同交界处挂钢丝网，根据施工需求抹灰后满挂玻纤网。

⑤ 加强空鼓控制，混凝土结构墙面抹灰易起泡，基层粘结不实，施工前润湿，不得过湿（有明水），过干（大量吸收砂浆内部水分），严格进行基层处理。

⑥ 加强砂浆强度控制，抹灰施工搓压不得过于频繁，禁用剩料，控制好砂浆水分砂浆稠度。

1034. 干混砂浆中添加减水剂需注意哪些问题？

预拌砂浆中通常都掺入一定数量的保水增稠材料，而保水增稠材料都有较强的需水性，因而增加了砂浆的单位用水量，也影响到砂浆的力学性能和耐久性，因此需采用适当的减水剂对水泥浆体体系进行分散。

减水剂的品种繁多，从理论上讲，木质素系、萘磺酸盐系、密胺系、氨基磺酸盐系、脂肪族系和聚羧酸盐系减水剂都可用作水泥浆体系的分散剂使用，但由于这些减水剂不仅自身分散、塑化和增强效果差异较大，而且与所用水泥、粉煤灰、矿渣粉等存在一定的适应性。更重要的是，预拌砂浆是一种多组分、各组分比例相差悬殊的混合体，尤其是增稠剂和保水剂的存在，大大影响了减水剂的塑化分散效果。当某种组分的增稠剂或保水剂存在于水溶液相中时，某些种类的减水剂不仅无法发挥其应有的塑化效果，有时甚至会使砂浆流动性更差。

因此，在生产高流动性砂浆，选择减水剂时，必须经过大量的试验验证，选择最合适的减水剂品种，并确定其最佳掺量。

1035. 混凝土小型空心砌块砌体工程对小砌块有何要求？

混凝土小型空心砌块（简称小砌块）是普通混凝土小型空心砌块和轻集料（浮石、火山渣、煤渣、自然煤矸石、陶粒等）混凝土小型空心砌块的总称。常用混凝土小砌块的主要规格为390mm×190mm×190mm，辅助规格为290（90）mm×190mm×190mm，空心率为25%～50%。小砌块的特点是：块大、体轻，高强、节约砂浆，增加房屋使用面积，组砌方便，施工工效高，速度快，成本低，同时适应性强，多用于一般七层以下民用房屋及工业仓库、围护墙等工程。

由于小砌块在早期自身收缩较大且收缩速度较快，到后期收缩速度放缓，强度趋于稳定。如果将未经停置或陈放时间较短的小砌块直接用到工程上去，由于小砌块早期收缩值大，墙体容易产生收缩裂缝，影响砌体的整体性，引起渗漏水，并降低砌体强度和承载力。因此，为有效控制砌体收缩裂缝和保证砌体强度，要求砌体施工时，所用小砌块的产品龄期不应少于28d。

1036. 如何砌筑小砌块？

小砌块砌筑时采取"对孔、错缝、反砌"的工艺，以保证砌体的砌筑质量。所谓对孔，是将上皮小砌块的孔洞对准下皮小砌块的孔洞，上、下皮小砌块的壁、肋可较好地传递竖向荷载，保证砌体的整体性及强度。所谓错缝，即上、下皮小砌块错开砌筑（搭砌），搭接长度不小于90mm，以增强砌体的整体性。所谓反砌，是将小砌块生产时的底面朝上砌筑于墙体上，这样铺灰面较大，易于铺放砂浆和保证水平灰缝砂浆的饱满度，且有利于小砌块的受力。

如需移动已砌好砌体的小砌块或被撞击的小砌块时，应重新铺浆砌筑。

1037. 对小砌块砌体灰缝的砂浆饱满度有何要求？

砌体灰缝应横平竖直，全部灰缝均应铺填砂浆。水平灰缝的砂浆饱满度，按净面积计算不得低于 90％；竖向灰缝采用加浆法，使其砂浆饱满，竖向灰缝的砂浆饱满度不得小于 80％，竖缝凹槽部位应采用砌筑砂浆填实；不得出现瞎缝、透明缝。

小砌块砌体施工时砂浆饱满度的要求比砖砌体的更严格。这是因为：一是由于小砌块壁较薄，肋较窄，应要求更严些；二是砂浆饱满度对砌体强度及墙体整体性影响较大，其中抗折强度较低又是小砌块砌体的一个弱点；三是考虑建筑物使用功能（如防渗漏）的需要。

砂浆饱满度的检验方法是采用专用百格网，检测小砌块与砂浆粘结痕迹，每处检测 3 块小砌块，取其平均值。

1038. 小砌块砌筑时是否可对小砌块提前浇水？

1）普通混凝土小砌块比较密实，具有饱和吸水率低和吸水速度迟缓的特点，浇过水的小砌块与表面明显潮湿的小砌块会产生膨胀和日后干缩，砌筑后墙体易产生裂缝，所以，一般情况下砌墙时可不浇水，砌筑时砌块的含水率宜为自然含水率。

2）在天气干燥炎热、气温超过 30℃时，可提前洒水湿润小砌块，以减少砂浆铺摊后失水过快，影响砌筑砂浆与小砌块之间的粘结。而轻集料混凝土小砌块的吸水率较大，有些品种的轻集料小砌块的饱和含水率可达 15％ 左右，对这类小砌块宜提前浇水湿润，但不宜过多。控制小砌块含水率的目的：一是避免砌筑时产生砂浆流淌；二是保证砂浆不至于失水过快。因此，要合理控制小砌块的含水率，并与砌筑砂浆的稠度相适应。

3）小砌块进场后不宜贴地堆放，底部应架空垫高，雨天上部应遮盖。砌筑时，不得使用被雨、雪淋湿的小砌块进行砌筑，雨期应对小砌块墙体进行遮盖。另外，当小砌块表面有浮水时，不得施工。

1039. 砌体临时间断处为何要设置留槎？

除设置构造柱的部位外，砌体的转角处和交接处应同时砌筑。对不能同时砌筑而又必须留置的临时间断处，应砌成斜槎，不允许采用留直槎的连接形式，以保证砌体的整体性。为施工方便并控制新砌砌体的变形和倒塌，限定临时间断处的高度差不得超过一步脚手架的高度。

为确保接槎处砌体的整体性和美观，砌体接槎时，必须将接槎处的表面清理干净，浇水湿润并填实砂浆，保持灰缝平直。

1040. 对砖砌体水平灰缝的砂浆饱满度有何要求？

砌体水平灰缝砂浆饱满度对砌体的抗压强度有一定的影响，因此要求水平灰缝的砂浆饱满度不得低于 80％，以保证砌体的抗压强度能满足设计要求的抗压强度值。

砂浆饱满度的检验方法是采用百格网，检查砖底面与砂浆的粘结痕迹面积。要求每处检测 3 块砖，取其平均值。

1041. 砖砌体的竖向灰缝为何不得出现透明缝、瞎缝和假缝？

竖向灰缝砂浆的饱满度一般对砌体的抗压强度影响不大，但对砌体的抗剪强度影响明显。有资料表明，当竖缝砂浆很不饱满甚至完全无砂浆时，其砌体的抗剪强度将降低 40％～50％。此外，透明缝、瞎缝和假缝对房屋的使用功能也会产生不良影响，容易造成墙体渗水。因此，砌体施工时，竖缝应采用挤浆或加浆方法使其饱满，防止出现透明缝、瞎缝和假缝。砌筑时应随砌随检查，并及时进行校正，以保证砖砌体的表面平整度、垂直度、灰缝厚度和砂浆饱满度等。砌块的调整应在砂浆凝结前进行，否则会造成砌块与砂浆的粘结受到破坏，影响砌体的粘结强度、整体性和承载力。

1042. 砖砌体的灰缝为何应横平竖直，厚薄均匀？

灰缝横平竖直，厚薄均匀，既是对砌体表面美观的要求，尤其是清水墙的外观更为重要，又有利于砌体均匀传力。灰缝过大，会使砌体收缩变形增大；灰缝过小，则会因局部砖与砖之间没有砂浆而发生应力集中现象，从而降低砌体强度。试验表明，灰缝厚度还影响砌体的抗压强度。例如对普通砖砌体而言，与标准水平灰缝厚度 10mm 相比较，12mm 水平灰缝厚度砌体的抗压强度降低 5%；8mm 水平灰缝厚度砌体的抗压强度提高 6%。对多孔砖砌体，其变化幅度更大些。因此规定，水平灰缝的厚度不应小于 8mm，也不应大于 12mm，宜为 10mm。

1043. 砖砌体工程采用铺浆法砌筑时，对铺浆长度有何要求？

砌筑砖砌体时，要随铺砂浆随砌筑。当采用铺浆法砌筑时，铺浆长度不得超过 750mm；施工期间气温超过 30℃时，铺浆长度不得超过 500mm。因铺浆长度对砌体的抗剪强度有较明显影响，有资料表明，在气温为 15℃ 时，铺浆后立即砌砖和铺浆后 3min 再砌砖，砌体的抗剪强度能相差 30% 左右。施工气温越高，影响程度越大。另外，铺浆过长，砂浆的表面积大，砂浆中的水分容易过早地被砖吸收，尤其是保水性不好的砂浆，水分损失得更快。这样，待铺砖时难以将砂浆挤动，从而形成空隙，砂浆不饱满，粘结力差。

实际工程中，砌筑烧结普通实心砖墙体宜采用"三一"砌砖法，即一块砖、一铲灰、一揉挤。竖向灰缝应采用挤浆法或加浆方法。操作中应经常自检砂浆的饱满度，控制墙体水平依缝砂浆饱满度在 80% 以上。

1044. 砌筑时为何多孔砖的孔洞应垂直于受压面？

当多孔砖的孔洞垂直于受压面砌筑时，可使砌体有较大的有效受压面积，有利于砂浆结合层进入上下砖块的孔洞中产生"销键"作用，提高砌体的抗剪强度和砌体的整体性。砌筑前可试摆，有利于确定合适的组砌方式，并通过调整灰缝大小使砌体平面尺寸和块体尺寸相协调。

1045. 干混砌筑砂浆强度是如何验收的？

砂浆强度是以标准养护、龄期为 28d 的试块抗压试验结果为依据。砌筑砂浆试块强度验收时其强度合格标准必须符合以下规定：

同一验收批砂浆试块抗压强度平均值必须大于或等于设计强度等级所对应的立方体抗压强度；同一验收批砂浆试块抗压强度的最小一组平均值必须大于或等于设计强度等级所对应的立方体抗压强度的 0.75 倍。

砌筑砂浆的验收批，同一类型、强度等级的砂浆试块应不少于 3 组。当同一验收批只有一组试块时，该组试块抗压强度的平均值必须大于或等于设计强度等级所对应的立方体抗压强度。

抽检数量：每一检验批且不超过 250m³，砌体的各种类型及强度等级的砌筑砂浆，每台搅拌机应至少抽检一次。

检验方法：在砂浆搅拌机出料口随机取样制作砂浆试块，且同盘砂浆只制作一组试块，最后检查试块强度试验报告单。

1046. 施工时对抹灰厚度有何要求？

当抹灰厚度过大时，容易产生起鼓、脱落等质量问题，因此抹灰工程应分层进行。一般分为底层、中层、面层，各层砂浆的作用及技术要求见表 2-4-6。当抹灰总厚度大于或等于 35mm 时，应采取加强措施。

表 2-4-6　各层砂浆的作用及技术要求 （mm）

层次	作用	砂浆稠度	备注
底层	1. 与基层粘结；2. 初步找平	100～120	常采用粘结力强，抗裂性好的砂浆
中层	主要起保护墙体和找平作用	70～90	常采用粘结力强的砂浆
面层	主要起装饰作用	70～80	常采用抗收缩、抗裂性强、粘结力强的砂浆

不同材料基体交接处，由于吸水和收缩性不一致，接缝处表面的抹灰层容易开裂，因此对交接处表面的抹灰，应采取防止开裂的加强措施。当采用加强网时，加强网与各基体的搭接宽度不应小于 100mm，以切实保证抹灰工程的质量。

1047. 抹灰砂浆应该如何施工？

1）抹灰施工应在主体结构完工并验收合格后进行。

2）抹灰工艺应根据设计要求、抹灰砂浆产品说明书、基层情况等确定。

3）抹灰前，应将基层墙体清理干净，并浇水湿润。对于现浇混凝土结构及蒸压加气混凝土砌块，抹灰前应涂好界面砂浆。

4）采用普通抹灰砂浆抹灰时，每遍涂抹厚度不宜大于 10mm；采用薄层砂浆施工法抹灰时，宜一次成活，厚度不应大于 5mm。

5）当抹灰砂浆厚度大于 10mm 时，应分层抹灰，且应在前一层砂浆凝结硬化后再进行后一层抹灰。每层砂浆应分别压实、抹平，且抹平应在砂浆凝结前完成。抹面层砂浆时，表面应平整。

6）当抹灰砂浆总厚度大于或等于 35mm 时，应采取加强措施。

7）室内墙面、柱面和门洞口的阳角做法应符合设计要求。

8）顶棚宜采用薄层抹灰砂浆找平，不应反复赶压。

9）抹灰砂浆层再凝结前应防止快干、水冲、撞击、振动和受冻。抹灰砂浆施工完成后，应采取措施防止玷污和损坏。

10）除薄层抹灰砂浆外，抹灰砂浆层凝结后应及时保湿养护，养护时间不得少于 7d。

11）两种基材接茬处应采取加网防裂措施。

1048. 抹灰砂浆有什么注意事项？

1）主体结构一般在 28d 后进行验收，这时砌体上的砌筑砂浆或混凝土结构达到了一定的强度且趋于稳定，而且墙体收缩变形也减小，此时抹灰可减少对抹灰砂浆体积变形的影响。

2）砂浆一次涂抹厚度过厚，容易引起砂浆开裂，因此应控制一次抹灰厚度。薄层抹灰砂浆中常掺有较大量具有保水性能的添加剂，砂浆的保水性及粘结性能均较好，当基底平整度较好时，涂层厚度可控制在 5mm 以内，而且涂抹一遍即可。

3）为防止砂浆裂缝、起鼓，也为了易于找平，应分层涂抹，每次抹得不宜太厚。每层施工的间隔时间视不同品种砂浆的特性以及气候条件而定，并应参考生产厂家的建议，要求后一层砂浆施工应待前一层砂浆凝结硬化后进行。为了增加抹灰层与底基层间的粘结，底层要用力压实；为了提高与上一层砂浆的粘结力，底层砂浆与中间层砂浆表面要搓毛。在抹中间层和面层砂浆时，需注意表面平整，使之能符合设定的规矩。抹面层时要注意压光，用木抹抹平，铁抹压光。压光时间过早，表面易出现泌水，影响砂浆强度；压光时间迟，会影响砂浆强度的增长。

4）为了防止抹灰总厚度太厚引起砂浆层裂缝、脱落，当总厚度超过 35mm 时，需采用增设金属网等加强措施。

5）顶棚基本为混凝土或混凝土构件，其表面平整度较好，且光滑，可采用薄层抹灰砂浆进行找平，也可采用腻子进行找平。

6）砂浆过快失水，会引起砂浆开裂，影响砂浆力学性能的发展，从而影响砂浆抹灰层的质量；由于抹灰层很薄，极易受冻害，故应避免早期受冻。目前高层建筑窗墙比大，靠近高层窗洞口墙体往往受穿堂风影响很大，应采取措施，不然，抹灰层失水较快，造成空鼓、起壳和开裂。应对完工后的抹灰砂浆层进行保护，以保证砂浆的外观质量。

7）抹灰砂浆凝结后应及时保湿养护，使抹灰层在养护期内经常保持湿润。采用洒水养护时，当气温在 15℃ 以上时，每天宜洒 2 次以上养护水。当砂浆保水性较差、基底吸水性强或天气干燥、蒸发量大时，应增加洒水次数。为了节约用水，避免多洒的水流淌，可改用喷嘴雾化水养护。

1049. 抹灰工程施工前有何要求？

抹灰前将基层表面的尘土、污垢、油渍等清除干净，并洒水润湿。

外墙抹灰前应先安装钢木门窗框、护栏等，并将墙上的施工孔洞堵塞密实。室内墙面、柱面和门洞口的阳角做法应符合设计要求。设计无要求时，应采用 1：2 水泥砂浆做暗护角，其高度不应低于 2m，每侧宽度不应小于 50mm。

1050. 对抹灰层有何要求？

各种砂浆抹灰层，凝结前应防止快干、水冲、撞击、振动和受冻，凝结后采取措施防止玷污和损坏。水泥砂浆抹灰层应在湿润条件下养护。

抹灰层与基层之间及各抹灰层之间必须粘结牢固，抹灰层应无脱层、空鼓，面层应无爆灰和裂缝。

抹灰层的总厚度应符合设计要求；水泥砂浆不得抹在石灰砂浆层上；罩面石膏灰不得抹在水泥砂浆层上。

当要求抹灰层具有防水、防潮功能时，应采用防水砂浆。

1051. 地面砂浆施工方法？

1）面层砂浆的铺设宜在室内装饰工程基本完工后进行。

2）地面砂浆铺设前，应对基层进行处理，将基层清扫干净并浇水保持湿润无明水状态。

3）地面砂浆铺设前，应随铺随压实。抹平、压实工作应在砂浆凝结前完成。

4）做踢脚线前，应弹好水平控制线，并应采取措施控制出墙厚度一致。踢脚线突出墙面厚度不应大于 8mm。

5）踏步面层施工时，应采取保证每级踏步尺寸均匀的措施，且误差不应大于 10mm。

6）地面砂浆铺设时宜设置分格缝，分格缝间距不宜大于 6mm。

7）地面面层砂浆凝结后，应及时保湿养护，养护时间不应少于 7d。

8）地面砂浆施工完成后，应采取措施防止玷污和损坏。面层砂浆的抗压强度未达到设计要求前，应采取保护措施，不得过早上人或承压。

1052. 地面砂浆有什么注意事项？

1）地面面层砂浆施工时应刮抹平整；表面需要压光时，应做到收水压光均匀，不得泛砂。压光时间过早，表面容易出现泌水，影响表层砂浆强度；压光时间过迟，易损伤水泥基胶凝体的结构，影响砂浆强度的增长，容易导致面层砂浆起砂。

2）保证踢脚线与墙面紧密结合，高度一致，厚度均匀。

3）踏步面层施工时，可根据平台和楼面的建筑标高，先在侧面墙上弹一道踏级标准斜线，然后根据踏级步数将斜线等分，等分各点即为踏级的阳角位置。每级踏步的高（宽）度误差不应大于 10mm。楼梯踏步齿角要整齐，防滑条顺直。

4）设置变形缝以避免地面砂浆因收缩变形导致的裂缝。

5）养护工作的好坏对地面砂浆质量影响极大，潮湿环境有利于砂浆强度的增长；养护不够，且水分蒸发过快，水泥水化减缓甚至停止水化，从而影响砂浆的后期强度。另外，地面砂浆一般面积大，面层厚度薄，又是湿作业，故应特别防止早期受冻，为此要确保施工环境温度在 5℃以上。

6）地面砂浆受到污染或损坏，会影响到其美观及使用。当面层砂浆强度较低时过早使用，面层易遭受损伤。

1053. 传统粘贴瓷砖的方法是什么，有什么弊端？

传统粘贴瓷砖或石材的方法是采用现场拌制，将水泥、砂、108 胶和水按一定比例拌和后进行粘贴。由于此类砂浆的保水性低，瓷砖需预先在水中浸泡润湿，再将砂浆涂在瓷砖的背面；又由于砂浆的柔韧性差，砂浆需厚层涂抹，厚度一般为 10mm 左右。将涂有砂浆的瓷砖压到预先润湿的墙体表面，再轻敲瓷砖以保证瓷砖饰面平整度一致。采用这种传统的方法，若水泥砂浆涂抹不均匀，瓷砖容易发生空鼓、脱落；由于普通水泥砂浆的粘结性差，贴在砂浆层上的大块瓷砖或石材等必须进行机械固定或加固；又因这种普通水泥砂浆不具有抗滑移性，所以瓷砖必须从底部开始粘贴，并且需在瓷砖与瓷砖之间使用定位器，以保证粘贴后的瓷砖横平竖直，表面工整。由此可见，此种方法非常耗时、效率低、材料用量大，且对工人的施工技术水平要求高。由于受这类材料自身性能的限制，施工质量难以保证，瓷砖空鼓、脱落等质量问题经常发生。

1054. 采用干混陶瓷砖粘结砂粘贴瓷砖有何优点？

随着现代建筑施工技术的发展，薄层砂浆使用技术早已取代了厚层砂浆的施工方法。薄层砂浆是由水泥、集料、聚合物、特殊的添加剂及填料混合而成，称为陶瓷砖粘结砂浆，无毒害，属于绿色环保产品。通过使用纤维素醚和可再分散乳胶粉进行改性，大大提高了砂浆的保水性能、柔性和粘结性能。施工时，只需将陶瓷砖粘结砂浆和水混合均匀，采用锯齿抹刀将砂浆大面积涂抹到要粘贴的基材表面，形成一个厚度 3～4mm 的均匀粘结砂浆层，然后将瓷砖微微旋转压入砂浆层中即可。瓷砖之间不需固定，瓷砖也不会滑动，而且可以实现从上往下粘贴。瓷砖与基底都不必预先浸泡或润湿，减少了工序并保持施工环境的干净整洁。因此，薄层砂浆技术比厚层砂浆技术成本、效益更高，并且使用的材料更少应用范围更广，操作更加简单、快速和安全。

1055. 冬期施工如何留置砂浆试块？

由于冬期气温低，此时施工对砂浆强度影响较大，需留置与砌体同条件养护的砂浆试块，以获得砌体中砂浆在自然养护期间的强度，确保砌体工程结构安全可靠。冬期施工，除按常温规定留置砂浆试块外，还要增留不少于 1 组与砌体同条件养护的砂浆块，并测定其 28d 强度。

1056. 冬期施工对砖是否浇水？

在气温低于 0℃ 条件下砌筑时，如果对砖浇水，则水会在材料表面立即结成冰薄膜，难以进行砌筑，同时影响与砂浆的粘结，同时也给施工操作带来诸多不便；如果不浇水，采用干砖砌墙，则砂浆水分容易被干砖吸收，也会影响砖与砂浆的粘结力。这样都会降低砌体的抗压强度，影响墙体的承载力和稳定性。可见，普通砖、多孔砖和空心砖的湿润程度对砌体强度的影响较大，特别对抗剪强度的影响更为明显。

因此，烧结普通砖、多孔砖、空心砖在气温高于 0℃ 条件下砌筑时，应浇水湿润。在气温低于或等于 0℃ 条件下砌筑时，可不浇水，但必须增大砂浆稠度，一般砂浆稠度比常温增大 10～30mm，以保证砖与砂浆的粘结力。

冬期施工不得使用水浸后受冻的小砌块，也不得使用受冻的砂浆。每日砌筑后，应采用保温材料覆盖新砌的砌体。

对于抗震设防烈度为 9 度的建筑物，当砖无法浇水湿润又无特殊措施时，不得砌筑。这是因为多孔砖的浇水湿润程度，对砌体的强度，尤其对抗剪强度的影响比较明显。对于 9 度抗震设防的建筑物，其所应承受的地震作用很大。冬期施工中，砖若不能浇水湿润，砌体的强度将难以保证。

1057. 冬期施工什么情况下可采用掺盐砂浆法？

砂浆中掺入盐后，可使砂浆在一定负温下不冻结，且强度能继续缓慢增长，砌筑时可与砖形成较好的粘结力；或在砌筑后缓慢受冻，而在冻结前能达到 20% 以上的强度，解冻后砂浆强度与粘结力仍和常温一样继续上升，强度不受损失或损失很小。本法施工方便、经济，使用可靠，能保证质量。但掺入氯盐后，砂浆有析盐现象和吸湿性，因而会降低保温性能，并对钢材有腐蚀作用，同时有导电性，如在砌体工程不加限制地使用，将会影响建筑物的使用功能、装饰效果，降低砌体强度，造成不良后果。

掺盐砂浆法在下列情况不得使用：①对装饰有特殊要求的建筑物；②使用湿度大于80％的建筑物；③接近高压电线的建筑物，如变电所、发电站等；④配筋砌体、有预埋铁件而无可靠的防腐处理措施的砌体；⑤经常处于地下水位变化范围内，以及在地下未设防水层的砌体结构；⑥经常受 40℃ 以上高温影响的建筑物。为了避免氯盐对砌体中钢筋的腐蚀，配筋砌体不得采用掺盐砂浆法施工。

由于掺盐砂浆法在负温条件下，虽然强度仍能增长，但后期强度仍有一定损失。为了弥补冬期负温采用掺盐砂浆法施工对砂浆强度造成的损失，宜将砂浆强度等级按常温施工的强度等级提高一级，此时，砌体强度及稳定性可不验算。掺盐砂浆法使用的抗冻盐主要是氯化钙和氯化钠，还有亚硝酸钠、碳酸钾和硝酸钙等，其特性是可降低水溶液的冰点，使砂浆中液态水可在负温下进行水化反应，同时不能形成冰膜，使砂浆与砌体能较好地接触粘结，从而保证砌体强度持续增长。

1058. 如何选用干混抹灰砂浆？

抹灰砂浆的使用应根据建筑物的立面尺寸精度和墙体结构形式决定。例如，砖结构墙体因为块体之间灰缝多，块体尺寸偏差大，一般就采用普通抹灰砂浆；钢筋混凝土结构，如果模板尺寸精度偏差大或混凝土墙板与梁断面尺寸不一致，那么也必须作普通抹灰；如果钢筋混凝土结构基层尺寸精度偏差小，那么就可采用薄层砂浆抹灰。例如，外墙外保温板的罩面砂浆就只能用薄层抹灰砂浆，如果采用普通抹灰砂浆，由于砂浆的自重所产生的剪切荷载将使得 EPS 板材的受剪应力增大，会影响结构的安全性。

抹灰砂浆的稠度可根据基层材料决定。选用普通抹灰砂浆，应同时考虑其可操作性，包括砂浆的保水性、黏聚性和触变性，以及初期抗裂性、粘结强度、抗压强度和后期抗裂性等多重指标，不能只偏重某一指标而影响砂浆其他性能。例如，为了提高砂浆强度而增加水泥用量，可能导致砂浆后期产生收缩裂缝；为了改善砂浆的保水性或可操作性而增加粉状材料的比例，可能导致砂浆塑性开裂；为了提高砂浆保水性而影响砂浆的触变性，可能导致抹面压光困难；为了降低成本大量使用粉煤灰，可能导致砂浆起壳；为了提高砂浆的可操作性而使用细砂或掺加引气剂，可能导致砂浆强度偏低而起壳开裂。所以，普通抹灰砂浆选用时，应先在工程实体上进行小面积抹灰操作，然后最终确定经济合理的抹灰砂浆。

薄层抹灰砂浆也应注意水泥用量、有机胶凝材料、保水增稠材料和集料的匹配问题。水泥用量少，有机胶凝材料多，则砂浆的耐水性就差；水泥用量多，有机胶凝材料少，则砂浆的脆性大，易开裂。保水增稠材料少，则砂浆可能易产生早期裂缝；保水增稠材料多，则降低砂浆抗压强度，降低砂浆的耐水性和耐久性；集料含泥量多、云母含量多，将降低砂浆的粘结强度。

1059. 薄层抹灰砂浆的技术要求有哪些？

目前，我国薄层抹灰砂浆主要用于外墙外保温的表面抗裂砂浆和蒸压加气混凝土砌块的薄层抹灰。薄层抹灰砂浆主要用于平整度高的墙体抹灰。基层平整度高，且结构和建筑也允许或者要求使用薄层抹灰的话，那么就可采用薄层抹灰。薄层抹灰层的厚度一般在 3～5mm，最大不超过 8mm。薄层抹灰厚度薄，对砂浆的要求就与普通抹灰砂浆（抹灰层每层厚度 7～9mm，总厚度 20mm）有很大的区别。首先，薄层抹灰厚度仅 3mm，它对保水性要求就非常高，要确保砂浆内水分不被基层吸收或向大气蒸发，一般要求保水性在 99％以上；其次，薄层抹灰砂浆要求集料粒径较小，一般不超过 1mm，以保证胶凝材料包裹在集料表面；再次，薄层抹灰砂浆不仅包含水泥基等无机胶凝材料，还应包含有机胶凝材料，如各类树脂、乳液等；最后，薄层抹灰砂浆还应有良好的抗裂性，以保证砂浆不产生裂缝。

1060. 如何控制小砌块墙体灰缝的宽度？

小砌块墙体的水平灰缝厚度和竖向灰缝宽度宜为 10mm，但不应大于 12mm，也不应小于 8mm。

这与砖砌体的要求相同。砌筑时的铺灰长度不得超过 800mm，严禁用水冲浆灌缝。

对墙体表面的平整度和垂直度、灰缝的厚度和饱满度应随时检查，校正偏差。在砌完每一层楼后，应校核墙体的轴线尺寸和标高，允许范围内的轴线及标高的偏差，可在楼板面上予以校正。

1061. 小砌块墙体施工时应注意哪些方面？

砌块墙体砌筑应从房屋外墙转角定位处开始。砌筑皮数、灰缝厚度、标高应与该工程的皮数杆相应标志一致。皮数杆是保证小砌块砌体砌筑质量的重要措施，它能使墙面平整，砌体水平灰缝平直且厚度一致，故施工中应坚持使用。皮数杆应竖立在墙的转角处和交接处，间距宜小于 15m；正常施工条件下，小砌块墙体每日砌筑高度宜控制在 1.4m 或一步脚手架高度内，以利于已砌筑墙体尽快形成强度使其稳定，有利于墙体收缩裂缝的减少。

小砌块砌筑前一般不浇水。施工期间若天气干燥炎热、气温超过 30℃时，可在砌筑前稍喷水湿润，以减少砂浆铺摊后失水过快，影响砌筑砂浆与小砌块之间的粘结。轻集料小砌块宜提前浇水湿润，但不宜过多。

砌筑时，小砌块应底面朝上砌筑。因反砌铺灰面较大，有利于铺摊砂浆，水平灰缝的饱满度容易保证，且对小砌块的受力有利；小砌块墙内不得混砌黏土砖或其他墙体材料，以防止混砌因线膨胀系数不同引起的砌体裂缝，影响砌体强度。镶砌时，应采用与小砌块材料强度同等级的预制混凝土块。

小砌块砌筑形式应每皮顺砌，上下皮小砌块应对孔，竖缝应相互错开 1/2 主规格小砌块长度，以保证墙体传递竖向荷载的直接性，避免产生竖向裂缝，影响砌体强度。使用多排孔小砌块砌筑墙体时，应错缝搭砌，搭接长度不应小于主规格小砌块长度的 1/4。否则，应在此水平灰缝中设 $4\phi4$ 钢筋点焊网片，网片两端与竖缝的距离不得小于 400mm，竖向通缝不得超过两皮小砌块。

190mm 厚度的小砌块内外墙和纵横墙必须同时砌筑并相互交错搭接，以保证墙体结构整体性，提高小砌块建筑抗震性能。临时间断处应砌成斜槎，斜槎水平投影长度不应小于斜槎高度。严禁留直槎。隔墙顶部接触梁板底部的部位应采用实心小砌块斜砌楔紧，房屋顶层的内隔墙应离该处屋面板板底 15mm，缝内采用 1∶3 石灰砂浆或弹性腻子嵌塞，以避免因屋面板温度变形而拉动隔墙导致的墙体开裂。砌筑中，若已砌筑的小砌块受撬动或碰撞时，应清除原砂浆，重新铺浆砌筑，以保证砌体质量。

砌筑砂浆应随铺随砌，以防止砂浆中的水分被小砌块吸收。墙体灰缝应横平竖直，水平灰缝宜采用坐浆法满铺，竖向灰缝应采取满铺端面法，即将小砌块端面朝上铺满砂浆再上墙挤紧，然后加浆插捣密实。竖向灰缝饱满度对防止墙体裂缝和渗水至关重要，故要求饱满度均不宜低于 90%。水平灰缝厚度和竖向灰缝宽度宜为 10mm，不得小于 8mm，也不应大于 12mm。砌筑时，墙面必须用原浆做勾缝处理。缺灰处应补浆压实，并宜做成凹缝，凹进墙面 2mm。砌入墙内的钢筋点焊网片和拉结筋必须放置在水平灰缝的砂浆层中，不得有露筋现象。钢筋网片的纵横筋不得重叠点焊，应控制在同一平面内。

小砌块墙体孔洞中需充填隔热或隔声材料时，应砌一皮灌填一皮。孔洞中应填满，不得捣实。充填材料必须干燥、洁净，粒径应符合设计要求。墙体采用内保温隔热或外保温隔热材料时，应按现行相关标准施工。砌筑带保温夹芯层的小砌块墙体时，应将保温夹芯层一侧靠置室外，并应对孔错缝。左右相邻小砌块中的保温夹芯层应互相衔接，上下皮保温夹芯层之间的水平灰缝处应砌入同质保温材料，以避免冷（热）桥现象，提高墙体保温效果。

1062. 砌筑时蒸压（养）砖的产品龄期为何不应小于 28d？

因灰砂砖、粉煤灰砖等出釜后早期收缩值大，如果这时用于墙体上，将很容易出现明显的收缩裂缝。因此要求蒸压（养）砖出釜后停放时间不应小于 28d，使其早期收缩值在此期间内完成大部分，这是预防墙体早期开裂的一个重要技术措施。

1063. 砌筑砖砌体时，砖为何应提前浇水湿润？

由于砖的吸水率较大，如果采用干砖砌筑，则砂浆中的水分容易被干砖所吸收，砂浆也因缺水而流动性降低，砖砌筑就位困难，且影响水泥的水化，导致砂浆强度及砂浆与砖的粘结强度降低，砂浆与砖会出现粘结不牢的现象，对砌体质量产生不利影响。因此，砖的湿润程度对砌体的施工质量有较大影响。试验证明，适宜的含水率不仅可以提高砖与砂浆之间的粘结力，提高砌体的抗剪强度，也可以使砂浆强度保持正常增长，提高砌体的抗压强度。同时，适宜的含水率还可以使砂浆在操作面上保持一定的摊铺流动性能，便于施工操作，有利于保证砂浆的饱满度，这些对保证砌体施工质量和力学性能都是十分有利的。但是，将砖浇水过湿，砂浆与砖之间由于水膜存在，界面层水灰比增大，砂浆强度降低，也会妨碍水泥浆体向砖体的渗透。因此，砌筑砖砌体时，砖应提前 1～2d 浇水湿润。

因所用材料不同，砖的吸水率也不同。各种砖的适宜含水率为：烧结普通砖、多孔砖含水率宜为 10%～15%；灰砂砖、粉煤灰砖含水率宜为 8%～12%。现场检验砖含水率的简易方法为断砖法，当砖截面四周融水深度为 15～20mm 时，视为符合要求的适宜含水率。

对于灰砂砖、粉煤灰砖，因其具有吸水滞后特性，如采取临时浇水，砖块砌筑时可能游动，也会影响砌体强度。一般不采取浇水砌筑，可通过提高砂浆保水性来解决。

1064. 干混砌筑砂浆施工时有何注意事项？

1）施工前，砖、砌块应提前 2d 浇水湿润，不要现浇现用，严禁干砖上墙。

2）砌体用砂浆应随拌随用，砂浆要在拌和后 3h 内用完。当施工期间最高气温超过 30℃时，砂浆应在 2h 内使用完毕。硬化后的砂浆不得再加水搅拌使用，更不得使用过夜砂浆。

3）通常，水泥砂浆掺各类塑化剂会产生降低砌体抗压强度的不利影响，如水泥细度细、和易性好，建议不用掺各类塑化剂；如要使用，应通过试验确定配比。

4）当采用铺浆法砌筑时，铺浆长度不得超过 750mm。施工期间温度超过 30℃时，铺浆长度不得超过 500mm。

5）控制每天砌筑高度不超过 1.8m。如连续雨天，应严格控制砂浆稠度，每日砌筑高度不得超过 1.2m。每天收工或雨天停工前，墙顶面应摆一皮干砖或用草帘等材料覆盖，防止雨水冲刷砂浆。

1065. 基础墙体为何不得采用多孔砖和混合砂浆砌筑？

基础墙体一般长期处于地面以下潮湿或含水饱和的环境中，多孔砖孔洞多、吸水率大，会降低砖的强度，冬季可能产生冻胀，影响砌体的耐久性；水泥混合砂浆中的石灰膏属气硬性胶凝材料，耐水性差，长期处在潮湿或含水饱和的土壤中，强度也会降低，影响砌体的强度和耐久性。因此，基础部位不得使用多孔砖砌筑，也不得使用水泥混合砂浆砌筑，应采用不低于 M5 的水泥砂浆砌筑。当采用多孔砖或混凝土小型空心砌块时，其孔洞应用强度等级不低于 M10 砂浆或 C20 级混凝土填灌实。

1066. 如何划分抹灰工程的检验批？检查数量有何规定？

抹灰工程检验批的划分如下：

1）相同材料、工艺和施工条件的室外抹灰工程，每 500～1000m² 应划分为一个检验批，不足 5000m² 也应划分为一个检验批。

2）相同材料、工艺和施工条件的室内抹灰工程，每 50 个自然间（大面积房间和走廊按抹灰面积 30m² 为 1 间）应划分为一个检验批，不足 50 间也应划分为一个检验批。

检查数量应符合下列规定：

1）室内每个检验批应至少抽查 10%，并不得少于 3 间；不足 3 间时应全数检查。

2）室外每个检验批每 100m² 应至少抽查一处，每处不得少于 10m²。

1067. 薄层抹灰砂浆的施工要点有哪些？

外墙外保温薄层抹灰砂浆施工要点如下：

1）涂抹聚合物砂浆底层

（1）涂抹底层砂浆前，应先检查保温板是否干燥，表面是否平整，并去除板面上有害物质、杂质等。

（2）配制抹面砂浆：按产品说明书提供的配合比配制抹面砂浆，做到计量准确。第一次搅拌均匀后，静置 10min 后，再进行第二次搅拌。配好的砂浆注意防晒避风，一次配制量应控制在 4h 之内用完，天气炎热时，应在 2h 之内用完。

（3）用抹子在保温板表面涂抹一层面积略大于网格布的抗裂防水面层及聚合物砂浆，厚度约为 1.6mm。

2）抹面层聚合物砂浆

（1）抹完底层聚合物砂浆后，用抹子由中间向四周把网格布压入砂浆表层。网格布不得压入过深，砂浆表面必须能看见网格布轮廓。网格布要平整、绷紧、压实，严禁网格布皱褶。待砂浆凝固至表面不粘手时，开始抹面层聚合物砂浆。抹面厚度以盖住网格布为准，约 1mm，使总厚度在（2.5±0.5）mm，最大总厚度控制在 5mm 之内。

注：抗裂防水层抹平即可，不得收浆压光，不宜反复涂抹。

（2）在建筑物底层等易受外力破坏的地方，为增加面层抗冲击能力，应外加一层加强型网格布，使保护层总厚度在 4mm 左右。

（3）面层聚合物砂浆抹完后，应至少养护 24h，方可进行下道工序，在寒冷和潮湿气候下，可适当延长养护时间。高温天气，抹完面层后应及时喷水养护。

1068. 砂浆工地出现结块、成团现象，质量下降的原因是什么？

由于砂浆生产企业原材料使用不规范，砂的含水率未达到砂烘干要求；砂浆搅拌时间太短，搅拌不均匀；施工企业在砂浆的储存过程中没有做好防雨、防潮工作，未能按照预拌砂浆施工要求及时清理干粉砂浆筒仓及搅拌器；砂浆生产企业应制定严格的质量管理体系，加强生产工艺控制及原材料检测；施工企业加强对干粉砂浆的防护工作，提高砂浆工程施工质量责任措施，干粉砂浆筒仓应设专人负责维护清理。

1069. 砂浆为什么有的时候凝结时间不稳或不凝结？

1）砂浆凝结时间太短：由于外界温度很高、基材吸水率大、砂浆保水性不高导致凝结时间缩短。

2）砂浆凝结时间太长：由于季节、天气变化以及外加剂超量导致凝结时间太长。

3）砂浆不凝结：由于水泥质量不合格或者外加剂计量失控，导致砂浆出现拌水离析，稠度明显偏大，不凝结。

应该根据不同季节、不同天气、不同墙体材料调整外加剂种类和使用掺量；加强施工现场查看及时了解施工信息；加强计量设备检修与保养，防止设备失控；加强操作人员与质控人员的责任心，坚决杜绝不合格产品出厂。

1070. 砂浆表面为何会出现"返碱"现象？

一方面是由于施工企业赶工期造成的（多发生在冬春季），还有就是使用了含 SO_4^{2-}，Cl^- 或以它们为主的复合产品作为早强剂。应尽量使用低碱水泥和外加剂，优化配合比，增加水泥基材料密实度，减小毛细孔，避免在干燥、刮风、低温环境条件下施工，控制预拌砂浆搅拌过程的加水量，施工时地坪材料不能泌水、完全干燥前表面不能与水接触，也可使用返碱抑制剂。

1071. 干混砂浆离析产生的原因是什么？有什么解决措施？

1）在散装移动筒仓中，散装移动筒仓刚开始放料和最后放料的那部分砂浆容易离析。

解决措施：保持施工现场散装移动筒仓中的干混砂浆量不得少于 3t，以免干混砂浆在打入散装移动筒仓过程中，下料高度差过大，造成离析。

2）仓储罐及运输车内干混砂浆容易离析。

解决措施：仓储罐和运输车内的干混砂浆尽量满罐储存，匀速、平稳运输。

3）装、下料速度过慢使干混砂浆容易离析。无论是装车、泵料，还是储罐下料，装、下料量要大，速度要快。试验表明，料量小、下料速度慢比料量大、下料速度快的干混砂浆"离析"现象要严重。

解决措施：筒仓下料口孔径加大，加快下料速度。

4）散装移动筒仓下方的搅拌机容量较小，搅拌料量少，也是造成出料速度慢和砂浆质量差的原因。

解决措施：考虑改装散装移动筒仓下方的搅拌机容量或者安装大容量搅拌机。

1072. 因砂浆产品质量导致砂浆开裂的原因及解决措施有哪些？

1）砂含泥量过大或砂太细造成干混砂浆开裂。

解决措施：控制原料砂的含泥量和细度，尽量采用中砂。

2）预拌砂浆生产单位没有随着墙材、气温等变化对砂浆配合比进行适时调整，造成砂浆开裂。

解决措施：根据不同环境温度、不同墙体材料等条件及时进行生产配方调整。如夏天气温高达 30℃，在轻集料砌块的墙体上抹面时，需要砂浆的保水率要高一些，应适当调整砂浆中添加剂掺量来提高砂浆的保水率。

1073. 抹灰前为什么要求界面砂浆对基层进行处理？

抹灰砂浆硬化后的性能有抗压强度、粘结抗拉强度、收缩、抗渗性和抗冻性。抹灰砂浆要求有适宜的抗压强度、高粘结抗拉强度、低收缩，用于外墙时还应有良好的抗渗性和抗冻性砂浆的抗压强度应尽量与基层材料相匹配，尽可能一致以保持相同的变形。

基层材料强度高，如混凝土小砌块墙体，那么抹灰砂浆抗压强度应较高；如果基层材料强度低，如蒸压加气混凝土砌块墙体，抹灰砂浆抗压强度就不应太高。如果基层材料表面光滑，或者吸水率大并且吸水速度慢的话，那么抹灰砂浆的保水性和粘结强度要求就应该高些。但是，提高砂浆粘结强度与胶凝材料的用量有关，胶凝材料用量大，砂浆粘结强度高，反之亦然。

一般来说，胶凝材料不仅包括无机胶凝材料，如水泥基胶凝材料和石膏基胶凝材料，甚至可再分散乳胶粉也可以算作有机胶凝材料。提高砂浆与基层材料粘结强度的有效方法是采用无机与有机复合胶凝材料。由于有机胶凝材料价格贵，且耐水性差、收缩大，所以，采用无机与有机复合胶凝材料的抹灰砂浆在实际工程应用中受到很多限制。例如，保温板材外表面的抹灰砂浆，其使用厚度就控制在 3～5mm，并且在抹灰层中嵌入了耐碱玻纤网格布以保证抹灰层不开裂。如果抹灰砂浆层较厚（抹灰层厚度大于 3mm，为 20～30mm），那么全部采用无机与有机复合胶凝材料的抹灰砂浆在技术上也不可行，首先是这种砂浆凝结时间很长，如果一次抹灰厚度在8～10mm，凝结时间一般在8～12h，并存在表干内湿现象，不能在一个施工班中完成收水和压光操作；其次这种砂浆较黏稠，不易找平和压光；在经济上，由于有机胶凝材料价格贵，全部使用经济上也承受不起。所以，对于抹灰层较厚而基层材料又不易与砂浆粘结情况下，采用一层厚度在2～3mm的无机与有机复合胶凝材料的抹灰砂浆作为界面过渡层，再涂抹普通抹灰砂浆以确保粘结牢固。该过渡层砂浆称为界面处理砂浆，也称为混凝土界面处理剂和加气混凝土界面处理剂。

工程实践证明，采用界面处理剂和普通抹灰砂浆是解决混凝土墙面或者加气混凝土墙面与抹灰层粘结牢固的行之有效的方法。能有效解决了混凝土墙面或加气混凝土墙面抹灰层的起壳问题。

1074. 抹灰层出现空鼓、开裂与脱落的原因是什么？

抹灰层出现空鼓、开裂与脱落的主要原因有以下几方面：

1）基体表面清理不干净，如基体表面尘埃及疏松物、脱模剂和油渍等影响抹灰粘结牢固的物质未彻底清除干净。

2）基体表面光滑，抹灰前未做毛化处理。

3）抹灰前基体表面浇水不透，抹灰后砂浆中的水分很快被基体吸收，使砂浆中的水泥未充分水化生成水泥石，影响砂浆粘结力。

4）砂浆质量不好，使用不当。

5）一次抹灰过厚，干缩应力较大。

1075. 砌筑砂浆试块强度验收时其强度合格标准应符合什么规定？

1）同一验收批砂浆试块强度平均值应大于或等于设计强度等级值的1.10倍。

2）同一验收批砂浆试块抗压强度的最小一组平均值应大于或等于设计强度等级值的85%。

注：（1）砌筑砂浆的验收批，同一类型、强度等级的砂浆试块应不少于3组；同一验收批砂浆只有1组或2组试块时，每组试块抗压强度的平均值应大于或等于设计强度等级值的1.1倍；对于建筑结构的安全等级为一级或设计使用年限为50年及以上的房屋，同一验收批砂浆试块的数量不得少于3组。

（2）砂浆强度应以标准养护，28d龄期的试块抗压强度为准。

（3）制作砂浆试块的砂浆稠度应与配合比设计一致。

1076. 砌筑砂浆不同砌体的砂浆饱满度、灰缝厚度及检验方法应符合哪些规定？

1）砖砌体

（1）砖砌体灰缝砂浆应密实饱满，砖墙水平灰缝的砂浆饱满度不得低于80%，砖柱水平灰缝和竖向灰缝饱满度不得低于90%。每检验批抽查不应少于5处。用百格网检查砖底面与砂浆的粘结痕迹面积，每处检测3块砖，取其平均值。

（2）砖砌体的灰缝应横平竖直，厚薄均匀。水平灰缝厚度及竖向灰缝宽度宜为10mm，但不应小于8mm，也不应大于12mm。每检验批抽查不应少于5处。水平灰缝厚度用尺量10皮砖砌体高度折算。竖向灰缝宽度用尺量2m砌体长度折算。

2）混凝土小型空心砌块砌体

（1）小砌块和芯柱混凝土、砌筑砂浆砌体水平灰缝和竖向灰缝的砂浆饱满度，按净面积计算不得低于90％。每检验批抽查不应少于5处。检验方法用专用百格网检测小砌块与砂浆粘结痕迹面积，每处检测3块小砌块，取其平均值。

（2）砌体的水平灰缝厚度和竖向灰缝宽度宜为10mm，但不应大于12mm，也不应小于8mm。每检验批抽查不应少于5处。抽检方法水平灰缝用尺量5皮小砌块的高度折算；竖向灰缝宽度用尺量2m砌体长度折算。

3）石砌体

（1）毛石、毛料石、粗料石、细料石砌体灰缝厚度应均匀，灰缝厚度应符合下列规定：

① 毛石砌体外露面的灰缝厚度不宜大于40mm。

② 毛料石和粗料石的灰缝厚度不宜大于20mm。

③ 细料石的灰缝厚度不宜大于5mm。

（2）砌体灰缝的砂浆饱满度不应小于80％。每检验批抽查不少于5处，观察检查。

4）配筋砌体

（1）配筋砌体工程除应满足《砌体结构工程施工质量验收规范》（GB 50203）的要求和规定。施工配筋小砌块砌体剪力墙，应采用专用的小砌块砌筑砂浆砌筑，专用小砌块灌孔混凝土浇筑芯柱。设置在灰缝内的钢筋，应居中置于灰缝内，水平灰缝厚度应大于钢筋直径4mm以上。

（2）设置在砌体灰缝中钢筋的防腐保护应符合《砌体结构工程施工质量验收规范》（GB 50203）规定，且钢筋保护层完好，不应有肉眼可见裂纹、剥落和擦痕等缺陷。每检验批抽查不应少于5处，观察检查。

5）填充墙砌体

（1）填充墙砌体的砂浆饱满度及检验方法应符合《砌体结构工程施工质量验收规范》（GB 50203），见表2-4-17的规定。

表 2-4-17 填充墙砌体的砂浆饱满度及检验方法

砌体分类	灰缝	饱满度及要求	检查方法
空心砖砌体	水平	≥80％	采用百格网检查块体砂浆的侧面和底面砂浆的粘结痕迹面积
	垂直	填满砂浆，不得有透明缝、瞎缝、假缝	
蒸压加气混凝土砌块、轻集料混凝土小型空心砌块砌体	水平	≥80％	
	垂直	≥80％	

抽查数量：每检验批抽查不应少于5处。

（2）填充墙的水平灰缝厚度和竖向灰缝宽度应正确。烧结空心砖、轻集料混凝土小型空心砌块砌体的灰缝应为8～12mm。蒸压加气混凝土砌块砌体当采用水泥砂浆、水泥混合砂浆或蒸压加气混凝土砌块砌筑砂浆时，水平灰缝厚度及竖向灰缝宽度不应超过15mm；当蒸压加气混凝土砌块砌体采用蒸压加气混凝土砌块粘结砂浆时，水平灰缝厚度和竖向灰缝宽度宜为3～4mm。每检验批抽查不应少于5处。水平灰缝厚度用尺量5

皮小砌块的高度折算；竖向灰缝宽度用尺量 2m 砌体长度折算。

1077. 砌体工程验收前，应提供哪些文件和记录？

1）设计变更文件。

2）施工执行的技术标准。

3）原材料出厂合格证书、产品性能检测报告和进场复验报告。

4）混凝土及砂浆配合比通知单。

5）混凝土及砂浆试件抗压强度试验报告单。

6）砌体工程施工记录。

7）隐蔽工程验收记录。

8）分项工程检验批的主控项目、一般项目验收记录。

9）填充墙砌体植筋锚固力检测记录。

10）重大技术问题的处理方案和验收记录。

11）其他必要的文件和记录。

1078. 砌体工程子分部工程验收应符合哪些规定？

1）砌体子分部工程验收时，应对砌体工程的观感质量作出总体评价。

2）当砌体工程质量不符合要求时，应按现行国家标准《建筑工程施工质量验收统一标准》（GB 50300）有关规定执行。

3）有裂缝的砌体应按下列情况进行验收：

（1）对不影响结构安全性的砌体裂缝，应予以验收，对明显影响使用功能和观感质量的裂缝，应进行处理。

（2）对有可能影响结构安全性的砌体裂缝，应由有资质的检测单位检测鉴定，需返修或加固处理的，待返修或加固处理满足使用要求后进行二次验收。

1079. 当建筑工程施工质量不符合规定时，应按哪些规定进行处理？

1）经返工或返修的检验批，应重新进行验收。

2）经有资质的检测机构检测鉴定能够达到设计要求的检验批，应予以验收。

3）经有资质的检测机构检测鉴定达不到设计要求、但经原设计单位核算认可能够满足安全和使用功能的检验批，可予以验收。

4）经返修或加固处理的分项、分部工程，满足安全及使用功能要求时，可按技术处理。

5）经返修或加固处理仍不能满足安全或使用要求的分部工程及单位工程，严禁验收。

2.4.3 试验检验

1080. 如何采用回弹法评定砌筑砂浆抗压强度？

回弹法采用砂浆回弹仪检测墙体、柱中砂浆表面的硬度，根据回弹值和碳化深度，推定砂浆强度。

回弹法属于砌体原位无损检测，可以随意布置和增加测区，对墙体无损伤，适用于烧结砖砌体中砂浆强度的检测和评定。有专门厂家生产专用砂浆回弹仪，其结构轻巧、性能稳定、测试迅速、操作简便，适用于进行大面积的砂浆强度匀质性普查，它只对墙体装饰面及局部有少量损伤。用回弹法测定砂浆强度的主要影响因素是碳化深度、测试面干湿度和测试面的平整程度，而不同品种的砂浆、不同品种水泥、不同粒径的砂对砂浆回弹强度均没有显著影响。

砂浆回弹计算公式的误差一般在 $-15\%\sim+22\%$，该误差范围基本上可以满足《砌体结构设计规范》（GB 50003）对砂浆强度变异系数为 30% 的要求，即从结构的安全度考虑是允许的，也符合砂浆施工中的允许误差。

1）测试设备

砂浆回弹仪：

砂浆回弹仪应每半年校验一次。在工程检测前后，应对回弹仪在钢砧上做率定试验。

2）检测步骤

测位宜选在承重墙的可测面上，并避开门窗洞口及预埋件等附近的墙体。墙面上每个测位的面积宜大于测位处的粉刷层、勾缝砂浆、污物等应清除干净；弹击点处的砂浆表面，应仔细打磨平整，并除去浮灰。

回弹法测试中的测区相当于一个砂浆试块，每楼层或每 250m^3 砌体的回弹测区不应少于 10 个，每个测区内均匀布置 12 个弹击点，相邻两点相隔 $20\sim30\text{mm}$；选择弹击点时应避开砖的边缘、气孔或松动的砂浆。测区应具有均匀性和代表性，随机分布，以减少测试误差。

在每个弹击点上，使用回弹仪连续弹击 3 次，第 1、2 次不读数，仅记读第 3 次回弹值，精确至 1 个刻度。测试过程中，回弹仪应始终处于水平状态，其轴线应垂直于砂浆表面，且不得移位。

在每一测区内，选择 $1\sim3$ 处灰缝，用 1% 的酚酞试剂和游标卡尺测量砂浆碳化深度，读数应精确至 0.5mm。

3）结果计算

每个测区的 12 个回弹值，各去掉一个最大值、一个最小值，然后计算 10 个回弹值的平均值；计算单个测区的碳化深度平均值，精确至 0.5mm；平均碳化深度大于 3mm 时，取 3.0mm。

根据测位的平均回弹值和平均碳化深度值，分别按下列公式计算砂浆强度换算值：

$d\leqslant1.0\text{mm}$ 时：

$$f_{2ij}=13.97\times10^{-5}R^{2.57}$$

$1.0\text{mm}\leqslant d<3.0\text{mm}$ 时：

$$f_{2ij}=4.85\times10^{-4}R^{3.04}$$

$d\geqslant3.0\text{mm}$ 时：

$$f_{2ij}=6.34\times10^{-5}R^{3.60}$$

式中　f_{2ij}——第 i 个测区第 j 个测位的砂浆强度值（MPa）；

　　　d——第 i 个测区第 j 个测位的平均碳化深度（mm）；

　　　R——第 i 个测区第 j 个测位的平均回弹值。

测区的砂浆抗压强度平均值按下式计算：

$$f_{2i} = \frac{1}{n_1} \sum_{j=1}^{n_1} f_{2ij}$$

1081. 如何采用冲击法检测硬化砂浆抗压强度？

冲击法属取样检测，适用于烧结砖砌体中常用砂浆的强度检测评定，检测后只在原灰缝中留下局部轻微损伤。有专用检测仪器，操作方便。其基本原理是根据物体破坏能量定律，破碎强度高的材料破碎时所消耗的能量大，破碎强度低的材料所消耗的能量小；反之也可以根据物料所需要消耗能量的大小来确定相应物料的强度高低。冲击法检测硬化砂浆强度，实际上是给颗粒状的试料施加冲击载荷，并通过研究在冲击载荷作用下，颗粒状试料破碎过程的特征值（表面积增量），经过一系列的统计计算从而获得该物料的相关强度值。

具体检测过程为：①小心制取直径为 10～12mm 的近似圆形砂浆颗粒物料约 180～200g，烘干 2h 后冷却备用；②准确称烘干物料 50g（三组）；③在冲击筒中进行冲击（选择适当的落锤质量和高度），筛分称量；④对不规则的试样应采用蜡封法测定其密度；⑤根据给定计算公式分别计算试料总表面积（S）、试料破碎前原始表面积（S_0）及破碎后试料表面积增量（$\Delta S = S - S_0$）。

利用冲击法测定砂浆强度时，应注意以下几个技术要点：①选择适当的冲击功能量（W）的三要素：锤重（Q）、落距高度（H）和冲击次数（n）；②合理选择求 $\Delta S / \Delta W$ 值的试验点数和每次筛分时间；③砂浆中砂含量的影响；④砂浆碳化对冲击结果的影响。

1082. 如何采用贯入法评定砌筑砂浆抗压强度？

贯入法适用于工业及民用建筑砌体工程中砌筑砂浆抗压强度的现场检测，并作为推定抗压强度的依据。它通过压缩工作弹簧，加荷将测钉贯入砂浆中，测得贯入深度，再根据测钉贯入砂浆的深度和砂浆抗压强度的相关关系换算得到砂浆的抗压强度。贯入法检测得到的砂浆抗压强度换算值相当于被测构件在该龄期同条件养护下的边长为 70.7mm 立方体试块的抗压强度平均值。该方法科学、简单、便捷。

大量试验表明，风干条件下贯入法检测砌筑砂浆抗压强度换算值与抗压强度实测值之间的偏差约 5%，试验结果可靠；砂浆龄期对贯入法检测砌筑砂浆抗压强度无明显影响，可以不考虑；砂浆含水状态对贯入法检测砌筑砂浆抗压强度有较大影响，在检测时必须保证砂浆处于风干状态；砂的细度模数对贯入法检测砌筑砂浆抗压强度影响较小，通常可以不用考虑。

1）测试仪器

贯入仪：贯入力为（800±8）N，工作行程为（20±0.10）mm。

贯入深度测量表：最大量程为（20±0.02）mm，分度值为 0.01mm；也可采用直读式测量表。

测钉：长度为（40±0.10）mm，直径为 3.5mm，尖端锥度为 45°。测钉量规的量规槽长度为（39.50+0.10）mm。

2）测点布置

检测时一般以相邻两轴线间的墙体或独立构件且面积不大于 25m² 的砌体为一个测区，测试面积一般不小于 2m²，当同品种、同强度等级砌筑砂浆按批进行抽检时，抽检数量不少于砌体总测区数的 30%，且不少于 6 个构件。测区应选择在承重结构的可测面上，并应避开门窗、洞口和预埋件的边缘。每一测区测试 16 点，测点在测区内的水平灰缝上均匀分布，测点间距不宜小于 240mm，每条灰缝测点不宜多于 2 点。

3）检测步骤

试验前，清除测钉上附着的水泥灰渣等杂物，同时用测钉量规检验测钉的长度；若测钉能通过测钉量规槽时，应重新选用新的测钉。

将贯入仪水平放置于平整的物体上，将测钉插入贯入杆的测钉座中，测钉尖端朝外，用小扳手拧紧测钉座，将测钉固定好。

一手将贯入仪的扳手扳向把手，一手用摇柄旋紧螺母，直至挂钩挂上为止。松开贯入仪的扳手，将螺母退至贯入杆顶端。

将贯入仪扁头对准灰缝中间，并垂直贴在被测砌体灰缝砂浆的表面，握紧贯入仪把手，扳动扳手，将测钉贯入被测砂浆中。

将测钉拔出，用吹风器将测孔中的灰尘吹干净。将贯入深度测量表扁头对准灰缝，同时将测头插入测孔中，并保持测量表垂直于被测砌体灰缝砂浆的表面，从表盘中直接读取测量表显示值，并记录。贯入深度按下式计算：

$$d_i = 20.00 - d'_i$$

式中　d_i——第 i 个测点贯入深度值，精确至 0.01mm；

　　　d'_i——第 i 个测点贯入深度测量表读数，精确至 0.01mm。

注：直接读数不方便时，可用锁紧螺钉锁定测头，然后取下贯入深度测量表读数。

当砌体灰缝经打磨难以达到平整时，可在测点处标记，贯入检测前用贯入深度测量表读测点处的砂浆表面不平整度读数 d_i^0，然后在测点处进行贯入检测，读取 d'_i，则贯入深度按下式计算：

$$d_i = d'_i - d_i^0$$

式中　d_i——第 i 个测点贯入深度值，精确至 0.01mm；

　　　d_i^0——第 i 个测点贯入深度测量装的不平整度读数，精确至 0.01mm；

　　　d'_i——第 i 个测点贯入深度测量表读数，精确至 0.01mm。

4）结果计算

将一个测区内的 16 个贯入深度值中的 3 个较大值和 3 个较小值剔除，然后求取余下的 10 个贯入深度值的平均值。

根据平均贯入深度，通过测强曲线，计算砂浆抗压强度平均值。

1083. 砂浆增塑剂试验有何规定？

砂浆增塑剂外观采用目测。

匀质性试验含固量、含水率、密度、细度的测定按《混凝土外加剂匀质性试验方法》（GB/T 8077）执行。

氯离子含量按《混凝土外加剂》（GB 8076）执行。

试验材料：水泥采用《混凝土外加剂》（GB 8076）规定的基准水泥；砂符合《建设用砂》（GB/T 14684）中规定的Ⅱ区天然砂，抹灰砂浆增塑剂试验用砂细度模数为 2.4～2.6，砌筑增塑剂试验用砂细度模数为 2.6～2.8。且不应含有粒径大于 4.75mm 的颗粒，含泥量不大于 1.0%。

抹灰砂浆增塑剂试验用砂的推荐颗粒级配累计筛余符合《抹灰砂浆增塑剂》（JG/T 426），见表 2-4-8。

表 2-4-8 砂的推荐颗粒级配

方孔筛（mm）	4.75	2.36	1.18	0.60	0.30	0.15
累计筛余（%）	0	3～7	16～20	48～52	78～82	96～100

试验用增塑剂为需要检测的增塑剂。试验用水符合《混凝土用水标准》（JGJ 63）规定的水质。

1084. 砂浆增塑剂试验环境条件有何规定？

制备抹灰砂浆增塑剂砂浆试件时，各种砂浆试验材料及环境温度均应为（20±5）℃。标准养护温度为（20±2）℃，湿度为 90% 以上。干空养护室（箱）温度为（20±2）℃，湿度为（60±5）%。冷冻箱（室）温度能保持在 −20～−15℃。

制备砌筑砂浆增塑剂试验时，试验环境温度应符合《建筑砂浆基本性能试验方法标准》（JGJ 70）的要求。所用材料应提前 24h 运入室内。拌和时实验室的温度应保持在（20±5）℃。需要模拟施工条件下所用的砂浆时，所用原材料的温度宜与施工现场保持一致。试验用的原材料应在《建筑砂浆基本性能试验方法标准》（JGJ 70）规定的环境中保持至少 24h。

1085. 砂浆增塑剂取样及批号有何规定？

抹灰砂浆增塑剂：生产厂应根据产量和生产设备条件，将产品分批编号。掺量大于 5% 的增塑剂，每 100t 为一批号；掺量小于或等于 5% 并大于 1% 的增塑剂，每 50t 为一批号；掺量小于或等于 1% 的增塑剂，每 20t 为一批号。不足一个批号的应按一个批号计，同一批号的产品必须混合均匀。每一批号取样量不应少于试验所需数量的 4 倍。

砌筑砂浆增塑剂：试样分点样和混合样。点样是在一次生产的产品中所取试样，混合样是三个或更多的点样等量均匀混合而取得的试样。取样地点可于生产厂或使用现场。必要时，取样应由供需双方及供需双方同意的其他方面的代表参加。

生产厂应根据产量和生产设备条件，将产品分批编号。掺量大于 5% 的增塑剂，每 200t 为一批号；掺量小于 5% 并大于 1% 的增塑剂，每 100t 为一批号；掺量小于 1% 并大于 0.05% 的增塑剂，每 50t 为一批号；掺量小于 0.05% 的增塑剂，每 10t 为一批号。不足一个批号的应按一个批号计。同一编号的产品必须混合均匀。每一编号取样量不少于试验所需数量的 2.5 倍。

1086. 湿拌砌筑砂浆强度是如何验收的？

砂浆强度是以标准养护、龄期为 28d 的试块抗压试验结果为依据。砌筑砂浆试块强度验收时其强度合格标准必须符合以下规定：

（1）同一验收批砂浆试块抗压强度平均值必须大于或等于设计强度等级所对应的立方体抗压强度；同一验收批砂浆试块抗压强度的最小一组平均值必须大于或等于设计强度等级所对应的立方体抗压强度的 0.75 倍。

（2）砌筑砂浆的验收批，同一类型、强度等级的砂浆试块应不少于 3 组；当同一验收批只有一组试块时，该组试块抗压强度的平均值必须大于或等于设计强度等级所对应的立方体抗压强度。

（3）抽检数量：每一检验批且不超过 250m³，砌体的各种类型及强度等级的砌筑砂浆，每台搅拌机应至少抽检一次。

（4）检验方法：在砂浆搅拌机出料口随机取样制作砂浆试块，且同盘砂浆只制作一组试块，最后检查试块强度试验报告单。

1087. 如何评价预拌湿拌砂浆企业湿拌砂浆生产控制水平？

（1）湿拌砂浆生产管理水平可参照混凝土生产控制水平方法，按强度标准差（σ）和实测强度达到强度标准值组数的百分率（P）表征。

（2）湿拌砂浆强度标准差 σ 应按下式计算，并应符合《砌筑砂浆配合比设计规程》（JGJ/T 98）的规定。检验批湿拌砂浆立方体抗压强度的标准差应按下式计算：

$$\sigma = \sqrt{\frac{\sum_{i=1}^{n} f_{cu,i}^2 - n m_{f_{cu}}^2}{n-1}}$$

式中　σ——湿拌砂浆强度标准差，精确到 0.1MPa；

$f_{cu,i}$——统计周期内同一品种湿拌砂浆第 i 组砂浆立方体试件的抗压强度值（MPa）；

$m_{f_{cu}}$——统计周期内 n 组同一品种湿拌砂浆立方体试件的抗压强度的平均值（MPa）；

n——统计周期内同一品种湿拌砂浆的试件总组数，n 值 $\geqslant 25$。

（3）当无统计资料时，砂浆强度标准差可按《砌筑砂浆配合比设计规程》（JGJ/T 98），见表 2-4-9 取值。

表 2-4-9　砂浆强度标准差 σ 及 k 值

强度等级	强度标准差 σ（MPa）							k
	M5	M7.5	M10	M15	M20	M25	M30	
优良	1.00	1.50	2.00	3.00	4.00	5.00	6.00	1.15
一般	1.25	1.88	2.50	3.75	5.00	6.25	7.50	1.20
较差	1.50	2.25	3.00	4.50	6.00	7.50	9.00	1.25

（4）实测强度达到强度标准值组数的百分率（P）应按下式计算，且不应小于 95%。

$$P = n_0/n \times 100\%$$

式中　P——统计周期内实测强度达到强度标准值组数的百分率，精确至 0.1%；

n_0——统计周期内相同品种、等级湿拌砂浆达到强度标准值的试件组数。

(5) 统计周期根据实际情况确定，可取 1 个月，不宜超过 3 个月。

1088. 如何检测粉煤灰密度？

方法原理：将一定质量的粉煤灰倒入装有足够量的液体介质的李氏瓶内，液体体积应可以充分浸润粉煤灰颗粒。根据阿基米德定律，粉煤灰颗粒的体积等于它排开液体的体积，从而计算出粉煤灰单位体积的质量为密度。

仪器设备：李氏瓶（分度值 0.1mL）、无水煤油、恒温水槽、天平、温度计。

试验步骤：

(1) 粉煤灰试样应预先通过 0.90mm 方孔筛，在 (110±5)℃ 温度下烘干 1h，并在干燥器内冷却至室温 [室温控制在 (20±1)℃]。

(2) 称取粉煤灰 60g，精确至 0.01g。

(3) 将污水煤油注入李氏瓶到 0mL 至 1mL 之间的刻度线后（选用磁力搅拌，此时应加入磁力棒）盖上瓶塞放入恒温水槽内，使刻度部分浸入水中 [水温控制在 (20±1)℃]，恒温至少 30min，记下无水煤油的初始读数 (V_1)。

(4) 从恒温水槽中取出李氏瓶，用滤纸将李氏瓶细长颈内没有煤油的部分仔细擦干净。

(5) 用小匙将试样一点点地装入李氏瓶内，反复摇动直至没有气泡排出，再次将李氏瓶静置于恒温水槽，使刻度部分浸入水中恒温至少 30min，记下第 2 次读数 (V_2)。

(6) 第 1 次和第 2 次读数，恒温水槽的温差不大于 0.2℃。

结果计算：

$$\rho = m / (V_2 - V_1)$$

式中　ρ——粉煤灰密度（g/cm³）；

　　　m——粉煤灰质量（g）；

　　　V_1——李氏瓶第一次读数 V_1；

　　　V_2——李氏瓶第二次读数 V_2。

1089. 砂吸水率如何检验？

(1) 饱和面干试样的制备

在自然状态下用分料器法或四分法缩分细集料至 1100g，均匀拌和后分为大致相等的两份备用。将一份试样倒入搪瓷盆中，注入洁净水，使水面高出试样表面 20mm 左右水温控制在 (23±5)℃。用玻璃棒连续搅拌 5min，以排除气泡，静置 24h。浸泡完成后，在水澄清的情况下，细心地倒去试样上部的清水，不得将细粉部分倒走。并用吸管去余水。在盘中摊开试样，用吹风机缓缓吹拂暖风，并不断翻动试样，使砂表面的水分在各部位均匀蒸发，不得将砂样颗粒吹出。如图 2-4-1 所示，将试样分两层装入饱和面干试模中，第一层装入模高度的一半，用捣棒均匀捣 13 下（捣棒离试样表面约 10mm处自由落下），第二层装满试模，再轻捣 13 下，刮平试模上口后，垂直将试模徐徐提起，如试样呈图 (a)、图 (b) 状，说明试样仍含有表面水，应再行暖风干燥，并按上述方法进行试验，直至试模提起后，试样呈图 (c)、图 (d) 状为止；若试模提起后，试样呈图 (e)、图 (f) 状，则说明试样已干燥过分，此时应将试样洒水 50mL，在充分拌匀后，静置于加盖容器中 30min，再按上述方法进行试验，直至试样达到

图 (c)、图 (d) 状为止。

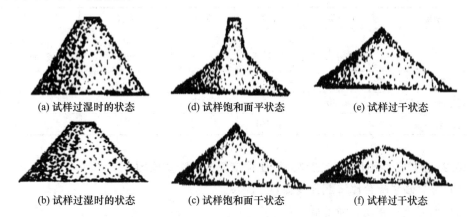

(a) 试样过湿时的状态　　(d) 试样饱和面平状态　　(e) 试样过干状态

(b) 试样过湿时的状态　　(c) 试样饱和面干状态　　(f) 试样过干状态

图 2-4-1　饱和面干试样的制备

（2）吸水率试验应按下列步骤进行试验

① 立即称取饱和面干试样 500g，精确至 0.1g，倒入已知质量的烧杯（或搪瓷盘）中，置于温度为（105±5）℃的烘箱中烘干至恒重，并在干燥器内冷却至室温后，称取干样的质量（m_0），精确至 0.1g。

② 吸水率应按下式计算，精确至 0.01%：

$$Q_x = \frac{m_1 - m_0}{m_0} \times 100\%$$

式中　Q_x——吸水率（%）；

　　　m_1——饱和面干试样质量（g）；

　　　m_0——烘干试样质量（g）。

取两次试验结果的算术平均值作为吸水率值，精确至 0.1%，如两次试验结果之差大于平均值的 3% 时，则这组数据作废，应重新取样进行试验。采用修约值比较法进行评定。

1090. 简述砂云母含量检验方法。

称取经缩分的试样 150g，在温度为（105±5）℃的烘箱中烘干至恒重，待冷却至室温后，筛除大于 4.75mm 和小于 0.3mm 的颗粒备用，然后根据砂的粗细不同称取试样 15g，精确至 0.01g，将试样倒入搪瓷盘中摊开，在放大镜下用钢针挑出砂中全部云母，称取所挑出的云母质量，精确至 0.01g。

砂中云母含量按下式计算，精确至 0.1%：

$$Q_C = \frac{G_2}{G_1} \times 100\%$$

式中　Q_C——云母含量（%）；

　　　G_1——0.3~4.75mm 颗粒的质量（g）；

　　　G_2——云母质量（g）。

1091. 地下水质量常规指标及限值有何要求？

砂浆用地下水质量应满足表 2-4-10 的规定。

表 2-4-10　砂浆用地下水质量要求

指标	Ⅰ类	Ⅱ类	Ⅲ类	Ⅳ类	Ⅴ类
pH	6.5≤pH≤8.5			5.5≤pH≤6.5 8.5≤pH≤9.0	pH<5.5 或 pH>9.0
硫酸盐（mg/L）	≤50	≤150	≤250	≤350	>350
氯化物（mg/L）	≤50	≤150	≤250	≤350	>350
硫化物（mg/L）	≤0.005	≤0.01	≤0.02	≤0.10	>0.10

1092. 湿拌砂浆出厂检验试块的抗压强度偏低有哪些原因？

（1）湿拌砂浆配合比试配强度偏低。

（2）水泥质量波动，强度低。

（3）粉煤灰、矿渣粉等掺合料质量波动，活性低或掺量过大。

（4）砂中含泥量或泥块含量过大、砂自身强度过低、砂的针片状颗粒含量过大、颗粒级配差。

（5）外加剂减水率低、外加剂引气性过高导致砂浆含气量过大、外加剂缓凝过长、凝结时间长，龄期长。

（6）生产过程中用水量过大，造成配合比水灰比过大，导致砂浆抗压强度低。

（7）砂浆生产过程中，一种或多种材料计量误差偏大，使得配合比得不到准确的执行。

（8）搅拌运输罐车内的积水未清理就进行装料，导致砂浆水灰比过大，抗压强度降低。

（9）砂浆试块拆模、养护不及时，养护不到位，养护条件达不到温湿度要求。

1093. 简述湿拌砂浆温度试验步骤。

（1）试验容器内壁应润湿无明水。

（2）砂浆拌合物取样，宜用振动台振实；采用振动台振实时，应一次性将湿拌砂浆拌合物装填至高出试验容器筒口，装料时可用捣棒稍加插捣，振动过程中砂浆拌合物低于筒口时，应随时添加，振动直至表面出浆为止；将筒口多余的混凝土拌合物刮去，表面凹陷应填平。

（3）自搅拌加水开始计时，宜静置 20min 后放置温度传感器。

（4）温度传感器整体插入砂浆拌合物中的深度不应小于集料最大公秤粒径，温度传感器各个方向的砂浆拌合物的厚度不应小于集料最大公秤粒径；按压温度传感器附近的表层砂浆以填补放置温度传感器时砂浆中留下的空隙。

（5）应使温度传感器在砂浆拌合物中埋置 3~5min，然后读取并记录温度测试仪的读数，精确至 0.1℃；读数时不应将温度传感器从混凝土拌合物中取出。

（6）工程要求调整静置时间时，应按实际静置时间测定砂浆拌合物的温度。

（7）施工现场测试砂浆拌合物温度时，可将砂浆拌合物装入试验容器中，用捣棒插捣密实后，测定砂浆拌合物的温度。

1094. 湿拌砂浆氯离子含量测定有什么规定？

试样的制备应按照以下要求进行：

（1）将硬化的砂浆试样破碎并缩分至 30g，然后研磨至全部通过 0.08mm 的筛。

（2）用磁铁将已冷却试样中的金属铁屑吸出。

（3）将试样置于烘箱中，在 105～110℃ 温度下烘至恒重，取出后放入干燥器中冷却至室温。

1095. 湿拌砂浆中氯离子含量测定需用哪些仪器、何种试剂？

（1）试验用仪器

① 酸度计或电位计：应具有 0.1pH 单位或 10mV 的精确度；精确的试验应采用具有 0.02pH 单位精确度的酸度计或 2mV 单位精确度的电位计。

② 216 型银电极。

③ 217 型双盐桥饱和甘汞电极。

④ 电磁搅拌器。

⑤ 电振荡器。

⑥ 滴定管（25mL）。

⑦ 移液管（10mL）。

（2）氯离子含量测定用试剂

① 硝酸溶液（1+3）。

② 酚酞指示剂（10g/1）。

③ 硝酸银标准溶液。

④ 淀粉溶液。

1096. 湿拌砂浆中氯离子含量测定如何进行？硝酸银标准溶液的配制、标定及计算？

（1）称取 1.7g 硝酸银（称准至 0.0001g），用不含 Cl^- 的水溶解后稀释至 1L，混匀，贮于棕色瓶中。

（2）硝酸银标准溶液按下述方法标定：

① 称取 500～600℃ 烧至恒重的氯化钠基准试剂 0.6g（称准至 0.0001g），置于烧杯中，用不含 Cl^- 的水溶解，移入 1000mL 容量瓶中，稀释至刻度，摇匀。

② 用移液管吸取 25mL 氯化钠溶液置于烧杯中，加蒸馏水稀释至 50mL，加 10mL 淀粉溶液（10g/L），以 216 型银电极作指示电极，217 型双盐桥饱和甘汞电极作参比电极，用配制好的硝酸银溶液滴定，按《化学试剂　电位滴定法通则》（GB/T 9725）规定，以二级微商法确定硝酸银溶液所用体积。

③ 同时进行空白试验。

④ 硝酸银溶液浓度按下式计算：

$$C_{(AgNO_3)} = \frac{m_{(NaCl)} \times 25.00/1000.00}{0.05844\ (V_1 - V_2)}$$

式中　$C_{(AgNO_3)}$——硝酸银标准溶液的物质的量浓度（mol/L）；

　　　　$m_{(NaCl)}$——氯化钠的质量（g）；

V_1——硝酸银标准溶液的用量（mL）；

V_2——空白试验硝酸银标准溶液的用量（mL）；

0.05844——氯化钠的毫摩尔质量（g/mmol）。

1097. 湿拌砂浆机械化工艺参数喷射距离和喷射角有什么规定？

表 2-4-11 规定了湿拌砂浆机械化工艺参数喷射距离和喷射角，其中喷射距离是指喷嘴出口与作业面之间的距离；喷射角是指喷嘴中心线与作业面之间的夹角。

表 2-4-11 湿拌机械化工艺参数喷射距离和喷射角

工程部位	喷射距离（nun）	喷射角
吸水性强的墙面	100～350	85°～90°（喷嘴上仰）
吸水性弱的墙面	150～400	60°～70°（喷嘴上仰）
踢脚板以上较低部位墙面	100～300	60°～70°（喷嘴上仰）
顶棚	150～300	60°～70°
地面	200～300	85°～90°

1098. 混凝土中钢筋锈蚀试验按哪些步骤进行？

砂浆对钢筋的锈蚀，参照混凝土对钢筋的锈蚀试验方法。

钢筋锈蚀试验应按下列步骤进行：

（1）钢筋锈蚀试验的试件应先进行碳化，碳化应在 28d 龄期时开始。碳化应在二氧化碳浓度为（20±3）%、相对湿度为（70±5）%和温度为（20±2）℃的条件下进行，碳化时间应为 28d。对于有特殊要求的混凝土中钢筋锈蚀试验，碳化时间可再延长 14d 或者 28d。

（2）试件碳化处理后应立即移入标准养护室放置。在养护室中，相邻试件间的距离不应小于 50mm，并应避免试件直接淋水。应在潮湿条件下存放 56d 后将试件取出，然后破型，破型时不得损伤钢筋。应先测出碳化深度，然后进行钢筋锈蚀程度的测定。

（3）试件破型后，应取出试件中的钢筋，并应刮去钢筋上粘附的混凝土。应用 12% 盐酸溶液对钢筋进行酸洗，经清水漂净后，再用石灰水中和，最后应以清水冲洗干净。应将钢筋擦干后在干燥器中至少存放 4h，然后应对每根钢筋称重（精确至 0.001g），并应计算钢筋锈蚀失重率。酸洗钢筋时，应在洗液中放入两根尺寸相同的同类无锈钢筋作为基准校正。

1099. 简述抗硫酸盐侵蚀干湿循环试验步骤。

抗硫酸盐侵蚀干湿循环试验应按下列步骤进行：

（1）试件应在养护至 28d 龄期的前 2d，将需进行干湿循环的试件从标准养护室取出。擦干试件表面水分，然后将试件放入烘箱中，并应在（80±5）℃下烘 48h。烘干结束后应将试件在干燥环境中冷却到室温。对于掺入掺合料比较多的混凝土，也可采用 56d 龄期或者设计规定的龄期进行试验，这种情况应在试验报告中说明。

（2）试件烘干并冷却后，应立即将试件放入试件盒（架）中，相邻试件之间应保持 20mm 间距，试件与试件盒侧壁的间距不应小于 20mm。

（3）试件放入试件盒以后，应将配制好的 5‰ Na₂SO₄ 溶液放入试件盒，溶液应至少超过最上层试件表面 20mm，然后开始浸泡。从试件开始放入溶液，到浸泡过程结束的时间应为（15±0.5）h。注入溶液的时间不应超过 30min。浸泡龄期应从将混凝土试件移入 5‰ Na₂SO₄ 溶液中起计时。试验过程中宜定期检查和调整溶液的 pH，可每隔 15 个循环测试一次溶液 pH，应始终维持溶液的 pH 在 6～8 之间。溶液的温度应控制在（25～30）℃。也可不检测其 pH，但应每月更换一次试验用溶液。

（4）浸泡过程结束后，应立即排液，并应在 30min 内将溶液排空。溶液排空后应将试件风干 30min，从溶液开始排出到试件风干的时间应为 1h。

（5）风干过程结束后应立即升温，应将试件盒内的温度升到 80℃，开始烘干过程。升温过程应在 30min 内完成。温度升到 80℃后，应将温度维持在（80±5）℃。从升温开始到开始冷却的时间应为 6h。

（6）烘干过程结束后，应立即对试件进行冷却，从开始冷却到将试件盒内的试件表面温度冷却到（25～30）℃的时间应为 2h。

（7）每个干湿循环的总时间应为（24±2）h。然后应再次放入溶液，按照上述（3）～（6）的步骤进行下一个干湿循环。

（8）在达到标准规定的干湿循环次数后，应及时进行抗压强度试验。同时应观察经过干湿循环后砂浆表面的破损情况并进行外观描述。当试件有严重剥落、掉角等缺陷时，应先用高强石膏补平后再进行抗压强度试验。

（9）当干湿循环试验出现下列三种情况之一时，可停止试验：

① 当抗压强度耐蚀系数达到 75%；

② 干湿循环次数达到 150 次；

③ 达到设计抗硫酸盐等级相应的干湿循环次数。

（10）对比试件应继续保持原有的养护条件，直到完成干湿循环后，与进行干湿循环试验的试件同时进行抗压强度试验。

1100. 如何对可再分散乳胶粉进行检验？

作为基本化工产品，厂家需提供可再分散乳胶粉的技术资料，即产品的技术质量说明及产品生产规范。通常可再分散乳胶粉进厂后，干混砂浆厂家可根据产品技术资料对可再分散乳胶粉进行抽检。其主要检测的项目为：

（1）外观

产品是否标记正确，外部包装是否正常，有无破损，产品质量是否符合合同，有无受潮或结块等必要的外观检验。

（2）实验室检验

根据企业的质量规定，进行抽样检验。

① 含固量

在标准室温条件 [（23±3）℃，（50±5）%RH] 下，称取一定质量的乳胶粉，然后在 105℃烘至恒重，在干燥器中冷却到室温后再称量，将干燥后的质量除以起始的质量，其值应不小于技术资料表中的含固量。

② 负压筛筛分试验

按照可再分散乳胶粉厂家提供的技术资料，选用相应的筛网，在负压筛分机（如水泥细度负压筛分仪）上测试筛余是否符合技术资料表的数据。

③ 测试灰分

将可再分散乳胶粉在105℃烘至恒重，置于干燥器中，在标准室温条件［（23±3）℃，（50±5）%RH］下冷却至室温后，称取此时的质量为起始质量，然后将可再分散乳胶粉放入450℃的马弗炉中烧至恒重，在干燥器中冷却至室温后再称量，将起始质量减去烧后质量再除以起始质量即为灰分，此值应符合乳胶粉厂家技术资料表中灰分的指标。

④ 标准配方检验

按施工工艺要求，将可再分散乳胶粉加入各种配方中，检测其物理力学性能（凝结时间、流动度、开放时间、抗垂流、粘结强度、抗压及抗折强度等），在保持其他原材料（水泥、纤维素醚、砂等）稳定性的前提下，通过分析结果的稳定性评判乳胶粉的一致性。

1101. 如何制备聚合物水泥防水砂浆试验用试样？

实验室试验条件：温度（23±2）℃，相对湿度（50±5）%。

聚合物水泥防水砂浆检验时，水和各组分的用量按生产厂家推荐的配合比进行，并在各项试验中，保持同一个配合比。

对于单组分材料，按规定比例称量粉料和水，将水倒入水泥胶砂搅拌机的搅拌锅内，然后将粉料徐徐加入到水中进行搅拌。

对于双组分材料，按规定比例称量粉料，将粉料搅拌均匀，然后加入到液料中搅拌均匀。如需要加水的，应先将乳液与水搅拌均匀。

搅拌可采用水泥胶砂搅拌机低速搅拌，也可采用人工搅拌。搅拌时间和是否需晾置由生产厂家指定，否则搅拌3min。

1102. 如何制备自流平砂浆试验用试样？

标准试验条件：温度（23±2）℃，相对湿度（50±5）%，试验区的循环风速低于0.2m/s。

（1）按产品生产商提供的使用比例称取样品，若给出一个值域范围，则采用中间值，并保证在整个试验过程中按同一比例进行。

（2）按产品生产商规定的比例称取对应于2kg粉状组分的用水量或液体组分用量，倒入水泥胶砂搅拌机的搅拌锅内，将2kg粉料样品在30s内匀速放入搅拌锅内，低速拌和1min。

（3）停止搅拌后，30s内用刮刀将搅拌叶和料锅壁上的不均匀拌合物刮下。

（4）高速搅拌1min，静停5min，再继续高速搅拌15s，拌合物不应有气泡，否则再静停1min使其消泡，然后立即对该样品进行测试。

（5）产品生产商如有特殊要求，可参考产品生产商要求进行制备。

1103. 如何检验散装普通干混砂浆的均匀性？

普通干混砂浆主要是由水泥、砂等原材料组成的颗粒状产品，由于水泥、砂的流动性差别较大，砂浆在装卸、运输过程中会发生不同程度的离析，底部的重颗粒如砂较低，而上部的粉料如水泥较多，导致不同部位的砂浆性能有所差异，从而影响砂浆性能的均匀性，因此，散装普通干混砂浆进场时必须检验其均匀性指标。

（1）取样

在散装干混砂浆移动筒仓放料过程中的 10 个不同时间，分别取样，每份样品数量不少于 5000g，共取得 10 份样品。分别将每份样品充分拌和均匀，称取 500g 试样进行筛分。

（2）砂浆细度均匀度试验

① 将 500g 试样倒入符合《建筑用砂》（GB/T 14684）要求的附有筛底的标准套筛中，按《建筑用砂》（GB/T 14684）的方法进行筛分试验，称量通过 0.075mm 筛的筛余量。每个样品检测两次，取两次试验结果的平均值。

② 按照上述步骤分别对其他 9 个样品进行筛分试验。

③ 结果计算

a. 按下式计算 10 个样品 0.075mm 筛下的离散系数：

$$C_v = \frac{\sigma}{X} \times 100\%$$

式中　C_v——0.075mm 筛下的离散系数；

　　　σ——10 个样品通过 0.075mm 筛的筛余量（或抗压强度）的标准偏差；

　　　X——10 个样品通过 0.075mm 筛的筛余量（或抗压强度）的平均值。

b. 按下式计算干混砂浆的均匀度 T：

$$T = 100\% - C_v$$

结果判定：当 0.075mm 筛下均匀度≥90％时，该筒仓中散装干混砂浆的均匀性合格；当 0.075mm 筛下均匀度＜90％时，应继续进行抗压强度试验。

（3）抗压强度试验

① 按《建筑砂浆基本性能试验方法标准》（JGJ/T 70）的规定成型、养护试件，测试 28d 抗压强度，得到 10 个试样的抗压强度值。

② 分别按公式计算抗压强度对应的砂浆均匀度。

③ 结果判定

当抗压强度的均匀度≥85％时，该筒仓散装干混砂浆的均匀性合格；当抗压强度的均匀度＜85％时，则均匀性不合格。

1104. 建筑石膏相组成的分析原理是什么？

石膏相分析方法是根据其中各相所具有的水化或脱水的特性而制定的。

（1）建筑石膏中的无水石膏Ⅲ

无水石膏Ⅲ的分析方法是基于它有强烈的吸湿性，可在任意浓度的酒精水溶液中水化生成半水石膏，而 β 半水石膏却不能。因此通过测定无水石膏Ⅲ在高于某一浓度的酒精水溶液中水化的增量，即可计算出无水石膏Ⅲ的含量。

（2）建筑石膏中的 β 半水石膏

测定建筑石膏在纯水中的水化增量，为 β 半水石膏和无水石膏Ⅲ的总量，减去用上述原理测得的无水石膏Ⅲ的含量，即可计算出 β 半水石膏的含量。

（3）建筑石膏中残留的二水石膏

用脱水的方法测定建筑石膏的脱水总量，减去半水石膏的脱水量，即可计算出建筑石膏中残留的二水石膏含量。

（4）无水石膏Ⅱ

二水石膏在 $400 \sim 1180℃$ 的温度区间内进行燃烧可得到无水石膏Ⅱ，其中可以使用的无水石膏Ⅱ在 $400 \sim 800℃$ 温度区间内，$500℃$ 以下为难溶无水石膏，$500 \sim 800℃$ 为不溶无水石膏。

① 水化法

无水石膏Ⅱ中的难溶无水石膏可以在水中缓慢地水化；不溶无水石膏要通过激发才可以水化。因此通过缓慢水化法可测得难溶无水石膏的含量；并用这个测试结果，通过公式计算出不溶无水石膏的含量。

② 激发水化法

在无水石膏Ⅱ的水化过程中加激发剂，可以测得难溶无水石膏和不溶无水石膏的含量。

1105. 石膏自流平砂浆有哪些检测方法和仪器？

（1）细度

按《建筑石膏》（GB/T 9776）中细度测定方法。

（2）流动度

称取 $(200+1)$ g 试样，将试样均匀倒入水中（标准用水量），强力搅拌 2min，将 100mL 料浆倒入漏斗中，让料浆从漏斗流至平板玻璃，料浆在玻璃上的流动直径为流动度。

（3）使用时间

流动度由加料初始的 280mm，每隔 15min 测试一次，至降到 180mm 的时间为使用时间。

（4）凝结时间

按《建筑石膏》（GB/T 9776）中凝结时间测定方法。

（5）标准流动度

以流动度为 (280 ± 5) mm 为材料的标准流动度。

（6）标准用水量

以标准流动度的加水量为标准用水量。

（7）强度

按《建筑石膏》（GB/T 9776）中强度测定法。

（8）抗冲击性能

将质量为 1kg 的钢球从距地面 1m 处自由落下，掉在自流平石膏地面上，反复三次，三次落点间距应大于 150mm。

（9）干湿循环

将三块 40mm×40mm×160mm 试件在 $(50 \pm 5)℃$ 下烘至恒重。浸水 $(20 \pm 2)℃$ 4h，取出并用拧干的湿布擦干，在 $(100 \pm 5)℃$ 烘 2h，移入 $(50 + 5)℃$ 条件烘干 18h 为

1 个循环，共做 15 个循环。15 个循环后将试件置（50±5）℃烘至恒重，进行质量及强度测定。

1106. 如何检测建筑石膏腻子？

（1）试样制备

① 试板的表面处理及试板尺寸

除粘结强度一项，所用试板均为石棉水泥板，试板表面按《建筑涂料涂层试板的制备》（JG/T 23）的规定进行处理。

② 试样制备

在要求规格的石棉水泥板上，用钢制刮板刮涂试样，刮涂两道，每道间隔 5h。

（2）测试方法

① 施工性

将试板放置在水平面上，用钢制刮板（刀头宽约 120mm）刮涂试样约 0.5mm 厚，检验刮涂作业是否有障碍，放置 1h 后（鉴于石膏腻子使用时间短，故改为 1h）再用同样方法刮涂第二道试样，刮涂运行无困难，所得涂层平整无针孔、无毛刺时，认为"刮涂无障碍"，即施工性好。

② 打磨性

a. 试验仪器

打磨试验机是一种利用贴有砂纸的试块在试板的涂层表面作直线往复运动，进行打磨的仪器。打磨试验机由打磨块及夹具、滑动架、试验台板、电动机、电源开关、计数器等部分构成。在 90mm×38mm×25mm 的硬木板上，贴有 16mm 厚的泡沫塑料块作为垫层构成打磨块。

b. 试验操作

试验前将 120 目（0 号）干磨砂纸贴于打磨块上。

将试板水平固定在打磨试验机的试验台板上。

将贴有砂纸的打磨块置于试板的石膏腻子涂层上，试板承受（450±5）g 的负荷（打磨块及夹具的总重），往复摩擦涂磨 5 次，小心取下砂纸（每次试验需要重换砂纸）。

目测打磨砂纸上沾有的打磨粉末为砂纸面积的 20%～80%为合格。

1107. 石膏罩面腻子有哪些检测方法和仪器？

（1）取样

按《色漆、清漆和色漆与清漆用原材料取样》（GB/T 3186）的规定进行。

（2）试验样板的状态调节和试验环境

除另有商定外，制备好的样板，应在《涂料试样状态调节和试验的温湿度》（GB/T 9278）规定的条件下防止规定的时间后，按有关检验方法进行性能测试。

（3）试验集采及其处理方法

① 无石棉纤维水泥平板

除柔韧性、粘结强度外，检验用试板均应符合《纤维水泥平板 第 1 部分：无石棉纤维水泥平板》（JC/T 412.1）中 NAF-H-V 级技术要求的无石棉纤维水泥平板，厚度为 4～6mm，无石棉纤维水泥平板的表面处理和存放按《色漆和清漆 标准试板》（GB/T 9271）的规定进行。

② 砂浆块

将水泥［符合《通用硅酸盐水泥》（GB 175）要求，强度为 42.5 级的普通硅酸盐水泥］、砂［符合《普通混凝土用砂、石质量及检验方法标准》（JGJ 52）要求的中砂］和水按 1∶2∶0.4 的比例（质量比）倒入容器内搅拌均匀至呈浆状，将砂浆倒入 70mm×70mm×20mm 金属（或其他硬质材料）模具内压实成型，放置 24h 后脱模，放入水中养护 14d 后取出于室温干燥，干燥时间不少于 7d，试验前应在标准环境下至少放置 48h。

70mm×70mm×20mm 的砂浆块质量应为（220±10）g。

③ 马口铁板

按《色漆和清漆 标准试板》（GB/T 9271—2008）中第 4.3 条的规定进行处理。

（4）试板的制备

① 所检产品明示稀释比例时，应按规定的比例稀释，搅拌均匀后制板，若所检产品规定了稀释比例的范围时，应取其中间值。

② 制板要求

试验基材、试板尺寸、数量、腻子、涂布量及养护期应符合《色漆和清漆 标准试板》（GB/T 9271—2008）的规定。

③ 试样配制

按不同类别产品规定的要求，将产品充分搅拌均匀，密闭放置 20～30min 待用。

④ 制样

在要求规格的无棉纤维水泥平板、砂浆块或马口铁板上，将腻子填充在相应尺寸及厚度的型框中，用钢制刮板（或刮刀）用力反复压平，确保腻子层密实、表面平整、无残留气泡，除施工性外所有试板均为一次成型。

（5）容器中状态

打开容器，用刮刀或搅棒搅拌，无沉淀、结块现象时，认为"无结块、均匀"。

如为粉料或粉料、胶液分装腻子，粉料中无结块及其他杂物，胶液无沉淀、无凝胶，粉料按说明书混合比例混合，两者易混合均匀。

（6）低温贮存稳定性

按《乳胶漆耐冻融性的测定》（GB/T 9268—2008）中 A 法的规定进行。

（7）施工性

将试板水平放置，用钢制刮板（刀头宽约 120mm）刮涂试样约 0.5mm 厚，检验涂装作业是否有障碍，放置 5h 后再用同样方法刮涂第二道试样，约 0.5mm 厚，再次检验涂装作业是否有障碍。所得涂层平整无针孔、无打卷时，认为"刮涂无障碍"。

（8）干燥时间

按《漆膜、腻子膜干燥时间测定法》（GB/T 1728—2020）中乙法的规定进行。

（9）初期干燥抗裂性

按《合成树脂乳液砂壁状建筑涂料》（JG/T 24—2018）中第 6.8 条的方法进行，放置 3h 后取出。

（10）打磨性

在 90mm×38mm 的硬质材料板上，贴有 16mm 厚的泡沫塑料块作为垫层构成打磨块。使用前将 0 号（120 目）干磨砂纸贴于打磨块上。

试样制板后于标准环境下干燥 1d，水平放置，均匀施加约 1000g 的力（含砂纸、泡沫块、硬质材料板，质量不足时可加配重）。在试板中间区域水平往复摩擦涂磨 10 次，打磨后观察区域为 25mm×300mm，若可打磨出粉末且无明显沾砂纸现象，则认为打磨性合格，否则认为打磨性不合格。

（11）耐水性

按《漆膜耐水性测定法》（GB/T 1733）的规定进行，在《分析实验室用水规格和试验方法》（GB/T 6682）中规定的三级水中浸泡，取出观察有无起泡、开裂。在规定的试验环境干燥 24h 后，手指轻擦观察无明显掉粉。如三块试板中有两块试板未发现起泡、开裂及手擦无明显掉粉时，认为无起泡、开裂及明显掉粉。

（12）粘结强度

① 试块的准备

仔细选择按要求制备的 70mm×70mm×20mm 的砂浆块，试块成型面应保证平整，无凹坑、孔洞、缺角、缺边。

② 用 0 号干磨砂纸将砂浆试块成型面打磨平整，除去表面浮尘。

③ 标准状态下粘结强度：

按《合成树脂乳液砂壁状建筑涂料》（JG/T 24）中第 6.14.2.1 条的方法制备 6 个试样。

按《合成树脂乳液砂壁状建筑涂料》（JG/T 24）中第 6.14.2.2 条的试验方法进行粘结强度的测定，在制样后第 6d 粘结钢质拉拔件。应注意环氧树脂或其他高强度粘结剂的稠度，仔细操作保证上下粘结而充分浸润及尺寸对齐，确保不沾污水泥砂浆块表面。

④ 浸水后粘结强度

同时制备 6 个试样，在制样后第 6d 粘结钢质拉拔件。

按《合成树脂乳液砂壁状建筑涂料》（JG/T 24）中第 6.14.3.2 条的试验方法进行浸水试验，浸水时间为 48h、取出试件后试件侧面放置，置于标准条件下 24h，然后按《合成树脂乳液砂壁状建筑涂料》（JG/T 24）第 6.12.2.2 条的要求测定浸水后粘结强度。

⑤ 将所得结果去掉一个最大值和一个最小值，取剩余 4 个数据的算术平均值，各测试数据与平均值的最大相对偏差应不大于 20%，否则本次试验数据无效。

（13）柔韧性

样板的制备和养护按上述标准进行，测试前用 320～500 号砂纸干打磨腻子膜，打磨后腻子干膜厚度应在 0.80～1.00mm 范围内，测试按《漆膜、腻子膜柔韧性测定法》（GB/T 1731）中的规定，将马口铁板固定于柔韧性测定仪的一端，用滚筒将它紧贴于仪器直径 100mm 的圆柱物表面上。如腻子表面没开裂痕，则认为"直径 100mm，无裂纹"。

(14) pH

样板的制备和养护按上述标准进行，剥离干燥的腻子样品并研磨至粉末状，取腻子粉末 5g 溶于 50mL 符合《分析实验室用水规格和试验方法》（GB/T 6682）中规定的三级水中，机械搅拌（速率为 400r/min）5min，然后静置 30min 至混合液出现明显分层。使用 pH 试纸或精密试纸测试上层清液的 pH。每个样品平行测定 3 次，以 3 次的平均值作为最终结果（精确至 0.1）。

(15) 有害物质限量

应符合《建筑用墙面涂料中有害物质限量》（GB 18582）中水性墙面腻子产品的规定。

1108. 嵌缝石膏有哪些检测的试验方法及仪器？

嵌缝石膏粉的主要技术性能检测项目有凝结时间、细度、强度、腐败、裂缝、粘结等。具体的检测方法是按照《嵌缝石膏》（JC/T 2075）的要求、试验和检测中有关规定进行的。

1109. 粘结石膏有哪些检测方法及仪器？

粘结石膏的测试方法及仪器按行业标准《粘结石膏》（JC/T 1025）的规定执行。

(1) 试验仪器与设备

按《粘结石膏》（JC/T 1025）中的要求配置。

① 电子秤

量程 2kg，称量精度为 0.1g。

② 标准试验筛

符合《试验筛 技术要求和检验 第 1 部分：金属丝编织网试验筛》（GB/T 6003.1）中筛孔边长为 150mm 和 1.18mm 筛网的规定，并附有筛底和筛盖。

③ 跳桌及附件

符合《水泥胶砂流动度测定仪（跳桌）》（JC/T 958）的规定。

④ 搅拌机

符合《行星式水泥胶砂搅拌机》（JC/T 681）的规定。

⑤ 凝结时间测定仪

符合《水泥净浆标准稠度与凝结时间测定仪》（JC/T 727）的规定，其中试针只用初凝针。

⑥ 强度试模

符合《水泥胶砂试模》（JC/T 726）的规定。

⑦ 电热鼓风干燥箱

温控器灵敏度为 ±1℃。

⑧ 抗折试验机

符合《水泥胶砂电动抗折试验机》（JC/T 724）的规定。

⑨ 抗压夹具及抗压试验机

符合《40mm×40mm 水泥抗压夹具》（JC/T 683）的规定。

抗压试验机的最大量程为 50kN，示值相对误差不大于 1%。

⑩ 拉伸粘结强度试验机

符合《陶瓷砖胶粘剂》（JC/T 547）中 7.3.1.1 的规定。

⑪ 拉伸粘结强度成型框

符合《地面用水泥基自流平砂浆》（JC/T 985）中 6.4.5 的规定。

⑫ 拉伸粘结强度用混凝土板

符合《陶瓷砖胶粘剂》（JC/T 547）中附录 A 的规定，尺寸为 400mm×200mm×50mm。

⑬ 拉拔接头

符合《陶瓷砖胶粘剂》（JC/T 547）中 7.3.2.4 的规定。

（2）试验条件

符合《粘结石膏》（JC/T 1025）中的规定。

实验室温度为（23±2）℃，空气相对湿度为（50±5）%。试验前，试样、拌合水及试模等应在标准试验条件下放置 24h。

（3）测试方法

符合《粘结石膏》（JC/T 1025）中的规定。

① 细度

称取（100＋0.1）g 试样，倒入附有筛底的 150μm 标准试验筛中，盖上筛盖，按《建筑石膏 粉料物理性能的测定》（GB/T 17669.5）进行试验。将 150μm 标准试验筛筛余倒入附有筛底的 1.18mm 标准试验筛中，盖上筛盖，按《建筑石膏 粉料物理性能的测定》（GB/T 17669.5）进行试验。试验结果的表示方法按《建筑石膏 粉料物理性能的测定》（GB/T 17669.5）的规定。

② 凝结时间

快凝型粘结石膏

称取（300＋0.1）g 试样，在胶砂搅拌锅中加入（180＋0.1）g 水，将试样在 5s 内均匀撒入水中，搅拌机调到手动挡，低速搅拌 1min，得到均匀的石膏料浆。迅速将料浆倒入环形试模，用油灰刀捣实刮平，按《建筑石膏 净浆物理性能的测定》（GB/T 17669.4）进行测定，测定时间间隔为 1min。

普通型粘结石膏

① 标准扩散度用水量

称取（1000±0.1）g 试样，按《抹灰石膏》（GB/T 28627—2012）的规定进行测定。

② 凝结时间的测定

按《抹灰石膏》（GB/T 28627—2012）的规定进行测定。

（4）强度

① 绝干抗折强度

称取（1500±0.1）g 试样。快凝型粘结石膏按（900＋0.1）g 加水，按快凝型粘结石膏中的方法制备料浆；普通型粘结石膏按标准扩散度用水量加水，按上述方法制备料浆。用料浆勺将料浆灌入预先涂有一层脱模剂的试模内，试模充满后，将模子的两端分别抬起约 10mm，突然使其落下，如此分别振动 5 次后用刮平刀刮平，待试件终凝后脱模。

脱模后的试件在标准试验条件下静置 24h，然后在（40±2）℃电热鼓风干燥箱中烘干至恒重（24h 质量减少不大于 1g 即为恒重）。烘干后的试件应在标准试验条件下冷却至室温待用。

抗压强度试验方法按《建筑石膏 力学性能的测定》（GB/T 17669.3）进行测定，但受压面积应为 40.0mm×40.0mm 计算。

② 拉伸粘结强度

将成型框放在混凝土板成型面上。称取（500±0.1）g 试样，快凝型粘结石膏按（300±0.1）g 加水，按快凝型粘结石膏中的方法制备料浆；普通型粘结石膏按标准扩散度用水量加水，按上述方法制备料浆。将制备好的料浆倒入成型框中，抹平，放置 24h 后出模，10 个试件为一组。脱模后的试件在（40±2）℃电热鼓风干燥箱中烘干 48h，取出试件放在标准试验条件下冷却至室温待用。用 260 号砂纸打磨掉表面的浮浆，然后用适宜的高强粘结剂将拉拔接头粘结在试样成型面上，在标准试验条件下继续放置 24h 后，用拉伸粘结强度试验机进行测定。

计算 10 个数据的平均值，舍弃超出平均值±20％范围的数据。若仍有 5 个或更多数据被保留，求新的平均值；若保留数据少于 5 个则重新试验。若有 1 个以上的破坏模式为高强粘结剂与拉拔头之间界面破坏应重新进行测定。

1110. 粉刷石膏应该如何检测各项性能？

（1）粉刷石膏的细度、凝结时间、可操作时间、保水率、力学性能等检测方法按《抹灰石膏》（GB/T 28627—2012）的规定。

（2）根据北方的气候条件，北方地区使用粉刷石膏还应检测抗裂性，其检测方法如下：

称取 500g 试样，用标准扩散加水量搅拌后，取适量料浆，抹在强吸湿基材上（表观密度为 500kg/m³ 的加气混凝土），长为 100mm、宽为 30mm、厚为 10mm，用灰刀把一半长度的料浆压成 5mm 厚，形成一个台阶，这就代表墙面的不平之处，观察此台阶周围的开裂情况。无裂缝为合格。

1111. 砌筑砂浆可分为砂浆强度、砂浆性能、损伤和有害物质等检测分项。砌筑砂浆灰缝质量的灰缝厚度代表值、灰缝平直程度和灰缝饱满程度等的检测应符合哪些规定？

（1）灰缝厚度的代表值和灰缝饱满程度等对砌体的抗压强度和抗剪强度有明显的影响。灰缝厚度代表值和灰缝平直程度应按现行国家标准《砌体结构工程施工质量验收规范》（GB 50203）规定的方法进行检测。灰缝质量包括灰缝厚度、灰缝平直程度和灰缝饱满程度等。灰缝厚度过大砌体强度明显降低（有的灰缝厚度代表值为 5 皮块材，有的灰缝厚度代表值为 10 皮块材），灰缝饱满程度差砌体强度也降低。

（2）灰缝饱满程度可采用下列方法进行检测：

① 利用工具表面检查的方法。表面检查方法是指借助于简单工具等的观察方法。

② 取样检测的方法。取样检测方法可结合块材强度、砂浆强度和砌体强度取样检

测方法进行检测，也可单独取样检测。

1112. 砌体结构灰缝质量的检测结论应按什么规定进行符合性判定或推定？

（1）结构工程质量的检测应按结构建造时国家有关标准的规定对检测结论进行符合性判定。

（2）既有结构的检测应在推定砌体强度时使用适当的折减系数。折减系数可结合砌体强度的原位检测或取样检测结合无损检测确定。

1113. 烧结普通砖和烧结多孔砖砌体的砌筑砂浆强度，可采用什么方法进行检测？

（1）砌体工程的砌筑砂浆强度可采用下列方法进行检测：

① 选用筒压法、点荷法或砂浆片局压法进行检测。

② 选用筒压法、点荷法或砂浆片局压法修正回弹法检测结果的方法。

（2）既有结构的砌筑砂浆强度可采用对回弹法检测结果进行筒压法、点荷法或砂浆片局压法验证或修正的检测方法，也可采用回弹法进行检测。

（3）筒压法、点荷法、砂浆片局压法和回弹法的检测应符合现行国家标准《砌体工程现场检测技术标准》（GB/T 50315）的有关规定。

1114. 石砌体的砌筑砂浆强度采用哪些方法进行检测？

（1）选用点荷法或砂浆片局压法进行检测。

（2）选用现行行业标准《贯入法检测砌筑砂浆抗压强度技术规程》（JGJ/T 136—2017）规定的贯入法检测结果进行点荷法或砂浆片局压法修正或验证的方法。

（3）既有砌体的砌筑砂浆强度可采用贯入法进行检测。

1115. 非烧结类块材砌体的砌筑砂浆强度可采用哪些方法进行检测？

（1）可采用筒压法、点荷法或砂浆片局压法进行检测。

（2）可采用筒压法、点荷法或砂浆片局压法等取样检测结果对回弹法检测结果进行修正或验证的方法。

（3）筒压法、点荷法、砂浆片局压法和回弹法的检测应符合现行行业标准《非烧结砖砌体现场检测技术规程》（JGJ/T 371）的有关规定。

（4）既有非烧结砖块材砌体的砌筑砂浆强度可采用回弹法进行检测。

1116. 砌筑砂浆强度检测应符合哪些规定？

（1）当砌筑砂浆的表层受到侵蚀、风化、剥凿或火灾等的影响时，取样检测的试样应取自砌体的内部，回弹和贯入的测区应除去受影响层。

（2）取样法对回弹法和贯入法的修正或验证应符合标准《建筑结构检测技术标准》（GB/T 50344）附录 A 的有关规定。

1117. 当遇到什么情况之一时，除应提供砌筑砂浆强度的测试参数外，尚应提供受影响的深度、范围和劣化程度？

（1）砌筑砂浆表层受到侵蚀、风化、冻害等的影响。

（2）砌筑构件遭受火灾影响。

（3）采用不良材料拌制的砌筑砂浆。

1118. 当具备砂浆立方体试块时，应按现行行业标准《建筑砂浆基本性能试验方法标准》（JGJ/T 70）的规定进行砌筑砂浆抗冻性能的测定；不具备立方体试块或既有结构需要测定砌筑砂浆的抗冻性能时，可采用哪些取样检测方法测定砂浆的抗冻性能？

（1）砂浆试件应分为抗冻组试件和对比组试件。

（2）抗冻组试件应按现行行业标准《建筑砂浆基本性能试验方法标准》（JGJ/T 70）的规定进行抗冻试验并测定抗冻试验后的砂浆强度。

（3）对比组试件砂浆强度应与抗冻组试件同时测定。

（4）砂浆的抗冻性能应取两组砂浆试件强度值的比值进行评定。

（5）砌筑砂浆中的氯离子含量可按混凝土中氯离子含量测定的方法进行测定。

1119. 砌筑砂浆中氯离子含量的测定需要哪些仪器？

具有 0.1pH 单位或 10mV 精确度的酸度计或电位计；银电极或氯电极；饱和甘汞电极；电磁搅拌器；电振荡器；50mL 滴定管；10mL、25mL 及 50mL 移液管；烧杯；300mL 磨口三角瓶；感量为 0.0001g 和感量为 0.1g 的天平；最高使用温度不小于 1000℃ 的箱式电阻炉；0.075mm 的方孔筛；电热鼓风恒温干燥箱，温度控制范围 0～250℃；磁铁；快速定量滤纸；干燥器。

1120. 砌筑砂浆中氯离子含量的测定需要什么试剂？

三级以上试验用水；1 个体积的硝酸加 3 个体积的试验用水配制的硝酸溶液（1+3）；浓度为 10g/L 的酚酞指示剂；浓度为 0.01mol/L 的硝酸银标准溶液；浓度为 10g/L 的淀粉溶液；氯化钠基准试剂；硝酸银。

1121. 砌筑砂浆中氯离子含量的测定试样制备应符合哪些规定？

（1）砂浆芯样应进行破碎，并应剔除粗集料。

（2）试样应缩分至 30g，并应研磨至全部通过 0.075mm 的方孔筛。

（3）试样中的铁屑应采用磁铁吸出。

（4）试样应置于 105～110℃ 电热鼓风恒温干燥箱中烘至恒重，取出后应放入干燥器中冷却至室温。

1122. 砌筑砂浆中氯离子含量的测定硝酸银标准溶液应按什么方法配制？

（1）用感量为 0.0001g 的天平称取 1.7000g 硝酸银，放于烧杯中。

（2）在烧杯中加入少量试验用水，待硝酸银溶解后，将溶液移入 1000mL 容量瓶中。

（3）向容量瓶中加入试验用水稀释至 1000mL 刻度，摇匀，储存于棕色瓶中。

1123. 砌筑砂浆中氯离子含量的测定氯化钠标准溶液应按什么方法配制？

（1）将氯化钠基准试剂放于温度为 500～600℃ 箱式电阻炉中进行灼烧，灼烧至恒重。

（2）用感量为 0.0001g 的天平称取灼烧后的氯化钠基准试剂 0.6000g，放于烧杯中。

（3）在烧杯中加入少量试验用水，待氯化钠溶解后，将溶液移入 1000mL 容量瓶中。

（4）向容量瓶中加入试验用水稀释至 1000mL 刻度，摇匀，储存于试剂瓶中。

2.4.4 预拌砂浆生产应用

1124. 签发砂浆配合比通知单的依据是什么？

（1）实验室根据砂浆生产任务单的要求，向生产、材料等部门下达砂浆配合比通知单。

（2）签发砂浆配合比通知单的依据：

① 砂浆任务单中的有关要求，其中砂浆标记、方法施工、部位、运输时间和特殊要求是实验室签发时应重点考虑的内容。

② 实验室砂浆储备配合比。

③ 砂含水率以及砂中含石率（粒径大于 4.75mm 的颗粒）的测定结果。

实验室储备的砂浆配合比，一般不包括砂含水率，但实际生产中砂是有一定含水率的，而且含水率往往会受气候影响变化；砂浆用砂虽均过筛，因筛砂时会有筛网破损或漏筛现象，砂中不可避免会存在粗颗粒（含石）。因此，在签发砂浆配合比通知单前应测定砂含水率以及砂中含石率，并在砂浆配合比通知单中作出调整。

④ 砂级配的变化

实际生产时，砂的质量（规格、粒径等）是在一定范围内变化的，经常出现砂、质量与砂浆配合比设计时所采用的砂质量不一致的情况。这就需要在签发砂浆配合比通知单时作适当调整。

⑤ 水泥、外加剂质量的变化

实际生产时，水泥、外加剂往往会出现质量波动的情况，需要在签发砂浆配合比通知单时作考虑。

1125. 如何加强砂浆配合比通知单的签发？

（1）实验室根据储备配合比，经试验、计算和调整后向生产、材料部门签发砂浆配合比通知单。

（2）签发砂浆配合比通知单时应填写正确、清楚、项目齐全，确保各项内容均能被有关人员正确理解。

（3）砂浆配合比通知单应包括生产日期、工程名称、砂浆强度、稠度、保塑时间、砂浆配合比编号、原材料的名称、品种、规格、所在筒仓的编号、配合比和每立方米砂浆所用原材料的实际用量等内容。

（4）有特殊技术要求的砂浆（包括特殊材料、工艺或其他非常规要求）、高技术难度（高强度等级、超缓凝或其他超常规技术要求）砂浆时，由技术负责人编制施工方案。

1126. 湿拌砂浆采用什么运输方式到工地？

湿拌砂浆通常采用搅拌罐车集中运送，砂浆在运输过程中不产生分层、离析。湿拌砂浆用量少，考虑实际成本结合其施工特点，常有"一拖多"（同品种型号）的供货方式，如一车料多个施工点输送，计量方式常以每个搅拌罐车的转速和出料量结合地磅称量计量，方量的计量精确度误差问题，需供需双方达成共识。从成本方面考虑，湿拌砂浆同混凝土搅拌站共用，物流车辆共用，这使设备投资、生产成本相比干混砂浆大幅减少。

湿拌砂浆车运输任务完成后，需要用水清洗干净搅拌罐车后，再去装混凝土材料；而装载混凝土的运输搅拌车，需要把罐体内的混凝土清理干净后，再装湿拌水泥砂浆。众所周知，砂浆和混凝土材料不仅是集料大小的差异，还有外加剂品种的差异即性能不同。

1127. 湿拌砂浆运输、交货过程应满足什么要求？

（1）采用专用搅拌运输车运送；搅拌车司机要经常对车辆进行检查、保养，使车辆保持良好的技术状况，并对发现的问题协助汽车修理工一同认真处理，严禁隐瞒车辆故障而进行装料。装料前必须对车辆进行一系列常规检查，如油料是否足够，轮胎是否完好，拌筒里的清洗水是否倒干净等，如因司机原因造成砂浆的质量问题，应由司机负全责。

（2）司机要熟悉砂浆性能，运输途中不得私自载客和载货，行使路线必需以工作目的地为准，尽量缩短运输时间。到达目的地后，要在发货单上注明到达时间。经过工地验收合格后方可卸料，当搅拌车卸完料后，要求立即找指定签单人员在发货单上注明卸完时间，核实数量并签字。

（3）运输车在装料前，装料口应保持清洁，筒体内不应有积水、积浆及杂物，使砂浆运至储存地点后，不离析、不分层，组成成分不发生变化，并能保证施工所必需的稠度。

（4）运输车应不吸水、不漏浆，料口应干净无废渣，并做好防雨、防晒、防冻措施。湿拌砂浆在运输过程中，搅拌运输车应滚动罐体；如司机不做防护措施导致砂浆性能变化无法调整而退料，由司机负全责。

（5）砂浆出厂前后，不得随意加水。若施工人员擅自加水，司机应在发货单上注明原因，并向调度室汇报。当砂浆在运输过程中，如发生交通事故、遇到塞车或搅拌运输车出现故障及因工地原因造成搅拌车在施工现场停留时间过长而引起砂浆稠度损失过大，难以满足施工要求时，必须及时通知调度室，由调度室对整车料做出处理指令。这时可根据砂浆停留时间长短，考虑采取二次调整的办法来调整砂浆的稠度、保水性，同时必须在质检员监督下进行而不得擅自加水处理。如果还达不到施工要求，则应对整车料作报废处理，以确保砂浆的施工质量。

（6）放置砂浆处不经提前清理干净，有任何杂物，地面未预湿，有积水等不得进行卸料。防止砂浆因地面干燥而导致砂浆失水过快，影响保塑时间；防止砂浆被掺入杂物或被水浸泡等影响砂浆的质量。

（7）司机在工地发生的任何意外事件如刮碰、过磅等必须立即通知调度室，经调度室同意之后方可处理或过磅等。

（8）冬季砂浆在运输中要做好保温并在室内或暖棚内集中储存，要随要随用，保证其内部不得有冻块，防止冻结。搅拌好的砂浆应储存在暖棚内，暖棚内环境温度保持

5℃以上，砂浆使用时温度保持在 5℃以上，砂浆使用过程中禁止使用二次加水造成砂浆离析、跑浆、泌水、分层、施工性差的砂浆，禁止使用已结冻有冰块的砂浆。夏季砂浆运送需要做好防晒、防止水分流失措施。砂浆储存池要做好防晒封闭措施，夏季气温高，需要尽快在砂浆的开放时间内用完。

（9）供需双方应在合同规定的地点交货，供需双方确认签收；交货时，供方应随每辆运输车向需方提供所运送湿拌砂浆的发货单。发货单应包括以下内容：合同编码；发货单编号；工程名称；施工部位；需方名称；供方名称；砂浆标记；技术要求；供货日期；运输车牌号；供货量；装料时间；进场时间；保塑时间；产品交货时应附产品质量证明文件。

（10）预拌砂浆用搅拌车运输的延续时间根据实际情况做好相应规定。

1128. 湿拌砂浆的储存有何要求？

湿拌砂浆进场前应准备好湿拌砂浆存放设施，湿拌砂浆运输罐车到达施工现场后把湿拌砂浆倒入专用砂浆储料池中。储料池可采用普通砌块砌筑，池体具有足够强度储存砂浆即可。储料池的数量、容量应满足砂浆品种、供货量的要求；基本原则是便于储运、罐车卸料、砂浆池清洗和存取。

储料池应做防漏、防渗水措施，顶部做防雨和防晒处理，避免雨淋和阳光直晒，同时避免强风吹刮。砂浆储存容器使用时，应保证内部无积水、杂物。湿拌砂浆存放期间要设置避免水分过度流失的防护措施。不同品种、强度等级的湿拌砂浆应分别存放在不同的储料池内，并对储料池进行标识。一般来说，湿拌砂浆应该在其技术范围的保塑时间内使用完毕。

1129. 干混砂浆生产混合搅拌系统有何要求？

干混砂浆的混合工艺与湿拌砂浆有较大的区别。干混砂浆混合时原材料不含水分，混合机混合形式与搅拌机有较大的差别。干混砂浆混合机起初是立式混合机，之后发展为卧式混合机。目前，卧式混合机已成为干混砂浆生产企业的首选。

卧式混合机可分为犁刀式混合机、双轴桨叶式混合机、卧式螺带式混合机三种机型，有的在筒体配备飞刀。卧式混合机国外的技术路线是高转速、小容量、混合时间短，即混合机转速高，混合机容量一般为 $1\sim1.5m^3$，混合时间 90s。国内的技术路线是低转速、大容量、混合时间长，即混合机转速低，混合机容量一般为 $6\sim10m^3$，混合时间 $6\sim8min$。

国产混合机的原理及特点：

（1）立式混合机

立式混合机有立式单螺旋混合机和立式双轴螺带锥形混合机。立式单螺旋混合机中间一条螺旋提升分散混合，但由于机器高度约 3m，靠重力作用下降分散混合，使得密度不同的物料难以混合均匀，效率低、速度慢，且放料时下部残余多，混合均匀度只有 80%。只适合低档腻子粉的混合，不能用来生产高档腻子粉、保温干混砂浆等。

立式双轴螺带锥形混合机具有锥形机体，通过双轴双螺带将各种生产原料向不同的角度推动达到混合均匀的效果，能有效避免死角，提高混合均匀度，且无残余，但它有以下缺点：①机体高度太高，安装不方便，且提高了各种生产原料输送高度；②容积小，混合量少，利用率低，增加生产成本，难以满足大批量生产的需要。一般流水生产线不采用立式双轴螺带锥形混合机。

（2）卧式混合机

卧式混合机避免了立式混合机因重力作用引起的不同密度原材料在混合过程中出现分层的现象，且设备安装方便，成本低。卧式混合机主要有三种：卧式单轴单螺带混合机、卧式单轴多螺带混合机和卧式双轴双桨叶无重力混合机。

卧式单轴单螺带混合机工作时，由单螺带推动物料向一个方向运动，其混合效率较低，残留量较大，适合不掺入添加剂的膏状水泥砂浆的混合，不适合腻子粉、外保温砂浆干混料等粉体材料的搅拌混合。

卧式单轴多螺带混合机采用卧式筒体，单轴连起内外2~3层螺旋带，生产原料向不同的方向充分混合，外层螺带和筒体间距离较小，放料后残留少。卧式机体下部设有下开活动门以便更换不同品种砂浆时清扫。安装方便，噪声小，混合效率高，适合各种干混砂浆的生产，而且价格低廉，是较为理想的生产设备。

卧式双轴双桨叶无重力混合机，广泛用于腻子粉、干混砂浆、保温砂浆等粉体材料的混合搅拌。无重力混合机卧式筒体内装有双轴旋转反向的桨叶，桨叶成一定角度将产生沿轴向、径向循环翻搅，使各种原料迅速混合均匀。减速机带动双轴的旋转速度与桨叶的结构会使物料重力减弱，随着重力的消失，各物料存在的颗粒大小、比重悬殊的差异在混合过程中消失。激烈的搅拌运动缩短了一次混合的时间，更快速、更高效。

在上海地区，生产普通干混砂浆一般选用国产卧式混合机；生产特种干混砂浆的主流企业选择进口混合机。干混砂浆的混合时间因砂浆品种不同，各组分物料的比例不同，各物料的流动性不同，各物料的颗粒大小不同和各物料的密度不同，其混合时间也不尽相同，均应通过试生产决定。其质量控制点是干混砂浆的匀质性，可通过筛分和强度试验来确定混合时间。

混合工序的另一个质量控制点是混合机的残余物和清洗，这里的清洗不是指用水清洗混合机，而是指企业在更换品种时，用压缩空气或干砂或石粉对混合机进行清洗，清除前一品种砂浆在混合机内的残余物。混合机的机械加工精度越高，机内残余物也就越少，清洗的难度也就越低。混合机容积小，残余物相应少，清洗也方便。如果生产线以生产特种干混砂浆为主，需经常更换品种，此时应选用小容积的混合机，以便于清洗。如果以生产普通干混砂浆为主，更换品种时不需要清洗，可选择大容积的混合机。

1130. 干混砂浆生产包装系统有何技术要求？

干混砂浆产品按包装形式分为袋装产品和散装产品。袋装产品可用包装机包装，散装产品可放入专用的散装筒仓或专用散装运输罐车中。

目前粉状产品的包装机一般有三种：吹气装料包装机、气室式装料包装机和蜗轮式装料包装机。

吹气装料包装机价格较低，但包装速度较慢，一般不被采用，仅用于类似液体流动的、很松散的细分散状产品的包装，不适于其他粉状产品包装，因为容易引起产品离析。

包装机的计量精确度，根据不同的产品有不同的要求，成本越高的产品计量精确度要求越高。现在的包装机上一般有两种计量器：机械计量器和电子计量器。目前更先进的电子计量器具有存储器，事先输入所需质量，当秤上达到该数值则发出信号自动关闭装料闸门。

电子计量器与机械计量器相比具有以下优点：①不需要机械调整，不存在机械磨损，比机械计量器易保养；②装料前自动显示空袋质量；③采用电子计量器可以在键盘上进行包装全过程的操作或者建立自动包装过程，也可以用计算机对包装过程进行全程控制。

袋装干混砂浆的生产控制要点是计量的精度和物料的离析。有的生产线布置不当，如中间仓与混合机落差太大，可能造成物料离析；有的包装机设计不合理也会造成离析。

1131. 干混砂浆储存系统有何技术要求？

（1）袋装干混砂浆包装袋要求密封，袋装干混砂浆不得堆放在水泥地坪并应有垫仓板或塑料布隔离地坪，大包装袋装砂浆堆放高度不应超过8皮。仓库应通风良好，袋装干混砂浆储存期不应大于3个月。

（2）散装产品的储存

散装干混砂浆的储存技术途径在国内有两种：一种是移动储罐系统，这套系统具体程序为用背罐车把装满干混砂浆料的储罐背到工地，再用背罐车的液压系统把储罐立起来摆放到施工现场，背罐车再把用完的空储罐背回砂浆厂装料，如此往复。另一种是压力罐车运输及现场固定储罐系统，这套系统具体程序为，采用散装干混砂浆专用运输罐车把干混砂浆运输到工地，再通过专用运输罐车上随车携带的空压机把干混砂浆打到工地上摆放的防离析干混砂浆储罐内，再通过储罐下部连接的连续搅拌器自动加水后现场搅拌出料。

对于用量大的产品，如砌筑、抹灰、自流平砂浆等越来越多地使用筒仓。以散装形式运往工地，配合输送系统和施工机器进行机械化施工。未用完的料还可返回工厂，真正实现无损失循环。国产散装干混砂浆物流系统与发达国家技术相比，特点在于用干混砂浆输送车替代了背罐车，解决了物料在运输及输送过程中容易分离的难题，符合我国大规模建设的需求，减少储料罐的流动，提高工效，大大降低了物流成本。散装干混砂浆成本比袋装干混砂浆降低 19.44 元/t，占总成本的 10%。

1132. 干混砂浆收尘系统有何技术要求？

收尘是改善干混砂浆生产设备现场工作环境的重要手段。粉料筒仓在气送粉料时要求收尘，混合料与粉料进入混合机时要求收尘。收尘设备是指能将空气中粉尘分离出来的设备。目前常用的收尘设备有旋风收尘器和袋式收尘器。

（1）旋风收尘器

旋风收尘器是利用颗粒的离心力而使粉尘与气体分离的一种收尘装置，常用于粉料筒仓的收尘装置。旋风收尘器结构简单、性能好、造价低、维护容易，因而被广泛应用。

（2）袋式收尘器

袋式收尘器是一种利用天然纤维或无机纤维做过滤布，将气体中的粉尘过滤出来的净化设备。由于滤布都做成袋形，因而称为袋式收尘器。袋式收尘器常用于混合粉尘源的收尘。这种方式在安装初期效果显著，时间一长，袋壁上积尘不予清理，则除尘效果变差，所以干混砂浆生产设备的收尘器要定期清理积尘。

1133. 干混砂浆电气控制系统有何技术要求？

电气控制系统采用先进的可编程序控制器（PLC）和PC控制方式，可完美处理配料、称重和混合等整个生产工艺流程的自动控制；具有配方、记录和统计显示及数据库的PC监测控制功能；有客户/服务器数据库的系统扩展及网络功能。在多点安全监视系统的辅助下，操作人员在控制室内就可以了解整体生产线的重点工作部位情况。可提供的订单处理程序，能控制干混砂浆生产设备中的所有基础管理模块，从订单接收到时序安排到开具发货单。界面模拟显示干混砂浆生产线的整个动态工艺流程，操作直观、简单、方便。

1134. 如何设计散装干混砂浆筒仓？

使用散装干混砂浆应根据工程规模、工程进度和砂浆使用种类制定散装干混砂浆筒仓的数量、分布、进场时间和送料计划。其原则是应满足工程需要，同时也应使布置的筒仓数量经济合理，在满足工程需要条件下，筒仓数量应尽量少。如果工程规模大，单位工程多，分包单位多，那么散装干混砂浆筒仓数量就应多些，应保证筒仓与施工操作面不应水平距离太长，不然运输距离长将影响施工效率。

采用散装干混砂浆，其品种也不应过于烦琐，不然将增加筒仓数量。筒仓数量也应根据工程进度决定，在施工初期，砂浆需求仅在砌筑工程，那么只要提供少量的筒仓即可满足工程要求，可选择14m³筒仓。如果工程进入大量砌筑阶段，或者砌筑工程结束进入抹灰阶段，那么筒仓数量应随砂浆用量增大而增加。筒仓的规格也可增大，如18m³、20m³筒仓有可能同时供应砌筑砂浆、内墙抹灰砂浆和外墙抹灰砂浆。在施工收尾阶段应逐步减少筒仓数量。

1135. 使用散装干混砂浆筒仓应注意哪些问题？

使用散装干混砂浆应在筒仓上标明筒仓内储存的干混砂浆品种。特别是在由砌筑进入抹灰工程阶段，要注意当变换筒仓内砂浆品种时，应排空筒仓。在同时进行内外墙体抹灰时，要注意不能混淆干混砂浆的品种，不然将造成质量事故。例如，将内墙抹灰砂浆误用到外墙后，将造成砂浆层在经过一段时间使用后，发生起壳、开裂甚至剥落等破坏现象。如果将外墙抹灰砂浆误用到已完成底糙的内墙抹灰层上，由于外墙抹灰砂浆强度高于内墙抹灰砂浆，外墙抹灰砂浆收缩变形和弹性模量都大于内墙抹灰砂浆，将使外墙抹灰砂浆拉坏内部的内墙抹灰砂浆，造成砂浆层底糙与基层的起壳现象产生。如果将内墙抹灰砂浆误用到外墙抹灰，还可能造成砂浆层渗漏现象。所以，现场筒仓的砂浆种类标识一定要清晰、准确，便于施工操作人员掌握。

筒仓在运进工地现场前，施工企业应根据筒仓规格，按筒仓使用说明书进行筒仓基础施工。可采用砖基础，也可采用钢筋混凝土基础，确定原则是确保筒仓在现场使用期间不发生倾斜和倾覆的危险，保证筒仓的安全使用。筒仓位置应靠近作业区，同时也应靠近筒仓的区内施工道路，方便专用散装输送车停靠卸料和排出。筒仓应有施工电源和水源供应，筒仓的水源应有水池，以确保水压的稳定。

筒仓应有专人负责操作和保养工作。操作人员应了解并掌握筒仓内干混砂浆的质量，根据工程实际消耗量和干混砂浆生产企业与工程现场的运输距离和时间来确定供货时机，以保证筒仓内干混砂浆在合理的使用范围内，供货时机掌握不好也会给施工流水节奏带来麻烦。如果筒仓内干混砂浆没有用完就打电话通知厂方发货，那么散装干混砂浆专用输送车将新的干混砂浆运到工地现场，可能运送的干混砂浆质量超过了筒仓所负荷的干混砂浆质量，造成散装砂浆专用输送不能将干混砂浆全部打到筒仓内，多余部分可能要运回工厂，导致运能浪费。如果打电话通知厂方晚了，将造成工地停工待料或窝工等现象的发生。操作人员对砂浆的稠度和加水量控制应根据工程实际掌握，不能教条主义。例如，在夏季施工的砂浆稠度就应该大些，冬季施工砂浆稠度就应该小些；施工操作面与筒仓搅拌机距离远，砂浆稠度就应大些，反之亦然。

筒仓操作人员还应做好设备的维护和保养工作，避免人为因素造成的设备损坏和故障。对筒仓下面螺旋搅拌装置中的螺旋绞刀，每班工作完毕后，应卸下螺旋绞刀，及时冲洗干净，清除积存在螺旋筒内的砂浆拌合物，确认螺旋筒内没有砂浆拌合物后，再将清洗干净的绞刀安装在螺旋筒内。如果发现砂浆出料速度减慢，应检查螺旋绞刀的磨损状态，如果确实是绞刀磨损超过了范围，那么应将磨损的绞刀卸下修理，装上新的绞刀。一般绞刀都经过热处理，每把绞刀可搅拌 400t 干混砂浆。

筒仓操作人员应注意观察砂浆拌合物的出料速度和砂浆稠度的均匀性。如果发现砂浆出料速度时快时慢，那么应检查筒仓内干混砂浆是否存在起拱现象，或是筒仓内干混砂浆存量太少，或是水泵发生堵塞。如果经检查排除了上述原因，那么在相同的加水量条件下，发生某一段时间内砂浆拌合物稠度一直偏小，而某一段时间内砂浆拌合物稠度呈一直偏大的现象，则可能是干混砂浆本身存在拌和均匀性问题。此时应停止搅拌砂浆，通知厂方技术人员到现场解决干混砂浆的质量问题。如果电子传感器显示筒仓内干混砂浆质量一直没有变化那么可能是电子传感器发生故障。

1136. 导致外墙出现渗水现象的原因有哪些？

（1）因外墙出现裂缝，水从缝中进入。

（2）砌体灰缝嵌填不密实，外墙在风雨作用下，从灰缝渗水；另外，施工时墙上留下的孔洞，如封堵时砂浆不密实也容易引起渗漏水；此外，外墙抹灰未做防水处理，水沿砂浆中毛细管能爬高数米，因而会产生毛细管渗水。由于外墙渗水，影响了墙体的外观和使用功能。

1137. 如何防止混凝土小砌块外墙出现渗水？

在小砌块砌筑时，砌块端槽应用砂浆填实；墙体随砌随勾缝，以提高竖缝的饱满度；采取反砌法，即盲孔面朝上，以保证水平灰缝的饱满度，消除渗水。采用专用砂浆是保证灰缝饱满度，砂浆与砌块粘结的重要措施。外墙基层抹灰砂浆应掺加防水剂，以提高外墙的抗渗性能。

1138. 干混抹灰砂浆的保水性为什么不是越高越好?

控制抹灰砂浆的保水率主要作用是保证砂浆在凝结硬化前,砂浆中的水不被基层吸收,不因失水过快而导致砂浆中的水泥没有水分水化,从而降低砂浆本身强度和砂浆与基层的粘结强度。

水泥理论上完全水化所需水分约是水泥质量的 26%,砂浆用水量大大超过了砂浆中水泥水化所需的水分,而超过的水分主要是为了满足施工的需要。而水泥石强度主要与水灰比有关,水灰比越大,水泥石孔隙率也越大,水泥石强度越低,砂浆强度也相应降低。所以,只要抹灰砂浆的保水性能保证砂浆可操作性和砂浆中水泥水化所需水分即可。如果抹灰砂浆保水性太好,那么砂浆中实际所保留的水分就多,砂浆真实水灰比就大,砂浆的实际强度就低,与块材粘结强度也相应低。另外砂浆保水性太好,水分不易被基层吸收,也会影响水泥浆与基层的粘结,并将延长砂浆的凝结时间,产生表干内湿的"结皮"现象,从而影响抹灰速度,并增加施工难度。

1139. 干混抹灰砂浆常见质量问题原因有哪些?

(1) 空鼓

空鼓主要原因是:①基层处理不干净,如基层表面附着的灰尘和疏松物、脱模剂和油渍等,这些杂物不彻底清除干净会影响抹灰层与基层的粘结。②有凹处或一次抹灰太厚等,在砂浆干燥之前砂浆层由于重力作用已与基层脱离。③界面处理不当或未做界面处理,基面过于光滑,不能抑制砂浆的干缩导致砂浆层与基层脱离。抹灰前应将基层清扫干净,并提前 2~3d 开始向墙面浇水,渗水深度达 10mm 后方可施工,有深凹处,应提前补平砂浆。另外,应提前喷涂好界面砂浆。

(2) 脱层

脱层主要是由于底层灰层过干。防治方法除按规范要求施工外,如发现底层已干,应清水湿润、待底层湿润透后再抹面层。

(3) 爆灰

爆灰主要原因是材料质量不好,有杂质或泥土。施工前应仔细检查材料质量,砂要经细筛筛分后方能使用。

(4) 裂缝

裂缝主要原因是抹灰层过厚而未采取抗裂措施或由于空鼓而产生的开裂,如果抹灰面很厚,施工中应先填底层,或在底灰抹好后喷防裂剂进行处理。

水泥抹灰砂浆出现以上情况,应该进行返工修复,修复时,将脱层、空鼓、爆灰及裂缝部分清除干净,再按规范要求进行局部的抹灰。

1140. 非施工导致干混砂浆离析产生的常见问题及解决措施有哪些?

(1) 散装移动筒仓刚开始放料和最后放料的那部分砂浆容易离析。

解决措施:保持施工现场散装移动筒仓中的干混砂浆量不得少于 3t,以免干混砂浆在打入散装移动筒仓过程中,下料高度差过大,造成离析。

(2) 仓储罐及运输车内干混砂浆容易离析。

解决措施:仓储罐和运输车内的干混砂浆尽量满罐储存,匀速、平稳运输。

（3）装、下料速度过慢使干混砂浆容易离析。

无论是装车、卸料、还是储罐下料，装、下料量要大，速度要快。料量小、下料速度慢比料量大、下料速度快的干混砂浆"离析"现象要严重。

解决措施：筒仓下料口孔径加大，加快下料速度。

（4）散装移动筒仓下方的搅拌机容量较小，搅拌料量少，也是造成出料速度慢和砂浆质量差的原因。

解决措施：考虑改装散装移动筒仓下方的搅拌机容量或者安装大容量搅拌机。

1141. 施工因素导致干混砂浆离析产生的常见问题及解决措施有哪些？

（1）施工时一次性抹灰太厚，造成砂浆开裂。

解决措施：按规范施工操作，一次抹灰不要太厚。如外墙抹灰厚度规范要求每层每次厚度宜为 5～7mm，抹灰总厚度大于 35mm 时，应采取加强措施。

（2）砂浆涂抹在与其强度等级不相宜的基体或基层上，砂浆收缩与基层不一致造成干混砂浆开裂。

解决措施：各种墙材分别采用适当强度等级的砂浆。

（3）不同材质的交界处不采取措施，造成干混抹灰砂浆开裂。

解决措施：不同材质交界处应采取加强网进行处理。

（4）砌体不洒水或洒水过多造成干混抹面砂浆产生裂纹、裂缝。

解决措施：按规范施工操作，如对于烧结砖、蒸压粉煤灰砖抹灰前浇水润湿。

（5）蒸压砖等砌体未达到规定龄期即进行砌筑、抹灰施工，造成干混抹面砂浆开裂。

解决措施：各种块体材料须达到规定龄期，待其体积稳定后方可使用，如蒸压砖使用前龄期不宜小于 28d。

（6）干混抹灰砂浆及干混地面砂浆凝结后没有及时保湿养护，造成砂浆干缩开裂。

解决措施：砂浆凝结后及时保湿养护。

（7）施工现场掺入其他材料，如混凝土外加剂、砂、石灰等，导致砂浆强度降低，甚至剥落及开裂。

解决措施：施工现场未经砂浆生产厂允许禁止往砂浆中掺入其他材料。

1142. 抹灰层出现空鼓、开裂、脱落等缺陷的原因是什么？

抹灰工程的质量关键是粘结牢固，无开裂、空鼓与脱落。如果粘结不牢，出现空鼓、开裂、脱落等缺陷，会降低对墙体的保护作用，且影响装饰效果。引起抹灰层开裂、空鼓和脱落的主要原因有。

（1）基体表面清理不干净，如：基体表面尘埃及疏松物、脱模剂和油渍等影响抹灰粘结牢固的物质未彻底清除干净。

（2）基体表面光滑，抹灰前未做毛化处理。

（3）抹灰前基体表面浇水不透或不匀，抹灰后砂浆中的水分很快被基体吸收，使砂浆中的水泥未充分水化生成水泥石，影响砂浆的粘结力。

（4）砂浆质量不好，和易性、保水性、粘结性较差，或使用不当。

（5）一次抹灰过厚，干缩率较大，或各层抹灰间隔时间太短收缩不匀，或表面撒干水泥粉。

（6）夏期施工时砂浆失水过快或抹灰后没有适当浇水养护，以及冬期施工受冻。这些原因都会影响抹灰层与基体粘结牢固。

1143. 如何防治抹灰层出现空鼓、开裂、脱落等缺陷？

（1）抹灰前，应将基体表面清扫干净，脚手眼等孔洞填堵严实；混凝土墙表面凸出较大的地方应事先剔平刷净；蜂窝、凹洼、缺棱掉角处应修补抹平。

（2）基体表面应在施工前一天浇水，要浇透浇匀。让基体吸足一定的水分，使抹上底子灰后便于用刮杠刮平，以搓抹时砂浆还潮湿柔软为宜。

（3）表面较光滑的混凝土、加气混凝土墙面，抹底灰前宜先涂刷一层界面剂或水泥浆，以增加与光滑基层的粘结力。

（4）采用质量稳定、性能优良的预拌砂浆。

（5）应分层抹灰。水泥砂浆、混合砂浆等不能前后覆盖交叉涂抹。

（6）不同基体材料交接处，宜铺钉钢板网。

（7）室外抹灰，当长度较长（如檐口、勒脚等）、高度较高（如柱子、墙垛、窗间墙等）时，为了不显接槎，防止抹灰砂浆收缩开裂，一般应设分格缝。

（8）夏期应避免在日光暴晒下进行抹灰。抹灰后第二天应浇水养护，并坚持养护7d以上。

（9）窗台抹灰一般常在窗台中间部位出现一条或多条裂缝。其主要原因是窗口处墙身与窗间墙自重大小不同，传递到基础上的力也就不同。当基础刚度不足时，产生的沉降量就不同，由沉降差使窗台中间部位产生负弯矩而导致窗台抹灰裂缝。雨水容易从裂缝中渗透，导致膨胀或冻胀，使抹灰层空鼓，严重时会脱落。要避免窗台抹灰的裂缝问题，除从设计上加强基础刚度，设置地梁、圈梁外，应尽可能推迟抹窗台时间，使结构沉降稳定后进行。同时还应加强对抹灰层的养护，减少收缩。

1144. 砂浆最常见的质量问题是什么？为何出现这些问题？

大多数砂浆都应用于建筑物的表面，如抹灰砂浆、地面砂浆、防水砂浆、装饰砂浆等，砂浆与周围环境有非常大的接触面积，使得砂浆中的水分很容易失去，另外，砂浆的使用部位通常不易养护。而砂浆是一种脆性材料，最容易发生的质量问题是砂浆开裂。主要原因有：

（1）化学收缩：大多数砂浆是以水泥为胶凝材料的，水泥接触水后就会发生水化反应而形成水化产物，这一反应将消耗一部分水，由此产生的体积变化与水化产物有关，通常称之为自生体积变形。

（2）干燥收缩：砂浆通常都使用在建筑物的表面，表面积较大，而且厚度较薄。砂浆常常与基层共同构成一个整体，大部分基层材料都具有一定的吸水能力，砂浆与基层接触后，一方面砂浆中的水分不断被基层所吸收；另一方面砂浆表面直接与周围环境接触，对环境的变化较为敏感，砂浆表面的水分向大气中蒸发，环境越干燥，水分蒸发得越快，导致砂浆中的水分大量损失，砂浆由于失水而产生较大的干缩变形。

（3）温度变形：温度变形取决于砂浆使用部位。建筑物顶层的东、西山外墙所受的温度应力最大，建筑物高度越高，建筑物上部结构外墙体所受的温度应力也越大。砂浆如果处于上述部位，那么砂浆所受的温度应力就较其他部位大，如果砂浆与基层的剪应力或拉应力小于温度应力，那么砂浆要么本身开裂，要么与基层脱开，以释放温度应力，温度变形就产生了。

对于温度变形，首先要提高砂浆本身的抗拉强度与基层的抗剪切强度；其次在建筑和结构设计时应避免平面复杂，减少温度应力集中；最后是采取外保护方法增加砂浆抵抗温度应力作用，如外墙外保温墙角用双层网格布。

1145. 造成墙面起泡、开花或有抹纹的原因是什么？

造成墙面起泡、开花或有抹纹的原因有以下几方面：

（1）抹完罩面后，砂浆未收水就开始压光，压光后产生起泡现象。

（2）石灰膏熟化时间不足，过火灰没有滤净，抹灰后未完全熟化的石灰颗粒继续熟化，体积膨胀，造成表面麻点和开花。

（3）底子灰过分干燥，抹罩面灰后水分很快被底层吸收，压光时易出现抹子纹。

1146. 如何防治墙面起泡、开花或抹纹？

（1）待抹灰砂浆收水后终凝前进行压光；纸筋石灰罩面时，须待底子灰五六成干后再进行。

（2）石灰膏熟化时间不少于 15d，淋灰时用小于 3mm×3mm 筛子过滤；采用细磨生石灰粉时，最好提前 2～3d 化成石灰膏。

（3）对已开花的墙面，一般待未熟化的石灰颗粒完全熟化膨胀后再处理。处理方法为挖去开花处松散表面，重新用腻子刮平后喷浆。

（4）底层过干应浇水湿润，再薄薄地刷一层纯水泥浆后进行罩面。罩面压光时发现面层灰太干不易压光时，应洒水后再压以防止抹纹。

1147. 如何防治墙面抹灰层析白？

水泥在水化过程中产生氢氧化钙，在砂浆硬化前受水浸泡渗聚到抹灰面，与空气中二氧化碳化合成白色碳酸钙出现在墙面上。在气温低或水灰比大的砂浆抹灰时，析白现象更严重。另外，若选用了不适当的外加剂，也会加重析白产生。

防治措施如下：

（1）在保持砂浆流动性条件下掺减水剂来减少砂浆用水量，减少砂浆中的游离水，则减轻了氧化钙的游离渗至表面。

（2）加分散剂，使氢氧化钙分散均匀，不会成片出现析白现象，而是出现均匀的轻微析白。

（3）在低温季节水化过程慢，泌水现象普遍时，适当考虑加入促凝剂以加快硬化速度。

（4）选择适宜的外加剂品种。

1148. 混凝土顶板抹灰层出现空鼓、裂缝的原因是什么？

混凝土预制楼板常出现沿板缝的纵向裂缝和空鼓；混凝土现浇楼板，往往在顶板四角产生不规则裂缝，中部产生通胀裂缝。原因有以下几方面：

（1）基层清理不干净，抹灰前浇水不透。

（2）预制混凝土楼板板底安装不平，相邻板底高低偏差大，造成抹灰厚薄不均，产生空鼓和裂缝。

（3）预制混凝土楼板安装排缝不均、灌缝不密实，整体性差，翘曲变形不一致，板缝方向出现通胀裂缝。

（4）砂浆配合比不当，底层灰浆与楼板底粘结不牢，产生空鼓、裂缝。

1149. 如何防治混凝土顶板抹灰层出现空鼓、裂缝？

（1）预制混凝土楼板安装要平整，相邻两板板底高低差不应超过 5mm；板缝灌缝时必须清扫干净，浇水湿润，用 C20 级细石混凝土灌实，并加强养护。

（2）混凝土楼板板底表面的污物必须清理干净；使用钢模、组合小钢模现浇混凝土楼板或预制楼板时，应用清水加 10％的火碱，将隔离剂、油垢清刷干净；现浇楼板如有蜂窝、麻面时，宜先用 1∶2 水泥砂浆补平，凸出部分需剔凿平整；预制混凝土楼板板缝应先用 1∶2 水泥砂浆勾缝找平。

（3）为了使底层砂浆与基层粘结牢固，抹灰前一天顶板应喷水湿润，抹灰时再洒水一遍。混凝土顶板抹灰，一般应安排在上层地面做完后进行。

1150. 墙裙、踢脚线水泥砂浆空鼓、裂缝的原因及防治措施有哪些？

（1）产生空鼓、裂缝的原因有以下几方面：

① 内墙抹灰常用石灰砂浆，做水泥砂浆墙裙时直接做在石灰砂浆底层上。

② 抹石灰砂浆时，抹过了墙裙线而没有清除或清除不净。

③ 为了赶工，当天打底灰，当天抹找平层。

④ 压光面层时间掌握不准。

⑤ 没有分层施工。

（2）防治措施如下：

① 各层应是相同的水泥砂浆或是水泥用量偏大的混合砂浆。

② 铲除底层石灰砂浆层时，应用钢丝刷，边刷边冲洗。

③ 底层砂浆在终凝前不准抹第二层砂浆。

④ 面层未收水前不准用抹子搓压；砂浆已硬化后不允许再用抹子强行搓抹，应采取再薄薄地抹一层砂浆来弥补表面不平或抹平印痕。

⑤ 应分层抹灰。

1151. 如何防治接槎有明显抹纹、色泽不匀的缺陷？

（1）造成接槎有明显抹纹、色泽不匀的原因有：

墙面没有分格或分格太大；抹灰留槎位置不正确；罩面灰压光操作方法不当；砂浆原材料不一致，没有统一配料；浇水不均匀等。

（2）防治措施：

① 抹面层时要注意接槎部位操作，避免发生高低不平、色泽不一致等现象；接槎位置应留在分格条处或阴阳角、水落管等处；阳角抹灰应用反贴八字尺的方法操作。

② 室外抹灰面积较大，罩面抹纹不易压光，尤其在阳光下观看，稍有些抹纹就很

显眼，影响墙面外观效果，因此，室外抹水泥砂浆墙面宜做成毛面，不宜抹成光面。用木抹子搓抹毛面时，要做到轻重一致，先以圆圈形搓抹，然后上下抽拉，方向要一致，不然表面会出现色泽深浅不一、起毛纹等问题。

1152. 如何防治阳台、雨篷、窗台等抹灰饰面在水平和垂直方向不一致的缺陷？

在结构施工中，现浇混凝土和构件安装偏差过大，抹灰不易纠正；抹灰前未拉水平和垂直通线；施工误差较大等都会导致抹灰饰面在水平和垂直方向不一致的缺陷。

因此，在结构施工中，现浇混凝土或构件安装都应在水平和垂直两个方向拉通线，找平找直，减少结构偏差。安窗框前应根据窗口间距找出各窗口的中心线和窗台的水平通线，认真按中心线和水平线立窗框。抹灰前应在阳台、阳台分户隔墙板、雨篷、柱垛、窗台等处，在水平和垂直方向拉通线找平找正，每步架贴灰饼，再进行抹灰。

1153. 地面砂浆施工完后为何应进行养护？

由于水泥为水硬性胶凝材料，水泥砂浆加水拌和、硬化后，水泥仍继续水化，强度不断提高。在潮湿环境中水泥水化才能充分进行，而在干燥空气中，由于水分的不断蒸发，水化作用就会受到影响，减缓硬化速度，从而降低面层砂浆的强度；同时水泥在水化过程中产生的体积收缩，在硬化初期尤为显著。水分不断蒸发，也会促使体积发生收缩变化，引起表面产生干缩裂缝，容易造成面层起砂、脱皮、开裂，甚至损坏。而水泥在水中或潮湿环境中进行硬化时，不仅能充分水化，加快硬化速度，且能提高面层强度，有效避免出现干缩裂缝。因此，水泥砂浆地面施工完成后应进行适当养护。

1154. 地面砂浆施工完后如何进行养护？

一般1d后进行洒水养护，或用草袋等覆盖后洒水养护，养护时间不应少于7d。

养护期间，由于面层强度较低，应禁止人员走动或进行下一道工序作业，以免对刚硬化的表面造成损伤和破坏，导致砂浆表面起砂、起灰，降低面层的强度和耐久性。地面面层砂浆强度达到5MPa以上时，方可在其上面行走或进行其他作业；抗压强度达到设计要求后，方可正常使用，以保证面层的耐久性能。如确需提前使用，应采取有效的防护措施，如铺垫草帘或芦席等。

1155. 地面砂浆有哪些常见问题及处理方法？

（1）开裂

由于温度差异的变化（热胀冷缩），使地面被破坏出现裂缝；或是由于基层非常潮湿，在砂浆凝固过程中，地面砂浆与一部分水发生化学反应，其余的水被蒸发掉，水蒸发后砂浆体积收缩造成地面开裂。因此应提前将基层清扫干净，并提前2～3d开始向地面浇水，保持地面湿润且无明水，另外地面砂浆凝结时间不宜过长。

（2）地面起砂

① 砂浆泌水，导致砂浆中的粉煤灰等密度较小的掺合料上浮，产生了起砂现象。

② 砂浆配合比不合理，掺合料掺量过高，导致砂浆表层耐磨性差，起砂。在设计地面砂浆配合比时，必须结合施工环境进行设计，不能盲目地认为实验室数据满足标准要求即可。

（3）砂浆强度不够

水灰比过大造成稠度过高，降低了地面砂浆表面的强度、硬度，影响地面的耐磨性能。在拌和时，应严格控制地面砂浆的用水量，将稠度控制在 45～55mm 之间。

1156. 地面砂浆施工出现裂缝的原因有哪些？

水泥砂浆面层容易因温差、干缩、地面下沉等原因出现以下类型的裂缝。

（1）大面积地面未分段、分块铺设，未留设伸缩缝，在温度（差）变形作用下产生温度裂缝。

（2）水泥砂浆自身在硬化过程中，由于水化反应和水分蒸发而产生收缩裂缝。

（3）地面凝结和养护期间，强度较低，过早上人、运输、踩踏等受到振动、撞击而产生施工裂缝。

（4）砂浆强度达不到设计等级要求，或砂浆配合比不合理，水泥用量较大，配制不计量，搅拌不均匀，或使用含泥量较大的细砂，导致产生收缩、干缩裂缝。

（5）首层地面地基土未进行处理而出现不均匀沉降裂缝等，从而导致面层强度低，影响整体性、使用功能和外观质量。

1157. 地面砂浆施工应采取哪些防控裂缝的措施？

（1）优先选用硅酸盐水泥、普通硅酸盐水泥，因矿渣水泥需水量较大，容易引起泌水。砂浆配合比设计合理，水泥用量不宜过大，避免因水泥用量过大而增大收缩。砂应选用中粗砂，且控制含泥量不超过 3%。

（2）铺设面积较大的地面面层时，应采取分段、分块措施，并根据开间大小，设置适当的纵、横向缩缝，以消除杂乱的施工缝和温度裂缝。

（3）水泥砂浆抹压应分两遍进行，水泥初凝前进行抹平，终凝前进行压实、压光，以消除早期收缩裂缝；同时要掌握好压光时间，过早压不实，过晚压不平，不出亮光。

（4）底层做地面前应清理、处理好地基，浇筑垫层前应夯实两遍，不得在地基上随意浇水、踩踏、扰动地基，以免局部产生不均匀沉陷。

1158. 水泥砂浆地面面层为何应在室内装饰工程基本完工后进行？

若先施工水泥砂浆面层，因水泥砂浆早期强度较低，如此时进行室内装饰装修，就会使已做好的面层受到污染和损坏，清理和修补困难，费工费时，同时不利于门框的矫正；若等到水泥砂浆面层有一定的强度，可以承受一定的荷载时再施工，就会耽误工期。因此，水泥砂浆地面面层应在室内装饰工程基本完工后进行，如必须在其他装饰工程之前施工，此时应采取有效的覆盖措施。

1159. 石膏自流平砂浆施工的要点是什么？

（1）基层准备

① 要将需浇筑自流地坪的混凝土基面的破碎部位、水泥灰渣、易剥离的抹灰层及灰尘、脏物、残油等细心清理干净。

② 基面有裂纹，则不可忽视，因该裂纹处理不好也会在自流地坪上出现，故应事先修补完善。

③ 对基面的洞穴等都要进行修补。

进行上述工作的目的，都是为了保证有一个粘结力较强的表面。

（2）粘结层

① 进行了上述准备工作以后，接着就在基面上刷粘结层，其目的主要是防止气泡从混凝土基面进入浇筑的自流地坪层。

② 粘结层的材料选用 SG791 水溶型建筑胶，且用（约一倍）水加以稀释，稀释程度根据基面的致密性情况而定。

③ 一般情况，粘结层涂刷一次即可。如遇基面层发气情况比较严重或者在第一次粘结层表面出现有类似火山口状的孔（即有气泡从粘结层冒出）时，需进行第二次粘结层的涂刷工作。粘结层的干燥时间，按所用粘结材料的使用要求。

（3）自流地坪的施工方法

① 将自流平石膏加水进行强烈搅拌，拌合水占自流平石膏总量的 $30\%\sim40\%$。其参考标准为测定灰浆的流动度值，控制在（280 ± 5）mm，且在施工中，每隔一定时间进行检测。另外，目测灰浆呈液态，但不出现泌水现象。

② 搅拌成糊状的灰浆，可以使用普通机械泵进行浇筑，也可用其他方法进行浇筑。

③ 自流平石膏灰浆的流动性最佳施工时间为 45min。

④ 在铺设自流地坪时，施工人员可以使用一块耙板来加快灰浆在铺设面的散开速度。同时起到了刮去在表面可能出现的小泡沫作用。

⑤ 浇筑前，要对基面用水准仪测定出浇筑的水平标高，并标在能够控制的地方。如进行大面积无接缝施工，则要在施工的范围内，固定浇筑高度标准杆，或设置浇筑高度控制点。在大面积施工时，要在浇筑范围内设置分隔缝，分块进行浇筑施工，分块面积大小应视施工速度而定，每块以浇筑 20min 为好。施工时，一旦相邻的两个分块地坪灰浆的水平面达到一致高度时，就抽去分隔条，使灰浆能在两块地面范围内再进行自行找平。

⑥ 在用泵送施工时，注意防止中途断料。如遇特殊情况，且中断供料大于 30min，则要尽快排空输送管中的灰浆，并用水将管子冲洗干净。

⑦ 每次施工完毕，要将所有工具认真清洗干净，以保证再次使用。

⑧ 在冬期施工，要保证室内和施工材料、基面等的温度大于 5℃。

⑨ 夏期施工，不要让灰粉、拌合水、施工器具和输出管道直接被太阳暴晒。

⑩ 房间浇筑自流地坪前后，都必须进行封闭，不允许出现流动空气。空气相对湿度在 3d 内大于 60% 为好。

（4）铺设最终地板

① 自流地坪表面如出现不平或如火山口状孔缺陷时，应用金刚砂纸或其他类似材料进行平面打毛和磨平，并用原材料进行修补。

② 自流找平层所出现的特别细小发丝裂纹且不是凹面，可以认为不是缺陷。

③ 自流地坪出现的如网形发丝裂纹（间距约 200mm），是由于修补处理不好所致，另外在施工的门、窗边特别容易出现。这些缺陷，都应铲除、清理干净，并补铺新的灰浆（铺前应涂刷一次性粘结层）。

（5）粘结最终地面层

① 按规定要求检测自流地坪平整度和其他方面。

② 自流地坪平均含水率在下述情况下，方可进行地面层粘结。

<1‰地面层是透水蒸气的地板。

<0.5‰地面层是致密的地板。

正常气温情况下（20℃），大约 14～20d 可达到。

（6）清除表面粉尘和杂质

按要求粘贴所需地面层，如 PVC 地板、陶瓷马赛克、人造地毯等，在粘贴前，最好在地面上进行预抹灰、预涂粘胶作为预铺层。

1160. 嵌缝石膏在生产时应当如何进行质量控制？

（1）对进厂的主要原材料进行质量抽检，符合相关标准中对原材料的质量要求。

（2）实验室根据原材料的质量对生产产品的配方进行调整、试配，并测试其主要性能，提出符合标准要求的产品生产配方。

（3）生产管理部门审核产品生产配方，并向生产车间下达任务书。

（4）生产车间技术负责人按生产任务书的要求安排生产。根据生产任务，如需生产不同类型的产品时，生产线必须全线清扫干净。

（5）生产人员要检查生产线各部位是否正常，所有在用计量器具均在使用有效期内，准确控制各计量点的质量，并做好生产记录，生产人员签名，生产班长检查签字，每班交生产车间保存。

（6）按生产工艺流程的各个环节进行质量控制。检查混合工序中间产品的均匀性，在不同部位抽取试样，测其凝结时间，进行控制。

每月或每个产品生产批量结束，生产过程及试验记录资料，交生产管理部门统计、保存。

1161. 嵌缝石膏的施工工艺是怎样的？

（1）施工准备

① 材料复验与储存

认真做好材料进场的复验工作。按工程设计要求检查进场的石膏板及其配套材料的品种、规格、外观质量并核实出厂证明、合格证、检验（试验）报告等资料。

按进场批次抽样复验，复验合格后方可使用。

石膏板成品入库后（包括出厂后），应在使用环境条件下至少存放一个月，方可使用。

要按不同材料及制品的存放要求放置，不得变形、变质，不应影响现场施工操作。

② 试验用具

搅拌锅及搅拌铲（或料桶及搅拌器）。

腻子刀：小、中、大，宽度分别为 50mm、60～80mm 和 100mm。

刮板：宽度为 120～200mm。

毛刷：宽度为 25mm、50mm 等。

剪刀及壁纸刀。

砂纸（150 号）。

③ 基层

石膏板安装平整，牢固，无松动。板间留有 3～5mm 的缝隙。

安装后，经 14d 以上稳定期后，方可嵌缝或进行其他工序。

对于缺面纸的石膏外露部分，需用水性胶粘剂密封，不掉粉。

石膏板损坏部分，要除去松动的石膏，用水性胶粘剂涂一遍后，用石膏嵌缝腻子填满刮平。当破损面积大于 50mm×50mm 时，用石膏嵌缝腻子填满后，铺一层比损坏面积大的涂胶玻纤网布，将腻子挤出、刮平；待石膏嵌缝腻子初凝后，再用腻子将玻纤网布埋置、找平。

墙面宽度超过 10m、墙面板的左右及上方三边、吊顶的东南西北四边，要留伸缩缝，此缝需采用弹性密封膏封闭或安装装饰性压条等方法处理。

④ 操作人员

石膏板施工的技术负责人及主要操作人员必须经过专门培训，取得上岗证后，方可承担；作业时向操作人员交底、示范和对施工质量进行控制。

(2) 操作要点

① 拌制嵌缝腻子

用一重量份的净水注入搅拌锅，取二重量份的嵌缝石膏粉慢慢撒入水中，充分搅拌均匀（根据情况可添加少量水或嵌缝石膏粉，调至施工所需稠度）。每次拌出的腻子不宜太多，以在初凝时间 20～30min 前用完为宜。

② 嵌填缝隙

用小腻子刀将拌好的嵌缝腻子嵌入板间的缝隙，必须嵌填饱满，并把钉孔填平。

③ 不用接缝带增强处理

当无带嵌缝腻子用于半圆形棱边纸面石膏板板间嵌缝处理时，可不用接缝带增强。将嵌填腻子刮平。待凝固后沿接缝再刮一层比第一层宽的腻子层，与板面找平。

④ 用接缝带增强处理

a. 用玻纤接缝带

沿嵌填饱满的接缝上铺贴玻纤接缝带，将腻子刀与石膏板呈 45°，自上而下将接缝带压入嵌填用的嵌缝腻子中，把多余的石膏嵌缝腻子从网孔挤出刮平。然后，待凝固后 30～50min，在接缝带上再刮一层比第一层宽 50mm 的嵌缝腻子，将接缝带埋置刮平；待第二层腻子凝固后，再用比第二层腻子宽的嵌缝腻子将接缝处与板面找平。

b. 用接缝纸带

将嵌填用的嵌缝腻子刮平，待其凝固后，沿接缝处刮上一层薄薄的嵌缝腻子（或接缝膏），平铺接缝纸带，将腻子刀与石膏板呈 45°，自上而下把多余的嵌缝腻子刮去，把纸带下的气泡排出，然后，在接缝带上再刮一层 50mm 宽嵌缝腻子，将接缝带埋置刮平；待第一层嵌缝腻子初凝后，用中腻子刀，在接缝和钉孔上刮第二层嵌缝腻子，宽度大于第一层 50mm；待第二层嵌缝腻子初凝后，用大腻子刀或刮板，在接缝和钉孔上刮第三层嵌缝腻子，宽度大于第二层 50mm。

⑤ 表面处理

待嵌缝腻子完全干固后，当表面平整度不符合设计要求时，可用 150 号砂纸或类似工具轻轻打磨成光滑的表面。

⑥ 其他

当无带石膏嵌缝腻子用于石膏板板墙阴阳角、其他类型的石膏板或与其他墙体材料的板面接缝处理时，仍需使用接缝带加强，操作要点同上。

1162. 嵌缝石膏有何质量通病？

（1）刚性接缝的质量要求

① 石膏板板体必须结实、牢固，板面平整、无裂缝、无划痕、无空鼓、无翘曲。

② 用嵌缝腻子与接缝带处理过的石膏板面密封严实，腻子与接缝带、石膏板面纸粘结成一体，在长期使用中不致产生裂缝。

③ 板面刮完罩面腻子，喷浆后，板缝没有明显的痕迹。

（2）质量通病及原因分析

① 接缝开裂。受超过能承受的外界负荷影响，如龙骨的变形，板材没有牢固固定在基材上。

② 板材在运输和储存过程中发生不应有的翘曲变形。安装后石膏板存在内应力。

③ 石膏板与其他墙体之间的接缝，因材性不同，变形也不同而引起；板面跨度过大，而增加了石膏板的累积变形。

④ 石膏板安装时，板间没有留出应有的缝隙，腻子很难挤入缝隙充满，减少了粘结面积；或因板面拼接时挤得太紧，石膏板受潮膨胀而起拱。

⑤ 板间缝隙中的嵌缝腻子没有嵌填饱满，缝间硬化后的腻子不能对板面承受的负荷起到约束作用。当受外力影响时，不能把外应力约束在石膏板上，通过石膏板的蠕变来吸收接缝处的应力。

⑥ 石膏板板面未做防潮处理，在过分潮湿或遇水情况下，石膏板吸水变形比硬化后的嵌缝腻子吸水变形大得多。

⑦ 用了不合格的嵌缝腻子及其配套材料。

⑧ 接缝带的抗拉强度不够，起不到增强作用的。或未采用专用接缝带，如采用报纸、纱布、无纺布、牛皮纸、包装袋纸以及绸、绫等。

⑨ 接缝带与接缝膏粘结不好，边缘出现裂缝；嵌缝腻子搅拌不匀，表面出现粗颗粒痕迹，造成颗粒周围放射裂缝。

⑩ 用螺丝固定石膏板时，螺帽压破了石膏板纸面，而产生松动裂缝。

⑪ 用了非专用石膏嵌缝腻子，如干缩大、保水性差的填缝材料，又用一些水性胶、甲基纤维素钠水溶液等拌合水泥（石膏）等。

⑫ 接缝纸带上的孔小，透气性差，不能将带下的气泡排出。

⑬ 用了与嵌缝腻子粘结不牢的接缝带。如国产某些纸带太硬、表面太光，不易粘牢；玻纤接缝带的玻璃纤维网布上没有涂覆特殊的保护胶层，使嵌缝腻子与玻璃纤维之间的握裹力减小。

⑭ 没有用嵌缝腻子来粘贴接缝带，而是用一些水性胶来粘贴接缝带，再在接缝带面上用腻子找平，使接缝带上下两面所受的应力不同。

⑮ 纸面石膏板板间接缝处，棱边包裹的纸已经破损，石膏芯材暴露，没有用水溶

性胶封边，使嵌缝腻子嵌填此处时，一方面腻子中的水分会大量被基层吸走，半水石膏会因缺少水而水化不充分；另一方面暴露的石膏芯材表面比较疏松，与嵌缝腻子粘结不好。

⑯ 嵌缝作业时天气炎热、干燥、风大，使接缝膏中水分过快失去产生裂缝。

⑰ 板面不平整，接缝处喷浆后出现明显的痕迹。

⑱ 石膏板棱边没有标准的楔形倒角，不能形成一条平缓的楔形接缝，接缝材料不能嵌入，找平。如直角棱边的板间嵌缝处理时，三层腻子的宽度，不是一层比一层宽或第三层（最上面一层）没有足够宽，使接缝处出现一道明显的痕迹。

⑲ 空鼓是因为没有将接缝带下的气泡刮掉或遇到石膏暴露部分表面粉化，粘结不牢。

⑳ 嵌缝腻子的细度不合格，在刮平中粗颗粒产生划痕。

㉑ 接缝纸带的尺寸稳定差，受潮变形大，再采用含水量大的胶粘剂粘贴纸带时，会因受潮而带着腻子一起起皱。

㉒ 采用弹性密封膏等一类弹性或弹塑性材料嵌缝处理，与罩面腻子材性不同。

㉓ 板面隔声差，除了与板体的结构有关以外，还与板间缝隙没有嵌填密实有关。据资料报道，板缝不勾缝，或嵌填不饱满，隔声量可相差 5～7dB。

1163. 嵌缝石膏质量通病该怎么预防？

（1）必须采用合格的接缝材料，嵌缝腻子和接缝带必须有出厂合格证。进场后，对主要技术性能要进行复检，合格后方可使用。嵌缝石膏粉必须防潮存放，保质期为 6 个月，必须在保质期内使用完。过期没有使用完的产品必须再进行主要性能测试，合格后方可再用。

（2）严格按嵌缝作业操作规程进行，按正确的施工工艺和标准图集操作。对于非楔形棱边的石膏板接缝处理时，嵌缝腻子应分多次抹刮，最后总宽度大于 100mm，基本上看不出痕迹。

（3）嵌缝作业时注意气候。在炎热、干燥、风大进行时要关好门窗，减少通风或在地上喷一些水，以提高湿度。冬天注意保温，作业温度宜在 18～33℃。

（4）建议统一产品标准。建立健全质量保证体系，严格过程的质量监督。

（5）治理

① 空鼓。将空鼓的腻子层铲除后，重新进行接缝处理。

② 不平。用砂纸打磨或用腻子找平。

③ 裂缝。将裂缝部分剔出一条"V"形缝，固定板面后，用水性胶在缝上涂一遍，按接缝处理方法重新操作。

1164. 轻质抹灰石膏的施工工艺有哪些？

（1）施工条件

① 结构工程全部完成，并验收合格。

② 作业条件：现场温度 5～35℃，现场必须干燥清洁。

③ 楼层内各类主要管线宜安装完毕。

a. 电器接线盒埋设深度应与找平层厚度相适应。

b. 开槽的管线表面应采用轻质抹灰石膏修复平整，并应在其表面加铺一层网格布。

④ 管道等应提前安装好，结构施工时墙面上的预留孔洞应提前堵塞严实，将柱、过梁等凸出墙面的结构表面剔平，凹处提前刷干净。

⑤ 屋面防水层及楼地面面层已经施工完毕。

a. 穿过顶棚的各种管道已经安装就绪。

b. 顶棚与墙体间及管道安装后遗留空隙已经清理并填堵严实。

⑥ 现场给出定位弹线用的水平线、基准线、定位十字线及房间净尺寸数据。

⑦ 抹灰前应检查基体表面的平整，以决定其抹灰厚度。

（2）施工流程

基层墙体处理→吊垂直、套方→做灰饼、冲筋→手工上墙→抹平→修整→门窗洞口及阳角收口→清理。

（3）施工方法

① 基层墙体处理

a. 剪力墙上的对拉螺栓孔应及时封堵。

b. 涨模混凝土等突出部位须做剔凿处理。

c. 加气砌块的突出砌缝须做剔凿处理。

d. 开关线槽应安装到位，并应采用绿舟轻质抹灰石膏修复平整。

e. 基层上的灰尘必须清理干净，并做好界面处理。

② 吊垂直、套方、抹灰饼、冲筋

a. 分别在门窗口角、垛、墙面等处吊垂直。

b. 横线则以楼层为水平基线或+50cm 标高线控制。

c. 然后套方抹灰饼，并以灰饼为基准冲筋。

d. 每套房同层内必须设置一条方正控制基准线，尽量通长设置，降低引测误差。

e. 且同一套房同层内的各房间，必须采用此方正控制基准线。

f. 然后以此为基准，引测至即各房间；距墙体 30～60cm 范围内弹出方正度控制线，并做明显标识和保护。

g. 灰饼宜做成 2～3cm 见方，两灰饼距离不大于 1.2～1.5m，必须保证抹灰时刮尺能同时刮到两个以上灰饼。

h. 操作时应先抹上灰饼，再抹下灰饼。

i. 抹灰饼时应根据室内抹灰要求确定灰饼的正确位置。

j. 再用靠尺板找好垂直与平整。

k. 当灰饼砂浆达到七成干时，即可用与抹灰层相同砂浆充筋，充筋根数应根据房间的宽度和高度确定，一般标筋宽度为 2～3cm。两筋间距不大于 1.5m。

l. 墙面宜做立筋。

③ 抹灰施工（施工厚度：10mm，约 7.2kg/m²）

a. 水与轻质抹灰石膏干粉质量比为 6：10。

b. 先加水，后加粉，用手持式电动搅拌工具连续搅拌不少于3min。

c. 抹灰时用力压实使轻质石膏挤入细小缝隙内。

d. 抹灰面高度应超过筋条3～5mm，用靠尺沿冲筋由下往上抹平。

e. 用刮下的料对凹陷处进行补料，尽量做到一到两次抹平。

f. 阴角处用阴角专用工具将阴角刮直、找方。

g. 超过10mm以上厚度时，抹灰石膏需分次施工时，施工缝必须抹成斜口。

h. 空气流通较强的区域，轻质抹灰石膏必须分两次施工，待第一遍硬化后再进行第二遍施工。

i. 轻质抹灰石膏表面不平处可以手工修复，不会影响质量。

④ 养护

a. 施工完毕的墙面应避免磕碰及水冲浸泡，并保持室内通风。

b. 轻质抹灰石膏自身属于无机材料，不会发霉。但不属于防霉类材料，应保持施工以及使用环境通风、干燥。

c. 不要在未完全干燥的完成面上放置遮盖物，或进行下一道工序。

d. 避免其他材料在潮湿环境下发霉而造成对本产品的影响。

1165. 轻质抹灰石膏跟重质石膏有何不同？

（1）集料不同

重质石膏和轻质石膏两者集料不一样，重质石膏集料是砂，轻质石膏是玻化微珠。玻化微珠作轻质填充集料有绝热、防火、吸声等优点。在建材行业中，用玻化微珠作为轻质集料，可提高砂浆的和易流动性和自抗强度，减少材性收缩率，提高产品综合性能，降低综合生产成本。同时玻化微珠相较砂还可以因为表面玻化形成一定的颗粒强度，而具有耐老化耐候性强和优异的绝热、防火、吸声等性能。

（2）石膏含量不同

轻质抹灰石膏要求石膏粉含量≥75%，重质抹灰石膏要求石膏粉含量≥35%。

（3）技术性能不同

① 密度不同：轻质抹灰石膏密度≤1000kg/m³，重质抹灰石膏密度>1000kg/m³。

② 保水率：轻质抹灰石膏保水率≥60%，重质抹灰石膏保水率≥75%。

③ 拉伸粘结强度：轻质抹灰石膏拉伸粘结强度≥0.3MPa，重质抹灰石膏拉伸粘结强度≥0.4MPa。

④ 抗压强度：轻质抹灰石膏抗压强度≥1.5MPa，重质抹灰石膏抗压强度≥4.0MPa。

⑤ 抗折强度：轻质抹灰石膏抗折强度≥1.0MPa，重质抹灰石膏抗折强度≥2.0MPa。

轻质抹灰石膏具有密度小，施工便捷，好运输，遇水不化，成本低，保温性能优良，强度适中，能够机械喷涂等诸多特点，是淘汰重质粉刷石膏后的又一升级换代产品。轻质抹灰石膏与市场上相比，每吨可出面积130m²/cm，是重质粉刷石膏的3倍，大大提高了施工的效率，降低了运输成本。

⑥ 重质粉刷石膏主要以砂为主，轻质抹灰石膏主要以石膏为主，在施工厚度方面

重质石膏单批次 0.6cm 左右，施工过厚容易出现下坠，开裂等情况，轻质石膏则不同，单次可以达到 1cm 左右，同时轻质石膏比较黏稠不会出现空鼓、下坠等情况。

1166. 湿拌砂浆施工现场使用传统简易砂浆池储存有什么特点？

传统简易砂浆池：在工地现场直接砌筑的砂浆池。

优点：因地制宜成本低，简单直接，施工随意，控制好池周温湿度后保塑效果稳定，清理方便，砂浆储存时底部透气性高，改善泌水。有无剩料更直观，不用刻意培训，上岗简易。

缺点：无遮挡，人工费用增大，人工上料，防护措施不标准，池底池壁会黏住部分砂浆。

注意：使用前及时清理池底池壁并润水，不得有积水。不得存放其他杂物，配备防雨布备用。

1167. 湿拌砂浆施工现场使用新型砂浆滞留罐储存有什么特点？

新型砂浆滞留罐：可以放置在工程施工现场的湿拌砂浆专用的带搅拌装置的储存罐，根据罐体的形状使用特性不同，有 $6m^3$ 和 $12m^3$ 的容量。

优点：密封性相对比较好，自带搅拌功能，上料自动化，装卸料简单便捷省时省工，能更好的隔离，环保整洁，利于文明施工。

缺点：增加前期投入成本，维护成本高。夏季暴晒、冬季寒冷季节交替时需做防护措施。储存材质不透气、长时间静置易泌水，夏热冬冷隔热保暖性差，长时间搅拌损失保塑时间。垂直立式筒罐罐体底边角的部位易积料，需专人清理。剩料不易被发现，适用于随施随用，不适宜长期储存。注意严格按照机械说明书操作，如有过期剩料及时清理。根据天气情况和环境变化做好防护措施。使用时需人员培训合格后上岗，注意用电安全。

1168. 湿拌砂浆施工现场使用铁箱砂浆池储存有什么特点？

铁箱砂浆池：用铁板焊制的铁箱，放置在工地现场的一种简易铁箱储置砂浆池。

优点：简单直接放置地面，施工随意。密封性相对比较好，使砂浆与地面能完全隔离，整洁，好遮挡，利于与外界隔离管理，清理方便，有无剩料更直观，上岗简易。

缺点：储存材质不透气、无搅拌功能，长时间静置易泌水，夏热、冬冷隔热、保暖性差，长时间静置储存使箱体底部、边角的部位易积料，局部砂浆失水快、干散、引起保塑时间缩短，砂浆保塑效果不稳定；夏季暴晒、冬季寒冷季节交替时需做隔热、保温防护措施。箱体底边角的部位易积料，需专人清理。适用于随施随用，不适宜长期储存，如有过期剩料及时清理。根据天气情况和环境变化做好防护措施。

1169. 湿拌砂浆工地现场输送应注意哪些事项？

工人将湿拌砂浆从砂浆储存池或直接输送到各施工点的来回循环周转装、卸料的过程是对砂浆性能影响的一个过程。此过程需做好以下防护措施：

（1）运输工具保持干净，无积水、积雪，冰块等杂物。

（2）工人上料做好砂浆的防护，按规定施工。

（3）如池内有剩料（保塑期内），应优先上剩料，或剩料新料互掺上料。

（4）上料须同抹灰大工沟通协调确定好各施工点的需求量，不得过上、少上影响施工。

（5）施工卸料点应提前清理干净不得有冰块、积水、积雪等杂物；提前预湿，保证砂浆内部水分的稳定性保证砂浆质量的稳定性。

（6）一般上料工需求的砂浆稠度同抹灰工需求的砂浆稠度不统一，抹灰工需求的砂浆稠度在 70～90mm，上料工为减少工作量希望砂浆越干越好，因砂浆稠度越小，上料时不易抛洒，稠度大在运输过程会有部分抛洒，稠度小会相应减少运输量，因此工人经常会反馈稠度太大，需要抹灰工人同上料工人统一稠度需求，利于正确处理解决稠度太大、太小的反馈。

1170. 为什么砂浆型号品种选用不符合标准会产生质量问题？

工地施工中经常因砂浆使用型号与实际功能需求不匹配而产生质量问题，现场施工中砂浆混用的现象普遍，常有"一个型号施全部"的现象。

（1）内墙抹灰、三小间抹灰、梁、门、窗框抹灰等均用一种型号砂浆。三小间抹灰因后期贴墙砖，砂浆抹灰强度不能过低，门、窗、梁框边角抹灰要求强度不能过低，为简便，不区分施工部位、砂浆品种现象常有。

（2）标准要求地面砂浆最低选用型号是 M15，因地面多为底部垫层，较隐蔽，有问题不易发现，常有乱用砂浆品种的现象。

（3）地面砂浆用于抹灰，地面砂浆稠度小，需二次加水调和使用。再次加水简易拌和的砂浆，没有优质的可抹性。砂浆的延展性、保水性差、砂级配较大、表面干的快，影响施工效率及表面收缩快，施工性差、易空鼓、颗粒粗抹灰层表面粗糙、有跳砂砂眼。

（4）抹灰砂浆用于地面，抹灰砂浆稠度大，保水率高、砂颗粒普遍细、胶砂比大，强度低。易引起地面起粉、起皮、空鼓、裂缝、缓凝，强度不足等现象。

1171. 湿拌砂浆机喷一体化是什么？

湿拌砂浆机喷一体化是指参照标准而设计的砂浆配合比，通过工厂生产半成品预拌砂浆，再经过运输车运输到工地，使用专业的泵送设备或料斗塔吊或货梯运送到施工楼层，运用专业喷浆设备喷涂上墙，最后由人工或专用机器设备收面压光的一套完整施工工艺。

1172. 湿拌砂浆机喷一体化有哪些优势？

（1）施工质量好，机械喷涂压力大，附着力强，粘接牢固，密合度高，不易脱落。同时，机械化施工也是检验砂浆质量的有效手段，能够机喷的砂浆品质更有保障，有效减少了空鼓、开裂等现象。

（2）缩短工期，一个机械抹灰班组，速度是手工抹灰的 3 倍，大大缩短工程建设周期，降低了施工的人工成本。机械化施工团队各司其职、流水线式作业，通过标准化的施工工艺和有效的管理，有效提高工程质量，缩减施工周期。

（3）节约人力资源成本，减少了因施工周期长而产生的设备租赁等巨额费用。节约人力成本：在我国人力成本也越来越高，每平方米墙面抹灰需人工费约 6～10 元。机喷砂浆每平方米墙面需人工费约 2～5 元。降低劳动强度：人工抹灰是一个重体力活，机械化施工降低了劳动强度、改善了施工环境，从苦力活转变为技术工种，能够吸引更多的劳动力介入抹灰施工，有利于工人队伍的整体素质提高。机喷砂浆有三好，"质量好、效率高、人工少"是湿拌砂浆得以发展的有力武器，机械化施工也是实现建筑现代化、提高施工管理水平的必然选择。

（4）机械化喷涂抹灰施工，施工速度快、效率高，可缩短施工时间；机械化施工能够满足湿拌砂浆运输到工地，即卸即用，减少存储环节。

1173. 机喷抹灰砂浆如何施工？

（1）操作工艺：基层处理→喷水湿润→涂界面剂（必要时）→固定钢丝网或网格布→找方→放线→贴饼、冲筋→抹灰→界格→保湿养护。

（2）基层处理：墙体的基层处理，类同普通抹灰砂浆。

（3）机械喷涂抹灰操作要点：

① 采用机械喷涂抹灰时，应参考《机械喷涂抹灰施工规程》（JGJ/T 105）的要求。

② 找方、放线、铁饼和冲筋的操作与手工抹灰同。

③ 根据所喷涂部位材料确定喷涂顺序和路线，一般可按先顶棚后墙面，先室内后过道楼、梯间进行喷涂。

④ 喷涂厚度一次不宜超过 20mm，当超过时应分层进行。第一遍要压实抹平并稍带毛面，第二遍待头遍灰初凝后（约 2h）再喷，并应略高于标筋。

⑤ 室内喷涂宜从门口一侧开始，另一侧退出。同一房间喷涂，当墙体材料不同时，应先喷涂吸水性小的墙面，后喷涂吸水性大的墙面。

⑥ 内外墙面的喷涂应由上向下按 S 形路线巡回喷涂，底灰应分段进行，每段宽度为 1.5～2.0m，高度为 1.2～1.8m。面层灰应按分格条进行分块，每块内的喷涂应一次完成。

⑦ 喷涂好的抹灰面，2h 后待达到初凝时，先用长刮尺紧贴标筋上下左右刮平，把多余砂浆刮掉，方可搓揉压实，保证墙面的基本平整。

⑧ 当需要压光时，待搓揉压实后，应及时用铁抹子压实压光。

⑨ 喷涂过程中的落地灰应及时清理回收。

⑩ 喷涂后的保湿养护要求与手工抹灰相同。

1174. 机喷抹灰砂浆施工质量控制要点有哪些？

（1）宜在施工前由施工单位、砂浆生产企业和监理单位共同模拟现场条件制作样板，在规定龄期进行实体拉伸粘结强度检验，并应在检验合格后封存留样（实体拉伸粘结强度的平均值不小于 0.25MPa）。

（2）不同材质的基体交接处，应采取防止开裂的加强措施。当采用在抹灰前铺设加强钢丝网时，加强网与各基体的搭接宽度不应小于 100mm。

（3）抹灰工艺应根据设计要求、抹灰砂浆产品说明书、基层情况确定。

（4）采用普通抹灰砂浆抹灰时，每遍涂抹厚度不宜大于 10mm；当抹灰砂浆厚度大于 10mm 时，应分层抹灰。当抹灰砂浆总厚度大于或等于 30mm 时，应采取增设金属网等加强措施。

（5）对于抹灰厚度超过 30mm 的墙面，建议在砂浆表面拉挂纤维网。挂网时将纤维网均匀地铺盖在墙面上，使用抹子将纤维网搓压入砂浆墙体内，直至见网不见色，以提升墙面平整度，降低墙面开裂的概率。

（6）抹灰完成后，应在 24h 后开始洒水养护，视墙体表面的颜色，不能泛白，洒水养护日期不应少于 7d，且每天养护不少于 3 次，最好采用农药喷雾器的方法喷洒。

注意：因为夏季天气气温高，墙体开裂在抹灰完成 30d 后易发生因养护不及时而产生空鼓开裂。

1175. 喷涂作业应符合什么要求？

（1）喷涂前作业人员应正确穿戴工作服、防滑鞋、安全帽、安全防护眼具等安全防护用品，高处作业时，必须系好安全带。

（2）机械喷涂设备和喷枪应按设备说明书要求由专人操作、管理与保养。工作前，应做好安全检查。

（3）喷涂前应检查超载安全装置，喷涂时应监视压力表或电流表升降变化，以防止超载危及安全。

（4）应做好踢脚板、墙裙、窗台板、柱子和门窗口等部位的护角线；有分格缝时，应先装好分格条。

（5）应根据基面平整度及装饰要求确定基准。

（6）使用机械喷涂工艺的抹灰砂浆除应符合湿拌抹灰砂浆性能指标外，还应符合机械喷涂工艺的抹灰砂浆性能指标，见表 2-4-12 的规定。湿拌砂浆稠度实测值应与合同规定的稠度值之差应符合湿拌砂浆稠度允许偏差，见表 2-4-13 的规定。

表 2-4-12　机械喷涂工艺的抹灰砂浆性能指标表

项目	性能指标
入泵砂浆稠度（mm）	80～120
保水率（%）	≥90
凝结时间与机喷工艺周期之比	≥1.5

表 2-4-13　湿拌砂浆稠度允许偏差表　（mm）

项目		湿拌砌筑砂浆	湿拌抹灰砂浆	湿拌地面砂浆	湿拌防水砂浆
稠度		50、70、90	70、90、100	50	70、90、100
稠度允许偏差范围	50	±10	—	±10	—
	70	±10	±10	—	±10
	90	±10	±10	—	±10
	100	—	−10～+5	—	−10～+5

1176. 界面处理剂是什么？

界面处理剂是一种胶粘剂，一般是由醋酸乙烯-乙烯共聚制成，具有超强的粘接力，优良的耐水性和耐老化性。它的主要作用是提高抹面砂浆对基层的粘接强度可有效避免抹面层空鼓、脱落和收缩开裂等问题。界面处理剂主要用于处理混凝土、加气混凝土、灰砂砖及粉煤灰表面等墙材的表面,可以大大增强新旧混凝土表面以及混凝土表面与抹面砂浆的粘接力,可以取代传统混凝土表面的凿毛工序,从而提高工程质量、加快施工进度、降低劳动强度,是现代施工不可缺少的配套材料。根据我国建设用地与家装市场、界面处理剂用量每年在 500 万 t 以上。目前我国具有较为全面的界面处理剂标准体系,例如:《混凝土界面处理剂》(JC/T 907—2018)、《水工混凝土界面处理剂施工技术规范》(DL/T 5761—2018)、《墙体用界面处理剂》(JG/T 468—2015)、《水泥基自流平砂浆用界面剂》(JC/T 2329—2015)、《外墙外保温系统用水泥基界面剂和填缝剂》(JC/T 2242—2014)等。

1177. 界面处理剂一般有哪几种?

界面处理剂,按照成品形态一般可以固体、液体和固体液体双组分三种。市场上一般为干混砂浆界面剂和 VAE 乳液型界面剂。VAE 乳液是醋酸乙烯-乙烯共聚乳液的简称,是以醋酸乙烯和乙烯单体为基本原料,加入乳化剂和引发剂通过高压乳液聚合方法共聚而成的高分子乳液。醋酸乙烯含量在 70%～95% 范围内通常呈乳液状态,称为 VAE 乳液。VAE 乳液型界面剂采用 VAE 乳液为基料,配以多种助剂科学配方精制而成,具有很强的渗透性,可以充分浸润基层材料表面,提高新抹砂浆与基层材料的吸附力,增加粘接性能,避免水泥砂浆与光滑墙面粘接时空鼓,适用于各种新建工程和维修改造工程,并增强基体墙体材料的防水性。界面处理剂的参考配合比,见表 2-4-14 和表 2-4-15。

表 2-4-14　界面处理剂的参考配合比　　　　　　　(kg/t)

组分	质量比
普通 42.5 级硅酸盐水泥	450～600
细砂或石英砂	500～400
羟丙基甲基纤维素醚	3～4
可再分散乳胶粉	15～35
聚乙烯醇粉末	2～4
备注	加水搅拌至稠度 60～90mm 即可喷涂、涂刷、甩浆或涂抹施工。

表 2-4-15　界面处理剂的参考配合比表　　　　　　　(kg/t)

界面处理剂	A	B
P·O42.5 级水泥	450	375
双飞粉	—	125
石英砂	500	500
纤维素醚	3～5	5
可再分散乳胶粉	15～30	—
备注	水料比=0.25:1,用量 1～2kg/m²	

1178. 如何进行界面处理剂施工?

界面处理剂的施工方法有:喷涂、涂刷、甩浆或涂抹。根据不同的墙材基面情况,从节约材料保证质量的方面选择合适的施工方法。

（1）干混砂浆类界面处理剂

① 墙体基面必须结实，无灰尘油脂和松散材料，对于干燥并具有较高吸水率的表面可以先用水润湿。

② 界面处理剂的搅拌：将袋装的干混砂浆界面处理剂倒入清水中，同时不停地搅拌 3～7min，混合均匀为止。

③ 施工：可通过甩浆法造成墙面基层麻点，或涂抹法造成划道凹点，以及拉毛法等，在界面处理剂终凝后再进行后续材料的施工。

④ 抹面砂浆的抹灰工序（挂网，人工或机喷，找平）。

⑤ 抹面砂浆的养护：在高温或干燥环境下，宜在砂浆表面硬化后喷水养护 7d。

（2）乳液类界面处理剂

① 施工环境须干燥，相对湿度应小于 70%，通风良好，环境温度不低于 5℃。

② 基层处理：墙体基面首先应除去浮土、油脂和松散材料，对于干燥并具有较高吸水率的表面可以先用水润湿。

③ 配制界面处理剂：乳液：水泥：砂＝1:1:（1～1.5），水泥为 42.5 级普通硅酸盐水泥。搅拌 3～7min，均匀为止。

④ 施工：用刷子扫帚等工具甩刷于基层上，拉毛成粗糙面，待水分挥发、浆体发粘、收浆，接近初凝，而后续材料可以压入又不下滑，即可进行抹面砂浆材料的后续施工。

⑤ 施工工具的及时用水清洗。

1179. 高温季节湿拌砂浆生产质量控制措施有哪些？

在夏季高温季节，湿拌砂浆经常出现单位用水量增加、含气量下降、稠度损失大、保塑时间短，抹面困难等现象。湿拌砂浆应采取以下措施，加强湿拌砂浆质量控制：

（1）高温施工时，原材料温度对湿拌砂浆配合比、湿拌砂浆保塑时间及湿拌砂浆拌合物性能等影响很大。湿拌砂浆温度过高，稠损增加，保塑时间短，初凝时间短，凝结速率增加，影响湿拌砂浆抹灰使用，同时湿拌砂浆干缩、塑性、温度裂缝产生的危险增加。湿拌砂浆拌合物温度应符合规范要求，工程有要求时还应满足工程要求。应采取必要的措施确保原材料降低温度以满足高温施工的要求。

（2）高温施工的湿拌砂浆配合比设计，除了满足强度、耐久性、工作性要求外，还应满足以下要求：

a. 应分析原材料温度、环境温度、砂浆运输、储存方式与时间对砂浆保塑时间、稠度、密度损失等性能指标的影响，根据环境温度、湿度、风力和采取温控措施的实际情况，对湿拌砂浆配合比进行调整。

b. 模拟施工现场条件，通过湿拌砂浆试拌、试运输、试储存的工况试验，对湿拌砂浆出机状态及到运输至施工现场、储存、施工状态的模拟，确定适合高温天气下施工的砂浆配合比。

c. 宜降调整保塑时间，宜选用水化热较低的水泥，保塑时间长、稳定的原材料。

d. 湿拌砂浆稠度不宜过小和过大，以保证砂浆施工工作效率。

（3）砂浆搅拌应符合以下规定：

a. 应对搅拌站料斗、储水器、皮带运输机、搅拌设备采取防晒措施。

b. 对原材料降温时，宜采用对水、集料进行降温。对水降温时，可采用冷却装置冷却拌和水，并应对水管及水箱加设遮阳和隔热设施，也可在水中加碎冰作为拌和水的一部分。砂浆拌和时掺加的固体应确保在搅拌结束前融化，且在拌合水中扣除其质量。

c. 原材料最高入机温度参照混凝土生产原材料要求，见表2-4-16。

表 2-4-16　原材料最高入机温度　　　　　　　　　　（℃）

原材料	最高入机温度
水泥	60
集料	30
水	25
粉煤灰等矿物掺合料	60

d. 砂浆拌合物出机温度不宜大于30℃。

e. 当需要时，可采取掺加干冰等附加控温措施。

（4）搅拌车宜采用白色涂装，砂浆输送管应进行遮阳覆盖，并应洒水降温。

（5）砂浆储存池应进行防护，不得暴晒。

1180. 如何合理控制湿拌砂浆干稀问题？

（1）砂浆稠度也就是砂浆干稀问题是指砂浆是否太干或太稀。砂浆太干的话搅拌车不太好卸料，工人使用时也要在砂浆中频频加水搅拌才能正常施工。砂浆太稀的话工人无法正常使用，难以批刮上墙。

（2）在控制砂浆的干稀可通过测试砂浆的稠度来判断，砂浆出厂稠度控制在80～90（砂浆越稀，稠度值越大）为好，砂浆的稠度会随着搅拌时间的延长而增大。出厂的砂浆经过运输及搅拌，到达工地后的稠度会增加10左右（到工地的砂浆稠度控制在90～100之间，工人能获得较佳的使用效果）。

（3）砂浆中水的配比是调节砂浆干稀程度的最主要因素，操作员要密切关注砂的含水率，生产前要到砂场观察判断砂的含水情况。

（4）雨天特别会出现砂浆过稀的情况，此种天气要尽量在生产时将砂浆打干一些。还要特别注意搅拌车装车时是否反鼓，并将鼓内的积水反干净，不然将出现砂浆特别稀的情况。

1181. 雨期湿拌砂浆生产应采取哪些质量控制措施？

（1）水泥与掺合料采取防水、防潮措施；对于各个粉料仓应每天进行巡检，查看防水措施是否到位，防止粉料仓漏水，影响粉料的性能和使用。

（2）采用封闭式料场内的砂，减少砂含水率的波动；监测后台料场内砂的含水率变化，加大含水率检测频率，根据试验数据及时调整配合比的用水量。

（3）雨水进入搅拌车内会造成砂浆水灰比变化，砂浆搅拌运输车采取适当的防雨、防水措施。

（4）雨期砂浆施工期间，积极做好与施工单位的配合工作，确保砂浆施工质量。砂浆储存时做防护工作，防止砂浆剩料。

1182. 雨期湿拌砂浆施工应采取哪些质量控制措施？

（1）雨期施工，应采取防水内积水的措施，若砂浆施工点出现积水时，应在排水后或雨水隔离后再施工。

（2）砂浆施工时，因雨水冲刷致使水泥浆流失严重的部位，应采取补救措施后再继续施工，补救措施可采用补充水泥砂浆，铲除表层砂浆等方法。

（3）砂浆施工时，室外作业点应采取防雨措施，加强施工过程的防护工作。

（4）砂浆施工前，应及时了解天气情况，小雨、中雨天气不宜进行露天施工，且不应进行露天储存砂浆，当必须施工时，应采取砂浆储存点防护，砂浆堆放点排水、砂浆搅拌车防雨、施工作业点防雨覆盖等措施；大雨、暴雨天气不应进行砂浆露天施工。

（5）砂浆施工完毕后，室外施工应采取防雨措施。

（6）雨天砂浆储存池积水现象相当普遍，特别是简易砂浆池，为防止池内积水，应及时遮盖。

（7）防止雨季剩料。

1183. 机喷抹灰砂浆的常见质量问题有哪些？有哪些解决措施？

（1）机喷抹灰砂浆喷涂性差、易堵管

原因：砂浆保水率过高；砂浆黏稠度过大；搅拌后存放时间长，流动度降低；干混砂浆存放或下料时，离析分层，粗颗粒聚集。

解决措施：适当降低保水率——减少保水增稠材料；适当降低黏稠度——调整保水增稠材料、胶凝体系，调整用水量；随拌随用；存放避免振动，下料宜快不宜慢。

（2）机喷抹灰砂浆离析分层、易脱落

原因：砂浆保水率过低、黏稠度过小；压力泌水率高，喷涂压力小；砂浆中的集料级配不佳、大颗粒多，针片状颗粒多；一次性喷涂面积过大、喷涂厚度过厚；搅拌后存放时间长。

解决措施：适当提高保水率——增加保水增稠材料；适当提高黏稠度——调整保水增稠材料、胶凝体系；确定合适的压力泌水率与喷涂压力；优化集料级配，优化集料粒形；确定合适的喷涂面积和厚度，及时抹面找平，随拌随用。

1184. 混凝土基层喷浆处理原材料技术要求有哪些？

（1）配制喷浆浆料用胶料应符合行业标准《混凝土界面处理剂》（JC/T 907）的规定。优先选用混凝土界面砂浆，各项性能应满足《混凝土界面处理剂》（JC/T 907）的要求。也可选用胶料在现场加入细集料、水泥及拌合用水后使用。但胶料的物理力学性能应符合《混凝土界面处理剂》（JC/T 907）规定。

（2）材料质量是保证喷浆工程质量的基础，喷浆工程所用材料如水泥、水、砂、胶料等基本材料应符合设计要求及国家现行有关产品的规定，并应有出厂合格证；材料进场时应进行现场验收，不合格的材料不得用在喷浆工程上。

（3）水泥强度按《水泥胶砂强度检验方法（ISO法）》（GB/T 17671）规定进行；安定性、凝结时间按《水泥标准稠度用水量、凝结时间、安定性检验方法》（GB/T

1346）规定进行。细集料细度模数、粒径、泥块含量、含泥量、石粉含量按《建设用砂》（GB/T 14684）规定进行。胶料性能检测按《混凝土界面处理剂》（JC/T 907）的规定进行。

（4）喷浆浆料所用拌和用水应符合行业标准《混凝土用水标准》（JGJ 63）的规定。

1185. 混凝土基层喷浆处理原材料进场有哪些规定？

（1）原材料进场时，供方应按规定批次向需方提供质量证明文件，质量证明文件应包括性能检验报告或合格证等，胶料还应提供使用说明书。

（2）原材料进场时，应对材料外观、规格、等级、生产日期等进行检查，并应对其主要技术指标按进场批次进行复验，并应符合下列规定：

① 应按国家标准《水泥胶砂强度检验方法（ISO 法）》（GB/T 17671）和《水泥标准稠度用水量、凝结时间、安定性检验方法》（GB/T 1346）等的有关规定对水泥的强度、安定性、凝结时间及其他必要指标进行检验。同一生产厂家、同一品种、同一等级且连续进场的水泥，袋装不超过 200t 为一检验批，散装不超过 500t 为一检验批。

② 应按国家标准《建设用砂》（GB/T 14684）的有关规定对细集料颗粒级配、含泥量、泥块含量指标进行检验。细集料不超过 400m³ 或 600t 为一检验批。

③ 应按行业标准《混凝土界面处理剂》（JC/T 907）的有关规定对混凝土界面砂浆或胶料的剪切粘结强度、拉伸粘结强度进行检验。混凝土界面砂浆或胶料不超过 50t 为一检验批。

（3）原材料进场后，应按种类、批次分开贮存与堆放，标识明晰，并应符合下列规定：

① 袋装水泥应按品种、批次分开堆放，并应做好防雨、防潮措施，高温季节应有防晒措施。散装水泥宜采用散装罐贮存。

② 细集料应按品种、规格分别堆放，不得混入杂物，并应保持洁净与颗粒级配均匀。集料堆放场地的地面宜做硬化处理，并应设必要的排水措施。

③ 胶料应放置在阴凉干燥处，防止日晒、受冻、污染、进水或蒸发。如有沉淀现象，应再经性能检验合格后方可使用。

1186. 混凝土基层喷浆处理配制喷浆浆料用水泥应符合哪些规定？

（1）宜选用普通硅酸盐水泥，并应符合国家标准《通用硅酸盐水泥》（GB 175）的规定；使用其他品种水泥时应经试验试配确定。

（2）使用中对水泥质量有怀疑或水泥出厂超过 3 个月应进行复验，并应按复验结果使用。

1082. 混凝土基层喷浆处理配制喷浆浆料用砂应符合哪些规定？

喷浆浆料所用细集料应符合《普通混凝土用砂、石质量及检验方法标准》（JGJ 52）的有关规定，宜选用中粗砂，并应符合下列规定：

（1）细集料最大粒径不得大于 2.5mm。

（2）选用天然砂时，泥块含量不得大于 1.5%，含泥量不得大于 5%。

（3）选用人工砂时，石粉含量及含泥量均不得大于 5%。

1187. 混凝土基层喷浆处理用浆料有什么规定？

（1）喷浆浆料应符合行业标准《混凝土界面处理剂》（JC/T 907）的有关规定。说明：喷浆浆料的立方体抗压强度当设计不作规定时，其强度宜不低于抹灰砂浆的立方体抗压强度。

（2）喷浆浆料应符合下列规定：

① 喷浆浆料的稠度宜为 80～100mm。

② 喷浆浆料的分层度不宜大于 10mm。

③ 喷浆浆料和基层的粘结力不应小于 0.4MPa。

说明：通过多例工程的实际应用，喷浆浆料的稠度按 80～100mm，分层度不宜大于 10mm，强度等级采用 M7.5、M10，其喷浆施工操作及施工质量能得到较好控制。

（3）喷浆浆料应按行业标准《建筑砂浆基本性能试验方法标准》（JGJ/T 70）的相关规定进行稠度、分层度检查，应按行业标准《建筑工程饰面砖粘结强度检验标准》（JGJ/T 110）的相关规定进行喷浆浆料与基层粘结力检查。

1188. 混凝土基层喷浆施工设备机具有什么规定？

（1）混凝土基层喷浆施工设备应选用强制式砂浆搅拌机、砂浆自动或半自动喷浆机。

（2）混凝土基层喷浆施工用计量设备应符合下列要求：

① 台秤、喷浆机空压机压力表应按国家有关规定进行校验合格，并处于有效期内。

② 台秤称量范围应为 1～100kg，称量精度应为 50g。

③ 压力表应与喷浆设备相匹配。

1189. 混凝土基层喷浆施工质量验收时应提交哪些技术资料并归档？

（1）混凝土基层抹灰界面喷浆施工所用原材料的产品合格证书、性能检测报告和进场抽检复检记录。

（2）试喷记录及试喷检测报告。

（3）施工工艺记录和施工质量检验记录。

1190. 混凝土基层喷浆施工验收主控项目应符合什么规定？

（1）喷浆浆料应均匀覆盖基层。

检验方法：随机抽取 5 个测点，用刀片垂直于基层割取 20mm×20mm 涂层试样。将试样表面处理干净，用卡尺测量涂层厚度，最大厚度差不应大于 2mm。

（2）喷浆浆料平均覆盖率不得小于 65%，单点覆盖率不得小于 55%。

检验方法：按《混凝土基层喷浆处理技术规程》（JGJ/T 238—2011）附录 A 执行。

（3）喷浆浆料与混凝土基层应粘结牢固，粘结力不应小于 0.4MPa。

检验方法：按行业标准《建筑工程饰面砖粘结强度检验标准》（JGJ/T 110）的相关规定执行。

1191. 为什么混凝土基层喷浆施工喷浆浆料平均覆盖率不得小于 65%？

根据设计一般要求及实际检查验收工作经验总结得出。对粘结力抽检部位（试喷），进行全覆盖（100％覆盖率）喷浆处理，以便于粘结力检测时标准块的粘结。考虑全覆盖与65％覆盖率的差异，经试验确定，全覆盖检测时，粘结力大于0.6MPa，方能满足65％覆盖率时，粘结力大于0.4MPa的要求。

1192. 混凝土基层喷浆施工验收一般项目符合什么规定？

（1）混凝土基层喷浆施工所用原材料的品种、型号和性能应符合设计要求。

检验方法：检查产品合格证书、性能检测报告和进场验收记录。

（2）混凝土基层喷浆浆料界面应均匀、平整。

检验方法：观察检查。

1193. 喷浆覆盖率可采用专用百格网按哪些步骤进行检验？

（1）应在检验批中随机抽取5个测区，每个测区面积宜为$1m^2$左右，应在测区范围内随机抽取3个测点。

（2）应将百格网置于测点工作面上，统计网格内浆料占据的格数，该格数与百格网总格数之比，为该测点的单点覆盖率。

（3）测区平均覆盖率为该测区3个测点单点覆盖率的算术平均值。

（4）检验批的覆盖率为该检验批中5个测区平均覆盖率的算术平均值。

1194. 喷浆覆盖率检验专用百格网符合什么规定？

喷浆覆盖率检验专用百格网外形尺寸应为200mm×200mm，并应纵横均分10格。

1195. 为什么混凝土基层喷浆施工最低环境温度要作规定？为什么雨天不宜进行室外喷浆施工？

混凝土基层界面喷浆施工的环境温度过低会对其凝结时间和固化有影响，不得低于5℃。外墙面喷浆施工时若遇风速过大或下雨天时，喷浆的施工操作和施工质量难以控制，且施工安全难以保证，故当遇风速过大或下雨天时对于外墙面的喷浆应停止施工。

1196. 砂浆拌合物表面浮有黑油或有刺激性氨气味是什么原因？

（1）砂浆生产中使用了"含油"的劣质粉煤灰。

电厂出于提高燃煤效率或辅助劣质煤燃烧等原因，在燃煤过程中添加重油等油性物质以助燃。如果添加量过大或燃烧不充分，粉煤灰内便会吸附一部分油分，用此类粉煤灰配制砂浆时湿拌砂浆表面会出现灰黑色，如同油污一般。

（2）生产的湿拌砂浆出现刺鼻的氨味主要是湿拌砂浆中掺入的脱硫、脱硝粉煤灰。

脱硫、脱硝作为节能减排的一项重要指标，许多燃煤电厂都增加了脱硫、脱硝装置，所以近年来脱硫、脱硝粉煤灰量有所增加。正常情况下的脱硫、脱硝粉煤灰与传统粉煤灰没有明显的区别，应用于湿拌砂浆中不会对湿拌砂浆可抹性能产生较大的不利影响。但当脱硫、脱硝过程出现问题，粉煤灰中含有的脱硫、脱硝副产物NH_4HSO_4和$(NH_4)_2SO_4$等含量较高时，用于湿拌砂浆中，在碱性作用下铵盐发生分解，释放氨气，导致生产的湿拌砂浆就会出现保塑时间不稳定、产生刺激性气体、强度下降、保塑时间降低、可抹性差等问题。

1197. 湿拌砂浆的保塑时间、凝结时间是什么？保塑时间对砂浆有什么影响？

湿拌砂浆从加水拌和到具有一定强度的时间间隔为凝结时间，可分为初凝时间与终凝时间。湿拌砂浆自加水拌和到预拌砂浆刚开始失去塑性的时间间隔为初凝时间。湿拌砂浆自加水拌和到预拌砂浆完全失去塑性的时间间隔为终凝时间。

湿拌砂浆加水拌和好后到能施工而不影响其性能的最长时间间隔是可操作时间。

保塑时间是指湿拌砂浆在加水拌和后，在20～25℃的试验环境中置于密闭容器内，能够保持其稠度变化率不大于30%，表观密度变化率不大于5%、力学性能（14d拉伸强度、28d抗压强度）不低于对应强度等级的标准要求时间。保塑时间是自湿拌砂浆加水搅拌起，拌合物保持其施工及力学性能持续稳定的时间间隔。与凝结时间、可操作时间不同，保塑时间能满足湿拌砂浆从集中生产至施工使用全过程的施工特征和力学性能的综合性指标要求。

在保塑时间内使用砂浆的施工性能稳定、标准技术指标在质量要求范围内。过了保塑时间的砂浆满足不了正常施工性，需进行重塑才能勉强施工，这时的砂浆上墙会易导致质量通病的发生，如砂浆强度不足，砂浆空鼓、裂缝等问题。

保塑时间太短，砂浆在没用完前失去施工性能甚至干硬，造成误工和材料浪费，甚至有施工抹灰工人私自将失去塑性的砂浆再加水拌和使用，造成成型后的砂浆墙面出现质量通病。

外加剂是调整砂浆保塑时间的主要材料。外加剂掺量越多，砂浆的保塑时间越长。一般情况下多数工地在当天18点收工。砂浆保塑时间的调整控制就要长于施工完成时间（工地的保塑时间长短同工地储存、施工环境有关）才能满足砂浆标准施工的要求。工地有特殊要求时，应相应调整外加剂掺量。

1198. 如何正确理解抹灰砂浆上墙干燥时间？

（1）上墙干燥时间是指砂浆批刮上墙开始至达到一定的收水程度可以搓平并稍稍硬化的这段时间。

（2）上墙干燥时间与墙面的吸水程度，环境的温湿度、风力，砂浆的保水性，砂浆的保塑时间、凝结时间几个方面有关。

（3）外加剂提供砂浆的施工顺滑性、保水性，阻止砂浆中水泥的水化，并在砂浆稍收水的情况下失去阻止水化的效用，砂浆会迅速水化硬化。若砂浆一直不能收水，水泥就不会正常水化。这也是砂浆在保湿状态一直有塑性状态而不凝固的原因。

（4）在实际施工中，有几种情况：

墙面湿度正常且空气湿度正常且施工厚度2cm内。此种情况砂浆上墙干燥时间正常，砂浆保塑时间控制在比收工晚2h左右，能满足工地的使用要求，不会出现干燥时间过长的问题。

墙面湿度很高或空气湿度很高或施工厚度超过2cm。此种情况砂浆上墙干燥时间会稍长，比现场拌制的砂浆要长1～3h。

墙面湿度很高且空气湿度很高且施工厚度超过2cm。砂浆上墙干燥时间会非常长，砂浆要达到凝结时间时才会开始收水干燥。

砂浆上墙不建议使用上墙干燥过快的砂浆，干燥过快的砂浆易引起墙面裂缝，砂浆和基层黏附、结构牢固需要一段时间过程，如果基层和砂浆还没黏结构成一体砂浆就凝结了，会引起成型结构的空鼓。砂浆凝结硬化过快，砂浆内水分损失快也容易产生塑性裂缝等质量通病。

没达到终凝时间，没固化好的砂浆不得进行养护。

1199. 如何控制好抹灰砂浆上墙干燥时间？

控制好抹灰砂浆上墙干燥时间可采取以下措施来应对：一是可以建议工地墙面淋水时间提前 1～2d，以增加墙面对砂浆的吸水性。此种方式比较直接有效；二是可以建议对施工很厚的部位先提前甩浆至一定厚度至标高 1～2cm 左右，待第二天一次性可补平。或抹面施工进行分层抹灰，此种方式降低施工效率，但可以保证施工质量；三是调整砂浆的保水性，但此种方式会损失砂浆的上墙可抹性；四是缩短砂浆的保塑时间，让砂浆快速达到凝结时间来达到缩短干燥时间的目的。但此种方式会很容易造成砂浆的快速凝结硬化而造成损失，这就需要工人提高施工效率，进厂料及时使用不要剩料，确保在砂浆保塑时间前施工完成即可，因为工地的实际环境与气温的变化是不可预估的。

1200. 控制砌体裂缝砌筑砂浆应符合哪些规定？

（1）砌筑砂浆的制备及质量应符合国家现行相关标准的规定。

（2）墙体砌筑砂浆强度等级不应低于 M5。

（3）±0.000 以下及潮湿环境砌体的砂浆应为水泥砂浆或特种砂浆，其强度等级不应低于 M10。

（4）蒸压灰砂砖、蒸压粉煤灰砖、混凝土空心砌块、轻集料混凝土空心砌块墙体宜采用粘结性好的专用砂浆。

（5）夹心复合墙的外叶墙砌筑砂浆强度等级不应低于 M5。

（6）砂浆的引气量应小于 20%。

（7）当采用掺有微沫剂的砌筑砂浆时，应具有长期可靠性能检验报告。

（8）其他材料应符合下列规定：

① 墙面抹灰砂浆宜为防裂砂浆，强度等级不应低于 M5，弹性模量应与墙体块材相近。

② 嵌缝腻子、硅酮密封及防水材料应有耐候性指标要求。

③ 用于墙体增强的玻璃纤维网格布应具有耐碱性能。

④ 尼龙胀钉应符合锚固强度及耐久性指标要求，不得应用再生材料制品。

1201. 控制裂缝装修工程对材料有哪些规定？

（1）装修工程所用水泥进场后，应对其安定性、凝结时间等指标进行复验。

（2）装修工程所用石灰膏不应含有未熟化颗粒和杂质；常温下石灰膏的熟化时间不应小于 15d，也不应大于 30d。

（3）装修工程底层粉刷石膏的抗折强度和抗压强度不应小于面层粉刷石膏的强度。

（4）装修工程的砂浆宜采用中砂配制，砂的含泥量不应大于 3%，且不得含有泥块、草根，树叶等杂质。

（5）装修工程的细石混凝土、水磨石、水泥钢屑、防油渗和不发火地面面层，其粗集料的最大粒径不应大于面层厚度的 2/3，细集料应采用含泥量不大于 3% 的粗砂或中粗砂。

（6）装修工程的饰面砖、饰面板和大理石及花岗岩板材等装饰面材在运输及储存时应采取避免损伤的措施；在使用前，应对其表面裂缝等缺陷进行检查，并对其体积稳定性、吸水率和强度指标进行检验。

1202. 对于裂缝防治，墙面装饰工程抹灰砂浆应符合什么规定？

（1）抹灰砂浆的线膨胀系数和弹性模量宜与墙体材料一致。

（2）内墙抹灰砂浆宜采用混合砂浆或纤维砂浆。

（3）底层抹灰砂浆强度不应小于面层抹灰砂浆的强度。

1203. 墙面抹灰层的设计应采取哪些抗裂措施？

（1）当墙面抹灰厚度为 25～35mm 时，应采取金属网分层进行加强处理。

（2）墙体管线槽处及施工洞口接槎处应采用金属网或玻璃纤维网格布进行加强处理。

（3）墙面基层不同材料相交部位的抹灰层应采用金属网或玻璃纤维网格布进行加强，加强网应超过相交部位不少于 100mm。

（4）墙面内安装各种箱柜，其背面露明部分应加钉钢丝网；钢丝网与界面处墙面的搭接宽度应大于 100mm。

（5）结构出现不同墙体材料的相交部位的界面裂缝可按以上规定处理。

2.5　一级/高级技师

2.5.1　原材料知识

1204. 什么是膨胀珍珠岩？有何特点？

珍珠岩是在酸性熔岩喷出地表时，由于与空气温度相差悬殊，岩浆骤冷而具有很大黏度，使大量水蒸气未能逸散而存于玻璃质中。煅烧时，珍珠岩突然升温达到软化点温度，玻璃质结构内的水汽化，产生很大压力，使黏稠的玻璃质体积迅速膨胀，当它冷却到其软化点以下时，便凝成具有孔径不等、空腔的蜂窝状物质，即膨胀珍珠岩。

膨胀珍珠岩颗粒内部呈蜂窝结构，具有质轻、绝缘、吸声、无毒、无味、不燃烧、耐腐蚀等特点。除直接作为绝热、吸声材料外，还可以配制轻质保温砂浆、轻质混凝土及其制品等。膨胀珍珠岩一般分为两类：粒径小于 2.5mm 的称为膨胀珍珠岩砂；粒径为 2.5～30mm 的称为膨胀珍珠岩碎石，习惯上统称为膨胀珍珠岩。

膨胀珍珠岩砂也称为膨胀珍珠岩粉或珠光砂，是珍珠岩等矿石经破碎、预热，在 900～1250℃ 下急速受热膨胀而制得。其粒径小于 2.5mm，堆积密度 40～150kg/m³ 时，常温热导率为 0.03～0.05W/（m·K），使用温度为 200～800℃。

膨胀珍珠岩碎石也称为大颗粒膨胀珍珠岩，是珍珠岩等矿石经破碎、预热处理后，在 1300～1450℃高温下焙烧而成的一种轻集料。其粒径为 2.5～30mm，堆积密度 250～600kg/m³，热导率为 0.05～0.10W/（m·K）。

但由于大多数膨胀珍珠岩含硅量高（通常超 70%），多孔并具有吸附性，对隔热保温极为不利，特别是在潮湿的地方，膨胀珍珠岩制品容易吸水致使其热导率急剧增大，高温时水分又易蒸发，带走大量的热，从而失去保温隔热性能。因此，需采取一些措施降低其吸水率，提高保温隔热性能。

1205. 膨胀蛭石有何特性？

蛭石是由黑云母、金云母、绿泥石等矿物风化或热液蚀变而来的，自然界很少产出纯的蛭石，而工业上使用的主要是由蛭石和黑云母、金云母形成的规则或不规则层间矿物，称之为工业蛭石。膨胀蛭石是将蛭石破碎、筛分、烘干后，在 800～1100℃下焙烧膨胀而成。产品粒径一般为 0.3～25mm，堆积密度 80～200kg/m³，热导率为 0.04～0.07W/（m·K），化学性质较稳定，具有一定机械强度。最高使用温度达 1100℃。

1206. 轻集料有哪些性能？

轻集料的主要性能包括颗粒密度、堆积密度、颗粒强度、级配、吸水率、抗冻性等，这些性能直接影响轻集料混凝土及砂浆的和易性、强度、密度及保温性能等。

（1）颗粒密度也称为表观密度或视密度，是指给定数量的集料质量与颗粒所占体积之比，该体积包括集料颗粒内部的孔隙，但不包括颗粒之间的空隙。

颗粒密度根据集料的含水状态分为绝对干燥状态下的密度即绝干颗粒密度和内部吸水表面干燥状态下的密度即饱和面干颗粒密度两种情况。轻集料的颗粒密度随吸水时间而变化，而且吸水速度与集料的种类有关。因此，一般所指轻集料的颗粒密度均为绝对干燥状态下的颗粒密度。

轻集料的颗粒密度约为普通集料的 1/4～1/2，其大小受焙烧工艺、原材料种类和颗粒内部的孔隙含量，以及集料粒径大小等因素的影响而有所不同。

（2）堆积密度，是指自然堆积状态下每立方米轻集料的质量，也称为松散密度，它包含了颗粒之间的空隙以及集料颗粒内部的孔隙体积。堆积密度的大小与集料的颗粒密度、尺寸、级配、形状和含水量密切相关。同时，其大小也与计量体积的方法有关。当集料松散堆置、振动密实或是手工捣实时，所测得的堆积密度也不同。

轻集料的堆积密度主要取决于集料的颗粒密度、级配及其粒径。一般情况下，轻集料的堆积密度大约为其颗粒密度的 土。

轻集料的密度等级直接影响以其配制的混凝土和砂浆的密度和性能，一般而言，轻集料的堆积密度越大，则以其配制的混凝土和砂浆的密度和强度也越高。

（3）筒压强度，是表示轻集料颗粒强度的一个相对指标，主要影响因素有堆积密度、粒型、颗粒级配以及孔隙率等。

轻集料强度对混凝土及砂浆的强度有较大的影响。目前多采用筒压法测定轻集料的强度。

（4）吸水率，由于轻集料具有多孔结构，吸水能力比普通集料强。不同种类轻集料由于孔隙率及孔结构差别，吸水率往往相差较大，即便同一种轻集料，由于烧制工艺不同，其吸水率也有较大差别。一般黏土陶粒的 24h 吸水率达到 10％以上；火山渣、烧结粉煤灰、膨胀珍珠岩等 24h 吸水率超过 25％，而其 1h 吸水率能达到其 24h 吸水率的 62％～94％；页岩陶粒的吸水率较低，一般为 5％～15％。

由于轻集料在混凝土中伴随着吸水与放水过程，因此轻集料的吸水率对混凝土的性能影响较大。对于新拌混凝土及砂浆，轻集料在拌和与运输过程中继续吸水，会降低拌合物的工作性。轻集料的吸水率越高，预饱水程度越低，轻集料对拌合物的工作性能的影响就越大。

轻集料的吸水速率取决于颗粒表面的孔隙特征、集料内部的孔隙连通程度及烧成程度等。吸收在集料内部的水分，虽然不立即与水泥发生作用，但在拌合物硬化过程中，能不断供给水泥水化用。

（5）抗冻性，轻集料具有较高的吸水性，由于孔中的水结冰体积产生膨胀，破坏轻集料内部结构，使轻集料自身的强度降低，因此轻集料的抗冻性是影响轻集料混凝土耐久性的一个关键参数。在严寒地区使用轻集料拌合物时，轻集料必须具有足够的抗冻性，才能保证所拌制的拌合物的耐久性。

1207. 建筑石膏有哪些特性？

（1）凝结硬化快

建筑石膏凝结硬化速度快，一般与水拌和后，在常温下几分钟即可初凝，30min 内可达终凝。凝结时间可通过掺加缓凝剂或促凝剂进行调节。

（2）可调节湿度

石膏的水化产物是二水石膏，而二水石膏的脱水温度较低，大约为 120℃。当空气湿度较低时，二水石膏可释放出部分结晶水，生成半水石膏，使环境的湿度增加。当空气湿度较高时，半水石膏又可以从环境中吸收水分，形成二水石膏，同时使环境的湿度降低，对环境湿度具有调节功能。

（3）防火性能好

石膏硬化后的水化物是含水的二水石膏，它含有相当于全部质量 21％左右的结晶水。一般温度下，结晶水是稳定的，当温度达到 100℃以上时，结晶水开始分解，并在面向火源的表面上产生一层水蒸气幕，起到阻止火焰蔓延和温度升高的作用。

（4）不收缩

石膏在凝结硬化过程中，体积略有膨胀，硬化时不出现裂纹。

（5）质量轻

建筑石膏的水化，理论需水量只占半水石膏质量的 18.6％，但实际上为使石膏浆体具有一定的可塑性，往往需加水 60％～80％，多余的水分在硬化过程中逐渐蒸发，使硬化后的石膏留有大量的孔隙，一般孔隙率为 50％～60％，因此建筑石膏硬化后质量轻、强度较低，但导热性较低、吸声性较好。

（6）耐水性、抗冻性和耐热性差

建筑石膏硬化后，具有很强的吸湿性和吸水性，在潮湿的环境中，晶体间的粘结力削弱，强度明显降低，在水中晶体还会溶解而引起破坏；若石膏吸水后受冻，则孔隙内的水分结冰，产生体积膨胀，使硬化后的石膏体破坏。所以，石膏的耐水性和抗冻性较差。另外，二水石膏在温度过高（超过 65℃）的环境中，会脱水分解，造成强度降低。因此建筑石膏不宜用于潮湿和温度过高的环境中。

1208. 怎样配制复合型防冻泵送剂？

复合型液体防冻剂主要由减水、防冻、早强和引气组分构成。

（1）防冻组分。主要采用醇类（乙二醇、甲醇、乙醇胺等），既能降低水的冰点，又能使该物质的冰晶格构造严重变形，因而无法形成冻胀应力去破坏水化产物结构，使混凝土强度不受损，因而属冰晶干扰型防冻剂。此类掺量一般为胶凝材料质量的 0.08%～0.1%。

（2）早强组分。为使混凝土尽快达到抗冻临界强度，需加入能提高混凝土早期强度的外加剂，目前采用较多的是 0.05% 三乙醇胺＋0.5% 氯化钠复合早强剂。

（3）引气组分。优质引气剂能够在砂浆中引入无数微小且富有弹性的气泡，改善混凝土的孔结构，降低毛细管中水的冰点。同时，当砂浆中的水结冰时，毛细管中的水分可迁移到气泡中去，从而减少了毛细管中水分冻胀力，降低水结冰体积膨胀对砂浆的破坏力。引气剂质量越好，引入砂浆中气泡越小，气泡稳定性越好，气泡间距越小，砂浆保塑性、抗冻性越好。

（4）减水组分。水是混凝土产生冻害的根源，冬期施工要高度重视尽量降低混凝土水胶比，因而减水剂用量要较常温下提高。

1209. 火山灰硅酸盐水泥有何特性？

（1）火山灰水泥强度发展与矿渣水泥相似，早期发展慢，后期发展较快。后期强度增长是由于混合材中的活性氧化物与氢氧化钙作用形成比硅酸盐水泥更多的水化硅酸钙凝胶所致。环境条件对其强度发展影响显著，环境温度低，凝结、硬化显著变慢；在干燥环境中，强度停止增长，且容易出现干缩裂缝，所以不宜用于冬期施工。

（2）与矿渣水泥相似，火山灰水泥石中游离氢氧化钙含量低，也具有较高的抗硫酸盐侵蚀的性能。在酸性水中，特别是碳酸水中，火山灰水泥的抗蚀性较差，在大气中二氧化碳的长期作用下水化产物会分解，而使水泥石结构遭到破坏，因而这种水泥的抗大气稳定性较差。

（3）火山灰水泥的需水量和泌水性与所掺混合材的种类有关，采用硬质混合材如凝灰岩时，则需水量与硅酸盐水泥相近，而采用软质混合材如硅藻土等时，则需水量较大、泌水性较小，但收缩变形较大。

1210. 为什么要控制水泥细度？

水泥细度指的是水泥粉磨的程度。水泥越细，水化速度越快，水化越完全，对水泥胶凝性物质，有效利用率就越高；水泥的强度，特别是早期强度也越高；还能改善水泥的泌水性、和易性、黏结力等。但是，水泥过细，比表面积过大，水泥浆体要达到同样的流动度，需水量就增加，使硬化浆体因水分过多引起孔隙率增加而降低强度；同时水泥过细，水泥磨产量也会迅速下降，单位产品电耗成倍增加。所以，水泥细度应根据熟料质量、粉磨条件以及所生产的水泥品种、强度等级等因素来确定。

1211. 湿拌砂浆拌和用水有哪些技术要求？

（1）湿拌砂浆拌和用水水质同预拌混凝土用水要求，应符合表 2-5-1 的规定。对于设计使用年限为 100 年的结构混凝土，氯离子含量不得超过 500mg/L；对使用钢丝或经热处理钢筋的预应力混凝土，氯离子含量不得超过 350mg/L。

表 2-5-1 湿拌砂浆拌合用水水质要求

项目	预应力混凝土	钢筋混凝土	素混凝土
pH	≥5.0	≥4.5	≥4.5
不溶物（mg/L）	≤2000	≤2000	≤5000
可溶物（mg/L）	≤2000	≤5000	≤10000
Cl^-（mg/L）	≤500	≤1000	≤3500
SO_4^{2-}（mg/L）	≤600	≤2000	≤2700
碱含量（mg/L）	≤1500	≤1500	≤1500

注：碱含量按 $Na_2O+0658K_2O$ 计算值表示。采用非碱活性集料时，可不检验碱含量。

（2）地表水、地下水、再生水的放射性应符合现行国家标准《生活饮用水卫生标准》（GB 5749）的规定。

（3）被检验水样应与饮用水样进行水泥凝结时间对比试验，对比试验的水泥初凝时间及终凝时间差均不应大于 30min。

（4）被检验水样应与饮用水样进行水泥胶砂强度对比试验，被检验水泥配制的水泥胶砂 3d 和 28d 强度不应低于饮用水配制的水泥胶砂 3d 和 28d 强度的 90%。

（5）混凝土、砂浆拌和用水不应有漂浮明显的油脂和泡沫，不应有明显的颜色和异味。

（6）预拌企业设备洗刷水不宜用于预应力混凝土、装饰混凝土地、加气混凝土和暴露于腐蚀环境的混凝土；不得用于使用碱活性或潜在碱活性集料的混凝土。

（7）未经处理的海水严禁用于钢筋混凝土和预应力混凝土。

（8）在无法获得水源的情况下，海水可用于素混凝土，但不宜用于装饰混凝土。

1212. 国家标准中为什么要限制水泥产品的碱含量和氯离子含量？

碱含量就是水泥中碱物质（NaOH、KOH）的含量。碱含量主要从水泥生产原材料带入，尤其是黏土。

（1）碱含量越高，使水泥凝结时间缩短，早期强度提高而后期强度降低。

（2）碱含量对减水剂的影响较大，碱含量越高，混凝土流动性越小。国家标准《通用硅酸盐水泥》（GB 175）规定：水泥中碱含量按 $Na_2O+0.658K_2O$ 计算值表示。用户要求提供低碱水泥时，水泥中的碱含量由买卖双方协商确定。

（3）碱含量高，可能会引起水泥混凝土产生碱-集料反应，反应产物产生体积膨胀，使混凝土发生体积膨胀开裂，导致工程结构的破坏。

（4）钢筋锈蚀是混凝土破坏的重要形式之一，而氯离子是混凝土中钢筋锈蚀的重要因素。

1213. 通用硅酸盐水泥的检验规则是怎样的?

（1）编号及取样

水泥出厂前按同品种、同强度等级编号和取样。袋装水泥和散装水泥应分别进行编号和取样。每一编号为一取样单位。水泥出厂编号按年生产能力规定为：

200×10^4t 以上，不超过 4000t 为一编号；

120×10^4t～200×10^4t，不超过 2400t 为一编号；

60×10^4t～120×10^4t，不超过 1000t 为一编号；

30×10^4t～60×10^4t，不超过 600t 为一编号；

10×10^4t～30×10^4t，不超过 400t 为一编号；

10×10^4t 以下，不超过 200t 为一编号。

取样方法按《水泥取样方法》（GB 12573）进行。可连续取，亦可从 20 个以上不同部位取等量样品，总量至少 12kg。当散装水泥运输工具的容量超过该厂规定出厂编号吨数时，允许该编号的数量超过取样规定吨数。

（2）水泥出厂

经确认水泥各项技术指标及包装质量符合要求时方可出厂。

（3）出厂检验

出厂检验项目为化学指标、凝结时间、安定性、强度。

（4）判定规则

检验结果符合《通用硅酸盐水泥》（GB 175）标准中化学指标、凝结时间、安定性、强度的规定为合格品。

检验结果不符合《通用硅酸盐水泥》（GB 175）标准中化学指标、凝结时间、安定性、强度的规定中的任何一项技术要求为不合格品。

（5）检验报告

检验报告内容应包括出厂检验项目、细度、混合材料品种和掺加量、石膏和助磨剂的品种及掺加量、属旋窑或立窑生产及合同约定的其他技术要求。当用户需要时，生产者应在水泥发出之日起 7d 内寄发除 28d 强度以外的各项检验结果，32d 内补报 28d 强度的检验结果。

（6）交货与验收

交货时水泥的质量验收可抽取实物试样以其检验结果为依据，也可以生产者同编号水泥的检验报告为依据。采取何种方法验收由买卖双方商定，并在合同或协议中注明。卖方有告知买方验收方法的责任。当无书面合同或协议，或未在合同、协议中注明验收方法的，卖方应在发货票上注明"以本厂同编号水泥的检验报告为验收依据"字样。

以抽取实物试样的检验结果为验收依据时，买卖双方应在发货前或交货地共同取样和签封。取样方法按《水泥取样方法》（GB 12573）进行，取样数量为 20kg，缩分为二等份。一份由卖方保存 40d，一份由买方按本标准规定的项目和方法进行检验。

在 40d 以内，买方检验认为产品质量不符合本标准要求，而卖方又有异议时，则双方应将卖方保存的另一份试样送省级或省级以上国家认可的水泥质量监督检验机构进行仲裁检验。水泥安定性仲裁检验时，应在取样之日起 10d 以内完成。

以生产者同编号水泥的检验报告为验收依据时，在发货前或交货时买方在同编号水泥中取样，双方共同签封后由卖方保存 90d，或认可卖方自行取样、签封并保存 90d 的同编号水泥的封存样。在 90d 内，买方对水泥质量有疑问时，则买卖双方应将共同认可的试样送省级或省级以上国家认可的水泥质量监督检验机构进行仲裁检验。

1214. 通用硅酸盐水泥应当如何包装、标志、运输与贮存？

（1）包装

水泥可以散装或袋装，袋装水泥每袋净含量为 50kg，且应不少于标志质量的 99%；随机抽取 20 袋总质量（含包装袋）应不少于 1000kg。其他包装形式由供需双方协商确定，但有关袋装质量要求，应符合上述规定。水泥包装袋应符合《水泥包装袋》（GB 9774）的规定。

（2）标志

水泥包装袋上应清楚标明：执行标准、水泥品种、代号、强度等级、生产者名称、生产许可证标志（QS）及编号、出厂编号、包装日期、净含量。包装袋两侧应根据水泥的品种采用不同的颜色印刷水泥名称和强度等级，硅酸盐水泥和普通硅酸盐水泥采用红色，矿渣硅酸盐水泥采用绿色；火山灰质硅酸盐水泥、粉煤灰硅酸盐水泥和复合硅酸盐水泥采用黑色或蓝色。

散装发运时应提交与袋装标志相同内容的卡片。

（3）运输与贮存

水泥在运输与贮存时不得受潮和混入杂物，不同品种和强度等级的水泥在贮运中避免混杂。

1215. 可再分散乳胶粉在砂浆体系中有何作用？

可再分散乳胶粉是将高分子聚合物乳液通过高温高压、喷雾干燥、表面处理等一系列工艺加工而成的粉状热塑性树脂材料，这种粉状的有机胶粘剂与水混合后，在水中能再分散，重新形成新的乳液，其性质与原来的共聚物乳液完全相同。

砂浆中掺入可再分散乳胶粉，可以增加砂浆的内聚力、黏聚性与柔韧性。一是可以提高砂浆的保水性，形成一层膜减少水分的蒸发；二是提高砂浆的粘结强度。

1216. 引气剂在砂浆中有什么作用？

引气剂可在砂浆搅拌过程中引入大量分布均匀、稳定而封闭的微小气泡。砂浆中掺入引气剂后，可显著改善浆体的和易性，提高硬化砂浆的抗渗性与抗冻性。虽然引气剂掺量很小，但对排浆的性能影响却很大，主要作用有：

（1）改善砂浆的和易性

掺入引气剂后，在砂浆内形成大量微小的封闭气泡，这些微气泡如同滚珠一样，减少集料颗粒之间的摩擦阻力，使砂浆拌合物的流动性增加，特别是在人工砂或天然砂颗粒较粗、级配较差以及贫水泥砂浆中使用效果更好。同时由于水分均匀分布在大量气泡的表面，使能自由移动的水量减少，因而减少砂浆的泌水量。

（2）提高砂浆的抗渗、抗冻及耐久性

引气剂使砂浆拌合物泌水性减小，泌水通道的毛细管也相应减少。同时，大量封闭的微气小泡的存在，堵塞或隔断了砂浆中毛细管渗水通道，改变了砂浆的孔结构，使砂浆抗渗性得到提高。气泡有较大的弹性变形能力，对由水结冰所产生的膨胀应力有一定的缓冲作用，因而砂浆的抗冻性得到提高，耐久性也随之提高。

（3）降低砂浆的强度

由于大量气泡的存在，减少了砂浆的有效受力面积，使砂浆强度降低。一般含气量每增加 1%，强度下降 5%。对于有一定减水作用的引气剂，由于降低了水灰比，使砂浆强度得到一定补偿。因此，使用引气剂时，要严格控制其掺量，以达到最佳效果。另外，由于大量气泡的存在，使砂浆的弹性变形增大，弹性模量有所降低。

（4）增加砂浆体积

由于引气剂引入大量气泡，使砂浆体积增加，密度降低，故能节省材料，增加施工面积。

1217. 可再分散乳胶粉在砂浆中有何作用？

（1）提高材料的粘结强度和抗拉、抗折强度

可再分散乳胶粉可显著提高砂浆的粘结强度，掺量越大，提高得越多，但抗压强度却降低，因此存在一个最佳掺量范围。由于可再分散乳胶粉的价格较高，掺量越大，干混砂浆的成本越高，因此还要从成本上加以考虑。高的粘结强度对收缩能产生一定的抑制作用，变形产生的应力容易分散和释放，所以，粘结强度对提高抗裂性能非常重要。研究表明，纤维素醚和胶粉的协同效应有利于提高水泥砂浆的粘结强度。

（2）降低砂浆的弹性模量，可使脆性的水泥砂浆变得具有一定的柔韧性

可再分散乳胶粉的弹性模量较低，为 $0.001\sim10GPa$，而水泥砂浆的弹性模量较高，为 $10\sim30GPa$，加入胶粉后可降低水泥砂浆的弹性模量，但胶粉的种类和掺量对弹性模量也有影响。通常聚灰比增大，弹性模量降低，变形能力提高。

（3）提高砂浆的耐水性、抗碱性、耐磨性、耐冲击性

聚合物形成的网膜结构封闭了水泥砂浆中的孔洞和裂隙，减少了硬化体中的孔隙率，从而提高了水泥砂浆的抗渗性、耐水性及抗冻性，这种效应随聚灰比提高而增大。改善砂浆的耐磨性与胶粉的种类、聚灰比有关。一般来说，聚灰比增大，耐磨性提高。

（4）提高砂浆的流动性和可施工性

（5）提高砂浆的保水性，减少水分蒸发

可再分散乳胶粉在水中溶解后形成的乳胶液分散在砂浆中，乳胶液凝固后在砂浆中形成连续的有机膜，这种有机膜可以阻止水的迁移，从而减少砂浆的失水，起到保水的作用。

（6）减少开裂现象

聚合物改性水泥砂浆的延伸率和韧性比普通水泥砂浆好得多，断裂性能是普通水泥砂浆的 2 倍以上，抗冲击韧性随聚灰比提高而增大。随着胶粉掺量的增加，聚合物的柔性缓冲作用能抑制或延缓裂纹的发展，同时具有较好的应力分散作用。

根据配比的不同，采用可再分散聚合物粉末对干混砂浆改性，可以提高与各种基材

的粘结强度，并提高砂浆的柔性和可变形性、抗弯强度、耐磨损性、韧性和粘结力以及保水能力和施工性。

大量试验表明，胶粉掺量并不是越多越好。胶粉掺量过低时，仅起到一些塑化作用，而增强效果不明显；胶粉掺量过大时，强度大幅度降低；只有当胶粉掺量适中时，既增加抗变形能力，提高拉伸强度及粘结强度，又提高抗渗性以及抗裂性。灰砂比、水灰比、集料的级配和种类、集料的特性都会最终影响到产品的综合性能。

1218. 水泥砂浆中掺入纤维有何作用？

水泥砂浆是一种脆性材料，其抗拉强度远远小于它的抗压强度，抗冲击能力差，抗裂性能差，水泥制品中存在大量的干缩裂纹及温度裂纹，这些裂纹随着时间的推移而不断变化与发展，最终可导致水泥制品的开裂，造成结构物抗渗性能下降，影响其耐久性能。

在水泥砂浆中掺加适量纤维，可以增大抗拉强度，增强韧性，提高抗开裂性。在水泥砂浆中加入纤维，可阻止砂浆基体原有缺陷裂缝的扩展，并有效阻止和延缓新裂缝的出现；改善砂浆基体的刚性，增加韧性，减少脆性，提高砂浆基体的变形力和抗冲击性；提高砂浆基体的密实性，阻止外界水分的侵入，从而提高其耐水性和抗渗性；改善砂浆基体的抗冻、抗疲劳性能，提高其耐久性。

1219. 颜料应用中应注意哪些问题？

颜料通常用在装饰砂浆中，使砂浆的色彩多样化。使用中应注意以下问题：

（1）颜料色彩的稳定性

装饰砂浆一般直接暴露在自然环境中，太阳光的照射，风、雨、雪的反复作用，都有可能影响颜料的色彩，因此，应考虑颜料在自然环境中的稳定性。

（2）砂浆颜色的协调性

在装饰砂浆的使用中，最终体现的是砂浆的颜色，而砂浆的颜色是砂浆本体颜色与颜料颜色综合作用的结果。

（3）砂浆体系的匹配

一是注意颜料对砂浆性能的影响，一些颜料可能与胶凝材料中的某些组分反应，也有一些颜料与一些有机化学外加剂形成络合物。这些反应可能会影响砂浆中各种组分的发挥，从而影响砂浆性能的发挥；二是注意砂浆体系对颜料色彩的影响，商品砂浆中常用一些无机的金属氧化物作为颜料，他们在不同的环境中可能呈不同的价态，表现出不同的颜色，如水泥基砂浆通常呈较强的碱性环境，而石膏基砂浆则呈弱酸性环境，这些环境的差异可能会引起金属氧化物价态的变化，从而使颜料的颜色发生变化。因此，不能仅根据颜料的颜色来确定砂浆的颜色，要根据试验确定。

1220. 什么是消泡剂？有哪些种类？

消泡剂是一种抑制或消除泡沫的表面活性剂，具有良好的化学稳定性；其表面张力要比被消泡介质低，与被消泡介质有一定的亲和性，分散性好。有效的消泡剂不仅能迅速使泡沫破灭，而且能在相当长的时间内防止泡沫的再生。

消泡剂的种类很多，如有机硅、聚醚、脂肪酸、磷酸酯等，但每种消泡剂各有其自身的适应性。

1221. 轻集料如何分类？

（1）轻集料按材料属性分为无机轻集料和有机轻集料，见表 2-5-2。

表 2-5-2 轻集料按材料属性分类

类别	材料性质	主要品种
无机轻集料	天然或人造的无机硅酸盐类多孔材料	浮石、火山渣等天然轻集料和各种陶粒、矿渣等人造轻集料
有机轻集料	天然或人造的有机高分子多孔材料	木屑、炭珠、聚苯乙烯泡沫轻集料等

（2）轻集料按原材料来源可分为天然轻集料、人造轻集料和工业废料轻集料，见表 2-5-3。

表 2-5-3 轻集料按材料来源分类

类别	原材料来源	主要品种
天然轻集料	火山爆发或生物沉积形成的天然多孔岩石	浮石、火山渣、多孔凝灰岩、珊瑚岩、钙质贝壳岩等及其轻砂
人造轻集料	以黏土、页岩、板岩或某些有机材料为原材料加工而成的多孔材料	页岩陶粒、黏土陶粒、膨胀珍珠岩、沸石岩轻集料、聚苯乙烯泡沫集料、超轻陶粒等
工业废料轻集料	以粉煤灰、矿渣、煤矸石等工业废渣加工而成的多孔材料	粉煤灰陶粒、膨胀矿渣珠、自燃煤矸石、煤渣及轻砂

1222. 天然轻集料的性能有何要求？

天然轻集料来源不同，其性能也不同，各种天然轻集料的性能见表 2-5-4。

表 2-5-4 天然轻集料的性能

天然轻集料	颗粒密度（kg/m³）	堆积密度（kg/m³）	常压下 24h 吸水率（%）
火山凝灰岩	1300～1900	粗集料：700～1100 细集料：200～500	7～30
泡沫姆岩	1800～2800	800～1400	10 左右
浮石	550～1650	350～650	50 左右

1223. 人造轻集料如何分类？

生产人造轻集料的原料主要有三类：

（1）天然原料，如黏土、页岩、板岩、珍珠岩、蛭石等。

（2）工业副产品，如玻璃珠等。

（3）工业废弃物，如粉煤灰、煤渣和膨胀矿渣珠。

1224. 粉煤灰有哪些技术要求？

粉煤灰品质应符合《用于水泥和混凝土中的粉煤灰》（GB/T 1596）的要求，拌制砂浆和混凝土用粉煤灰技术要求应符合表 2-5-5 要求。

表 2-5-5　拌制砂浆和混凝土用粉煤灰的理化性能要求

项目		理化性能要求		
		Ⅰ级	Ⅱ级	Ⅲ级
细度（45μm方孔筛筛余）（%）	F类粉煤灰	≤12.0	≤30.0	≤45.0
	C类粉煤灰			
需水量比（%）	F类粉煤灰	≤95	≤105	≤115
	C类粉煤灰			
烧失量（Loss）（%）	F类粉煤灰	≤5.0	≤8.0	≤10.0
	C类粉煤灰			
含气量（%）	F类粉煤灰	≤1.0		
	C类粉煤灰			
三氧化硫（SO_3）质量分数（%）	F类粉煤灰	≤3.0		
	C类粉煤灰			
游离氧化钙（f-CaO）质量分数（%）	F类粉煤灰	≤1.0		
	C类粉煤灰	≤4.0		
二氧化硅（SiO_2）、三氧化二铝（Al_2O_3）和三氧化二铁（Fe_2O_3）（总质量分数，%）	F类粉煤灰	≥70.0		
	C类粉煤灰	≥50.0		
密度（g/cm³）	F类粉煤灰	≤2.6		
	C类粉煤灰			
安定性（雷氏法）（mm）	C类粉煤灰	≤5.0		
强度活性指数（%）	F类粉煤灰	≥70.0		
	C类粉煤灰			

1225. 矿渣粉有哪些技术要求？

根据《用于水泥、砂浆和混凝土中的粒化高炉矿渣粉》（GB/T 18046）规定，矿渣粉技术要求见表 2-5-6。

表 2-5-6　矿渣粉的技术要求

项目		级别		
		S105	S95	S75
密度（g/cm³）		≥2.8		
比表面积（m²/kg）		≥500	≥400	≥300
活性指数（%）	7d	≥95	≥70	≥55
	28d	≥105	≥95	≥75
流动度比（%）		≥95		

项目	级别		
	S105	S95	S75
初凝时间比（%）	≤200		
含水量（质量分数,%）	≤1.0		
三氧化硫（质量分数,%）	≤4.0		
氯离子（质量分数,%）	≤0.06		

1226. 保水增稠材料有何作用?

保水增稠材料首先应有保持水分的能力，另外一个作用是改善砂浆的可操作性，它既与提高砂浆保水性相关，又有区别。增稠作用主要是提高砂浆的黏性、润滑性、可铺展性、触变性等，使砂浆在外力作用下易变形，外力消失后保持不变形的能力。砂浆与基层既要求具有一定的黏附性，黏附性又不能太高，以免造成"粘刀"现象。

1227. 如何选用纤维素醚?

在干混砂浆中，纤维素醚起着保水、增稠、改善施工性能等方面的作用，良好的保水性可避免砂浆因缺水、水泥水化不完全而导致的起砂、起粉和强度降低；增稠效果使新拌砂浆的结构强度大大增强，粘贴的瓷砖具有较好的抗下垂性；掺入纤维素醚可以明显改善湿砂浆的湿黏性，对各种基材都具有良好的黏性，从而提高了湿砂浆的上墙性能，减少浪费。

不同品种纤维素醚在砂浆中发挥的作用也不尽相同，如纤维素醚在干混陶瓷砖粘结砂浆中可以提高开放时间，调整时间；在机械喷涂砂浆中可以改善湿砂浆的结构强度；在自流平砂浆中可以起到防止沉降、离析分层的作用。由于不同品种干混砂浆对纤维素醚提出的技术要求不尽相同，因此，纤维素醚的生产厂家会对相同黏度的纤维素醚进行改性，以适用不同干混砂浆产品的不同技术要求，以便于干混砂浆配方设计人员选用。

1228. 集料在砂浆中起什么作用?

集料是砂浆中用量最多、成本最低的一个组分。集料具有较好的体积稳定性、较高的强度，有些集料还具有较好的保温性能。集料的性能可以影响其他组分作用的发挥。因此，合理利用并充分发挥集料的作用，对提高砂浆性能、降低成本，都具有重要的意义。集料具有如下作用：

（1）骨架作用

集料通常具有较高的强度，这些高强度颗粒在硬化砂浆中起到一种骨架作用。当砂浆受力时，集料常常承受较大的荷载。因此，集料的力学性能对砂浆的力学性能有较大的影响。

（2）稳定体积变形作用

在砂浆硬化过程中，集料一般不参与化学反应，也不会产生因化学反应造成的体积变化。通常情况下，硬化砂浆发生干缩的主要成分是水泥组分，集料干缩较小，而且能限制水泥石的收缩。另外，集料的热膨胀系数比硬化水泥石低，故热稳定性也比水泥石好。

（3）改善砂浆耐久性

集料对环境条件具有较好的适应性，在冻融循环条件下，通常是水泥石破坏，集料很少破坏。在硫酸盐侵蚀条件下，也是水泥石破坏，集料很少破坏。但有些集料可与碱发生反应，导致材料或结构的破坏。但对于大多数非活性集料，这一反应是不发生的。

（4）影响砂浆的性能

集料的性能影响砂浆的需水量、力学性能及干缩性能和温度变形性能。

干缩和温度变形是引起砂浆开裂的主要原因。当集料级配不合适时，较大的空隙率和较小的细度模数增加砂浆的需水量，引起砂浆强度降低，或增大砂浆干缩和温度变形，导致抗裂性能降低。因此，合理设计灰砂比，调整集料的级配，可改善砂浆的性能。

（5）保温隔热

有些轻集料如聚苯乙烯颗粒、膨胀珍珠岩、膨胀蛭石等具有保温隔热作用，常用它们配制保温砂浆。

（6）装饰

有些彩色集料具有装饰作用，与颜料相比具有以下特点：①颜色多样，不同颜色的集料混合在一起使用，色彩缤纷，颜色不会混杂；②颜色具有永久性。

（7）降低成本

在砂浆组成材料中，集料是最便宜的，充分发挥集料的作用，可有效降低砂浆的成本。

1229. 矿渣粉砂浆与使用矿渣水泥相比有何优点？

由于粒化高炉矿渣比较坚硬，与水泥熟料混在一起，不容易同步磨细，所以矿渣水泥往往保水性差，容易泌水，且较粗颗粒的粒化矿渣活性得不到充分发挥。若将粒化高炉矿渣单独粉磨或加入少量石膏或助磨剂一起粉磨，可以根据需要控制粉磨工艺，得到所需细度的矿渣粉，有利于其中活性组分更快、更充分水化。

矿渣粉是由矿渣经过机械粉磨而成的，其颗粒组成与粉磨工艺有关，其平均粒径可根据细度要求而人为控制。目前矿渣粉的生产有几种不同的工艺，不同工艺制备的矿渣粉的性能存在较大差异。

由于不同生产厂家采用的粒化矿渣来源不同，矿渣粉的生产工艺不同，生产中是否掺加助磨剂等，用不同厂家生产的同一级别的矿渣粉配制砂浆时，其性能也有较大差异，因此使用前应进行试验，以选择合适的矿渣粉。

矿渣粉的细度用比表面积表示，用勃氏法测定。矿渣粉的细度越高，则颗粒越细，其活性效应发挥得越充分，但过细需要消耗较多的生产能耗，且对性能的提高也不明显，因此细度的选择应根据砂浆种类以满足要求为宜，一般控制在 $350\sim450m^2/kg$ 范围内。

1230. 纤维素醚有哪些品种？

（1）不同的醚化剂可把碱性纤维素醚化成各种不同类型的纤维素醚。纤维素的分子结构是由失水葡萄糖单元分子键组成的，每个葡萄糖单元内含有三个羟基，在一定条件下，羟基被甲基、羟乙基、羟丙基等基团所取代，可生成各类不同的纤维素品种。如被甲基取代的称为甲基纤维素，被羟乙基取代的称为羟乙基纤维素，被羟丙基取代的称为羟丙基纤维素。由于甲基纤维素是一种通过醚化反应生成的混合醚，以甲基为主，但含有少量的羟乙基或羟丙基，因此被称为甲基羟乙基纤维素醚或甲基羟丙基纤维素醚。由于取代基的不同（如甲基、羟乙基、羟丙基）以及取代度的不同（在纤维素上每个活性羟基被取代的物质的量），因此可生成各类不同的纤维素醚品种和牌号，不同的品种可广泛应用于建筑工程、食品和医药行业，以及日用化学工业、石油工业等不同的领域。

（2）纤维素醚还可按其取代基的电离性能分为离子型和非离子型。离子型主要有羧甲基纤维素盐，非离子型主要有甲基纤维素、甲基羟乙基纤维素醚（MHEC），甲基羟丙基纤维素醚（MHPC）、羟乙基纤维素醚（HEC）等。

保水性和增稠性的效果依次为：甲基羟乙基纤维素醚（MHEC）＞甲基羟丙基纤维素醚（MHPC）＞羟乙基纤维素醚（HEC）＞羧甲基纤维素（CMC）。

1231. 可再分散乳胶粉改善砂浆性能机理是什么？

（1）砂浆中加水后，在亲水性的保护胶体以及机械剪切力的作用下，胶粉颗粒分散到水中，并迅速成膜，在这过程中会引起砂浆含气量的增加，有利于增强砂浆的施工流动性。

（2）随着水分的消耗，包括蒸发和无机胶凝材料水化反应的消耗，树脂颗粒渐渐靠近，界面渐渐模糊，树脂相互搭接，适量的胶粉可以形成连续的高分子薄膜，在砂浆中形成了由无机与有机粘结剂的框架体系，即水硬性材料构成的脆硬性骨架。高分子树脂膜在间隙与集料颗粒表面成膜构成的框架体系，由于聚合物的柔韧性、变形能力的提高，使得砂浆整体上变形能力增强，粘结能力增加。

（3）当可再分散乳胶粉与水泥等无机胶凝材料一起使用时，它可以对砂浆进行改性，此类产品通常称为聚合物砂浆。通过聚合物改性，改善了传统水泥砂浆的脆性，提高了水泥砂浆的柔韧性及拉伸粘结强度，减少了水泥砂浆裂缝的产生。由于聚合物与水泥砂浆形成互穿的网络结构，在孔隙中形成连续的聚合物膜，加强了集料之间的粘结，堵塞了砂浆内的部分孔隙，所以硬化后的聚合物改性砂浆的各种性能都优于普通水泥砂浆。

1232. 减缩剂的作用机理是什么？

减缩剂是使砂浆早期干缩减小，从而减少甚至消除裂缝产生的外加剂。减缩剂的主要作用机理是：一方面在强碱性的环境中大幅度降低水的表面张力，从而减小毛细孔失水时产生的收缩应力；另一方面是增大砂浆孔隙水的黏度，增强水在凝聚体中的吸附作用，减小砂浆收缩值。

减缩剂主要成分是聚醚或聚醇及其衍生物，已被国内外研究和开发的用于减缩剂合成组分的原材料主要有丙三醇、聚丙烯醇、新戊二醇、二丙基乙二醇等。

1233. 聚羧酸系高性能减水剂性能特点主要有哪些？

（1）低掺量（质量分数为 0.2%～0.5%）而分散性能好。

（2）经时稠度损失小。

（3）总碱含量极低，降低了发生碱-集料反应的可能性，提高耐久性。

（4）分子结构上自由度大，制造技术上可控制的参数多，高性能化的潜力大。

（5）合成中不使用甲醛，因而对环境不造成污染。

（6）与水泥和其他种类的外加剂相容性好。

（7）收缩低、凝结时间可控、抗压强度比高等优点。

（8）一定的引气量，与第二代（高效）减水剂相比，其引气量有较大提高，平均在3%～4%。

1234. 聚羧酸与其他几种减水剂的互溶性？

（1）木质磺酸盐（LS）——相溶性好

净浆：相容性好，可以复配。

（2）脂肪族（SAF）——相溶性差，有分层

净浆：选择性相容；不能混配成一种溶液使用。

（3）氨基磺酸盐（ASF）——相溶性好

净浆：选择性相容。

（4）密胺类（MSF）——相容性差，有分层

净浆：选择性相容。

（5）萘系减水剂（NSF）——相溶性好

净浆：均不相容，无坍落度；且容器不能混用。

1235. 轻集料的生产工艺有哪些？

轻集料的生产工艺一般有两类：烧结法和免烧法。轻集料的生产工艺和窑型是根据原料的种类、成分、产品性能而定的，烧结法主要是指烧胀型和烧结型。烧胀型用于页岩轻集料和黏土轻集料的生产，而烧结型主要指粉煤灰轻集料的生产。免烧轻集料是指那些原材料不需经过烧结过程，只需简单地养护，就能达到所需强度要求的生产方法，主要是针对粉煤灰轻集料而命名的。

目前国内外生产黏土轻集料、页岩轻集料均采用回转窑焙烧，可以生产出超轻轻集料（堆积密度<500kg/m³），结构保温轻集料（堆积密度500～750kg/m³）和高强轻集料（堆积密度750～1000kg/m³）。

粉煤灰轻集料的生产可分为焙烧型和养护型两类，可生产出超轻型、结构保温型和高强型粉煤灰轻集料。焙烧型中又分为烧结机法和回转窑法两种，养护型中又分为自然养护、蒸压养护和发泡蒸气养护三种。根据现有的资料，蒸压养护、自然养护是目前研究最多的几种免烧工艺，包壳法生产粉煤灰轻集料是一种特殊的免烧轻集料的制备方法。此两类五法生产技术适应性强，综合优势显著，是黏土轻集料、页岩轻集料生产技术所无法比拟的。

1236. 不同纤维素各有何特点？

（1）羧甲基纤维素CMC（或羧甲基纤维素钠）是一种阴离子、亲水性纤维素。通常呈粉末状或絮状（易分散并避免成块），不需再处理就能实现增稠和特殊的流变性。20世纪40年代末期，羧甲基纤维素产品进入市场，更纯的CMC则应用于食品、化妆

品和医药。和取代度一样，CMC 纯度越高则价格越高，可能得到的深加工产品，能在搅拌下均匀分散增稠，提供优异的成膜性、黏合性。

（2）羟乙基纤维素（HEC）是广为人知的非离子型纤维素，目前在工业上应用最为广泛。例如：与其他组分，尤其着色剂有高度兼容性，不受多价离子影响；易分散并溶于冷水或热水，中性时溶解缓慢，加入碱后能迅速溶解；高度增稠能力（依赖于分子量）、助悬浮、水分保持、较宽的 pH 范围能高度稳定；高度耐水性，易与极性溶剂混合。在冷水或热水中，溶液可以清澈无色。通常 HEC 能通过与水分子形成氢键桥而获得高黏度、假塑性（与其类型、引入基团和分子量有关）。

该类纤维素从黏度最低值到最高值范围内均能生产，对其进行表面处理（添加控制量的乙二醛）可避免分散在水中时成团。

（3）甲基羟乙基纤维素（MHEC）可具有羟乙基纤维素（HEC）产品的基本功能，同时还有较好的抗流挂性、良好的流平性和较高的黏度等。由于疏水基团加入了 HEC 分子中，首先应考虑它与大部分商品化乳液（2/3 的苯乙烯-丁二烯共聚物与 1/3 的丙烯酸树脂类作为活性剂）的反应性。原因是该反应能获得较高的黏度，并且可使之组成的涂料具有牛顿形流体的流动特性，乳胶粒子越小，两者反应性越强，乳胶粒子的疏水性（乙酸乙烯酯或丙烯酸丁酯反应性更强），较低的丙烯酸含量乳胶粒子可用的自由表面，当加入 MHEC 时，首先是水体黏度将随着含氢基团间的常规反应而增加。由于疏水基团之间的反应发生在水性涂料中的不同主要组分当中，MHEC 也能与填料发生相互作用，通常与黏土矿产品的反应要比与碳酸盐矿强，因为后者比较坚硬而且吸附表面积较小。一般而言，当它与黏土矿填料混合时，具有较高的增稠效率、较高的涂刷黏度和良好的流平性。甲基羟乙基纤维素（MHEC）具有较高的絮凝点（60～80℃），常认为是甲基纤维素（MC）的衍生物。

（4）甲基纤维素（MC）是一种特殊纤维素衍生物，由于在溶液中能发生热可逆絮凝作用存在热凝胶点，它只能溶于冷水。众所周知，起先它用于贴墙纸用黏合剂和"刷墙水浆涂料"（室内用水性涂料）。纯甲基纤维素（MC）溶液大约在 45～60℃无絮凝。胶凝温度和有机可溶性主要与取代基的类型和体积有关，取代作用的类型决定了 MC 的表面活性和有机混溶性。

（5）甲基羟丙基纤维素（MHPC）和羟丙基纤维素（HPC）均为非离子型衍生物。尽管 MHEC 和 MHPC 在功能上有许多共性，并且也用于建筑用灰泥生产。但与 MHEC 产品相比，MHPC 产品的疏水性更强，很少用于水性涂料。其中的一些特定类型更适于生产脱膜（漆）剂。

羟丙基纤维素（HPC）产品作为医药品是广为人知的，并且它也可用于生产脱膜（漆）剂。

（6）乙基羟乙基纤维素（EHEC）是在碱纤维素条件下由氯乙烯和环氧乙烷混合反应而得，常认为等同于 HEC。显然，EHEC 和 HEC 有相同的特性，但 EHEC 憎水性更强，并能降低水的表面张力，且在混合时泡沫更丰富。两者均表现出高黏度（还同分子量有关），假塑性流动特性，稳定性，保水性。

（7）疏水改性的纤维素醚类（HM-EHEC）是标准纤维素醚类（EHEC）的缔合

型，具有更多的疏水基团，通过它的疏水基团与其他组分（首先与晶格）的疏水基团作用，从而获得较高的黏度值，即有较高的 ICI 黏度。

1237. 普通建筑石膏的硬化机理是什么？

β-半水石膏加水后可调制成可塑性浆体，经过一段时间反应后，将失去塑性，并凝结硬化成具有一定强度的固体。

半水石膏加水后产生如下反应：

$$CaSO_4 \cdot \frac{1}{2}H_2O + 1\frac{1}{2}H_2O \longrightarrow CaSO_4 \cdot 2H_2O + Q$$

半水石膏加水后发生溶解，生成不稳定的饱和溶液，溶液中的半水石膏水化后生成二水石膏。由于二水石膏在水中的溶解度比半水石膏小得多，所以半水石膏的饱和溶液对二水石膏来说就成了过饱和溶液，因此二水石膏很快析晶。

由于二水石膏的析出，破坏了原有半水石膏溶解的平衡状态，这样促进了半水石膏不断地溶解和水化，直到半水石膏完全溶解。在这个过程中，浆体中的游离水分逐渐减少，二水石膏胶体微粒不断增加，浆体稠度增大，可塑性逐渐降低，即"凝结"。

随着浆体继续变稠，胶体微粒逐渐凝聚成为晶体，晶体逐渐长大、共生并相互交错，使浆体产生强度，并不断增长，即"硬化"。实际上，石膏的凝结和硬化是一个连续的、复杂的物理化学变化过程。

1238. 影响水泥强度的主要因素是什么？

影响水泥强度的因素很多，大体上可分为以下几个方面：水泥的性质、水灰比及试体成型方法、养护条件、试验操作误差和养护时间等。

水泥的性质主要由熟料的矿物组成和结构、混合材料的质量和数量、石膏掺量、粉磨细度等决定，所以不同品种和不同生产方式所生产的水泥，其性能是不同的。水泥只有加水拌和后才能产生胶凝性，加水量多少（即水灰比）对水泥强度值的高低有直接影响，加水量多，强度降低。同时试体的成型方法包括灰砂比、搅拌、捣实等也直接影响水泥强度。水泥胶结材料有一个水化凝结硬化的过程，在此过程中，周围的温度、湿度条件影响很大。在一定范围内，温度越高，水泥强度增长越快；温度越低，增长越慢。潮湿的环境对水泥凝结硬化有利，干燥的环境对水泥凝结硬化不利，特别是对早期强度影响更大。由于影响水泥强度的因素很多，故在检验水泥强度时必须规定特定、严格的条件，才能使检验结果具有可比性。

1239. 为何水泥放置一段时间后凝结时间会产生变化？

影响水泥凝结时间的因素，可分为水泥本身因素和环境条件两方面。水泥本身主要是细度和矿物组成等对凝结影响较大；环境条件则主要是温度、湿度以及空气流通程度等对凝结影响较大。

通常情况下，水泥粉磨细度越细，水泥就越易水化。当环境温度较高且潮湿时，若保存不当，则更容易出问题。存放时吸水，会导致水泥缓凝；吸收二氧化碳，则会导致水泥速凝。

水泥是活性物质，放置一段时间，如保存不好就会风化变质而丧失一部分活性。在放置期间，水泥细粉极易与空气中的水蒸气和二氧化碳发生化学反应，这种反应虽然较慢，但由于持续不断地进行，因而也会发生从量变到质变的变化。所以，长期存放的水泥，即使不直接与液态水接触，也会发生结块、结粒和活性降低等现象。水泥间接受潮的程度与水泥的存放时间、存放条件以及水泥品种有关。相同水泥在不同环境下存放、不同水泥在相同环境下存放（不同水泥在不同环境下存放无可比性），存放时间越长，水泥活性的损失程度越严重。

一般估计，在空气流通的环境下，普通水泥存放 3 个月活性下降约 20%，存放半年下降约 30%，存放一年下降约 40%。而在环境比较干燥，空气不流通的存放条件下，水泥受潮活性下降程度则远远低于上述数值。

水泥受潮化学反应一般在水泥颗粒表面薄薄的一层上进行，未水化的大部分水泥矿物被水化产物包围（或叫覆盖），使水化速度降低，导致凝结时间延长。季节不同，水泥存放后对凝结时间的影响也不同，夏季和冬季两种环境条件下存放的水泥，其凝结时间与存放前大不一样。因此，只有控制好试验条件，才能得出正确的测定结果。

2.5.2 预拌砂浆知识

1240. 引气型砂浆增塑剂有何性能特点？

引气型增塑剂也称为砂浆塑化剂，它通过引气而改善砂浆的可操作性。砂浆含气量是一个关键性指标，它直接影响砂浆的和易性、强度和砌体强度。含气量越大，砂浆和易性越好，但砂浆强度降低越多，同时，砌体的强度也低，因此，对含气量的上限做出了规定。只有当砂浆含气量控制在 20% 以下时，砂浆和砌体的强度才可能得到保证。1h 静置后的含气量主要是控制气泡的稳定性。如气泡稳定性不好，虽然砂浆刚搅拌时的和易性得到改善，但过一段时间这种效果就会减弱或消失，起不到塑化的作用，因此，引气型增塑剂要有良好的气泡稳定性。砂浆含气量的测定方法采用密度法。

1241. 非引气类砂浆增塑剂有何性能特点？

非引气类砂浆增塑剂通过物理吸附水作用，可使砂浆达到保水和增稠作用。其典型产品是砂浆稠化粉。砂浆稠化粉的主要成分是蒙脱石和有机聚合物改性剂以及其他矿物助剂。砂浆稠化粉其本质就是有机网络蒙脱石，使得砂浆具有良好的保水性和触变性。有机网络蒙脱石能稳定吸附大量水分子，并且所形成的有机胶体具有很强的触变性，使得砂浆能长时间保持良好的可操作性。即砂浆在静置状态能保持良好的体积稳定性，使各组分保持不变；在受力状态下具有良好的流动性，使砂浆易操作，易抹平，并与基层粘结牢固。有机网络蒙脱石能有效控制蒙脱石膨胀，限制水泥浆的干缩，使砂浆粘结强度高，收缩低，抗冻性好。用非纤维素醚、非引气的有机高分子材料来改性蒙脱石效果最好。

1242. 生产配合比应该怎么计算？

理论配合比（实验室配合比）中的砂石用量是全干或气干状态下的质量，在生产之前需要根据砂石实测含水率对理论配合比进行计算调整，以表 2-5-7 为例说明。

表 2-5-7 实验室理论配比和生产配比的换算关系

原材料名称	水泥	掺合料	砂	外加剂	水
理论配合比用量（kg/m³）	300	60	1300	7	220
砂含水率（%）	0	0	6	—	—
生产配合比用量（kg/m³）	300	60	1378	7	142

假设砂含水率为 6%，则生产配合比中砂引入的用水量为 $1300 \times 6\% = 78$（kg/m³），那么相应生产配合比中的砂用量调整为 $1300 + 78 = 1378$（kg/m³），用水量则需要调整为 $220 - 78 = 142$（kg/m³）。

1243. 水泥粉煤灰抹灰砂浆配合比设计有哪些要求？

因 32.5 级水泥中掺合料掺量大，再掺入过多的粉煤灰会影响其耐久性，并且粉煤灰取代水泥量太高，可能导致抹灰砂浆找平时，粉煤灰颗粒集中到表面，造成砂浆表层裂缝。因此规定粉煤灰取代水泥的用量不宜超过 30%。

外墙使用环境相对恶劣，为保证外墙砂浆抹灰层耐久性，规范提出了最小水泥用量为 250kg/m³ 的要求。

根据大量验证试验，规范给出了水泥粉煤灰抹灰砂浆配合比材料用量。规范或标准中的水泥用量是参考值，各地需要根据实际原材料特性进行试配，在满足砂浆可操作性和强度条件下，选择水泥用量少的砂浆配合比。

1244. 施工单位操作不规范导致的干混砂浆质量问题及解决措施有哪些？

（1）施工时一次性抹灰太厚，造成砂浆开裂

解决措施：按规范施工操作，一次抹灰不要太厚。如外墙抹灰厚度规范要求每层每次厚度宜为 5~7mm，抹灰总厚度大于 35mm 时，应采取加强措施。

（2）砂浆涂抹在与其强度等级不相宜的基体或基层上，砂浆收缩与基层不一致造成干混砂浆开裂

解决措施：各种墙材分别采用适当强度等级的砂浆。

（3）不同材质的交界处不采取措施，造成干混抹灰砂浆开裂

解决措施：不同材质交界处应采取加强网进行处理。

（4）砌体不洒水或洒水过多造成干混抹面砂浆产生裂纹、裂缝

解决措施：按规范施工操作，如对于烧结砖、蒸压粉煤灰砖抹灰前浇水润湿。

（5）蒸压砖等砌体未达到规定龄期即进行砌筑、抹灰施工，造成干混抹面砂浆开裂

解决措施：各种块体材料需达到规定龄期，待其体积稳定后方可使用，如蒸压砖使用前龄期不宜小于 28d。

（6）干混抹灰砂浆及干混地面砂浆凝结后没有及时保湿养护，造成砂浆干缩开裂

解决措施：砂浆凝结后及时保湿养护。

（7）施工现场掺入其他材料，如砂浆王、砂、石灰等，导致砂浆强度降低，甚至剥落及开裂。

（8）解决措施：施工现场未经砂浆生产厂允许禁止往砂浆中掺入其他材料。

1245. 砌筑砂浆的保水性为什么不是越高越好?

砌筑砂浆的用水量为 $260\sim300kg/m^3$,传统砌筑砂浆的水泥用量在 $180\sim300kg/m^3$,控制砌筑砂浆保水率的主要作用是保证砂浆在凝结硬化前不被块材吸收过多的水分,不会因失水过快而导致砂浆中水泥没有足够水分水化,以免降低砂浆本身强度和砂浆与块材的粘结强度。

众所周知,水泥理论完全水化所需水分是水泥质量的 26%,砂浆用水量大大超过了砂浆中水泥水化所需的水分,而超过的水分主要是为了满足施工之需要。而水泥石的强度主要与水灰比有关,水灰比越大,水泥石孔隙率也越大,水泥石强度越低,砂浆强度也相应降低。所以,只要砌筑砂浆的保水性能保证砂浆可操作性和砂浆中水泥水化所需水分即可。如果砌筑砂浆保水性太好,那么砂浆中所保留的实际水分就多,砂浆真实水灰比就大,砂浆的实际强度就低,与块材粘结强度也相应低。

另外砂浆保水性太好,水分不易被块材吸收,也会影响水泥浆与块材的粘结,并将延长砂浆的凝结时间,从而影响砌筑速度,并增加施工难度。所以,砌筑砂浆的保水性指标应与块体材料相关。如果块体材料的孔结构为开放式,块材易被水浇透,如烧结砖,那么砌筑砂浆的保水率就可低些,只需达到 80% 以上即可,例如,用传统砂浆砌筑烧结普通砖,效果就非常好。如果块体材料孔结构为封闭的,孔隙率高,块体材料不易被水浇透,或者块体材料施工时不准浇水润湿,那么砌筑砂浆的保水性就应提高,以满足砂浆中水泥水化所需的水分。

蒸压灰砂砖砌筑时,采用保水率为 80% 的砌筑砂浆砌筑灰砂砖,由于砂浆保水率低,砂浆的水分容易被灰砂砖吸收,造成灰缝中水泥水化所需水分严重不足,使得水泥水化不能正常进行,降低了砂浆真实强度和砂浆与灰砂砖的粘结强度,这也是用传统砂浆砌筑灰砂砖易造成砌体开裂的原因之一。所以,用于砌筑灰砂砖的砂浆保水率就应控制在 88% 以上。但是,如果我们将砌筑灰砂砖的砂浆保水率提高到 95% 以上,就会产生砂浆灰缝中水分很难被吸收,砂浆实际强度降低,砂浆与砖的粘结强度也会降低,并且砂浆保水性太好,砌筑时砖不容易与砂浆粘结稳定,砌筑高度受到限制。因此,砌筑砂浆的保水性不是越高越好,对不同的块体材料都应有相应的保水率范围。

1246. 加气混凝土砌块为何要采用专用的砌筑砂浆和抹面砂浆?

加气混凝土属于多孔结构,内部有许多气孔。质量好的气孔为密闭的圆孔,质量差的气孔为连续的通孔。加气混凝土孔隙率一般为 $65\%\sim75\%$,最大可达 80%。

采用传统砌筑法施工时,烧结实心黏土砖在砌筑前一天需用水浇透,使其吸足水,然后再用砂浆进行砌筑及抹灰。此时,砖表面的水已饱和,不再从砂浆中吸取水分,因而能保证砂浆中的水泥水化充分,强度正常发展,砂浆与砖能粘结牢固。但对于加气混凝土来说,因加气混凝土吸水速度较慢,且吸水量较少,提前浇水湿透的方法不适用于加气混凝土。当采用传统砂浆砌筑加气混凝土时,砂浆中的水分慢慢被加气混凝土吸收,导致水泥水化不充分,强度不能正常发展,砂浆粘结强度和抗压强度低,砂浆与砌块粘结不牢,从而影响砌体的质量,而抹灰层容易开裂、空鼓甚至脱落。

分析其原因，传统红砖是烧结的，内部的孔及毛细孔是连续开放的。而加气混凝土是由铝粉发气形成气泡孔，阻碍了孔壁中毛细孔的发展。由于加气混凝土封闭多孔的特征，使其表面吸水快，而吸至内部很难。浇水时，水容易进入表面的 3～5mm 深度，但之后很难再进入，形成所谓"浇不透"现象。

由此可见，传统砂浆因保水性差，容易导致抹灰层的空鼓、开裂；另外，普通砂浆抗压强度较高，而加气混凝土抗压强度较低，两者性能不匹配。因此，传统砂浆不适宜砌筑加气混凝土砌块及抹面，必须发展使用保水性好、性能优异的预拌砂浆。

加气混凝土砌块所用的砌筑砂浆和抹面砂浆，首先保水性要好，这样才能阻止砂浆中的水分被砌块吸走，既能保证必要的施工操作，又有利于砂浆强度的发展；其次要有较高的黏性，使砂浆与砌块能很好的粘结成一个整体，以保证砌体的质量。

1247. 蒸压加气混凝土砌块的施工要点有哪些？

使用蒸压加气混凝土砌块可以设计建造三层以下的全加气混凝土建筑，主要可用作框架结构、现浇混凝土结构建筑的外墙填充、内墙隔断，也可用于抗震圈梁构造柱多层建筑的外墙或保温隔热复合墙体。施工技术要点如下：

砌筑前进行砌块排列设计，以减少现场切锯工作量，避免浪费。按砌块每皮高度制作皮数杆，并竖立于墙的两端，两相对皮数杆之间拉准线。在砌筑位置放出墙身边线。

砌块墙底部应用烧结普通砖或多孔砖砌筑，其高度不宜小于 200mm。

砌筑时，应向砌筑面适量浇水。不同干密度和强度等级的蒸压加气混凝土砌块不应混砌，也不得与其他砖、砌块混砌。但在墙底、墙顶及门窗洞口处局部采用烧结普通砖和多孔砖砌筑除外。

砌块砌筑时，应上下错缝，搭接长度不宜小于砌块长度的 1/3。砌筑应采用专用砌筑砂浆，灰缝应横平竖直，砂浆饱满。水平灰缝厚度不宜大于 15mm，竖向灰缝宜用内外临时夹板夹住后灌缝，其宽度不宜大于 15mm。灰缝不宜太大，否则易产生"热桥"，且影响砌体强度。

砌块墙的转角处，应隔皮纵、横墙砌块相互搭砌。砌块墙的 T 字交接处，应使横墙砌块隔皮端面露头。

砌到接近上层梁、板底时，宜用烧结普通砖斜砌挤紧，砖倾斜度为 60°左右，砂浆应饱满。墙体洞口上部应放置 2 根 $\phi 6mm$ 钢筋，伸过洞口两边长度每边不小于 50mm。

砌块墙与承重墙或柱交接处，应在承重墙或柱的水平灰缝内预埋拉结钢筋，拉结钢筋沿墙或柱高每 1m 左右设一道，每道为 2 根 $\phi 6mm$ 的钢筋（带弯钩），伸出墙或柱面长度不小于 700mm。在砌筑砌块时，将此拉结钢筋伸出部分埋置于砌块墙的水平灰缝中。埋入砌体内部的拉结钢筋应设置正确、平直，其外露部分在施工中不得任意弯折。

砌筑时应在每一块砌块全长上铺满砂浆。铺浆要厚薄均匀，浆面平整。铺浆后立即放置砌块，要求对准皮数杆，一次摆正找平，保证灰缝厚度。如铺浆后不立即放置砌块，砂浆凝固了，需铲去砂浆，重新砌筑。竖缝可采用挡板堵缝法填满、捣实、刮平，也可采用其他能保证竖缝砂浆饱满的方法，随砌随将灰缝勾成深 0.5～0.8mm 的凹缝。每皮砌块均须拉水准线。灰缝要求横平竖直。严禁用水冲浆灌缝。每日砌筑高度不宜超过 1.8m。

砌体的转角处和交接处的各方向砌体应同时砌筑。对不能同时砌筑而又必须留置的临时间断处，应留置斜槎。接槎时，应先清理基面，浇水润湿，然后铺浆接砌，并做到灰缝饱满。蒸压加气混凝土砌块墙上不得留脚手眼。墙上孔洞需要堵塞时，应用经切锯而成的异型砌块和加气混凝土修补砂浆填堵，不得用其他材料堵塞。

设计无规定时，不得有集中载荷直接作用在加气混凝土墙上；否则，应设置梁垫或采取其他措施。

采用薄层砌筑砂浆是提高砌体砌筑质量和热工性能的一个重要举措，是砌筑砂浆的发展方向。

1248. 配筋砌体工程对砂浆层厚度有何要求？

配筋砌体是指在砌体中配置钢筋，它可提高砌体结构的承载力，改善结构变形性能，扩大砌体结构工程应用范围，施工较为方便、快速，造价较低。由于配筋砌体多应用于主要承重结构部位，因此对施工操作要求严，质量要求高。

配筋砌体工程中，要求水平灰缝内的钢筋应居中放置在砂浆层中，水平灰缝厚度应大于钢筋直径 4mm 以上。砌体外露面砂浆保护层的厚度应控制在不小于 15mm。

如果水平灰缝过厚，砂浆易受压变形，降低砌体的强度；若水平灰缝过薄或钢筋偏位，易使钢筋与砌块直接接触，不利于钢筋的保护，也不利于砂浆与砖的粘结，均会降低砌体的强度与承载力。水平灰缝内的钢筋居中放置：一是能很好地保护钢筋；二是使砂浆层能与块体较好地粘结在一起。

1249. 采取哪些控制措施可防止混凝土小型空心砌块墙体产生裂缝？

混凝土小型空心砌块建筑最主要的质量问题之一是墙面开裂。为防止裂缝产生，应采取以下控制措施：

控制物块上墙时的含水率。砌块因失水而收缩是墙体产生裂缝的主要原因。如这种裂缝是可见的（如清水砌块墙），那么就必须使用有含水率要求的砌块。砌块收缩大小取决于集料种类、养护方法和当地的空气相对湿度大小。普通混凝土小型空心砌块比轻集料混凝土小型空心砌块的收缩小，高压养护者比低压养护小，潮湿地区比干燥地区的砌块收缩小。但是在实践中较难测定砌块的潜在收缩可能，采用配筋方法提高墙体的抗裂性。

墙体的收缩应力可由配置在墙体灰缝内的水平钢丝网来承受，避免墙体开裂。水平钢丝网有多种形式，它是由两根以上的纵向连接筋，隔一定距离焊以横向短筋而成。水平钢丝网的放置和垂直间距（即墙体高度方向的间距）可参考如下规定：

咬槎砌筑的大面墙：由墙体往下第一皮，以下各相间两皮。

咬槎砌筑的墙上带门窗洞：由墙顶往下第一、二皮，门窗洞以上的第一皮，窗台以下第一皮内均需有钢丝网，其余地方可相间两皮。

直槎砌筑大面墙：墙顶往下一、二、三皮内需有钢丝网，其余地方相间两皮。

地下室墙：墙顶往下第一皮，窗洞以下五皮内均需有钢丝网。

基础墙：墙高度的 1/2～1/3 内每皮需有钢丝网。

设置控制缝：控制缝用来调节砌块墙的水平变形，一般垂直设置于收缩裂缝最容易产生的地方，如墙高和墙厚的突变地方，落水管和垃圾管道凹槽，有扶壁或立柱处，直对基础、屋顶和地板的伸缩缝处，墙身呈 L 形、T 形和 U 形的转角处等；所有门窗洞的一侧或两侧应设置控制缝。窗台以下的控制缝可设在开孔的延长线上，但门窗上面的控制缝应错开过梁端。

1250. 干混砂浆硬化前有哪些技术指标？

砂浆硬化前的性能为砂浆的可操作性，具体表现为稠度、保水率、密度和凝结时间。

（1）保水率

砂浆的体积稳定性、黏聚性和保持水分的能力，一般用保水率表示。砂浆的保水率应与使用条件密切相关，如砂浆使用厚度薄，则砂浆保水率要求高；砂浆使用厚度厚，则砂浆保水率应控制在一定范围。对于使用厚度不超过 5mm 的薄层砂浆，无论是粘结砂浆，还是表面抗裂砂浆或砌筑砂浆，其保水率指标都不应小于 99%；对于使用厚度在 10mm 左右的普通抹灰砂浆，若保水率太好，如保水率大于 92%，则砂浆层内的水分不易被基层吸附或向大气蒸发，砂浆实际含水量远大于水泥水化所需水分，导致砂浆凝结时间延长，砂浆表干内湿，施工速度变慢，砂浆层不易找平，更为严重的是砂浆收缩增大，砂浆易开裂。所以，普通抹灰砂浆的保水率应控制在一定范围，一般要求普通抹灰砂浆保水率不小于 88%。

（2）密度

砂浆的密度反映了砂浆的密实程度。一般在长期受潮环境，砂浆密度越大，则砂浆抵抗水溶液侵蚀及冻融破坏的能力越强。

（3）凝结时间

砂浆的凝结时间表示砂浆从加水搅拌起到砂浆本身达到一定强度，初步能抵抗外力作用的时间间隔。一般要求砂浆应具有一定的凝结时间，凝结时间太短，则可操作时间太短，影响施工操作程序；凝结时间太长，则影响施工速度，如砂浆收水、压光时间等。干混抹灰砂浆的凝结时间要求在 3～8h。

1251. 干混耐磨地坪砂浆主要有哪些种类？

干混耐磨地坪砂浆主要有两类：一类是钢渣耐磨地坪砂浆；另一类是丁苯胶乳地坪砂浆。

（1）钢渣耐磨地坪砂浆

钢渣耐磨地坪砂浆是指用钢渣、砂和水泥等，按一定的配比混合制得的砂浆。大量的试验研究表明，钢渣中三氧化二铁的含量越高，相同钢渣掺量条件下，所配制的砂浆的耐磨性越好。

（2）丁苯胶乳地坪砂浆

丁苯胶乳地坪砂浆是指由硅酸盐水泥、丁苯胶乳液、砂和水按一定比例配制而成。

丁苯胶乳是一种聚合物高分子乳液，其颗粒直径大小约为 $0.13\mu m$，加入到水泥砂浆中后，可以起到轴承润滑作用，使砂浆的流动性明显增强。随着水泥水化的进行，丁苯胶乳成膜覆盖在水泥水化产物及砂的表面，阻隔了水泥浆体和砂浆内孔隙的通道，提高了砂浆的致密性。同时，丁苯胶乳形成的聚合物膜本身具有纤维拉应力的作用，增强了水泥浆体和水泥混凝土的柔韧性和变形能力，丁苯橡胶具有较好的耐磨性，可以使砂浆的耐磨性得到提高。

1252. 引起水泥安定性不良的因素有哪些？

导致水泥安定性不良，一般是由于熟料中的游离氧化钙、游离氧化镁或掺入的石膏过多等原因所造成。其中，f-CaO 是一种最常见、影响也最严重的因素。死烧状态的 f-CaO 水化速度很慢，在硬化的水泥石中继续与水生成六方板状的 $Ca(OH)_2$ 晶体，体积增大近一倍，产生膨胀应力，以致破坏水泥石。其次，是游离氧化镁，即方镁石，它的水化速度更慢，水化生成 $Mg(OH)_2$ 时体积膨胀 148%。但急冷熟料的方镁石结晶细小，对安定性影响不大。再次，是水泥中 SO_3 含量过高，即石膏掺入量过多，多余的 SO_3，在水泥硬化后继续与水和 C_3A 形成钙矾石，产生膨胀应力而影响水泥的安定性。若水泥熟料中 f-CaO 和方镁石过高，磨制水泥时又加入过量的石膏，这些因素互相叠加，就会使水泥的安定性严重不良。

1253. 减水剂的作用机理是什么？

减水剂是一种表面活性剂。表面活性剂分子由亲水基团和憎水基团二部分组成，加入水中后亲水基团指向溶液，憎水基团指向空气、固体或非极性液体并作定向排列，形成定向吸附膜而降低水的表面张力和二相间的界面张力。

当水泥浆体中加入减水剂后，减水剂分子中的憎水基团定向吸附于水泥质点表面，降低表面能。亲水基团指向水溶液，在水泥颗粒表面形成单分子或多分子吸附膜，使水泥颗粒表面带上相同的电荷，表现出斥力，将水泥加水后形成的絮凝结构打开并释放出被絮凝结构包裹的水，水泥颗粒的吸附层外形成水膜起到润滑作用。这是减水剂分子吸附产生的分散作用。减水剂减水机理见图 2-5-1。

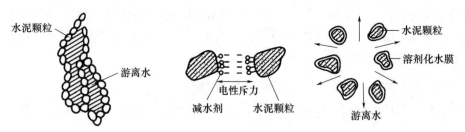

图 2-5-1 减水剂作用机理示意图

减水剂对砂浆"分散-流化"作用机理，应当包括如下几个方面：
(1) 使颗粒间产生斥力。
(2) 在水泥颗粒间形成润滑膜。
(3) 分散水泥颗粒，释放水泥颗粒束缚的水。
(4) 抑制水泥颗粒表面的水化，使更多的水用于拌合物流化。

（5）改变水泥水化产物的形态。

（6）形成空间阻碍，避免颗粒间接触。

具体而言：

（1）静电斥力作用

水泥加水拌和后，由于水泥颗粒间存在引力作用会形成絮凝结构，使 $10\%\sim30\%$ 的拌合水被包裹在其中，不能参与自由流动，失去润滑作用，从而影响砂浆拌合物流动性、可塑性。

加入减水剂后，减水剂分子会定向吸附于水泥颗粒表面，其带有的阴离子活性基团（$-SO_3-$、$-COO-$ 等）通过离子键、共价键、氢键以及范德华力等相互作用，紧紧地吸附在水泥颗粒表面，使水泥颗粒表面形成双电层，水泥颗粒带上同种电荷，产生静电斥力，促使水泥颗粒相互分散，水泥絮凝结构解体，释放出被包裹的水分，从而有效地增加砂浆拌合物的流动性、稠度。

（2）空间位阻作用

减水剂分子中的长聚醚侧链具有亲水性，可以伸展于溶液中，减水剂分子吸附在水泥颗粒表面后，会在所吸附的水泥颗粒表面形成一定厚度的亲水立体层。当水泥颗粒相互靠近达到一定距离时，亲水立体层产生重叠，于是在水泥颗粒间产生空间位阻作用，阻碍水泥颗粒的絮凝，使砂浆保水、保塑性有很好的保持。

（3）润滑作用

减水剂分子带有极性亲水基，如 $-COOH$、$-OH$、$-NH_2$、$-SO_3H$、$(-O-R-)_n$ 等。这些基团通过吸附、分散、润湿、润滑等表面活性作用，为水泥颗粒提供分散性及流动性。减水剂具有亲水作用，可使水泥颗粒表面形成具有一定机械强度的溶剂化水膜，这不仅可以破坏水泥的絮凝结构，而且可以通过水泥颗粒表面的润湿性，为水泥颗粒与集料级配间的相对运动提供润滑作用，使新拌砂浆可抹性更好。另外减水剂分子具有亲油性，减水剂的吸附可以降低水泥颗粒的固液界面能，降低体系总能量，提高分散体系的热力学稳定性，有利于水泥颗粒的分散。

（4）络合作用

钙离子能够与聚羧酸减水剂中的羧基（$-COOH$）形成络合物，以钙配位形式存在，钙离子还能以磺酸钙形式与外加剂结合，所以聚羧酸以钙离子为媒介吸附在水泥颗粒上。溶解到搅拌水中的钙离子被捕获后，由于钙离子浓度降低，延缓 $Ca(OH)_2$ 结晶的形成，减少 $C-S-H$ 凝胶的形成，延缓水泥水化，对水泥有缓凝作用。

1254. 干混砂浆硬化后有哪些技术指标？

砂浆硬化后的性能有强度和耐久性指标。

（1）砂浆强度

砂浆强度反映了砂浆抵抗外力作用不受破坏的能力。强度高，则抵抗外力作用的能力就强，反之亦然。根据外力作用的类型，砂浆强度可分为抗压强度和粘结强度，抹灰砂浆的粘结强度以拉伸粘结强度表示。一般而言，抗压强度高，则粘结强度也大，但两者不是完全成正比例。抗压强度太高，砂浆表现为硬而脆，对砂浆的粘结性能反而有害。所以，在一定强度范围内，砂浆粘结强度的提高应尽量避免以提高抗压强度来实现。

（2）砂浆耐久性

砂浆耐久性指标有耐水、抗冻、耐腐蚀和收缩。

① 耐水性

如果砂浆不耐水，那么其使用范围将受到限制，因此，我国施工规范规定水泥石灰混合砂浆不得在潮湿环境和长期饱水状态下使用，而应使用水泥砂浆。

② 抗冻性

砂浆的另一个耐久性指标是抗冻性，抗冻性是衡量材料耐久性的重要参数之一。对暴露于室外环境的墙体材料，其抗冻指标是：严寒地区 F50、寒冷地区 F35、夏热冬冷地区 F25、夏热冬暖地区 F15。起粘结作用的砌筑砂浆和抹灰砂浆，如果用于外墙砌筑和抹灰，则其抗冻性指标应等同于墙体材料的抗冻性指标。

③ 耐腐蚀性

砂浆如果用于±0.0m 以下的基础工程、长期处于地下水环境，而我国地下水的 pH 有的小于 7，有的大于 7，砂浆还应具有抵抗各种弱酸、弱盐和弱碱溶液的侵蚀能力，我们称之为耐腐蚀性。

④ 收缩性

水泥水化产物的毛细管失水产生的应力，导致了水泥浆体的收缩变形。砂浆的胶凝材料如果采用硅酸盐水泥，其收缩是不可避免的。水泥用量越多，收缩越大；石灰用量越多，收缩也越大；砂越细，收缩也越大。砂浆收缩大，意味着其开裂的倾向也增大。经验表明，水泥抹灰砂浆的裂缝要少于水泥石灰砂浆，水泥用量高的砂浆表现为硬而脆，用细砂配制的砂浆易起壳开裂。

1255. 不同块材砌体对砌筑砂浆稠度、分层度有何要求？

砌筑砂浆应根据块材性能而定，逐步向薄层砌筑砂浆发展。

烧结砖对砂浆的黏聚性和保水性要求较低，稠度应控制在 70～90mm，分层度应不大于 25mm。

蒸压粉煤灰砖、蒸压灰砂砖属压制成型的硅酸盐制品，吸水率大，表面光滑，砂浆稠度应控制在 70～80mm，分层度应不大于 15mm。

混凝土小型空心砌块属振动成型的水泥制品，块体质量大，吸水率低，砂浆稠度应控制在 50～70mm，分层度应不大于 20mm，而且砂浆应有优异的黏聚性，确保竖缝的饱满度。

蒸压加气混凝土砌块属蒸压切割的多孔硅酸盐制品，材料密度轻，封闭小孔多，吸水速度慢，吸水率大，砂浆稠度应控制在 80～90mm，分层度应不大于 15mm。

1256. 干混砌筑砂浆、干混抹灰砂浆、干混地面砂浆和干混普通防水砂浆的性能指标如何要求？

干混砌筑砂浆、干混抹灰砂浆、干混地面砂浆和干混普通防水砂浆的性能指标见表 2-5-8。

表 2-5-8 部分干混砂浆性能指标

项目		干混砌筑砂浆		干混抹灰砂浆			干混地面砂浆	干混普通防水砂浆
		普通砌筑砂浆	薄层砌筑砂浆	普通抹灰砂浆	薄层抹灰砂浆	机喷抹灰砂浆		
保水率（%）		≥88.0	≥99.0	≥88.0	≥99.0	≥92.0	≥88.0	≥88.0
凝结时间（h）		3～12	—	3～12	—	—	3～9	3～12
2h 稠度损失率（%）		≤30	—	≤30	—	≤30	≤30	≤30
压力泌水率（%）		—	—	—	—	<40	—	—
14d 拉伸粘结强度（MPa）		—	—	M5：≥0.15；>M5：≥0.20	≥0.30	≥0.20	—	≥0.20
抗冻性a	强度损失率（%）	≤25						
	质量损失率（%）	≤5						

注：a 有抗冻性能要求时，应进行抗冻性试验

1257. 干混陶瓷砖粘结砂浆的特点有哪些？

干混陶瓷砖粘结砂浆具有以下特点：

（1）具有良好的保水性能，瓷砖粘贴前无须浸水处理，可长时间施工、大面积涂抹；粘附效果好、抗垂流性强，可以自上而下施工。

（2）由于具有良好的施工性能、抗下滑性能、足够长的开放时间，从而使薄层施工成为可能，大大提高了瓷砖的粘贴效率。

（3）使瓷砖的粘贴更为安全。由于可再分散乳胶粉和纤维素醚的改性作用，使用这种瓷砖粘结砂浆，对不同类型的基层以及包括吸水率极低的全玻化砖等均具有良好的粘结性能，而且在浸水、冻融条件下仍具有足够的粘结强度。

（4）耐热性及耐候性良好，不会因为外部环境温度的变化而影响粘结性能。

（5）具有良好的柔韧性，较低的弹性模量，对基层的适应能力强，可以吸收由于温差等因素引起的应力，收缩小，不空鼓、不开裂。

1258. 冬季湿拌砂浆中水的重要性有什么？

当温度升高时，水泥水化作用加快，砂浆强度增长也较快；而当温度降低到0℃时，砂浆中的水，有一部分开始结冰，由液相变为固相。这时参与水泥水化作用的水减少，故水化作用减慢，强度增长相应较慢；温度继续下降，砂浆中的水完全变成冰，由液相变为固相时，水泥水化作用基本停止，此时强度就不再增长。水变成冰后，体积约增大9%，同时产生较大的冰胀应力。这个应力值常常大于水泥石内部形成的初期强度值，使砂浆受到不同程度的破坏而降低强度（即早期受冻破坏）。此外，当水变成冰后，还会在基层表面上产生颗粒较大的冰凌，减弱水泥浆与基层的粘结力，从而影响砂浆强度，易使砂浆形成空鼓、起粉。当冰凌融化后，又会在内部形成各种各样的空隙，而降低砂浆的密实性及耐久性。

1259. 湿拌砂浆拌合物稠度损失的影响因素有哪些？

（1）水泥

水泥用量、水泥中矿物成分的种类及其含量、水泥的细度、水泥中的碱含量、水泥

温度、水泥的陈放时间、水泥中石膏的形态及掺加量等，影响水泥的水化速度，水泥对减水剂的吸附等，使砂浆拌合物稠度经时损失大。

（2）砂

砂质量差，级配差，颗粒形状差，含泥量、泥块含量高，对外加剂吸附大。

（3）矿物掺合料

矿物掺合料质量差，掺加比例大，对外加剂的吸附大，稠度损失增大。

（4）外加剂的种类

使用不同品种的砂浆外加剂，稠度损失也不同。适应性好的外加剂，砂浆稠度经时损失小。

（5）环境条件，如时间、温度、湿度和风速。

（6）搅拌时间，搅拌均匀性，运输、等待时间等影响。

（7）砂浆储存方式、储存条件等影响。

1260. 湿拌砂浆稠度损失防治措施有哪些？

（1）应尽量避免选用 C_3A 及 C_4AF 含量高和细度大的水泥。选择水泥混合材对外加剂的吸附作用小的水泥，合理控制水泥使用温度。

（2）加强集料质量验收管理，控制集料质量和级配。严格控制检测集料含水率，保证湿拌砂浆用水量的稳定性。

（3）配合比尽可能合理使用砂率，改善砂（特别是机制砂）的级配，有利于提高湿拌砂浆的和易性、可抹性，减小用水量。

（4）湿拌砂浆中掺加优质粉煤灰、石灰石粉等掺合料，一方面可取代部分水泥，有效降低湿拌砂浆水泥用量；另一方面，掺合料的形态效应、微集料效应等，可增加湿拌砂浆的包裹性、流动性，减少稠度损失。

（5）合理选用砂浆外加剂，优质的砂浆外加剂可以有效改善湿拌砂浆的和易性可抹性，减少稠度损失。

（6）加强湿拌砂浆运输管理，合理安排调度车辆，减少湿拌砂浆运输时间和等待时间。

（7）施工中减少湿拌砂浆储存时间，加强储存管理，全过程做好保湿、防风、控温等防护，按要求储存湿拌砂浆，加快施工速度。

1261. 干混砂浆有哪些优缺点？

（1）优点

① 砂浆品种多。干混砂浆包括干混砌筑砂浆等 12 个不同品种、不同性能、不同使用要求的砂浆，部分干混砂浆根据强度等级、抗渗等级又分为多种类，能够满足新型墙体材料等对砂浆的不同使用要求。

② 质量优良，品质稳定。干混砂浆是在专业技术人员的设计和管理下，用专用设备进行集中配料和混合，其用料合理，配料准确，混合均匀，从而使产品品质均匀，改善了砂浆的可操作性，砂浆的物理、力学性能和耐久性能得到显著提高。

③ 使用方便。干混砂浆是在现场加水（或配套液体）搅拌而成，因此可根据施工

进度、使用量多少灵活掌握，不受时间限制，使用方便。干混砂浆运输比较方便，可集中起来运输，受交通条件的限制较小。

④ 干混砂浆的贮存期长。干混砂浆可采用散装或袋装。袋装干混砌筑砂浆、抹灰砂浆、地面砂浆、普通防水砂浆、自流平砂浆的保质期自生产日起为 3 个月，其他袋装干混砂浆的保质期自生产日起为 6 个月。散装干混砂浆应储存在专用封闭式筒仓内，保质期自生产日起为 3 个月。

（2）缺点

① 干混砂浆生产线的一次投资较大，散装罐和运输车辆的投入也较大。

② 原材料的选择受到一定的限制。干混砂浆用集料须经干燥处理，外加剂、添加剂等必须使用粉剂，相应造成原材料的成本增加。

③ 干混砂浆需要施工单位在现场加水搅拌后使用，用水量与搅拌的均匀度对砂浆性能有一定的影响。若施工企业缺乏砂浆方面的专业技术管理人才，不利于砂浆的质量控制。

④ 散装干混砂浆在储存或气力输送过程中，容易造成物料分离，导致砂浆不均匀，影响砂浆的质量。

⑤ 工地需配备足够的存储设备和搅拌系统。因为砂浆品种越多，所需的存储设备越多。

1262. 抹灰砂浆有哪些品种？

（1）按施工部位分为室内抹灰和室外抹灰，室内抹灰包括内墙面、顶棚、墙裙、楼地面及楼梯等；室外抹灰包括外墙、女儿墙、窗台、阳台等。

（2）按功能分为普通抹灰砂浆和特种用途抹灰砂浆（如外保温抹面砂浆、抗裂砂浆、装饰砂浆、防水砂浆等）。

（3）按使用厚度分为普通抹灰砂浆和薄层抹灰砂浆。普通抹灰砂浆的总抹灰厚度在 20~35mm，每层的抹灰厚度在 7mm 左右；薄层抹灰砂浆的总抹灰厚度在 3~5mm，每层的抹灰厚度在 2~3mm。普通抹灰砂浆有的在现场拌制，有的是在工厂化生产即预拌砂浆；薄层抹灰砂浆一般在工厂生产。

1263. 地面砂浆有何要求？

（1）地面砂浆主要是对建筑物底层地面和楼层地面起找平、保护和装饰作用，为地面提供坚固、平坦的基层。

（2）地面砂浆按用途可分为找平砂浆和面层砂浆。找平砂浆主要起着找平地面作用，砂浆中不应含有石灰成分，并应有一定的抗压强度和粘结强度。找平砂浆的抗压强度应不小于 15MPa，有时还应有防水要求。面层砂浆主要起着保护和装饰作用，面层砂浆除了抗压强度不应小于 15MPa 外，还应有耐磨要求，有时还有防水要求。面层砂浆除了上述要求外，还应与基层材料粘结牢固，本身应不起壳、开裂。

1264. 聚合物水泥防水砂浆的主要种类有哪些？

聚合物水泥防水砂浆产品众多，其配制方法亦不尽一致，下面是目前应用较多的聚合物水泥防水砂浆。

（1）有机硅防水砂浆

有机硅防水砂浆是在水泥砂浆之中掺入有机硅防水剂配制而成的一类刚性防水材料。

有机硅防水剂是由甲基硅醇钠或高沸硅醇钠为基材，在水和二氧化碳的作用下生成甲基硅氧烷，并进一步缩聚成高分子聚合物——甲基网状树脂膜（防水膜）的一种防水剂。有机硅防水剂使用方便，既可掺加于水泥砂浆中构成有机硅防水砂浆，又可直接在建筑物表面喷涂，构成防水层。有机硅防水剂中的小分子有机硅聚合物被空气中的二氧化碳分解成甲基硅酸，并很快聚合成不溶于水的甲基聚硅醚防水膜而具有防渗作用。有机硅防水砂浆的水灰比以满足施工要求为准，若水灰比过大，砂浆则易产生离析；而水灰比过小，则不易施工。因此，严格掌握水灰比对保证施工质量十分重要。

有机硅防水砂浆对原材料的要求为：水泥宜选用42.5级普通硅酸盐水泥；砂则以颗粒坚硬、表面粗糙、洁净的中砂为宜，砂的粒径为1～2mm；水可采用一般洁净水；有机硅防水剂的相对密度以1.24～1.25为宜，pH为12。

（2）丙烯酸酯共聚乳液防水砂浆

丙烯酸酯共聚乳液防水砂浆是在水泥砂浆中掺入丙烯酸酯共聚乳液配制而成的一类刚性防水材料，简称丙乳砂浆。丙烯酸酯乳液具有良好的减水性能，将其掺入水泥砂浆中可以大大改善砂浆的和易性，在相同的流动度下，掺入丙烯酸酯乳液的水泥砂浆比不掺乳液的水泥砂浆可减水35%～43%；该防水砂浆有很高的抗裂性，如在砂浆中掺入12%（聚灰比）乳胶，收缩变形减小，极限延伸率增加1倍以上，抗裂性系数可增加50倍以上；砂浆粘结强度可提高1倍以上；丙烯酸酯共聚乳液防水砂浆的抗渗性亦比普通水泥砂浆有显著提高，如聚合物掺量为12%时，灰砂比为1：1时，其抗渗能力则可提高1.5倍。

丙烯酸酯共聚乳液防水砂浆由一定比例的水泥、砂、丙烯酸酯共聚乳液以及适量的稳定剂和消泡剂经混拌均匀而成。

丙烯酸酯乳液的固体含量一般为50%左右，一般丙烯酸酯乳液掺入水泥10%～25%，即聚灰比为防水材料掺量的12%较为适宜。配制丙烯酸酯共聚乳液防水砂浆，其水泥应采用强度等级为42.5级普通硅酸盐水泥或其他各种硅酸盐水泥；砂宜采用细砂，严禁混入大于8mm的颗粒；水宜用饮用水。

丙乳砂浆的拌制应先将水泥、砂干拌均匀，再加入经试拌确定的水和丙烯酸酯共聚乳液，材料必须称量准确，然后拌和均匀，丙乳砂浆的稠度应控制在160mm左右。每次拌制的砂浆应在规定的设计时间内用完，一次不宜拌和过多。

（3）阳离子氯丁胶乳防水砂浆

阳离子氯丁胶乳防水砂浆是采用一定比例的水泥、砂并掺入水泥量10%～20%（以固体含量计）的阳离子氯丁胶乳、一定量的稳定剂、消泡剂和适量的水，经搅拌混合均匀配制而成的一种具有防水性能的聚合物水泥砂浆。

阳离子氯丁胶乳防水砂浆由于乳液均匀地分散在材料中集料的表面上，在一定温度条件下，逐步完成交链，使橡胶、集料、水泥三者相互形成橡胶集料网络膜，封闭了材料中的毛细孔道，从而使砂浆起到防水抗渗的作用。

阳离子氯丁胶乳防水砂浆适用于地下建筑物和水箱、水池、水塔等贮水设施的防水层，屋面、墙面防水防潮层，建筑物裂缝的修补等工程。

阳离子氯丁胶乳防水砂浆是由水泥、砂、氯丁胶乳以及表面活性剂（稳定剂、消泡剂）组成。水泥采用 42.5 级普通硅酸盐水泥，砂以粒径在 3mm 以下并过筛的洁净中砂为宜。

（4）EVA 乳液防水砂浆

EVA 乳液砂浆是一种由乙烯-乙酸乙烯共聚乳液为主剂，与一定量的表面活性剂、稳定剂组成的乳液，掺入到水泥砂浆中经搅拌而成的一类防水砂浆。

EVA 乳液砂浆具有较高的抗压、抗折、抗拉及粘结强度，干缩变形小，具有优异的抗裂性。产品抗磨、抗渗、抗冻、抗碳化性能大幅度提高，其物理力学性能与丙烯酸酯乳液砂浆相近，且材料来源广、成本低、耐久性好，是一种较理想的修补材料。

（5）环氧树脂防水砂浆

环氧砂浆是由环氧树脂、固化剂、增塑剂、稀释剂及填料按一定比例配制而成的一类防水材料，是最早应用于水工混凝土建筑物修补的材料之一，现在已开发出了潮湿水下环氧、弹性环氧等改性环氧修补材料。

环氧砂浆具有强度高、弹性模量低、极限拉伸大等优点，但其热膨胀系数大（$30 \times 10^{-6}/℃$），温度剧烈变化时能使环氧砂浆与老混凝土脱开；另一个缺点是材料易老化，适用于温度变化较小，日光不易照到部位的修补。

弹性环氧砂浆有两种：一种是采用柔性固化剂（室温下固化），既保持环氧树脂的优良粘结力，又表现出类似橡胶的弹性行为；另一种是以聚硫橡胶作为改性剂，使弹性环氧砂浆的延伸率增大到 25%～40%，但抗拉强度下降较大，28d 抗压强度仅为 17～19MPa。

环氧树脂材料用于潮湿面粘结或水下时，必须使用水下环氧固化剂，常用的水下固化剂有 MA、酮亚胺、T-31 等。

（6）高分子益胶泥

高分子益胶泥是指在工厂中将水泥、烘干的细砂和多种树脂粉末搅拌均匀配制而成的粉料，在施工现场加水搅拌而成的一种单组分、多功能、无味、无毒的高分子防水材料。

防水原理：高分子益胶泥的内部孔洞为球状或近似球状的闭合孔洞，故不会形成连通的毛细管通道，具有良好的抗渗性，能有效阻止水分进入结构层或水泥砂浆找平层。

高分子益胶泥可分为两类，即粘结型和防水型。粘结型高分子益胶泥的粘结力强、保水性好，能应用于粘贴饰面砖、大理石等饰面，能有效地阻止水分进入结构层或水泥砂浆找平层，阻止水泥水化引起的返碱、吐白现象；防水型高分子益胶泥的抗渗能力强，粘结力大，防水效果好，其 3mm 厚涂层的主要技术性能为：抗渗压力 $\geqslant 1.5MPa$；抗拉强度 $\geqslant 1.5MPa$；抗压强度 $\geqslant 16MPa$；凝结时间：初凝 $\geqslant 1h$，终凝 $\leqslant 10h$。

高分子益胶泥是由进口高分子材料辅以普通硅酸盐水泥、粉砂，经科学配比精制而成，材料配比为：高分子益胶泥：水＝（3.3～4）：1。一般 100kg 益胶泥加入 25～30kg 的水，搅拌均匀成厚糊状即可使用。

高分子益胶泥适用于内外墙面、楼地面、地下室、游泳池、厕浴间、贮水池等部位的防水、抗渗装饰工程的各种面砖以及板材的粘贴。

高分子益胶泥与水混合后，用人工或机械搅拌成厚糊状（稠度为 100～200mm），搅拌均匀后需放置 5～10min，方可使用。在清理好的基层上，稍用力刮除 1～2mm 厚的胶泥作为防水界面层，随即在上面铺刮 2～3mm 厚益胶泥作为防水层。对于水位较高、渗透压力较大的工程，应采取迎水面、背水面双面防水或多道设防处理。

1265. 灌浆料有何技术要求？

（1）高流动性，一般要求灌浆砂浆的流动度大于 260mm，高流动性可依靠自重作用或稍加插捣就能流入所要填充的全部空隙，同时浆体的黏聚性好，无泌水。

（2）无收缩，灌浆砂浆具有微膨胀性能，强化了对旧干混砂浆、基础螺栓及预应力钢筋的粘结性能，体积稳定，防水防裂。

（3）强度高，灌浆砂浆 1d 抗压强度大于 22MPa，28d 抗压强度大于 70MPa。

（4）耐久性好，在潮湿环境中强度可有一定的增长，在干燥环境中强度不下降。

1266. 湿拌砂浆与干混砂浆综合性能比较有哪些优势？

（1）相同点

① 均由专业生产厂生产供应。

② 有专业技术人员进行砂浆配合比设计、配方研制以及砂浆质量控制，从根本上保证了砂浆的质量。

（2）不同点

① 砂浆状态及存放时间不同，湿拌砂浆是将包括水在内的全部组分搅拌而成的湿拌拌合物，可在施工现场直接使用，但需在砂浆保塑期之前使用完毕，保塑时间可达 24h；干混砂浆是将干燥物料混合均匀的干混混合物，以散装或袋装形式供应，该砂浆需在施工现场加水或配套液体搅拌均匀后使用。干混砂浆储存期较长，通常为 3 个月或 6 个月。

② 生产设备不同目前湿拌砂浆大多由混凝土搅拌站生产，而干混砂浆则由专门的混合设备生产。

③ 品种不同。由于湿拌砂浆采用湿拌的形式生产，不适于生产黏度较高的砂浆，砂浆品种较少，适宜普通砂浆生产，目前只有砌筑、抹灰、地面等砂浆品种；而干混砂浆生产出来的是干状物料，不受生产方式限制，可生产普通、特种砂浆等，砂浆品种繁多，原材料的品种要比湿拌砂浆多且复杂。

④ 砂的处理方式不同，湿拌砂浆用砂不需烘干，而干混砂浆用砂需经烘干处理或直接使用干砂。

⑤ 运输设备不同湿拌砂浆要采用搅拌运输车运送，以保证砂浆在运输过程中不产生分层、离析；散装干混砂浆采用罐车运送，袋装干混砂浆采用汽车运送。

湿拌砂浆和干混砂浆综合性能对比，见表 2-5-9。

表 2-5-9　湿拌砂浆与干混砂浆综合性能比较

内容	湿拌砂浆	干混砂浆
原材料	节能：不需要烘干	耗能：原材料砂需要烘干
生产设备	节约储罐：和混凝土一样，砂可以直接应用，不需要烘干设备和储罐。需要有一台筛砂机	通常需要烘干设备对湿砂进行烘干，同时工艺流程需要对干砂（烘干河砂、机制砂）进行筛选分级计量，烘干的砂需要用储罐储存
生产环保	生产过程环保：使用的是与混凝土生产一样的状态的砂，没有粉尘。不需要燃料，对大气无污染	生产不环保：生产用燃料，排放会污染环境，增加空气中的 PM2.5 含量。生产过程中运输烘干的砂到储罐中，也会造成车间内粉尘污染
生产线投资	湿拌砂浆大多由混凝土搅拌站生产，设备投资或改造成本较小，商品混凝土企业基本上无需增加新设备。利用已经存在混凝土搅拌站的过剩产能，生产湿拌砂浆，在基本不需投资的条件下，实现市场扩展，符合国策要求	由专门的混合设备生产，通常需要烘干设备对湿砂进行烘干，同时工艺流程需要对干砂（烘干河砂、机制砂）进行筛选分级计量，环保除尘设备投入大；需要大型料场，能够大批量储存成品，场地要求较大，并且要求能够小批量输送，因此设备前期投资较大，更适合生产利润更高的特种砂浆。生产投资大，造成资源消耗，从宏观意义上对环境造成负面影响
缺陷	砂浆的和易性、凝结时间和工作性能的稳定性有一定的技术要求。运送工地储存一段时间再使用的特性使砂浆物料较好分散，均匀性好	干混砂浆组成的颗粒直径从几毫米（砂）到几微米（添加剂），均化性低，此缺陷只能改善，无法彻底改变，改善也需要投入很高的成本
产品控制	湿拌砂浆用砂不需烘干，原材料选择余地较大，因而可以降低生产成本。由于受限于原材料湿砂筛分和级配的影响，湿拌砂浆品种较为单一，因此目前湿拌砂浆主要适用于抹灰砂浆、砌筑砂浆、地面砂浆等普通建筑用砂浆	干混砂浆用砂需经烘干处理（机制砂除外），并配备筛分设备进行筛选，因此砂粒级配可控，物料计量精确，可满足客户对高品质砂浆的需求，能够生产各类普通砂浆，更能生产利润空间更大的特种砂浆，如保温砂浆、防水砂浆、瓷砖粘贴和填缝砂浆、自流平砂浆等
运输	采用搅拌运输车运送，以保证砂浆在运输过程中不产生分层、离析。运输半径较小，运输时间不宜太久。由于湿拌砂浆必须在规定的时间内使用完毕，"少量多次"的供货方式以及比干混砂浆多出的运输量（水）是目前湿拌砂浆运输成本高的主要原因；湿拌砂浆采用机械喷涂工艺时，罐车的等待时间可能会很长，造成罐车使用效率大大降低。在规定时间内，湿拌砂浆随取随用，不会有二次扬尘的问题。运输不影响湿拌砂浆的均匀性：稳塑剂的高保水性，湿拌砂浆在运输这样的震动条件下，是不会离析的	采用罐车运送，袋装干混砂浆采用汽车运送。干混砂浆的运输半径可辐射至与散装水泥相当，对于特种砂浆运输半径更大，甚至可以通达省内外。可以长期（一般 90d 以内）保存，施工风雨无阻，随用随取。增加移动筒仓（实时跟踪位置和物料剩余情况）、物流车辆和产品散装包装设备的购置费用投资较大。在运输和存放过程中同样有分层、离析的问题，需要在使用时搅拌均匀。在二次加水搅拌时有产生扬尘的环保问题。运输过程中的震动或多或少会造成砂、水泥、粉煤灰和添加剂之间的分层、离析
离析	卸料过程是搅拌车将湿拌砂浆倒入砂浆槽中，现场需设置储灰池（储灰容器）。使用时再进行二次运输到各施工点	卸料过程中不可避免的组分离析：干混砂浆到达工地现场后，要卸入工地砂浆槽罐中，一般采用气力输送，所以必然造成工地槽罐中细粉和砂颗粒的不均匀

续表

内容	湿拌砂浆	干混砂浆
卸料粉尘	湿拌砂浆是液浆体无粉尘污染	卸料过程有粉尘污染：干粉砂浆是干粉产品，用气力输送来输送，管道、接口中都不可避免有泄漏，要防止这种泄漏，需要明显增加成本，不然很难保证
搅拌	工地无搅拌：湿拌砂浆到达工地后可直接使用，不存在现场搅拌，是最彻底的"砂浆禁现"	工地搅拌：干混砂浆到达工地还是需要加水搅拌，虽然可以是机械化，但还是需要人工、搅拌设备等。"砂浆禁止现场搅拌（砂浆禁现）"不彻底
砂浆材料稳定性	砂浆性能稳定：湿拌砂浆本身是一种均匀性材料，经过搅拌站加水搅拌后，添加剂已经溶解并与砂、水泥、粉煤灰等均匀混合在一起。砂浆经专业拌制并经严格检测合格后出搅拌站，是一种稳定受控产品，到达工地后，供应商可保证其规定的保塑时间内使用的保质期。这样质量问题都由砂浆供应商负责解决，之间不存在材料供应商与施工使用单位的相互推托问题，产品质量可得到更充分保证	砂浆性能波动：由于干混砂浆在整个过程中都不可避免地产生组分离析，砂浆是在工地拌一点用一点，没有专业的检测程序，质量半受控性质，仅靠工人随拌随用，每次拌制的砂浆组分都可能不均匀，导致最终砂浆产品性能波动。这种性能波动在工地是非常普遍，也是目前干混砂浆的性能在工地不被认同的主要因素之一
使用便利性	使用方便：湿拌砂浆是湿浆类成品材料，施工人员随取随用即可。要求现场施工人员与材料员密切配合和沟通，才能确保经济合理地预算湿拌砂浆方量	使用麻烦：干混砂浆在工地上还是需要搅拌后才能使用，材料性能波动时还需要人工调整。混砂浆和调整都必须有人工管理，也是性能的变化因素
机械化施工	非常适合机械化施工：湿拌砂浆经过稳塑剂调整性能后，材料非常均匀，是机械化施工得以成功的根本保证。湿拌砂浆是通过搅拌车运到现场的，运送速度快，而且任何时候都能满足送货，符合机械化施工的速度要求	不适合于机械化施工：因为干混砂浆是一种不均匀产品，而机械化施工最忌讳的就是材料不均匀。材料不均匀是堵泵、塞管的主要原因之一。同时机械化施工的速度快，目前工地现场干混砂浆槽罐式的小搅拌机，是无法满足机械化施工的速度要求的
产能	产能足够：因为所有的混凝土搅拌站都可以生产和供应预拌砂浆，产能在"稳塑剂"诞生那天开始就已经在全国范围内满足了整个建筑市场的需要，而且投资小，收益高	产能有限：干混砂浆的产能有限，目前大部分厂家都没有产能饱和，所以产量不足。但一旦市场全面使用预拌砂浆，产能又完全不足。砂浆禁现需要有足够的砂浆产能，而足够的产能投资需要砂浆禁现政策的提前落实
环保	足够环保：因为它是一个无干粉的湿拌砂浆材料，在生产、运输和应用过程中都没有粉尘污染，是最能满足"砂浆禁现"的环保初衷要求的	不够环保：因为其干粉的本性，使得在生产、运输和使用过程中不可避免地有粉尘飞扬，无论对PM2.5，还是对工人健康都是有负面影响的
成本对比	使用成本低：湿拌砂浆本身材料成本就低于干混砂浆。到达现场后直接使用，不需要多余的人工和管理成本，也没有额外的环保成本提高	使用成本高：首先干混砂浆本身成本就高于湿拌砂浆，一般是湿拌砂浆成本的1.2倍以上。现场搅拌的人工、现场储罐的提供、环保要求导致的设备成本和设备维修成本提高等加在一起，都比使用湿拌砂浆的高
施工性对比	因湿拌砂浆的储存使用特性，湿拌砂浆有效分散，使其更有利于施工，提高抹灰工人抹灰效率	干混砂浆干料状态储存期较长。现拌现用，拌制好后缺乏质检受控，随拌随用性使物料混合时间短，外加剂不能够完全分散的状态就被使用，使砂浆施工性能差

1267. 粉煤灰在砂浆中有哪些作用？

粉煤灰具有潜在的化学活性，颗粒微细，且含有大量玻璃体微珠，掺入砂浆中可以发挥三种效应，即形态效应、活性效应和微集料效应。

（1）形态效应

粉煤灰中含有大量的玻璃微珠，呈球形，掺入砂浆中可以减少砂浆的内摩擦阻力，提高砂浆的和易性。

（2）活性效应

活性二氧化硅、三氧化二铝、三氧化二铁等活性物质的含量超过70%，尽管这些活性成分单独不具有水硬性，但在氢氧化钙和硫酸盐的激发作用下，可生成水化硅酸钙、钙矾石等物质，使强度增加，尤其使材料的后期强度明显增加。

（3）微集料效应

粉煤灰粒径大多小于0.045mm，尤其是Ⅰ级灰，总体上比水泥颗粒还细，在水泥凝胶体中的毛细孔和气孔之中，使水泥凝胶体更加密实。

1268. 砂浆中胶凝材料与外加剂的相容性试验应符合什么规定？

（1）主要包括胶凝材料与外加剂之间的凝结的适应性以及胶凝材料与外加剂的圆环开裂适应性。

（2）胶凝材料及外加剂相容性试验圆环开裂试模应符合下列规定：

① 试模由芯模、侧模和底座构成；

② 芯模应为钢制，顶面设凹槽；

③ 侧模可为有机玻璃或钢制，安装后高度与芯模高度相同；

④ 底座可为有机玻璃或钢制，尺寸与芯模和侧模匹配；

⑤ 由试模成型试件外径应为（140±1）mm，内径应为（90±1）mm，高度应为（25±1）mm。

（3）相容性试验应具备下列仪器设备：

① 符合现行行业标准《水泥净浆搅拌机》（JC/T 729）的水泥净浆搅拌机；

② 符合现行国家标准《水泥标准稠度用水量、凝结时间、安定性检验方法》（GB/T 1346—2011）的标准维卡仪；

③ 符合现行行业标准《行星式水泥胶砂搅拌机》（JC/T 681）的水泥胶砂搅拌机；

④ 符合现行国家标准《水泥胶砂流动度测定方法》（GB/T 2419）要求的水泥胶砂流动度测定仪；

⑤ 称量1000g，分度不大于1g的天平以及称量4000g，分度不大于1g的天平；

⑥ 分度值为0.01mm的应变仪或读数显微镜。

（4）应按现行国家标准《水泥标准稠度用水量、凝结时间、安定性检验方法》（GB/T 1346—2011）的有关要求测试水泥及水泥加入外加剂后在标准稠度情况下的凝结时间，判断水泥及加入外加剂后凝结时间有无异常。

（5）胶凝材料及外加剂的圆环开裂性试验可在相同环境条件、相同测试方法下进行。标准条件下的试验可按以下步骤规定进行：

① 试模成型时，环境应保持在温度（20±2）℃、相对湿度大于50%的条件下；

② 称取1500g水泥，达到标准稠度下的用水量；当使用外加剂时，用水量亦为标准稠度下的用水量；将有关物料放入水泥胶砂搅拌机中进行搅拌；

③ 将搅拌好的料浆分两层放入抗裂试模中，并用刮刀不断插捣，插捣过程中不应带入空气，并使料浆略高于抗裂试模边缘；

④ 将抗裂试模放置在跳桌上跳30次，跳动期间试模不得脱离跳桌；

⑤ 用刮刀将料浆刮至与抗裂试模平齐；

⑥ 将成型好的抗裂试模立即放入温度为（20±2）℃、湿度大于90%的环境中养护24h后脱模；

⑦ 脱模后的抗裂试件立即放入温度为（20±2）℃、相对湿度（60±5）%的环境中，用应变仪或放大镜观察和记录试件环立面第一条裂缝出现的时间，并计算试件从脱模后放入此环境时到裂缝产生的间隔时间，此时间间隔即为开裂时间；

⑧ 以三个试件测值的算术平均值作为开裂时间的最终结果；三个测值中的最大值或最小值中有一个与中间值的差值超过中间值的20%时，应把最大及最小值一并舍除，取中间值作为最终结果；当两个测值与中间值的差均超过中间值的20%时，则该组试件的试验结果无效。

（6）可按相同条件下开裂时间的长短，判断材料之间适应性。

1269. 施工对湿拌砂浆裂缝的影响因素有哪些？

（1）部分施工队伍的素质较差，图省力、施工速度快。往往在施工现场向湿拌砂浆中加水或无控制使用剩料（超过保塑时间），造成湿拌砂浆裂纹。

（2）湿拌砂浆一次性抹灰过厚，造成砂浆层过厚下坠开裂。

（3）湿拌砂浆抹灰后未及时对抹面层进行搓压，未及时采取搓压，砂浆基层粘结漏洞。

（4）大风或高温天气施工，无养护措施。

（5）抹灰基层没浇水润湿或润湿过度。

（6）界面基层处理不当，违规施工。界面过于光滑导致坠裂、不均匀收缩裂缝。

（7）基层墙面垂直平直度差大，未处理，抹面层整体抹灰厚度不均匀，造成开裂。

（8）施工时使用落地灰，施工时直接使用落地灰造成裂缝。落地灰不能直接使用，当天落地灰掺加新料再用，当天落地灰不得剩料放置再用。

（9）湿拌砂浆第一层抹面后未悬挂玻纤网。

1270. 为什么湿拌砂浆试块比抹灰上墙砂浆凝结时间长、强度不同？

（1）湿拌砂浆外加剂的加入，使砂浆含气量增大，密度变化10%，密实性降低，强度就会降低。降低密度的目的是为提高砂浆可抹性，改善砂浆的板硬、自重大坠涨等施工难的目的，也就是给施工留出10%的施工空间富余系数，稳定可施工性。砂浆上墙时会经过工人涂刮、压网、搓压等各道工序，每层抹灰在1mm左右，各道工序下来砂浆基本恢复密实。砂浆试块同砂浆实体的含水、含气、比重等各因素均变化，所以其强度不能代表抹灰实体强度。

（2）湿拌砂浆因需要放置后再使用，砂浆生产出厂稠度设稠损富余系数，稠度大，水灰比大，砂浆在稠度大时入试模，砂浆强度就低。砂浆水灰比与混凝土水灰比不同，砂浆到工地经放置、周转输送过程损失一部分水，施工损失一部分，基层吸收、挂网网格布吸收、抹灰、搓压流失，使砂浆中的水灰比对比试块水灰比小，因此砂浆上墙强度好。

（3）湿拌砂浆外加剂保水、缓凝、引气的作用改变了砂浆内部材料的保水率、砂浆密度强度、砂浆凝结时间和水化速度。上墙抹灰的砂浆经过抹、压、搓、网格布吸收等各道工序后，上墙砂浆的水、气、外加剂含量（特别缓凝）均比入模的砂浆减少。因此抹灰上墙砂浆凝结时间和入模砂浆凝结时间、含气、含水、强度不一样，入模砂浆凝结时间长、强度低。砂浆外加剂使用品种、掺量不一样，砂浆各性能特点不同，凝结时间也不一样，强度也有区分。

1271. 为什么工地湿拌砂浆试块强度离散性大?

强度是砂浆的重要性指标，砂浆的粘结强度、耐久性均随抗压强度的增大而提高。许多不熟悉湿拌砂浆的同行及工程施工人员，做湿拌砂浆抗压强度试件直接沿用混凝土抗压强度的试验方法，以做混凝土试块的经验做湿拌砂浆，以做混凝土试块的理念分析砂浆产生问题的主因。

原因分析：

（1）施工单位采用试模不合格，本身试件尺寸误差太大，试模对角线误差大，出现试件误差偏大的问题。

（2）工地现场基本都是混凝土试块标准养护室，没有砂浆养护标准室，因此不具备标准养护条件，混凝土试件标准养护室的条件是：温度（20±1）℃，相对湿度大于或等于95%。砂浆试件标准养护条件（20±2）℃，相对湿度大于90%；养护好的砂浆试块在试压龄期前取出晾干再进行压力测试，晾干的试块试压强度比不晾干的砂浆试块要高。因湿拌砂浆是新事物，其超缓凝特点使拆模、试压前操作工序等同普通砂浆有区别，不区分自然有误差。

（3）试件制作粗糙不符合有关规范，试件本身不合格，强度偏差大。砂浆试块在制作过程时与混凝土试块制作有所区别，砂浆装试模时分两次填装，分别插捣，振实。砂浆略高于试模，静置到接近砂浆初凝时收面压平。湿拌砂浆受保塑时间控制，凝结时间比较长，脱模时间也需要延长，等到砂浆彻底凝结才可以脱模，脱模的试块不可损坏和缺损。

（4）砂浆试块的尺寸和混凝土试件尺寸不同，计算方法也不同，试压时要选用砂浆试块专用压力机械设备，根据标准规程操作。

预防措施：

（1）建议施工单位试验人员进行技术培训，正确认识熟悉湿拌砂浆，深入学习有关湿拌砂浆试验的标准、规范和湿拌砂浆使用说明，将其运用到实际施工中。

（2）更换不合格试模，对采用的试模应加强监测，达不到要求坚决不用。

（3）增加砂浆专用试验设备。

（4）有问题施工方同供货方及时沟通协调，认真贯彻标准，按标准规范施工。

1272. 砂浆型号品种选用不符合标准有何影响？

工地施工中经常因砂浆使用型号与实际功能需求不匹配而产生质量问题，现场施工中砂浆混用的现象普遍，常有"一个型号施全部"的现象。

（1）内墙抹灰、三小间抹灰、梁、门、窗框抹灰等均用一种型号砂浆。三小间抹灰因后期贴墙砖，砂浆抹灰强度不能过低，门、窗、梁框边角抹灰要求强度不能过低，为简便，不区分施工部位、砂浆品种现象常有。

（2）标准要求地面砂浆最低选用型号是 M15，因地面多为底部垫层，较隐蔽，有问题不易发现，常有乱用砂浆品种的现象。

（3）地面砂浆用于抹灰，地面砂浆稠度小，需二次加水调和使用。再次加水简易拌和的砂浆，没有优质的可抹性，砂浆的延展性、保水性差、砂级配较大、表面干得快，影响施工效率及表面收缩快，施工性差、易空鼓、颗粒粗抹灰层表面粗糙、有跳砂砂眼。

（4）抹灰砂浆用于地面，抹灰砂浆稠度大，保水率高，砂颗粒普遍较细，胶砂比大，强度低，易引起地面起粉、起皮、空鼓、裂缝、缓凝、强度不足等现象。

1273. 湿拌砂浆与传统砂浆是如何分类的？

传统建筑砂浆往往是按照材料的体积比例进行设计的，如 1∶3（水泥∶砂）水泥砂浆、1∶1∶4（水泥∶石灰膏∶砂）混合砂浆等，而湿拌砂浆则是按照抗压强度等级划分的。为了使设计及施工人员了解两者之间的关系，给出表 2-5-10，供选择湿拌砂浆时参考。

表 2-5-10 湿拌砂浆与传统砂浆分类对应参考表

种类	湿拌砂浆	传统砂浆
砌筑砂浆	WMM5.0	M5.0 混合砂浆、M5.0 水泥砂浆
	WMM7.5	M7.5 混合砂浆、M7.5 水泥砂浆
	WMM10	M10 混合砂浆、M10 水泥砂浆
	WMM15	M15 水泥砂浆
	WMM20	M20 水泥砂浆
抹灰砂浆	WPM5.0	1∶1∶6 混合砂浆
	WPM10	1∶1∶4 混合砂浆
	WPM15	1∶3 水泥砂浆
	WPM20	1∶2 水泥砂浆、1∶2.5 水泥砂浆、1∶1∶2 混合砂浆
地面砂浆	WSM15	1∶2.5 水泥砂浆、1∶3 水泥砂浆
	WSM20	1∶2 水泥砂浆

1274. 湿拌砂浆的选型及施工有什么要求？

湿拌砂浆的品种、规格、型号很多，不同的基体、基材、环境条件、施工工艺等对砂浆有着不同的要求，因此，应根据设计、施工等要求选择与之配套的产品。

不同品种的砂浆其性能也不同，混用将会影响砂浆质量及工程质量。

湿拌砂浆施工时，对不同的基体、基层或块材等所采取的处理措施、施工工艺等也不同，因此，需根据湿拌砂浆的性能、基体或基层情况、块材的材性等并参考湿拌砂浆产品说明书，制订有针对性的施工方案，并按施工方案组织施工。

1275. 低温环境下对砂浆施工有什么要求？

在低温环境中，砂浆会因水泥水化迟缓或停止而影响强度的发展，导致砂浆达不到预期的性能；另外，砂浆通常是以薄层使用，极易受冻害，因此，应避免在低温环境中施工。当必须在5℃以下施工时，应采取冬期施工措施，如砂浆中掺入非无机盐类防冻剂、缩短砂浆凝结时间、适当降低砂浆稠度等；对施工完的砂浆层及时采取保温防冻措施，确保砂浆在凝结硬化前不受冻；施工时尽量避开早晚低温。

1276. 高温环境下对砂浆施工有什么要求？

高温天气下，砂浆失水较快，尤其是抹灰砂浆，因其涂抹面积较大且厚度较薄，水分蒸发更快，砂浆会因缺水而影响强度的发展，导致砂浆达不到预期的性能，因此，应避免在高温环境中施工。当必须在35℃以上施工时，应采取遮阳措施，如搭设遮阳棚、避开正午高温时施工、及时给硬化的砂浆喷水养护、增加喷水养护的次数等。

1277. 砂浆塑化剂是什么有何作用？

砂浆塑化剂是砂浆复合外加剂的一种，可直接添加砂浆中。主要用于工民建中的抹灰砂浆的添加剂。它有很多种分类：石灰王、抹得乐、岩砂精、砂浆王、砂浆宝、水泥添加剂、水泥塑化剂等。它是一种添加在水泥砂浆中，用以改善水泥砂浆性能的添加剂。具体功效有：

（1）显著改善砂浆和易性：加入砂浆外加剂后，砂浆膨松、柔软、粘结力强、减少落地灰并降低成本，砂浆饱满度高。抹灰时，对墙体湿润程度要求低，砂浆收缩小，克服了墙面易出现的裂纹、空鼓、脱落、起泡等通病，解决了砂浆和易性问题。

（2）防渗抗裂：乳化型表面活性剂的加入，使得砂浆内部产生密闭不连通的通道，阻塞水的渗入，抗渗能力提高；高分子聚合物的加入，使得砂浆收缩减到最小，有利于抗裂提高耐久性。

（3）节能、高效、环保：使用砂浆外加剂可替代混合砂浆中的全部石灰，每吨砂浆塑化剂可节约石灰600～800t；有效地减少了石灰在使用过程中对环境的污染；在配比不变的情况下砂浆体积可增加10%左右，并减少拌合物用水量20%左右；砂浆在灰槽中不离析，存放2～24h不沉淀，保水性好；不必反复搅拌，加快施工速度，提高劳动效率10%以上，并具有保温、隔热等功效。

1278. 为什么要对砂浆保水性作出规定？

砂浆保水性不好，不但影响砂浆的可操作性，还会降低砂浆与基体的粘结性能，而粘结强度低砂浆易空鼓、起壳和开裂。若一味提高保水性和粘结强度又会增加砂浆成本，根据大量的验证试验，既考虑到抹灰砂浆质量，又不过多增加施工成本，特作出规定。

1279. 为什么液体砂浆外加剂更适合用于湿拌砂浆？

（1）液体砂浆外加剂可极大改善生产环境，为文明生产创造有利条件。

（2）粉剂掺入时会产生部分粉尘，粉尘的产生加大了外加剂掺入量的误差，液剂的使用可以有效减少掺入量误差。

（3）保证相同质量情况下，使湿拌砂浆拌和更加均匀，更快于粉剂分散、分布于拌合物，使其充分发挥作用。

（4）粉剂外加剂使用前需人工投料到机械内拌和，投料过程中会产生粉尘，外加剂粉尘和人体直接接触会增加工人职业病的风险；液剂外加剂使用时，直接用电机泵抽入到储存罐，一切由机械自动控制抽送使用即可，减少了同人体直接接触，避免了粉尘和产生职业病的风险。

（5）液体外加剂较粉剂分散好、掺入砂浆中均匀度高，能够使砂浆饱和度更高，从而更好地激发砂浆性能。

（6）粉剂外加剂的掺入，容易使局部集中导致搅拌不均匀，而产生质量缺陷，需要加长砂浆的搅拌时间才能改善。液体外加剂的加入，只要在砂浆规定搅拌时间内搅拌均匀即可快速拌匀，节省搅拌时间和电力。

（7）运输、配送、储存采用塑料罐体配送，无需考虑直接性的粉尘环境污染。

（8）外加剂液剂的掺入可使砂浆有效反应，能够获得更好的工作性能和力学性能，性价比高。

1280. 干混砂浆与湿拌砂浆有哪些异同？

（1）相同点

均由专业生产厂生产供应，由专业技术人员进行砂浆配合比设计、配方研制以及砂浆质量控制，从根本上保证了砂浆的质量。

（2）不同点

① 砂浆状态及存放时间不同

湿拌砂浆是将包括水在内的全部组分搅拌而成的湿拌拌合物，可在施工现场直接使用，但需在砂浆凝结之前使用完毕，最长存放时间不超过 24h；干混砂浆是将干燥物料混合均匀的干状混合物，以散装或袋装形式供应，砂浆需在施工现场加水或配套液体搅拌均匀后使用。干混砂浆储存期较长，通常为 3 个月或 6 个月。

② 生产设备不同

目前湿拌砂浆大多由搅拌站生产，而干混砂浆则由专业砂浆厂采用专用的混合设备生产。

③ 品种不同

由于湿拌砂浆采用湿拌的形式生产，不适用于生产黏度较高的砂浆，因此砂浆品种较少，目前只有砌筑、抹灰、地面等砂浆品种；而干混砂浆生产出来的是干状物料，不受生产方式限制，因此砂浆品种繁多，但原材料的品种要比湿拌砂浆多，且复杂得多。

④ 砂的处理方式不同

湿拌砂浆用砂不需烘干，而干混砂浆用砂需经烘干处理或直接使用干砂。

⑤ 运输设备不同

湿拌砂浆要采用搅拌运输车运送，以保证砂浆在运输过程中不产生分层、离析；散装干混砂浆采用散装干混砂浆运输车运送，袋装干混砂浆采用汽车运送。

1281. 抹灰工程对水泥、石灰有哪些要求？

抹灰工程应对水泥的凝结时间和安定性进行复验。

抹灰用石灰，必须经过淋制熟化成石灰膏后才能使用，在常温下熟化时间不应少于15d；如果用于罩面灰时，磨细石灰粉的熟化时间应不少于3d，且不得含有未熟化颗粒，已冻结的石灰膏亦不得使用于抹灰工程中，一般多采用河砂，并以中砂最好，也可将粗砂与中砂混合掺用。使用前，还应对砂的坚固性、含泥量及有害物质进行检验，不得使用超过有关标准规定的砂。

1282. 湿拌砂浆出厂检验包括哪些项目？

湿拌砂浆开盘出厂检测主要内容见表2-5-11。

表2-5-11 湿拌砂浆出场检验项目

序号	品种	开盘检验与出厂检验
1	湿拌砌筑砂浆	表观密度、稠度、保水率、抗压强度、凝结时间、保塑时间
2	湿拌抹灰砂浆	稠度、保水率、抗压强度、凝结时间、保塑时间、压力泌水率
3	湿拌地面砂浆	稠度、保水率、抗压强度、凝结时间、保塑时间
4	湿拌防水砂浆	稠度、保水率、抗压强度、抗渗压力、凝结时间、保塑时间

1283. 湿拌砂浆进入施工现场检验包括哪些项目？

湿拌砂浆进入施工现场，应进行质量检验，主要检验内容见表2-5-12。

表2-5-12 湿拌砂浆进场检验项目

序号	品种	进场检验
1	湿拌砌筑砂浆	表观密度、保塑时间、稠度、保水率、抗压强度
2	湿拌抹灰砂浆	保塑时间、稠度、保水率、抗压强度、14d拉伸粘结强度、28d收缩率
3	湿拌地面砂浆	保塑时间、稠度、保水率、抗压强度
4	湿拌防水砂浆	保塑时间、稠度、保水率、抗压强度、14d拉伸粘结强度、抗渗压力、28d收缩率

1284. 影响砂浆自收缩的原因有哪些？

（1）水泥品种

水泥水化是砂浆产生自收缩的最根本原因，水泥水化产生化学减缩，而水化反应消耗水分产生自干燥收缩。水泥 C_3A、C_4AF 含量高，自收缩较大，采用低热水泥、中低热水泥自收缩较小。水泥细度越细，化学活性越高，水化速率越快，水泥的自收缩越大。

（2）矿物掺合料

掺加细度细、比表面积大的掺合料，砂浆自收缩大。

（3）水泥用量

单位体积水泥用量越多，砂浆自收缩就越大。

（4）水胶比

水胶比越低，砂浆自收缩越大。

（5）外加剂

外加剂适应性差，砂浆自收缩大，外加剂品质不稳定、不适应，致使砂浆保水、保塑、密度、缓凝等指标状态变化不稳定，砂浆自收缩就越大。

（6）养护条件

养护温度、养护湿度对不同砂浆自收缩均产生影响。充分水养护对减少砂浆的自收缩非常有用。

（7）施工环境条件

抗裂网质量及抗裂网的加设与否直接影响砂浆干缩值，选用优质抗裂网可分散砂浆自收缩应力，减少阻碍砂浆的自收缩。

1285. 影响湿拌砂浆干缩、湿胀的因素有哪些？

（1）水泥品种和用量

砂浆中发生干缩的主要成分是水泥石，因此减少水泥石的相对含量可以减少砂浆的收缩。水泥的性能，如细度、化学组成、矿物组成等对水泥的干缩虽有影响，但由于砂浆中水泥石含量较少及砂和外加剂的限制作用，水泥性能的变化对湿拌砂浆的收缩影响不大。

（2）单位用水量或水灰比

湿拌砂浆收缩随单位用水量的增加而增大。

（3）砂种类及含量

湿拌砂浆中砂的存在对湿拌砂浆的收缩起限制作用，弹性模量大的集料配制成的湿拌砂浆干缩小，砂越粗、含量越多，湿拌砂浆的收缩越小。砂越细，砂中黏土、石粉和泥块等杂质可增大砂浆的收缩。机制砂掺加对比天然砂收缩大。

（4）外加剂与矿物掺合料

掺加外加剂不适应、保塑性差，保水不足，含气过大、过小、矿物掺合料吸附性越强增大砂浆的干缩。

（5）保塑期

保塑期过短，砂浆储存时间过长，二次加水拌和使用，增大砂浆的干缩。

（6）养护方法及龄期

常温保湿养护及养护时间对砂浆最终的干缩值影响不大。蒸汽养护和蒸压养护可减小干缩值。

（7）环境条件

周围介质的相对湿度对砂浆的收缩影响很大。空气相对湿度越低，砂浆收缩值越大，而在空气相对湿度为100％的环境或水中，砂浆干缩值为负值，即湿胀，缓凝性砂浆易引起长时间缓凝，甚至不凝。

（8）施工

抗裂网质量及抗裂网的加设与否直接影响砂浆干缩值，选用优质抗裂网可有效控制砂浆收缩、干缩。工人施工方法不规范施工易引起砂浆干缩，如施工前基层不润水、抹灰干搓压玻纤网、湿搓压玻纤网等。

1286. 生产过程中砂浆稠度波动的原因是什么？

（1）砂的质量，如砂的含泥量、泥块含量波动较大，导致砂浆可抹性、稠度、堆积密度的波动。

（2）砂含水率，如生产用砂的含水率波动较大，若生产过程中未能及时根据砂含水率情况调整生产配比用水量，可能导致砂的可抹性、稠度的波动。

（3）水泥质量，水泥质量波动，水泥与外加剂的适应产生波动，导致稠度的波动。

（4）矿物掺合料质量，矿物掺合料质量波动，矿物掺合料与外加剂的适应产生波动，导致稠度的波动。

（5）外加剂质量，外加剂生产质量波动，外加剂与水泥、矿物掺合料的适应性产生波动，导致砂浆稠度的波动。

（6）计量设备出现计量误差，导致砂浆质量的波动。

1287. 如何设计湿拌抹灰砂浆的配合比？

目前在实际工程上，很多预拌砂浆工厂采用的是 42.5 级水泥，在保持水泥抹灰砂浆配合比的材料用量表中"水泥"不变的情况下，建议 M15～M20 选择"水泥数值"的下限值。砂浆塑化剂——粉体砂浆外加剂掺量 1.3～1.5kg/m³ 或液体砂浆外加剂 10～14kg/m³。水泥抹灰砂浆配合比的材料用量见表 2-5-13。

表 2-5-13 水泥抹灰砂浆配合比的材料用量表 （kg/m³）

强度等级	水泥	砂	水
M15	32.5 级水泥 330～380	砂的堆积密度（1350～1550）	（250－300）×（1－外加剂减水率%）
M20	32.5 级水泥 380～450		
M25	42.5 级水泥 400～450		
M30	42.5 级水泥 460～530		

工程上，目前很多预拌砂浆工厂采用的是 42.5 级水泥，可取水泥粉煤灰抹灰砂浆配合比的材料用量表中"水泥"的下限值。砂浆塑化剂——粉体砂浆外加剂掺量 1.3～1.5kg/m³ 或液体砂浆外加剂 10～14kg/m³。水泥粉煤灰抹灰砂浆配合比的材料用量见表 2-5-14。

表 2-5-14 水泥粉煤灰抹灰砂浆配合比的材料用量 （kg/m³）

强度等级	水泥	粉煤灰	砂	水
M5	32.5 级水泥 250～290	内掺，等量取代水泥 10%～30%	砂的堆积密度 1350～1550	（270－320）×（1－外加剂减水率%）
M7.5	32.5 级水泥 290～320			
M10	32.5 级水泥 320～350			
M15	32.5 级水泥 350～400			

注：用于外墙抹灰砂浆时，水泥用量不得少于 250kg/m³。水泥粉煤灰砂浆拌合物的密度不得小于 1900kg/m³。

工程上，目前很多预拌砂浆工厂采用的是 42.5 级水泥，可取掺塑化剂的水泥抹灰砂浆配合比的材料用量表中"水泥数值"的下限值。抹面砂浆塑化剂的有效掺量一般为水泥用量的 0.1~0.2%，为了计量方便，通常可以加入粉体载体（粉煤灰）或液体载体（水）进行稀释，以提高掺量，减少计量误差。掺塑化剂的水泥抹灰砂浆配合比的材料用量见表 2-5-15。

表 2-5-15　掺塑化剂的水泥抹灰砂浆配合比的材料用量表　　　（kg/m³）

强度等级	水泥	砂	水
M5	32.5 级水泥 260~300	砂的堆积密度 (1350~1550)	(250−280) × (1−外加剂减水率%)
M7.5	32.5 级水泥 300~330		
M10	32.5 级水泥 330~360		
M15	32.5 级水泥 360~410		

注：砂浆拌合物的表观密度应≥1800kg/m³。

1288. 如何设计湿拌地面砂浆配合比？

（1）湿拌地面砂浆配合比设计，宜参照《砌筑砂浆配合比设计规程》（JGJ/T 98—2010）执行，一般情况下除了 M20~M30 地面砂浆可以考虑添加减水剂满足泵送施工外，其他各种类型的湿拌砂浆几乎都不需要考虑添加减水剂。预拌地面砂浆配合比设计可参照预拌地面砂浆配合比材料用量见表 2-5-16。

表 2-5-16　预拌地面砂浆配合比材料用量表　　　（kg/m³）

强度等级	水泥	砂	用水量
M20	42.5 级水泥 340~400	砂的堆积密度 (1350~1550)	(270−330) × (1−外加剂减水率%)
M25	42.5 级水泥 360~410		
M30	42.5 级水泥 430~480		

（2）湿拌地面砂浆，目前很多情况下采用泵送施工，预拌地面砂浆为了预防地坪起灰泛砂，一般不宜加入粉煤灰、石灰石粉或其他矿粉掺合料。

1289. 如何加强配合比试配过程试验控制水平？

（1）湿拌砂浆配合比试配试验前应制订详细、完善的试配计划，包括：时间、地点、人员、方法、目标、准备措施等。

（2）试验前，对搅拌机、振动台、称量设备、试模等试验仪器设备检定（校准）、自校情况进行检查，发现问题及时修理和维护，确保能够正常使用。

（3）试验原材料应准备充足，并对所有原材料进行检验。

（4）试验环境相对湿度不宜小于 50%，温度应保持在（20±5）℃，所用材料、试验设备、容器及辅助设备的温度宜与实验室温度保持一致。

（5）配合比试配试验所涉及的各个试验方法和性能指标检测，应符合相关现行国家标准要求。例如：混凝土拌合物一次搅拌量不宜少于搅拌机公称容量的 1/4，不应大于搅拌机公称容量，且不应少于 20L；试件成型抹面后应用塑料薄膜覆盖表面，根据湿拌砂浆的保塑时间、凝结时间及时编号标记、拆模，并按规定放入标准养护室养护。

1290. 湿拌砂浆配合比设计时，如何解决稠度经时损失大的问题？

（1）根据所用原材料特点、环境等因素，配合比设计时选用适宜的外加剂，确保与施工用其他湿拌砂浆原材料相适应，生产前应做外加剂与其他湿拌砂浆原材料（尤其是水泥、粉煤灰）相容性试验，特别是要关注水泥、粉煤灰、砂适应性的变化。

（2）湿拌砂浆配合比设计时，应考虑掺加粉煤灰、矿渣粉等掺合料，增加保水、保塑性、提高砂浆包裹率。

（3）湿拌砂浆配合比设计时，考虑采用具有减水、引气、缓凝复合型外加剂，改善湿拌砂浆和易性，提高湿拌砂浆保塑性，保塑时间、含气稳定性，减少稠度损失、密度变化。

（4）调整湿拌砂浆配合比，合理调整砂率、用水量、掺合料用量，将初始稠度根据外加剂品种适当调整，增稠效果强的外加剂砂浆初始稠度适当调大，减水、引气强的外加剂初始稠度不宜过大，根据实际需求调整，同时适量调整外加剂用量，适当延缓湿拌砂浆凝结时间。

（5）加强原材料检测，保证所用砂含泥量、粉煤灰需水量、外加剂保塑时间、保水率等指标满足技术要求。

1291. 如何解决湿拌砂浆配合比设计试配的稠度与实际生产不一致问题？

（1）湿拌砂浆试配时，应进行稠度经时损失试验。

（2）湿拌砂浆试配时，稠度经时损失试验的环境条件，应考虑实际生产条件，如环境温度、运输时间等，根据实际条件，合理确定稠度经时损失试验的环境条件。

（3）配合比设计试配时，采用的原材料应与生产用的原材料相一致。不宜采用材料供应商提供的原材料样品进行配比试配验证。

（4）应加强砂浆外加剂的进场检验，尤其是稠度损失检验。外加剂取样应有专人负责，不得委托送货人员取样，保证取样的真实性。

（5）应加强进场外加剂与配合比其他原材料的适应性检验。

1292. 采用机制砂进行配合比设计时应注意哪些问题？

（1）机制砂含有一定量的石粉，适量的石粉对湿拌砂浆来说是有益的，可以改善湿拌砂浆的可抹性，但机制砂的石粉含量过高，导致需水量增大，湿拌砂浆达到同样的稠度、保塑时间，需要提高用水量及外加剂掺量。砂浆抹灰在混凝土结构时易起气泡，且影响砂浆表面硬度及与基层的粘结强度。

（2）机制砂石粉中有时含有一定的泥粉，增大了对外加剂的吸附，外加剂的增塑效果和保水、缓凝效果相应降低。

（3）机制砂的细度模数偏大，颗粒级配较差［颗粒一般两头多、中间少，大于1.18mm和小于$300\mu m$的颗粒偏多，中间颗粒（$300\mu m$、$600\mu m$级）偏少］。

（4）机制砂粒形较差，机制砂的颗粒具有棱角多、表面粗糙、比表面积大等特点，影响了水泥浆体对粗细集料的包裹效果，也会导致吸水性增大，用水量增加。

（5）加强对机制砂亚甲蓝 MB 值的检测，严格控制机制砂亚甲蓝 MB 值在合格范围内，减少石粉对外加剂的吸附。

（6）机制砂较天然砂配制湿拌砂浆，应适当提高外加剂掺量。

1293. 机制砂中的石粉越少越好吗？

机制砂在生产过程中不可避免地产生一定量的石粉（5%～15%），人工砂尖锐的颗粒形状对砂浆的和易性很不利，适量的石粉存在可弥补这一缺陷，天然砂含泥成分同机制砂含泥成分不同，天然砂中划分为泥，对砂浆混凝土有害，必须控制含量。机制砂中适量的石粉含量对混凝土和砂浆有利。人工砂在开采和生产过程中由于各种因素或多或少会掺入泥土，一般用亚甲蓝 MB 值检验或快速检验评定黏土成分含量，机制砂中 $75\mu m$ 以下的石粉含量具有微集料填充效果，可有效改善砂浆的孔隙特征，改善浆集料界面结构。进而能提高湿拌砂浆的综合性能作用。而机制砂颗粒表面粗糙、尖锐多棱角等基本特性，在一定程度上可以增强砂与水泥的粘结程度以及增加集料间的嵌挤锁结力，改善硬化后砂浆的力学性能。

1294. 湿拌砂浆配合比如何调整确定？

湿拌砂浆试配时，搅拌方法应符合《砌筑砂浆配合比设计规程》（JGJ/T 98）的规定，通过查表或计算得出砂浆配合比的材料用量后，进行试拌，测定砂浆拌合物的稠度、密度、保水率、保塑时间及凝结时间，当不能满足设计要求时，可通过调整外加剂及水的用量，直到满足设计要求为止。砂浆试配时，至少要采用 3 个不同的配合比（主要是水泥和掺合料比例的变化），其中一个配合比要按照相应的规程查表或计算得出砂浆的基准配合比，其余两个配合比在胶凝材料总量不变的前提下，调整水泥和掺合料的比例，水泥用量应按照基准配合比分别增加和减少 10%。在保证新拌砂浆稠度、密度、保水率、保塑时间、凝结时间及拉伸粘结强度满足要求的条件下，可调整用水量和砂浆外加剂用量。湿拌砂浆的试配稠度应满足施工要求，并应按现行行业标准《建筑砂浆基本性能试验方法标准》（JGJ/T 70）分别测定不同配合比砂浆的抗压强度、保水率及拉伸粘结强度。符合要求的且水泥用量最低的配合比，作为抹灰（或砌筑）砂浆配合比。

砂浆的配合比还应按下列步骤进行校正：

应按下式计算抹灰（或砌筑）砂浆的理论表观密度值：

$$\rho_t = \sum Q_i$$

式中　ρ_t——砂浆的理论表观密度值（kg/m³）；

Q_i——每立方米砂浆中各种材料用量（kg）。

应按下式计算砂浆配合比校正系数（σ）：

$$\sigma = \rho_c / \rho_t$$

式中　ρ_c——砂浆的实测表观密度值（kg/m³）。

当砂浆实测表观密度值与理论表观密度值之差的绝对值不超过理论表观密度值的 2% 时，符合要求的且水泥用量最低的配合比，作为抹灰（或砌筑）砂浆配合比；当超过 2% 时，应将配合比中每项材料用量乘以校正系数（σ）后，可确定为抹灰（或砌筑）砂浆的配合比。

2.5.3 试验检验

1295. 通用硅酸盐水泥有哪些试验内容、试验方法？试验标准有哪些？

（1）组分

由生产者按《水泥组分的定量测定》（GB/T 12960）或选择准确度更高的方法进行。在正常生产情况下，生产者应至少每月对水泥组分进行校核，年平均值应按照《通用硅酸水泥》（GB 175—2007）标准第 5.1 条的规定，单次检验值应不超过《通用硅酸水泥》（GB 175—2007）标准规定最大限量的 2%。

为保证组分测定结果的准确性，生产者应采用适当的生产程序和适宜的方法对所选方法的可靠性进行验证，并将经验证的方法形成文件。

（2）不溶物、烧失量、氧化镁、三氧化硫、氯离子和碱含量

按《水泥化学分析方法》（GB/T 176）进行。

（3）水泥标准稠度用水量、凝结时间和安定性

按《水泥标准稠度用水量、凝结时间、安定性检验方法》（GB/T 1346）进行。

（4）压蒸安定性

按《水泥压蒸安定性试验方法》（GB/T 750）进行。

（5）强度

按《水泥胶砂强度检验方法（ISO 法）》（GB/T 17671）进行。

（6）胶砂流动度

按《水泥胶砂流动度测定方法》（GB/T 2419）进行。

（7）比表面积

按《水泥比表面积测定方法 勃氏法》（GB/T 8074）进行。

（8）80μm 和 45μm 筛余

按《水泥细度检验方法 筛析法》（GB/T 1345）进行。

1296. 水泥胶砂试体脱模应注意哪些事项？

（1）检查是否到了脱模时间，并检查试体在编号时是否有差错，检查试体是否硬化，如未硬化则需要继续养护。在脱模前要清理编号标记。

（2）试件的编号标识工作是在试件完成湿气养护以后。编号标识可以用防水墨汁书写，也可用管装油漆边挤边写，或可调数码印章印上，但无论采用哪一种方法，都应保证在水中养护时编号字迹不会消失。

（3）脱模应非常小心。脱模时可使用橡皮锤或脱模器。

（4）脱下的试体按编号和龄期分开堆放，并注意试体的外观，若同一龄期试体的颜色、质量等有差别时应查找原因。

（5）对于 24h 龄期的，应在破型试验前 20min 内脱模。对于 24h 以上龄期的，应在成型后 20～24h 之间脱模。

如经 24h 养护，会因脱模对强度造成损害时，可以延迟至 24h 以后脱模，但在试验报告中应予说明。

已确定作为 24h 龄期试验（或其他不下水直接做试验）的已脱模试体，应用湿布覆盖至做试验时为止。

对于胶砂搅拌或振实台的对比，建议称量每个模型中试体的总量。

1297. 水泥净浆标准稠度用水量和水泥胶砂流动度的异同点有哪些？

水泥净浆标准稠度用水量是指将水泥拌制成特定的塑性状态时所需的拌和用水量与水泥质量之比，用百分数表示。水泥胶砂流动度是指灰砂比 1：3.0 水泥胶砂加水拌和后，在特制的跳桌上进行振动，测量胶砂扩散后底部直径，用"mm"表示。两者都是表示水泥的需水性，前者多用于水泥净浆，后者多用于水泥砂浆和混凝土。

1298.《通用硅酸盐水泥》(GB 175) 规定胶砂强度检验时胶砂流动度为多少？达不到应该如何调整？

《通用硅酸盐水泥》(GB 175) 规定，用水量在 0.50 水灰比的基础上以胶砂流动度不小于 180mm 来确定，当水灰比为 0.50 且胶砂流动度小于 180mm 时，应以 0.01 的整数倍递增方法将水灰比调整至胶砂流动度不小于 180mm。

1299. 水泥试验用中国 ISO 标准砂的要求是什么？

（1）中国 ISO 标准砂完全符合表 2-5-17 规定，通过对有代表性的样品筛析来测定。每个筛子的筛析试验应进行至每分钟通过量小于 0.5g 为止。

表 2-5-17　ISO 基准砂的颗粒分布

方孔筛孔径（mm）	2.00	1.60	1.00	0.50	0.16	0.08
累计筛余（%）	0	7±5	33±5	67±5	87±5	99±1

（2）中国 ISO 标准砂的湿含量小于 0.2%，通过代表性样品在 105～110℃下烘干至恒重后的质量损失来测定，以干基的质量百分数表示。

（3）中国 ISO 标准砂以 (1350±5) g 容量的塑料袋包装。所用塑料袋不得影响强度试验结果，且每袋标准砂应符合标准规定的颗粒分布及湿含量要求。

（4）使用前，中国 ISO 标准砂应妥善存放，避免破损、污染、受潮。

1300. 砂浆增塑剂受检砂浆性能试验用什么砂浆配合比？

1. 抹灰砂浆增塑剂试验所用砂浆配合比

基准砂浆的水泥与砂质量比应为 1：4，用水量应使砂浆稠度为 80～90mm。

受检砂浆的水泥与砂质量比应为 1：4。增塑剂用量按生产厂提供的掺量，掺量小于或等于胶凝材料的 5% 时应采用外掺法加入，掺量大于胶凝材料的 5% 时应采用内掺法加入。用水量应使砂浆稠度为 80～90mm。

2. 砌筑砂浆增塑剂试验所用砂浆配合比

基准砂浆的胶砂比应为 1：5，用水量应使砂浆稠度为 70～80mm。

受检砂浆的胶砂比应为 1：5。增塑剂用量按生产厂提供的掺量，应采用外掺法加入；用水量应使砂浆稠度为 70～80mm。

1301. 抹灰砂浆增塑剂凝结时间差试验如何进行？

凝结时间差为受检砂浆与基准砂浆凝结时间之差。凝结时间差按下式计算。

$$\Delta T = T_t - T_c$$

式中 ΔT——受检砂浆与基准砂浆凝结时间之差（min）；

T_t——受检砂浆的凝结时间（min）；

T_c——基准砂浆的凝结时间（min）。

凝结时间试验应参照《建筑砂浆基本性能试验方法标准》（JGJ/T 70—2009）规定的方法执行，从水泥和水接触时开始计算凝结时间。自计时开始，每隔 1h 将一片 20mm 厚的垫块放入筒底一侧使其倾斜，用吸管吸去表面的泌水，吸水后平稳地复原，直至砂浆表面没有水泌出，或者贯入阻力值达到规定值。整个测试过程中，除在吸取泌水或进行贯入阻力值测量外，容器表面应盖上盖子。

凝结时间以三批试验的算术平均值计，精确至 1min。若三批试验的最大值或最小值中有一个与中间值之差超过 30min，则把最大值与最小值一并舍去，取中间值作为该组试验的凝结时间，若最大值和最小值与中间值之差均超过 30min，则试验结果无效，重新试验。

1302. 抹灰砂浆增塑剂抗冻性（25 次冻融循环）试验如何进行？

抗冻性试验应参照《建筑砂浆基本性能试验方法标准》（JGJ/T 70—2009）第 11 章规定的方法进行。测试受检砂浆 25 次冻融循环的抗压强度损失率和质量损失率。试件制作后在温度为（20±5）℃的环境下静置（48±2）h，对试件进行编号和拆模，试件拆模后应立即放入标养室养护。到达规定龄期后冻融循环 25 次，测试试件的抗压强度损失率和质量损失率。

1303. 抹灰砂浆增塑剂 28d 收缩率比试验如何进行？

（1）28d 收缩率比为受检砂浆与基准砂浆的 28d 收缩率的比值。收缩率比按下式计算，精确至 1%。

$$R_\varepsilon = \frac{\varepsilon_t}{\varepsilon_c} \times 100\%$$

式中 R_ε——28d 收缩率比（%）；

ε_t——受检砂浆的 28d 收缩率（%）；

ε_c——基准砂浆的 28d 收缩率（%）。

（2）受检砂浆和基准砂浆的收缩值按《建筑砂浆基本性能试验方法标准》（JGJ/T 70—2009）规定的方法测量和计算，28d 收缩率按下式计算，精确至 0.001%。

$$\varepsilon = \frac{L_0 - L_{28}}{L - L_d} \times 100\%$$

式中 ε——砂浆 28d 收缩率比（%）；

L_0——砂浆成型 3d 拆模后的长度即初始长度（mm）；

L_{28}——砂浆龄期 28d 时试件的实测长度（mm）；

L——试件的长度 160mm；

L_d——两个收缩头埋入砂浆中长度之和，即（20±2）mm。

（3）收缩率试验参照《建筑砂浆基本性能试验方法标准》（JGJ/T 70—2009）第 12 章规定的方法进行。砂浆成型后在标准养护条件下带模养护，从加水时计 3d 后编号、拆模、标明测试方向。移入温度（20±2）℃，相对湿度（60±5）%的实验室中预置4h，测定试件的初始长度。

（4）收缩率以三批试验的算术平均值计，精确至1%。若三批试验的最大值或最小值中有一个与中间值之差超过15%，则把最大值与最小值一并舍去，取中间值作为该组试验的收缩率。若最大值和最小值与中间值之差均超过15%，则试验结果无效，重新试验。

1304. 水筛法检验细度应注意哪些事项？

（1）水泥样品应充分拌匀，通过0.9mm的方孔筛，记录筛余物情况，要防止过筛时混进其他水泥。

（2）筛析试验前，应检查水中无泥、砂，调整好水压及水筛架的位置使其能正常运转，并控制喷头低面和筛网之间距离为35～75mm。

（3）称取试样精确至0.01g，置于洁净的水筛中，立即用淡水冲洗至大部分细粉通过后，放在水筛架上。

（4）冲洗压力必须控制在（0.05±0.02）MPa，冲洗时间为3min。

（5）冲洗时试样在筛子内分布要均匀。

（6）水筛应保持洁净，定期检查校正。

（7）要防止喷头孔眼堵塞。

1305. 外加剂的出厂检验如何判定？

型式检验报告在有效期内，且出厂检验结果符合表2-5-18的规定，可判定为该批产品检验合格。

表 2-5-18　外加剂匀质性指标

项目	指标
氯离子含量（%）	不超过生产厂控制值
总碱量（%）	不超过生产厂控制值
含固量（%）	$S>25\%$时，应控制在（0.95～1.05）S
	$S\leqslant25\%$时，应控制在（0.90～1.10）S
含水率（%）	$W>5\%$时，应控制在（0.9～1.1）W
	$W\leqslant5\%$时，应控制在（0.8～1.2）W
密度（g/cm³）	$D>1.1$时，应控制在$D\pm0.03$
	$D\leqslant1.1$时，应控制在$D\pm0.02$
细度	应在生产厂控制范围内
pH	应在生产厂控制范围内
硫酸钠含量（%）	不超过生产厂控制值

注：1. 生产厂应在相关的技术资料中明示产品的匀质性指标的控制值；
　　2. 对相同和不同批次之间的匀质性和等效性的其他要求，可由供需双方商定；
　　3. 表中的S、W和D分别为含固量、含水率和密度的生产厂控制值。

1306. 砂浆增塑剂砂浆试验项目及所需试件数量有何规定？

抹灰砂浆增塑剂砂浆试验项目及所需试件数量符合《抹灰砂浆增塑剂》（JG/T 426），

见表 2-5-19 规定。

表 2-5-19　砂浆试验项目及所需试件数量

序号	试验项目	砂浆类别	试验项目及所需数量			
			砂浆拌和批数	每批取样数	受检砂浆总取样数目	基准砂浆总取样数目
1	保水率比	新拌砂浆	3 批	2 个	6 个	6 个
2	含气量		3 批	1 个	3 个	—
3	凝结时间差		3 批	1 个	3 个	3 个
4	2h 稠度损失率		3 批	1 个	3 个	—
5	抗压强度比	硬化砂浆	3 批	6 块	18 块	18 块
6	14d 拉伸粘结强度比		1 批	10 块	10 块	10 块
7	抗冻性（25 次冻融循环）		1 批	6 块	6 块	—
8	28d 收缩率比（%）		3 批	3 块	9 块	9 块

砌筑砂浆增塑剂砂浆试验项目及数量应符合《砌筑砂浆增塑剂》（JG/T 164），见表 2-5-20 的规定。

表 2-5-20　砂浆试验项目及所需数　　　　　　　　　　　　　　kg/m³

序号	试验项目	砂浆类别	试验项目及所需数量			
			砂浆拌和批数	每批取样数目	受检砂浆总取样数目	基准砂浆总取样数目
1	分层度	砂浆拌合物	1 批	2 个	2 个	—
2	凝结时间差		1 批	2 个	2 个	2 个
3	含气量		1 批	2 个	2 个	
4	抗压强度比	硬化砂浆	1 批	12 块	12 块	12 块
5	抗冻性		1 批	12 块	12 块	—

砌筑砂浆增塑剂砌体强度试验项目与所需数量应符合《砌筑砂浆增塑剂》（JG/T 164），见表 2-5-21 的规定。

表 2-5-21　砌体试验项目与试件数

序号	试验项目	试件数量（个）	
		基准砂浆砌体	受检砂浆砌体
1	砌体抗压强度	6	6
2	砌体抗剪强度	9	9

1307. 砂浆、混凝土防水剂防水性匀质性指标符合什么要求？

匀质性指标应符合标准《砂浆、混凝土防水剂》（JC/T 474），见表 2-5-22 的规定。

表 2-5-22　防水剂匀质性指标

试验项目	指标	
	液体	粉状
密度（g/cm³）	$D>1.1$ 时，要求为 $D\pm0.03$ $D\leqslant1.1$ 时，要求为 $D\pm0.02$ D 是生产厂提供的密度值	—
氯离子含量（%）	应小于生产厂最大控制值	应小于生产厂最大控制值
总碱量（%）	应小于生产厂最大控制值	应小于生产厂最大控制值
细度（%）	—	0.315mm 筛筛余应小于 15%
含水率（%）	—	$W\geqslant5\%$ 时，$0.90W\leqslant X<1.10W$； $W<5\%$ 时，$0.80W\leqslant X<1.20W$； W 生产厂提供的含水率（%）； X 是测试的含水率（%）
固体含量（%）	$S\geqslant20\%$ 时，$0.95S\leqslant X<1.05S$； $S<20\%$ 时，$0.90S\leqslant X<1.10S$； S 是生产厂提供的固体含量（%）， X 是测试的固体含量（%）	—

注：生产厂应在产品说明书中明示产品匀质性指标的控制值。

1308. 砂浆、混凝土防水剂受检砂浆的性能指标符合什么要求？

砂浆及混凝土防水剂受检砂浆的性能应符合标准《砂浆、混凝土防水剂》（JC/T 474），见表 2-5-13 的规定。

表 2-5-23　防水剂受检砂浆的性能

试验项目			性能指标	
			一等品	合格品
安定性			合格	合格
凝结时间	初凝（min）	≥	45	45
	终凝（h）	≤	10	10
抗压强度比（%）　≥	7d		100	85
	28d		90	80
透水压力比（%）		≥	300	200
吸水量比（48h）（%）		≤	65	75
收缩率比（28d）（%）		≤	125	135

注：安定性和凝结时间为受检净浆的试验结果，其他项目数据均为受检砂浆与基准砂浆的比值。

1309. 砂浆、混凝土防水剂试验方法符合什么要求？

（1）匀质性

含水率的测定方法按《混凝土防冻剂》（JC/T 475）中附录 A 规定进行。矿物膨胀型防水剂的碱含量按《水泥化学分析方法》（GB/T 176）规定进行。

其他性能按照《混凝土外加剂匀质性试验方法》（GB/T 8077）规定的方法进行匀质性试验。

氯离子含量和总碱量测定值应在有关技术文件中明示，供用户选用。

（2）受检砂浆的性能

① 水泥应为符合《混凝土外加剂》（GB 8076）中附录 A 规定的水泥，砂应为符合《水泥胶砂强度检验方法（ISO法）》（GB/T 17671）规定的标准砂。

② 水泥与标准砂的质量比为 1∶3，用水量根据各项试验要求确定。

③ 防水剂掺量采用生产厂家的推荐掺量。

（3）搅拌、成型和养护

① 采用机械搅拌或人工搅拌。粉状防水剂掺入水泥中，液体或膏状防水剂掺入拌合水中。先将干物料干拌至均匀后，再加入拌合水搅拌均匀。

② 在（20＋3）℃环境温度下成型，采用混凝土振动台振动 15s，然后静停（24±2）h脱模。如果是缓凝型产品，需要时可适当延长脱模时间。随后将试件在（20±2）℃、相对湿度大于 95％的条件下养护至龄期。

试验项目和数量见表 2-5-24

表 2-5-24　砂浆试验项目及数量

试验项目	试验类别	试验所需试件数量			
		砂浆（净浆）拌和次数	每拌取样数	基准砂浆取样数	受检砂浆取样数
安定性	净浆	3	1次	0	1个
凝结时间	净浆		1次	0	1个
抗压强度比	硬化砂浆	3	6块	12块	12块
吸水量比（48h）	硬化砂浆			6块	6块
透水压力比	硬化砂浆		2块	6块	6块
收缩率比（28d）	硬化砂浆		1块	3块	3块

净浆安定性和凝结时间，按照《水泥标准稠度用水量、凝结时间、安定性检验方法》（GB/T 1346）规定进行试验。

1310. 如何测定自流平砂浆的流动度？

水泥基自流平砂浆具有很高的流动性，加水搅拌后具有自动流动找平或稍加辅助性铺摊就能流动找平的特点，因此采用流动度来表征砂浆的工作性。

（1）仪器设备

① 水泥胶砂搅拌机。

② 试模：内径（30±0.1）mm，高（50±0.1）mm 的金属或塑料空心圆柱体。

③ 测试板：尺寸大于 300mm×300mm 的平板玻璃。

（2）试样制备

① 按产品生产商提供的使用比例称取样品，若给出一个值域范围，则采用中间值，并保证在整个试验过程中按同比例进行。

② 按产品生产商规定的比例称取对应于 2kg 粉状组分的用水量或液体组分用量，倒入搅拌器，将 2kg 粉料样品在 30s 内匀速放入搅拌器内，低速拌和 1min。

③ 停止搅拌后，30s 内用刮刀将搅拌叶和料锅壁上的不均匀拌合物刮下。

④ 高速搅拌 1min，静停 5min，再继续高速搅拌 15s，拌合物不应有气泡，否则再静停 1min 使其消泡，然后立即对该砂浆拌合物进行测试。

⑤ 产品生产商如有特殊要求，可参考产品生产商要求进行制备。

（3）试验步骤

① 将流动度试模水平放置在测试板中央，测试板表面应平整光洁、无水滴。将制备好的试样灌满流动度试模后，开始计时，在 2s 垂直向上提升 5～10cm，保持 10～15s，使试样自由流下。

② 4min 后，测两个垂直方向的直径，取两个直径的平均值。

③ 将同批试样在搅拌锅内静置 20min，按步骤①和②的方法进行测试，即为 20min 流动度。

（4）结果评定

对同一样品进行两次试验，流动度为两次试验结果的平均值，精确至 1mm。

1311. 如何进行饰面砂浆的施工性能检测？

饰面砂浆的标准试验条件为：环境温度（23±2）℃，相对湿度（50±5）％，试验区的循环风速低于 0.2m/s。

（1）砂浆制备

① 将水或液体倒入水泥胶砂搅拌锅中。

② 将干粉撒入搅拌锅内，低速搅拌 15s。

③ 取出搅拌叶，在 60s 内清理搅拌叶和搅拌锅壁上的砂浆。

④ 重新放入搅拌叶，再搅拌 75s。

（2）试验步骤

在标准试验条件下，将搅拌好的砂浆存放在搅拌锅中。30min 后，将砂浆涂抹在标准混凝土板上，然后进行梳理。方法是握住抹刀与混凝土板约成 60°的角度，与混凝土板一边成直角，平行地抹至混凝土板另一边（直线移动）。

（3）结果评定

检验砂浆刮涂过程中是否有障碍。如无障碍，则可操作时间合格。

1312. 如何进行干混砂浆拌合物的稠度试验？

（1）检验依据

按《建筑砂浆基本性能试验方法标准》（JGJ/T 70—2009）第 4 条。

（2）适用范围

适用于确定砂浆的配合比或控制施工过程中控制砂浆的稠度。

（3）试验设备

① 砂浆稠度仪由试锥、容器和支座三部分组成。试锥由钢材或铜材制成，试锥高度为 145mm，锥底直径为 75mm，试锥连同滑杆的质量为（300±2）g；盛浆容器由钢板制成，筒高为 180mm，锥底内径为 150mm；支座包括底座、支架及稠度显示三部分，由铸铁、钢或其他金属制成。

② 钢制捣棒：直径为 10mm，长度为 350mm，端部磨圆。

③ 砂表。

（4）试验条件

砂浆拌和时，实验室的温度应保持在（20±5）℃。当需要模拟施工条件下所用的砂浆时，所用原材料的温度宜与施工现场保持一致。

（5）试验步骤

① 采用少量润滑油轻擦滑杆，再将滑杆上多余的油用吸油纸擦净，使滑杆能自由滑动。

② 采用湿布擦净盛浆容器和试锥表面，再将砂浆拌合物一次装入容器。

③ 砂浆表面宜低于容器口 10mm，用捣棒自容器中心向边缘均匀地插捣 25 次，然后轻轻地将容器摇动或敲击 5～6 下，使砂浆表面平整，随后将容器置于稠度测定仪的底座上。

④ 拧开制动螺丝，向下移动滑杆，当试锥尖端与砂浆表面刚接触时，拧紧制动螺丝，使齿条测杆下端刚接触滑杆上端，并将指针对准零点上。

⑤ 拧开制动螺丝，同时计时间，10s 时立即拧紧螺丝，将齿条测杆下端接触滑杆上端，从刻度盘上读出下沉深度（精确至 1mm），即为砂浆的稠度值。

⑥ 盛浆容器内的砂浆，只允许测定一次稠度，重复测定时，应重新取样测定。

（6）稠度试验结果确定

① 同盘砂浆应取两次试验结果的算术平均值作为测定值，并精确至 1mm。

② 当两次试验值之差大于 10mm 时，应重新取样测定。

1313. 如何进行干混砂浆稠度损失率试验？

（1）试验依据

现行国标《预拌砂浆》（GB/T 25181）附录 C。

（2）试验设备：

① 砂浆搅拌机：应符合《试验用砂浆搅拌机》（JG/T 3033）的规定。

② 砂浆稠度测定仪：由试锥、容器和支座三部分组成。试锥由钢材或铜材制成，试锥高度为 145mm，锥底直径为 75mm，试锥连同滑杆的质量为 300±2g；盛浆容器由钢板制成，筒高为 180mm，锥底内径为 150mm；支座包括底座、支架及稠度显示三部分，由铸铁、钢或其他金属制成。

③ 秤：称量 20kg，感量 20g。

④ 容量筒：金属制成的圆筒，内径为 208mm，净高为 294mm，容积为 10L。

（3）试验条件

① 标准试验条件：环境温度（20±5）℃。

② 标准存放条件：环境温度（23±2）℃；相对温度（55±5）％。

（4）试验步骤

① 称取不少于 10kg 的干混砂浆，按《预拌砂浆》（GB/T 25181）标准中第 8.2.1 规定的稠度确定用水量［砌筑砂浆为（75±5）mm，普通抹灰砂浆为（95±5）mm，薄层抹灰砂浆为（75±5）mm，机喷抹灰砂浆为（95±5）mm，地面砂浆为（50±5）mm，普通防水砂浆为（75±5）mm，其他干混砂浆试验时的稠度应符合产品说明书或相关标

准的要求]。按《建筑砂浆基本性能试验方法标准》（JGJ/T 70）规定的方法进行搅拌（在实验室搅拌砂浆时应采用机械搅拌，搅拌机应符合现行行业标准《试验用砂浆搅拌机》（JG/T 3033）的规定，搅拌的用量宜为搅拌机容量的 30%～70%，搅拌时间不应少于 120s，掺有掺合料和外加剂的砂浆，其搅拌时间不应少于 180s）。

② 砂浆搅拌完毕，立即按《建筑砂浆基本性能试验方法标准》（JGJ/T 70）规定的方法测定砂浆的初始稠度。测完稠度的砂浆应废弃。

③ 将剩余砂浆拌合物装入用湿布擦过的 10L 容量筒内，容器表面不覆盖，置于标准存放条件下。

④ 从砂浆加水开始计时，2h 时测试砂浆的稠度。测试稠度前应将容量筒内的砂浆拌合物全部倒入砂浆搅拌机中，搅拌 60s。

（5）试验结果

稠度损失率为：

$$\Delta S_{2h} = \frac{S_0 - S_{2h}}{S_0} \times 100\%$$

式中　ΔS_{2h}——2h 砂浆稠度损失率（%），精确至 1%；

S_0——砂浆初始稠度（mm）；

S_{2h}——2h 的砂浆稠度（mm）。

1314. 如何进行干混砂浆的保水性试验？

（1）试验依据

按《建筑砂浆基本性能试验方法标准》（JGJ/T 70—2009）第 7 条。

（2）保水率

将合同规定稠度范围的新拌砂浆，用滤纸在规定的时间内进行吸水过程。吸水处理后砂浆中保留的水量占原始水量的质量百分率。

（3）试验仪器和材料

① 金属或硬塑料圆环试模：内径应为 100mm，内部高度应为 25mm。

② 可密封的取样容器：应清洁、干燥。

③ 2kg 的重物。

④ 金属滤网：网格尺寸 45μm，圆形，直径为（110±1）mm。

⑤ 超白滤纸：采用现行国家标准《化学分析滤纸》（GB/T 1914）规定的中速定性滤纸，直径为 110mm，单位面积质量为 200g/m²。

⑥ 2 片金属或玻璃的方形或圆形不透水片，边长或直径应大于 110mm。

⑦ 天平：量程为 200g，感量为 0.1g；量程为 200g，感量为 1g。

⑧ 烘箱。

（4）试验条件

标准试验条件：环境温度（20±5）℃。

（5）试验步骤

① 称量底部不透水片与干燥试模质量 M_1 和 15 片中速定性滤纸质量 M_2。

② 将砂浆拌合物一次性装入试模，并用抹刀插捣数次，当装入的砂浆略高于试模

边缘时，用抹刀以 45°角一次性将试模表面多余的砂浆刮去，然后再用抹刀以较平的角度在试模表面反方向将砂浆刮平。

③ 抹掉试模边的砂浆，称量试模、底部不透水片与砂浆总质量 M_3。

④ 用金属滤网覆盖在砂浆表面，再在滤网表面放上 15 片滤纸，用上部不透水片盖在滤纸表面，以 2kg 的重物把上部不透水片压住。

⑤ 静置 2min 后移走重物及上部不透水片，取出滤纸（不包括滤网），迅速称量滤纸质量 M_4。

⑥ 按照砂浆的配比及加水量计算砂浆的含水率。当无法计算时，可按照标准《建筑砂浆基本性能试验方法标准》（JGJ/T 70—2009）第 7.0.4 条的规定测定砂浆含水率。

（6）结果计算与判定

砂浆保水率按下式计算：

$$W=\left[1-\frac{M_4-M_2}{(M_3-M_1)\times a}\right]\times100\%$$

式中　W——砂浆保水率（%），精确至 0.1%；

　　　M_1——底部不透水片与干燥试模质量（g），精确至 1g；

　　　M_2——15 片滤纸吸水前的质量（g），精确至 0.1g；

　　　M_3——试模、底部不透水片与砂浆总质量（g），精确至 1g；

　　　M_4——15 片滤纸吸水后的质量（g），精确至 0.1g；

　　　a——砂浆含水率（%），精确至 0.1%。

1315. 如何进行砂浆的压力泌水率试验？

（1）试验依据

按《预拌砂浆》（GB/T 25181—2019）附录 B。

（2）试验条件

环境温度（20±5）℃。

（3）试验仪器

① 压力泌水仪：缸体内径为（125±0.02）mm，内高为（200±0.2）mm，工作活塞公称直径为 125mm，筛网孔径为 0.315mm。

② 秤：称量 20kg，感量 20g；称量 1000g，感量 1g。

③ 钢制捣棒：直径为 10mm，长为 350mm，端部磨圆。

④ 烧杯：容量宜为 200mL，2 个。

（4）试验步骤

① 称取 10kg 干混砂浆，用水量以砂浆稠度控制为（95±5）mm 确定，按《建筑砂浆基本性能试验方法标准》（JGJ/T 70）规定的方法进行搅拌。

② 将制备好的砂浆试样一次性装入压力泌水仪缸体，用捣棒由边缘向中心顺时针均匀地插捣 25 次，捣实后的试样表面应低于缸体筒口（30±2）mm。安装好仪器，并将缸体外表面擦干净。

③ 应在 15s 内给试样加压至 3.2MPa，并应在 2s 内打开泌水阀门，同时开始计时，并保持恒压。泌出的水接入烧杯中，10s 时迅速更换另一只烧杯，持续到 140s 时关闭阀

门，结束试验。

④ 分别称量 10s、140s 时的泌水质量，精确至 0.1g。

（5）结果计算与判定

① 压力泌水率的计算：

$$B_w = \frac{M_{10}}{M_{10} + M_{140}} \times 100\%$$

式中　B_w——压力泌水率（%），精确至 0.1%；

　　M_{10}——加压至 10s 时的泌水质量（g），精确至 0.1g；

　　M_{140}——加压至 140s 时的泌水质量（g），精确至 0.1g。

② 判定结果

压力泌水率取二次试验结果的算术平均值，精确至 1%。

1316. 如何进行砂浆的凝结时间试验？

（1）试验依据

按《建筑砂浆基本性能试验方法标准》（JGJ/T 70—2009）第 8 条。

（2）凝结时间

采用砂浆凝结时间测定仪，测定出砂浆贯入阻力值达到 0.5MPa 时所需的时间（min）。

（3）试验条件

环境温度（20±5）℃。

（4）试验仪器

① 砂浆凝结时间测定仪由试针、容器、压力表和支座四部分组成。试针由不锈钢制成，截面积为 30mm²；盛浆容器由钢制成，内径为 140mm，高度为 75mm；压力表测量精度为 0.5N；支座包括底座、支架及操作杆三部分，由铸铁或钢制成。

② 定时钟。

（5）试验步骤

① 将制备好的砂浆拌合物装入盛浆容器内，砂浆应低于容器上口 10mm，轻轻敲击容器，并予以抹平，盖上盖子，放在 20±2℃的试验条件下保存。

② 砂浆表面的泌水不得清除，将容器放到压力表座上，然后通过下列步骤来调节测定仪：

a. 调节螺母，使贯入试针与砂浆表面接触；

b. 拧开调节螺母，再调节螺母 1，以确定压入砂浆内部的深度为 25mm 后再拧紧螺母；

c. 旋动调节螺母，使压力表指针调到零位。

③ 测定贯入阻力值，用截面为 30mm² 的贯入试针与砂浆表面接触，在 10s 内缓慢而均匀地垂直压入砂浆内部 25mm 深，每次贯入时记录仪表读数 N，贯入杆离开容器边缘或已贯入部位应至少 12mm。

④ 在（20±2）℃的试验条件下，实际贯入阻力值应在成型后 2h 开始测定，并每隔 30min 测定一次，当贯入阻力值达到 0.3MPa 时，改为每 15min 测定一次，直至贯入阻力值达到 0.7MPa 为止。

（6）在施工现场测定凝结时间应符合下列规定

① 当在施工现场测定砂浆的凝结时间时，砂浆的稠度、养护和测定的温度应与现场相同。

② 在测定湿拌砂浆的凝结时间时，时间间隔可根据实际情况定为受检砂浆预测凝结时间的 1/4、1/2、3/4 等来测定，当接近凝结时间时可每 15min 测定一次。

（7）砂浆贯入阻力按下式计算：

$$f_p = \frac{N_p}{A_p}$$

式中　f_p——贯入阻力值（MPa），精确至 0.01MPa；

　　　N_p——贯入深度至 25mm 时的静压力（N）；

　　　A_p——贯入试针的截面积，即 30mm²。

（8）凝结时间的确定

① 凝结时间的确定可采用图示法或内插法，有争议时应以图示法为准；从加水搅拌开始计时，分别记录时间和相应的贯入阻力值，根据试验所得各阶段的贯入阻力与时间的关系绘图，由图求出贯入阻力值达到 0.5MPa 的所需时间 t_s（min），此时的 t_s 值即为砂浆的凝结时间测定值。

② 测定砂浆凝结时间时，应在同盘内取两个试样，以两次试验结果的算术平均值作为该砂浆的凝结时间值，两次试验结果的误差不应大于 30min，否则应重新测定。

1317. 如何进行砂浆（干混）表观密度的试验？

（1）试验依据

按《建筑砂浆基本性能试验方法标准》（JGJ/T 70—2009）第 5 条。

（2）表观密度

预拌砂浆拌合物捣实后的单位体积质量。

（3）试验条件

环境温度（20±5）℃。

（4）试验仪器

容量筒由金属制成，内径为 108mm，净高为 109mm，筒壁厚为 2~5mm，容积为 1L；天平称量为 5kg，感量为 5g；钢制捣棒直径为 10mm，长度为 350mm，端部磨圆；砂浆密度测定仪；振动台：振幅为（0.5±0.05）mm，频率为（50±3）Hz；秒表。

（5）试验步骤

① 应按照标准的规定测定砂浆拌合物的稠度。

② 应先采用湿布擦净容量筒的内表面，再称量容量筒质量 M_1，精确至 5g。

③ 捣实可采用手工或机械方法。当砂浆稠度大于 50mm 时，宜采用人工插捣法，当砂浆稠度不大于 50mm 时，宜采用机械振动法。

采用人工插捣时，将砂浆拌合物一次装满容量筒，使稍有富余，用捣棒由边缘向中心均匀地插捣 25 次。当插捣过程中砂浆沉落到低于筒口时，应随时添加砂浆，再用木槌沿容器外壁敲击 5~6 下。

采用振动法时，将砂浆拌合物一次装满容量筒连同漏斗在振动台上振 10s，当振动过程中砂浆沉入到低于筒口时，应随时添加砂浆。

④ 捣实或振动后，应将筒口多余的砂浆拌合物刮去，使砂浆表面平整，然后将容量筒外壁擦净，称出砂浆与容量筒总质量 M_2，精确至 5g。

（6）表观密度按下式计算：

$$\rho = \frac{(M_2 - M_1) \times 1000}{V}$$

式中　ρ——砂浆拌合物的表观密度（kg/m³）；

M_1——容量筒质量（kg）；

M_2——容量筒及试样质量（kg）；

V——容量筒容积（L）。

取两次试验结果的算术平均值作为测定值，精确至 10kg/m³。

（7）容量筒容积的校正

① 选择一块能覆盖住容量筒顶面的玻璃板、称出玻璃板和容量筒质量。

② 向容量筒中灌入温度为（20±5）℃的饮用水，灌到接近上口时，一边不断加水，一边把玻璃板沿筒口徐徐推入盖严。玻璃板下不得存在气泡。

③ 擦净玻璃板面及筒壁外的水分，称量容量筒、水和玻璃板质量（精确至 5g）。两次质量之差（以 kg 计）即为容量筒的容积（L）。

1318. 如何进行砂浆的立方体抗压强度试验？

（1）仪器设备

① 试模：应为 70.7mm×70.7mm×70.7mm 的带底试模，符合现行行业标准《混凝土试模》（JG/T 237）的规定选择，具有足够的刚度并拆装方便。试模的内表面应机械加工，其不平度为每 100mm 不超过 0.05mm，组装后各相邻面的不垂直度不应超过 ±0.5°。

② 钢制捣棒：直径为 10mm，长度为 350mm，端部磨圆。

③ 压力试验机：精度为 1%，试件破坏荷载应不小于压力机量程的 20%，且不应大于全量程的 80%。

④ 垫板：试验机上、下压板及试件之间可垫以钢垫板，垫板的尺寸应大于试件的承压面，其不平度为每 100mm 不超过 0.02mm。

⑤ 振动台：空载中台面的垂直振幅为（0.5±0.05）mm，空载频率为（50±3）Hz，空载台面振幅均匀度不应大于 10%，一次试验应至少能固定 3 个试模。

（2）试件的制作及养护

① 应采用立方体试件，每组试件为 3 个。

② 应采用黄油等密封材料涂抹试模的外接缝，试模内涂刷薄层机油或隔离剂。将拌制好的砂浆一次性装满砂浆试模，成型方法根据稠度而确定。当稠度大于 50mm 时，宜采用人工插捣成型，当稠度不大于 50mm 时，宜采用振动台振实成型。

a. 人工插捣：应采用捣棒均匀地由边缘向中心按螺旋方式插捣 25 次，插捣过程中当砂浆沉落低于试模口时，应随时添加砂浆，可用油灰刀插捣数次，并用手将试模一边抬高 5~10mm 各振动 5 次，砂浆应高出试模顶面 6~8mm。

b. 机械振动：将砂浆一次装满试模，放置到振动台上，振动时试模不得跳动，振动 5~10s 或持续到表面泛浆为止，不得过振。

（3）应待表面水分稍干后，再将高出试模部分的砂浆沿试模顶面刮去并抹平。

（4）试件制作后应在温度为（20±5）℃的环境下静置（24±2）h，对试件进行编号、拆模。当气温较低时，或者凝结时间大于 24h 的砂浆，可适当延长时间，但不应超过 2d。试件拆模后应立即放入温度为（20±2）℃，相对湿度为 90％以上的标准养护室中养护。养护期间，试件彼此间隔不得小于 10mm，混合砂浆、湿拌砂浆试件上面应覆盖，防止有水滴在试件上。

（5）从搅拌加水开始计时，标准养护龄期应为 28d，也可根据相关标准要求增加 7d 或 14d。

（6）试验步骤

① 试件从养护地点取出后应及时进行试验。试验前应将试件表面擦拭干净，测量尺寸，并检查其外观，并应计算试件的承压面积。当实测尺寸与公称尺寸之差不超过 1mm 时，可按照公称尺寸进行计算。

② 将试件安放在试验机的下压板或下垫板上，试件的承压面应与成型时的顶面垂直，试件中心应与试验机下压板或下垫板中心对准。开动试验机，当上压板与试件或上垫板接近时，调整球座，使接触面均衡受压。承压试验应连续而均匀地加荷，加荷速度应为 0.25~1.5kN/s；砂浆强度不大于 2.5MPa 时，宜取下限。当试件接近破坏而开始迅速变形时，停止调整试验机油门，直至试件破坏，然后记录破坏荷载。

（7）砂浆立方体抗压强度应按下式计算：

$$f_{m,cu} = K \times N_u / A$$

式中　$f_{m,cu}$——砂浆立方体试件抗压强度（MPa），精确至 0.1MPa；

　　　N_u——试件破坏载荷（N）；

　　　A——试件承压面积（mm²）；

　　　K——换算系数，取 1.35。

（8）试验结果确定

① 应以三个试件测值的算术平均值作为该组试件的砂浆立方体抗压强度平均值，精确至 0.1MPa。

② 当三个测值的最大值或最小值中有一个与中间值的差值超过中间值的 15％时，应把最大值及最小值一并舍去，取中间值作为该组试件的抗压强度值。

③ 当两个测值与中间值的差值均超过中间值的 15％时，该组试验结果应为无效。

1319. 如何进行砂浆的拉伸粘结强度试验？

（1）试验条件

① 温度为（20±5）℃；

② 相对湿度为 45％~75％。

（2）仪器设备

① 拉力试验机：破坏荷载应在其量程的 20％~80％范围内，精度为 1％，最小示

值为 1N。

② 拉伸专用夹具应符合现行行业标准《建筑室内用腻子》（JG/T 3049）的规定。

③ 成型框：外框尺寸为 70mm×70mm，内框尺寸为 40mm×40mm，厚度为 6mm，材料为硬聚氯乙烯或金属。

④ 钢制垫板：外框尺寸为 70mm×70mm，内框尺寸为 43mm×43mm，厚度为 3mm。

（3）基底水泥砂浆块的制备

① 原材料：水泥应采用符合现行国家标准《通用硅酸盐水泥》（GB 175）规定的 42.5 级水泥；砂应采用符合现行行业标准《普通混凝土用砂、石质量及检验方法标准》（JGJ 52）规定的中砂；水应采用符合现行行业标准《混凝土用水标准》（JGJ 63）规定的用水。

② 配合比：水泥：砂：水＝1：3：0.5（质量比）。

③ 成型：将制成的水泥砂浆倒入 70mm×70mm×20mm 的硬聚氯乙烯或金属模具中，振动成型或用抹灰刀均匀插捣 15 次，人工颠实 5 次，转 90°，再颠实 5 次，然后用刮刀以 45°方向抹平砂浆表面；试模内壁事先宜涂刷水性隔离剂，待干、备用。

④ 应在成型 24h 后脱模，并放入（20±2）℃水中养护 6d，再在试验条件下放置 21d 以上。试验前，应用 200 号砂纸或磨石将水泥砂浆试件的成型面磨平，备用。

（4）砂浆料浆的制备

① 干混砂浆料浆的制备

a. 待检样品应在试验条件下放置 24h 以上。

b. 应称取不少于 10kg 的待检样品，并按产品制造商提供比例进行水的称量；当产品制造商提供比例是一个值域范围时，应采用平均值。

c. 应先将待检样品放入砂浆搅拌机中，再启动机器，然后徐徐加入规定量的水，搅拌 3～5min。搅拌好的料应在 2h 内用完。

② 现拌砂浆料浆的制备

a. 待检样品应在试验条件下放置 24h 以上。

b. 应按设计要求的配合比进行物料的称量，且干物料总量不得少于 10kg。

c. 应先将称好的物料放入砂浆搅拌机中，再启动机器，然后徐徐加入规定量的水，搅拌 3～5min。搅拌好的料应在 2h 内用完。

（5）拉伸粘结强度试件的制备

① 将制备好的基底水泥砂浆块在水中浸泡 24h，并提前 5～10min 取出，用湿布擦拭其表面。

② 将成型框放在基底水泥砂浆块的成型面上，再将按照规定制备好的砂浆料浆或直接从现场取来的砂浆试样倒入成型框中，用抹灰刀均匀插捣 15 次，人工颠实 5 次，转 90°，再颠实 5 次，然后用刮刀以 45°方向抹平砂浆表面，24h 内脱模，在温度（20±2）℃、相对湿度 60%～80% 的环境中养护至规定龄期。

③ 每组砂浆试样应制备 10 个试件。

（6）拉伸粘结强度试验注意事项

① 应先将试件在标准试验条件下养护 13d，再在试件表面以及上夹具表面涂上环氧

树脂等高强度胶粘剂，然后将上夹具对正位置放在胶粘剂上，并确保上夹具不歪斜，除去周围溢出的胶粘剂，继续养护 24h。

② 测定拉伸粘结强度时，应先将钢制垫板套入基底砂浆块上，再将拉伸粘结强度夹具安装到试验机上，然后将试件置于拉伸夹具中，夹具与试验机的连接宜采用球铰活动连接，以（5±1）mm/min 速度加荷至试件破坏。

③ 当破坏形式为拉伸夹具与胶粘剂破坏时，试验结果应无效。

（7）拉伸粘结强度应按下式计算：

$$f_{at} = F/A_z$$

式中　f_{at}——砂浆拉伸粘结强度（MPa）；

　　　F——试件破坏时的载荷（N）；

　　　A——粘结面积（m^2）。

（8）试验结果确定

① 应以 10 个试件测值的算术平均值作为拉伸粘结强度的试验结果。

② 当单个试件的强度值与平均值之差大于 20% 时，应逐次舍弃偏差最大的试验值，直至各试验值与平均值之差不超过 20%，当 10 个试件中有效数据不少于 6 个时，取有效数据的平均值为试验结果，结果精确至 0.01MPa。

③ 当 10 个试件中有效数据不足 6 个时，此组试验结果应为无效，并应重新制备试件进行试验。

（9）对于有特殊条件要求的拉伸粘结强度，应先按照特殊要求条件处理后，再进行试验。

1320. 砂浆的收缩试验如何进行？

（1）本方法适用于测定砂浆的自然干燥收缩值。

（2）试验仪器

① 立式砂浆收缩仪：标准杆长度为（176±1）mm，测量精度为 0.01mm。

② 收缩头：应由黄铜或不锈钢加工而成。

③ 试模：应采用 40mm×40mm×160mm 棱柱体，且在试模的两个端面中心，应各开一个直径为 6.5mm 的孔洞。

（3）收缩试验步骤

① 应将收缩头固定在试模两端面的孔洞中，收缩头应露出试件端面（8±1）mm。

② 应将拌和好的砂浆装入试模中，再用水泥胶砂振动台振动密实，然后置于（20±5）℃的室内，4h 之后将砂浆表面抹平。砂浆应带模在标准养护条件［温度为（20±2）℃，相对湿度为 90% 以上］下养护 7d 后，方可拆模，并编号、标明测试方向。

③ 应将试件移入温度（20±2）℃、相对湿度（60±5）% 的实验室中预置 4h，方可按标明的测试方向立即测定试件的初始长度。测定前，应先采用标准杆调整收缩仪的百分表的原点。

④ 测定初始长度后，应将砂浆试件置于温度（20±2）℃、相对湿度为（60±5）% 的室内，然后第 7d、14d、21d、28d、56d、90d 分别测定试件的长度，即为自然干燥后长度。

（4）砂浆自然干燥收缩值应按下式计算：

$$\varepsilon_{at}=\frac{L_0-L_t}{L-L_d}$$

式中　ε_{at}——相应为 t 天（7d、14d、21d、28d、56d、90d）时的砂浆试件自然干燥收缩值；

　　　　L_0——试件成型后 7d 的长度即初始长度（mm）；

　　　　L——试件的长度为 160mm；

　　　　L_d——两个收缩头埋入砂浆中长度之和，即（20±2）mm；

　　　　L_t——相应为 t 天（7d、14d、21d、28d、56d、90d）时试件的实测长度（mm）。

（5）试验结果确定

① 应取三个试件测值的算术平均值作为干燥收缩值。当一个值与平均值偏差大于 20% 时，应剔除；当有两个值超过 20% 时，该组试件结果应无效。

② 每块试件的干燥收缩值应取两位有效数字，并精确至 $10×10^{-6}$。

2.5.4　预拌砂浆生产与应用

1321. 压浆剂储存及包装有何要求？

（1）包装，压浆剂（料）为内塑外编织袋密封包装。

（2）质量，每件压浆剂（料）净重为 50（或 25）kg±0.2kg。

（3）出厂合格证注明生产日期和批号。

（4）保质期，出厂产品在常温标准保存条件下，压浆料保质期 180d，压浆剂保质期为 180d。

（5）保存条件，存于阴凉干燥的仓库保储，防水防潮、防破损、防高温（45℃以上）。

（6）运输条件，防雨淋、暴晒，保持包装完好无损。

1322. 砂浆地面起砂、起皮、起灰的原因有哪些？

（1）湿拌砂浆中粉煤灰、矿渣粉等掺合料过多，水胶比过大，稠度过大。

（2）湿拌砂浆细砂掺加过多，砂颗粒级配过细，砂含粉量过多。

（3）选用施工的湿拌砂浆保塑时间过长，砂浆品种型号不符合施工部位需求。

（4）砂浆浇筑后，受雨、雪等影响，表层水灰比增大，降低了砂浆表面强度，导致起砂。

（5）室外砂浆地面受雨雪侵蚀，反复冻融循环而破坏，导致砂浆起砂。

（6）砂浆施工基层积水未清理干净，水分随浆体上浮，造成砂浆水灰比过大降低强度。

（7）地面砂浆施工后，表面未及时覆盖、养护，或过早承重，面层被破坏，导致面层无强度、起砂。

（8）施工不规范，使用过期砂浆、面层过度搓压，造成强度降低。

（9）砂浆地面浇筑后，过振，掺合料上浮至砂浆地面表层，导致起灰。

（10）砂浆未终凝进行养护，造成砂浆缓凝，强度降低。

1323. 湿拌砂浆施工的注意事项有哪些？

（1）根据季节，确定好天气情况再报用量计划。避免雨雪天气露天施工，避免大风天气室外施工，避免在高温、低温环境中施工。如工程需要，施工过程中夏季应采取降温、冬季采取保温措施施工，达到标准施工使用要求方可施工，为合理利用热源、降低煤炭消耗，更好地保证砂浆抹灰时的温度，砂浆宜采取集中抹灰施工法。

（2）春秋季节防风；夏季施工防止阳光暴晒，大雨积水浸泡，温度过高水分蒸发快；冬期施工应对门窗、阳台、楼梯口、进料口等处进行封闭保温，以控制温度达到5℃以上，保证适当的硬化速度以满足工期要求。

（3）砂浆储存在灰池中会出现少量泌水现象，属正常现象，使用前应稍加拌和。

（4）湿拌砂浆用前拌和，通常现拌现用，拌和过的砂浆必须一次性用完。

（5）使用过程中禁止二次加水造成砂浆离析、跑浆、泌水、分层。禁止使用已结冻、有冰块的砂浆。

（6）施工严格按相关标准规范执行，砌筑砂浆保证灰缝尺寸合格，饱满。抹灰砂浆控制抹灰厚度，抹灰厚度过厚导致墙体易起泡，需分层施工。

（7）超过保塑期的砂浆禁止使用，超保塑期的砂浆使用后会影响砂浆抹面强度、粘结强度，导致起粉或泛白，凝结后的砂浆颜色比正常砂浆白，特别表现在混凝土墙抹灰面。

（8）砂浆使用相同浓度的防冻剂刷洗表面的冰霜，然后再施工抹灰，保证粘结质量。

（9）界面甩浆施工和材料选用要符合标准规范规定，甩浆面积要达标。喷浆密实要有毛刺感，浆体不得流坠，防止界面砂浆光滑度高、不吸水，降低界面砂浆和砂浆抹灰层的粘结强度，出现空鼓。界面层不得受冻，防止基层和砂浆层间形成隔离层影响粘结效果。

（10）禁止掺加其他材料同湿拌砂浆混用，禁止使用尾浆和过期的湿拌砂浆。严禁混装混用（砌筑砂浆与抹灰砂浆、不同品种型号砂浆严禁混用）。

（11）混凝土结构墙体抹灰时易起泡是抹灰施工的质量通病。使用湿拌砂浆抹灰起泡时应将气泡戳破、放气、收水后，压实或铲掉起泡部分重抹，禁止不处理，防止前期施工性空鼓。

（12）抹灰砂浆收光不得过晚，收浆过晚时工人会大量滚水提浆，滚水提浆将破坏砂浆的表层水灰比，降低砂浆表面强度。引起表面层泛白起粉，防止增加砂浆表面的游离水冻结。

（13）及时给硬化的砂浆进行正温养护，养护不少于7d，砂浆应在标准的温度、湿度等条件下，冬季养护应防止灰层受冻而影响粘结质量和强度。

（14）按科学合理的作业时间施工，施工过程中有现场技术人员到施工现场服务。如供料与施工要求不符，可及时向业务经理、调度或现场技术人员反馈。如有问题，根据实际情况及时采取措施共同解决问题。

1324. 混凝土基层喷浆施工喷浆浆料制备有什么要求及规定？

（1）浆料配制是喷浆工程质量控制的关键，应优先采用工厂生产的混凝土界面砂浆；在条件不具备的情况下，也可选用符合标准要求的胶料在施工现场加入水泥、细集料及水按一定的比例拌和后使用。喷浆浆料试配时应着重控制稠度、分层度、粘结力指标。配合比通过试配确定，各组成材料严格计量。经试验搅拌时间为150～180s时，其搅拌的均匀性和稠度能满足要求。

（2）喷浆浆料配合比应考虑原材料性能、稠度和粘结力的要求以及施工技术水平、施工条件等因素，经试配后确定。

（3）喷浆浆料拌制应对原材料采用质量法进行计量，且允许偏差应满足表2-4-25的规定。

表 2-4-25　原材料每盘称量的允许偏差

材料名称	允许偏差
混凝土界面处理砂浆	±3%
胶料	±2%
水泥	±3%
细集料	±3%
拌合水	±3%

（4）浆料应采用强制性搅拌机进行搅拌，并应搅拌均匀。搅拌时间宜为150～180s。

1325. 混凝土基层喷浆施工符合哪些规定？

（1）混凝土基层喷浆施工时，最低环境温度不应低于5℃。雨天不宜进行室外喷浆施工。

（2）混凝土基层应清洁，无油污、隔离剂等，混凝土基层应清理，缺陷应修补。

（3）喷浆施工前混凝土基层应保持湿润。

（4）正式喷浆前，应进行现场墙面试喷。试喷面积不应小于$10m^2$，且应以圆点、网状形式均匀覆盖基层，其喷浆点厚度宜为1～3mm，圆点底部直径宜为2～5mm，经外观质量检查达到要求后方可实施正式喷浆施工。

（5）喷浆施工时，浆料稠度应满足《混凝土基层喷浆处理技术规程》（JGJ/T 238—2011）的要求。

（6）喷浆施工时，喷枪与作业面的距离及角度也是保证喷浆均匀性的关键。喷枪宜与作业面垂直，喷射压力过大会造成施工过程的不安全，并且喷射的均匀程度难以控制，喷射压力宜为0.4～1.0MPa，喷枪枪头与结构面的距离宜为0.6～1.5m。

（7）喷浆应均匀，对喷射不均匀的部位应进行补喷。补喷时应严格控制其均匀度及界面的凹凸均匀性，确保补喷成功。

1326. 如何控制好湿拌砂浆的黏度？

（1）黏度是反映砂浆可抹性优良的参数，黏度适中的砂浆施工顺滑，可抹性好，涂刮不张落，实贴度高，浆体和基层黏结力强，搓抹、刮平过程不黏抹刀和刮尺，不拖浆又带水，砂浆上墙平整、光洁利索。

（2）黏度过低砂浆发散，延展性、保水率低，上墙涂抹时浆体下沉易流挂，刮涂施工费力，基层和砂浆层粘结力不足，易空鼓、裂缝。黏度过大，过黏的砂浆影响工人施工效率，工人涂抹施工时黏抹刀，搓压刮平时黏刮尺，砂浆黏施工工具的过程也是基层和砂浆层黏结力破坏的过程，造成砂浆的施工性空鼓等其他质量通病。

（3）砂浆的黏度调整最主要的是砂颗粒级配、胶砂比和适宜的砂浆外加剂。

（4）砂浆过黏时，要找出根本原因。一般砂浆黏度过大的原因有：胶材用料本身黏度大、胶砂比过大，砂级配不合理、砂含泥量大、外加剂掺量不合理等。

（5）掺加不合适的水泥或粉煤灰，掺量过多会引起砂浆黏度不合适，需进行胶材用料的调整。

（6）砂的细度模数、颗粒级配和含泥量等指标影响砂浆的黏度。砂粗时砂浆的黏度会减小，外加剂的用量要加大一些；砂细时砂浆的黏度会增大，外加剂的用量要减少一些。一般控制砂的细度模数在 2.4～2.6 之间为最佳。在此范围外砂的细度模数每增减 0.1，外加剂的配方用量要增减 1～2kg/m³。砂的级配是重中之重，没有合适的级配就无法生产出好的砂浆。但是砂越细，砂浆强度就越低，所以最好选用级配好的砂做砂浆，细度模数 2.4～2.7，含泥量小于 5％，含粉量小于 10％ 为最佳。

（7）冬季砂浆黏度会增大，夏季温度高时砂浆的黏度会减小，外加剂的用量要相应调整。以常温 20℃ 为准，一般温度每增减 5℃，外加剂的用量也要根据厂家要求和实际情况做相应调整，主要根据砂浆施工性能实际效果而定。

（8）对砂浆黏度影响较大的材料还有石粉，石粉杂质太多会表现出白度过低，用到砂浆里面会产生砂浆黏度差、砂浆泌水等现象。石粉白度控制在 40℃ 以上为宜，白度过低说明杂质太多，对砂浆质量影响较大。

1327. 湿拌砂浆拌合物出现滞后泌水的原因是什么？

（1）外加剂品种。外加剂虽然能够明显地加大砂浆稠度，如选用的砂浆外加剂减水过大，外加剂能明显地削弱水泥颗粒与水之间的作用，使砂浆中的自由水释放出来，因此在一定程度上增大了砂浆泌水的可能性。

（2）砂浆外加剂对环境温度敏感性极强，且有缓释性。当气温低砂浆搅拌时间又短时，部分砂浆外加剂未完全分散释放出来，后期由于发挥作用，导致水分析出。在砂浆从出机到运送到施工现场，经过罐车搅拌后砂浆稠度大量增加，放置砂浆池内待施工这段时间，会产生部分泌水。

（3）外加剂使用不当。其用量稍加过量，就会出现过度缓凝现象。在缓凝过程中，集料和水泥颗粒的密度大于水，在重力的作用下，集料和水泥颗粒缓慢下沉，水分缓慢上浮，使砂浆出现滞后泌水。一般情况下，大流动性和大掺量外加剂的混凝土湿拌砂浆，更容易发生滞后泌水现象。

（4）砂浆外加剂在配制过程中，为降低砂浆的稠损现象，会掺入减水、保稠剂组分，在水泥碱性环境中缓慢释放，如果该组分在外加剂中所占比例过大，极易造成砂浆稠度的倒增长现象，俗称"倒大""返大"，严重时会出现滞后泌水现象。

（5）矿物掺合料的影响。矿物掺合料对砂浆的水化过程，尤其是对早期的水化过程有很大影响，可以延长砂浆的凝结时间。当掺合料掺量较大时，砂浆容易发生滞后泌水现象。这是因为矿物掺合料早期反应速率低，造成大量自由水剩余。

（6）水泥的影响。水泥生产过程中，已掺入 20％以上的混合材料，砂浆生产企业在使用中又掺入大量的混合材，会造成砂浆黏聚性降低和初凝时间延长，从而出现砂浆滞后泌水的现象。

（7）砂浆组分复杂，各组分之间可能产生不协调的化学变化，导致不相容。

尤其是水泥与外加剂的相容性问题，表现得更为突出。若不相容，则会使外加剂的饱和点增大，湿拌砂浆又是缓凝性产品，多数需经放置后再使用，砂浆放置时使更多的自由水析出，从而产生滞后泌水现象。砂浆拌合物滞后泌水现象在环境温度低时更容易发生。

1328. 湿拌砂浆储存时的注意事项有哪些？

为保证湿拌砂浆的质量，提高现场管理水平，砂浆储存时应注意以下几点：

（1）湿拌砂浆属于缓凝产品保塑时间一般不大于 24h。有时需要长时间储存，所以砂浆运至储存地点除直接使用外，需要专业的砂浆储存池储存。

（2）储存前储料池必须清空，保证其内部不得有积水、冻块及其他杂物，定期清理，出料口保持通畅。

（3）砂浆应放到储料池的刻度线，并予以确认；随后覆盖。一个储料池一次只能储存一个品种的砂浆。

（4）储料池应有明显标识，标明砂浆的种类、数量和储存的起始时间、保塑时间。

（5）使用时应集中进行，避免砂浆的水分多次蒸发。

（6）砂浆应在规定使用时间内使用完毕，不得使用超过凝结时间的砂浆。

（7）砂浆在储料池中严禁加水。

（8）砂浆储存在储料池中，可能会出现少量泌水，使用前应重新搅拌。

（9）储存地点的气温，最高不宜超过 37℃，最低不宜低于 5℃。储料池应避免阳光直射和雨淋。

（10）砂浆使用完毕后，应立即清除残留在储料池壁上、池底和塑料布上的少量砂浆残余物。

（11）砂浆到施工现场后采用运输小车或者塔吊料斗将其运送至各楼层，分配给建筑工人使用，砂浆在楼层中存储的技术要求如下：

① 直接置于楼层地面。地面必须提前预湿，或者垫层塑料薄膜，防止砂浆因地面干燥而过度吸水，影响砂浆的开放时间，如若存储时间较长，砂浆表面也喷雾湿润，防止表面水分过度蒸发。

② 接料斗存储。接料斗可采用厚度为 2～4mm 厚铁皮制作，容量为可存放两三个斗车砂浆即可；主要用于存储砌筑砂浆，由建筑工人将储料池砂浆运送到每个楼层，根据领导要求将砂浆放置在接料斗中分配给砌筑工人，这样可避免湿拌砂浆与地面接触导致水分损失，确保砂浆的保塑时间稳定。

1329. 什么是湿拌砂浆的搅拌理论？

湿拌砂浆均采用机械搅拌，常用的搅拌机械对湿拌砂浆搅拌均匀的机理主要包括重力搅拌机理、剪切搅拌机理和对流搅拌机理。

（1）重力搅拌机理

物料刚投入到搅拌机中时，其相互之间的接触面最小，随着搅拌筒或搅拌叶片的旋转（视搅拌机类型而异），物料被提升到一定的高度，然后物料在重力的作用下自由下落，从而达到相互混合的目的，这种机理称为重力搅拌机理。

物料的运动轨迹，既有上部物料颗粒克服与搅拌筒的粘结力做抛物线自由下落的轨迹，也有下部物料表面颗粒克服与物料的粘结力做直线滑动和螺旋线滚动的轨迹。由于下落的时间、落点的远近以及滚动的距离各不相同，使物料之间产生相互穿插、翻拌等作用，从而达到均匀搅拌的目的。

（2）剪切搅拌机理

在外力的作用下，使物料做无滚动的相对位移而达到均匀搅拌的机理，称为剪切搅拌机理。物料被搅拌叶片带动，强制式地做环向、径向、竖向等运动，以增加剪切位移，直至拌合物被搅拌均匀。

（3）对流搅拌机理

在外力的作用下，使物料产生以对流作用为主的搅拌机理，称为对流搅拌机理。在筒壁内侧无直立板的圆筒形搅拌筒内，由于颗粒运动的速度和轨迹不同，使物料发生混合作用，此时接近搅拌叶片的物料被混合得最充分，而筒底则易形成死角。为了避免筒底死角的形成，可在筒壁内侧设置直立挡板，这样不但可以形成向对流，而且还可以在两个相邻直立挡板间的扇形区域内沿筒底平面形成局部环流。

1330. 什么是湿拌砂浆搅拌均匀性？

湿拌砂浆搅拌均匀性是指湿拌砂浆拌合物中各组分材料在宏观上和微观上的均匀程度，主要是指拌合物中各组分在空间分布的均匀程度，分布均匀程度越高说明湿拌砂浆的均匀性越好。当湿拌砂浆材料组成及掺量相同时，均匀性差的湿拌砂浆，其拌合物性能、力学性能及耐久性等均会降低。

1331. 影响湿拌砂浆搅拌质量的因素有哪些？

影响湿拌砂浆搅拌质量的因素主要有材料因素、设备因素、工艺因素。

（1）材料因素

液相材料的黏度、密度及表面张力是影响搅拌质量的主要因素。通常，黏度和密度较大的液相材料，搅拌均匀所需的时间较长或搅拌机所需要的动力较大。表面张力大的液相材料也难以被搅拌均匀，一般需要采用表面活性剂来降低液相材料的表面张力。

固体材料的密度、粒度、形状、含水率等是影响搅拌质量的主要因素。密度差小、粒径小、级配良好、针片状含量小、含水率低且接近的固体材料更容易被搅拌均匀。

湿拌砂浆是液体材料与固体材料的混合物，水泥浆体黏度低且内聚力好、集料粒形和级配合理、配合比合理时，湿拌砂浆易于搅拌均匀。通常在湿拌砂浆中掺入矿物掺合料和减水剂来提高搅拌质量，从而达到均匀搅拌的目的。

（2）设备因素

当原材料和配合比不变时，搅拌机的类型及转速等对湿拌砂浆搅拌均匀性有重要的影响。

（3）工艺因素

在原材料、配合比、搅拌设备不变时，良好的工艺因素能提高搅拌质量或缩短搅拌时间。这些工艺因素主要包括搅拌机搅拌量、投料顺序和搅拌时间等。

1332. 干混砂浆生产线设备包括哪些？

干混砂浆生产线设备主要包括：砂预处理（干燥、筛分、输送）系统、各种粉状物料仓储系统、配料计量系统、混合搅拌系统、包装系统、收尘系统、电气控制系统及辅助系统等。

1333. 干混砂浆生产砂预处理系统工艺有哪些？

砂的预处理分为破碎砂处理和天然砂处理。

破碎砂处理过程：从石料矿运回粗料，然后进行破碎、干燥、碾磨、筛分、储存。

天然砂处理过程：干燥、筛分。

部分有条件的厂家可直接采购成品砂。

干混砂浆与湿拌砂浆的区别在于各组分都是干物料混合，产品是干粉（颗粒）状的混合物。干混砂浆原材料除砂外都是干物料，砂是干混砂浆的主要成分，其比例达70%左右。

（1）天然砂干燥、筛分

天然砂的含水率变化范围大，而用于干混砂浆的砂含水率必须控制在0.5%以下，且须贮存在密封容器内，否则将严重影响成品干混砂浆的贮存时间，所以，首先应对天然砂进行烘干处理工艺。天然砂为不定型二氧化硅，化学结构稳定，其杂质为云母和淤泥。通过烘干和除尘工艺，砂的含水率可从5%～8%降低到0.5%以下，并且云母和淤泥在旋风收尘作用下，其含量也大大下降。为此，应对市场上采购的天然砂进行含水率测定、干燥、筛分、输送等。

（2）砂含水率测定

使成品砂浆中不含水分是保障干混砂浆质量的关键，为此应严格控制砂的含水率。为了精确地控制干砂机滚筒的转速，必须测出砂中的含水率。目前大多采用微波自动显示检测系统测定砂的含水率，其原理是水对微波具有高吸收能力，不同含水率的砂，其微波吸收程度也不相同。通过微波能量场的变化，测量出正在通过的物料湿度百分比。由于各种物料的粒径区别和含有杂质的不同，还需要实测和修正。

将微波测湿传感器安装于砂仓壁上，与计算机控制系统闭环控制程序接通，其主要组成如图2-5-2所示。自动显示检测系统可显示流动物料的瞬时湿度，也可同时显示流动物料在一段时间内的平均湿度百分比。根据测定到的砂含水率对砂的干燥速度完成自动调整。也可采用实验室测定方法预先设定烘干速度。

（3）天然砂干燥

烘干设备一般为热风炉、烘干机和除尘器。热风炉可由煤、油或天然气燃烧产生热源，经风机引入烘干机与湿砂形成热交换，而达到烘干物料之功效。烘干机一般分为振动流化床式干燥机和回转式滚筒干燥机。前者投资大，热效率高，后者投资少，经济耐用。我国目前干混砂浆的烘干设备以回转式滚筒干燥机为主。

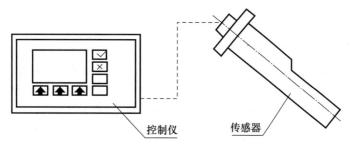

控制仪 传感器

图 2-5-2 测湿系统

振动流化床式干燥机。该设备技术较为先进，运行成本低，流化床的振动支撑阻力有弹簧和压缩空气式两种。振动流化床式干燥机与回转式滚筒干燥机相比，其优点有：高效、经济、几乎无辐射热损失、无机械运动、低磨损、维修保养费用低、启动时间短、噪声低、环保性能好等。设备工作时物料在给定方向的激烈振动力作用下跳跃前进，同时床底输入一定温度的热风，使物料处于流化状态，物料与热风充分接触，混合气由引风机从排出口引出，从而达到理想的烘干效果。

回转式滚筒干燥机。该设备可分为单回程、双回程和三回程烘干机，燃烧器可按用户需求配置燃油、燃气、燃煤粉等多种形式，并可根据砂的含水率对干燥速度完成人工或自动调节控制。其中单回程烘干机的结构及设计制造相对简单，维护方便，但占地面积较大，能耗大。目前推荐使用环保节能型的三回程烘干机其结构紧凑、工作可靠、能耗低、烘干效果好、设备燃料取材方便、造价低，适用于中小型干混砂浆生产设备配套。

三回程烘干机是替代传统烘干设备的环保节能型烘干设备。该设备由三个不同直径的同心圆筒按照一定的数学关系和结构形式，彼此相嵌组合而成的。根据热功原理，筒内装有不同角度和间距的扬料板和导料板，由于这种特殊的结构形式，能够保证被烘干物料在重力作用下沿着热气流的运动方向运动，在筒内保持足够的停留时间和充分的分散度，致使物料在筒内与来自燃烧室内的热气流进行充分的热交换，消除了常规烘干设备筒内截面常出现风洞而引起的热交换面积小、单位容积蒸发强度低的缺陷。同时由于特殊的三筒结构，使内筒和中筒被外筒包围而形成了一个自身保温系统，内筒、中筒体表面散发的热量参与到外一层筒内物料的热交换，而外筒又处在热气流的低温端，所以筒体的散热面积和热能损失明显降低。

三回程烘干机能充分利用余热，减少散热损失，增加热交换面积，使烘干机的单位容积蒸发强度大大提高，从而有效地提高了热能利用率，降低了能耗，使三回程烘干机的热效率得到较大幅度的提高。与相同规格的单筒烘干机相比，热效率提高 40%～55%，节约能耗 1 倍以上。由于三回程烘干机的特殊结构，致使筒体的长度大大缩短，这就减少了占地面积，设备占地面积比单筒烘干机节约 50% 左右，土地投资相应降低。同时，这种三筒式结构不用大小齿轮，而是采用托轮与轮带的摩擦传动，降低了造价、传动功率和噪声；密封部分采用微接触密封，提高了密封效果，减少了粉尘污染。

砂的烘干质量控制要点是：砂的喂料速度和燃料的燃烧方式。砂的出机水分应控制在 0.5% 以下，温度应控制在 105～120℃。干砂从烘干机出机到混合机混合，应保证干砂充分冷却。

（4）干砂的筛分

砂的筛分工序，与湿拌砂浆中砂的过筛工序相比，可选择设备和过筛方式较多。例如，可以在砂进入烘干机前筛分，也可在砂烘干以后筛分。从筛分效率讲，干砂的筛分效率高，湿砂的效率低；从节约能源角度讲，湿砂可筛除要除去、不用烘干的大颗粒，比较节能。通常的布置是：分两道筛分工序，第一道筛除粒径 20mm 以上的大颗粒；砂经烘干机后，再经第二道筛分除去粒径 5mm 以上颗粒。有的企业在第二道筛分机上设置多重筛网，对干砂按粒径进行分级。

筛分机按形式可分为直线振动筛和回转式滚筒筛。

生产中应定期检查筛网是否堵塞和破损，并定期更换。

（5）干砂的输送

干砂的输送不同于水泥、石灰粉及矿物掺合料等，应采用斗式提升机或皮带运输机输送。

斗式提升机：该机在带或链等绕性牵引构件上，每隔一定间隙安装若干个钢质料斗，连续向上输送物料。斗式提升机具有占地面积小，输送能力大，输送高度高（一般为 30～40m，最高可达 80m），密封性好等特点。

皮带运输机：采用皮带运输机的优点是生产效率高，不受气候的影响，可以连续作业而不易产生故障，维修费用低，只需定期对某些运动件加注润滑油。为了改善环境条件，避免集料的飞散和雨水混入，可在皮带运输机上安装防护罩壳。

1334. 干混砂浆生产物料仓储系统有何要求？

干混砂浆除集料（干砂）外，还有胶凝材料、掺合料、外加剂、添加剂等物料。水泥等填充料必须储存于密封的筒仓内，除化学外加剂可采用人工投料外，其余物料一般采用气力输送设备和螺旋排料系统输送。筒仓的数量和大小与生产品种、生产规模等因素有关。一般的生产厂必须具备以下几个配料仓：通用硅酸盐水泥仓、白水泥仓、粉煤灰仓、不同粒的砂仓、保水增稠材料仓、各种添加剂仓。砂浆品种多或者生产规模大的生产厂应根据生产需要建立足够的配料仓。筒仓内的材料使用状况由料位指示器来监视，同时控制上料。

向筒仓内输送物料，可采用管道气力输送或斗式提升机输送，也可采用螺旋输送机输送。现在许多散装输送车都有输送泵，只要在筒仓上安装一根输送管即可。把水泥输送车上的管道与筒仓上的管道用快速接头相连接，开动车上的输送泵，即可将粉料泵入筒仓中。

从筒仓向混合机的供料输送一般采用管道气力输送和螺旋输送机输送，干砂一般采用斗式提升机输送。

螺旋输送机是利用电机带动螺旋回转，推移物料以实现输送的目的，它能水平、倾斜输送，具有结构简单，截面积小，便于封闭输送，可多点加料或卸料等优点，适合于输送各类粉状、粒状和小块散料等。

为了避免物料在筒仓内部堵塞，筒仓一般都设有不同形式的破拱装置，用以保证连续供料。筒仓的出口尺寸和壁的倾斜角度应考虑完全排料。为了检测筒仓内的储存量，在仓内设置有各种料位指示器。为了消除粉尘污染，采用仓顶收尘器进行除尘。

1335. 干混砂浆生产配料计量系统有何要求？

配料计量是干混砂浆生产过程中的一项重要工序，它直接影响到产品的配比质量。因此精确、高效的配料计量设备和先进的自动化控制手段是生产高质量干混砂浆的可靠保证。

配料计量系统采用精确的全电子秤和先进的微机控制，并具有落差跟踪、称量误差自动补偿、故障诊断等功能，可靠的送排料系统保障了物料排送时的均匀流畅，以达到精确的计量效果，有效地保障了产品的质量。

配料计量包括砂、胶凝材料、添加剂等的计量。砂、胶凝材料的计量采用料仓秤，用双速螺旋给料机将砂、胶凝材料从料仓中输送到料仓秤上。每种配料称量一般分三个阶段：首先将料高速输入；其次将料低速输入；最后校准秤获得料的质量。输送速度采用交频器。在计量结束后，采用气动圆盘式闸门中断配料输入。

料仓秤最大称量值是根据混合机最大加料量确定的。对于砂料仓秤，混合机最大加料量为100%，而胶凝材料为50%。料仓秤需做成密封的结构形式。在料仓秤装满时排出含尘空气，并对含尘空气采用吸尘系统或者压力式收尘器进行净化。回收的灰尘重新回到系统中。

应注意的是，生产特种干混砂浆时，添加剂的计量应考虑添加剂的流动性、黏附性、吸潮性和计量的精度控制。有的添加剂每盘料的称量可能只有几百克，对螺旋螺矩要求非常高，生产厂家不得不采取人工计量和投料。因此，从生产质量稳定性考虑，应尽量避免人工投料。如果只能采用人工投料，应有连锁装置，确保有人工的质量控制手段。目前，我国国产生产设备企业已进行对添加剂等小料的计量实现螺旋计量设备的开发。

1336. 墙面饰面块材的空鼓和开裂可采取哪些措施预防？

常有饰面砖块材空鼓原因是湿拌砂浆强度方面出现了问题，为正确认识湿拌砂浆，需要掌握墙面饰面块材的空鼓和开裂预防措施：

（1）墙面找平材料的抗拉强度不应小于饰面砖与找平层的粘结强度。

（2）墙面饰面砖在粘贴前应放入净水中浸泡 2h 以上，取出晾干表面水分后方可使用，粘贴时基层的含水率宜控制为 15%～25%。

（3）外墙饰面砖粘贴留缝宽度不应小于 5mm；饰面板粘贴留缝宽度不应小于 8mm；玻璃制品粘贴留缝宽度不应小于 10mm。

（4）饰面板安装时在墙面顶部和底部应留出 10～20mm 的缝隙。

（5）在防水层上粘贴墙面饰面砖时，粘结材料与防水材料性能应相容。

（6）墙面采用强度较低或较薄石材时，应采取背面粘贴玻璃纤维网格布的补强措施。

1337. 室内无楼板地面的垫层应符合什么规定？

（1）当采用混凝土垫层时，宜在垫层下铺设砂、炉渣、碎石或灰土等材料。

（2）垫层厚度应符合现行国家标准《建筑地面设计规范》GB 50037 的相关规定。

（3）当地面变形较大时或有管沟通过时，应采用钢筋混凝土垫层，垫层混凝土强度等级不宜低于 C15，钢筋的配置量不宜低于最小配筋量。

（4）散水混凝土垫层的分格缝间距不宜大于 6m，转角部位应设置 45°斜缝，垫层与外墙之间应设置分隔缝，缝宽宜为 20～30mm，缝内应填沥青类材料。

（5）楼面装修地面的垫层应设置横向缩缝和纵向缩缝，缝的设置应符合现行国家标准《建筑地面工程施工质量验收规范》（GB 50209）的相关规定。

（6）建筑地面装修的面层应在垫层变形稳定后施工，垫层上宜设置找平层。

（7）建筑装修整体地面的设缝应符合下列规定：

① 细石混凝土、水磨石、水泥砂浆、聚合物砂浆等面层的分格缝，应与垫层的缩缝对齐；在主梁两侧和柱四周的地面宜分别增设分格缝。

② 设有隔离层的面层分格缝，可不与垫层的缩缝对齐。

1338. 建筑外墙外保温系统对抹面砂浆有哪些要求？

建筑外墙外保温技术是提高建筑物围护结构的保温隔热性能最重要的措施。该技术将保温层置于建筑围护结构的外表面，能使建筑物的保温性能和隔热性能均得到保障，又能对建筑物起到保护作用，使建筑物避免直接暴露于大气环境中，使之免受大气环境中的各种腐蚀和破坏作用。因而，建筑外墙外保温技术的应用与发展越来越受到人们的重视。对抹面砂浆的要求如下：

（1）系统的整体性、耐久性和有效性的要求

外墙外保温系统应能适应基层的正常变形而不产生裂缝或空鼓，长期承受自重而不产生有害的变形，承受风载荷的作用而不产生破坏，耐受室外气候的长期反复作用而不产生破坏，在罕遇地震发生时不应从基层上脱落。

（2）防火性的要求

外墙外保温系统的防火性能应符合国家有关法规规定，高层建筑外墙外保温工程应采取防火构造措施。

（3）防水性的要求

外墙外保温系统应具有防水渗透性能、防雨水和地表水渗透性能，雨水不能透过保护层，不得渗透至任何可能对外保温复合墙体造成破坏的部位。

（4）物理、化学稳定性的要求

外墙外保温系统各组成部分应具有物理、化学稳定性。所有组成材料应彼此相容并具有防腐性。在可能受到生物侵害（鼠害、虫害）时，外墙外保温系统还应具有防止生物侵害性能。

（5）外墙外保温系统其他性能的要求

抗风载荷性能、抗冲击性能、耐冻融性能等均应符合国家相关标准的要求。

1339. 如何做好后张预应力管道压浆？

（1）水泥浆体原材料的选择

水泥浆体原材料的选择就是对水与水泥的选择，水要满足于饮用水标准，水泥的类型为 P·O42.5，严格按照技术条件要求选择化学成分符合要求的水和水泥。对配合比、

流动度与泌水率等指标进行检测，通过分析严格控制好各项指标。建议根据不同的季节选择不同外加剂，夏季使用减水剂，冬季使用防冻剂与膨胀剂。

（2）管道压浆不密实的预控方法

配合比对于压浆剂的使用效果具有重要作用，对浆体的制备进行优化配比，能够保证强度，对膨胀现象与泌水现象的发生都有很好的控制作用。此外慎重选择膨胀剂，主要以塑性膨胀剂为主。适当提供稳压持荷压力，运用二次压浆方法，控制好间隔时间，使管道内能够完全被水泥浆充满，促进压浆更加密实。

1340. 压浆剂应当如何储存及包装？

（1）包装：压浆剂（料）为内塑外编织袋密封包装。

（2）质量：每件压浆剂（料）净重为 25（50）kg±0.2kg。

（3）生产日期和批号，于出厂合格证注明。

（4）保质期：出厂产品在常温标准保存条件下，压浆料保质期为 180d，压浆剂保质期为 180d。

（5）保存条件：存于阴凉干燥的仓库保储，防水防潮、防破损、防高温（45℃以上）。

（6）运输条件：防雨淋、暴晒，保持包装完好无损。

1341. 抹灰砂浆配合比试配、调整与确定有哪些要求？

（1）对抹灰砂浆的搅拌及试配强度提出要求。

① 基准配合比要求。基准配合比是计算和查表选用的配合比，是经试拌后，稠度、保水率（或分层度）已合格的配合比。

为了满足抹灰砂浆试配强度的要求，提出采用 3 个配合比进行试配，除基准配合比外，另外两个配合比的水泥用量分别比基准配合比增、减 10%，并对用水量或石灰膏、粉煤灰等矿物掺合料用量进行相应调整后进行试拌，测定稠度、保水率（或分层度）满足要求后，制作试块，测定其强度。

② 抹灰砂浆试配时稠度要求。在满足施工稠度要求的情况下，试配时稠度尽量用下限值，在符合强度要求的情况下，应选择水泥用量最低的砂浆配合比。这里的拉伸粘结强度需按现行行业标准《建筑砂浆基本性能试验方法标准》（JGJ/T 70）在实验室进行测定。

（2）应根据砂浆的表观密度值对砂浆配合比进行校正。

（3）预拌砂浆生产前应该经过配合比试配、调整与确定。

聚合物水泥抹灰砂浆和石膏抹灰砂浆是目前应用较多的新型抹灰砂浆，相关标准规定了它们各自的强度和性能要求，试配时需满足相应规定。

1342. 内墙抹灰施工对不同基层处理有什么要求？

内墙抹灰前需对基层进行处理。基层使用的材料不同，抹灰施工前要求的基层处理方法不同，正确的基层处理对提高抹灰质量至关重要，标准规定了不同基层常用的处理方法。

（1）烧结砖砌体的基层处理，洁净、潮湿而无明水的基层有利于增加基层与抹灰层的粘结，保证抹灰质量。由于烧结砖吸水率较大，每天宜浇两次水。

（2）蒸压灰砂砖、蒸压粉煤灰砖、轻集料混凝土（含轻集料混凝土空心砌块）基层的处理方法，因这几种块体材料的吸水率较小，为避免抹灰时墙面过湿或有明水，抹灰前浇水即可。

（3）对于混凝土基层，首先应将其基层表面上的尘土、污垢、油渍等清除干净后，再按下面给出的两种方法之一对基层进行处理。

① 可采用先将混凝土基层凿成麻面，然后浇水润湿的方法。基层凿成麻面能增加粘结面积，提高抹灰层与基层的粘结强度，但此方法工作量大，费工费时，现已不常使用。

② 也可采用在混凝土基层表面涂抹界面砂浆的方法。界面砂浆中含有高分子物质，涂抹后能起到增加基层与抹灰砂浆之间粘结力的作用，但需注意加水搅拌均匀，不能有生粉团。如需要满批刮以全部覆盖基层墙体为准，厚度不宜超过 2mm；有时采用机喷界面处理砂浆或人工用扫把抛洒界面处理砂浆。同时还应注意进行第一遍抹灰的时间，界面砂浆太干，抹灰层涂抹后失水快，影响强度增长，易收缩而产生裂缝；界面砂浆太湿，抹灰层涂抹后水分难挥发，不但影响下一工序的施工，还可能在砂浆层中留下空隙，影响抹灰层质量。

（4）对于加气混凝土砌块基层，首先应将其基层表面清扫干净后，再按下面给出的两种方法之一对基层进行处理。

① 可采用浇水润湿的方法，但要注意润湿的程度，太湿或润湿不够都会影响抹灰层与基层的粘结。

② 也可采用在加气混凝土砌块的基层表面涂抹界面砂浆的方法。

（5）对于混凝土小型空心砌块砌体和混凝土多孔砖砌体的基层，将基层表面的尘土、污垢、油渍等清扫干净即可，不需要浇水润湿。

（6）对于采用聚合物水泥抹灰砂浆抹灰的基层，由于聚合物抹灰砂浆保水性好，粘结强度高，将基层清理干净即可，不需要浇水润湿。

（7）对于采用石膏抹灰砂浆抹灰的基层，由于抹灰层厚度薄，与基层粘结牢固，不需要采用涂抹界面砂浆等特殊处理方法，只需对基层表面清理干净，浇水润湿即可。

1343. 吊垂直、套方、找规矩、做灰饼是大面积抹灰前的基本步骤，应按哪些要求进行？

吊垂直、套方、找规矩、做灰饰是大面积抹灰前的基本步骤，应按下列要求进行：

（1）先确定基准墙面，并据此进行吊垂直、套方、找规矩，根据墙面的平整度确定抹灰厚度，为保证墙面能被抹灰层完全覆盖，提出了抹灰厚度不宜小于 5mm 的要求。

（2）对于凹度较大、平整度较差的墙面，一遍抹平会造成局部抹灰厚度太厚，易引起空鼓、裂缝等质量问题，需要分层抹平，且每层厚度不应大于 7~9mm。

（3）为保证抹灰后墙面的垂直与平整度，抹灰前应先抹灰饼，抹灰饼时需根据室内抹灰要求，确定灰饼的正确位置，再用靠尺板找好垂直与平整。

1344. 混凝土顶棚抹灰有哪些要求？

抹灰层出现开裂、空鼓和脱落等质量问题的主要原因之一是基层表面不干净，如：

基层表面附着的灰尘和疏松物、脱模剂和油渍等，这些杂物不彻底清除干净会影响抹灰层与基层的粘结。因此，顶棚抹灰前应将楼板表面清除干净，凡凹凸度较大处，应用聚合物水泥抹灰砂浆修补平整或剔平。

顶棚抹灰通常不做灰饼和冲筋，但应先在四周墙上弹出水平线控制线，再抹顶棚四周，然后圈边找平。

顶棚抹灰层不宜太厚，太厚易出现开裂、空鼓和脱落等现象，预制混凝土板顶棚基体平整度较差规定抹灰厚度不宜大于 10mm；现浇混凝土顶棚基体平整度较好规定抹灰厚度不宜大于 5mm。

在混凝土顶棚上找平、抹灰，抹灰砂浆与基体粘结牢固，不发生开裂、空鼓和脱落等现象尤为重要，因此，强调粘结牢固，对平整度不提出过高要求，表面平顺即可。

1345. 湿拌砂浆进场检验符合什么要求？

湿拌砂浆进场时，生产厂家应提供产品质量证明文件，它们是验收资料的一部分。质量证明文件包括产品型式检验报告和出厂检验报告等，进场时提交的出厂检验报告可先提供砂浆拌合物性能检验结果，如稠度、保水率等，其他力学性能出厂检验结果应在试验结束后的 7d 内提供给需方，缓凝砂浆在试验结束后的 14d 内提供给需方。同时，生产厂家还需提供产品使用说明书等，使用说明书是施工时参考的主要依据，必要的内容信息一定要完善齐全。

1346. 湿拌砂浆进场砂浆质量符合什么要求？

湿拌砂浆进场时，首先应进行外观检验，湿拌砂浆在运输过程中，会因颠簸造成颗粒分离、泌水现象等，容易造成物料分离，从而影响砂浆的质量，因此湿拌砂浆进场后，应先进行外观的目测检查，初步判断砂浆的匀质性与质量变化。

随着时间的延长，湿拌砂浆稠度会逐步损失，当稠度损失过大时，就会影响砂浆的可施工性，因此，湿拌砂浆稠度偏差应控制在规范允许的范围内。

湿拌砂浆经外观、稠度检验合格后，还应检验湿表观密度、含气量，成型砂浆强度试块、粘结强度试块等其他性能指标。不同品种预拌砂浆的进厂检验项目详见《预拌砂浆应用技术规程》（JGJ/T 223）附录 A，复验结果应符合《预拌砂浆》（GB/T 25181）的相关规定。

1347. 湿拌砂浆储存符合什么要求？

湿拌砂浆是在专业生产厂经计量、加水拌制后，用搅拌运输车运至使用地点。砂浆除了直接使用外，其余砂浆应储存在专用储存容器中，随用随取。专用储存容器要求密闭、不吸水，容器大小不作要求，最好可以带搅拌功能，可根据工程实际情况决定，但应遵循经济、实用原则，且便于储运和清洗。湿拌砂浆在现场储存时间较长，可通过掺用缓凝剂来延缓砂浆的凝结，并通过调整缓凝剂掺量，来调整砂浆的凝结时间，使砂浆在不失水的情况下能长时间保持不凝结（24h 内），一旦使用则能正常凝结硬化。拌制好的砂浆应防止水分的蒸发，夏季应采取遮阳、防雨措施，冬季应采取保温防冻措施。

1348. 砌筑砂浆施工块材处理符合什么规定？

非烧结制品含水率过大时，会导致砌体后期收缩偏大，因此应控制其上墙时的含水率。由于各类块材的吸水特性，如吸水率、初始吸水速度和失水速度不同，以及环境湿度的差异，块材砌筑时适宜的含水率也各异。

烧结砖砌筑前，应提前1～2d浇水湿润，做到表干内湿，表面不得有明水。砖的湿润程度对砌体的施工质量影响较大。试验证明，适宜的含水率不仅可以提高砖与砂浆之间的粘结力，提高砌体的抗剪强度，也可以使砂浆强度保持正常增长，提高砌体的抗压强度。同时，适宜的含水率还可以使砂浆在操作面上保持一定的摊铺流动性能，便于施工操作，有利于保证砂浆的饱满度。这些对确保砖砌体的力学性能和施工质量是十分有利的。试验表明，干砖砌筑会大大降低砌体的抗剪和抗压强度，还会造成砌筑困难并影响砂浆强度正常增长；吸水饱和的砖砌筑时，不仅使刚砌的砌体稳定性差，还会影响砂浆与砖的粘结力。

普通混凝土小砌块具有吸水率低和吸水速度迟缓的特点，一般情况下砌筑时可不浇水。

轻集料混凝土小砌块的吸水率较大，砌筑时应提前浇水湿润。

蒸压加气混凝土砌块具有吸水速率慢、总吸水量大的特点，不适宜采用提前洒水湿润的方法。由于蒸压加气混凝土砌块尺寸偏差较小，可采用薄层砌筑砂浆进行干法施工。

1349. 砌筑砂浆施工符合什么规定？

灰缝增厚会降低砌体抗压强度，过薄将不能很好的垫平块材，产生局部挤压现象。由于薄层砌筑砂浆中常掺有少量添加剂，砂浆的保水性及粘结性能均较好，可以实现薄层砌筑。目前薄层砂浆施工法多用于块材尺寸精确度高的块材砌筑，如蒸压加气混凝土砌块。

砖砌体砌筑宜随铺砂浆随砌筑。采用铺浆法砌筑时，铺浆长度对砌体的抗剪强度有明显影响，因而对铺浆长度作了规定。当空气干燥炎热时，提前湿润的砖及砂浆中的水分蒸发较快，影响工人操作和砌筑质量，因而应缩短铺浆长度。

对墙体砌筑时每日砌筑高度进行控制，目的是保证砌体的砌筑质量和安全生产。

灰缝横平竖直，厚薄均匀，不仅使砌体表面美观，还能保证砌体的变形及传力均匀。此外，对各种块材墙体砌筑时的砂浆饱满度作了规定，以保证砌体的砌筑质量和使用安全。由于砖柱为独立受力的重要构件，为保证其安全性，对灰缝砂浆饱满度的要求有所提高。

小砌块砌体的砂浆饱满度严于砖砌体的要求。究其原因：一是由于小砌块壁较薄、肋较窄，小砌块与砂浆的粘结面不大；二是砂浆饱满度对砌体强度及墙体整体性影响比砖砌体大，其中，抗剪强度较低又是小砌块的一个弱点；三是考虑了建筑物使用功能（如防渗漏）的需要。另外，竖向灰缝饱满度对防止墙体裂缝和渗水至关重要。

竖向灰缝砂浆的饱满度一般对砌体的抗压强度影响不大，但对砌体的抗剪强度影响明显。此外，透明缝、瞎缝和假缝对房屋的使用功能也会产生不良影响。因此，对砌体施工时的竖向灰缝的质量要求作出了相应的规定，以保证竖向灰缝饱满，避免出现假缝、瞎缝、透明缝等。

块材位置变动，会影响与砂浆的粘结性能，降低砌体的安全性。

1350. 不同界面基层有什么特点？基层处理应符合什么要求？

混凝土墙体表面比较光滑，不容易吸附砂浆；蒸压加气混凝土砌块具有吸水速度慢，但吸水量大的特点，在这些材料基层上抹灰比较困难。采用与之配套的界面砂浆在基层上先进行界面增强处理，然后再抹灰，这样可增加抹灰层与基底之间的粘结，也可降低高吸水性蒸压加气混凝土砌块吸收砂浆中水分的能力。可采用涂抹、喷涂、滚涂等方法在基层上先均匀涂抹一层 1～2mm 厚的界面砂浆，表面稍收浆后，进行第一遍抹灰。

这些块材也有与之配套的界面砂浆，优先采用界面砂浆对基层进行界面增强处理，也可参照烧结黏土砖砌体抹灰的施工方法，即提前洒水湿润。

基底湿润是保证抹灰砂浆质量的重要环节，为了避免砂浆中的水分过快损失，影响施工操作和砂浆的固化质量，在吸水性较强的基底上抹灰时应提前洒水湿润基层。洒水量及洒水时间应根据材料、基底、气候等条件进行控制，不可过多或过少。洒水过少易使砂浆中的水分被基底吸走，使水泥缺水不能正常硬化；过多会造成抹灰时产生流淌，挂不住砂浆，也会因超量的水产生相对运动，降低抹灰层与基底层的粘结。一般天气干燥有风时多洒，天气寒冷、蒸发小时少洒。我国幅员辽阔，各地气候不同，各种基底的吸水能力又有很大差异，应根据具体情况，掌握洒水的频次与洒水量。

对平整度较好的基底，如蒸压加气混凝土砌块砌体，可通过采用薄层抹灰砂浆实现薄层抹灰。由于薄层抹灰砂浆中掺有少量的添加剂，砂浆的保水性及粘结性能较好，可直接抹灰，不需做界面处理。

1351. 为什么抹灰砂浆要控制一次抹灰厚度？抹灰施工方法有什么要求？

砂浆一次涂抹厚度过厚，容易引起砂浆开裂，因此应控制一次抹灰厚度。薄层抹灰砂浆中常掺有少量添加剂，砂浆的保水性及粘结性能均较好，当基底平整度较好时，涂层厚度可控制在 5mm 以内，而且涂抹一遍即可。

为防止砂浆内外收水不均匀，引起裂缝、起鼓，也为了易于找平，一次抹灰不宜太厚，应分层涂抹。每层施工的间隔时间视不同品种砂浆的特性以及气候条件而定，并参考生产厂家的建议，要求后一层砂浆施工应待前一层砂浆凝结硬化后进行。为了增加抹灰层与底基层间的粘结，底层要用力压实；为了提高与上一层砂浆的粘结力，底层砂浆与中间层砂浆表面要搓毛。在抹中间层和面层砂浆时，需注意表面平整。抹面层时要注意压光，用木抹抹平，铁抹压光。压光时间过早，表面易出现泌水，影响砂浆强度；压光时间过迟，会影响砂浆强度的增长。

为了防止抹灰总厚度太厚引起砂浆层裂缝、脱落，当总厚度超过 35mm 时，需采取增设金属网等加强措施。

顶棚基本为混凝土或混凝土构件，其表面平整度较好，且光滑，可采用薄层抹灰砂浆进行找平，也可采用腻子进行找平。

1352. 抹灰砂浆质量的好坏关键是什么？主要影响因素是什么？

抹灰砂浆质量的好坏关键在于抹灰层与基底层之间及各抹灰层之间必须粘结牢固，判别方法是在实体抹灰层上进行拉拔试验。

在不同品种的砌块、烧结砖及非烧结砖墙体上进行抹灰，采用不同的基层处理方法（不处理、提前24h洒水、涂界面砂浆、刷水泥净浆等）和养护方法（洒水养护、自然养护），在不同龄期进行实体拉伸粘结强度检测，试验表明，对拉伸粘结强度影响最大的因素是养护的方式，不管抹灰前采取何种基层处理方法，包括涂刷界面砂浆，但抹灰后未采取任何措施进行养护的，其拉伸粘结强度基本在0.2MPa以下，而同样经过7d洒水养护的，其拉伸粘结强度大部分在0.3～0.6MPa，可见，抹灰后进行适当保湿养护，拉伸粘结强度达到0.25MPa是容易通过的。

1353. 粘贴饰面砖的基层水泥抹灰砂浆找平应符合哪些规定？

（1）在基体处理完毕后，进行挂线、贴灰饼、冲筋，其间距不宜大于2m。

（2）抹找平层前应将基体表面润湿，需要时在基体表面涂刷结合层。

（3）找平层应分层施工，每层厚度不应大于7mm，且应在前一层终凝后再抹后一层，不得空鼓；找平层厚度不应大于20mm，超过20mm时应采取加固措施。

（4）找平层的表面应刮平搓毛，并应在终凝后浇水或保湿养护。

（5）基体找平层的粘结强度应符合现行行业标准《建筑工程饰面砖粘结强度检验标准》（JGJ/T 110）的规定。

（6）基体强度低易造成找平层与基体界面破坏。基体的粘结强度不应小于0.4MPa；当基体的粘结强度小于0.4MPa时，应进行加固处理。

（7）加气混凝土、轻质墙板、外墙外保温系统等基体，当采用外墙饰面砖时，应有可靠的加强及粘结质量保证措施。

（8）加气混凝土、轻质墙板、外墙外保温系统等基体自身强度较低，需要采取挂金属网等加强措施。粘贴的外墙饰面砖采用柔韧性填缝材料并设置足够的伸缩缝，缓冲使用过程中因温度变化而引起的收缩变形。如果不能按要求做，就不要采用外墙饰面砖饰面。

1354. 地面砂浆施工有什么要求？

地面面层砂浆施工时应刮抹平整；表面需要压光时，应做到收水压光均匀，不得泛砂。压光时间要恰当，若压光时间过早，表面易出现泌水，影响表层砂浆强度；压光时间过迟，易损伤水泥胶凝体的凝结结构，影响砂浆强度的增长，容易导致面层砂浆起砂。

做踢脚线前，应弹好水平控制线，并应采取措施控制出墙厚度一致。踢脚线突出墙面厚度不应大于8mm，目的是为保证踢脚线与墙面紧密结合，高度一致，厚度均匀。

踏步面层施工时，可根据平台和楼面的建筑标高，先在侧面墙上弹一道踏级标准斜线，然后根据踏级步数将斜线等分，等分各点即为踏级的阳角位置。每级踏步的高（宽）度与上一级踏步和下一级踏步的高（宽）度误差不应大于10mm。楼梯踏步齿角要整齐，防滑条顺直。

客厅、会议室、集体活动室、仓库等房间的面积较大，设置变形缝是为了避免地面砂浆因收缩变形导致的较多裂缝的发生。

养护工作的好坏对地面砂浆质量影响极大，潮湿环境有利于砂浆强度的增长；养护不够，且水分蒸发过快，水泥水化减缓甚至停止水化，从而影响砂浆的后期强度。另外，地面砂浆一般面积大，面层厚度薄，又是湿作业，故应特别防止早期受冻，为此要确保施工环境温度在5℃以上。

地面砂浆受到污染或损坏，会影响到其美观及使用。当面层砂浆强度较低时过早使用，面层易遭受损伤。

1355. 防水砂浆施工基层处理符合什么要求？

基层的平整、坚固、清洁，对保证砂浆防水层的施工质量具有重要的作用，因此，需要做好此环节的工作。

依据现行国家标准《地下防水工程质量验收规范》（GB 50208）的相关规定。

使用界面砂浆进行界面处理，可提高防水砂浆与基层的粘结强度。聚合物水泥防水砂浆具有较好的黏性和保水性，界面可不用处理，直接施工。

建筑防水嵌缝密封材料是为了强化管道、地漏根部的防水。有一定的坡度能保证排水效果，坡度一般为5%。

1356. 防水砂浆施工符合什么要求？

防水砂浆施工前，应将节点部位、相关的设备预埋件和管线安装固定好，验收合格后方可进行防水砂浆的施工。凿孔打洞会破坏防水砂浆层，引起渗漏，因此，应做好砂浆防水层的保护工作，避免对防水砂浆层造成破坏。用于混凝土或砌体结构基层上的水泥砂浆防水层，应采用多层抹压的施工工艺，以提高砂浆层的防水能力。多层抹压可防止砂浆防水层的空鼓、裂缝，有利于提高防水效果。

普通防水砂浆为刚性防水材料，抗裂性能相对较差，只有达到一定的厚度才能满足防水的要求。为了防止一次涂抹太厚，引起砂浆层空鼓、裂缝和脱落，砂浆防水层应分层施工，分层还有利于毛细孔阻断，提高防水效果。抹灰时要压实，以保证防水层各层之间结合牢固、无空鼓现象，但注意反复压的次数不要过多，以免产生空鼓、裂缝。砂浆铺抹时，通常在砂浆收水后二次压光，使表面坚固密实、平整。

1357. 界面处理砂浆一般规定符合什么要求？

界面处理砂浆主要用于基层表面比较光滑、吸水慢但总吸水量较大的基层处理，如混凝土、加气混凝土基层，解决由于这些表面光滑或吸水特性引起的界面不易粘结，抹灰层空鼓、开裂、剥落等问题，可大大提高砂浆与基层之间的粘结力，从而提高施工质量，加快施工进度。在很多不易被砂浆粘结的致密材料上，界面砂浆作为必不可少的辅助材料，得到广泛的应用。

界面处理砂浆在轻质砌块、加气混凝土砌块等易产生干缩变形的砌体结构上，具有一定的防止墙体吸水，降低开裂，使基材稳定的作用。

界面处理砂浆的种类很多，有混凝土、加气混凝土专用界面砂浆，有模塑聚苯板、挤塑聚苯板专用界面砂浆，还有自流平砂浆专用界面砂浆，随着预拌砂浆的发展，还会开发出更多、性能更全的品种。由于各种界面砂浆的性能要求不同，适应性也不同，因此，应根据基层、施工要求等情况选择相匹配的界面砂浆。

1358. 界面处理砂浆施工符合什么要求?

基层良好的处理是保证界面处理砂浆与基层结合牢固,不空鼓、不开裂的关键工序,应认真处理好基层,使其平整、坚固、洁净。

当基层表面比较光滑、平整时,可采用滚刷法施工。

界面处理砂浆涂抹好后,待其表面稍收浆(用手指触摸,不粘手)后即可进行下道抹灰施工。夏季气温高时,界面砂浆干燥较快,一般间隔时间在 10～20min;气温低时,界面砂浆干燥较慢,一般间隔时间在 1～2h。

在工厂预先对保温板进行界面处理时,应待界面砂浆固化(大约 24h)后才可进行下道工序。

1359. 湿拌砂浆季节性施工应符合什么要求?

砂浆抹灰层硬化初期不得受冻,否则会影响抹灰层质量。气温低于 5℃时,室外抹灰所用的砂浆可掺入能降低冻结温度的防冻剂,其掺量应由试验确定。做涂料墙面的抹灰砂浆时,不得掺入含氯盐的防冻剂。规定抹灰施工时环境温度不宜低于 5℃。

冬期室内抹灰施工时,为保证水泥能正常凝结,应观测室内温度,保证不低于 0℃。冬季环境温度低,水分挥发慢,抹灰层施工完后,一般不需要浇水养护。

冬期室内抹灰工程结束后,为防止抹灰砂浆在硬化初期受冻,在 7d 内应保持室内温度不低于 5℃。抹灰层可采取加温措施加速干燥,当采用热空气加温时,应注意通风,排除湿气。

冬期施工时,因砂浆凝结较慢,故应适当减少湿拌砂浆中缓凝剂的掺量。湿拌砂浆的储存容器采取保温措施主要是防止砂浆受冻。砂浆中适当加入防冻剂,可降低砂浆凝固点温度,确保冬季能够正常使用。抹灰时环境温度的规定和防冻措施的采取都是为了确保砂浆层在受冻前有一定的初始强度。

温度太低砂浆中水泥不能正常凝结,寒冷地区冬季温度一般都低于 0℃,因此不宜进行抹灰施工。

雨天进行外墙抹灰施工,抹灰砂浆受到雨水冲刷特别是在凝结前,会严重影响抹灰工程质量,因此,规定雨天不宜进行外墙抹灰施工,当确需施工时,应采取防雨措施,防止抹灰砂浆凝结前受到雨淋。

抹灰砂浆在高温、干燥季节水分蒸发快,影响砂浆强度,应采取关闭门窗、洒水润湿及遮阳等措施降低水分蒸发速度,保持一定湿度,使抹灰砂浆能正常凝结。

1360. 抹灰层砂浆强度与基体材料强度相差多少合适?

过去采用体积比配制的抹灰砂浆强度均比基体材料强度高一倍甚至几倍以上,不但浪费材料而且由于强度相差太大,变形不协调,会导致抹灰层空鼓等质量缺陷。根据实体工程抹灰情况调查,抹灰层砂浆强度与基体材料强度相差在两个强度等级内较恰当。

1361. 选择抹灰砂浆强度时,分哪几种情况进行考虑?

当外墙无粘贴饰面砖要求时,考虑到节材及收缩问题,规定底层抹灰砂浆强度大于基体材料一个强度等级或等于基体材料强度。

对不粘贴饰面砖的内墙,抹灰砂浆强度宜低于基体材料强度一个强度等级。

当需粘贴饰面砖时，考虑到安全性能，中层抹灰砂浆强度不宜低于 M15 且大于基体材料强度一个强度等级，优先选用水泥砂浆。

对于填补孔洞和窗台、阳台抹面等局部使用的砂浆，由于面积小，收缩问题可不考虑，主要考虑强度，宜采用 M15 或 M20 水泥砂浆。

1362. 抹灰砂浆使用材料需要考虑哪些问题？

既考虑到节约材料又兼顾质量，当配制低强度等级抹灰砂浆时，用 32.5 级通用硅酸盐水泥或砌筑水泥；当配制高强度等级抹灰砂浆时，用 42.5 级以上的通用硅酸盐水泥。

对抹灰砂浆来说，良好的施工性能很重要，故在配制时可采取改善和易性的措施，可以掺入适量的石灰膏、粉煤灰、石灰石粉、沸石粉等。由于消石灰粉是未充分熟化的石灰，颗粒太粗，起不到改善和易性的作用，还会降低砂浆强度，所以不能掺加。因砌筑水泥中掺合料含量高，为保证抹灰砂浆的耐久性能，当用其作为胶凝材料拌制砂浆时，不能再掺加粉煤灰等矿物掺合料。

随着建筑技术的发展，为改善抹灰砂浆的和易性、施工性及抗裂性等性能，外加剂、增稠剂以及纤维等在抹灰砂浆中的应用越来越广，只要这些物质的掺入不影响抹灰砂浆的规定性能，就可使用。目前抹灰砂浆中常用的外加剂包括减水剂、防水剂、缓凝剂、塑化剂、砂浆防冻剂等。

1363. 抹灰砂浆施工应符合什么要求？

为保证抹灰砂浆施工质量，施工前要求按《抹灰砂浆技术规程》（JGJ/T 220）进行配合比设计。该规程首次提出了抹灰砂浆拉伸粘结强度的要求，规定大面积施工前可在实地制作样板，在规定龄期进行试验，当抹灰砂浆拉伸粘结强度值满足要求后，方可进行抹灰施工。抹灰工程完工后，需要在现场进行抹灰砂浆拉伸粘结强度检测，龄期一般为抹灰层施工完后 28d 进行，也可按合同约定的时间进行检测，但检测结果必须满足《抹灰砂浆技术规程》（JGJ/T 220）的要求。

一般砌体砌筑结束 28d 后，其结构基本稳定，根据施工验收规范的要求，主体结构验收合格后才可以进行抹灰砂浆施工。

为保证抹灰工程施工质量，要求抹灰前栏杆、预埋件等安装完成，位置正确、与墙体连接牢固，并对基层进行处理。

根据抹灰工程中抹灰砂浆实际厚度情况，内墙、外墙、顶棚和蒸压加气混凝土砌块基层的抹灰层厚度做出规定。顶棚抹灰厚度指的是聚合物抹灰砂浆或石膏抹灰砂浆的抹灰厚度。

1364. 湿拌砂浆可抹性包含哪几方面内容？

（1）流动性

流动性是指湿拌砂浆拌合物在自重、人工涂刮、施工机械喷涂的作用下，能产生流动，并均匀密实地施工填充的性能。砂浆的流动性又称稠度，是指砂浆在重力或外力作用下产生流动的性质。砂浆流动性通常用砂浆稠度测定仪测定，用"稠度值"表示。稠度值大的砂浆，表示流动性较好。若流动性过大，砂浆易分层、泌水；若流动性过小，则施工不便。影响砂浆流动性的因素很多，如胶凝材料种类及数量、掺合料的种类及数量、用水量；砂的粗细与级配、外加剂的种类及掺量、搅拌时间等。当原材料确定后，流动性大小主要取决于用水量，因此，施工中常以调整用水量的方法来改变流动性。

砂浆流动性的选择与砌体种类、用途、施工方法以及施工气候条件有关。一般情况下，多孔吸水的砌体材料和干热的天气，流动性应大些；密实不吸水的砌体材料和湿冷的天气，流动性应小些。

出料砂浆稠度根据工程实际、用途和当时大气温度湿度等情况综合考虑，一般预拌砂浆出厂稠度控制在 60～90mm（春秋、抹灰）和 90～100mm（夏季、砌筑）两个档次。

（2）保水性

砂浆的保水性是指砂浆保持水分的能力，即指新拌砂浆在运输、停放及施工过程中，水与胶凝材料及集料分离快慢的性质。保水性好的砂浆，水分不易流失，易于铺成均匀密实的砂浆薄层；反之，容易产生分层、泌水、水分流失，不易施工操作，同时也影响水泥的正常水化硬化，使强度和粘结力下降。

为提高砂浆的保水性，往往掺入适量的石灰膏、粉煤灰等材料，或掺入适量微沫剂、纤维素醚等砂浆外加剂。砂浆的保水性用保水率来表示。砌筑砂浆的保水率应符合《砌筑砂浆配合比设计规程》（JGJ/T 98—2010），见表 2-5-6。

表 2-5-6　砌筑砂浆的保水率　　　　　　　　　　　　　　　（%）

砂浆种类	保水率
水泥砂浆	≥80
水泥混合砂浆	≥84
预拌砌筑砂浆	≥88

（3）延展性

延展性是砂浆的物理属性之一，指在甩、涂、抹、推、压等外力作用下可压延程度。易断层部分宜可伸成薄面均匀铺贴于基面而不断裂的性质。是变形的能力大小的衡量指标，为描述砂浆平面变化的状态。延展性好的砂浆 1m³ 砂浆涂抹面积增大，提高工人施工效率 10%～20%。

（4）流变性

流变性是指在外力作用下砂浆体的变形和流动性质，主要指砂浆在力的作用下形变速率和黏度之间的关系，砂浆的流变性可反应砂浆的塑性黏度、屈服应力、触变性变化状态。

（5）触变性

触变性是指砂浆体在机械剪切力作用下，从凝胶状体系变为流动性较大的溶胶体系，静置一段时间后又变成原状态的性质。砂浆的流变性和数学模型可反映砂浆内部的微观状态，可以让我们更深层次的认知湿拌砂浆。

（6）黏聚性

黏聚性是指湿拌砂浆拌合物内部各组分间具有一定的黏聚力，在运输和施工过程中不致产生分层离析现象，使湿拌砂浆保持整体均匀的性能。

1365. 影响湿拌砂浆可抹性的因素有哪些？

（1）组成材料，包括水泥品种和细度，集料的品种和粗细程度，矿物掺合料，外加剂等。

（2）配合比，包括单位用水量，水胶比和浆骨比等。

（3）温度、湿度和时间。

气温高、湿度小、风速大将加速流动性的损失。随着时间的延长，湿拌砂浆拌合物流动性、触变性变差、保塑时间缩短。

（4）砂浆搅拌。

湿拌砂浆的搅拌直接影响砂浆的可抹性，搅拌影响着砂浆内部物料的扩散融合性，尤其是保塑剂的溶解性，保证搅拌时间充足，不得欠搅、禁止过搅。湿拌砂浆经生产搅拌、二次运输、周转输送等各个环节循环，会经过多重搅拌。经过充分搅拌，湿拌砂浆能有足够时间均化。搅拌不足影响砂浆的各项性能达不到要求，搅拌过度影响砂浆稠度、密度、保塑时间变化。

搅拌好的砂浆它的物料状态较接近理想溶液。对比干拌砂浆，这是干混砂浆不能具备的特点。干混砂浆从加水搅拌到砂浆使用完时间较短，可能没等保塑剂分散完全就使用完了，优质的可抹性无法保证。

1366. 原材料对湿拌砂浆可抹性的影响因素有哪些？

（1）水泥品种和细度

不同品种的水泥，标准稠度用水量不同，标准稠度用水量越大，相同水胶比条件下湿拌砂浆拌合物的流动性就越小。同样，相同品种的水泥细度越大，相同水胶比条件下湿拌砂浆拌合物的流动性就越小。尽量不用或少用矿渣硅酸盐水泥，矿渣颗粒偏粗时，容易引起新拌砂浆的泌水，砂浆可抹性变差。

（2）砂的品种和粗细程度、颗粒形状

砂的品种、颗粒粒径、粒形、表面特征、级配、含泥（粉）量等影响湿拌砂浆拌合物的可抹性。级配良好的砂总比表面积和空隙率小，包裹集料表面和填充空隙所需的水泥浆用量小，对湿拌砂浆拌合物流动性、包裹性有利。颗粒圆滑的砂，使用时顺滑易涂抹。砂的品种、含粉量可有效保证湿拌砂浆保水率高、保塑时间稳定性。

（3）矿物掺合料

由于矿物掺合料的形态效应、微集料效应，掺加一定量的优质粉煤灰、石灰石粉等矿物掺合料可以改善湿拌砂浆的可抹性，提高湿拌砂浆的黏聚性和保水性、保塑性，减少离析、泌水、分层现象。

（4）外加剂

砂浆外加剂改善湿拌砂浆的可抹性，可使湿拌砂浆在不增加用水量的条件下增加流动性、触变性、增加保塑时间并具有良好的黏聚性、包裹性、保水性。

1367. 配合比设计对湿拌砂浆可抹性的影响因素有哪些？

（1）单位用水量

单位用水量是湿拌砂浆流动性的决定因素。用水量增大，流动性随之增大。但用水量过高会导致保水性、保塑性和黏聚性变差，产生泌水或分层离析现象，从而影响湿拌砂浆的均质性、强度和耐久性、保塑时间。

（2）水胶比和浆骨比

在水泥用量不变的情况下，合理的水胶比可以改善湿拌砂浆的可抹性。在水胶比一定的前提下，合理的浆骨比可以改善湿拌砂浆的可抹性。

（3）砂浆砂率

选择合理的砂浆砂率可以改善湿拌砂浆的可抹性。在水泥用量和水胶比一定的条件下，砂率在一定范围内增大，有助于提高湿拌砂浆的流动性、透气性。一般情况下，保证湿拌砂浆不离析、包裹性好、透气性好、保水、保塑性能优良，合理选用砂浆砂率。

（4）外加剂掺量

外加剂掺量可以调整湿拌砂浆的保塑时间长短，保证湿拌砂浆保水性，调整砂浆密度，延长或缩短砂浆保塑、收水时间；提高砂浆柔韧性，增加砂浆体积，减少用水量、提高粘结力、控制稠度损失，减少落地灰；有效抑制水泥水化初期和诱导期的水化反应速度，可延长或缩短砂浆的保塑期和凝结时间，激发砂浆活性致使砂浆柔顺爽滑，增强砂浆的内聚力、使砂浆收缩减到最小，利于砂浆抗裂、耐久性，防空鼓。加入过量会影响施工效率及湿拌砂浆强度延长凝结时间甚至不凝。稳定湿拌砂浆的可抹性，灵活控制湿拌砂浆保塑性。

1368. 硬化后的砂浆有哪些技术性质？

砌筑砂浆将块材粘结成砌体，并在砌体中主要起传递荷载作用；抹灰砂浆与基层牢固粘结并起保护、装饰和改善某些功能的作用。在使用过程中，硬化后的砂浆应具有一定的抗压强度、粘结强度、耐久性及抵抗变形的能力。砂浆的粘结强度、耐久性随抗压强度的增大而提高，它们之间有较好的相关性，因此，常以抗压强度作为砂浆最主要的技术性能指标。

（1）抗压强度

砂浆的抗压强度是以边长为 70.7mm 的立方体试件标准养护 28d 的抗压强度表示。影响砂浆抗压强度的因素很多。大量试验证明，当原材料质量一定时，砂浆的抗压强度主要取决于水泥用量和水泥标号，砌筑砂浆的强度等级应根据工程类别及不同砌体部位选择。湿拌砂浆缓凝类砂浆对比普通凝结砂浆，其试块拆模时间要根据保塑时间的长短而定，一般保塑时间越长拆模时间越长，需保证砂浆试块终凝后拆模，防止砂浆试块只是表面凝结，内部还没有完全凝结，拆模而使试块被破坏，防止没有终凝放置养护室导致砂浆湿胀。

（2）粘结强度

硬化后的砂浆要与砖石材料粘结成整体性的砌体，它在砌体中起传递载荷的作用，并与砌体一起经受周围介质的物理化学作用。因此，为保证砌体的强度、耐久性及抗震性等，要求砂浆与基层材料之间应具有足够的粘结强度。一般情况下，粘结强度随砂浆强度的增大而提高。此外，砂浆的粘结强度还与基层材料的表面粗糙程度、清洁程度、润湿程度及养护条件有关。在粗糙、清洁、湿润的基面上，砂浆粘结强度较高；养护充分，粘结强度会明显提高，因此，砌砖前，常将砖浇水润湿，以提高砂浆与砖之间的粘结强度，保证砌筑质量。

（3）耐久性

经常与水接触的砌体有抗渗性及抗冻性要求，故砂浆应考虑抗渗性、抗冻性及抗侵蚀性。

（4）变形性能

砂浆在承受载荷、温度变化或湿度变化时，均会产生变形。如果变形过大或不均匀，都会降低砌体的质量，引起沉陷或裂缝。轻集料配制的砂浆，其收缩变形较普通砂浆大；石灰膏或掺合料掺量过大，其干缩变形较大；抹面砂浆中常加入麻刀、纸筋及聚丙烯纤维等纤维材料以防止砂浆干裂。

1369. 影响湿拌砂浆强度的材料因素有哪些？

（1）水泥强度

对于湿拌砂浆，强度主要取决于水泥石强度及其与集料的粘结强度，而它们又取决于水泥强度等级及水灰比的大小。水泥强度越高，水泥石自身强度及其与集料的粘结强度就越高，砂浆强度也越高。

（2）砂的质量与级配

砂的强度、坚固性影响砂浆强度，砂中的泥、泥块等有害物质将降低湿拌砂浆强度，砂的颗粒形状对砂浆强度产生影响。砂的级配良好，砂率适当时，砂填充密实，提高湿拌砂浆的强度。

（3）外加剂

掺加砂浆外加剂，在保证相同指标性能的前提下，减少用水量，降低水灰比，提高湿拌砂浆强度，改善湿拌砂浆可抹性，延长湿拌砂浆保塑时间、凝结时间。掺加外加剂过高，湿拌砂浆的含气量提高，使湿拌砂浆强度降低、保塑时间、凝结时间加长。

（4）矿物掺合料

掺加硅灰，由于硅灰超细颗粒的物理紧密填充作用，使水泥石密实性和过渡区明显改善，湿拌砂浆早期强度提高。当掺加粉煤灰、矿渣粉等矿物掺合料时，由于水泥用量降低，湿拌砂浆早期强度降低。当掺加矿物掺合料时，由于矿物掺合料中含有的大量的活性 SiO_2、Al_2O_3 等物质，可与水泥水化产物 $Ca(OH)_2$ 发生二次反应，明显改变水泥石结构，养护充分条件下其后期强度不断增长。

（5）水灰比

水灰比越大，湿拌砂浆强度越低。

1370. 湿拌砂浆早期受冻的原因是什么？有什么影响？

湿拌砂浆施工后，在养护硬化期间，当温度升高时，水泥水化作用加快，砂浆强度也加快增长；当温度降低到 0℃ 以下时，砂浆内毛细孔中的自由水开始结冰，由液相变为固相，这时参与水泥水化作用的水减少，故水化作用减慢，强度增长相应较慢；温度继续下降，砂浆中的水完全变成冰，由液相变为固相时，水泥水化作用基本停止，此时强度就不再增长。水变成冰后，体积膨胀，同时产生较大的冰胀应力。这个应力值常常大于水泥石内部形成的初期强度值，使砂浆受到不同程度的破坏而降低强度（即早期受冻破坏）。在某一冻结温度下存在着结冰的水和过冷的水，结冰的水产生体积膨胀，过冷的水发生迁移，引起各种压力，当这些压力达到一定程度时，砂浆内部的抗压强度和抗拉强度不足以抵抗砂浆中毛细孔水结冰所引起的膨胀应力，水分结冰所产生的膨胀将使砂浆内部结构产生严重破坏，造成不可恢复的强度损失。

当水变成冰后，还会在基层表面上产生颗粒较大的冰凌，减弱水泥浆与基层的粘结力，从而影响砂浆强度，易使砂浆形成空鼓、起粉。当冰凌融化后，又在砂浆内部形成各种各样的空隙，降低砂浆的密实性及耐久性。

1371. 湿拌砂浆中的水主要以几种形式存在于砂浆中？

水在混拌砂浆中主要以结晶水、吸附水、毛细孔水、游离水的形式存在。

（1）结晶水：如钙矾石等晶体中所含的水称为结晶水，这部分水不可能结冰的。

（2）吸附水：也被称为凝胶水，存在于各种水化物，如钙矾石的胶凝孔中，在自然条件下这部分水不可能结冰的。

（3）毛细孔水：存在于毛细孔中，这部分水是可冻的。

（4）游离水：也被称为自由水，存在于各种固体颗粒之间，是可冻水。混拌砂浆冻害是由于游离水和孔径较大的毛细水结冰造成的。游离水的冻结早于毛细孔内水的冻结。

1372. 抹灰砂浆使用材料提出哪些要求？

考虑到配制抹灰砂浆的原材料水泥、粉煤灰等可能含有放射性物质，会对人体产生伤害，提出所用原材料不应对人体、生物与环境造成有害的影响，并应符合现行国家标准《建筑材料放射性核素限量》（GB 6566）的规定。

为响应国家节约资源、节能减排的号召，提倡采用散装水泥或砌筑水泥。考虑到水泥的质量直接影响抹灰砂浆的性能，因此对水泥的组批、复验、储存等提出了要求。

砂太粗会影响到砂浆的抹面效果，太细容易产生裂缝，故选用中砂。砂含泥量过大不但会降低砂浆强度，浪费水泥，还会加大砂浆的收缩，引起抹灰层裂缝，因此提出砂的含泥量不应超过5%的要求。为合理利用资源，其他种类的砂如：人工砂、山砂及细砂经试验证明能满足有关规程对抹灰砂浆的要求后，也可使用。

为了保证石灰膏的质量，对石灰膏的制备等提出了要求，规定石灰膏应进行熟化，并应保证最小熟化时间。熟化时间短易产生爆灰等现象。干燥、冻结、污染、脱水硬化的石灰膏不但起不到塑化作用，还会影响砂浆质量，故不得使用。

规定了配制抹灰砂浆使用的粉煤灰、石膏等材料应符合相应的现行国家或行业标准的要求。

为改善抹灰砂浆的施工性，减少裂缝、空鼓的出现，纤维、聚合物、缓凝剂等改性材料越来越多地被应用于抹灰砂浆中，特别是预拌抹灰砂浆中，为保证抹灰砂浆质量，规定纤维、聚合物、缓凝剂等需要有产品合格证书、产品性能检测报告。

1373. 如何选用湿拌砂浆生产用的筛砂机？

砂浆用砂的最大粒径应不大于4.75mm，砂原材料可同专业洗砂厂签订购砂、洗砂合作协议或购置专用砂浆用砂。当无上述条件，可购置专用筛砂机。砂进场后由实验室根据砂的标准要求做试验合格收储，不合格退回。合格的砂须全部通过 4.75mm 筛网。过筛砂应堆放在专用堆场，也称之为专用砂。筛砂机一般常用滚筒式筛砂机，筛分机振幅、频率应可调，应定期检查筛分机的孔径和筛网堵塞程度。整个设备由原料储料斗、原料供料皮带机、平置筛网、成品砂堆料皮带、弃石出料槽、洗砂设备等组成，设备通电运转后由装载机将原料装入大容量储料斗，原料经水洗后由供料皮带投入到平置筛筒，旋转的筛筒带动原料在筒内叶片的推挤、翻滚下形成原料在筛网面滑滚的人工筛砂效果，筛出的成品砂通过集料斗落在成品砂皮带上，同时被皮带提升落下呈成品料堆或直接落入储料斗，整个过程连续且物料分级清楚、准确。功能滚筛筒内的打砂装置，可对呈团砂块打碎、打散。滚筛网面安装的网面清理拍打装置可对黏附砂土自行清理以防堵塞网孔此功能对砂含水、含土率较高的现象具有针对性效果，其长度和直径可根据产量决定。砂浆生产时应注意控制砂的含水率，若砂的含水率过高，砂容易粘结成团，砂粒易堵塞筛网，导致筛分效率降低。筛网应有排堵装置，及时除去堵塞筛网的砂粒和泥团。

1374. 选用筛砂机注意哪些事项？

控制好砂浆用砂粒径的前提是选好筛砂设备。筛砂机的选型对筛砂效率至关重要。选择适合不同矿物岩性的筛网孔径，应考虑材质、筛网面积、形状、倾角、尺寸、振动频率、振幅及运动特性等因素。因湿砂含泥大含水多，筛分过程中砂和泥易在筛网上粘结成团、易堵塞筛网，因此要严格控制好湿砂的粒径、形状、水分、含泥和杂质含量等指标。

1375. 砂浆生产单位主要有何质量问题及解决措施？

（1）砂含泥量过大或砂太细造成干混砂浆开裂。解决措施：控制原料砂的含泥量和细度，尽量采用中砂。

（2）预拌砂浆生产单位没有随着墙材、气温等变化对砂浆配合比进行适时调整，造成砂浆开裂。解决措施：根据不同环境温度、不同墙体材料等条件及时进行生产配方调整。如夏天气温高达 30℃，在轻集料砌块的墙体上抹面时，需要砂浆的保水率要高一些，应适当调整砂浆保塑时间，加大外加剂掺量来提高砂浆的保水率。

1376. 干法施工有何优点？

砂浆的干法施工有以下优点：

（1）优异的保水性，能保证砂浆在更好的条件下胶凝，从而提高砂浆的粘结力和强度。

（2）良好的流动性，可使砂浆更容易渗入粘结基面，增大接触面积，从而提高砂浆的粘结力。

（3）较好的初粘结力，有利于较大规格的砌块墙体竖向灰缝砂浆饱满，保证墙体的整体性。

（4）较好的提浆能力，可保证抹面层密实、表面平整及内外均质一致。

因此，采用砂浆的干法施工能显著提高砂浆的保水性、初粘结力及施工操作性能，使施工更容易搓抹，砂浆密实和平整，保证砂浆在最佳条件下胶凝硬化，有效抑制裂缝的新生和发展，可显著提高抹面层整体性、稳定性及耐久性。不仅如此，干法施工还可以广泛应用于内、外墙装修，有效地避免墙体开裂、空鼓、渗漏水现象，而且还可以大大降低工人的劳动强度，提高工作效率，缩短施工工期，比传统施工方法节省 2/3 的用水量，还可达到文明施工和环保要求，带来的经济效益和社会效益十分可观，具有广阔的市场前景。

1377. 湿拌砂浆生产企业备案生产设施设备应符合什么要求？

（1）有符合要求的湿拌砂浆专用生产线，设计产能不得少于 10 万 m^3/年。不得兼用混凝土搅拌生产。其设备和工艺参数必须满足预拌湿砂浆的生产要求，能够保证产品质量。

（2）生产工艺应包括机制砂生产或天然砂清洗及筛分设备，确保砂粒径不大于 4.75mm。

（3）分级砂的储存必须分仓，至少具有 3 个储存仓。水泥、掺合料等每种粉料至少配备 1 个储存仓。每种外加剂、添加剂至少配备 1 个储存仓。

（4）预拌湿砂浆专用生产线必须整体封闭式管理，生产工艺流程测控点必须具有自动取样装置或取样口，并符合相关标准要求。

（5）砂浆搅拌机必须为固定式，必须为双轴式或立轴行星式搅拌机或新型砂浆搅拌机，搅拌叶片与机壁间隙不大于 5mm。

（6）湿拌砂浆生产企业应配备砂浆专用运输车 2 辆。工地现场湿拌砂浆储存设备不得少于 20 套，并且具有搅拌功能，能够确保储存期间产品性能不变。

（7）场内应有专用封闭砂料堆场、停车场，厂区占地总面积不得小于 20 亩。

1378. 湿拌砂浆生产企业备案对实验室有什么要求？

（1）具有专用湿拌砂浆检测的实验室。

（2）实验室负责人具备（建筑材料、工民建、混凝土及混凝土制品）工程师及以上职称，并从事本类试验工作 3 年以上。

（3）试验质检人员不得少于 8 人，其中实验室检测人员不得少于 4 人，工地现场交货检验与工地抽检不得少于 4 人。

（4）具有从事本类试验工作 3 年以上，有技术职称的人员不少于 4 名。

（5）试验人员必须持有上岗操作证。

（6）具有水泥、砂、粉煤灰、外加剂等原材料主要性能试验设备。

（7）具有标准养护室，养护室有效使用面积不得小于 $20m^2$，养护架以及养护设施满足 10 万 m^3 湿拌砂浆检验标准要求。

（8）必须配备工地现场检测车 1 辆。

（9）原始记录和台账齐全、规范。

（10）管理制度、岗位责任制齐全。

（11）仪器设备档案齐全。计量器具按期检定或校准。

（12）湿拌砂浆出厂检验、交货检验项目必须满足《预拌砂浆》（GB/T 25181）等标准要求。

1379. 湿拌砂浆生产企业备案对生产过程质量控制有什么要求？

（1）企业必须建立完善的全面质量管理体系，建立过程质量控制网络，规范控制点、抽样位置、抽样数量、检测参数、检验频次等，并且符合《预拌砂浆》（GB/T 25181）等标准要求。

（2）企业在正式投产前，应完成计划生产的各种品种、各强度等级砂浆产品的配合比设计研究工作，并建立湿拌砂浆配合比的试验台账及配合比汇总表，严格按照实验室的配合比通知单组织生产。

（3）企业所用水泥、掺合料、砂、外加剂、添加剂等原材料必须经过复验合格后方可使用，提供复验报告，并形成完善的企业使用技术，同时必须满足《预拌砂浆》（GB/T 25181）等标准要求。

（4）湿拌砂浆搅拌工艺必须配备计算机自动控制系统，必须具备连续计量不同配合比砂浆的各种原材料，计算机应具备实际计量结果逐盘记录和1年以上储存功能。

（5）原材料计量控制偏差必须满足《预拌砂浆》（GB/T 25181）等标准要求。当液体外加剂按体积计量时，应检测其密度。

（6）搅拌设备必须满足《建筑施工机械与设备　干混砂浆搅拌机》（JB/T 11185）等标准要求。搅拌时间不得少于90s。

（7）湿拌砂浆出厂检验频次必须满足《预拌砂浆》（GB/T 25181）等标准要求。

（8）质量控制情况考核：原始配合比结果、出厂检验结果、交货检验结果、工程抽检结果应相一致，不允许有较大偏差。

（9）出厂产品必须配发出厂检验报告，28d检验结果必须补发。必须建立出厂质量问题产品追回、善后、赔偿制度。

（10）运输过程及工程现场不允许现场添加水及其他外加剂、掺合料等材料，确保砂浆施工性能。

（11）企业必须按标准规定留存封存样。

1380. 湿拌砂浆生产企业备案对环境保护、安全生产有什么规定？

1. 环境保护

（1）生产现场管理有序，厂容厂貌整洁。

（2）湿拌砂浆生产过程中应避免周围环境的污染，所有输送、计量、搅拌等工序应在密闭状态下进行，并应有收尘装置，砂堆场必须在室内，并有防扬尘措施。

（3）应严格控制生产用水，冲洗搅拌机、储存罐、输送车等设备产生的废水、废渣应有集中回收处理设备设施，充分回收利用，废水应达标排放。

2. 安全生产

（1）企业应根据国家法律法规制定安全生产制度并实施。生产设施设备的危险部位应有安全防护装置。

（2）消防、安全生产规章制度健全，无消防、安全隐患。企业应对员工进行安全生产和劳动防护培训，并为员工提供必要的劳动防护。

1381. 导致裂缝的原材料、配合比影响因素有哪些？

1. 原材料

（1）水泥细度越细，含碱量越高，C_3A含量高，其收缩越大。

（2）细集料的影响，尤其是细集料细度越细，需水量越大，导致收缩也越大。细集料中含泥量增大，也会增大砂浆收缩。

2. 配合比

（1）水胶比，水胶比是直接影响砂浆收缩的重要因素，水胶比增大，砂浆收缩也随之增大，裂缝必然产生。

（2）砂率，砂浆中砂是抵抗收缩的主要材料。在水胶比和水泥用量相同的情况下，砂浆收缩率随砂率的增大而增大。因此，在满足砂浆使用性前提下，适宜调整砂率。

（3）水泥用量，应控制水泥用量，合理掺加矿物掺合料，以减小砂浆的收缩。

（4）外加剂掺量，外加剂超量使用时，会造成砂浆保水率大，砂浆缓凝时间超长，从而导致裂纹产生。

1382. 什么是塑性裂缝？防治措施有哪些？

塑性开裂是指砂浆在硬化前或硬化过程中产生开裂，它一般发生在砂浆硬化初期，塑性开裂裂纹一般都比较粗，裂缝长度短。主要由于砂浆本身的材料性质和所处的环境温度、湿度以及风速等有关：水泥用量高，砂细度模数越小，含泥量越高，用水量大，砂浆就越容易发生塑性开裂；所处的环境温度越高、湿度越小、风速越高，砂浆也就越容易发生塑性开裂。砂浆塑性阶段，未按设计规范进行设计、施工，工人施工经验不足，砌体强度未达到设计要求；抹灰砂浆质量有问题，砂浆用砂过细，施工基层墙垂直平整误差大，一次性抹灰过厚，砂浆层厚度不均匀且局部太厚，无加设玻纤网造成。

防治措施：提高抹灰砂浆质量，保水率、灰砂比、颗粒级配；基层打底抹灰后垂直平整找平，再抹面层灰，抹灰层满挂玻纤网，硬化砂浆处理，对空鼓裂缝砂浆割除，重新甩浆抹灰修补。

1383. 什么是干缩开裂？防治措施有哪些？

干缩开裂是指砂浆在硬化后产生开裂，它一般发生在砂浆硬化后期，干缩开裂裂纹其特点是细而长。产生干缩开裂的主要原因有：砂浆中水泥用量大，强度太高导致体积收缩；砂浆施工后期养护不到位；砂浆中掺入的掺合料或外加剂材料本身的干燥收缩值大；墙体本身应力开裂，界面处理不当；砂浆等级乱用或用错，基材与砂浆弹性模量相差太大。

防治措施：应适当减少水泥用量，掺加合适的掺合料，施工企业加强对相关人员业务知识的业务指导，加强管理，从各方面严格要求，并按照预拌砂浆施工方法进行施工。施工基层需润水、界面处理以及网格布，严格控制砂含泥量，选用良好级配的砂，禁用过期灰，砂浆使用时禁止不节制乱加水，及时养护。

1384. 如何防治其他裂缝现象？

（1）砂浆抹灰后即出现裂缝，且裂缝短粗现象。产生原因：砂浆稠度大；砂浆密度过大；砂浆保塑时间、凝结时间过长；砂浆黏度不足；一次性抹灰厚度过大，未分层施工；界面基层过于光滑；分层抹灰后，每层抹灰间隔时间过短；抹灰基层润湿度不足或润湿过度。防治措施：合理调整砂浆稠度、保塑、凝结时间、砂浆密度、砂浆黏度，分层抹灰，控制好每层抹灰的间隔时间和抹灰厚度，基层处理要规范，润湿要足够，抹灰前不能有明水。

（2）砂浆用泡水过期灰、未挂玻纤网裂缝。产生原因：使用过保塑期的砂浆会有颜色变浅，强度不足，表面浮灰，砂浆开裂、空鼓问题发生，湿拌砂浆抹灰后要满挂玻纤网防止裂缝，玻纤网的满挂可以分散砂浆的收缩应力，防止砂浆裂缝，当使用强度低，过期的湿拌砂浆即使挂网也一样会裂缝。防治措施：禁止使用过期灰，普通抹灰需挂玻纤网。

1385. 常用的陶瓷砖粘贴施工方法有哪些？

干混陶瓷砖粘结砂浆（以下简称瓷砖胶）的施工方法有三种：背粘法、镘刀法和组合法。

（1）背粘法

背粘法是指将瓷砖胶涂在瓷砖的背面，然后贴于基层上。这是传统的瓷砖粘贴方法，瓷砖胶层的厚度在5～10mm。

（2）镘刀法

镘刀法的施工工艺如下：

基层处理→向基层上涂抹瓷砖胶→梳刮瓷砖胶→干贴瓷砖→养护

用抹灰刀将瓷砖胶批刮到待贴砖的基层表面上，注意一次所抹的面积应在砂浆可施工时间内，一般为20min，然后用齿形抹刀进行梳理，使其形成有凸起条纹且厚度均匀的砂浆层，最后将干瓷砖用力按压在它的上面并略加扭转。瓷砖的位置在15min左右的时间内可以调整。瓷砖胶的厚度在2～4mm。

该施工法的优点是施工方便、施工进度快、瓷砖胶用量小等，但缺点是对基层平整度要求较高。由于瓷砖胶内含有较多的保水增稠材料，因此，瓷砖在施工前可不泡水。但瓷砖一定要清理干净，尤其是外墙砖背面的脱模粉等必须擦净。

（3）组合法

组合法是指将背粘法和镘刀法组合起来施工，即先用镘刀法将瓷砖胶批刮到待贴砖的基层表面上，使其形成有凸起条纹且厚度均匀的砂浆层，然后在瓷砖的背面也薄涂一层瓷砖胶，然后将瓷砖贴于基层上。瓷砖胶的厚度在3～5mm。其施工工艺如下：

基层处理→向基层上涂抹瓷砖胶→梳刮瓷砖胶→在瓷砖背面抹瓷砖胶→粘贴面砖

组合法主要适用于粘贴要求较高的工程，如外墙外保温工程等。

由于镘刀法和组合法施工的瓷砖粘结砂浆的厚度在2～5mm，所以也被称为薄层施工法。而背粘法施工的瓷砖粘结砂浆厚度较厚，所以也被称为厚层施工法。

1386. 干混界面砂浆的施工有哪些要求？

（1）基层面处理

基层面有混凝土、石材和砌体表面等，如沾有油污、粉末等必须清除干净，以免影响粘结强度；夏天气温较高或干燥墙面施工前应先用水湿润。

（2）搅拌工序

对于干粉界面剂，先在桶内放入一定量的水，再加入相应量的干粉，用电动搅拌器进行搅拌，搅拌时根据稠度需要再加入适量的干粉或水，然后停止搅拌，将桶边及搅拌器上的干粉刮入料浆中，再搅拌2～3min即可使用。对于粉-液双组分界面剂，配制方法与干粉界面剂类似，只是用液体料代替水即可，但不可外加水等。对于单组分液体界面剂，使用前也要稍加搅拌。

界面剂的配制稠度，用抹子人工抹时应该稠些，喷涂时可稀些，但不可为了容易喷涂而配得太稀。

（3）施工

可通过甩浆法形成基层面的麻点，或涂抹法形成划道、拉毛等，待界面剂初干后即可进行手工抹灰及后续材料的施工。

（4）养护

一般情况下，抹灰砂浆要在终凝之后及时洒水养护，在干燥、高温条件下，更要注意加强养护，确保界面处理砂浆的粘结强度的增长。

1387. 干混耐磨地坪砂浆的施工工艺如何？

耐磨地坪砂浆一般有三种施工方法：干撒法、湿撒法和湿抹法。目前工程上应用最为广泛的是干撒法，它是在基层混凝土的初凝阶段，将粉体材料分两次撒播在基层混凝土的表面，然后用专业机械施工，使其与基层混凝土形成一个整体，成为具有较高致密性及着色性能的高性能耐磨地面。干撒法的施工工艺最为简单，只需在新鲜混凝土面层上干撒一层地坪砂浆即可，现场不需搅拌设备。而地坪砂浆又可以在工厂预先精确配制，这样既可以做到现场文明施工，又可提高混凝土地面的耐磨性。下面简单介绍干撒法的施工工艺。

（1）施工设备

两用磨光机（或专用提浆机＋专用磨光机）、木抹子、铁抹子、挑板等。

（2）施工工艺

施工工艺流程如下：

找平混凝土施工→干撒耐磨料→用磨光机提浆→用磨光机抹光→养护

① 找平混凝土施工

基层找平混凝土的质量相当重要，一般用 C30 商品混凝土（不得含有引气剂），施工时混凝土一定要振实（尤其是边角部位），面层不得有积水。而面层的平整度直接影响耐磨料的单位面积使用量和成活后面层的美观，因此，要用长刮杠仔细刮平。

当基层找平混凝土厚度较小（但应在 40mm 以上）时，应使用豆石（或细石）混凝土，且其下底基层上应涂刷混凝土界面剂。

② 干撒耐磨料

耐磨料一般分两遍布撒，第一遍约为总量的 2/3，应在基层找平混凝土的初凝阶段布撒（不得抛撒，以免集料分离出来）。布撒时间可根据使用环境和布撒量等情况酌情稍前或稍晚，一般耐磨料用量大或气温高、湿度小时，布撒时间提前一些，但不能过早或过晚。过早了浪费耐磨料（且可能形成上硬下软的情况），过晚了易形成两层皮，以至空鼓、开裂等。布撒第二遍耐磨料主要是针对第一遍情况进行补撒。

③ 提浆

耐磨料布撒完毕后，应先在边角等磨光机不易操作处，人工用木抹子将耐磨料反复揉搓、提浆，然后用铁抹子抹平。

待大面上耐磨料全部吸湿变色后，用磨光机进行提浆（底下用大盘）。提浆机转速应慢一些，并按趟提浆。提浆是抹光的基础，因此，一定要耐心做好。

④ 抹光

提浆完毕后用磨光机分别进行第一遍和第二遍抹光，一般第一遍慢一些，第二遍可快一些。

⑤ 养护

抹光完毕后，4～8h 即可进行养护，可用混凝土养护剂，或用专用罩面材料罩面，也可直接用水养护（须养护两周左右）。

1388. 防水砂浆的施工技术要求有哪些？

（1）施工前的准备

主要包括确定施工环境是否适合进行施工，天气、温度、湿度和清洁情况是否满足施工要求，基面要求的平整度，管道和地漏等部位的处理。

（2）材料的准备

原材料的准备，砂浆制备设备的检查及搅拌工序的确定，砂浆制备量的合理设计。对双组分产品，应做到准确计量，保证质量。

（3）施工方法

一般确定合理的施工方法与顺序，要注意适当的养护，每一遍都要等上一遍固化后进行。

（4）注意事项

施工中避免强烈的日照和雨淋，过时稠硬的材料不可加水再用，操作人员要穿软底鞋，不可在未硬化的砂浆面上行走。

（5）节点的处理

阴阳角要做成圆弧角，阴角直径要大于 50mm，阳角直径要大于 100mm。管根部要加以保护。

（6）工程自检

主要涂层不能有明显的裂纹、翘边、鼓泡、分层、脱皮等现象，砂浆层的厚度不能低于设计要求。

1389. 自流平砂浆使用中要注意哪些事项？

自流平砂浆在施工现场按照生产商的要求加入适量的水，即可容易地进行搅拌和施工。准确的水量是达到正确的材料性能的关键。很多性能上的损害都是由于拌合水过量造成的。自流平砂浆是一种低黏度的砂浆，浇筑在找平层上面，使用抹刀和带刺的消泡滚筒均匀地摊开并流平。自流平砂浆应在数小时内硬化，具有一定的一天强度，以允许一天后在上面行走。最终硬化的砂浆应提供一个均匀、坚硬、平整和光滑的表面，在粘贴面层（覆盖层）材料之前，残余水分应小于 2%。目前与自流平砂浆最常用的配套面层装饰材料为 PVC 地板，目前使用的是对环境友好的水基胶来粘贴 PVC 地板，因此自流平砂浆必须具有一定的吸收性，以便水基胶尽早地产生粘结力。这一点对于获得理想的工作性和对面层材料（终饰覆盖层）的最终粘结性是非常重要的。

因要求自流平砂浆有特殊性能—快硬、快干和低收缩性，若全部使用硅酸盐水泥作为胶凝材料，砂浆干燥速度不够快，达到可以铺设地面的程度所需的时间过长。此外，还可能出现较大的收缩。使干燥速度加快的有效方式是增加体系中水进行化合的速度。通常这种效果是由形成钙矾石获得的，钙矾石可以通过硅酸盐水泥、铝酸盐水泥（或硫铝酸钙）和硫酸盐三者之间的反应形成。形成 1mol 的钙矾石可以结合 32mol 的水，是极为有效的化合水的方式，因此会显著减少系统中游离水的含量，这种方法还可以对收缩进行控制，这是因为钙矾石的形成是一种膨胀反应，可以对水泥水化反应产生的收缩进行补偿。所以大部分商业产品采用混合胶凝材料系统，从而获得以钙矾石为主要水化产物的硬化自流平砂浆。

1390. 自流平砂浆的施工工艺如何？

（1）施工设备

打磨机、洗地机、吸尘器、普通碾子、连续式专用砂浆搅拌机（或电动搅拌器、料桶、水桶）、细齿刮板（无齿刮板）、滚筒、消泡碾子、钉鞋、锲刀、抹子、铲刀等。

（2）自流平砂浆的施工工艺流程

基层处理→涂刷专用界面剂→砂浆浇筑→摊平→养护

① 基层处理

正确的基层处理对整个地面施工非常关键。首先检查基层表面应无起砂、空鼓、起壳、脱皮、疏松、麻面、油脂、灰尘、裂纹等缺陷，表面平整度应符合要求。用清洁剂去除地面上的油脂、蜡及其他污染物，必要时用洗地机对地面进行清洗，用吸尘器吸净表面。对地面的蜂窝、孔洞等采用专用修补砂浆进行修补，对大面积空鼓应彻底剔除，重新施工；局部空鼓宜采取灌浆或其他方法处理。对基层裂缝，先用机械切出约 20mm 深、20mm 宽的 V 形槽，然后用专项材料灌注、找平、密封。另外，要求基层必须坚固、密实，混凝土抗压强度不应小于 20MPa，水泥砂浆抗压强度不应小于 15MPa，否则，应采取补强处理或重新施工。对有防水防潮要求的地面，应预先在基层以下完成防水防潮层的施工。

② 涂刷专用界面剂

根据基层情况选择相应的界面剂，在处理好的基层上均匀涂刷自流平界面剂。一般横竖涂刷两遍，不得有遗漏之处。对于多孔表面，可以多涂刷一遍。

③ 制备浆料

参考生产厂家的推荐用水量，并现场试配至流动度合适，然后再进行大面积施工。对于大面积施工可以采用专用砂浆搅拌机进行搅拌（机械法）；对于小面积施工，可采用电动搅拌器搅拌（人工法）。充分搅拌至砂浆均匀、无结块为止。

人工法制备浆料应将准确称量好的拌合用水倒入干净的搅拌桶内，开动电动搅拌器，徐徐加入已精确称量的自流平砂浆，持续搅拌 3~5min，至均匀无结块为止，静置 2~3min，使自流平材料充分润湿，熟化，排除气泡后，再搅拌 2~3min，使浆料成为均匀的糊状。机械法制备浆料应将拌和用水量预先设置好，再加入自流平材料，进行机械拌和，将拌和好的自流平砂浆泵送到施工作业面。因自流平砂浆成分较多，在大型工程中宜使用机械搅拌，否则会影响分散效果。另外，拌和时加水量应准确。

④ 砂浆浇筑

按预先制定的施工方案，采用人工或机械方式将自流平浆料倾倒于施工面，使其自行流展找平，可用专用锯齿刮板辅助浆料均匀展开。应连续浇筑，两次浇筑的间隔最好在 10min 之内，以免接茬难以消除。

⑤ 摊平

浆料摊铺后，用带齿的刮板将浆料摊开并控制厚度。静置 3~5min，让里面包裹的气泡排出，再用消泡滚筒进行放气，以帮助浆料流动并清除所产生的气泡，达到良好接茬效果。应注意消泡滚筒的钉长与摊铺厚度的适应性，消泡滚筒主要辅助浆料流动并减少拌料和摊铺过程中所产生的气泡及接茬，操作人员必须穿钉鞋作业。

⑥ 养护

施工完成后的自流平地面，在施工环境条件下养护 24h 以上方可上人，并做好成品保护。养护期间应避免阳光直射、强风气流，温度不宜过高，如温度或其他条件不同于正常施工环境条件，应视情况调整养护时间。

1391. 如何进行干混填缝砂浆的施工？

应在面砖或板材粘贴 24h 后进行勾缝，按下述步骤施工：

(1) 将需要勾缝的部位清理干净，不得有松散物。

(2) 按推荐用水量搅拌砂浆，搅至均匀的糊状物，静置 5~10min，再搅拌均匀，即可施工。

(3) 用灰刀将混合好的浆料涂在瓷砖接缝上，并用力均匀地摊开。

(4) 在填缝剂未凝固前，用湿布或海绵擦去多余部分；若超过 24h，可用瓷砖清洁剂去除。

1392. 干混饰面砂浆的施工工艺如何？

(1) 采用适当的方法对基层进行处理，使基层平整坚固、干燥洁净、无油污及其他松散物，有裂缝的地方需修补完毕后才能施工。处理基层的目的是使饰面砂浆和墙体之间粘结得更牢固。

(2) 在处理好的基层上，涂 1~2 遍乳液界面剂，以封闭基材吸水通道，使饰面砂浆表面质感效果更好。

(3) 按推荐的用水量加水搅拌饰面砂浆。先搅拌静置 10min 左右，让砂浆熟化，再稍微搅拌即可使用。

(4) 用钢制抹刀将砂浆均匀涂抹到墙上，涂抹厚度不小于砂浆中集料的最大粒径。

(5) 在涂抹完毕的 10min 内，用塑料抹刀在砂浆表面以 30cm 为直径做圆周运动，搓平砂浆。

(6) 待砂浆硬化干燥后，用密封剂在砂浆表面涂刷 2 遍，进行罩面。

(7) 饰面砂浆施工完成后应自然养护，不得浇水及沾上其他脏物，以保护成品饰面整洁美观。

3 安全与职业健康

3.1 职业健康

1393. 职业健康的定义？

职业健康是指对生产过程中产生的有害员工身体健康的各种因素所采取的一系列治理措施和卫生保健工作。

1394. 职业病和法定职业病的概念？

职业病是指企业、事业单位和个体经济组织等用人单位的劳动者在职业活动中，因接触粉尘、放射性物质和其他有毒、有害物质等因素而引起的疾病。在法律意义上，职业病有一定的范围，即指政府主管部门列入"职业病名单"的职业病，也就是法定职业病，它是由政府主管部门所规定的特定职业病。法定职业病诊断、确诊、报告等必须按《中华人民共和国职业病防治法》的有关规定执行。只有被依法确定为法定职业病人员，才能享受工伤保险待遇。

1395. 职业病危害定义及种类

职业病危害是指对从事职业活动的劳动者可能导致职业病的各种危害。职业病危害因素包括：职业活动中存在的各种有害的化学、物理、生物因素，以及在作业过程中产生的其他职业有害因素。

根据《职业病危害因素分类目录》，职业病危害因素分为粉尘、化学因素、物理因素、放射性因素、生物因素和其他因素等6类。

（1）粉尘：矽尘、煤尘、石墨粉尘、碳黑粉尘、石棉粉尘等52种。

（2）化学因素：砷化氢、氯气、二氧化硫、氨气等375种。

（3）物理因素：噪声、高温、气压、振动、激光灯等15种。

（4）放射性因素：非封闭放射性物质、X射线装置（含CT机）产生的电离辐射等8种，以及未提及的可导致职业病的其他放射性因素。

（5）生物因素：布鲁氏菌、森林脑炎病毒、炭疽芽孢杆菌等5种，以及未提及的可导致职业病的其他生物因素。

（6）其他因素：金属烟、井下不良作业条件和刮研作业3种。

预拌混凝土质检员从事设备维修工作时，可能遭遇的主要职业病危害因素是粉尘、噪声和高温。

1396. 生产性粉尘及其危害？

企业在进行原料破碎、过筛、搅拌装置的过程中，常常会散发出大量微小颗粒，在空气中浮悬很久而不落下来，这就是生产性粉尘。生产性粉尘进入人体后，根据其性质、沉积的部位和数量的不同，可引起不同的病变：

（1）尘肺病：硅肺、石墨尘肺、炭黑尘肺、石棉肺等13种。

（2）粉尘沉着症。

（3）有机粉尘引起的肺部病变：如棉尘病、职业性过敏性肺炎、职业性哮喘等。

（4）其他呼吸系统疾病：如炎症、哮喘、慢阻肺、肿瘤等。容易并发肺气肿、肺心病及肺部感染等疾病。

（5）局部作用：刺激和损伤导致皮肤病变（阻塞性皮脂炎、粉刺毛囊炎、脓皮病）。

（6）中毒作用：铅、砷、锰等粉尘可引起中毒。

生产性粉尘对从事设备维修工作的预拌混凝土质检员可能造成的主要危害是局部作用。

1397. 粉尘职业卫生操作规程？

（1）员工上岗前要到专业的职业健康检查机构进行岗前体检，确认没有岗位职业禁忌症者方能上岗工作。

（2）工作场所内要悬挂明显的职业危害告知卡，告诉员工高毒物的危害、防护措施和应急处置的方法。

（3）操作工在操作时必须严格遵守劳动纪律，坚守岗位，服从管理，正确佩戴和使用劳动防护用品。

（4）严格执行设备操作规程和岗位作业指导书。

（5）对生产现场经常性进行检查，及时消除现场中跑、冒、滴、漏现象，降低职业危害。

（6）当物料发生泄漏时，应立即控制泄漏进行通风，并及时回收和清理。

（7）按时巡回检查所属设备的运行情况，不得随意拆卸和检修设备，发现问题及时找专业人员修理。

（8）生产现场必须保持通风良好，在有毒有害岗位不得进餐，工作完毕立即洗手或淋浴，工作服勤洗勤换。

（9）生产现场及所属设备、管道经常保持无积水，无油垢，无灰尘，不跑、冒、滴、漏，做到文明清洁生产。

（10）对下灰、水泥装卸作业时，按规程要求佩戴防尘口罩或防毒面罩。

（11）施工过程应尽量站在上风侧，减少吸入粉尘的概率。

（12）应经常在粉尘大的岗位进行喷水增湿，减少粉尘危害。

（13）按要求按时参加职业危害岗位的健康体检。

1398. 粉尘职业卫生危害应急措施？

（1）粉尘污染较为严重时应迅速撤离至通风良好的地方，用清水冲洗口、鼻。

（2）隔离泄漏污染区，限制人员出入。

（3）联系相关岗位调整运行方式，控制粉尘产生。开启通风换气设备，降低空气中的粉尘浓度。必要时采用雾化水进行降尘处理（但必须满足电气设备的防潮规定）。

（4）参与处置人员应穿戴工作服、工作帽，并根据粉尘的性质，选戴相应的防尘口罩。参与处置人员若发生头晕、胸闷等不适反应，应及时撤离到空气清新区域休息，有条件给予吸氧。

1399. 噪声职业健康安全操作规程？

（1）员工上岗前要到专业的职业健康检查机构进行岗前体检，确认没有岗位职业禁忌症者方能上岗工作。

（2）工作场所内要悬挂明显的职业危害告知卡，告诉员工高毒物的危害、防护措施和应急处置的方法。

（3）操作工在操作时必须严格遵守劳动纪律，坚守岗位，服从管理，正确佩戴和使用劳动防护用品。

（4）严格执行设备操作规程和岗位作业指导书。

（5）对生产现场经常性进行检查，及时消除现场中跑、冒、滴、漏现象，降低职业危害。

（6）按时巡回检查所属设备的运行情况，不得随意拆卸和检修设备，发现问题及时找专业人员修理。

（7）作业人员进入现场噪声区域时，应佩戴耳塞。

（8）在噪声较大区域连续工作时，宜分批轮换作业。

（9）噪声作业场所的噪声强度超过卫生标准时，应采用隔声、消声措施，或缩短每个工作班的接触噪声时间。

（10）采取噪声控制措施后，其作业场所的噪声强度仍超过规定的卫生标准时，应采取个体防护；对职工并不经常停留的噪声作业场所，应根据不同要求建立作为控制、观察、休息的隔声室，室内必须有足够的吸声衬面，以减少混响声。

（11）按要求按时参加职业危害岗位的健康体检。

1400. 噪声危害应急措施？

（1）佩戴耳罩或耳塞防护。

（2）发生噪声危害症状者，迅速撤离至安静的地方休息。

（3）造成耳朵听力下降、身体不适等情况到医院接受治疗。

1401. 当设备设施突然发生故障，导致噪声陡然提升，人员在猝不及防下可能导致耳朵受到伤害，此时应采取以下应急措施？

（1）立即用手捂住双耳，远离噪声区域，进入生活区域躲避噪声伤害。

（2）其他佩戴噪声防护装备的人员立即将故障设备停止使用。

（3）关闭休息室或者操作室的门窗，减少噪声危害。

（4）受到噪声影响的人员静坐休息，并尽快将自身情况告知他人，采取相关对策。

（5）立即通知应急小组，对人员进行救护。

1402. 高温作业的定义？

高温作业是指有高气温、或有强烈的热辐射、或伴有高气湿（相对湿度≥80％RH）相结合的异常作业条件、湿球黑球温度指数（WBGT 指数）超过规定限值的作业。包括高温天气作业和工作场所高温作业。

1403. 高温作业的危害？

在高温作业时，人体可出现一系列的生理功能改变，主要表现为体温调节、水盐代谢、循环系统、消化系统、神经系统、泌尿系统等方面的全身适应性变化。当这些变化超过一定限度时，则可产生不良影响，严重者可发生中暑。中暑分为三级：

（1）先兆中暑。高温作业一段时间后，出现大量出汗、口渴、头昏、耳鸣、胸闷、心悸、恶心、四肢无力、注意力不集中等症状，体温正常或略有升高。如能及时离开高温环境，经过休息后短时间内症状即可消失。

（2）轻症中暑。具有先兆中暑的症状，同时体温在 38.5℃ 以上，并伴有面色潮红、胸闷、皮肤灼热等现象；或者皮肤湿冷、呕吐、血压下降、脉搏细而快的情况。轻症中暑在 4～5h 内可恢复。

（3）重症中暑。除以上症状外，发生昏厥或痉挛；或不出汗，体温在 40℃ 以上。

高温作业对从事设备维修工作的预拌混凝土质检员可能造成的主要危害是先兆中暑。

1404. 防暑降温主要措施？

（1）合理设计工艺过程，改进生产设备和操作方法，减少高温部件。

（2）合理布置热源。热源尽量布置在车间外，并做好降温。

（3）隔热。利用水或导热系数小的材料进行隔热。

（4）通风降温。可采用自然通风和机械通风的通风形式进行降温。

（5）合理安排高温作业时间，避免高温作业或缩短连续高温作业时间。

（6）供给合理饮料和补充营养，提供充足的水分、盐分。

（7）对从事高温作业的人员进行定期体检。

1405. 职业病隐患分类？

（1）基础管理类隐患

用人单位在职业卫生管理机构设置、管理人员配备、职业卫生管理制度制定及执行、职业病危害因素检测、职业健康监护、建设项目职业病防护设施"三同时"、职业病危害项目申报、职业病危害事故应急预案及演练、职业卫生档案管理等方面存在的违反职业卫生法律、法规、规章、标准、规范和管理制度、操作规程等方面存在的缺陷，可通过查阅资料的方法发现。

（2）现场管理类隐患

用人单位在工作场所职业病危害防护设施、应急救援设施的设置、运行及维护、个人使用的职业病防护用品发放及佩戴、职业病危害警示标识设置等方面存在的缺陷，可通过对作业现场实地检查和职业病危害因素检测发现。

1406. 职业病隐患分级？

（1）一般职业病隐患

危害和整改难度较小，发现后能够立即整改消除的隐患。包括：

——粉尘和化学物质作业分级为中度危害及以下作业岗位的超标原因；

——噪声和高温作业分级为重度危害作业岗位的超标原因；

——放射工作人员的年受照剂量＞2mSv 且≤10mSv 时；

——职业病防治责任制、职业卫生管理机构及人员、管理制度和操作规程、管理档案、资金投入、应急救援预案及演练、告知和外委作业管理等基础管理类隐患；

——个人使用的职业病防护用品发放及佩戴不符合；

——职业病危害警示标识与告知卡（牌）设置不符合；

——风向标、报警仪、喷淋洗眼等应急救援设施设置和气防柜、急救箱等应急用品设置不符合。

（2）重大职业病隐患

危害和整改难度较大，需要全部或者局部停产停业，并经过一定时间整改治理方能消除，或者因某种原因致使用人单位自身难以消除的隐患。包括：

——粉尘和化学物作业分级为重度危害作业岗位的超标原因；

——噪声和高温作业分级为极度危害作业岗位的超标原因；

——放射工作人员的年受照剂量＞10mSv 且≤20mSv 时；

——职业卫生教育培训、职业病危害申报、建设项目职业病防护设施"三同时"、职业健康监护和职业病危害因素定期检测等基础管理类隐患；

——总体布局和设备布局不合理；

——职业病危害防护设施不符合或者无效；

——事故通风、围堰等应急救援设施不符合或者无效。

1407. 劳动防护用品分类？

特种劳动防护用品有 6 大类 21 种：

（1）头部护具类：安全帽。

（2）呼吸护具类：防尘口罩、过滤式防毒面具、自给式空气呼吸器、长管面具等。

（3）眼（面）护具类：焊接眼面防护具、防冲击眼护具等。

（4）防护服类：阻燃防护服、防酸工作服、防静电工作服等。

（5）防护鞋类：保护足趾安全鞋、防静电鞋、防刺穿鞋、脚面防砸安全靴、电绝缘鞋等。

（6）防坠落护具类：安全带、安全网、密目式安全立网等。

一般劳动保护用品为：工作服、劳保手套、绝缘鞋、雨靴、雨衣、卫生洗涤用品等。

1408. 劳动防护用品佩戴要求？

（1）工作服要保持清洁，穿戴合体，敞开的袖口或衣襟，有被机器夹卷的危险，要做到袖口、领口、下摆"三紧"才便于工作。在遇静电的作业场所，要穿防静电工作服。

（2）安全帽要戴正、系紧护绳。缓冲衬垫要与帽体相距至少 32mm 的空间，以缓冲高处坠落物的冲击力。安全帽要定期检验，发现下凹、龟裂或破损应立即更换。

（3）安全带：高处作业（2m 以上）必须佩戴安全带。使用时要检查安全带有无破损，挂钩是否完好可靠；安全带要系在腰部，挂钩应扣在身体重心以上的位置，固定靠前，安全带要防止日晒、雨淋，并定期检验。

（4）防护手套：劳动过程中对手的伤害最直接、最普遍。如：磨损、灼烫、刺割等，所以要特别注意对手的防护。手套种类很多，有纱手套、帆布手套、皮手套、绝缘手套等，要根据工作的不同佩戴。大锤敲击、车床操作禁止戴手套，以避免缠卷或脱手而造成伤害。

（5）从事电、气焊作业的电、气焊工人必须戴电气焊手套，穿绝缘鞋和使用护目镜及防护面罩。

（6）凡直接从事带电作业的劳动者，必须穿绝缘鞋、戴绝缘手套，防止发生触电事故。

（7）防止职业病作业伤害应佩戴的防护用品：从事有毒、有尘、噪声等作业的需佩戴防尘、防毒口罩和防噪声耳塞，倒运酸瓶要穿防酸服、防酸靴、戴防酸手套和有机玻璃面罩、口罩，金属探伤作业要穿防射线铅服、戴放射线护目镜，防腐保温作业要穿防粉尘工作服、戴防风眼镜、电焊手套，金属容器内涂刷树脂，戴送气头盔等。

总之，各工种都应配置相应的防护用品，并认真穿戴使用。

3.2 安全生产

1409. 安全生产管理的目的？

为了贯彻执行"安全第一、预防为主、综合治理"的安全生产管理方针，加强安全生产监督管理，防止和减少生产安全事故，保障员工生命和财产安全，促进公司生产经营发展和稳定。

1410. 公司的安全生产保障条件？

（1）具备《安全生产法》《山东省安全生产条例》和有关法律，法规与国家标准或者行业标准规定的安全生产条件。

（2）建立健全安全生产管理，安全生产规章制度和相关操作规程。

（3）必须设置安全生产管理机构，配备专职安全生产管理人员。

（4）公司中长远规划中应有安全生产管理和技术的内容，编制安全生产年度计划，明确安全生产管理目标、计划、任务、措施，并定期进行考核检查，实行安全生产"一票否决"制度。

（5）公司每季度由主要负责人主持召开一次安全生产委员会议，对安全生产工作中存在的问题制定措施，及时整改，落实到有关部门班组和个人。公司每月择日召开安全生产例会。

（6）公司对员工进行安全生产教育和培训，在采用新工艺、新技术、新材料、使用新设备时，应当进行专门的教育和培训，按照国家有关规定对特种作业人员实行持证上岗制度。

（7）公司主要负责人和安全管理人员必须具备所从事的生产经营活动相应的安全生产知识和管理能力，并实行任职资格制度，持证上岗。

（8）公司必须保证应当具备的安全生产条件所需要的资金投入，由公司主要负责人予以保证并承担相应责任，保证安全生产所需经费的落实。

（9）公司新建、改建、新上项目的安全设施，必须与主体工程同时设计，同时施工，同时投入生产使用。

（10）应当在有较大危险因素和职业病危害的生产经营场所和有关设施、设备上，设置明显的安全警示标志。对重大危险源应当登记建档，定期进行检测、评估、监控，并制定应急预案，及时告知员工，上报政府主管部门和有关部门备案。

（11）公司应当如实告知员工其作业场地和工作岗位存在的危险因素，职业危害，防范措施以及应急措施，对吊装和高空作业等危险作业应当安排专门人员进行现场安全管理，确保操作规程和安全措施的执行和落实。

（12）安全生产管理人员必须根据生产经营特点，对安全生产状况进行经常性的检查，发现问题立即处理，不能处理的，应当及时报告有关负责人。检查及处理的情况应当记录在案。

（13）公司必须为员工提供符合国家标准的劳动防护用品，并教育和督促其按照使用规则佩戴、使用。对从事有职业危害作业的员工定期进行健康检查，对女员工实行特殊劳动保护。

1411. 公司安全生产监督管理权限？

（1）对公司安全生产管理有决策权。

（2）对所属各部门安全生产管理有统一监督权。

（3）对各部门、车间、班组有集中培训、考核权。

（4）对各部门安全生产任务有下达指令权。

（5）对公司安全生产规章制度有制定权、修改权。

（6）对公司员工人身重伤以下事故有报告、统计、分析、处理权，对有关责任人有给予处分权。

（7）对限期未整改的重大事故隐患有下达停止作业、施工指令权。

（8）对各部门、车间、班组安全生产管理有检查权、考核权、奖惩权。

1412. 公司安全生产责任追究的内容？

实行生产安全事故责任追究制度，依据《安全生产法》的有关规定，对发生重大安全事故，因公司主要负责人未履行《安全生产法》中规定的安全管理职责，未保证安全生产所必需的资金投入，违法、违章指挥，强令冒险作业，给予撤职处分，从受处分之日起五年内不得担任原职务。

1413. 安全生产分级管理公司级职责？

（1）组织学习并贯彻《安全生产法》等法律法规，有国家或行业安全生产标准。

（2）健全安全管理机构，配齐工作人员，制定或修订安全工作制度和安全技术操作规程。

（3）组织开展各类人员的安全教育和培训工作，不断提高员工的安全意识和预防生产安全事故的能力。

（4）针对每个时期安全工作的特点，制定安全工作对策，并组织实施。

（5）编制年、季安全技术措施计划，对措施需要的设备、材料资金及实施日期，制订计划付诸实施。

（6）组织安全生产大检查、专业检查和季节性检查，发现安全隐患要及时采取措施，予以处理和解决。

（7）建立日常安全检查制度，对各单位的安全工作要经常进行巡视检查监督，宣传先进，教育后进。

（8）对重大事故及重大未遂事故组织调查与分析。按照"四不放过"原则从生产、技术、设备、管理等方面找出事故发生的原因、查明责任、制定措施，对责任者给予处理。

1414. 安全生产分级管理车间、部室级职责？

（1）认真贯彻执行公司各项安全生产规章制度、标准、操作规程。

（2）及时传达落实公司各时期安全工作的布署与要求。

（3）根据本单位安全工作的实际情况，制订本单位及部门安全生产措施计划，并认真进行布置、检查和督促，确保安全措施计划的实施。

（4）组织开展本部门的安全生产检查分析不安全因素，对检查出的事故隐患，采取措施予以消除，本部门确实无力解决的，要及时上报有关部门解决。

（5）按公司安全教育的要求，组织开展车间（部、室）级和班组级的安全教育；组织好全员安全教育和专业人员知识学习与培训。

（6）认真贯彻《危险作业审批制度》，及时填报危险作业申请单，对作业工程严格制定防护措施，并指定现场指挥或监护人员。

（7）对违章作业和各种事故，按照"四不放过"的原则，进行认真检查严肃处理。

1415. 安全生产分级管理班组级职责？

（1）落实并实施公司、部门、车间有关安全生产的措施计划及要求。

（2）组织开展班组级的安全教育，组织好各工种、岗位人员安全知识学习与培训。

（3）组织安全生产检查，教育员工遵章守纪，严格执行操作规程，正确使用防护用品，坚决纠正班组的违章、违纪的不良倾向，宣传树立安全生产的好典范。

（4）贯彻好班前"三讲"、班中"三查"、班后"三清"的安全生产管理办法。

班前"三讲"：讲违章情况，提示安全要求；讲正确使用工卡具和保护用品；讲安全监护。

班中"三查"：查违章作业、查防护措施执行情况、查作业环境中的不安全因素。

班后"三清"：清点工卡具归位、清查线路切断电源、清楚交代安全问题。

1416. 安全生产负责人总经理领导职责？

（1）总经理是公司安全生产第一责任人，对本单位的安全生产工作负全面领导责任。

（2）认真贯彻执行国家安全生产方针、政策、法令和上级指示，把职业安全卫生工作列入企业管理日程。要亲自主持重要的职业安全卫生工作会议，批阅上级有关安全方面的文件，签发有关职业安全卫生决定。

（3）建立、健全、落实各级安全生产责任制。督促检查各部门经理抓好安全生产工作。

（4）健全安全管理机构，充实专兼职安全技术管理人员。定期听取安全监察部门的工作汇报，及时研究有关安全生产中的重大问题。

（5）组织审定并批准公司安全规章制度、安全技术规程和重大的安全技术措施，解决安措费用。

（6）领导公司安全生产委员会工作，下达重要的安全生产指令。加强对各项安全活动的领导，组织领导安全生产检查，及时消除生产安全隐患，决定安全方面的重要奖惩。

（7）组织制定并实施公司的生产安全事故应急救援预案。按事故处理"四不放过"原则，组织对重大事故的调查处理。

（8）考核副总经理及各部门经理安全生产工作目标任务完成情况按合同规定予以奖惩。

1417. 安全生产负责人总经理领导权限？

（1）对公司安全生产工作有决策权，对安全生产管理工作有集中领导权。

（2）对公司重要的安全生产规章制度有审批权。

（3）对公司安全生产资金投入有决定权。

（4）对公司设置安全生产管理机构有批准权。

（5）对公司副总经理和各部门经理安全生产工作绩效有考核奖惩权。

1418. 安全生产负责人总经理考核标准？

（1）认真学习掌握国家安全生产方针、政策和法律、法规，具备与领导职责相对应的安全生产决策能力。

（2）公司安全生产责任制度健全、完善。按领导权限认真组织落实、考核、奖惩。

（3）保证公司安全生产的资金投入，具备安全生产条件。

（4）每季度召开一次安全生产委员会，研究解决公司安全生产工作重大问题，及时作出决策。

（5）每年对公司副总经理和各部门经理安全生产工作绩效进行考核。

1419. 安全生产负责人总经理责任追究？

对未按照《安全生产法》的规定履行安全生产管理职责的；未保证安全生产投入；导致发生重大生产安全事故负主要领导责任。

1420. 安全生产负责人生产经理领导职责？

（1）生产经理是公司安全生产的直接责任人。按谁主管谁负责的原则，对主管业务范围内的生产安全负责。对安全生产工作负直接领导责任。对生产过程中的安全负责，当安全与生产发生矛盾时生产必须服从安全，停止生产作业。

（2）认真贯彻国家安全生产方针、政策和法律、法规以及行业标准，协助总经理主管公司安全生产工作，并负责领导安全系统工作。

（3）坚持贯彻"五同时"的原则，监督检查分管部门对职业安全卫生各项规章制度执行情况，及时纠正违章行为。

（4）组织制定、修订分管部门的安全规章制度、安全技术规程和编制安全技术计划，并认真组织实施。

（5）组织进行安全生产大检查、落实重大事故隐患的整改，负责审批各级动火。

（6）组织分管部门开展安全生产竞赛活动，总结推广安全工作的先进经验、奖励先进单位和个人。

（7）负责公司的安全教育与考核工作。负责公司生产过程的安全保障工作，当生产与安全产生矛盾时，坚持"安全第一"的原则，及时解决存在的问题，在安全的前提下，组织指挥生产。

（8）组织对报上级安全主管部门以上事故处理，并及时向主管部门报告。负责组织公司重伤事故、重大火灾事故、道路交通事故的调查处理工作，并提出对有关责任人进行责任追究的处分。

（9）每月召开一次生产系统安全工作会议，分析安全生产动态，及时解决安全生产中存在的问题。

（10）负责对公司安全管理部门负责人与各部门负责人安全生产管理工作绩效的考核。

1421. 安全生产负责人生产经理领导权限？

（1）对公司安全生产管理工作有主管领导权。

（2）对公司年度安全生产资金投入计划有编制权。

（3）对公司安全生产中，长期规划、年度目标计划，任务和措施的编制权以及月度工作任务的审批权。

（4）对公司新、改建项目中的安全设施"三同时"执行情况有检查权。

（5）对重大事故隐患进行限期整改的指令权。

（6）对公司消防安全管理、职业病防治和道路交通安全工作有领导权。

（7）对生产系统安全生产工作情况有检查考核权。

（8）对主管部门负责人和所属车间、班组负责人有奖惩权。

1422. 安全生产负责人生产经理考核标准？

（1）掌握国家安全生产方针、政策和法律、法规以及国家车轮行业标准，具备与其主管领导工作相应的安全生产知识和领导能力。

（2）掌握国内外安全管理先进经验和技术，组织编制的中长期规划和年度计划符合实际，且采取有效措施保证实施。

（3）掌握公司新、改建项目的内容，依法编制安全设施，职业病防治措施的计划，并采取措施保证实施。

（4）保证公司安委会日常工作，有组织、有领导、有计划、有措施地正常进行，每月召开一次安全例会，研究存在的问题，下达每月安全生产任务指令。

（5）按照《安全生产法》的规定，保证安全投入，加强安全管理整改事故隐患，使其具备安全生产的基本条件，保证正常情况下的安全生产。

（6）做到重大事故如实及时上报，严格按照"四不放过"原则进行公开、公正的处理。

（7）依照有关法律做好公司职业病防治、防火管理和交通安全管理工作。

（8）组织考核生产系统部门、车间、班组安全生产目标的完成情况。

1423. 安全生产负责人生产经理责任追究？

对未履行职责而发生的重大安全事故、火灾事故和交通事故以及危害员工身体健康的严重问题负主管领导责任。

1424. 安全生产负责人行政经理领导职责？

（1）主管公司人力资源、办公室、后勤、基础设施、消防设施、作业环境与职业卫生设施等行政系统的安全生产管理工作。对新建、改建、扩建及大型改造建设项目安全工作负责。

（2）认真贯彻《安全生产法》关于生产经营单位新建、改建、扩建工程项目的安全措施，必须与主体工程同时设计、同时施工、同时投入生产和使用"三同时"原则，并及时开展项目的安全预评和试运行的调试、监测、验收等工作。

（3）组织审查公司新建、改建、扩建工程项目的初步设计，使其符合国家标准或行业标准，对新建、扩建、改建工程项目要组织编写《劳动卫生专篇》。

（4）在项目建设施工过程中对健康防护设备设施和装置的采购、安装、施工全过程监控。

（5）对施工企业的管理，在确定施工企业时要审查其安全资质，对不符合安全要求的协作方不能签订协作合同；要建立协作方安全资质档案。

（6）对生产中产生的"三废"要有防护和治理措施，保证有一个安全的作业环境。

（7）负责公司内治安纠纷的调解处理与综合治理工作。确保公司长治久安，和谐发展。

（8）按照"三同时"的原则，负责审批新、改建项目中安全设施职业病防治措施的费用计划，纳入工程和项目预算中。

（9）负责考核公司人力资源、办公室、后勤系统及各部门、车间班组负责人安全管理职责的履行情况。

1425. 安全生产负责人行政经理领导权限？

（1）对公司人力资源、办公室、后勤系统的安全生产管理有主管领导权。

（2）对公司综合治理工作、治安防范工作，新建、改建、扩建工程项目有主管领导权。

（3）对安全经济效益纳入经济责任制有考核权。

（4）对公司人力资源、办公室、后勤系统及各部门、车间班组负责人安全生产责任履行情况有考核权。

1426. 安全生产负责人行政经理考核标准？

（1）认真学习掌握国家安全生产方针、政策和法律、法规中的有关规定，具备与其主管领导相应的安全生产知识和领导能力。

（2）认真做好基础设施、作业环境与职业卫生设施"三同时"，并保证其设施安全可靠，起到保护员工身心健康的作用。

（3）认真做好有关劳动保护、职业危害、工伤政策等方面的信访调解工作。

（4）对行政系统安全管理工作绩效进行检查考核。

（5）把企业职业安全卫生工作列入行政工作的议事日程，定期研究企业安全工作。

1427. 安全生产负责人行政经理责任追究？

对未履行职责影响全面工作或发生生产安全事故负主管领导责任。

1428. 安全生产管理人员管理职责？

（1）认真贯彻执行国家安全生产的法律、法规和标准，在公司生产经理和安委会的直接领导下，负责公司安全生产的管理、检查考核工作。

（2）组织和协助公司有关部门制定或修订安全生产规章制度和安全技术操作规程，并监督落实。

（3）汇总和审查公司安全技术计划和隐患整改方案，及时上报公司领导，并督促有关部门切实按期执行。

（4）负责公司安全生产的宣传教育培训工作。协助公司领导做好员工的安全思想、安全技术与考核工作，负责新员工的一级安全教育，监督车间、班组（岗位）的二、三级安全教育。

（5）根据企业的生产特点，对重点部位安全生产状况进行经常性检查。并对各车间进行巡查，对检查中发现的安全问题，立即处理；不能处理的，及时报告公司有关领导。检查及处理情况记录在案。

（6）参加公司新建、改建、扩建和大修的设计计划，并对安全设施、职业病防治措施、"三同时"的设计审查、竣工验收、安全协议措施进行审批，检查执行情况。

（7）负责公司劳动防护用品的管理和发放工作，督促有关部门按规定及时分发个人防护用品，并检查合理使用情况。

（8）及时报告并参加调查和处理生产安全事故，进行伤亡事故的统计、分析。协助有关部门提出防止事故的措施，并且督促有关部门按期实施。

（9）负责公司安全设备、灭火器材、防护器材和急救器具的管理掌握车间工作环境，提出改进意见。检查落实动火措施，确保动火安全。

（10）负责公司安全文化建设，总结和推广安全生产的先进经验，指导生产班组安全员工作。

（11）负责组织公司安全生产大检查工作和事故隐患整改、危险源监控工作。组织有关部门研究执行防止职业中毒和职业病的措施。

（12）负责总结和报告公司年度安全生产工作情况。以及公司各部门、车间、班组安全生产绩效的综合评价和承包考核工作。

（13）经常地、有计划地组织员工进行安全生产教育和培训，配合有关部门做好特种作业人员的安全教育培训、考核及复审工作。

（14）认真贯彻上级安全生产的指示并督促执行。协助领导协调与政府有关安全部门的联系，在业务上接受上级安全监察部门的指导。

（15）负责公司安全生产委员会的日常工作。健全完善安全管理基础资料，做到齐全、实用、规格化。

1429. 安全生产管理人员管理权限？

（1）对公司各部门、车间、班组安全生产工作有管理权。

（2）对公司安全生产中，长期规划、年度工作计划、安全措施投入计划和重要的规章制度有编制修改权。

（3）对未经安全生产教育培训考核和安全生产教育培训考核不合格的人员有停止上岗作业权。

（4）对安全设施，职业病防治措施同主体工程"三同时"有审查验收权。

（5）对生产安全事故中人身重伤以下事故有处理权，并对有关责任人给予责任追究的建议权。

（6）对公司劳动防护用品有按计划、按标准发放权。对临时性抢修工作所需防护用品有审批发放权。对保健及夏季清凉饮料有按计划、标准发放权。

（7）对公司限期整改的重大事故隐患、未整改的有下达停止作业指令权。对危及人身安全的违章作业和冒险作业有停止作业权和提出紧急避险权。

（8）对公司各部门、车间、班组安全管理工作有考核权。

1430. 安全生产管理人员考核标准？

（1）掌握国家安全生产方针政策和法律、法规和标准，具备管理部门职责相应的任职资格和监督管理能力。

（2）围绕公司安全生产重大决策、决定和指令，充分发挥安委会及其办公室监督管理，检查考核，指导协调公司安全生产工作作用。

（3）保证公司安全生产中长期规划与年度工作计划，具体符合实际可行，公司安全生产规章制度、安全技术操作规程和安全管理工作制度建立、健全完善，得到落实和实施。

（4）坚持"教育领先"的原则，员工安全教育培训工作有计划地进行，既注重员工安全意识的强化，又注重员工安全知识和技能的提高单位主要负责人、安全生产管理人员任职资格率达到100％，特种作业人员持证上岗率达到100％。

（5）安全设施，职业病防治措施同新、改建项目依法做到"三同时"，并保证施工安全协议、措施的落实，施工单位具备安全资质，严格执行施工单位和人员准入制度。

（6）安全设备、设施正常运行，及时维护，使其处于完好状态，安全与职业病警示标志齐全、醒目，符合国家与行业标准。

（7）严格按国家标准及时审批发放劳动防护用品，并教育监督员工按照使用规则佩戴和使用。

（8）严格按照"四不放过"的原则，全面做好事故管理工作。做到报告及时、如实，统计分析准确，依法追究责任，处理公开公正。

（9）安全管理总体素质和水平适应安全生产需要，基础管理规范化标准化，公司安全管理科学化、法治化。提高公司安全管理的层次和水平，进入同行业先进行列。

（10）根据公司生产特点，对安全生产状况进行经常性的检查，发现问题立即处理。不能处理的，应当报告公司和有关部门负责人。其处理情况的结果应当记录在案。

（11）对公司重大危险源登记、建档，进行定期检测、评估、监控，并制定应急预案，告知作业人员和相关人员在紧急情况下应采取应急措施，同时依法报主管部门和有关部门备案。

（12）年度总结报告实事求是地肯定成绩，总结经验，指出存在的问题原因，吸取教训，制定实施整改措施。

（13）开展公司安全文化建设，及时推广先进的安全管理经验。

1431. 安全生产管理人员责任追究？

对未履行职责、管理不到位发生的重大生产安全事故负管理部门的管理责任。

1432. 生产部长安全生产管理职责？

（1）认真贯彻落实"安全第一，预防为主"的安全生产方针，严格执行《安全生产法》等法律法规，结合本公司各时期生产特点，落实安全生产。

（2）在保证安全的前提下组织指挥生产，发现违反安全制度和安全操作规程的行为，应及时制止；严禁违章指挥，强令工人冒险作业，当安全与生产发生矛盾时，要坚持"安全第一"原则，生产必须服从安全。

（3）做好生产前的准备工作，组织好均衡生产，严格控制加班加点，避免疲劳作业。

（4）认真贯彻执行安全生产"五同时"原则，生产调度会议必须讲安全，针对生产特点提出安全措施或注意事项，并做好记录。

（5）认真做好生产过程中的安全控制工作。在下达生产任务时，提出安全生产要求，布置重点控制措施办法，并使工人熟悉掌握后再投入生产。

（6）在生产中出现不安全因素、险情及事故，要果断正确处理，并组织抢救，防止事态扩大，并通知有关部门共同处理。

（7）参加安全生产大检查，随时掌握安全生产动态，对安全隐患整改项目明确责任部门和生产计划一同下达，保证隐患项目的限期整改。

（8）参加安全生产检查发现安全隐患及时解决，做好检查记录。

（9）对零部件、半成品及成品传递必须有专用或通用的吊卡具，以保证安全。

1433. 设备部部长安全生产管理职责？

（1）贯彻国家、上级部门关于设备制造、检修、维护保养及施工方面的安全规程和规定，做好主管业务范围内的安全工作。对公司设备部安全负全面责任。

（2）建立健全特种设备管理台账；建立健全特种设备档案中要包括设计文件、制造单位、产品合格证、使用说明、安装文件、注册文件等。

（3）负责设备、设施、管网的安全管理，确保设备的安全装置齐全，灵敏可靠，并经常保持完好。

（4）保证电气设备且有良好接地或接零以及防雷装置，并定期进行测试。

（5）机械设备上的传动带、外露齿轮、飞轮、转动轴、联轴器及砂轮等设备必须设防护装置。

（6）电动机械、照明和各种设备拆除后，应将电源切断；如果保留时，必须把线头绝缘，做出标记，防止触电。

（7）对电力、动力、压力容器等设备实行定机、定人，操作人员必须经过培训考核，持证操作。

（8）组织本专业安全大检查，对检查出的问题要制订整改计划，按期完成安全措施计划和安全隐患整改项目。各种设备，不准带病运转。

（9）在制定或审定有关设备更新改造方案和编制设备检修、拆迁计划时，应有相应的安全卫生措施内容，并确保实施。

（10）公司建筑物要定期进行检验，及时排除危险建筑物。

（11）负责特种设备的安全管理，按规定期限委托有检验资质的部门对特种设备进行监测；定期检查督促使用单位搞好安全装置的维护保养和管理工作。

（12）对技措项目选购的特种设备、危险设备及大型设备时，要对生产企业进行安全资质审查，并认真贯彻"三同时"的原则。

（13）对手持电动工具、手持风动工具建立管理台账，并定期检查发现问题及时维修或更新。

（14）按规定期限对压力表、计量仪器进行检测，确保压力表、安全阀、计量仪器的安全性和可靠性。

1434. 技术部长安全管理职责？

（1）对公司技术部安全负全面责任。

（2）在采用新技术、新工艺、新材料、新设备时制定出安全技术规程，并对相关人员进行"四新"的操作方法和安全技术要求进行培训。

（3）对企业技术范围的不安全因素组织技术部门制定防止事故发生的措施。

（4）组织与研究科研、设计、工艺、工具、设备的安全技术措施，不断完善以适应和满足生产的需要。

（5）对公司发生的重大事故提供技术支持，参加事故的调查分析，提出技术调查分析报告。

（6）在编制和修改工艺文件时，要保证符合安全要求，对大型部件应根据体积、重量和形状不同，提出在加工、起重、搬运过程中的安全防护措施。

（7）在推广技术革新项目时，要严格审查项目的安全性，必要时组织安全评价在确保安全的前提下，再推广应用。

（8）在设计工具、工装时要考虑使用中的安全性，保证安全生产的需要。

（9）编制、修改工艺规程和工艺标准，要保证安全要求。在采用新技术、新工艺、新材料、新设备时要贯彻安全生产"三同时"。

（10）在改变工艺路线、调整产品零部件加工路线、重新布置设备时，要符合安全要求。

（11）在编制装配工艺时，要安排确保安全试车的防护措施。

1435. 质检部长安全生产管理职责？

（1）对公司质检部安全负全面责任。

（2）经常教育质检人员严格遵守所在岗位的安全操作规程。

（3）在制定和贯彻质量保证体系（ISO 9001）过程中要充分考虑安全生产，在质量监督中要注意发现与质量有关的安全问题。

（4）将质量管理体系审核中发现的安全隐患等问题及时向安全科传递。

（5）在质量分析会上对违章操作导致的质量事故要进行安全分析，并将违章作业的责任者交安全科给予处理。

1436. 采供部长安全生产管理职责？

（1）对公司采供部安全负全面责任。

（2）建立特种（危险）产品供应方安全资质档案，并按期审核其资质的有效性。

（3）按计划及时供应安全措施项目所需的设备、材料。

（4）建立易燃、易爆和有毒有害物品管理制度，严格对采购、保管、发放的管理。

（5）对所管辖物资的安全状态负责管理、监督，做到定期检查，并做到账、物、卡一致。

（6）易燃区、各库房按防火规定做好防火工作。

（7）各种材料、物品的堆放、装卸和搬运不得超过规定的高度和重量，不得占用交通道。

（8）对全公司各类库房的安全负责，定期组织对库房进行安全检查，发现隐患，及时采取措施解决。

（9）对因采购商品的质量不合格，造成事故负有直接责任。

（10）对管辖的库房电气线路、必须符合安全规定。

（11）危险化学品库要有安全措施，要通风、防毒、防火，账、卡、物一致。

1437. 财务部长安全管理职责？

（1）对公司财务部安全负全面责任。

（2）认真贯彻执行《安全生产法》关于安全生产资金投入的规定保证安全生产资金投入，并监督安全生产资金的合理使用。

（3）做好安全生产资金的使用和管理，按规定提取安措费、安全教育费、劳动保护用品费，并不得挪用。

（4）对公司内技改、技措项目以在设备选型招标前，必须办理安全"三同时"手续，经安全、工会等部门审查签字后，才可以审批资金。

（5）对公司签订和各种形式的工程项目不办理安全合同不予支付费用，没经有关部门验收签字的承包项目不予结算。

（6）注重安全工作和经济工作的关系，工伤事故损失与经济效益的关系，把安全工作纳入财务线经济责任制进行考核。

1438. 办公室主任安全管理职责?

（1）在行政副总经理的领导下，对公司人事、后勤、用车管理的安全工作负全面责任。

（2）招收的新员工必须符合企业职业安全健康的条件，对招收不合条件的员工造成安全事故负责。

（3）按照《安全生产法》的要求，对从业人员进行安全生产教育和培训，保证从业人员具备必要的安全生产知识，熟悉有关的安全生产规章制度和安全操作规程，掌握本岗位的安全操作技能。

（4）对特种作业人员必须按照国家有关规定进行专门的安全作业培训，取得特种作业操作资格证书。按特种作业人员规定条件，做好人，机匹配。

（5）监督编制新员工三级教育大纲（厂级、车间、班级），复工，变换工种教育大纲；职业健康教育大纲、中层以下干部教育大纲、班组长教育大纲、全员教育大纲，并按各类教育大纲制定培训计划并组织实施。

（6）根据国家的劳动政策，严格控制加班加点，做到劳逸结合与员工（含临时工）签订劳动合同要有安全条款，明确双方的安全责任。

（7）经常检查生活福利卫生设施，严格执行《食品卫生法》和卫生"五四制"做到每周检查一次，确保职工身体健康。

（8）对食品采购、加工、出售和保管工作要严加管理，炊具要符合安全卫生要求，搞好职工食堂卫生，防止食物中毒，保证人身安全和健康。

（9）认真贯彻国家安全生产方针、政策和法律、法规，对上级下达的安全文件及时报公司有关领导批示并迅速传递，对不认真执行文件的部门与个人应及时向总经理报告，请求处理。

（10）经常深入基层了解公司有关安全生产方面的问题，责成有关部门处理。

（11）贯彻总工会有关安全生产的方针、政策，并监督认真执行，对忽视安全生产和违反劳动保护的现象及时提出批评和建议，督促和配合有关部门及时改进。

（12）支持总经理对安全生产做出突出贡献的单位和个人给予表彰和奖励，对违反安全生产规定的单位和个人给予批评和惩罚。

（13）监督劳动保护费用的使用情况，对有碍安全生产，危害员工安全，健康和违反安全操作规程的行为有权抵制，纠正和控告。

（14）关心员工劳动条件的改善，保护员工在劳动中的安全与健康，组织从事职业危害作业人员进行预防性健康检查和疗养。

（15）参加伤亡事故的调查处理工作，协助有关部门提出预防伤亡事故和职业病的措施，并督促措施的认真执行。

（16）总结交流安全生产工作的经验，把安全工作纳入劳动竞赛的评比条件中，实行安全生产一票否决制。

（17）发动和依靠广大员工群众有效地搞好安全生产；参加安全生产检查。

（18）根据国家安全生产方针、政策和法律、法规，做好工伤员工医疗终结处理工作。

1439. 绩效考核负责人安全管理职责？

（1）对本部门人员的安全负全责。

（2）负责公司各项安全设施的监督考核，督促有关部门限期整改。

（3）对公司安全生产负监督责任。

1440. 计划统计部部长安全管理职责？

（1）对本部门人员的安全负全责。

（2）监督本部门人员遵守公司安全操作规章制度。对本部门人员"三违"行为进行考核。

（3）及时准确地为生产一线领料提供服务，如因延误造成安全事故负责。

（4）负责本部门的用电设施安全使用；对违章行为造成的安全事故负责。

1441. 车间主任安全管理职责？

（1）全面负责车间安全工作，严格按照各项安全生产法规、制度和标准组织生产，严禁违章指挥、违章作业。

（2）根据本车间生产实际，制定车间安全防范措施方案，并组织实施。

（3）组织开展安全生产竞赛活动，总结交流班组安全生产经验。

（4）组织落实车间级（二级）安全教育，并督促检查班组（三级）安全教育。

（5）利用班前会每日进行安全思想和安全技术教育，及时纠正违章行为。

（6）组织车间定期、不定期的安全检查，确保设备、安全装置、防护措施处于完好状态。发现隐患及时组织整改，车间无条件整改的要采取临时安全措施，并及时向生产部门、安全部门、分管安全副总提出书面报告。

（7）针对车间重点部位，要经常进行检查，监督。如下料班的气瓶使用，放置。现场有多余或无用的物品。

（8）针对车间重点部位，要经常进行检查，监督。

1442. 班组长安全生产管理职责？

（1）贯彻执行公司和安全生产的规定和要求，全面负责本班组的安全生产工作。

（2）组织员工学习并贯彻执行企业、各项安全生产规章制度和安全操作规程，熟练掌握设备性能和工艺流程中的危险点，指导工人安全生产。

（3）坚持班前讲安全、班中查安全、班后总结安全。定期组织好本班组安全生产活动，做好各种安全活动记录。负责落实安全生产责任，对分组作业必须明确安全负责人，特别是独立作业组的安全负责人要落实。

（4）负责对新工人（包括实习、代培人员）进行岗位安全教育（即三级教育的班线级教育）。

（5）负责班组安全检查，对各种不安全隐患要及时采取措施加以解决，如本班组解决不了，要及时向分公司和有关部门上报，并做好临时性保护措施，做好检查记录。

（6）发生事故立即报告，并组织抢救，保护好现场，积极协助安全部门分析原因，做好事故教育，措施制定工作，防止重复事故和新的伤害发生。

（7）搞好生产设备、安全装置、消防设施、防护器材、急救器具的检查工作，使其经常保持完好和正常运行，督促和教育员工正确使用劳动保护用品、用具，正确使用灭火器材。

（8）对班组内成品、半成品及零部件、工具要严格执行定置管理，不得乱堆乱放，不得占交通道，做到文明生产。

（9）教育员工遵纪守法，制止违章行为，不违章指挥也拒绝他人违章指挥，不强令工人冒险蛮干，发现违章现象要及时纠正，不听劝告者视情节给予处罚。

1443. 员工安全生产职责？

（1）认真学习和严格遵守各项安全规章制度，不违反劳动纪律，不违章作业，对本岗位的安全教育和培训负责。有责任劝阻、纠正他人的违章作业、冒险蛮干行为。

（2）接受安全生产教育和培训，掌握本岗位工作所需的安全生产知识，提高安全生产技能，增强事故预防和应急处理能力。

（3）精心操作，严格执行工艺纪律，自觉地遵守本岗位安全技术规程，交接班必须交接安全情况，并做好记录。

（4）正确分析、判断和处理各种事故隐患，把事故消灭在萌芽中；对不能处理的事故隐患或者其他不安全因素，应当立即向现场安全生产管理人员及领导报告。

（5）对本岗位使用的设备、设施按时进行认真的检查，发现异常及时处理和报告。

（6）正确操作和精心维护设备，保持良好的作业环境，搞好文明生产。

（7）上岗必须按规定着装，正确佩戴和使用劳动保护用品，妥善保管和正确使用各种灭火器材。

1444. 生产制造部安全生产管理职责？

（1）认真贯彻落实"安全第一，预防为主"的安全生产方针，严格执行《安全生产法》等法律法规，结合本公司各时期生产特点，落实安全生产。

（2）在保证安全的前提下组织指挥生产，发现违反安全制度和安全操作规程的行为，应及时制止；严禁违章指挥，强令工人冒险作业，当安全与生产发生矛盾时，要坚持"安全第一"原则，生产必须服从安全。

（3）做好生产前的准备工作，组织好均衡生产，严格控制加班加点，避免疲劳作业。

（4）认真贯彻执行安全生产"五同时"原则，生产调度会议必须讲安全，针对生产特点提出安全措施或注意事项，并做好记录。

（5）认真做好生产过程中的安全控制工作。在下达生产任务时，提出安全生产要求，布置重点控制措施办法，并使工人熟悉掌握后再投入生产。

（6）在生产中出现不安全因素、险情及事故，要果断正确处理，并组织抢救，防止事态扩大，并通知有关部门共同处理。

（7）参加安全生产大检查，随时掌握安全生产动态，对安全隐患整改项目明确责任部门和生产计划一同下达，保证隐患项目的限期整改。

（8）参加安全生产检查发现安全隐患及时解决，做好检查记录。

（9）对零部件、半成品及成品传递必须有专用或通用的吊卡具，以保证安全。

1445. 生产制造部安全办安全生产管理职责？

（1）认真贯彻国家安全生产方针、法律法规、政策、批示，在总经理和生产副总经理领导下，负责公司安全生产工作的监督检查和日常管理工作。

（2）会同人力资源组织开展全公司的安全教育工作；组织特种作业人员的安全技术培训和考核；对新入职员工、变动工种（岗位）人员、实习、代培人员进行公司级安全教育，并指导车间级、班组级的安全教育工作。

（3）组织制定、修订企业安全生产管理制度和安全操作规程，并检查执行情况。

（4）编制安全生产资金使用计划，提出专项措施方案，并督促检查执行情况。

（5）参加新建、改建、扩建及大修项目的设计审查、竣工验收、试车投入使用等工作，使其符合技术要求。

（6）负责组织安全生产检查深入现场解决安全问题，纠正违章指挥、违章作业，遇有危及安全生产的紧急情况，有权令其停止作业，并立即报告有关部门和领导处理。对检查出的事故隐患，督促有关部门及时进行整改。

（7）负责危险源管理，组织开展危险辨识，制定控制措施，对重大危险源要建立应急救援预案。

（8）负责对外来施工单位进行安全资格审查，签订安全合同，并组织施工期间的安全检查。

（9）按照国家规定，结合实际情况，制定防护用品发放标准与管理办法，按规定供应，合理使用。

（10）负责各类伤亡事故的汇总统计、上报工作，建立健全事故档案，按规定参加事故调查处理工作。

（11）负责对有毒有害防护设备设施的管理，建立定期维护制度对出现的故障及时解决。

（12）负责职业病防治工作，掌握尘、毒作业场所，定期进行测定，提供改善劳动条件和发放保健津贴的依据。

（13）对从事有毒有害作业岗位的员工，定期进行身体检查，做好防止职工病和职业中毒、中暑的宣传教育工作。

（14）负责对企业内部安全考核评比工作，会同工会认真开展安全生产竞赛活动，总结交流安全生产先进经验，积极推广安全生产科研成果、先进技术及现代化安全管理方法。

（15）建立健全安全生产管理网，指导基层安全生产工作。

（16）按规定期限监督对压力表、计量仪器进行检测，确保压力表、安全阀、计量仪器的安全性和可靠性。

（17）认真贯彻执行《消防法》和上级有关消防工作的要求，贯彻"预防为主，防消结合"的消防方针，不断加强消防安全管理。

（18）监督消防器材的购、供、管工作。保持消防器材齐全、良好有效。

（19）做好公司内消防安全宣传工作，在危险区、点悬挂醒目的消防警示标志。

（20）负责日常消防检查工作；对公司内的消防通道要经常进行检查和管理。

（21）公司内主要交通道路、人行道严禁堆放物资，确保行人、车辆交通安全。

1446. 设备部安全生产管理职责？

（1）贯彻国家、上级部门关于设备制造、检修、维护保养及施工方面的安全规程和规定，做好主管业务范围内的安全工作。

（2）建立健全特种设备管理台账；建立健全特种设备档案中要包括设计文件、制造单位、产品合格证、使用说明、安装文件、注册文件等。

（3）负责设备、设施、管网的安全管理，确保设备的安全装置齐全，灵敏可靠，并经常保持完好。

（4）保证电气设备且有良好接地或接零以及防雷装置，并定期进行测试。

（5）机械设备上的传动带、外露齿轮、飞轮、转动轴、联轴器及砂轮等设备必须设防护装置。

（6）电动机械、照明和各种设备拆除后，应将电源切断；如果保留时，必须把线头绝缘，做出标记，防止触电。

（7）对电力、动力、压力容器等设备实行定机、定人，操作人员必须经过培训考核，持证操作。

（8）组织本专业安全大检查，对检查出的问题要制定整改计划，按期完成安全措施计划和安全隐患整改项目。各种设备，不准带病运转。

（9）在制定或审定有关设备更新改造方案和编制设备检修、拆迁计划时，应有相应的安全卫生措施内容，并确保实施。

（10）公司建筑物要定期进行检验，及时排除危险建筑物。

（11）负责特种设备的安全管理，按规定期限委托有检验资质的部门对特种设备进行监测；定期检查督促使用单位搞好安全装置的维护保养和管理工作。

（12）对技措项目选购的特种设备、危险设备及大型设备时，要对生产企业进行安全资质审查，并认真贯彻"三同时"的原则。

（13）对手持电动工具、手持风动工具建立管理台账，并定期检查发现问题及时维修或更新。

1447. 质检部安全生产职责？

（1）经常检查检测设备安全防护装置的可靠性，作业时必须有明显的"禁止通行"标志和监护人员。

（2）经常教育检验人员严格遵守所在科室的安全操作规程。

（3）在制定和贯彻质量保证体系（ISO 9001）过程中要充分考虑安全生产，在质量监督中要注意发现与质量有关的安全问题。

（4）将质量管理体系审核中发现的安全隐患等问题及时向安全部门传递。

（5）在质量分析会上对违章操作导致的质量事故要进行安全分析，并将违章作业的责任者交安全科给予处理。

1448. 采供部安全生产管理职责？

（1）建立特种（危险）产品供应方安全资质档案，并按期审核其资质的有效性。

（2）按计划及时供应安全措施项目所需的设备、材料。

（3）建立易燃、易爆和有毒有害物品管理制度，严格对采购、保管、发放的管理。

（4）对所管辖物资的安全状态负责管理、监督，做到定期检查，并做到账、物、卡一致。

（5）易燃区、各库房按防火规定做好防火工作。

（6）各种材料、物品的堆放、装卸和搬运不得超过规定的高度和重量，不得占用交通道。

（7）对全公司各类库房的安全负责，定期组织对库房进行安全检查，发现隐患，及时采取措施解决。

（8）对因采购商品的质量不合格，造成事故负有直接责任。

（9）对管辖的库房电气线路，必须符合安全规定。

（10）危险化学品库要有安全措施，要通风、防毒、防火，账、卡、物一致。

1449. 技术部安全生产管理职责？

（1）在编制和修改工艺文件时，要保证符合安全要求，对大型部件应根据体积、重量和形状不同，提出在加工、起重、搬运过程中的安全防护措施。

（2）在推广技术革新项目时，要严格审查项目的安全性，必要时组织安全评价在确保安全的前提下，再推广应用。

（3）在设计工具、工装时要考虑使用中的安全性，保证安全生产的需要。

（4）编制、修改工艺规程和工艺标准，要保证安全要求。在采用新技术、新工艺、新材料、新设备时要贯彻安全生产"三同时"。

（5）在改变工艺路线、调整产品零部件加工路线、重新布置设备时，要符合安全要求。

（6）在编制装配工艺时，要安排确保安全试车的防护措施。

（7）在产品开发过程，必须研究如何降低产品在生产使用中的危险、危害因素，采取安全技术措施，提高产品的本质安全。

（8）教育员工提高设计工作中的安全意识，在技术文件中要如实填写使用的材质、重量及产品包装重量，吊装位置等有关数据。

1450. 营销部安全生产管理职责？

（1）加强产品安全信息的适宜性，在与用户洽谈产品订货时，注意用户对产品安全条款的要求，确保产品在用户方安全运转。

（2）做好为用户服务工作，对用户提出的意见，要及时妥善处理。

（3）对员工进行安全生产教育，确保产品在保管、运输过程中的安全，不发生人身、设备事故。

（4）对用户使用产品过程中发现的产品安全问题及时反映给设计、工艺部门，并督促改进。

1451. 财务部安全生产管理职责？

（1）将劳动保护安全技术措施费用纳入公司财务计划予以保证。

（2）根据国家规定，监督安全技术，劳动保护资金的合理使用。

（3）根据已批准的安技措施计划项目监督专款专用，已完成的安措项目及时办理财务结算手续。

（4）对公司签订的各种形式的工程项目，不办理合同不予支付费用，未经有关部门验收签字的承包项目不予结算。

（5）按上级规定，对企业的安措费用使用进行审计。

（6）对公司内外立项承包合同进行审计时，注意掌握安措费用的合理比例，凡不符合国家规定的应予纠正。

1452. 火灾事故控制要求？

（1）易燃物品储存和使用场所、变配电室等严禁烟火。

（2）加强易燃物储存管理，易燃易爆物品要设立专门仓库或存放点，并严格按照消防规范进行建设和管理。

（3）火灾危险较大的区域，应尽量避免明火及焊割作业。当必须在原地动火作业时，办理动火证制定安全措施并严格执行。

（4）建立完善的电气巡检制度，及时消除电气隐患。

（5）严格按照工艺标准进行操作，防止设备出现异常高温。

（6）做好防雷设施维护，保障防雷设施的有效性，及时做好防雷检测。

（7）维修焊接作业过程中，要严格落实安全操作规程，该区域内严禁放置易燃易爆物品。

（8）定期检查消防设备设施，建立台账并做好记录，保证发生火灾时能正常使用。

（9）对员工进行应急培训，学会灭火器材的使用和逃生方法，以及其他火灾处置措施。

1453. 机械伤害事故控制要求？

（1）机械设备的传动皮带、齿轮及联轴器等旋转及往复运动部位要装设防护罩，并要保证防护罩强度和实际有效。

（2）根据不同岗位、工种或操作的机械设备建立相应的安全操作规程，加强培训和监督管理工作，尽可能地消除员工错误操作带来伤害的可能。

（3）机械设备要装设急停装置和安全保险装置，在设备异常时或发生事故时能够及时停机，消除或减小伤害。

（4）合理布局、及时清除现场多余物品、做好定置摆放等综合治理工作，提供符合人机工程学的作业空间和作业环境。

（5）在人员容易进入的机械部件运动区域和其他危险区域设置防护栏、门、报警装置等，防止人员误入危险区域。

（6）机械设备检修时开具"安全检修单"制定安全措施，并监督作业人员严格执行。安全措施应重点包括停电挂牌、专人监护、安全防护装备的使用等。

1454. 触电事故控制要求？

（1）建立完善的电气巡检制度，及时消除电气隐患。

（2）定期检查用电安全保护装置，保证用电系统的接零、接地、安全距离防护栅栏、地面电线套管等安全保护装置的完好。

（3）使用、维护、检修电气设备，严格遵守有关安全规程和操作规程。

（4）手持电动工具或经常移动的电气工具，应安装符合规格的漏电保护器，在意外漏电时能保证自动断电。

（5）电气作业人员必须具有相应电工作业的特种作业操作证，并持证上岗。严禁非电工人员进行接线、拆装电气设备等电气作业。

（6）在必须使用安全电压的工作场所要按规定使用相应的安全电压。

（7）变配电室应配备绝缘鞋、绝缘手套、绝缘钳等安全保护装备，并按规定定期校验，电气操作时应穿戴齐全。

1455. 车辆伤害事故控制要求？

（1）制定本厂的交通运输安全管理制度，进行宣传教育，行人和车辆严格遵守交通规则。

（2）车辆驾驶人员必须经有资格的培训单位培训并考试合格后方可持证上岗。

（3）生产厂区内根据实际情况，制定限速、限高标准，并制作安全警示标志进行警示。

（4）利用凸面广角镜、行驶路牌路标等辅助措施对厂区内道路行驶环境进行改善。

（5）厂区内车辆由专人管理，定期进行维护保养，保证车辆性能和安全设备的正常运行。

1456. 中毒和窒息（有限空间作业）事故控制要求？

（1）作业人员佩戴防毒面罩等劳动防护用品。

（2）加强通风，作业区域若采取强制通风。

（3）加强检测、监测，做到先通风，再检测，后作业，若有毒有害气体超标，停止作业。

（4）严格落实有限空间作业审批办理手续，入罐作业落实佩戴安全带、系安全绳等各项安全措施。

（5）作业人员定期开展职业健康查体。

（6）加强有限空间作业教育培训，建立有限空间台账，制定方案措施，设置有限空间警示标志。

1457. 高处坠落事故控制要求？

（1）作业人员佩戴劳动防护用品，采取安全防护措施等。

（2）六级以上大风及其他恶劣天气严禁高处作业。

（3）高处作业人员须经安全培训合格后，持证上岗。

（4）高处作业须办理票证审批手续，分析高处作业危害分析，制定安全防范措施。

（5）定期对高处作业用具进行检查，确保完好。

（6）高处作业人员的身体条件要符合安全要求。如，不准患有原发性高血压、心脏病、贫血、癫痫病等不适合高处作业的人员，从事高处作业；对疲劳过度、精神不振和思想情绪低落人员要停止高处作业；严禁酒后从事高处作业。

1458. 应急准备与响应策划？

（1）应急小组成员、联系方式及其职责。

（2）与外部服务机构、政府主管部门、周围居民和公众等的联络与沟通安排。

（3）应急程序，包括应急对象、负责人、方法与步骤、路线与地点、工具和设备等。

（4）有关人员在应急期间应采取的措施要求等。

（5）应急准备与响应物资、设施的需求与提供。

1459. 应急准备与响应培训与实施？

（1）应急预案制定后进行发放学习；必要时，主管部门组织演练，做好演练记录。并评价演练效果。

（2）发生事故或紧急情况时，在场有关人员应按照应急预案的要求采取有效的处理措施。

（3）在事故发生后，主管部门应组织进行原因分析，填写《事故、事件调查表》，并对其应急准备、响应程序和预案进行评审。

附件 干混砂浆常用标准

1. 《通用硅酸盐水泥》(GB 175)
2. 《白色硅酸盐水泥》(GB/T 2015)
3. 《用于水泥和混凝土中的粉煤灰》(GB/T 1596)
4. 《用于水泥、砂浆和混凝土中的粒化高炉矿渣粉》(GB/T 18046)
5. 《建设用砂》(GB/T 14684)
6. 《预拌砂浆》(GB/T 25181)
7. 《复层建筑涂料》(GB/T 9779)
8. 《干混砂浆物理性能试验方法》(GB/T 29756)
9. 《粉刷石膏》(JC/T 517)
10. 《混凝土小型空心砌块和混凝土砖砌筑砂浆》(JC/T 860)
11. 《混凝土砌块（砖）砌体用灌孔混凝土》(JC/T 861)
12. 《蒸压加气混凝土墙体专用砂浆》(JC/T 890)
13. 《墙体饰面砂浆》(JC/T 1024)
14. 《粘结石膏》(JC/T 1025)
15. 《建筑外墙用腻子》(JG/T 157)
16. 《建筑用砌筑和抹灰干混砂浆》(JG/T 291)
17. 《建筑室内用腻子》(JG/T 298)
18. 《混凝土地面用水泥基耐磨材料》(JC/T 906)
19. 《地面用水泥基自流平砂浆》(JC/T 985)
20. 《环氧树脂地面涂层材料》(JC/T 1015)
21. 《石膏基自流平砂浆》(JC/T 1023)
22. 《混凝土界面处理剂》(JC/T 907)
23. 《水泥基灌浆材料》(JC/T 986)
24. 《硅酸盐复合绝热涂料》(GB/T 17371)
25. 《建筑保温砂浆》(GB/T 20473)
26. 《膨胀玻化微珠保温隔热砂浆》(GB/T 26000)
27. 《墙体保温用膨胀聚苯乙烯板胶粘剂》(JC/T 992)
28. 《外墙外保温用膨胀聚苯乙烯板抹面胶浆》(JC/T 993)
29. 《胶粉聚苯颗粒外墙外保温系统材料》(JG/T 158)
30. 《水泥基渗透结晶型防水材料》(GB 18445)
31. 《无机防水堵漏材料》(GB 23440)
32. 《聚合物水泥防水涂料》(GB/T 23445)
33. 《聚合物水泥防水砂浆》(JC/T 984)

34.《聚合物水泥防水浆料》(JC/T 2090)

35.《陶瓷砖》(GB/T 4100)

36.《膨胀珍珠岩》(JC/T 209)

37.《纤维水泥平板 第1部分：无石棉纤维水泥平板》(JC/T 412.1)

38.《纤维水泥平板 第2部分：温石棉纤维水泥平板》(JC/T 412.2)

39.《建筑生石灰》(JC/T 479)

40.《建筑消石灰》(JC/T 481)

41.《耐碱玻璃纤维网布》(JC/T 841)

42.《水泥胶砂流动度测定仪（跳桌）》(JC/T 958)

43.《膨胀玻化微珠》(JC/T 1042)

44.《砌筑砂浆增塑剂》(JG/T 164)

45.《混凝土用水标准》(JGJ 63)

46.《水泥细度检验方法 筛析法》(GB/T 1345)

47.《水泥标准稠度用水量、凝结时间、安定性检验方法》(GB/T 1346)

48.《色漆、清漆和塑料 不挥发物含量的测定》(GB/T 1725)

49.《漆膜、腻子膜干燥时间测定法》(GB/T 1728)

50.《漆膜耐水性测定法》(GB/T 1733)

51.《色漆和清漆 涂层老化的评级方法》(GB/T 1766)

52.《色漆和清漆 耐磨性的测定 旋转橡胶砂轮法》(GB/T 1768)

53.《色漆和清漆 人工气候老化和人工辐射曝露 滤过的氙弧辐射》(GB/T 1865)

54.《塑料和硬橡胶 使用硬度计测定压痕硬度（邵氏硬度）》(GB/T 2411)

55.《水泥胶砂流动度测定方法》(GB/T 2419)

56.《胶粘剂不挥发物含量的测定》(GB/T 2793)

57.《色漆、清漆和色漆与清漆用原材料取样》(GB/T 3186)

58.《陶瓷砖试验方法 第1部分：抽样和接收条件》(GB/T 3810.1)

59.《陶瓷砖试验方法 第2部分：尺寸和表面质量的检验》(GB/T 3810.2)

60.《陶瓷砖试验方法 第3部分：吸水率、显气孔率、表观相对密度和容重的测定》(GB/T3810.3)

61.《陶瓷砖试验方法 第5部分：用恢复系数确定砖的抗冲击性》(GB/T 3810.5)

62.《陶瓷砖试验方法 第6部分：无釉砖耐磨深度的测定》(GB/T 3810.6)

63.《陶瓷砖试验方法 第12部分：抗冻性的测定》(GB/T 3810.12)

64.《建筑材料不燃性试验方法》(GB/T 5464)

65.《无机硬质绝热制品试验方法》(GB/T 5486)

66.《试验筛 技术要求和检验 第1部分：金属丝编织网试验筛》(GB/T 6003.1)

67.《试验筛 技术要求和检验 第2部分：金属穿孔板试验筛》(GB/T 6003.2)

68.《电成型薄板试验筛》(GB/T 6003.3)

69.《增强材料 机织物试验方法 第3部分：宽度和长度的测定》(GB/T 7689.3)

70.《增强材料 机织物试验方法 第5部分：玻璃纤维拉伸断裂强力和断裂伸长的测

定》(GB/T 7689.5)

71.《混凝土外加剂匀质性试验方法》(GB/T 8077)

72.《建筑涂料 涂层耐碱性的测定》(GB/T 9265)

73.《乳胶漆耐冻融性的测定》(GB/T 9268)

74.《色漆和清漆 标准试板》(GB/T 9271)

75.《涂料试样状态调节和试验的温湿度》(GB/T 9278)

76.《建筑涂料涂层耐沾污性试验方法》(GB/T 9780)

77.《增强制品试验方法 第2部分：玻璃纤维可燃物含量的测定》(GB/T 9914.2)

78.《增强制品试验方法 第3部分：单位面积质量的测定》(GB/T 9914.3)

79.《绝热材料稳态热阻及有关特性的测定 防护热板法》(GB/T 10294)

80.《绝热材料稳态热阻及有关特性的测定 热流计法》(GB/T 10295)

81.《非金属固体材料导热系数的测定 热线法》(GB/T 10297)

82.《绝热材料憎水性试验方法》(GB/T 10299)

83.《水泥取样方法》(GB/T 12573)

84.《绝热 稳态传热性质的测定 标定和防护热箱法》(GB/T 13475)

85.《胶粘剂的 pH 值测定》(GB/T 14518)

86.《建筑防水涂料试验方法》(GB/T 16777)

87.《混凝土及其制品耐磨性试验方法（滚珠轴承法）》(GB/T 16925)

88.《建筑石膏 力学性能的测定》(GB/T 17669.3)

89.《建筑石膏 净浆物理性能的测定》(GB/T 17669.4)

90.《建筑石膏 粉料物理性能的测定》(GB/T 17669.5)

91.《水泥胶砂强度检验方法（ISO法）》(GB/T 17671)

92.《砌体基本力学性能试验方法标准》(GB/T 50129)

93.《混凝土和砂浆用颜料及其试验方法》(JC/T 539)

94.《水泥胶砂干缩试验方法》(JC/T 603)

95.《行星式水泥胶砂搅拌机》(JC/T 681)

96.《40mm×40mm 水泥抗压夹具》(JC/T 683)

97.《水泥胶砂电动抗折试验机》(JC/T 724)

98.《水泥胶砂试模》(JC/T 726)

99.《水泥净浆标准稠度与凝结时间测定仪》(JC/T 727)

100.《普通混凝土用砂、石质量及检验方法标准》(JGJ 52)

101.《普通混凝土配合比设计规程》(JGJ 55)

102.《建筑砂浆基本性能试验方法标准》(JGJ/T 70)

103.《砌筑砂浆配合比设计规程》(JGJ/T 98)

104.《建筑工程饰面砖粘结强度检验标准》(JGJ 110)

105.《包装储运图示标志》(GB/T 191)

106.《建筑材料放射性核素限量》(GB 6566)

107.《涂料产品包装标志》(GB/T 9750)

108. 《水泥包装袋》（GB/T 9774）

109. 《绝热用模塑聚苯乙烯泡沫塑料（EPS)》（GB/T 10801.1）

110. 《涂料产品包装通则》（GB/T 13491）

111. 《建筑防水涂料中有害物质限量》（JC 1066）

112. 《预拌砂浆应用技术规程》（JGJ/T 223）

113. 《建筑砂浆基本性能试验方法标准》（JGJ/T 70）

参考文献

[1]   张瓣,张永娟.建筑功能砂浆[M].北京:化学工业出版社,2006.

[2]   沈春林.聚合物水泥防水砂浆[M].北京:化学工业出版社,2007.

[3]   傅德海,赵四渝,徐洛屹.干粉砂浆应用指南[M].北京:中国建材工业出版社,2006.

[4]   张承志.商品混凝土[M].北京:化学工业出版社,2006.

[5]   王新民,李颂.新型建筑干拌砂浆指南[M].北京:中国建筑工业出版社,2004.

[6]   王新民,薛国龙,何俊高.干粉砂浆百问[M].北京:中国建筑工业出版社,2006.

[7]   王培铭,商品砂浆[M].北京:化学工业出版社,2008.

[8]   杨绍林.建筑砂浆实用手册[M].北京:中国建筑工业出版社,2003.

[9]   王培铭,孙振平,蒋正武.商品砂浆的研究与应用[M].北京:机械工业出版社,2006.

[10]   王培铭,张承志,等.商品砂浆的研究进展[M].北京:机械工业出版社,2008.

[11]   全国建筑干混砂浆生产应用技术论文集[M].北京:中国建筑业协会材料分会,2005.

[12]   中国建筑业协会材料分会砂浆工作部.中国干混砂浆市场调研报告(一)[R].中国砂浆,2007,
       (1).

[13]   中国建筑业协会材料分会砂浆工作部.中国干混砂浆市场调研报告(二)[R].中国砂浆,
       3V7,(2),6—11.

[14]   王培铭.商品砂浆在中国的发展[J].上海建材,2002(5):19-21.

[15]   江正荣.砌体与地面工程施工禁忌手册[M].北京:机械工业出版社,2006.

[16]   中华人民共和国建设部,国家质量监督检验检疫总局.砌体工程施工质量验收规范:GB
       50203—2002[S].北京:中国建筑工业出版社,2002.

[17]   张秀芳,赵立群,王甲春.建筑砂浆技术解读470问[M].北京:中国建材工业出版
       社,2009.

[18]   王华牛,赵慧如,王江南.装饰工程质量通病防治手册[M].北京:中国建筑工业出版
       社,1995.

[19]   崔琪,姚燕,李清海.新型墙体材料[M].北京:化学工业出版社,2004.

[20]   姜继圣,孙利,张云莲.新型墙体材料实用手册[M].北京:化学工业出版社,2006.

[21]   熊大玉,王小虹.混凝土外加剂[M].北京:化学工业出版社,2002.

[22]   龚洛书,柳春圃.轻集料混凝土[M].北京:中国铁道出版社,1996.

[23]   胡曙光,王发洲.轻集料混凝土[M].北京:化学工业出版社,2006.

[24]   陈家珑,周文娟.实用建筑砂浆一本通[M].北京:中国建筑工业出版社,2016.